STM32 物联网入门30步

杜洋 著

人 民 邮 电 出 版 社
北 京

图书在版编目（C I P）数据

STM32物联网入门30步 / 杜洋著. -- 北京 : 人民邮电出版社，2023.8
ISBN 978-7-115-60701-0

Ⅰ. ①S… Ⅱ. ①杜… Ⅲ. ①微控制器—物联网
Ⅳ. ①TP368.1②TP393.4③TP18

中国版本图书馆CIP数据核字(2022)第235724号

内 容 提 要

现在物联网可以说是炙手可热的概念，在智能家居、智能汽车、工业自动化生产、智能城市等领域，都有物联网的身影。单片机行业也将从自动化控制快速转向物联网产品的研发。本书在这个背景下为想从事物联网开发的朋友进行物联网的单片机入门指导。本书将采用主流的32位ARM单片机作为低功率物联网设备的核心组件，讲解蓝牙模块、Wi-Fi模块和阿里云物联网平台的联网通信。本书使用STM32 CubeIDE集成开发环境、STM32 CubeMX图形化编程工具，以及主流的HAL库，内容包括基础知识的讲解和各功能模块的编程与应用，最后带领大家完成一个基于阿里云物联网平台的小项目，通过项目开发实践验证学习成果。

◆ 著　　　杜　洋
责任编辑　哈　爽
责任印制　马振武
◆ 人民邮电出版社出版发行　　北京市丰台区成寿寺路11号
邮编　100164　　电子邮件　315@ptpress.com.cn
网址　https://www.ptpress.com.cn
北京市艺辉印刷有限公司印刷
◆ 开本：787×1092　1/16
印张：26.5　　　2023年8月第1版
字数：628千字　　　2023年8月北京第1次印刷

定价：99.80元

读者服务热线：(010)81055493　印装质量热线：(010)81055316
反盗版热线：(010)81055315
广告经营许可证：京东市监广登字20170147号

前　言

1．学习的正确打开方式

先举一个例子，很多初学者认为单片机编程开发过程，要用计算机键盘一个字母一个字母地输入程序，仿佛亲手输入的程序才更可靠，能够使程序不出 Bug。但事实却恰恰相反，手动输入的程序会出现大量错误。一个字母、一个标点符号的错误都会添加额外的纠错时间。现实的程序开发是复制现有的程序，粘贴到你的程序里，期间只手动修改几个参数，以达到工作效率最大化。

另一个例子是，初学者在什么都不知道的情况下，可能会有先入为主的观念。例如你在查找资料时看到有网友说：学习 STM32 单片机必须先学寄存器开发。如果说话的人再有名气加持，这一观念便内化成你的信念。此后看到任何与此观念不同的说法，都把它们打成“异端邪说”。而事实是，STM32 寄存器开发只是众多开发方式的一种。每种开发方式都有其优缺点，不了解这些优缺点，不结合自己的实际情况，不去切身实践，信仰的教条即迷信。

学习单片机技术同时带有“破除愚昧”的功效，但需要用正确的方式学习，博学广闻，注重实践。机缘之下你看到我的书，想跟着我来学习，那么就请你带上对我的信任和怀疑。先信任我的教学理念和方法，学成之后再怀疑我的教学理念和方法，用自己的实践产生你的理念和方法。我认为这是学习单片机的正确方式。

单片机学习有 3 个阶段，初级阶段学编程技术，中级阶段学项目开发，高级阶段学思维方式。你想学什么？

2．多媒体打开方式

图书不是孤立的，我在设计教程之时已经考虑到多媒体、多资料的学习方式。首先我会设计、生产一款开发板，为编程开发提供硬件平台。然后我会针对教程内容编写相应的示例程序，并依照教学内容设计出 PPT 文件，再用 PPT 文件录制视频教程，讲解程序原理。最后把视频内容精炼成书。

现在你拥有了图书、视频教程、PPT 文件、示例程序、开发板及开发板配套的学习资料，如何整合这些资源助力自己的学习呢？首先要同时学习书和视频，从第 1 步到第 30 步，按顺序学习，不要跳着看，因为步与步之间就像电视连续剧的集与集之间一样是关联的。如果以视频为主进行学习，请将每集视频至少看两遍，第一遍细看，观看时有没听懂的地方可以暂停播放思考一会儿，也可以倒回重听。当对所讲内容熟悉之后，第二遍粗看，学到需要实际操作的地方，可拿出洋桃 IoT 开发板，看一段视频，暂停播放进行编程实验。初学期间一定要严格按照视频教程的方法操作，当反复操作熟悉之后再尝试按自己的方式变动。如果以图书教材为主导，可以边看书边实验，在计算机上编程，同步完成学习。

对于在学习期间遇见的问题，我也准备好了解决方案。“洋桃教学视频集合”是我录制的一系列辅助教学视频，可以帮助初学者解决各种类型的问题，其中“洋桃补习班”视频主讲单片机基础知识，比如电子电路基础、C 语言的基本语句、软件使用方法等。“洋桃救助队”视频主讲学习过程中的常见问题，给出我的解决方法。“洋桃项目组”视频以真实的单片机项目为主轴，用视频完整呈现一个小项目开发的全过程，初学者可以在此了解项目开发的流程和细节。另外还有“洋桃课外课”视频讲解教程之外的扩展技术，“洋桃番外篇”视频讲解从事单片机行业的心得与开发经验。这些视频都可以在洋桃电子官方网站上免费观看。

本书的配套资料包括书中提及的开发板电路原理图、各芯片的数据手册，以及书中用到的示例程序源程序、相关工具软件等。

总之，这是一套多媒体、多维度、多线程的系统教程，让初学者以最适合自己的方式学习，以更有效率的组合方式完成理论与实践的学习。

3．丛书打开方式

本书是洋桃电子 STM32 系列丛书中的第二本，为已经入门 STM32 单片机的朋友提供物联网技术的进阶学习。如果你是首次学习 STM32 单片机，则需要先学习本系列丛书的第一本——《STM32 入门 100 步》。《STM32 入门 100 步》中包含了 ARM 内核、STM32 处理器、C 语言、IDE 开发环境的基础知识，通过洋桃 1 号开发板实践了单片机最普及的技术应用。学完《STM32 入门 100 步》之后再来学习本书，针对目前方兴未艾的物联网技术进行更专向、更深入的学习。否则，在未入门的情况下学习本书，会遇到很多阻碍和困难，不能达到按部就班的最佳效果。

4．感谢

首先感谢家人的督促。感谢“铁杆粉丝”用实际行动给我动力，支持着我的前行。感谢出版社的同仁，帮我解决了很多出版上的问题。虽然我们的目标都是把图书的质量搞好，但与我的合作还是辛苦你们了。

感谢本书的读者，不论是购买还是在图书馆借阅，你们喜欢看我的书就是我的荣幸，愿意跟随我的教程来学习单片机，就是对我最大的信任和鼓励。祝愿你们都能事半功倍、学有所成。

世上没有完美，本书肯定会有错误和考虑不周之处，我会虚心接受大家的批评和纠正，我的电子邮箱地址是 346551200@qq.com，欢迎各位来信指教。

杜洋

2023 年 2 月

使用手机扫描二维码或在浏览器输入 https://exl. ptpress.cn:8442/ex/L/359f202b 获取本书配套教程和资料

目　录

第 1 章　平台建立……1

第 1 步：教程介绍与学习方法……2

1.1　教学介绍……2

1.2　理清关系……5

1.3　学习方法……7

第 2 步：CubeIDE 的安装与汉化……9

2.1　CubeIDE 的下载……10

2.2　CubeIDE 的安装……12

2.3　CubeIDE 的汉化……18

2.4　CubeIDE 的基本设置……23

第 3 步：创建 CubeIDE 工程……26

3.1　新建工程……26

3.2　安装 HAL 库……28

3.3　图形化界面……29

3.4　命令行界面……38

第 4 步：CubeMX 图形化编程……38

4.1　时钟设置……39

4.2　端口设置……44

第 5 步：工程的编译与下载……59

5.1　编译工程……59

5.2　程序下载……64

5.3　修改参数重新下载……77

第 6 步：HAL 库的结构与使用……77

6.1　HAL 库的整体结构……78

6.2　HAL 库的函数原理……83

6.3 HAL 库的使用方法 ······ 88

第 2 章 物联网基础功能 ······ 93

第 7 步：RCC 时钟与延时函数 ······ 94
7.1 RCC 的时钟树 ······ 94
7.2 RCC 的程序 ······ 103
7.3 HAL 库中的延时函数 ······ 107
第 8 步：LED 与按键驱动程序 ······ 109
8.1 LED 的驱动与应用 ······ 109
8.2 按键的驱动与应用 ······ 120
第 9 步：蜂鸣器与继电器驱动程序 ······ 127
9.1 蜂鸣器的驱动与应用 ······ 127
9.2 继电器的驱动与应用 ······ 134
第 10 步：串口通信与超级终端 ······ 137
10.1 超级终端的安装与设置 ······ 137
10.2 printf 串口打印函数 ······ 141
10.3 串口中断回调函数 ······ 148
10.4 编写串口控制应用程序 ······ 152
第 11 步：ADC 与 DMA 驱动程序 ······ 155
11.1 ADC 功能 ······ 155
11.2 DMA 功能 ······ 163
第 12 步：RTC 与 BKP 驱动程序 ······ 171
12.1 HAL 库自带的 RTC 驱动程序 ······ 171
12.2 创建走时完善的 RTC 驱动程序 ······ 176
第 13 步：温/湿度传感器驱动程序 ······ 181
13.1 DHT11 芯片介绍 ······ 181
13.2 电路原理分析 ······ 182
13.3 移植驱动程序 ······ 184
13.4 编写应用程序 ······ 188
第 14 步：SPI 存储芯片驱动程序 ······ 190
14.1 芯片介绍 ······ 190
14.2 电路原理 ······ 194
14.3 CubeMX 设置 ······ 195
14.4 移植驱动程序 ······ 198
14.5 编写应用程序 ······ 203

第 15 步：USB 从设备驱动程序 ……204
15.1 电路原理 ……205
15.2 CubeMX 设置 ……205
15.3 修改驱动程序 ……209
15.4 编写应用程序 ……212
第 16 步：省电模式、CRC 与芯片 ID ……215
16.1 省电模式 ……215
16.2 CRC 功能 ……220
16.3 芯片 ID 功能 ……223
第 17 步：外部中断与定时器 ……225
17.1 外部中断功能 ……225
17.2 定时器功能 ……231

第 3 章 物联网通信功能 ……239

第 18 步：RS485 总线驱动程序 ……240
18.1 电路原理 ……240
18.2 CubeMX 设置 ……241
18.3 移植驱动程序 ……244
18.4 编写应用程序 ……246
第 19 步：CAN 总线驱动程序 ……247
19.1 电路原理 ……248
19.2 CubeMX 设置 ……249
19.3 移植驱动程序 ……250
19.4 编写驱动程序 ……253
第 20 步：蓝牙模块驱动程序 ……255
20.1 数据手册分析 ……256
20.2 电路原理 ……261
20.3 CubeMX 设置 ……262
20.4 移植驱动程序 ……264
20.5 编写应用程序 ……266
20.6 App 透传测试 ……267
第 21 步：蓝牙 AT 指令与控制应用 ……269
21.1 AT 指令集介绍 ……269
21.2 AT 指令的编程方法 ……271
21.3 蓝牙控制界面设置 ……275

21.4 编写蓝牙控制应用程序 ……276
第 22 步：蓝牙模块的扩展应用 ……278
22.1 蓝牙专业调试的界面设计 ……278
22.2 专业调试的程序编写 ……284
22.3 蓝牙模块 I/O 端口的控制 ……286
第 23 步：Wi-Fi 模块原理与 AT 指令 ……289
23.1 数据手册分析 ……289
23.2 电路原理 ……292
23.3 Wi-Fi 模块与串口 1 透传 ……293
23.4 串口助手调试 AT 指令 ……294
23.5 AT 指令集介绍 ……298
第 24 步：Wi-Fi 模块的 TCP 通信 ……304
24.1 Wi-Fi 模块连接无线路由器 ……304
24.2 以计算机为服务器的 TCP 连接 ……308
24.3 以 Wi-Fi 模块为服务器的 TCP 连接 ……313
24.4 Wi-Fi 模块与手机 App 通信 ……317
第 25 步：Wi-Fi 模块的单片机控制应用 ……320
25.1 移植驱动程序 ……320
25.2 编写应用程序 ……325
25.3 计算机的远程控制 ……327
25.4 手机的远程控制 ……329
第 26 步：创建阿里云物联网平台 ……331
26.1 物联网平台简介 ……332
26.2 创建产品与设备 ……334
26.3 安装 MQTT.fx ……339
26.4 测试数据收发 ……345
26.5 深入自学资料 ……350
第 27 步：STM32 连接阿里云物联网平台 ……351
27.1 修改示例程序的参数 ……351
27.2 云平台的数据收发 ……356
27.3 驱动程序结构与原理 ……359
27.4 应用程序原理分析 ……369

第 4 章 项目开发实践 ……373

第 28 步：物联网项目开发实例 1 ……374

28.1 项目策划和开发规范······374
28.2 创建项目工程与日志······378
28.3 移植各功能驱动程序······379
28.4 编写功能测试应用程序······382
第 29 步：物联网项目开发实例 2······387
29.1 完成温度控制加热灯的程序······388
29.2 完成按键和电位器设置的程序······391
29.3 完成手机蓝牙设置的程序······395
29.4 完成阿里云物联网平台设置的程序······399
29.5 测试效果与调试······401
第 30 步：物联网项目开发实例 3······402
30.1 完成错误报警的处理程序······403
30.2 完成操作异常的处理程序······404
30.3 完成稳定性处理的程序······409
30.4 程序排版整理······410
30.5 导出正式版本并存档······411

01

第1章 平台建立

- 第1步：教程介绍与学习方法
- 第2步：CubeIDE 的安装与汉化
- 第3步：创建 CubeIDE 工程
- 第4步：CubeMX 图形化编程
- 第5步：工程的编译与下载
- 第6步：HAL 库的结构与使用

第 1 步：教程介绍与学习方法

本书是针对从事物联网开发工作的朋友的物联网单片机入门教程。我将采用目前主流的 32 位 ARM 单片机作为低功率物联网设备的核心组件，主要讲解基于蓝牙模块、Wi-Fi 模块的联网通信。在开发平台上，我将使用最新的 STM32CubeIDE（以下简称 CubeIDE）集成开发环境、STM32CubeMX（以下简称 CubeMX）图形化编程工具、主流的 HAL 库来完成入门的教学。教学内容包括基础知识的讲解和各功能模块的编程与应用，最后带领大家完成一个基于阿里云物联网平台的小项目，通过项目开发实践来验证学习成果。

第 1 步先不着急展开教学内容，而是系统地介绍一下教程特色，给出我推荐的学习方法。要知道，学习方法比学习本身更重要，好的学习方法可以让你事半功倍。全面地了解本书，也能帮助你在学习过程中认清自己的方位，确立学习的目标，不至于学而不思或思而不学。

1.1 教学介绍

1.1.1 教学目标

- 掌握 CubeIDE 的基本功能的使用。
- 掌握 HAL 库的概念和基本使用方法。
- 掌握 CubeMX 图形化编程的方法。
- 掌握洋桃 IoT 开发板各功能的驱动与基本应用。
- 掌握 Wi-Fi 模块、蓝牙模块的通信原理和基本应用。

最终能跟随教程完成阿里云物联网平台的连接，完成物联网小项目。

目标是努力的方向，又包含了学有所成的标准。当你学完全部教程，完成相关实验和作业，再回看教学目标也是对自己学业的总结。

第 1 个目标是掌握 CubeIDE 的基本功能的使用。图 1.1 所示为 CubeIDE 界面。CubeIDE 是集成开发环境，是开发过程的核心组件，其他工具都要围绕它运行。有朋友可能会问，单片机不是核心吗？是的，单片机也是核心，但它是产品应用层面上的控制核心，在项目开发完成后，产品工作运行时单片机才是核心。而在项目开发阶段，单片机只是辅助开发环境的调试工具。由于我们关注的重点是物联网开发，在开发环境方面，只讲解最基础的功能，能够让大家学会在 CubeIDE 中进行图形化编程、程序编辑、编译和下载调试。

第 2 个目标是掌握 HAL 库的概念和基本使用方法。HAL 库听起来高端大气，但学习起来比标准库简单很多，因为在 HAL 库中，对库函数的基本参数设置是通过图形化的方式进行的，初学者不需要熟悉程序就能完成。技术的发展让开发者的工作变得更高效、更简单。但我知道多数初学者对陌生的技术抱有恐惧。在本书配套的教学视频中，我会结合实例来由浅入深地讲解 HAL 库的原理和使用方法，让你在学会之后可能会感慨，原来 HAL 库并不难。

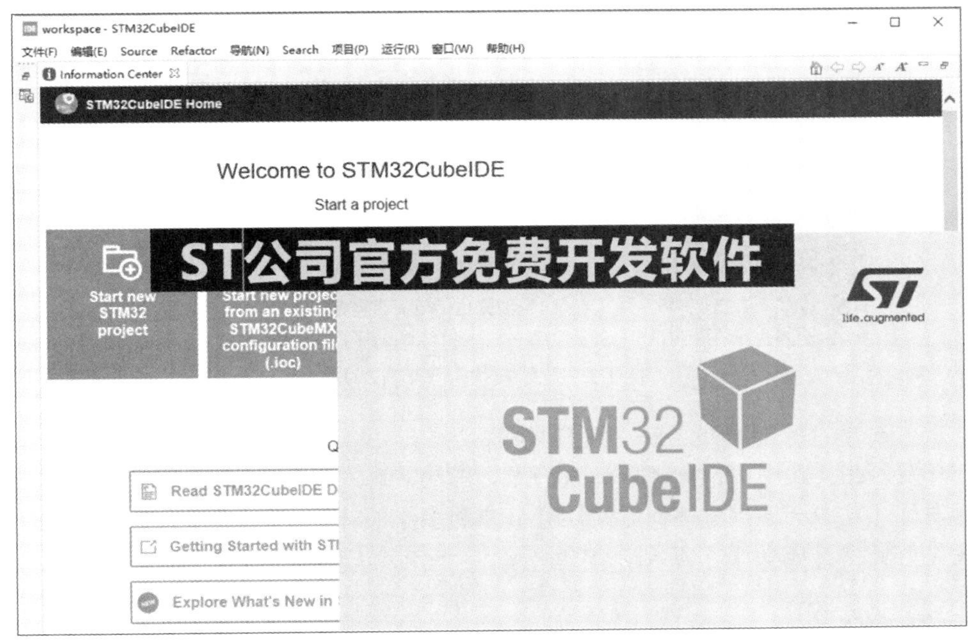

图 1.1　CubeIDE 界面

让 HAL 库如此简单的原因，是 CubeMX 的图形化编程功能。这就要说到第 3 个目标，掌握 CubeMX 图形化编程的方法。CubeMX 不仅可以设置所有 I/O 端口的工作模式，还能设置单片机内部功能的各种参数，在不编写任何一行程序的前提下，也能完成单片机全部功能的初始化。这是一项伟大的发明，图形化编程将会成为未来单片机开发的重要方式之一。同时，也将单片机的开发门槛降低，也许有一天，小学生也能开发单片机项目，有一波程序员可能会失业，只能说有利有弊吧！

第 4 个目标是掌握洋桃 IoT 开发板各功能的驱动和基本应用。洋桃 IoT 开发板是教学视频的配套硬件，接下来讲到的各项功能，都会在洋桃 IoT 开发板上进行实验，最终产品的运行效果也在硬件电路上呈现，所以在学习过程中，硬件实验是非常必要的。要知道，不同于计算机软件开发，单片机开发更考验开发者的软/硬件综合开发能力，要求开发者既要会设计电路，又要会单片机编程，在软/硬件之间不断发现问题、解决问题，最终才能具备独立完成单片机项目开发的能力，才能成为社会真正需要的技术人才。

第 5 个目标是掌握 Wi-Fi 模块、蓝牙模块的通信原理和基本应用。图 1.2 所示为蓝牙模块和 Wi-Fi 模块。物联网与传统自动化控制的最大区别，是产品能否接入互联网。在智能家居领域，最常见的联网方式是通过 Wi-Fi 和蓝牙进行连接，它们都具有通信模块体积小、功耗低、通用性强、连接方便等特点。所以在教学视频中，除了会讲到传统的 RS485、CAN 总线，Wi-Fi 模块和蓝牙模块将是重点讲解的内容。Wi-Fi 模块重点讲解 AT 指令和连接无线路由器的应用，蓝牙模块重点讲解手机 App 操控开发板的应用。

图 1.2　蓝牙模块和 Wi-Fi 模块

把以上 5 个目标都掌握之后，我们就可以结合一些实际应用来完成一个完整的物联网小项目开发，在实践中发现问题，解决问题。解决问题的过程是最好的学习机会，我会讲解实际项目开发中会遇到哪些问题，还会分享我多年的开发经验。物联网开发的综合应用与实践，是重点也是难点，请紧跟我的步伐，一起走向最后的胜利。

1.1.2　教学大纲

接下来介绍教学大纲（见图 1.3）。《STM32 物联网入门 30 步》共有 30 集视频，与本书内容一一对应。这里介绍 30 集视频内容的规划，视频分成 4 个部分，第 1 部分是第 2～6 集，重点讲解开发环境的建立，包括软件的安装、开发流程的操作方法。这是基础操作内容，按照视频一步一步完成即可，依次完成之后，后续不需要重复操作。第 2 部分是第 7～17 集，讲解物联网基础功能的电路原理、分析驱动程序和应用程序。学会单片机的过程就是不断开发更复杂、更有难度的功能模块的过程，在一次又一次反复的经验积累之中，锻炼出高效的思维方式，提高对技术问题的敏感度。第 3 部分是第 18～27 集，专门介绍与物联网相关的通信功能，重点讲解蓝牙模块、Wi-Fi 模块等时下最常用的无线连接技术，并通过 MQTT 协议连接阿里云物联网平台，实现全球远程控制物联网。第 4 部分是第 28～30 集，用 3 集完成物联网小项目的开发实践，实践过程相当于一次考试，验证是否能够对所学知识应用自如，从而对整个学习过程进行最

教学大纲

洋桃IoT开发板配套30集教学视频

《STM32物联网入门30步》

1. 教程介绍与学习方法	16. 省电模式、CRC与芯片ID
2. CubeIDE的安装与汉化	17. 外部中断与定时器
3. 创建CubeIDE工程	18. RS485总线驱动程序
4. CubeMX图形化编程	19. CAN总线驱动程序
5. 工程的编译与下载	20. 蓝牙模块驱动程序
6. HAL库的结构与使用	21. 蓝牙AT指令与控制应用
7. RCC时钟与延时函数	22. 蓝牙模块的扩展应用
8. LED与按键驱动程序	23. Wi-Fi模块原理与AT指令
9. 蜂鸣器与继电器驱动程序	24. Wi-Fi模块的TCP通信
10. 串口通信与超级终端	25. Wi-Fi模块的控制应用
11. ADC与DMA驱动程序	26. 创建阿里云物联网平台
12. RTC与BKP驱动程序	27. STM32连接阿里云平台
13. 温/湿度传感器驱动程序	28. 物联网项目开发实例1
14. SPI存储芯片驱动程序	29. 物联网项目开发实例2
15. USB从设备驱动程序	30. 物联网项目开发实例3

图 1.3　教学大纲

好的总结。

1.2　理清关系

1.2.1　《STM32 物联网入门 30 步》与《STM32 入门 100 步》的关系

几年前我发布了《STM32 入门 100 步》教学视频，同名图书也已出版。在教学中我采用了 KEIL MDK 开发环境和标准库，并在洋桃 1 号开发板上完成实验。很多读者已经看过《STM32 入门 100 步》，突然看到《STM32 物联网入门 30 步》可能会有点迷惑，不知如何是好。所以在这里，我要特别梳理下两套教程中不同的部分，包括视频教程、库函数、开发板和开发环境的对比，目的是通过比较差异发现特征、取长补短。要知道，没有哪种开发方式是完美无缺的，我们能做的是尽量学会更多的开发方式，在实际应用中选择最适合的一种。

先来对比两套教学视频（见图 1.4）。两套教程使用了不同的开发板和开发平台。《STM32 入门 100 步》重点是 STM32 单片机的基础入门，是普及型通用教程。以单片机为核心，讲解了 OLED 显示屏、数码管、旋转编码器等人机交互应用，继电器、步进电机等机电一体化应用，MP3 播放、U 盘读写等多媒体应用。也就是说，它面向各种不同应用场合，100 集的体量才能容下这么多内容。《STM32 物联网入门 30 步》只面向物联网开发这一种应用场合，用 30 集就能讲明白。内容上二者都面向初学者，只不过一些基础知识在《STM32 入门 100 步》中讲过，《STM32 物联网入门 30 步》涉及相同知识时不赘述。另外，这两套教程都属于“洋桃教学视频集合”的一部分，都能配合“洋桃补习班”“洋桃救助队”“洋桃项目组”视频一起学习。看过的读者会知道，“洋桃教学视频集合”才是教学的完全体，“洋桃项目组”是精华中的精华，大家千万不要错过。

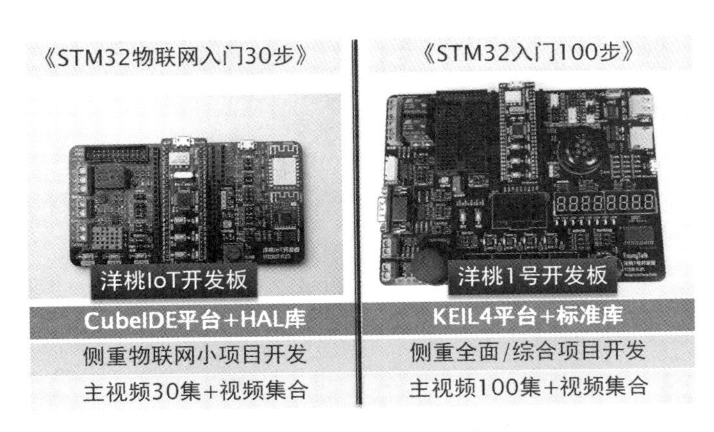

图 1.4　两套教程的对比

1.2.2　HAL 库与标准库的关系

接下来介绍 HAL 库与标准库的关系。库是什么？它有什么作用？要知道单片机只认程序，库函数就是由官方或第三方预先编写好的一部分程序，把这些程序按作用封装成模块化函数，再按照功能放在不同的文件和文件夹里，这些文件和文件夹的整体就是一个库函数。开发者可以直接调用库函数，不需要自己编写，节省了时间，提高了效率。如果想自己编写库函数，需要了解单片机底层寄存器结构和各种软 / 硬件之间的协调关系，这是复杂又困难的事情。现在已经有人把这些工作做好了，对于我们来说直接使用是很方便的选择，这样我们可以把精力放在应用层面，更快地开发出完善、稳定的产品。HAL 库和标准库都是 ST（意法半导体）公司官方编写的库函数，标准库的出现早于 HAL 库，《STM32 入门 100 步》中使用的就是标准库。标准库以单纯的程序方式实现，开发者要手动将这些文件复制粘贴到工程文件夹里，在 KEIL MDK 开发环境中添加库文件。相比之下，添加 HAL 库就简单多了，只要在 CubeIDE 开发环境中单击几下鼠标，HAL 库就会被自动添加好，就像在手机上安装 App 一样简单。

修改库函数中的参数时，在标准库里，开发者需要找到参数所在位置，并记住参数的修改规则，每个参数的功能和规则都不同，要查看数据手册才能看懂它们的意义，这就要对库函数中的程序有一定了解，需要开发者花些工夫。相比之下，HAL 库的参数设置是图形化的，参数都在下拉列表、单选框、复选框、输入框里面放置好了，只需点点鼠标就能完成设置。就像在手机的“设置中心”里设置手机功能一样简单。如此简单又好用的 HAL 库，一定是官方主推的产品，所以 ST 公司放弃了标准库的更新，全力更新 HAL 库。但是我们也不要被“技术先进”迷了双眼，标准库也有它的优势，无数开发者验证了标准库有很好的稳定性，又因为它要求开发者了解一部分底层库函数原理，更适用于入门教学。如果直接从 HAL 库入门，可能只会点点鼠标，没有历练的机会。我的建议是先学标准库，能对单片机底层原理有一定认知；再学 HAL 库，能在实际开发中提高效率。图 1.5 所示是两种库的对比，你会发现标准库在各方面比较平衡，HAL 库的开发效率更高。

HAL库	标准库
CubeIDE图形化界面自动生成程序	用户自行复制/修改程序
用户不需要了解底层库函数的原理，图形化配置	用户需要了解部分底层库函数原理，以方便修改配置
官方主推HAL库+CubeIDE开发环境，不断更新	官方已停止更新，稳定性好

	易学性	易用性	移植性	占用空间	完善程度	执行效率	硬件覆盖范围
寄存器操作	差	差	差	小	差	高	小
标准固件库	中	中	中	中	中	中	中
STM32CubeIED(HAL)	优	优	优	大	优	低	大
STM32CubeIED (LL)	优	差	差	小	中	高	小

图 1.5　两种库的对比

1.2.3　洋桃 IoT 开发板与洋桃 1 号开发板的关系

再来介绍洋桃 IoT 开发板与洋桃 1 号开发板的关系。要知道洋桃 1 号开发板由 1 号核心板和 1 号底板两部分组成。如图 1.6 所示，STM32 单片机在核心板上，核心板可以从底板上取下来单独使用，还可以插到其他底板上使用，洋桃 IoT 开发板就是另一块可以插入核心板的底板。也就是说，同一个核心板，插在 1 号底板上就具有 1 号开发板的功能，插在 IoT 底板上就具有 IoT 开发板的功能。1 号底板是针对各类应用场合而设计的，IoT 底板是针对物联网的项目开发而设计的。当然，你可以同时购买一个核心板和两款底板，用排线将它们连接起来，形成更强大的全功能开发板。已经有 1 号开发板的用户，只需再单独购买一个 IoT 底板，就能扩展物联网的学习实验。教学中还会用到 ST-LINK 仿真器，这是选配的开发工具。没有仿真器也能通过核心板上的 USB 接口下载程序。但仿真器的下载速度更快，具有仿真调试功能。大家可以根据自己的需求选择。图 1.7 所示是洋桃 IoT 开发板的功能说明，从中可以了解开发板的布局和功能。所有功能模块都通过跳线连接，单片机 GPIO 端口可通过跳线断开连接，还能通过排线引出端口。其中，Wi-Fi 模块、蓝牙模块、存储芯片是洋桃 IoT 开发板的特有功能。

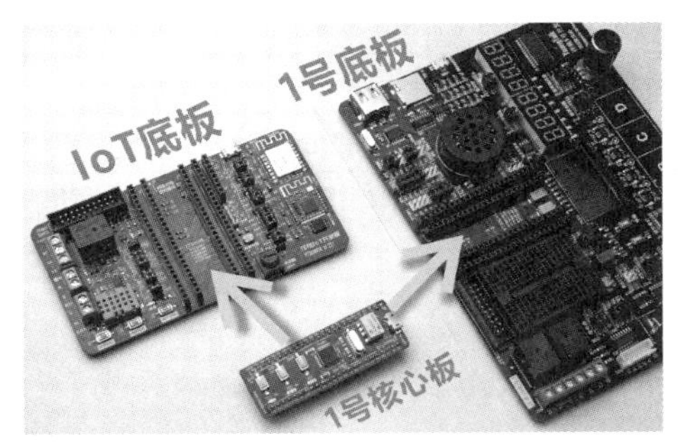

图 1.6　一个核心板可用于两款底板

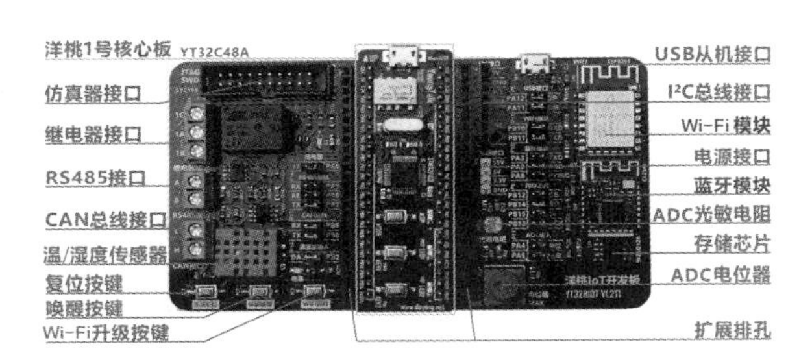

图 1.7　洋桃 IoT 开发板的功能说明

1.2.4　CubeIDE 与 KEIL MDK 两款软件的关系

最后介绍 CubeIDE 与 KEIL MDK 的关系。两款软件开发环境的对比见表 1.1。CubeIDE 如今已经发展稳定，其内部直接集成了 HAL 库。CubeIDE 功能强大，包括程序编辑、图形化编程、编译、在线调试等，支持 ST 公司的 STM32 和 STM8 系列单片机的开发，不支持其他品牌的单片机。而 KEIL MDK 则是由 ARM 公司发布的开发平台，支持几乎所有 ARM 内核的各种品牌的单片机。这导致二者的重要区别是，CubeIDE 针对 STM32 单片机有很好的优化，拥有 HAL 库的图形化开发界面；而 KEIL MDK 没有针对某型号单片机的优化，但通用性更强。同时，使用 CubeIDE 时程序的编辑、编译、下载过程都能在软件之内完成，集成度高；若在 KEIL MDK 中使用 HAL 库，图形化编程要在 CubeMX 内完成，程序编辑、编译、下载要切换到 KEIL MDK，操作更分散、更麻烦。另外，CubeIDE 可在 Windows、macOS 和 Linux 多操作系统下安装；KEIL MDK 只能在 Windows 操作系统下安装。

1.3　学习方法

接下来介绍学习方法，这些方法不只适用于本书。先来了解“洋桃教学视频集合”。如图 1.8 所示，传统的教学视频和电视连续剧一样，从第 1 集按顺序播到全剧终，这种方式简单直接，但是面对不同水平的学习者会产生很多问题。有人觉得简单会直接跳过，有人觉得复杂还要补习。“洋桃教学视频集合”通过多组视频，让不同水平的学习者可以在多个视频之间跳转学习。首先将《STM32 物联网入门 30 步》作为主线，所有学习者由此开始学习。当对某些知识点不理解时，就跳转到“洋桃补习班”和“洋桃救助队”补充基础知识。当主线学完之后，再观看“洋桃项目组”来提高项目开发实践能力。如果你下定决心开始学习本书，请先花些时间了解“洋桃教学视频集合”，再把所有内容看成一个整体，需要时跳转到对应的内容，让一维的单线学习变成三维的立体地图。

表 1.1　两款软件开发环境的对比

CubeIDE	KEIL MDK
由 ST 公司开发，专用于自家的 STM 系列单片机	由 ARM 公司开发，通用于所有 ARM 单片机
只能用于 STM32、STM8 等 ST 的单片机开发	可用于 STM、AT 等所有 ARM 单片机开发
集成了图形化界面、编辑器、编译器、仿真器	集成编辑器、编译器、仿真器，无图形化界面
集成度高，针对 STM 单片机有优化	通用性强，无特别优化
支持微软 Windows、苹果 macOS、Linux 多系统	支持微软 Windows

注：1. 用 CubeIDE 做 HAL 库开发，加载库文件、图形化配置、生成程序、编辑编译、下载、仿真等功能都在 CubeIDE 内部完成。
2. 用 KEIL MDK 做 HAL 库开发，加载库文件、图形化配置、生成程序在 CubeMX 完成，编辑编译、下载、仿真在 KEIL MDK 完成，不断切换多个软件。

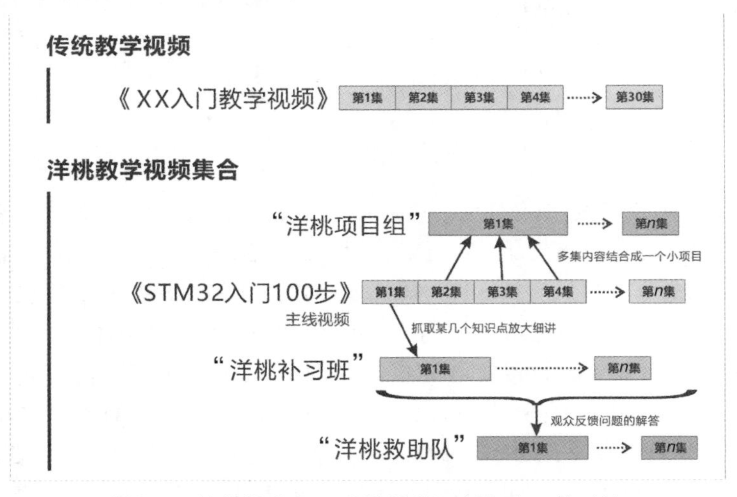

图 1.8　传统教学与“洋桃教学视频集合”的对比

每一套教程都有它的注重点，有些注重理论知识，有些注重底层开发，有些注重上层应用。面向的用户不同，教程的注重点也不同，这些注重点并没有好坏之分。本书所面向的是终端产品开发，面向最终使用产品的客户，所以更注重上层应用，讲解理论知识和底层开发的部分较少。需要明确的是，这是一套入门教学，你不能期望它全面、系统、完善地讲完单片机开发的所有内容，它能让大家自主完成一些简单的应用层项目开发就已达到目的。若想加深理论知识，提升底层开发能力，可在学完本书后另外学习。在此我总结了

应用层开发中的 3 个常见问题。

问题 1：不会底层不算会单片机？

回答：本书重点关注物联网应用层的学习与开发，很少涉及单片机寄存器与库函数的原理分析。单片机底层基本由现成库函数控制。单片机底层原理的讲解复杂又枯燥，不适合初学者。当应用层开发得心应手之后再学习底层会事半功倍。

问题 2：不自己写程序不算会单片机？

回答：这种说法就像“不自创字体不算会书法”。初学者能临摹别人的程序已属不易。针对应用要求直接从现有程序中把需要的程序复制粘贴即可。

问题 3：学会单片机的标准是什么？

回答：能根据项目要求对现有的硬件和程序进行移植、整合，开发过程中遇到问题可借助资料与网络独立解决。

本书会反复提到实践的重要性，因为目前用仿真软件学习单片机的大有人在。这里所指的实践是在开发阶段通过硬件电路来完成调试开发。人们常说实践出真知，其实每个人都知道实践的重要性，但是当发现软件仿真很方便，发现单片机的重点是编程时，就会不由自主地把工夫放在软件层面。可不要忘了，单片机是软/硬件高度结合的产物，软件、硬件缺一不可。只有在实践之中才能掌握真正的经验，才能真正理解程序在硬件上运行的效果，才能通过效果的异常发现程序的错误。这是每位单片机开发者必备的素质。

实践是我们学习理论的最终目的。只有通过实践验证，理论才能扎实地被看见、被感受。实践能使知识记忆深刻，如果你的脑、手、眼都与开发板互动，就能把知识和经验融化在记忆里，这是死记硬背达不到的。实践能锻炼出独立解决问题的能力，随着经验的增长，你能敏锐地观察到现象中的细节，并且从细节中思考程序的运行过程。这虽然听起来奇幻，却是我的经验。别人看不出的问题，我能一眼就找到原因，这是长期实践训练的结果。所以我建议大家不要用仿真软件，不要只看程序、不碰硬件，请拿起开发板去实践吧！顺便说一句，本书中的每句话都是重点，请反复观看，做好笔记。当你对学习感到困惑和迷茫时，请回看第 1 步，第 1 步就像故乡，总能给你前进的动力。

第 2 步：CubeIDE 的安装与汉化

从这一步开始，我们将安装一系列软件，在计算机上建立起单片机的开发平台。安装软件的过程都是流程化、机械化的操作，只要严格按照我的操作步骤，一步一步进行即可，对于每一步的操作具体起什么作用并不用深究。这一步的目的就是在计算机上安装好软件平台，编程开发的过程我会在后面详细讲解。软件的安装是一次性操作，只有在未来重装系统或更换新计算机时，才需要重新安装。这里以 Windows 操作系统为例，安装环境是台式机、i5 处理器、4GB 内存、256GB 硬盘、64 位 Windows 10 家庭版系统，可供大家作安装的参考。如果在安装的过程中出现意外，大多数原因是没有严格按照视频操作，请退回开始部分重新操作。调换步骤顺序、省略步骤都可能导致意想不到的问题。

这一步的主要内容是在计算机上安装 CubeIDE，共分成 4 个部分。

- 在 ST 公司官方网站下载 CubeIDE。
- 将 CubeIDE 安装在计算机上。
- 下载并安装汉化补丁包。
- 对 CubeIDE 进行初始化设置。

2.1 CubeIDE 的下载

首先介绍 CubeIDE 的下载，包括下载地址、获取软件、解压缩 3 个部分。为了不混淆步骤顺序，接下来我将用步骤 1、步骤 2……的方式讲解。

步骤 1：下载 CubeIDE。CubeIDE 和 STM32 单片机都是 ST 公司的产品，CubeIDE 的下载站点是 ST 公司官方网站。此外，大家也可以在洋桃电子官方网站进行下载（见图 2.1）。

网盘下载 到洋桃电子官方网站可找到下载链接

洋桃电子官方网站首页→洋桃IoT开板页面→工具软件及驱动程序→STM32-CubeIDE安装包

图 2.1　洋桃电子官方网站的 CubeIDE 下载地址

步骤 2：如图 2.2 所示，如果是在 ST 公司官方网站进行下载，在进入下载页面后，单击“获取软件”按钮。

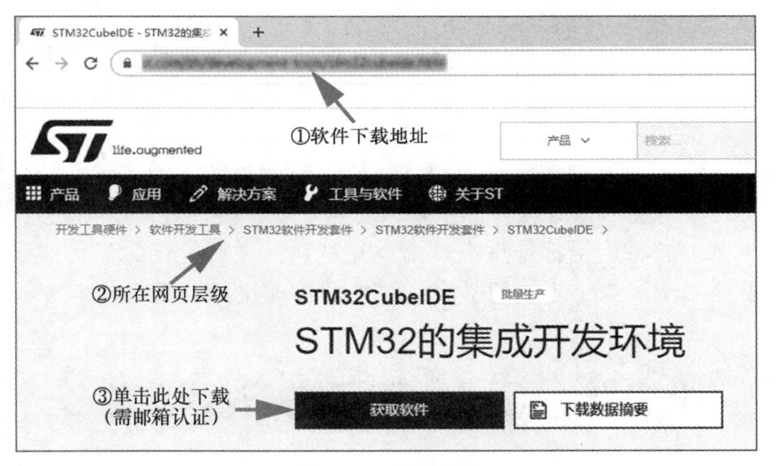

图 2.2　下载页面

步骤 3：如图 2.3 所示，在“获取软件”的列表中找到“产品型号”为“STM32CubeIDE-Win”的选项，在“选择版本”的下拉列表中选择“1.8.0”（本书的示例程序都采用 1.8.0 版本编写），然后单击“获取软件”按钮。初学期间请下载与本书相同的版本，避免一些版本不同导致的问题，熟练掌握之后再更新版本。

步骤 4：如图 2.4 所示，在弹出的“许可协议”页面中单击“接受”按钮。然后会弹出输入框，如图 2.5 所示，需要填写姓名和电子邮箱地址。电子邮箱是用来获取验证码的，请填写常用的电子邮箱地址，然后单击“下载”按钮。

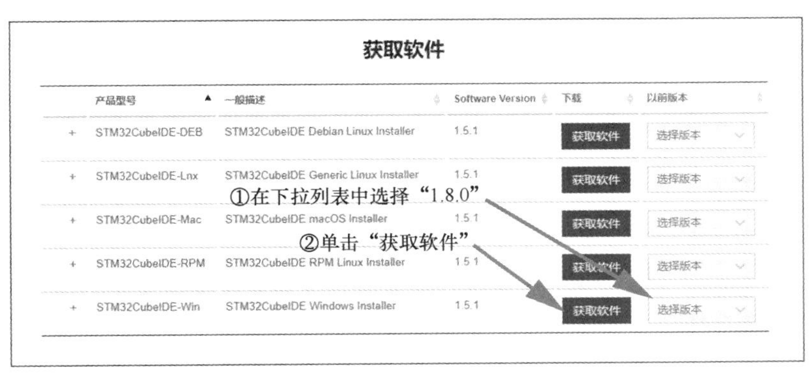

图 2.3　“获取软件”列表

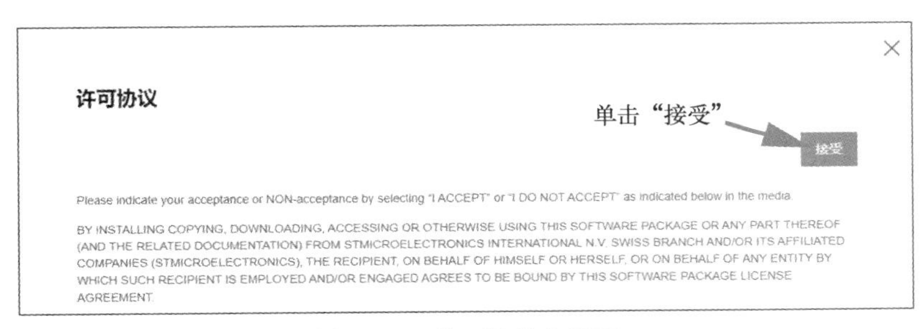

图 2.4　“许可协议”页面

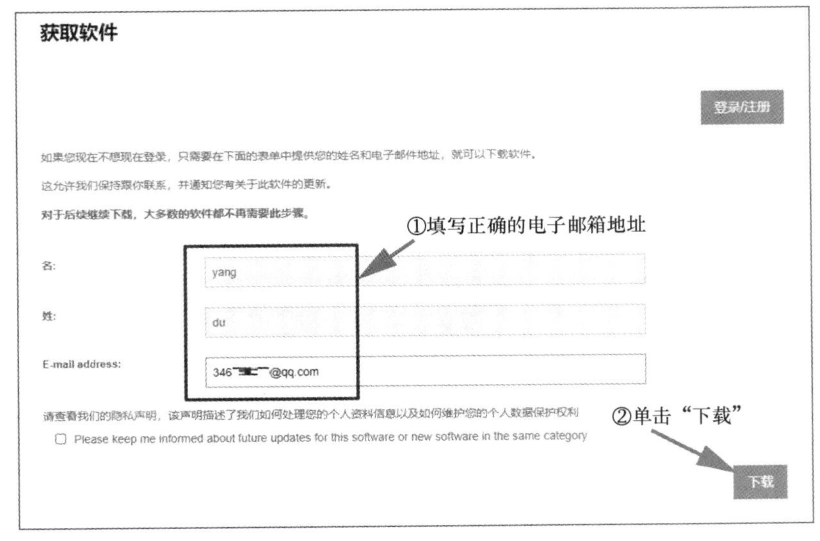

图 2.5　“获取软件”页面

步骤 5：如图 2.6 所示，现在可以打开你填写的电子邮箱，在收件箱里会收到一封来自 ST 公司的邮件。打开邮件并单击“立即下载”按钮。浏览器会自动弹出下载窗口，按照正常的文件下载方式进行下载。下载完成后，在下载文件夹中会显示一个 ZIP 压缩文件，如图 2.7 所示。用解压缩软件解压缩。注意，不能在压缩文件里运行安装软件，必须在解压缩后安装。

图 2.6　收到的电子邮件

图 2.7　ZIP 压缩文件

2.2　CubeIDE 的安装

接下来介绍 CubeIDE 的安装过程，包括安装软件、运行软件和软件升级 3 个部分。

步骤 6：如图 2.8 所示，在解压缩后的文件夹里找到“st-stm32cubeide_1.8.0_9029_20201210_1234_x86_64.exe”，双击运行。如果计算机弹出安全提示，则可在文件上单击鼠标右键，选择“以管理员身份运行”。接下来开始安装，如图 2.9 所示，在弹出的欢迎窗口中，单击“Next”（下一步）按钮。

图 2.8　解压缩后的安装文件

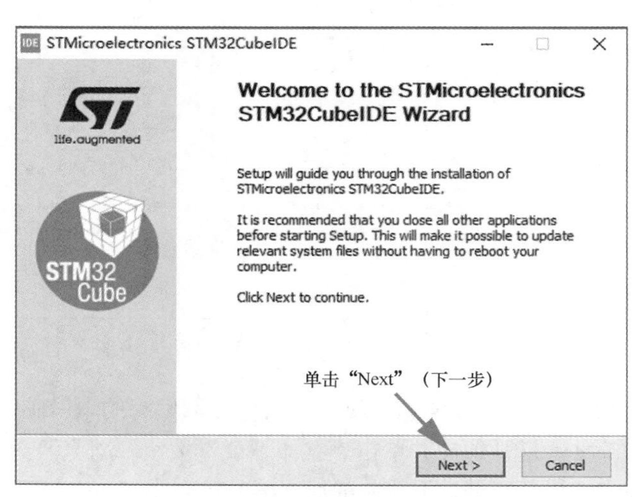

图 2.9　欢迎窗口

步骤 7：如图 2.10 所示，在弹出的“License Agreement”（许可协议）窗口中单击“I Agree”（我同意）按钮。

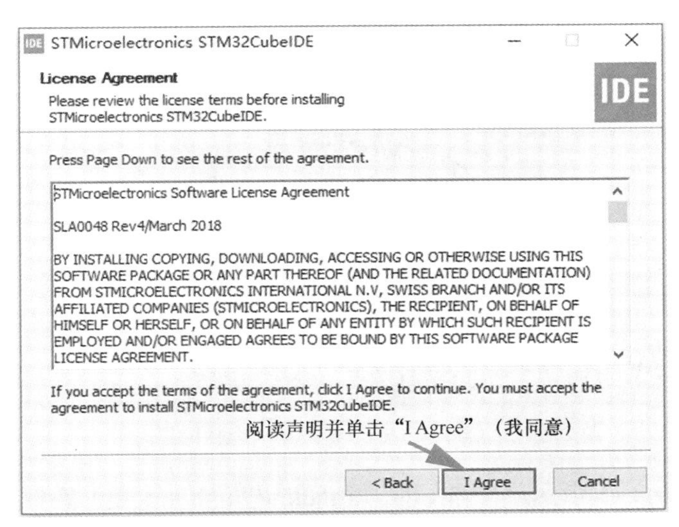

图 2.10　“License Agreement”（许可协议）窗口

步骤 8：如图 2.11 所示，在“Choose Install Location”（选择安装位置）窗口中确定软件安装在系统盘（C 盘）默认路径，然后单击“Next”（下一步）按钮。特别注意，CubeIDE 一定要安装在系统盘默认路径，不然在后续升级时会出现很多问题。

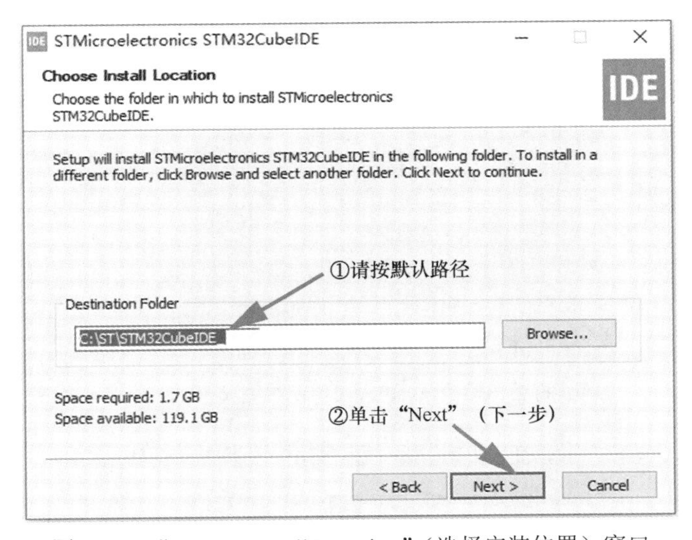

图 2.11　“Choose Install Location”（选择安装位置）窗口

步骤 9：如图 2.12 所示，在弹出的“Choose Components”（选择组件）窗口中接受默认设置，勾选这两项的作用是额外安装 J-LINK 和 ST-LINK 的驱动程序，这是 STM32 单片机开发中最常用的两款仿真器，现在安装好可在后续使用时省去很多麻烦，即使不使用也不会占用太多计算机资源。确定后单击“Install”（安装）按钮。

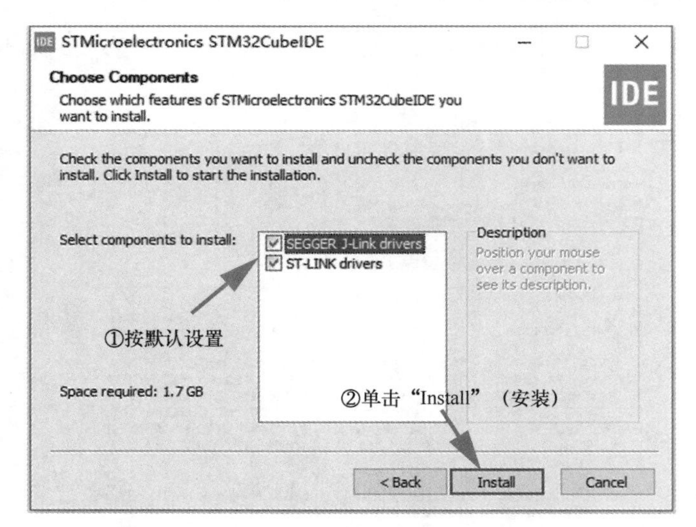

图 2.12 “Choose Components”（选择组件）窗口

步骤 10：如图 2.13 所示，在弹出的“Installing”（正在安装）窗口中等待安装结束，这个过程可能需要几分钟。

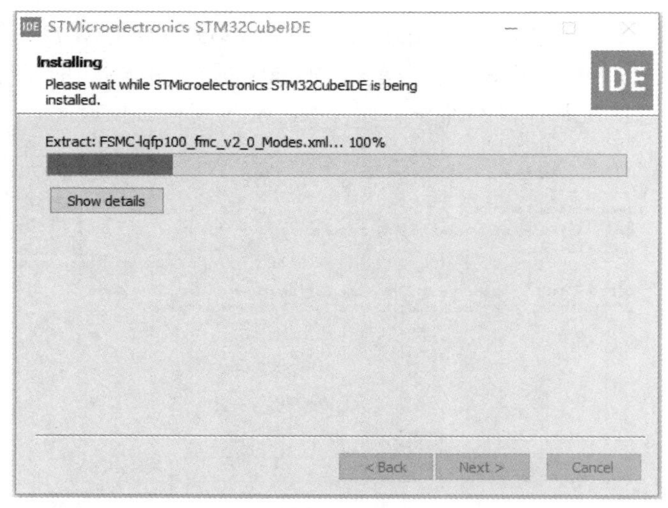

图 2.13 “Installing”（正在安装）窗口

步骤 11：如图 2.14 所示，在安装过程中系统可能会弹出“Windows 安全中心”对话框，询问你是否安装通用串行总线设备。这是一款用于 ST 单片机的串口驱动程序，是 CubeIDE 的一部分，但 Windows 操作系统怀疑它是不安全的软件，所以弹出提示，可以单击“安装”按钮，放心安装。

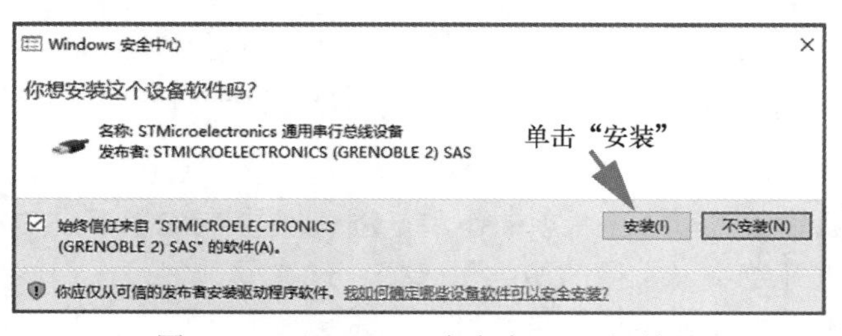

图 2.14 “Windows 安全中心”对话框

步骤 12：如图 2.15 所示，安

装完成，单击“Next”（下一步）按钮。

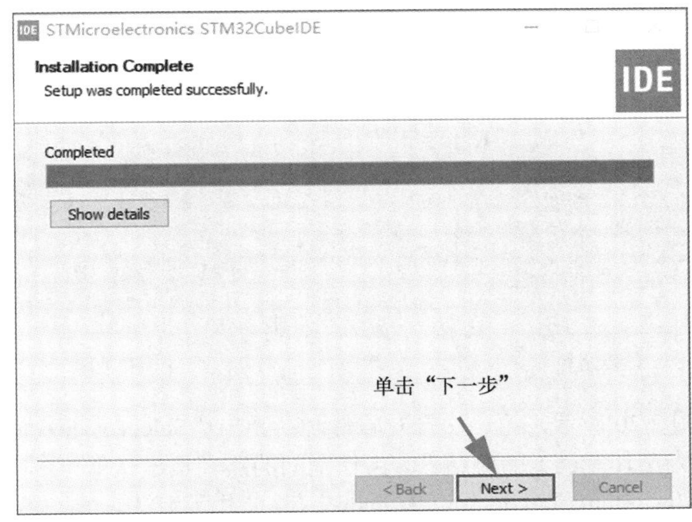

图 2.15　安装过程窗口

步骤 13：如图 2.16 所示，在最后弹出的安装完成窗口里勾选“Create desktop shortcut”（创建桌面快捷方式）选项，然后单击“Finish”（完成）按钮。到此 CubeIDE 已经被成功安装到你的计算机上了。

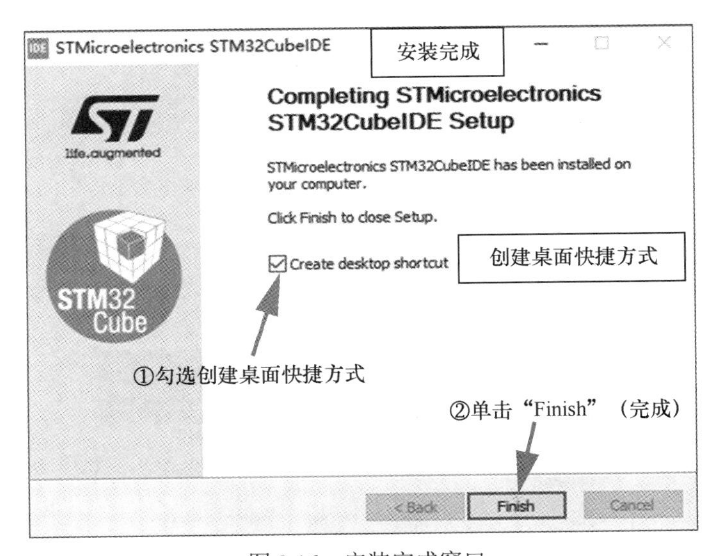

图 2.16　安装完成窗口

步骤 14：接下来运行软件。可以双击计算机桌面上如图 2.17 所示的图标。如图 2.18 所示，也可以在安装路径里找到 stm32cubeide.exe 应用程序文件。图 2.19 所示为软件的启动界面。这个软件比较大，打开的过程需要一段时间。

图 2.17　桌面快捷图标

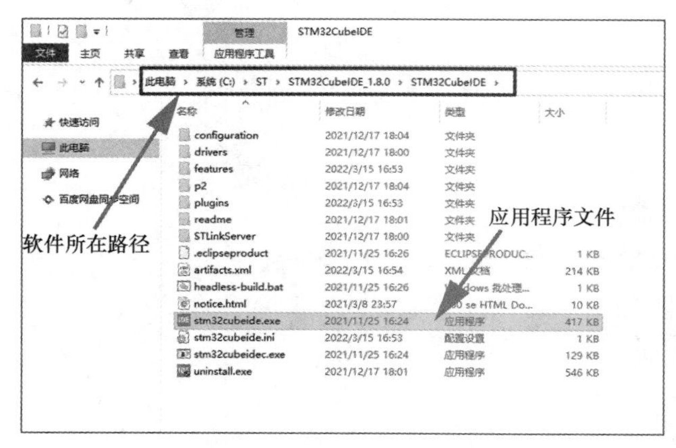

图 2.18　安装路径

图 2.19　软件启动界面

步骤 15：如图 2.20 所示，第一次打开软件时会弹出“Select a directory as workspace”（选择一个目录作为工作空间）的对话框。工作空间的路径按默认即可，同时勾选窗口左下角的“Use this as the default and do not ask again”（将此作为默认设置，不再询问），然后单击“Launch”（发起）按钮。

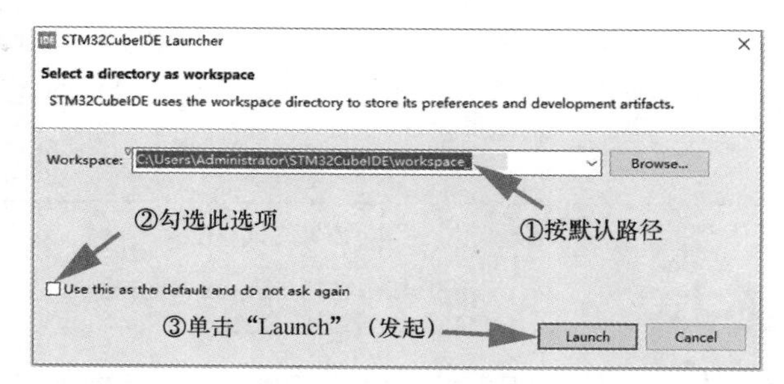

图 2.20　“Select a directory as workspace”（选择一个目录作为工作空间）对话框

步骤 16：如图 2.21 所示，部分计算机会弹出“Windows 安全中心警报”对话框，让你选择是否允许软件访问网络。这里要选择“允许访问”，否则后续操作无法进行。

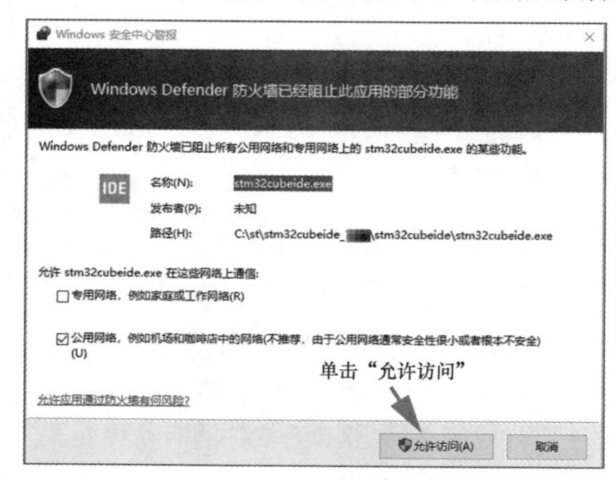

图 2.21　“Windows 安全中心警报”对话框

步骤 17：如图 2.22 所示，第一次打开软件时还会弹出协助改进对话框，大意是询问用户是否愿意上传报错的数据，帮助 ST 公司改进软件。可以根据自己的意愿进行选择，此操作不影响软件使用。软件正常打开的界面如图 2.23 所示。

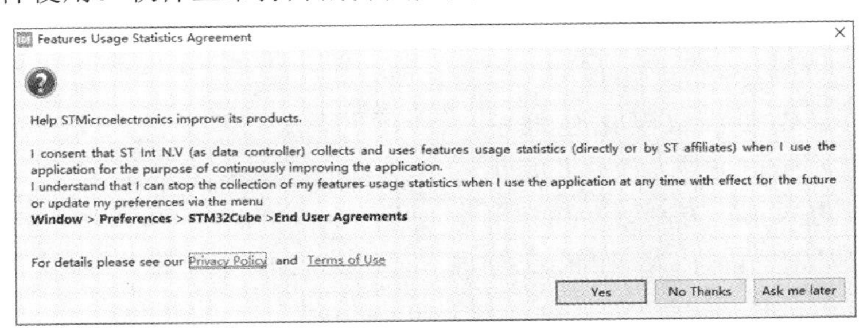

图 2.22　协助改进对话框

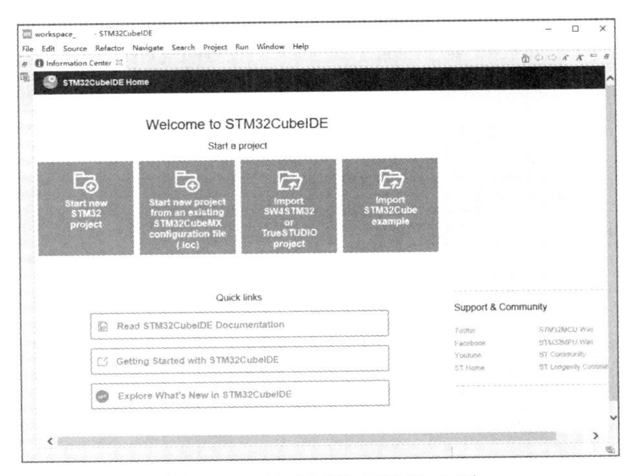

图 2.23　软件正常打开的界面

步骤 18：如图 2.24 所示，在升级软件版本时，单击菜单栏的“Help”（帮助），在弹出的下拉菜单中选择“Check for Updates”（检查更新）。如果有新的软件版本，计算机会自动在线安装，安装前请确保网络连接正常。需要注意，开发类软件不同于休闲娱乐软件，并不是越新越好，而是更注重稳定性。建议不要升级到最新的软件版本，新版本可能会存在很多问题。可以升级到次新版本，或者等待新版本发布一段时间后再使用。

图 2.24　检查更新的操作

2.3 CubeIDE 的汉化

下面要对软件进行汉化，分为获取汉化包地址、添加汉化包、安装汉化包、重启软件4 个过程。

步骤 19：首先要获取汉化包地址。CubeIDE 本身并不带语言包，汉化包是第三方插件。所以要进入第三方网站，找到汉化包并下载。如图 2.25 所示，大家可以在洋桃电子官方网站下载汉化包。

可到以下位置找到最新地址：
洋桃电子官方网站→洋桃IoT开发板页面→工具软件

图 2.25　汉化包的下载地址

步骤 20：如图 2.26 所示，输入地址后打开的是一个简易的文件目录，在其中找到一个“R”开头的链接，我这里显示的是“R0.19.1”，你打开时后面的数字也许不同，但开头都是“R”。单击进入后又会出现带有日期的链接，请选择离你最近的一个日期，我这里最近的日期是“2021-03”。单击进入后又会出现一些链接，但不需要再单击，把光标放到浏览器的地址栏，将完整的地址复制下来。

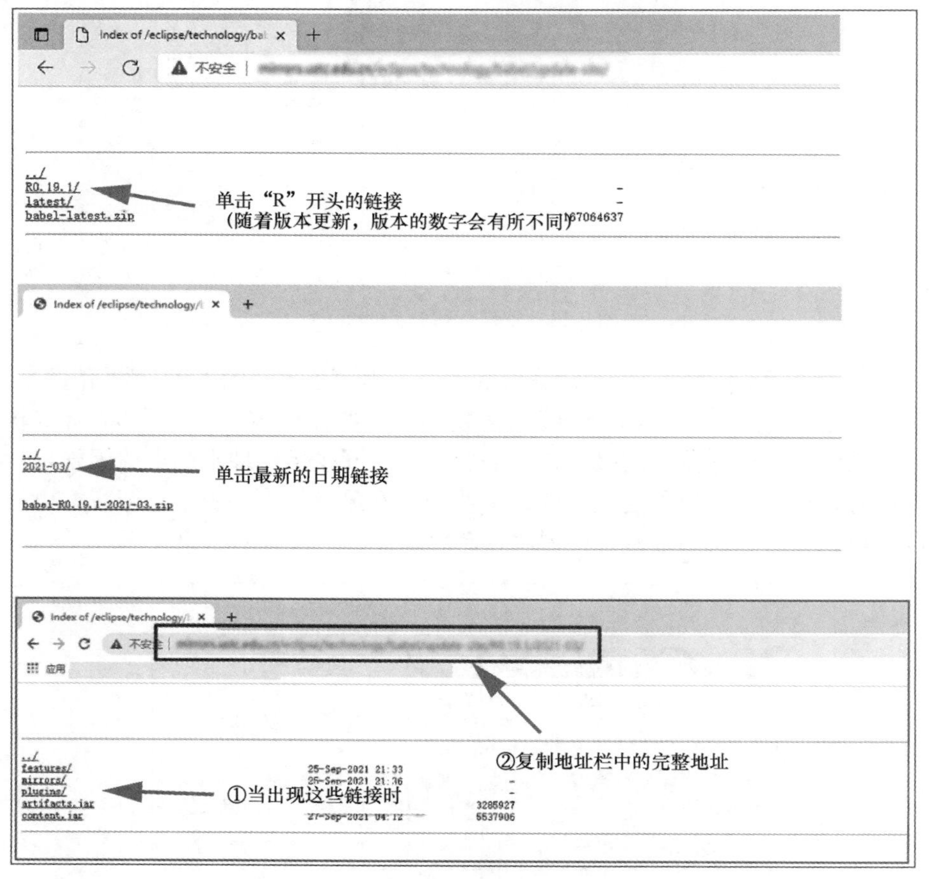

图 2.26　选择汉化包的文件路径

步骤 21：如图 2.27 所示，把复制的地址保存起来，地址前缀有“http://”，并命名为“language”（语言）的名称。

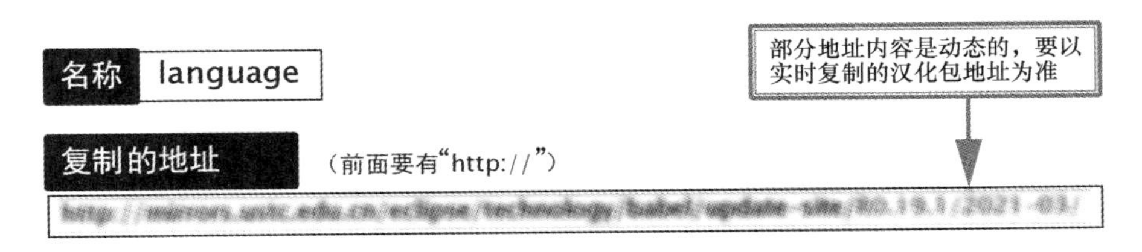

图 2.27　保存名称和地址

步骤 22：如图 2.28 所示，回到软件界面，在菜单栏中选择“Help”（帮助），在弹出的下拉菜单中选择“Install New Software…”（安装新软件）。

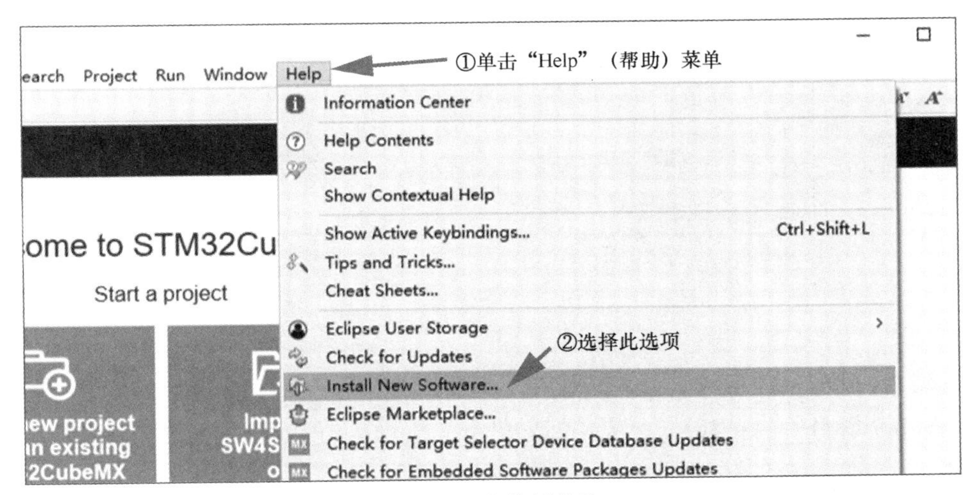

图 2.28　安装新软件

步骤 23：如图 2.29 所示，在弹出的窗口中单击“Add…”（添加）按钮。

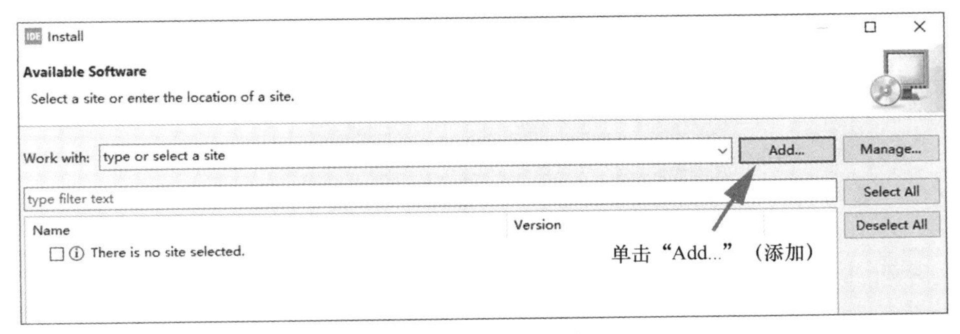

图 2.29　添加插件的窗口

步骤 24：如图 2.30 所示，在接下来弹出的窗口中把之前保存的名称和地址复制到输入框，然后单击“Add”（添加）按钮。

图 2.30 填写名称和地址

步骤 25：如图 2.31 所示，此时在窗口的下方会弹出一系列选项。在其中找到“Babel Language Packs in Chinese(Simplified)”一项，单击此项左边的三角号。

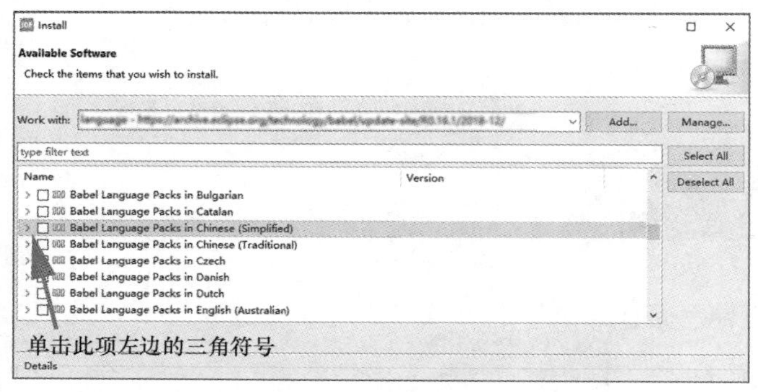

图 2.31 选择项目

步骤 26：如图 2.32 所示，在展开的子选项中勾选“Babel Language Pack for eclipse in Chinese(Simplified)（84.49%）”一项。然后单击“Next”（下一步）按钮。

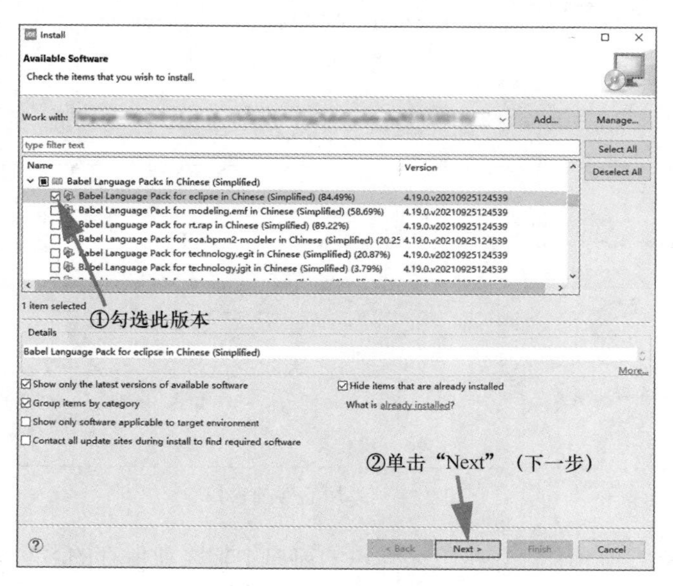

图 2.32 选择子项目

步骤 27：如图 2.33 所示，在弹出的新窗口中检查所选择的汉化包名称是否正确，然后单击“Next”（下一步）按钮。

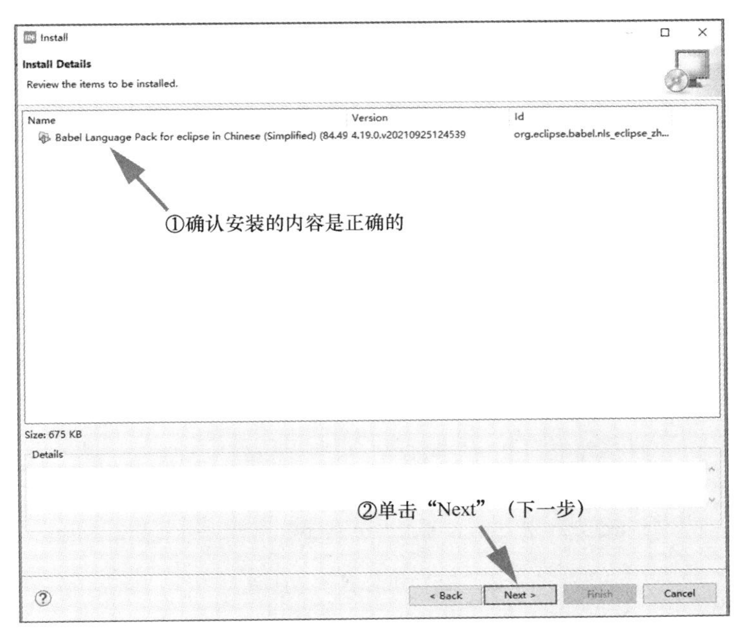

图 2.33　检查项目是否正确

步骤 28：如图 2.34 所示，在弹出的“Review Licenses”（审查许可协议）页面中选择左下角的第一项同意协议，单击“Finish”（完成）按钮，窗口会自动关闭。如图 2.35 所示，在主界面的右下角有汉化包安装进度条，安装过程需要几分钟。

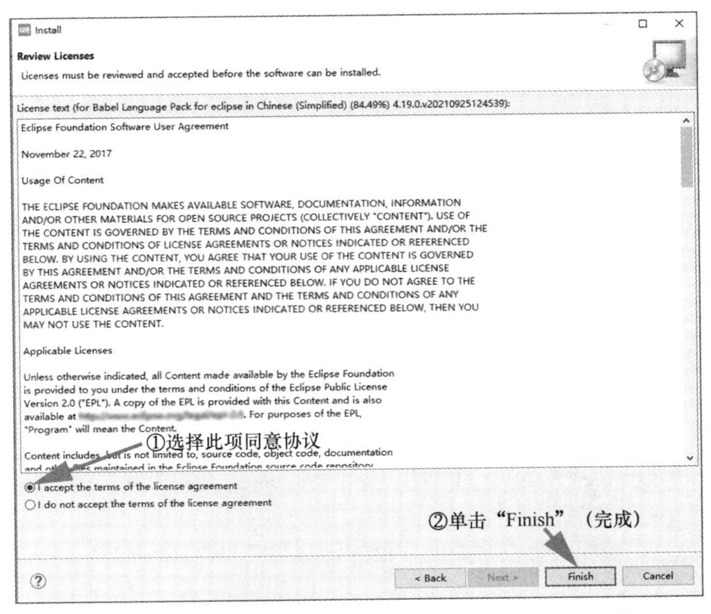

图 2.34　“Review Licenses”（审查许可协议）页面

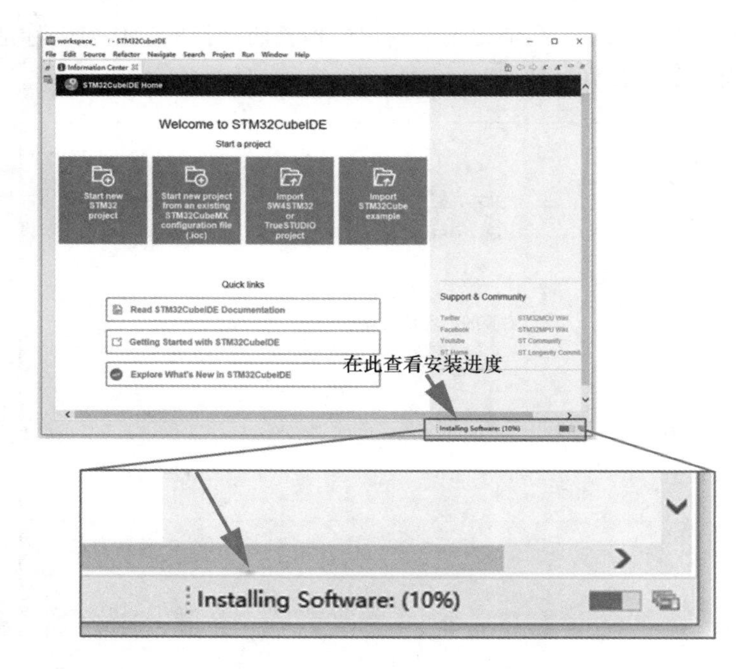

图 2.35　汉化包安装进度

步骤 29：如图 2.36 所示，安装过程中部分计算机会弹出“Security Warning”（安全警报）对话框，提示用户汉化包的安全数字签名可能存在问题。这是安装第三方软件时常会遇到的问题，但该软件并不会对计算机造成安全隐患。可以单击“Install anyway”（始终安装）按钮。如图 2.37 所示，汉化包安装完成后会弹出“Software Updates”（软件更新）对话框，提示用户重启软件才能使汉化包生效，可以单击“Restart Now”（现在重启）按钮。

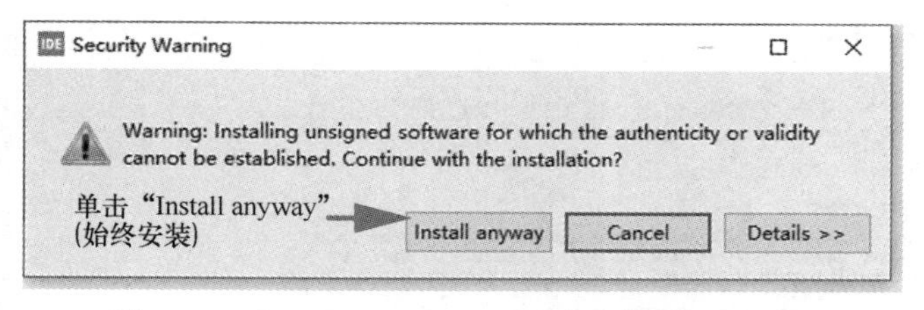

图 2.36　“Security Warning”（安全警报）对话框

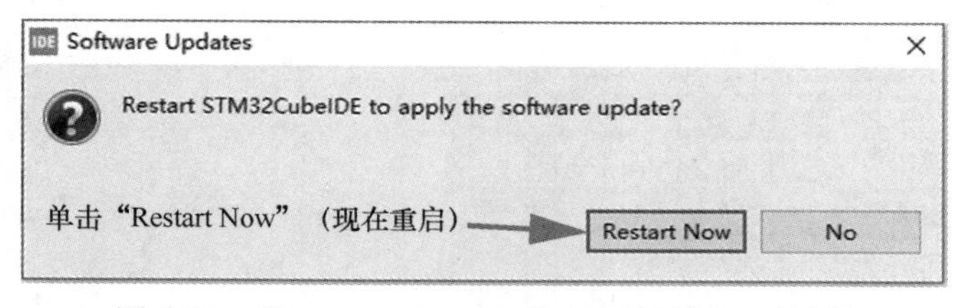

图 2.37　“Software Updates”（软件更新）对话框

如图 2.38 所示，重启软件后可以看到菜单栏和页面的部分文字变成中文，但大部分内容的文字还是英文。汉化包只是解决常用文字的汉化，并未实现全部文字的汉化，英文部分请大家自行翻译。

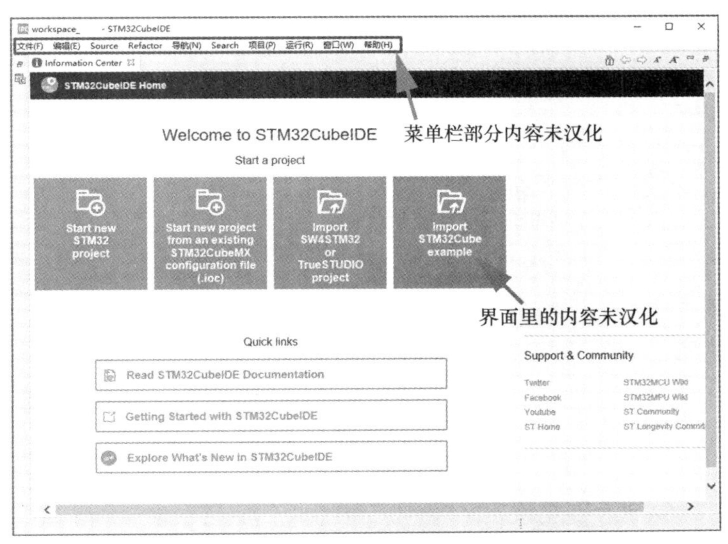

图 2.38　汉化后的效果

2.4　CubeIDE 的基本设置

最后对 CubeIDE 进行基本设置，包括设置汉字编码和文本字体两个部分。

步骤 30：首先要设置汉字编码，如图 2.39 所示。如果不设置汉字编码，程序中的中文会显示为乱码。如图 2.40 所示，单击菜单栏中的“窗口”，在弹出的下拉菜单中选择“首选项”。

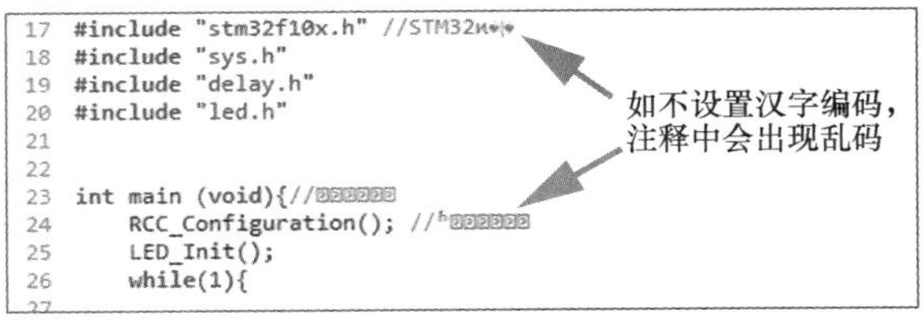

```
17 #include "stm32f10x.h" //STM32��
18 #include "sys.h"
19 #include "delay.h"
20 #include "led.h"
21
22
23 int main (void){//������
24     RCC_Configuration(); //������
25     LED_Init();
26     while(1){
```

如不设置汉字编码，注释中会出现乱码

图 2.39　汉字显示为乱码

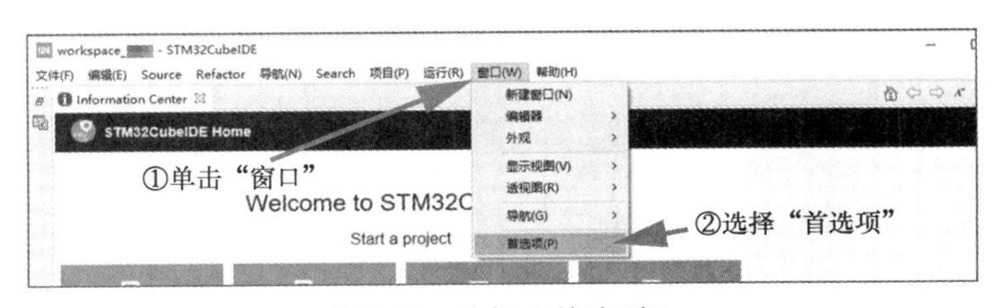

图 2.40　选择“首选项”

步骤 31：如图 2.41 所示，在弹出的“首选项”窗口中单击左侧第一项“常规”的三角号展开子选项，选择子选项中的“工作空间”。这里我们只修改窗口下方的“文本文件编码”，设置为“其他”，然后在下拉列表中选择“GBK”，最后单击“应用并关闭”按钮。设置完成后乱码将恢复为中文。

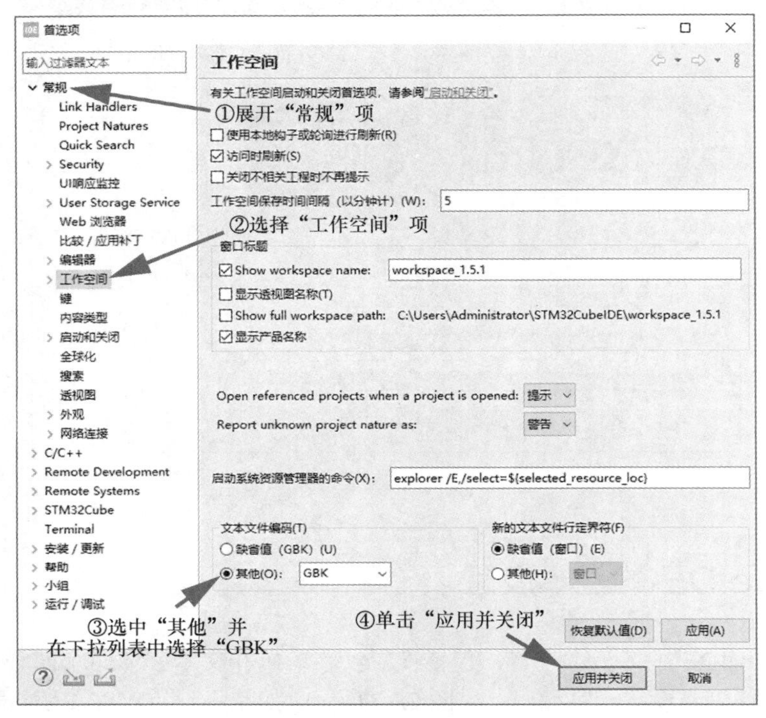

图 2.41　设置文本编码

步骤 32：接下来设置文本字体，如图 2.42 所示，软件默认的字体较小，需要我们设置为适合的大小、颜色等。单击菜单栏中的“窗口”，在弹出的下拉菜单中选择“首选项”。如图 2.43 所示，在弹出的“首选项”窗口中单击左侧第一项“常规”的三角号展开子选项，再单击子选项“外观”的三角号，在展开的子项目中选择“颜色和字体”。然后单击窗口中“基本”项的三角号，在展开的子项目里选择“文本字体”，然后在窗口右侧单击“Edit…”（编辑）按钮。

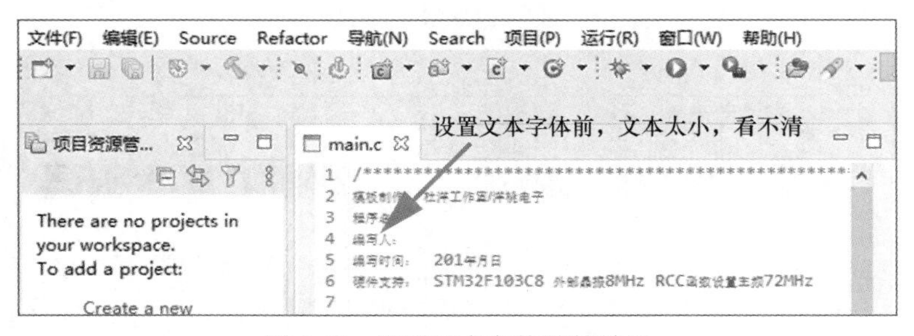

图 2.42　设置文本字体前的效果

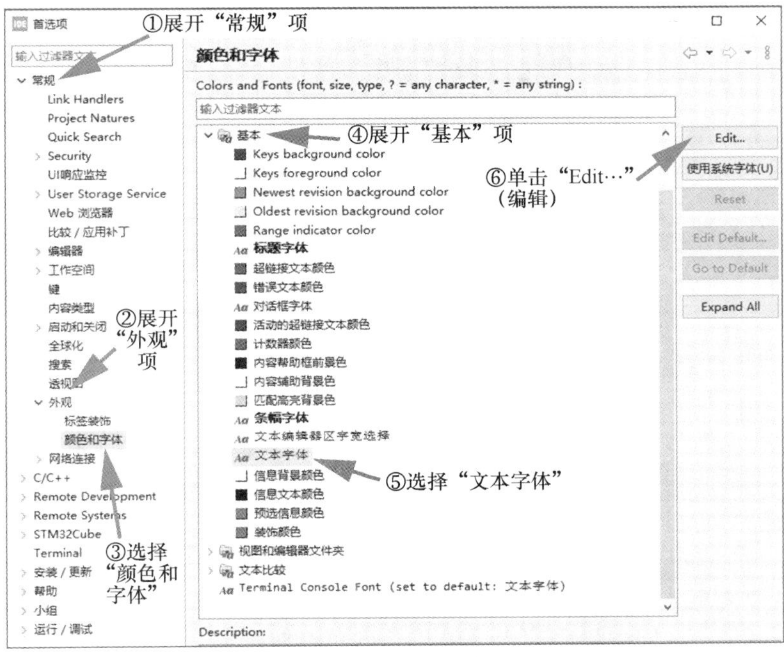

图 2.43　设置文本字体

步骤 33：如图 2.44 所示，在弹出的窗口中按自己的喜好设置“字体”“字形”“大小”，然后单击“确定”按钮。设置完成后，回到程序就会发现字体被改变，如图 2.45 所示。至此，CubeIDE 已被成功安装并且可以正常使用。

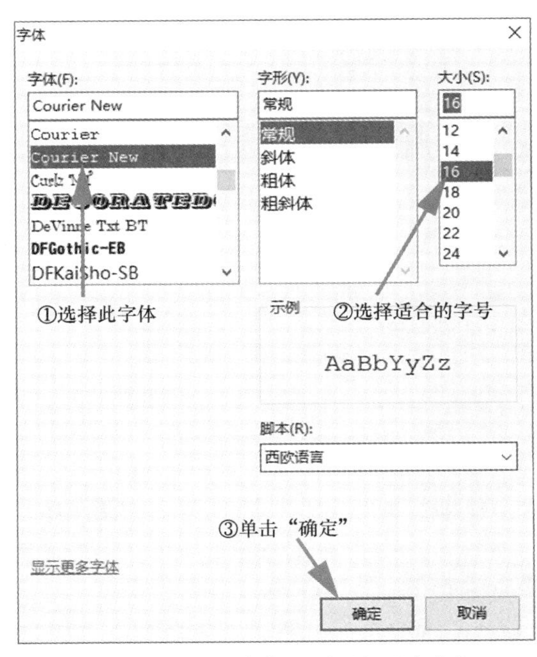

图 2.44　设置“字体”“字形”“大小”

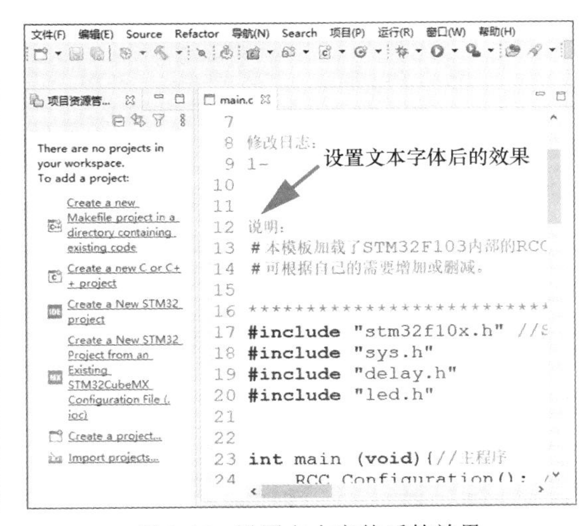

图 2.45　设置文本字体后的效果

这一节请严格按照我的步骤进行操作，在成功安装 CubeIDE 后打开“首选项”窗口，把窗口左侧的所有项目浏览一遍，尽量识别出每个选项的功能和作用，这对于了解软件很有帮助，也是锻炼独立探索能力的机会。此外，你对软件越熟悉，在未来使用它时就越高效。

第 3 步：创建 CubeIDE 工程

这一步我们将在 CubeIDE 里新建一个 STM32 单片机的工程，并安装 HAL 库，过程非常简单。之后我将介绍 CubeIDE 的两套开发界面，第一套是 CubeMX 图形化界面，在界面中用鼠标点一点就能自动生成程序。图形化界面主要有端口与设置、时钟配置、工程管理三大区块。第二套开发界面是命令行界面，用于传统的程序编写。如图 3.1 所示，两套界面并非二选一，用 CubeIDE 开发程序时，先用图形化界面完成功能的设置，例如引脚模式分配、时钟频率设定等，软件会根据设置好的内容自动生成程序。然后切换成命令行界面，在生成的程序里编写应用程序。也就是说，图形化界面只能协助完成基本的程序编写，并不能生成一个可直接应用的程序，但它能帮助我们提高效率，从烦琐的工作中解放出来。所以初学者千万不要过度地高估图形化界面，目前它还只是开发辅助工具，使用 C 语言编写程序依然是单片机开发者的必备技能。

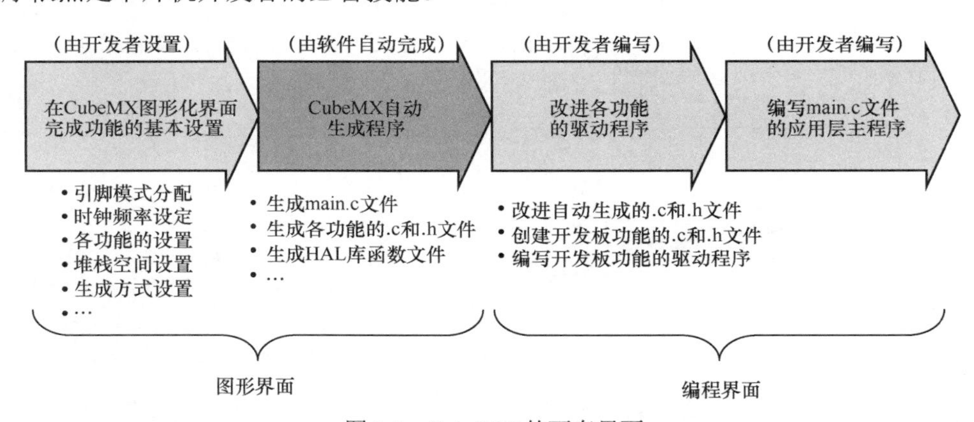

图 3.1　CubeIDE 的两套界面

3.1　新建工程

步骤 1：如图 3.2 所示，打开 CubeIDE，单击菜单栏中的“文件”，在弹出的菜单中选择“新建”，在子菜单中选择“STM32 Project”（STM32 工程）。如图 3.3 所示，第一次新建工程时软件会弹出下载窗口，等待窗口消失后再进行下一步操作。

步骤 2：如图 3.4 所示，接下来会弹出一个新建工程的窗口，在窗口左侧选择“MCU/MPU Selector”（单片机/微处理器选择器）选项卡，然后在“Part Number”（型号）下拉列

表中选择“STM32F103C8”，在窗口右下方的列表中选择正确的型号和封装，型号是“STM32F103C8Tx”，封装是“LQFP48”。选中之后在窗口右上方会显示这款单片机的详细参数，确定无误后单击“下一步”按钮。

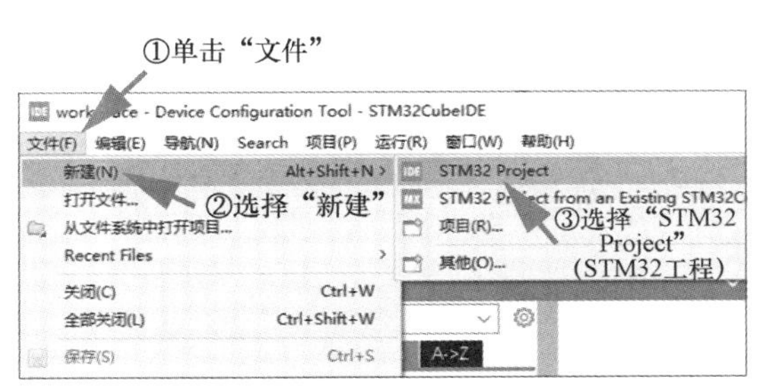

图 3.2　在菜单栏中选择新建工程

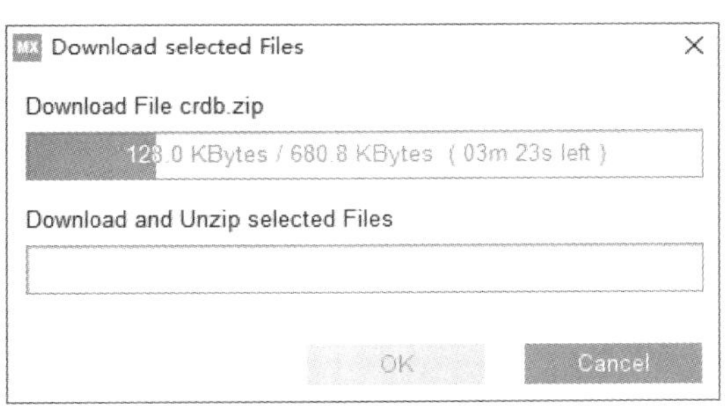

图 3.3　首次新建工程需下载部分数据

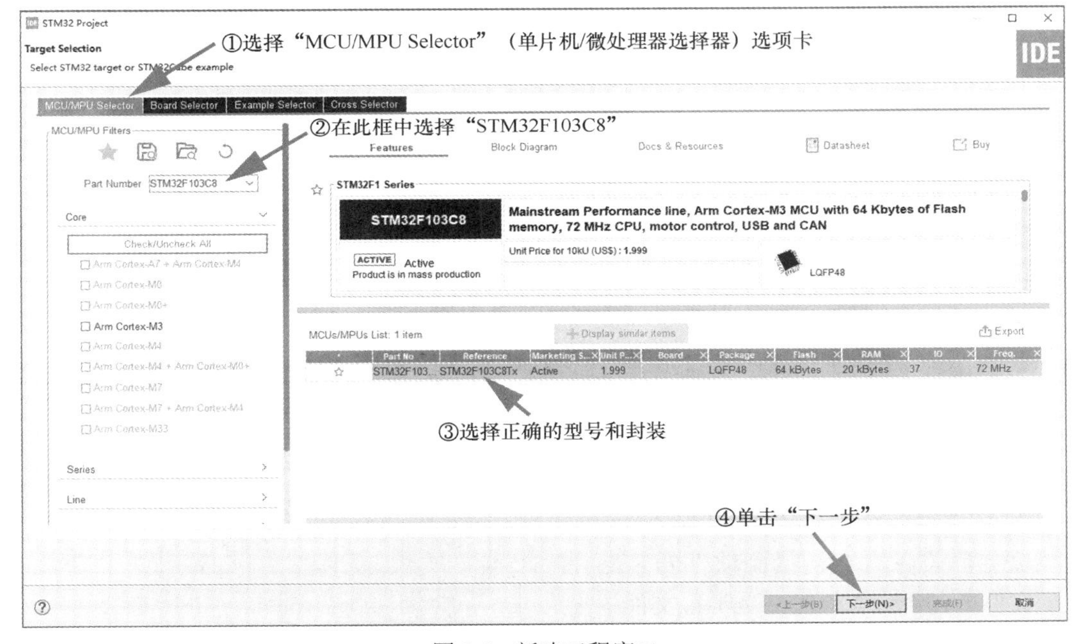

图 3.4　新建工程窗口

步骤 3：图 3.5 所示为设置工程基本信息的窗口，先在“Project Name”（工程名称）一栏给工程起名字。我输入的名称是“QC_TEST”，第一次新建工程时请输入相同的名称，避免后续操作有差异。等学会以后再新建工程时可用自己喜欢的名称。接下来将名称下方的“Use default location”（使用默认路径）的勾选取消。然后单击“Browse...”（浏览）按钮，在计算机上选择一个保存工程的位置。需要注意，尽量将工程保存在非系统盘，防止系统崩溃导致工程丢失，并且新建的路径不能有中文字符，否则无法打开工程。在下载我提供的示例程序时，也要将其放在非中文路径才能打开。设置完成后单击“下一步”按钮。

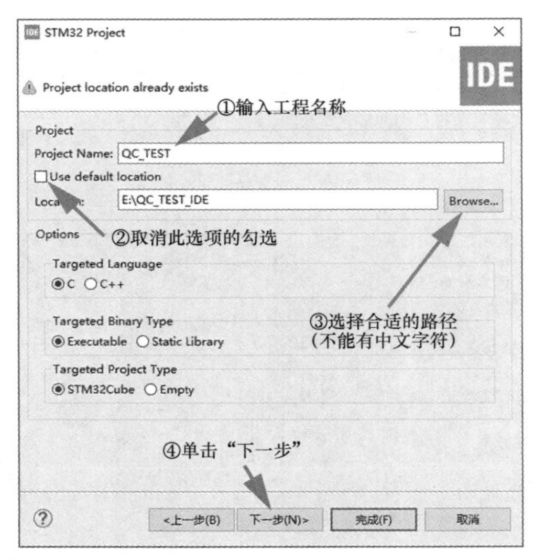

图 3.5　工程基本信息窗口

3.2　安装 HAL 库

接下来安装单片机的固件库，也就是 HAL 库。安装过程比《STM32 入门 100 步》中安装标准库的过程简单。

步骤 4：完成步骤 3 后，会弹出“Firmware Library Package Setup”（固件库安装）窗口，如图 3.6 所示。这里根据你在步骤 2 中选择的单片机型号，会自动匹配适合的 HAL 库，你可以在库版本的下拉列表中选择版本，一般默认安装最新版本。可以在下方的“Code Generator Options”（程序生成选项）中选择 HAL 库以哪种方式加入工程文件中。第 1 项是不把 HAL 库文件添加到工程文件里，HAL 库文件存放在 CubeIDE 安装路径，当工程需要库文件时会链接到软件安装路径的库文件。这个选项的优点是工程文件中没有库文件，所以体积小；缺点是当你把工程文件发给其他计算机时，如果软件安装路径里没有对应的库文件时，就会出现错误。第 2 项是把 HAL 库里所有的库文件都复制到工程文件夹，其优点是工程中内置完整的 HAL 库，便于日后修改内容；缺点是文件体积大，编译慢。第 3 项是折中方案，把 HAL 库中需要用到的部分文件复制到工程文件夹，使工程独立性和文件体积达到平衡。所以这里选择第 3 项，然后单击“完成”按钮。

图 3.6　“Firmware Library Package Setup”（固件库安装）窗口

步骤 5：如图 3.7 所示，部分计算机会弹出“要打开相关联的透视图吗？”的对话框，单击“是”按钮。如图 3.8 所示，接下来是 HAL 库的安装过程，需要几分钟。安装窗口消失时，新工程就建立完毕了，完成后的界面如图 3.9 所示。

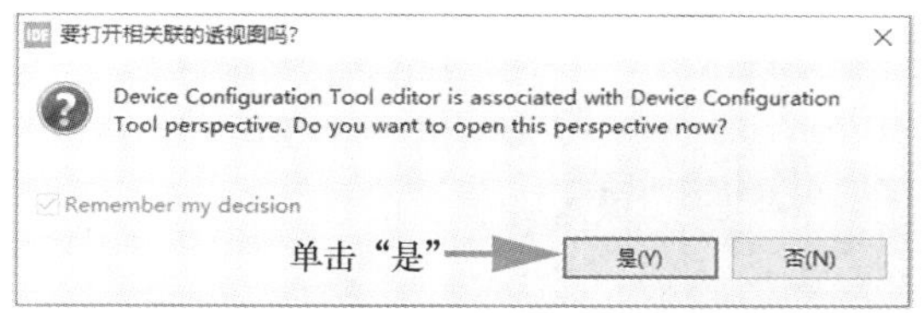

图 3.7　询问是否打开相关联透视图的对话框

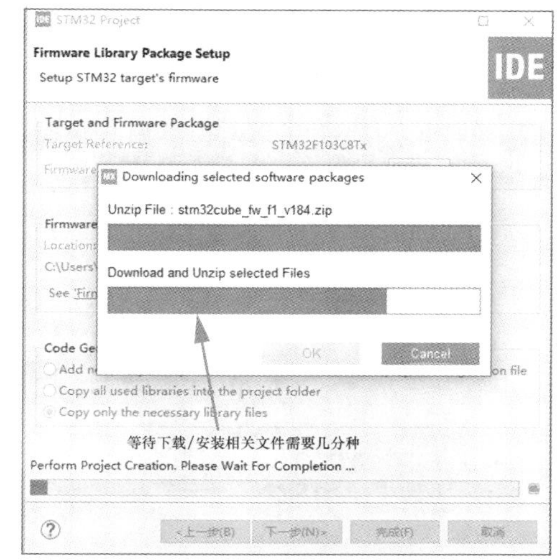

图 3.8　HAL 库的安装过程窗口

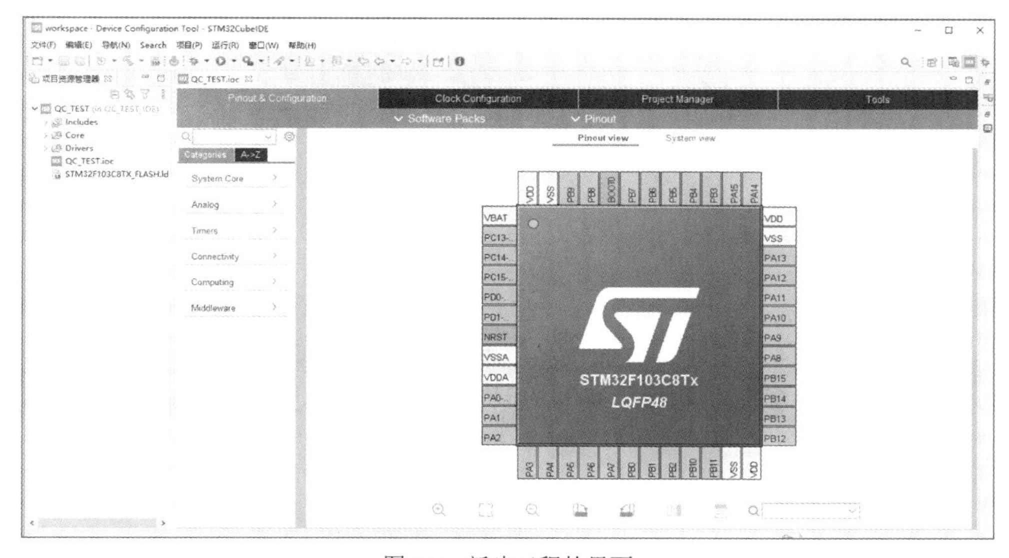

图 3.9　新建工程的界面

3.3　图形化界面

工程创建完毕，接下来要学习在工程中可以进行哪些操作。我把可操作的界面分成图形化界面和命令行界面两个部分。先介绍图形化界面部分。如图 3.10 所示，可以看到界面分为两大区块，左边的项目资源管理器是整个 STM32 工程的根源，HAL 库、图形化界面、程序文件都在这里统一管理。右边部分是图形化界面，图形化界面是一个独立插件，叫CubeMX。CubeMX 原本是一款独立软件，ST 公司把它整合到 CubeIDE 中，成为开发环境的一部分。后文所说的 CubeMX 就是指图形化界面，二者同出而异名。CubeMX 包括界面选项卡、功能选项、端口视图 3 个部分。切换不同的界面选项卡，会有不同的设置项目。由于界面显示没有完全汉化，我将界面上重要的内容翻译成中文，如图 3.11 所示。先来看“Pinout & Configuration”（端口与配置）选项卡，工程初始界面就显示这个选项卡，窗口左边是单片机功能选项，右边是单片机端口视图。单片机功能选项共有 6 组内容，将单片机的所有功能分成 6 类，分别是“System Core”（系统内核）、“Analog”（模拟）、“Timers”（定时器）、“Connectivity”（通信）、“Computing”（计算）和“Middleware”（中间件）。

图 3.10　界面的区块划分

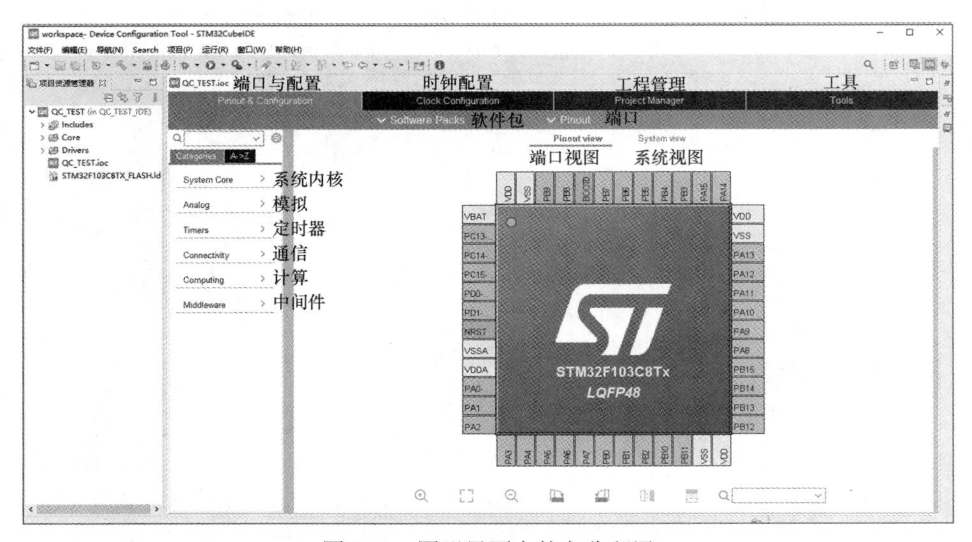

图 3.11　图形界面中的名称翻译

如图 3.12 所示，逐一单击展开所有子选项，认识单片机的全部功能。第 1 组是系统内核，包括 7 项功能。DMA 表示直接存储器访问，可不通过 CPU 处理，直接从某项功能自动读出数据。GPIO 是通用输入/输出端口，可做电平输入/输出，读取按键和控制 LED 亮灭都由 GPIO 实现。IWDG 是独立看门狗，它独立于单片机内核之外，在单片机宕机时强制复位，起到监控作用。NVIC 是中断向量控制器，统一管理单片机的中断事件。RCC 是系统时钟，包括单片机主频和各功能时钟的频率分配。SYS 是仿真接口设置。WWDG 是窗口看门狗，功能和独立看门狗类似。第 2 组是模拟，ADC1 和 ADC2 是两组独立的模数转换器，其功能是把模拟电压值转换成数字信号。第 3 组是定时器，RTC 是实时时钟，它可以设置当前的日期和时间并独立走时。TIM1～TIM4 是 4 路独立通用定时器，可以帮助单片机做计时和时间中断的工作。第 4 组是通信，CAN 是 CAN 总线，是工业上常用的通信接口。I^2C1 和 I^2C2 是两路独立 I^2C 总线接口。SPI1 和 SPI2 是两路独立 SPI 总线接口，它和 I^2C 一样常用，是单片机必备的通信接口。USART1～USART3 是 3 组独立的通用串行总线接口，RS232 和 RS485 总线都基于 USART 串口，洋桃 IoT 开发板上的蓝牙模块、Wi-Fi 模块都采用 USART 串口通信。USB 是与计算机连接的接口，这款单片机的 USB 功能只有从设备功能，也就是说，单片机通过 USB 连接计算机时，计算机是主机，单片机是 USB 外设。第 5 组是计算，CRC 是 CRC 数据校验，在大量数据通信时可用此功能校验数据，保证收/发数据准确。第 6 组是中间件，其功能不是单片机硬件的功能，而是硬件基础上的软件功能。FATFS 是文件系统，在 Windows 操作系统上查看文件和文件夹就属于文件

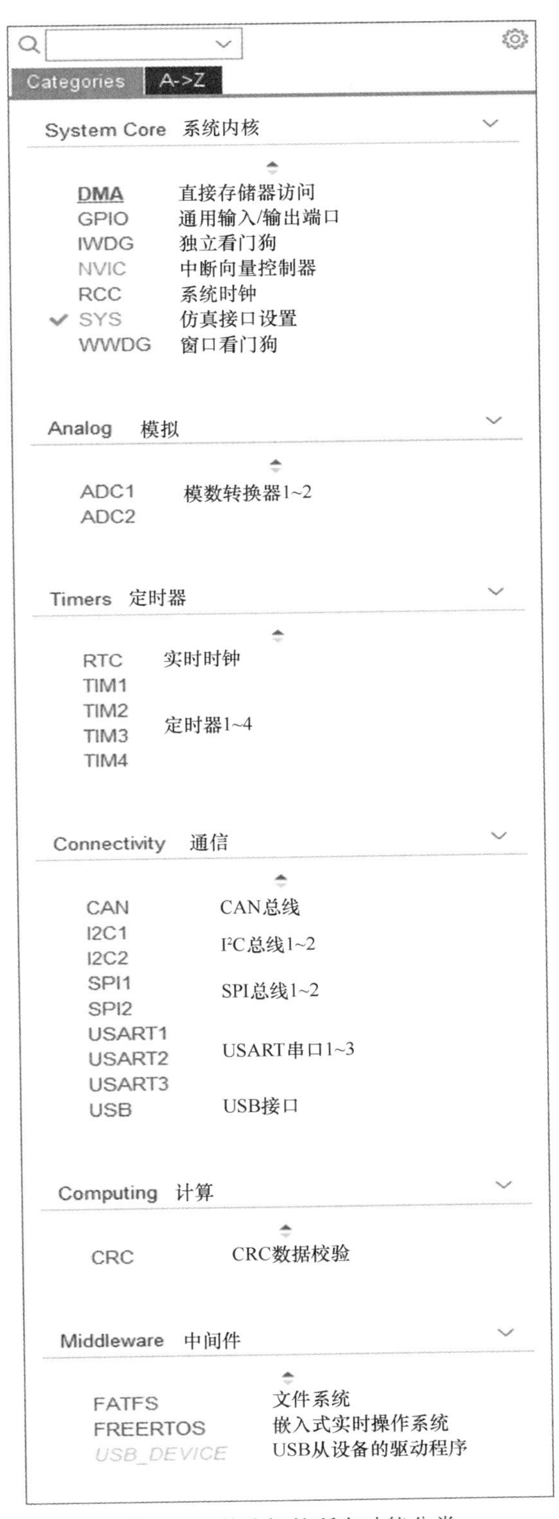

图 3.12 单片机的所有功能分类

系统的用途。FATFS 可以在单片机连接的 SD 卡或 Flash 存储芯片内建立文件系统，便于与计算机之间传递文件。FREERTOS 是一款嵌入式实时操作系统，在单片机上安装操作系统，可以实现复杂的任务管理，用于对实时性要求高的场合。FREERTOS 移植过于复杂，未来可能会单独进行讲解。USB_DEVICE 是 USB 接口的中间层驱动程序，也就是不同 USB 从设备的驱动程序，比如 USB 转串口、USB 键盘、USB 鼠标、U 盘等，都是基于 USB 接口的不同中间层驱动程序，不同功能程序会让计算机识别出不同的 USB 从设备。

我以其中一项功能为例讲解设置方法。例如设置 RCC 功能，如图 3.13 所示，首先单击“System Core”（系统内核），然后单击“RCC”，这时界面中间会出现一个窗口，分上下两部分。上半部分是模式设置的内容，下半部分是参数设置的内容。在上半部分设置不同模式之后，下半部分的参数会随之改变。RCC 功能的模式里有两个项目，HSE 是高速外部时钟源，LSE 是低速外部时钟源。将这两项的模式都设置为“Crystal/Ceramic Resonator”（晶体/陶瓷振荡器，位于下拉列表第 3 项）。完成模式设置后，下方参数部分有所变化，还可以看到窗口右边的单片机端口视图中有 4 个引脚自动被定义成外部时钟源（晶体振荡器）。到此我们就完成了单片机外部时钟功能的开启。

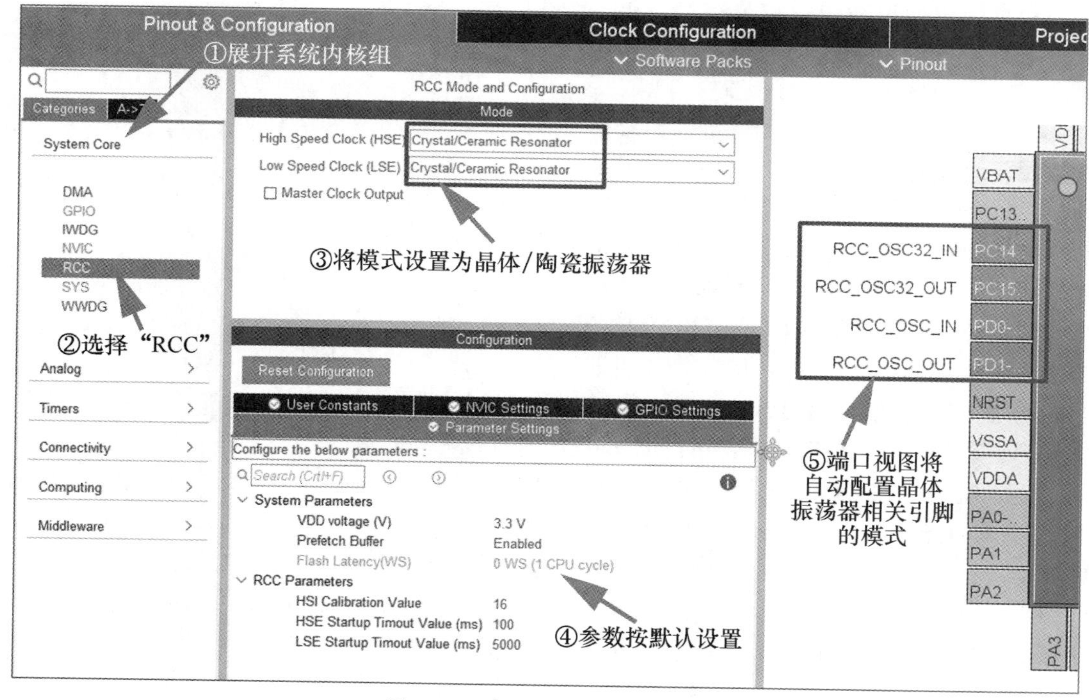

图 3.13　设置 RCC 功能的方法

3.3.1　端口与设置

单片机端口视图如图 3.14 所示，拖动鼠标能够移动视图位置，单击视图下面的操作按钮可以放大、缩小、旋转视图。单击视图上的引脚会弹出下拉列表，列出此引脚的所有模式。比如单击PA10引脚，可以设置为TIM1_CH3（定时器1的通道3）、USART1_RX（串口1的接收端）、GPIO_Input（电平输入）、GPIO_Output（电平输出）等。选中其中一项，就完成了此引脚的设置。如图3.15所示，你可以试着设置更多引脚，看看效果如何。后续我会按照洋桃IoT开发板的电路设计来设置视图中的所有引脚。

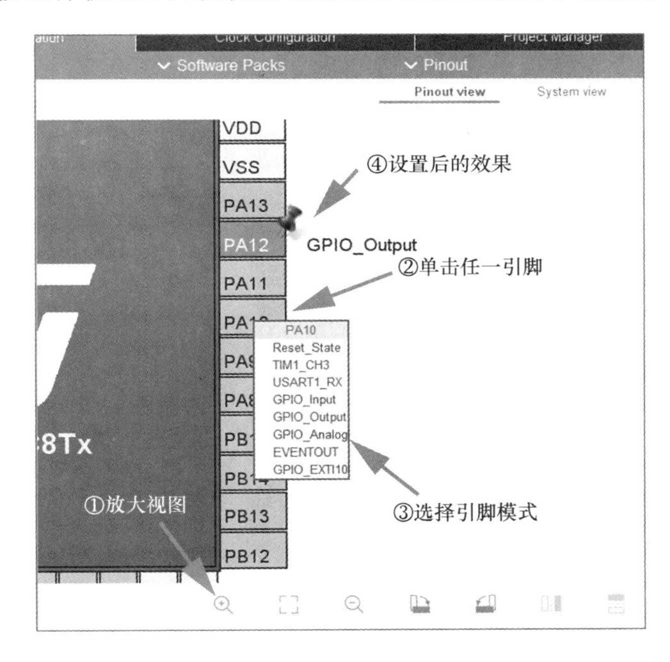

图 3.14　单片机端口视图

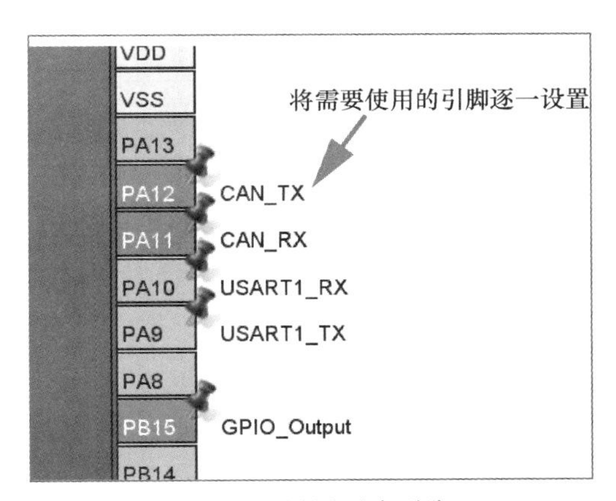

图 3.15　设置更多引脚

图3.16所示为图3.13上方的“Software Packs”（软件包），下拉菜单中有两个选项，它们都是单片机可以额外加载的中间件或驱动程序，单击进入之后可以看到软件包列表，如图3.17所示，可以根据需要选择安装ST公司官方编写的附加功能的软件包。如图3.18所示，软件包右侧是“Pinout”（端口）选项，可以在下拉菜单中对视图进行操作。这里不再细讲，大家可以逐一单击，看看视图会有什么变化。

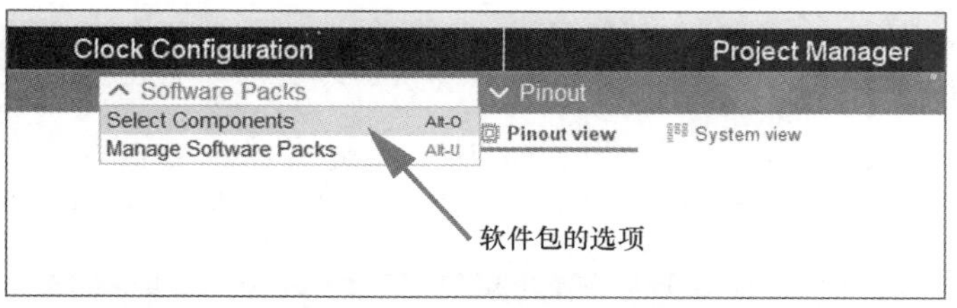

图 3.16　软件包的选项

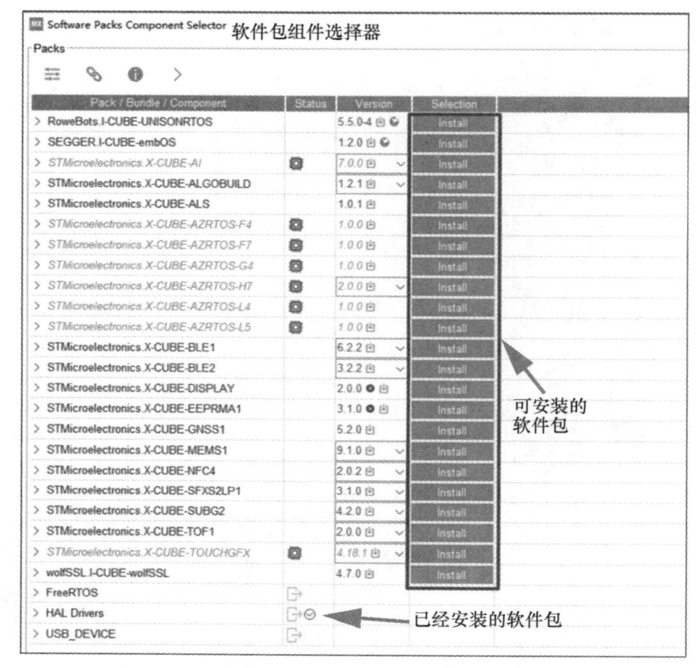

图 3.17　软件包管理窗口

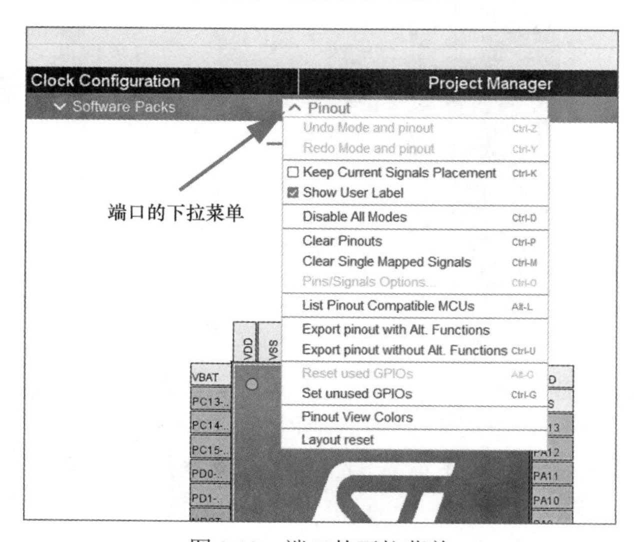

图 3.18　端口的下拉菜单

在软件包和端口的下一层是“Pinout view”（端口视图）和“System view”（系统视图）选项。端口视图显示的是单片机引脚外观。如图3.19所示，单击“System view”（系统视图），单片机引脚外观消失，取而代之的是以功能分组的列表，被开启的功能都显示在列表中，可以单击各项进行操作。两种视图各有优势，端口视图便于在引脚位置上更直观地进行设置，而系统视图能让用户从功能角度快速了解开启了哪些功能。大家可以在实际使用中不断切换两种视图进行查看。

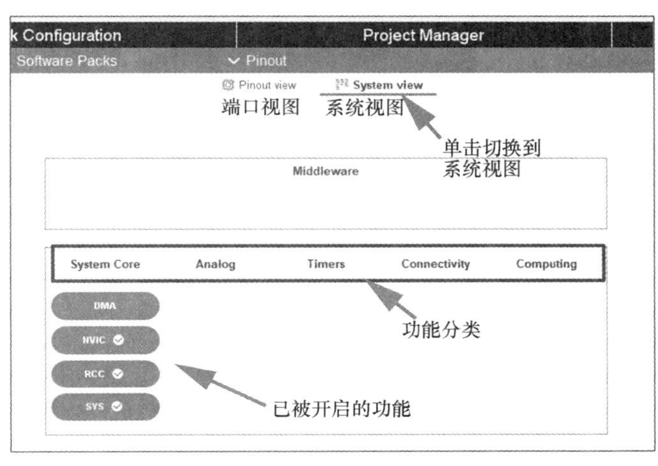

图3.19　系统视图

3.3.2　时钟设置

切换到“Clock Configuration”（时钟配置）选项卡，如图3.20所示，会出现时钟树视图，这和单片机数据手册（《STM32F103X8-B数据手册》）中的时钟树示意图一样。图3.20左侧是时钟输入源，最上方是外部32.768kHz晶体振荡器和LSE低速外部时钟输入，往下依次是40kHz的内部时钟、8MHz的HSI高速内部时钟、8MHz的HSE高速外部时钟输入。视图的中间布满了通道选择器、预分频器和倍频器，组成了时钟分配网络。可以单击通道选择器选择不同的连接线路，可在倍频器的输入框中输入倍数系数，还可在预分频器下拉列表中选择不同的分频系数，最终目的是让时钟树右边的HCLK、AHB、APB1、APB2等时钟频率达到我们想要的参数，具体的设置方法在介绍RCC功能时会细讲。

3.3.3　工程管理

切换到“Project Manager”（工程管理）选项卡，这里包含整个工程的重要设置。在左边纵向有3个子选项卡，分别是“Project”（工程）、“Code Generator”（程序生成器）和“Advanced Settings”（高级设置）。图3.21所示为工程子选项卡，共有3组内容。第1组是工程设置，其中的工程名称和工程路径不必多讲，用于设置工程名称和路径。应用层组件可以自动生成模板化的用户程序，这个部分按默认设置即可。工具包路径是本工程的存放位置，开发环境选择“STM32CubeIDE”，这样程序生成时会直接导出为CubeIDE内部的程序。第2组编译设置中只有堆栈空间设置一项，堆栈空间可理解为给相关程序预留的缓存

大小，当程序中用到 USB 驱动、SD 卡驱动、文件系统时，堆栈空间需要按程序的要求设置，后续用到时会进行设置。第 3 组是单片机与固件库，其中单片机型号和固件库名称与版本不需要修改，请勾选“Use latest available version”（使用最新版本）的选项。

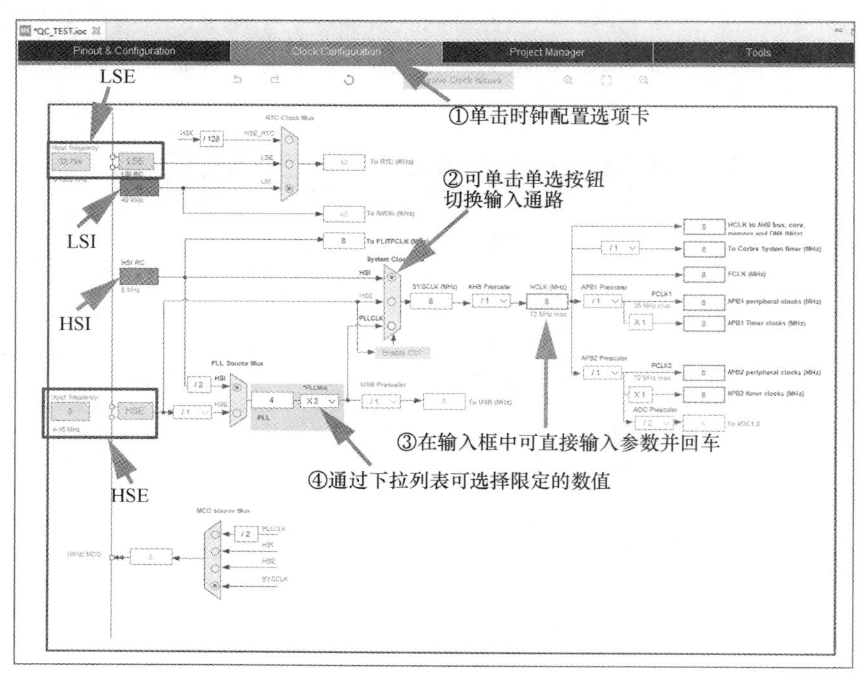

图 3.20　时钟配置选项卡

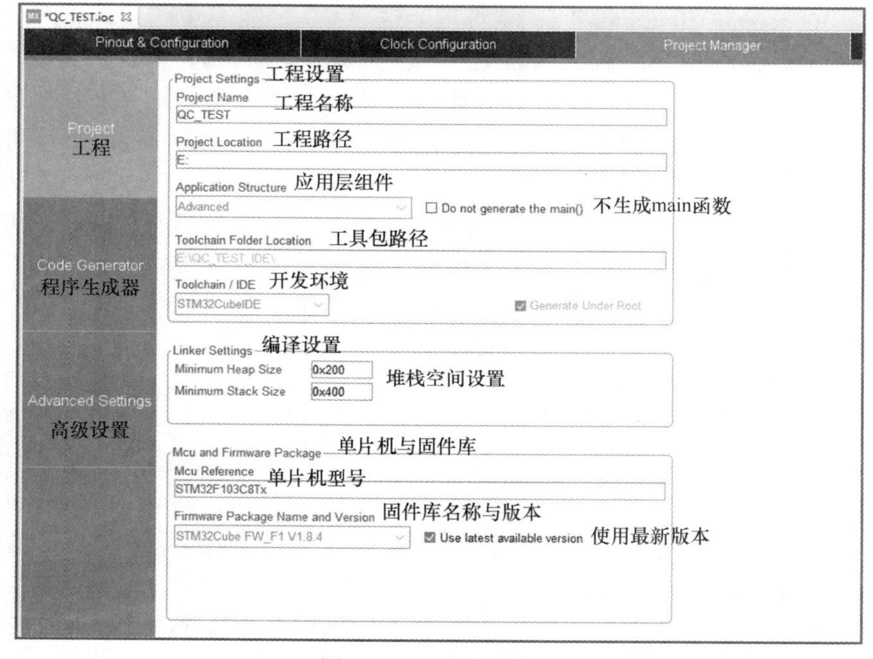

图 3.21　工程子选项卡

图 3.22 所示为程序生成器子选项卡，共有 4 组内容。第 1 组芯片包与嵌入程序是指固件库以什么方式加载到工程文件中。这个设置与 HAL 库安装窗口中的设置相同，第 1 项是复制全部固定库文件，编译速度较慢；第 3 项是不把固件库文件放入工程文件夹，这样工程文件体积小，但兼容性差；所以常用第 2 项，只把用到的固件库文件复制到工程文件夹，兼顾体积、效率和兼容性。第 2 组生成文件是指在图形化界面生成程序时的选项。第 1 项是为每个外设生成独立的.c 文件和.h 文件，这一项要勾选，这样在编辑程序时，想改哪个功能就到对应的.c 文件和.h 文件里面去改，非常方便。第 2 项是重新生成程序时把之前的文件备份起来，这样能方便地查看每次修改内容的差异，但是对于个人的小项目开发并不需要，所以取消勾选。第 3 项是重新生成程序时保留用户编写的程序，这项一定要勾选，不然每次在图形化界面生成程序后，之前编写的程序就会消失。第 4 项是重新生成程序时删除之前生成的程序（覆盖程序），需要勾选这一项。第 3 组是 HAL 库设置。第 1 项是把没有在端口视图里设置的端口在程序中全部设置为模拟输入模式，这项一般不用勾选，因为单片机会自动将没有操作的端口默认设置为模拟输入模式。第 2 项使能所有“断言”不必勾选，使用不到。第 4 组是模板设置，这里可以生成一些针对某个应用预先做好的模板，也是不常用的功能。

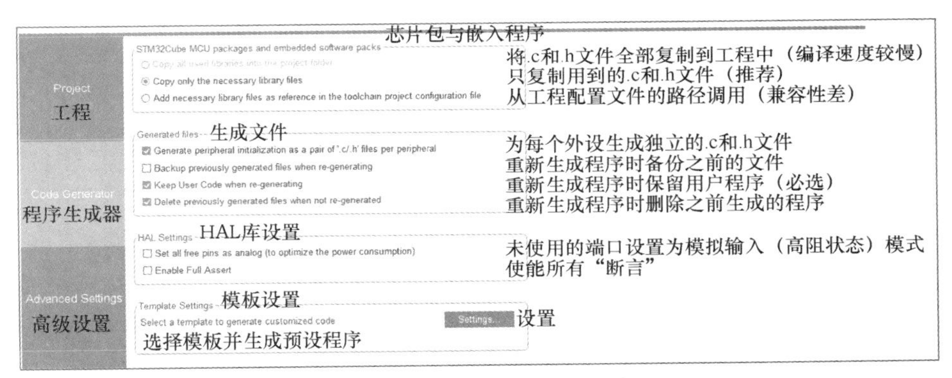

图 3.22　程序生成器子选项卡

图 3.23 所示为高级设置子选项卡，这里可以设置 HAL 库所有功能的驱动软件，也可以设置生成函数的内容，还可以设置是否开启各功能的中断回调函数。

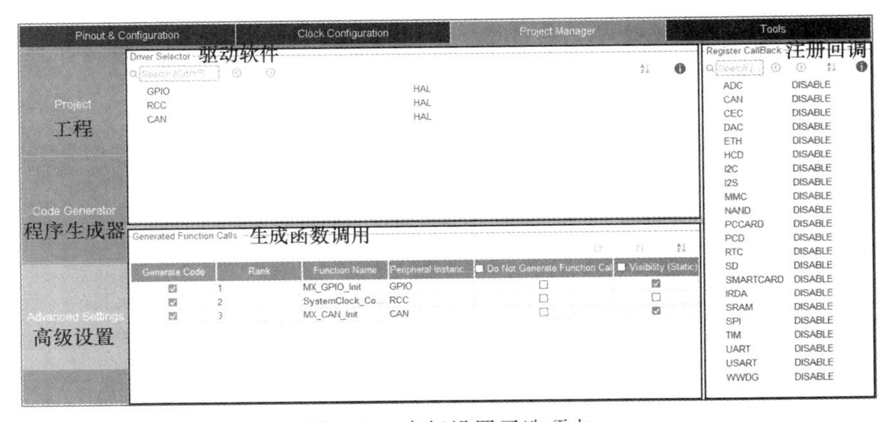

图 3.23　高级设置子选项卡

3.4 命令行界面

下来介绍工程的命令行界面，如图 3.24 所示，这个界面左边区域是工程文件管理区，上方区域是菜单栏与工具栏。右边的区域是程序编译区，可以像浏览器那样同时打开多个程序文件，用上方的选项卡切换文件。右下方的控制台是编译结果显示区。这里的界面设计与设置方法和 KEIL MDK 软件几乎一样，KEIL MDK 的用户转用 CubeIDE 时也能很快适应。经验丰富的朋友会知道，同一类型的开发软件大多相似，以减少用户的学习成本。如图 3.25 所示，可以尝试展开界面左侧的工程文件树，将每个文件双击打开，在程序编译区浏览一下这些文件。最后双击工程文件树里的“QC_TEST.ioc”，切换到图形化界面。扩展名“.ioc”表示这是 CubeMX 图形化界面的启动文件。再双击工程文件树中的其他文件会切换回命令行界面。关于命令行界面中的常用功能和使用技巧，在后续的教学中用到时会讲解。

关于新建工程和界面介绍就讲这么多，请大家把所有内容在软件里反复操作几遍，熟悉它们的位置和功能，把每个界面的设置项目与作用都有条理地记下来，为深入学习做好准备。

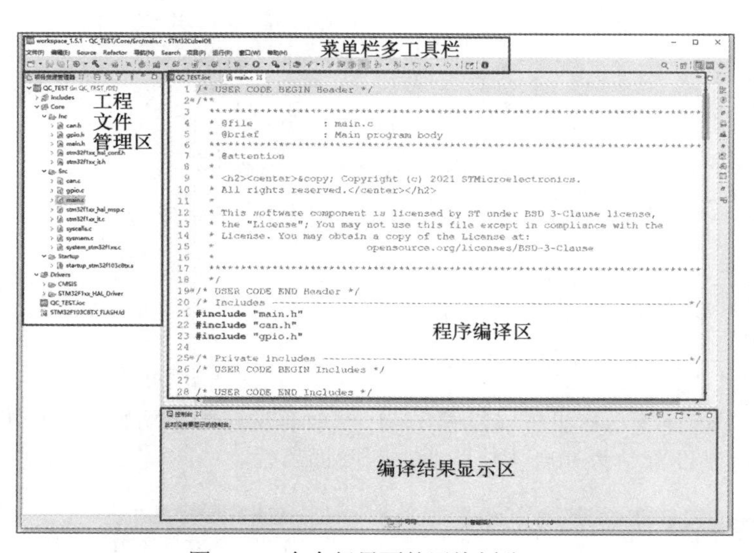

图 3.24　命令行界面的区块划分

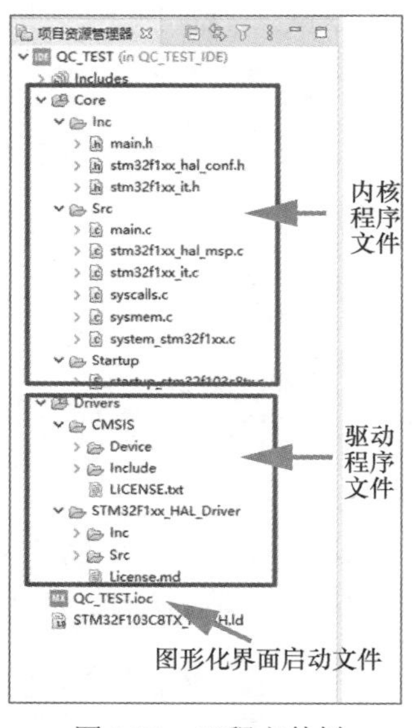

图 3.25　工程文件树

第 4 步：CubeMX 图形化编程

完成上一步后我们已经对 CubeIDE 有了认识，这一步我们将正式用 CubeMX 图形化界面完成一个程序的编写。目标是做出一款程序，下载到洋桃 IoT 开发板，实现开发板上各功能的初始化。要想实现这个目标，需要完成时钟设置和端口设置两个部分。这一步的学习不仅要完成开发板的初始化，而且要通过设置参数的过程了解单片机功能在图形化界面

中的表现形式。通过反复使用图形化界面、反复进行参数设置，更熟悉软件的操作逻辑。

4.1　时钟设置

设置时钟和设置端口并没有绝对的先后顺序，可以交叉进行。为了讲解方便，我们先设置时钟，后设置端口。时钟设置包括界面说明、开启 RCC 功能、开启 RTC 功能、配置时钟树 4 个部分。

4.1.1　界面说明

打开 CubeIDE，进入 CubeMX 图形化界面。如图 4.1 所示，接着单击“Clock Configuration”（时钟配置）选项卡，在时钟树视图中单击通道选择器、预分频器、倍频器时，会发现能改动的地方很少，左侧的外部时钟源是灰色的。这是因为在单片机功能选项里，与时钟相关的功能处于关闭状态。我们需要打开它们，然后在时钟树视图里才能拥有完整的修改权限。需要开启的两个功能是 RCC 和 RTC。

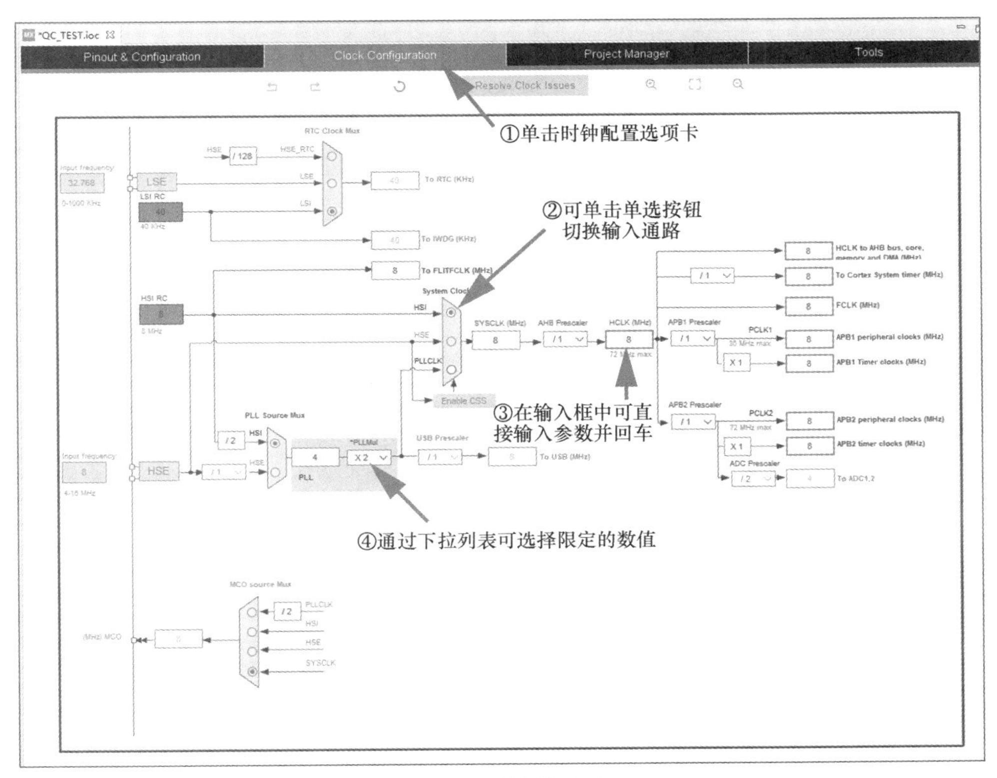

图 4.1　时钟树界面

4.1.2　开启 RCC 功能

上一步中已经简单介绍了 RCC 功能的开启，这里我们正式讲解一次。如图 4.2 所示，在左侧的单片机功能区展开“System Core”（系统内核）组，选择“RCC”，界面中会弹出模式与参数设置窗口。模式窗口有两个选项，分别是“High Speed Clock（HSE）”（高速外部时钟）和“Low Speed Clock（LSE）”（低速外部时钟）。要知道单片机的时钟相当于人的心脏，单片机工作必须开启相应的时钟输入。也就是说，如果关闭单片机中某项功能的时钟输入，该功能就自然停止了。如表 4.1 所示，STM32 单片机共有 4 个时钟来源，分别是 HSE、高速内部时钟（HSI）、LSE、低速内部时钟（LSI）。其中 HSI 和 LSI 是单片机内置的 RC 时钟源，在未开启 HSE 和 LSE 时，单片机默认使用两个内置时钟源。其中高速时钟（HS）和低速时钟（LS）的区别是，高速时钟是提供给单片机系统内核的主频时钟，低速时钟提供 RTC 功能。所以在没有开启两个外部时钟时，时钟树视图里所能设置的只有内部时钟的参数。只有打开外部时钟输入，我们才能在时钟树视图中不受限制地进行操作。如果想进一步了解时钟，可以学习《STM32 入门 100 步》的第 5 步。

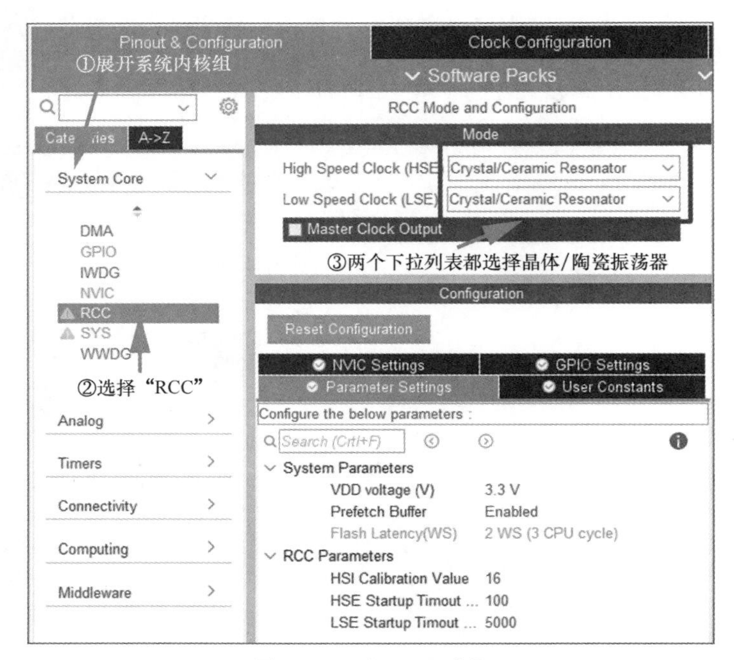

图 4.2 开启 RCC 功能

表 4.1 STM32 单片机的 4 种时钟源

名称	缩写	频率	外部连接	功能	用途	特性
高速外部晶体振荡器	HSE	4～16MHz	4～16MHz 晶体	基础功能	系统时钟/RTC	成本高，零点漂移小
低速外部晶体振荡器	LSE	32kHz	32.768kHz 晶体	带校准功能	RTC	成本高，零点漂移小
高速内部 RC 振荡器	HSI	8MHz	无	经出厂调校	系统时钟	成本低，零点漂移大
低速内部 RC 振荡器	LSI	40kHz	无	带校准功能	RTC	成本低，零点漂移大

如图 4.3 所示，HSE 和 LSE 右边的下拉列表都有 3 个选项，分别是“Disable”（禁用）、“BYPASS Clock Source”（旁路时钟源）、“Crystal/Ceramic Resonator”（晶体/陶瓷振荡器）。旁路时钟源是指具有独立输出时钟脉冲的外围电路，一般指有源晶体振荡器。晶体/陶瓷振荡器是指无源石英晶体元器件或无源 RC 振荡元器件，这些元器件不能像有源晶体振荡器那样直接输出频率脉冲，只能被动地连接到单片机上，组成单片机的时钟外围电路。如果选择“Disable”（禁用），则只能使用 HSI 或 LSI 的单片机内部时钟。大家可以根据要开发的实际电路来选择时钟源类型。如图 4.4 所示，单击参数窗口中的“Parameter Settings”（参数设置）选项卡可以设置时钟参数，这里先按默认设置。如图 4.5 所示，再单击“GPIO Settings”（GPIO 设置）选项卡，可以看到 RCC 时钟所占用的单片机引脚（端口）的列表。列表内容仅供了解，不需要修改。

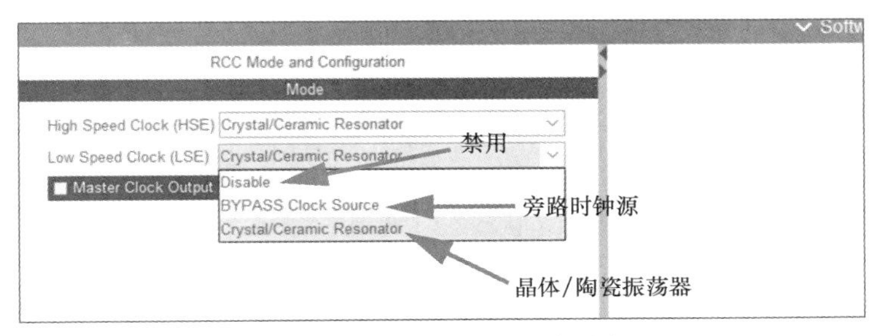

图 4.3　时钟源的 3 种状态选择

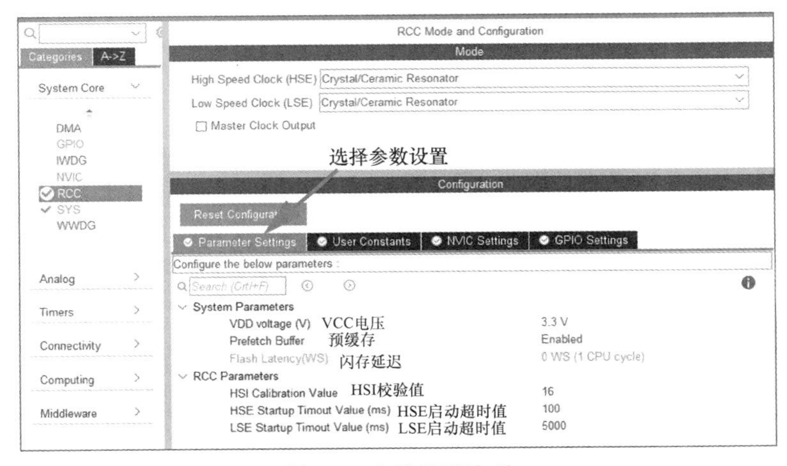

图 4.4　参数设置选项

4.1.3　开启 RTC 功能

接下来设置 RTC 功能，RTC 功能比较复杂，涉及许多参数，特别是让它独立运行时需要考虑参数间的配合问题。我们目前学习的是时钟树的配置，所以这里只讲开启 RTC 时钟输入源，其他功能在后续用到时再细讲。如图 4.6 所示，展开“Timers”（定时器）组，选择“RTC”，在弹出的模式窗口中勾选“Activate Clock Source”（激活时钟输入源），其他项按默认设置。

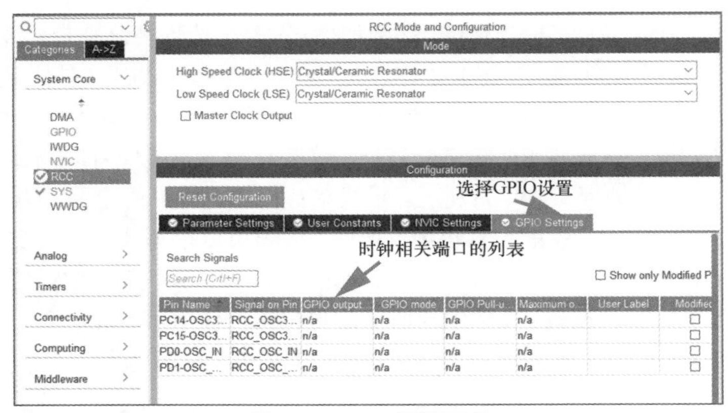

图 4.5　GPIO 设置列表

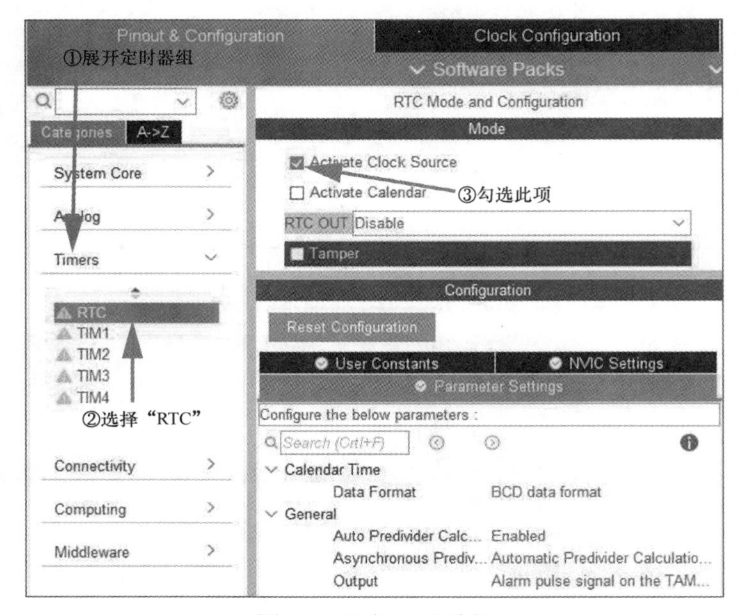

图 4.6　开启 RTC 功能

4.1.4　配置时钟树

RCC 与 RTC 设置完成后，所有时钟输入源都已开启。接下来回到“Clock Cofiguration”（时钟配置）选项卡，开始设置时钟树。如图 4.7 所示，时钟树视图大体分为 3 个区块，左边是时钟输入源部分，中间是通道选择器/预分频器/倍频器部分，右边是各功能总线的最终频率部分。如图 4.8 所示，我把时钟树中的每个操作单元都按顺序编号，在左边的时钟输入源部分，HSE 和 LSE 可以在 RCC 和 RTC 功能中开启或关闭，如果开启 HSE 功能，时钟源 4 的晶体振荡器频率可在 4～16MHz 范围修改。洋桃 IoT 开发板上的晶体振荡器频率是 8MHz，于是这里选择默认的 8MHz，其他参数不允许我们修改。中间部分有很多内容可修改，通道选择器是切换连接线路的开关，可以选择不同的输入信号。预分频器可以将频率数值按比例相除，假如输入的频率是 8MHz，经过的预分频器是“/2”，那么输出的频率是4MHz（8除以2等于4）。相似地，倍频器将频率数值按比例相乘，假如输入的频率是8MHz，经过“×9”倍频器，那么输出的频率是72MHz（8乘以9等于72）。右边是最终设定的频率，显示设置后各功能总线的最终频率值。

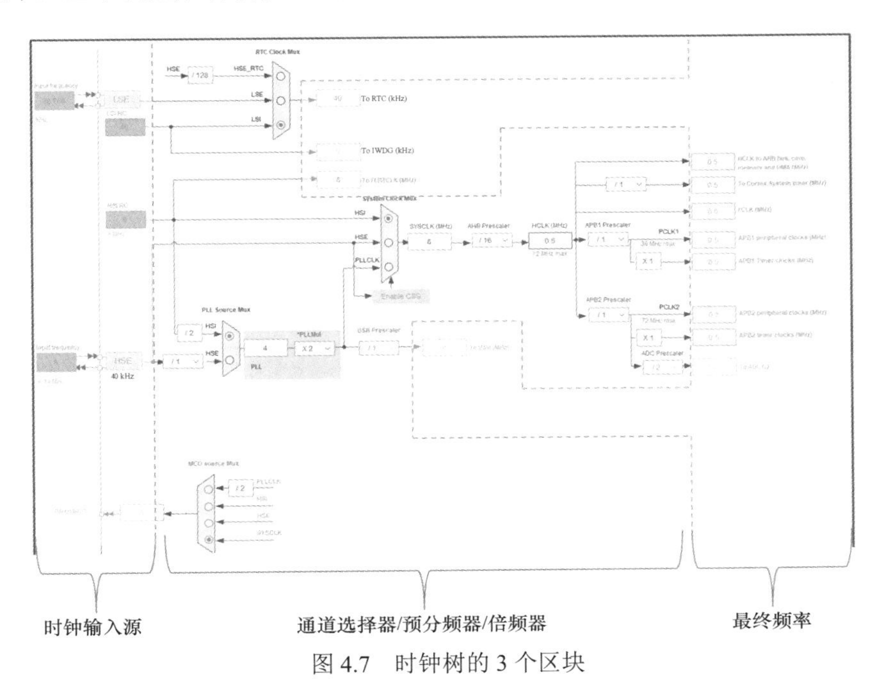

图4.7 时钟树的3个区块

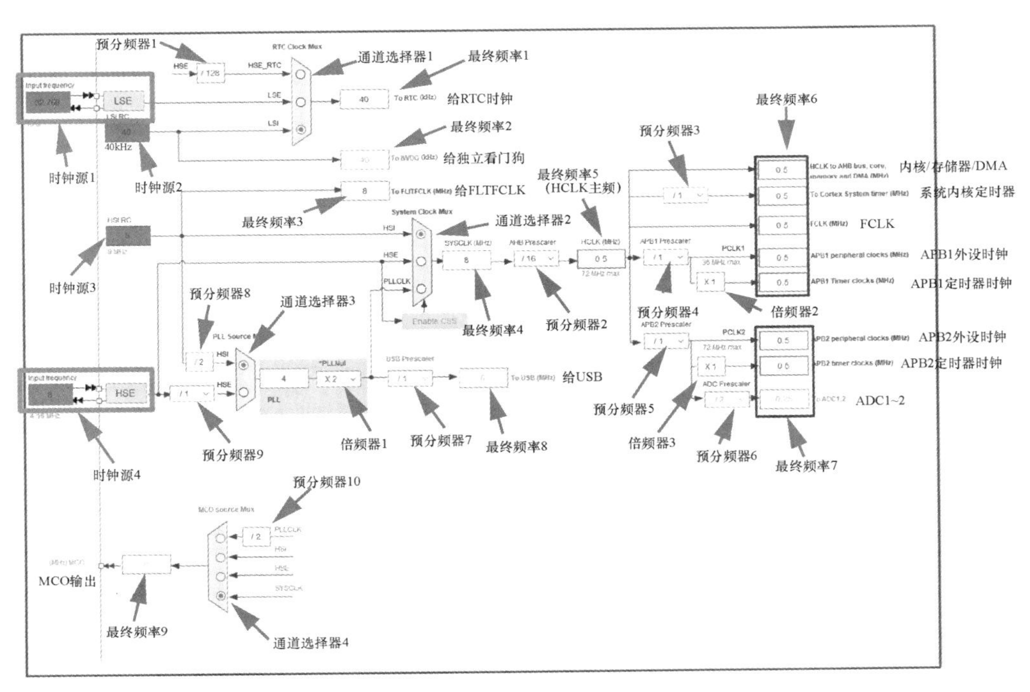

图4.8 时钟树所有操作单元的标注

时钟树要根据硬件电路的设计和具体的应用要求来设置，由于我们目前处于入门学习阶段，这里统一将各功能设置为最大频率，展现出单片机的最高性能。日后涉及低功耗要求时，再随机应变地修改时钟树。设置方法是单击“Clock Configuration”（时钟配置）选项卡，按图 4.9 所示的各项参数设置时钟，最终让右边的“APB1 peripheral clocks”显示为 36MHz，其他均为 72MHz。

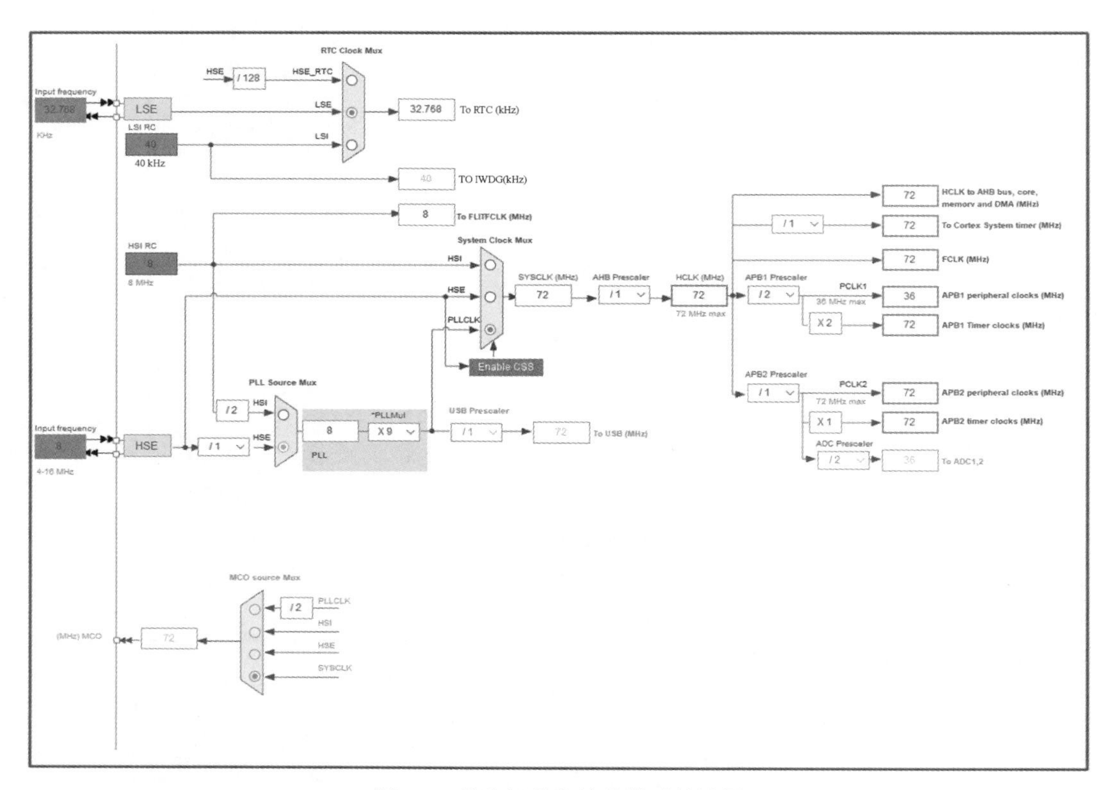

图 4.9　单片机最高性能的时钟设置

4.2　端口设置

时钟设置好之后，单片机就能以一定频率运行了。但仅开启时钟的单片机就像只有心跳的人，要想像人一样动起来，必须设置单片机端口。每个端口需要设置模式和参数两部分。学会一个端口的设置，就能举一反三地设置所有端口。由于我们即将使用洋桃 IoT 开发板，所以要以洋桃 IoT 开发板原理图为标准，使每个端口的模式和参数都符合开发板硬件电路的驱动原理。我将简单介绍洋桃 IoT 开发板每个功能模块的电路原理和各功能电路的驱动方法，按照电路设计来设置所有端口。

4.2.1　端口模式设置

打开图形界面中的单片机端口视图，如图 4.10 所示，可以明显看到视图中有 4 个端口被配置为外部晶体输入端口，每个引脚又被自动分配了新的名称。这就是开启时钟功能后自动完成的端口模式与参数设置，这种自动化设置在其他功能上也能实现。但大家要知道，每项功能可分配到多个复用的端口，而自动分配只能机械地分配到默认端口，如果分配到的端口不是想要的，需要手动修改。倒不如在端口上直接设置模式，从而反向地开启对应功能，这种操作方式准确又高效。

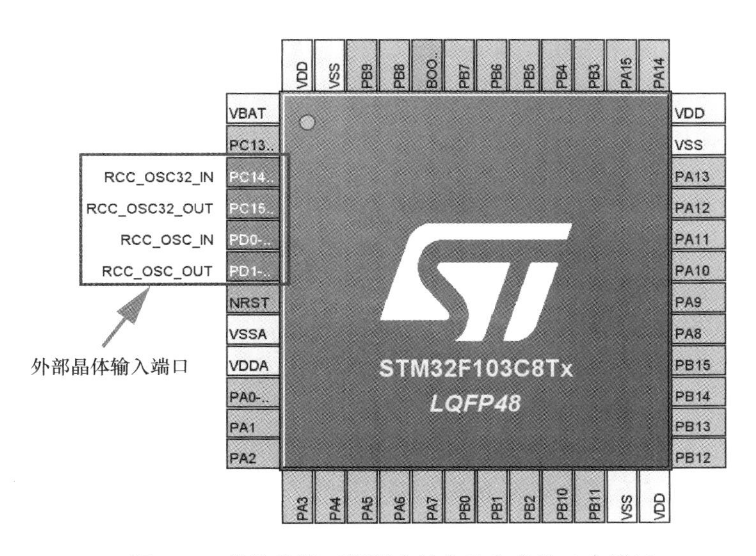

图 4.10 单片机端口视图中被自动定义的 4 个端口

接下来详细讲解一个端口的设置方法，以 PB0 端口为例，其他端口的设置过程粗略讲解。在资料包中找到"洋桃 IoT 开发板电路原理图&元器件封装库"文件夹，打开其中的"洋桃 1 号核心板电路原理图 V2.0-20211003.pdf"文件，找到 LED 指示灯部分，如图 4.11 所示。从图 4.11 可以看出，核心板上的两个 LED 指示灯分别连接在单片机的 PB0 和 PB1 端口，负极连接 GND（公共地）。也就是说，当 PB0 端口设置为电平输出模式且输出高电平时 LED1 点亮，输出低电平时 LED1 熄灭。根据电路原理得知 PB0 端口需要设置为输出模式，如果想在开发板上电时点亮 LED1，就要在参数里把初始电平设置为高电平。设置方法如图 4.12 所示，在单片机端口视图里单击"PB0"，在弹出的下拉列表中选择"GPIO_Output"（电平输出）。

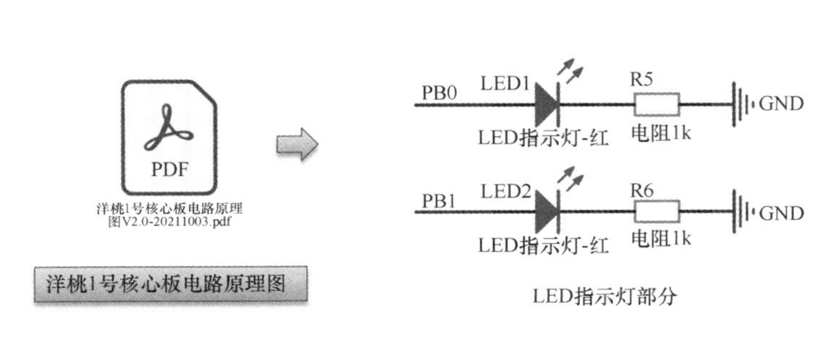

图 4.11 洋桃 1 号核心板电路原理图中的 LED 指示灯部分

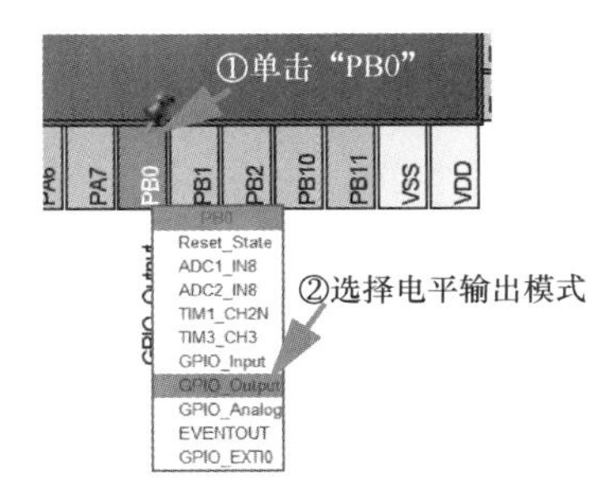

图 4.12 端口模式设置

4.2.2 端口参数设置

如图 4.13 所示，在左边展开“System Core”（系统内核）组，选择“GPIO”，在弹出的模式与参数窗口中可以看到 GPIO 使用列表中只有 PB0 一行，后续设置更多端口时列表会随之增加。单击列表中的“PB0”，下方会出现 PB0 参数选项，共有 5 项，第 1 项“GPIO output level”（端口输出电平）是指端口上电时的初始电平，可选择“High”（高）、“Low”（低）两项。第 2 项“GPIO mode”（端口模式）是指 GPIO 端口的工作模式，这个模式并不能设置端口是输入还是输出，因为输入或输出已经在单片机端口视图里设置过了，这里的模式只是对应模式下的子选项。比如当前 PB0 端口已在端口视图里设置为输出模式，那么参数中的端口模式只能是输出模式下的两种状态，“Output Push Pull”（推挽输出）或“Output Open Drain”（开漏输出）。推挽输出让引脚具有很强的电流输出能力，可驱动 LED 点亮。开漏输出是弱电流输出，多用于逻辑电平的通信电路。具体使用哪种模式要根据具体电路来确定。第 3 个选项“GPIO Pull-up/Pull-down”（端口上/下拉）用于确定端口内部是否要加上/下拉电阻，有“Pull-up”（上拉）、“Pull-down”（下拉）、“No pull-up and no pull-down”（无上/下拉）3 个选项。第 4 项“Maximum output speed”（最大输出速度）是指端口电平切换的频率，如果端口用于数据通信可选择“High”（高），如果用于不常变化的场合可选择“Medium”（中）或“Low”（低）。LED 的点亮和熄灭本应选择低速，但后续如果用 PWM 调光就需要快速开/关灯，所以这里选择高速模式。第 5 项“User Label”（用户标注）用于给端口起一个容易辨别和记忆的名称。比如 PB0 用于 LED1 控制，我们就输入“LED1”。在后续编程中可直接用“LED1”代替“PB0”。设置好用户标注，在端口视图的 PB0 引脚外面会出现“LED1”。设置好的参数也会同时显示在 PB0 列表中。到此，PB0 端口的设置就全部完成了。

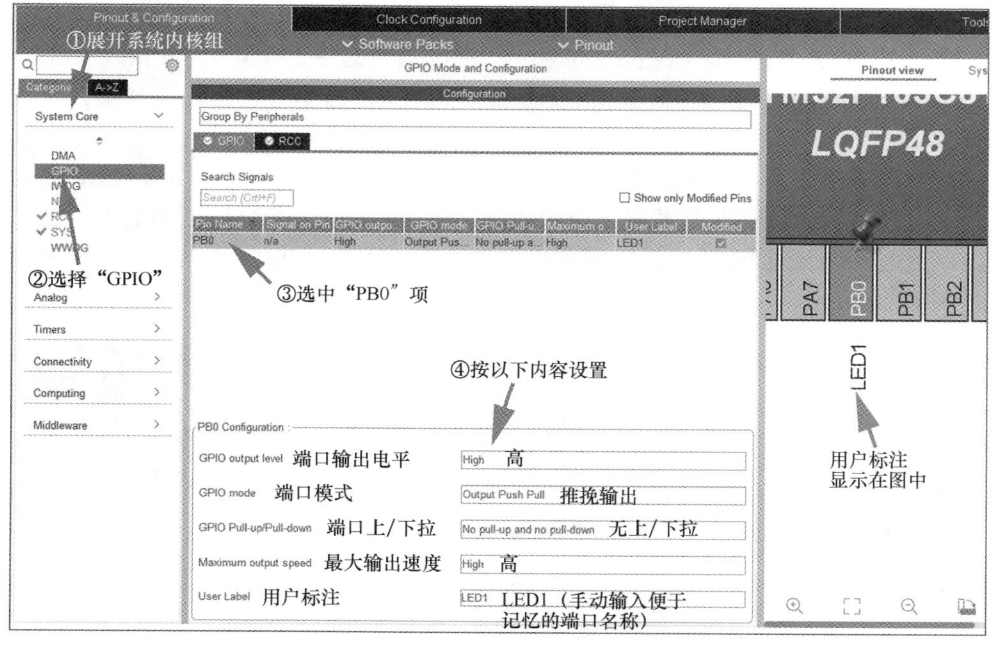

图 4.13　端口参数设置

4.2.3　按开发板电路图设置全部端口

学会了 PB0 端口的设置，其他端口也能如法炮制，只是每个端口需要按电路原理进行设置。要想让所有端口都符合洋桃 IoT 开发板的电路，就必须先了解开发板的各功能电路（见图 4.14），弄清楚电路与端口怎样互动。这里需要了解与电子电路相关的基础知识，对数字信号、模拟信号、电平、电压、电流都有清晰的认识。接下来，我将快速地讲解电路原理图中的每个功能模块，然后按原理逐一设置单片机的所有端口。请在洋桃 IoT 开发板资料中找到“洋桃 1 号核心板电路原理图”和“洋桃 IoT 开发板电路原理图”文件。

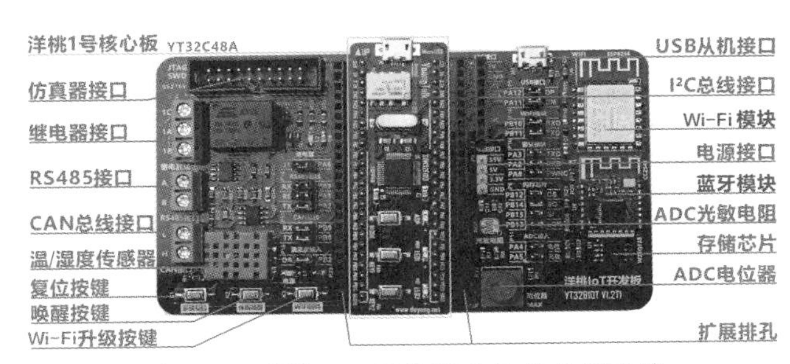

图 4.14　洋桃 IoT 开发板上的各功能电路

首先打开“洋桃 1 号核心板电路原理图”文件，如图 4.15 所示，设置核心板用到的端口。其中 GPIO 端口包括 LED1、LED2 两个指示灯，KEY1、KEY2 两个按键，一个蜂鸣器。功能端口包括高速外部时钟、低速外部时钟、USART1 串口。对于 USART1 串口之类的功能端口，只需要在端口视图中设置端口模式，不需要在模式与参数窗口中操作。因为 CubeMX 会自动分配此功能对应的参数，模式与参数设置等到后续介绍该功能时再细讲。

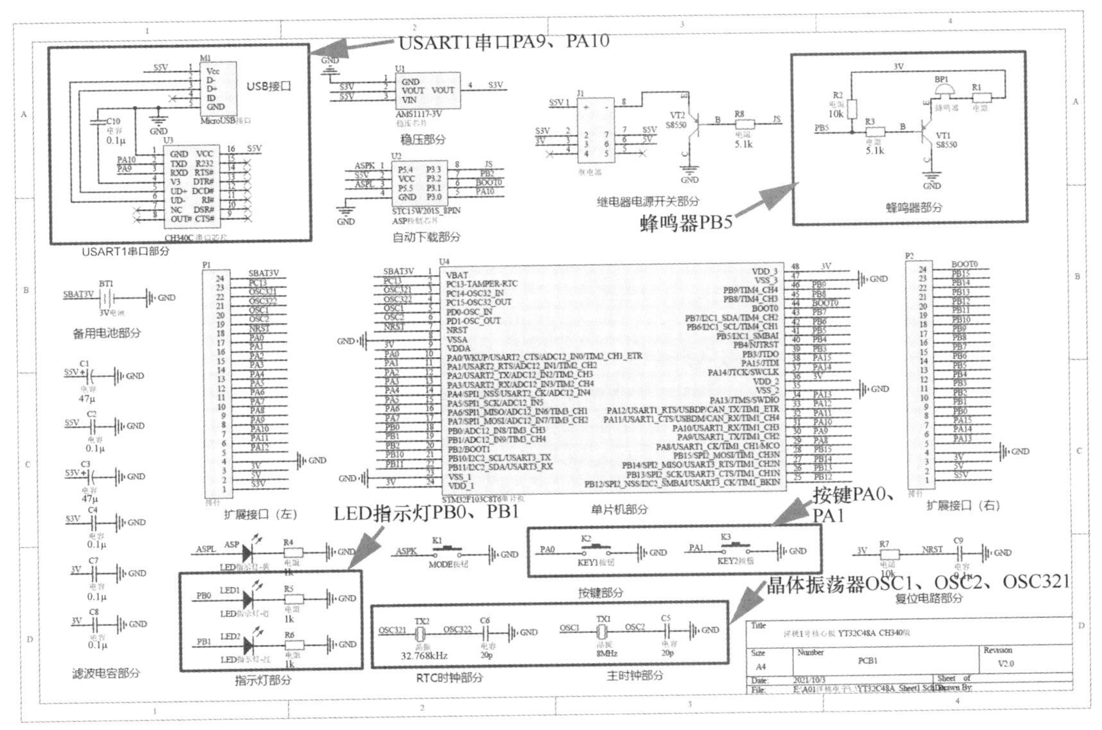

图 4.15　洋桃 1 号核心板电路原理图

在洋桃 1 号核心板电路原理图中有 5 个部分涉及端口设置，分别是 USART1 串口、蜂鸣器、LED 指示灯、按键和晶体振荡器电路。如图 4.16 所示，晶体振荡器电路连接单片机 3～6 号引脚，对应着高速时钟和低速时钟输入端口，时钟源在 RCC 功能中已经开启，所以不需要再考虑这个部分。然后看 LED 指示灯部分，如图 4.17 所示，LED1 连接单片机的 PB0 端口，我们已经在举例中设置过了。LED2 连接单片机的 PB1 端口，设置方法与 LED1 相同，参数设置为输出模式、初始高电平、推挽输出、无上/下拉、高速，PB0 的用户标注是“LED1”，PB1 是“LED2”。再看两个按键，如图 4.18 所示，KEY1 连接单片机的 PA0 端口，KEY2 连接单片机的 PA1 端口，两个按键的另一端都连接 GND。当按键被按下时对应端口变成低电平，单片机只要读取端口的电平状态就能判断按键是否被按下。所以 PA0 和 PA1 应该设置为输入模式、初始高电平、上拉，PA0 的用户标注是“KEY1”，PA1 是“KEY2”。

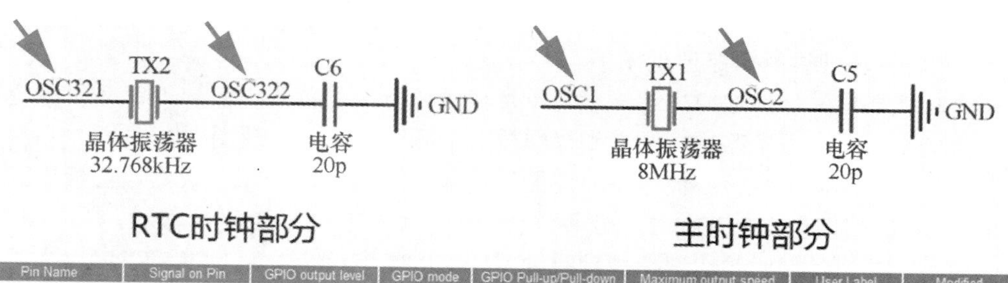

Pin Name	Signal on Pin	GPIO output level	GPIO mode	GPIO Pull-up/Pull-down	Maximum output speed	User Label	Modified
PC14-OSC32_IN	RCC_OSC32_IN	n/a	n/a	n/a	n/a		☐
PC15-OSC32_OUT	RCC_OSC32_OUT	n/a	n/a	n/a	n/a		☐
PD0-OSC_IN	RCC_OSC_IN	n/a	n/a	n/a	n/a		☐
PD1-OSC_OUT	RCC_OSC_OUT	n/a	n/a	n/a	n/a		☐

图 4.16 晶体振荡器电路

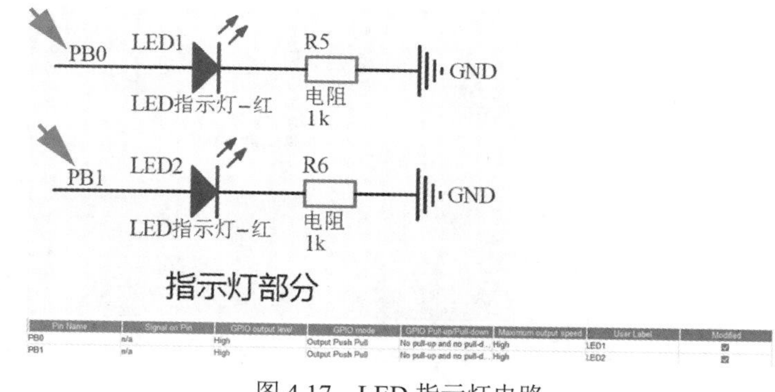

Pin Name	Signal on Pin	GPIO output level	GPIO mode	GPIO Pull-up/Pull-down	Maximum output speed	User Label	Modified
PB0	n/a	High	Output Push Pull	No pull-up and no pull-d...	High	LED1	☑
PB1	n/a	High	Output Push Pull	No pull-up and no pull-d...	High	LED2	☑

图 4.17 LED 指示灯电路

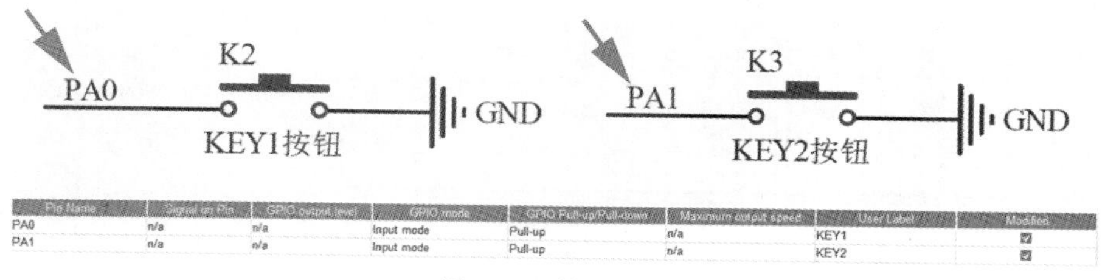

Pin Name	Signal on Pin	GPIO output level	GPIO mode	GPIO Pull-up/Pull-down	Maximum output speed	User Label	Modified
PA0	n/a	n/a	Input mode	Pull-up	n/a	KEY1	☑
PA1	n/a	n/a	Input mode	Pull-up	n/a	KEY2	☑

图 4.18 按键电路

再看蜂鸣器部分，如图 4.19 所示，蜂鸣器连接单片机的 PB5 端口。核心板上的是无源蜂鸣器，需要单片机输出一定频率的脉冲信号才能使它发出不同音调。也就是说，蜂鸣器端口应该设置为输出模式，产生音频脉冲需要高速输出模式。为了在蜂鸣器空闲时不让电路工作，初始电平应设置为高电平。电路中已有上拉电阻 R2，所以端口内部为无上/下拉模式，用户标注为“BEEP1”。最后看 USART1 串口电路，如图 4.20 所示，串口涉及的端口是 PA9 和 PA10。这部分是单片机内部的 USART1 功能，不是 GPIO 端口。如图 4.21 所示，所以需要在左侧的功能选项中选择“USART1”，在右侧弹出的模式窗口中选择“Asynchronous”（异步）模式，参数窗口按默认参数设置。设置完成后，在单片机端口视图中会显示 USART1 接口被自动分配给 PA9 和 PA10 端口。至此，洋桃 1 号核心板电路部分设置完毕。

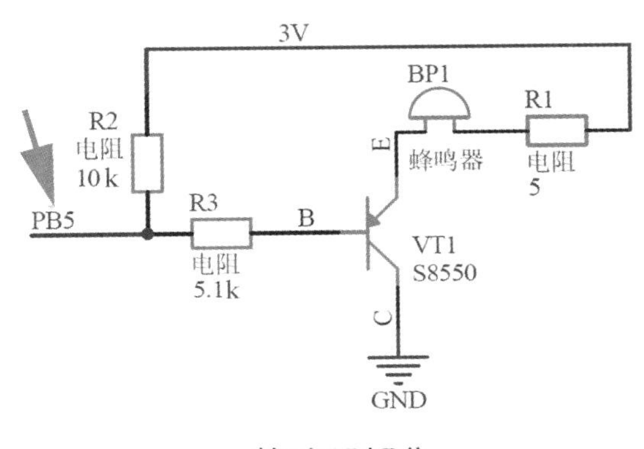

Pin Name	Signal on Pin	GPIO output level	GPIO mode	GPIO Pull-up/Pull-down	Maximum output speed	User Label	Modified
PB5	n/a	High	Output Push Pull	No pull-up and no pull-d...	High	BEEP1	☑

图 4.19　蜂鸣器电路

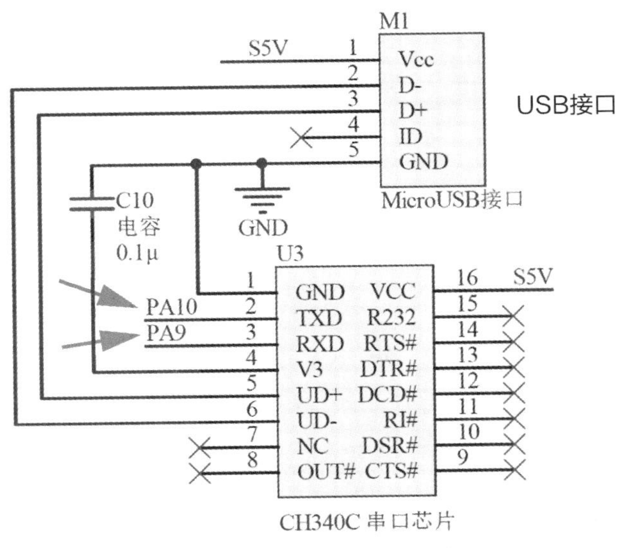

图 4.20　USART1 串口电路

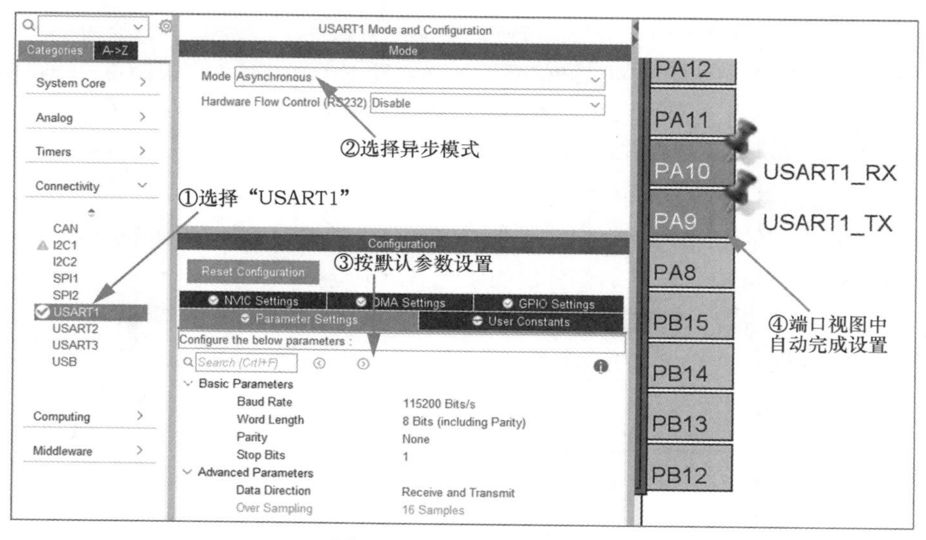

图 4.21　USART1 的设置

用同样的方法设置洋桃 IoT 开发板底板，打开“洋桃 IoT 开发板电路原理图”文件，如图 4.22 所示，我们分区块找到需要设置的 GPIO 端口和各功能接口。图 4.23 所示，电路原理图的中上部分是核心板的连接排孔，洋桃 1 号核心板由此与底板连接。这里给出的 PA0～PA15、PB0～PB15 都将以网络标号的方式与其他功能电路连接，接下来只要找到各功能电路中的网络标号，根据标号来设置对应的端口。

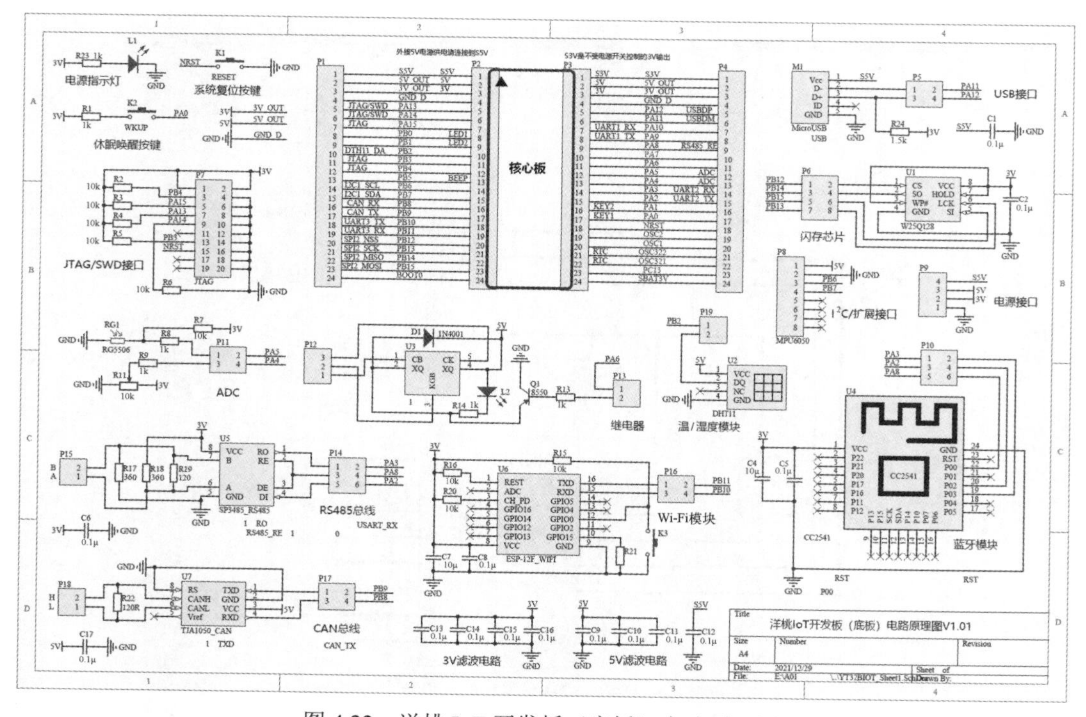

图 4.22　洋桃 IoT 开发板（底板）电路原理图

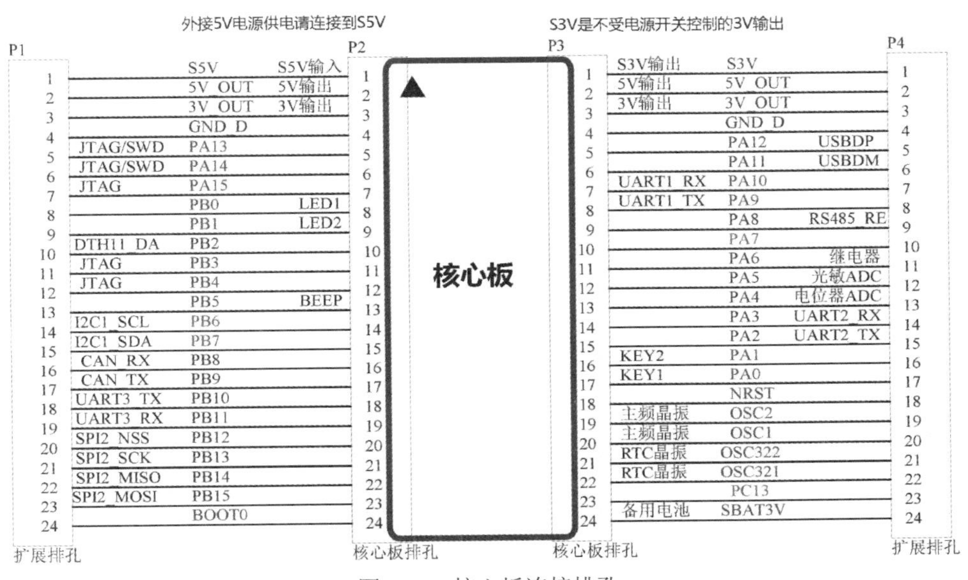

图 4.23　核心板连接排孔

如图 4.24 所示，电路原理图左上角的区块有电源指示灯、系统复位按键、休眠唤醒按键和 JTAG/SWD 接口。其中出现 GPIO 网络标号的有休眠唤醒按键和 JTAG/SWD 接口。休眠唤醒按键与核心板上的 KEY1 按键复用 PA0 端口。当多个功能复用一个端口时，要按单片机启动后最先用到的功能来设置，如果中途需要改用其他功能，可在程序里根据新功能再初始化设置一次。PA0 端口最先使用的是 KEY1 按键功能，KEY1 已经在核心板部分设置过了，所以休眠唤醒按键不需要设置。JTAG 接口并不普通，它是 ARM 核心的标配功能，所有 ARM 内核的单片机都有 JTAG 接口。如图 4.25 所示，由于它的特殊性，在设置时需要在功能分组中展开“System Core”（系统内核）组，选择“SYS”，在模式设置里面选择“JTAG（5 pins）”，这是 5 线式 JTAG 标准接口，可以完成全功能调试。如图 4.26 所示，在完成设置后，在单片机端口视图中会显示有 5 个端口被分配给 JTAG 使用。JTAG 没有进一步的参数设置，只需开启。

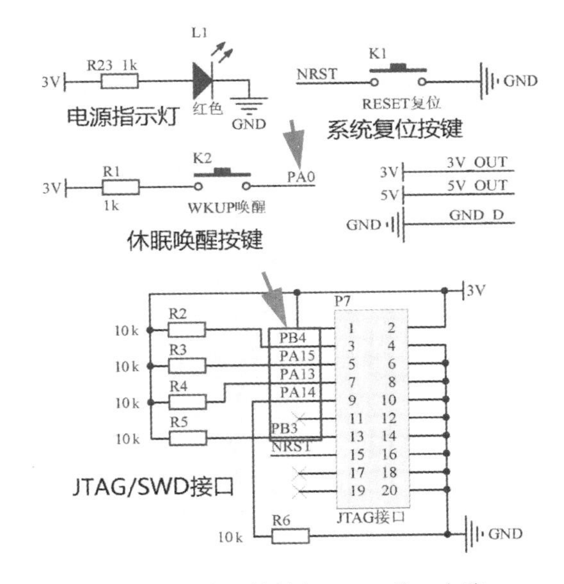

图 4.24　唤醒按键与 JTAG 接口电路

如图 4.27 所示，电路原理图的左侧和中间部分有 ADC、继电器和温/湿度传感器 3 个电路。ADC 输入功能占用 PA4 和 PA5 端口，这是旋钮电位器和光敏电阻的模拟信号输入。将两个端口都设置为模拟输入模式，在单片机端口视图中将 PA4 设置为“ADC1_IN4”

（ADC1 的通道 4），再把 PA5 设置为“ADC2_IN5”（ADC2 的通道 5）。将端口设置成模拟输入模式后，参数中的初始电平、端口上/下拉、输出速度等项将消失，因为这些参数只适用于数字信号模式。

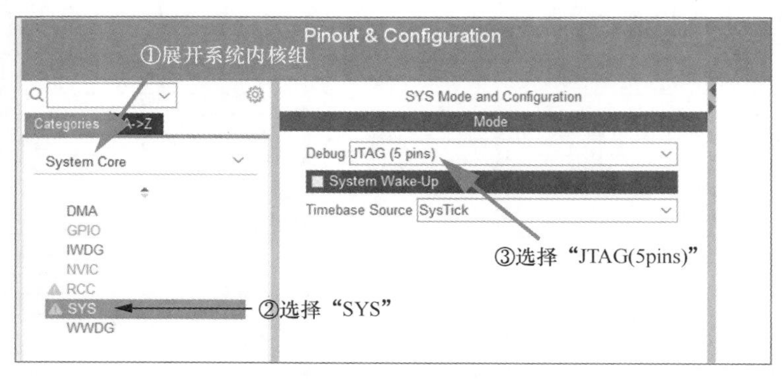

图 4.25　JTAG 接口设置

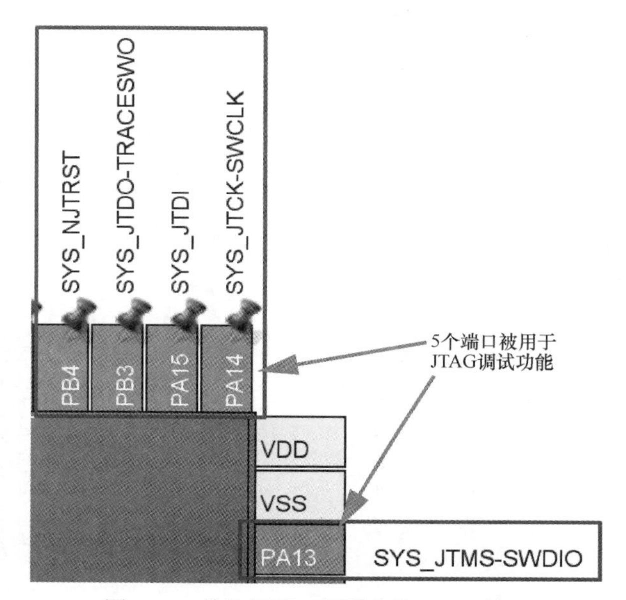

图 4.26　单片机端口视图中的 JTAG 接口

继电器电路占用 PA6 端口，控制继电器的吸合与断开，当端口输出高电平时，继电器处于断开状态，当端口输出低电平时，继电器吸合，控制用电器工作。按此原理，PA6 端口应该设置为输出模式、初始高电平、开漏输出、无上/下拉、高速，用户标注为“RELAY1”。

温/湿度传感器电路占用 PB2 端口，温/湿度传感器就通过 PB2 端口进行单总线通信。由于单总线通信并不是单片机内置功能，所以通信协议需要用 GPIO 端口模拟。模拟通信协议时，此端口涉及输出和输入两种状态，我们在初始化设置里先设置为输出模式，等程序中需要输入时再用程序切换到输入模式。所以此端口要设置为输出模式、初始高电平、推挽输出、无上/下拉、高速，用户标注为“DHT11_DA”。

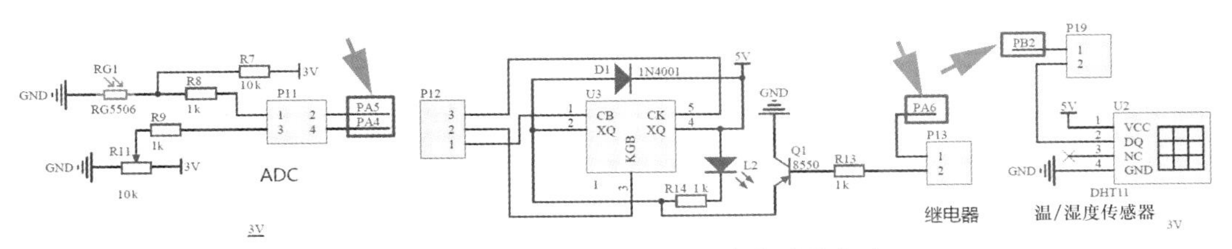

图 4.27　ADC、继电器、温/湿度传感器电路

如图 4.28 所示，电路原理图的左下角是 RS485 总线和 CAN 总线电路。其中 RS485 总线的通信直接使用了单片机内部的 USART2 串口功能，但 RS485 总线还需要一个收发选择接端口 RE，因此还要再占用一个 GPIO 端口。当 RE 为高电平时，RS485 处于发送状态，当 RE 为低电平时，RS485 处于接收状态。所以把 PA8 端口再设置为输出模式、初始低电平、推挽输出、上拉、高速，用户标注为“RS485_RE”。如图 4.29 所示，在左侧的功能选项中找到“USART2”，并在模式窗口中选择“Asynchronous”（异步）模式。设置完成后，单片机端口视图中会显示 USART2 接口被自动分配给 PA2 和 PA3 端口。再将 PA8 端口设置为输出模式、初始低电平、推挽输出、上拉、高速，用户标注为“RS485_RE”。CAN 总线电路占用 PB8 和 PB9 两个端口，这是单片机内部 CAN 功能专用端口。如图 4.30 所示，在左侧的功能选项中选择“CAN”，在模式窗口中勾选“Activated”（激活）。如图 4.31 所示，单片机端口视图中会显示 CAN 接口被自动分配给 PA11 和 PA12 端口，但这是错误的。我们还需要在端口视图中单击“PB8”，在下拉列表中选择“CAN_RX”，此时 CAN 接口将被切换到 PB8 和 PB9 端口，这样才能和硬件电路所连接的接口相匹配。

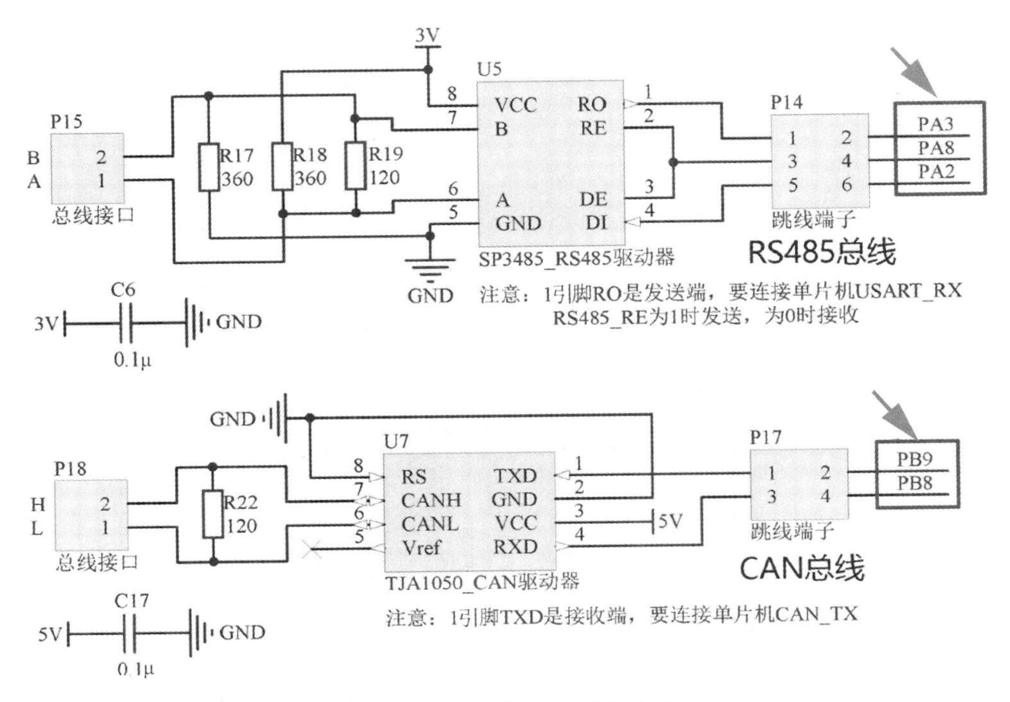

图 4.28　RS485 和 CAN 总线电路

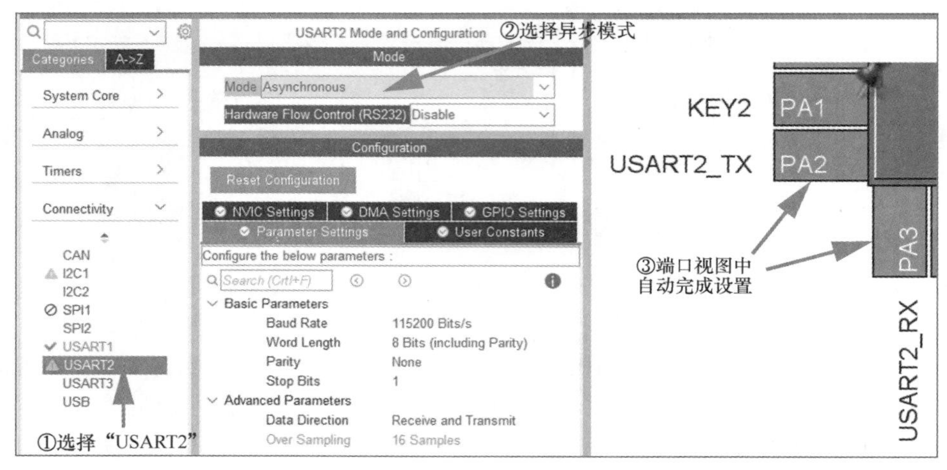

图 4.29　USART2 的设置

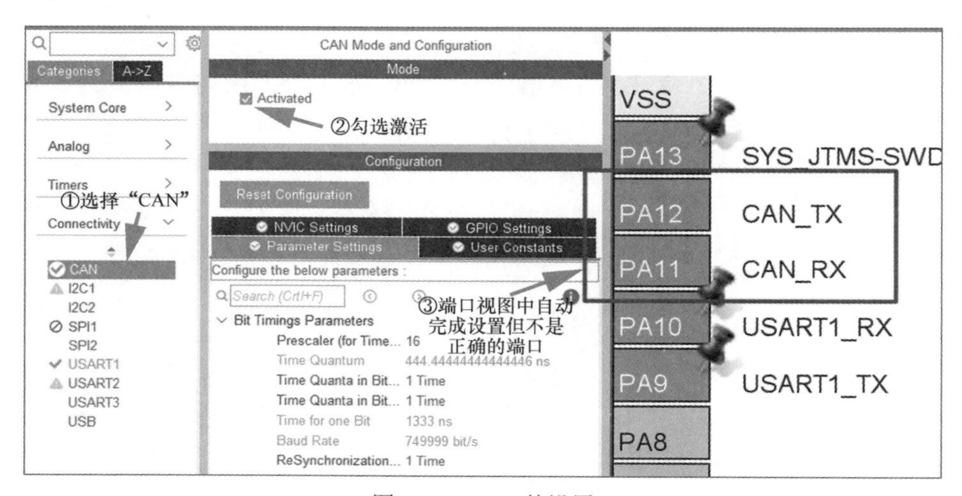

图 4.30　CAN 的设置

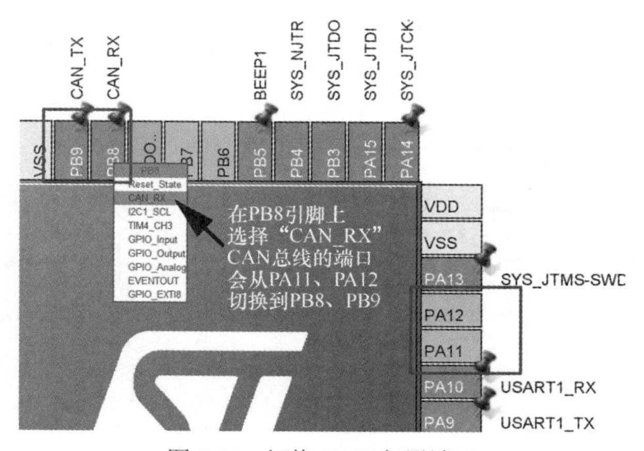

图 4.31　切换 CAN 复用端口

如图 4.32 所示，电路原理图右上角的区块包括 USB 接口、闪存芯片、I²C/扩展接口和电源接口。其中后两个是预留的排针，并没有连接器件，不需要考虑。USB 接口是单片机内部的 USB 从设备功能，可以让单片机通过 USB 连接到计算机，实现 USB 键盘、USB 转串口、U 盘等的功能。如图 4.33 所示，在功能选项中选择“USB”，在模式窗口中勾选“Device（FS）”（设备），此时端口视图中会显示 USB 接口被自动分配给 PA11 和 PA12 端口。

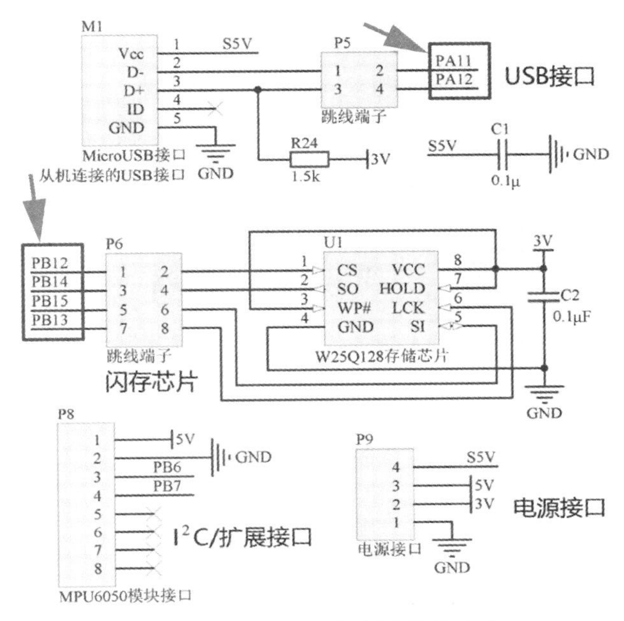

图 4.32　USB 接口和闪存芯片电路

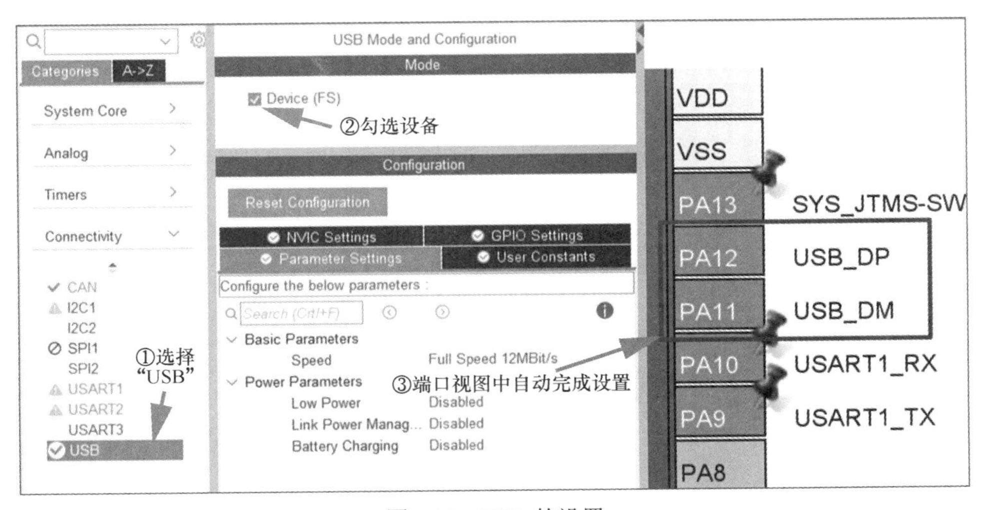

图 4.33　USB 的设置

闪存芯片是指开发板上的 W25Q128 存储芯片，它通过 SPI 总线与单片机通信。这个芯片的通信并非采用 GPIO 模拟协议，它采用单片机内部的 SPI 协议，开启 SPI 功能就能通信。如图 4.34 所示，在功能选项中选择“SPI2”，在模式窗口中设置模式为“Full-Duplex Master”（全双工主机），此时端口视图中会显示 SPI2 接口被自动分配给 PB13、PB14、PB15 端口。另外，连接到 SPI 总线上的每个设备都必须再独立连接一个使能控制端口 CS，W25Q128 存储芯片的 CS 端口连接 PB12 端口，当 PB12 端口输出低电平时，闪存芯片被激活。所以在单片机端口视图中将 PB12 端口设置为输出模式、初始高电平、推挽输出、上拉、高速，用户标注为“W25Q128_CS”。

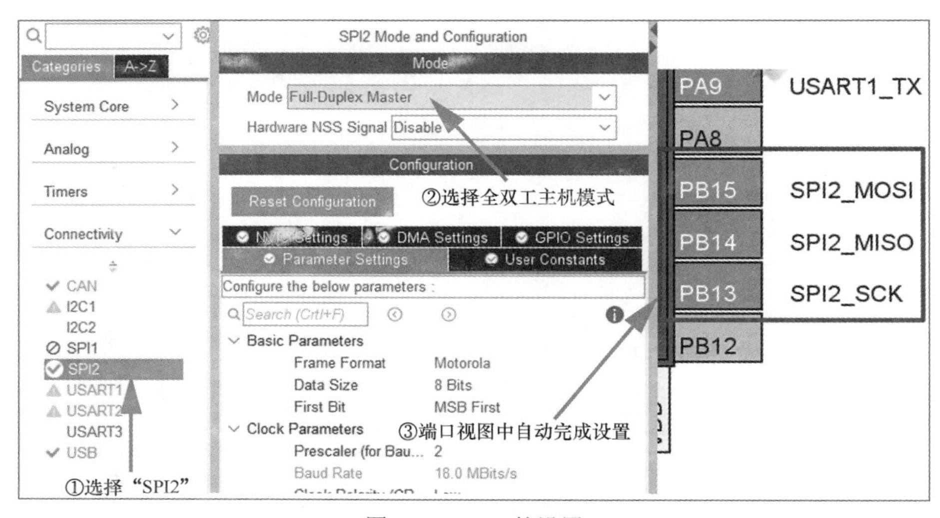

图 4.34 SPI2 的设置

电路原理图的右下方是蓝牙模块和 Wi-Fi 模块，如图 4.35 所示。其中蓝牙模块电路与 RS485 电路复用 PA2、PA3、PA8 端口。之前说过，多个功能复用同一组端口时，只要设置最先使用的功能，已经设置了 RS485 就不再设置蓝牙模块。关于蓝牙模块的设置，我会在讲到蓝牙模块功能时讲解。Wi-Fi 模块电路占用 PB10 和 PB11 两个端口，单片机与 Wi-Fi 模块使用 USART3 串口通信。如图 4.36 所示，在功能选项中选择“USART3”，在模式窗口中选择“Asynchronous”（异步）模式，此时在端口视图中会显示 USART3 接口被自动分配给 PB10 和 PB11 端口。

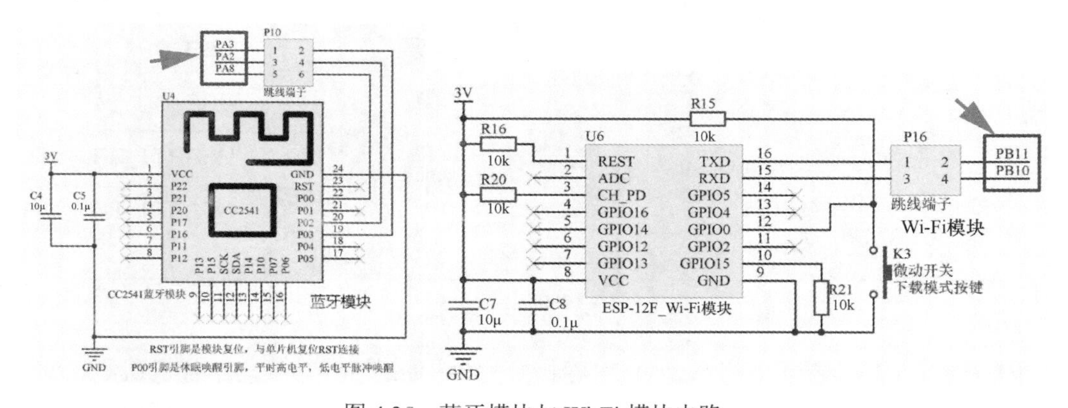

图 4.35 蓝牙模块与 Wi-Fi 模块电路

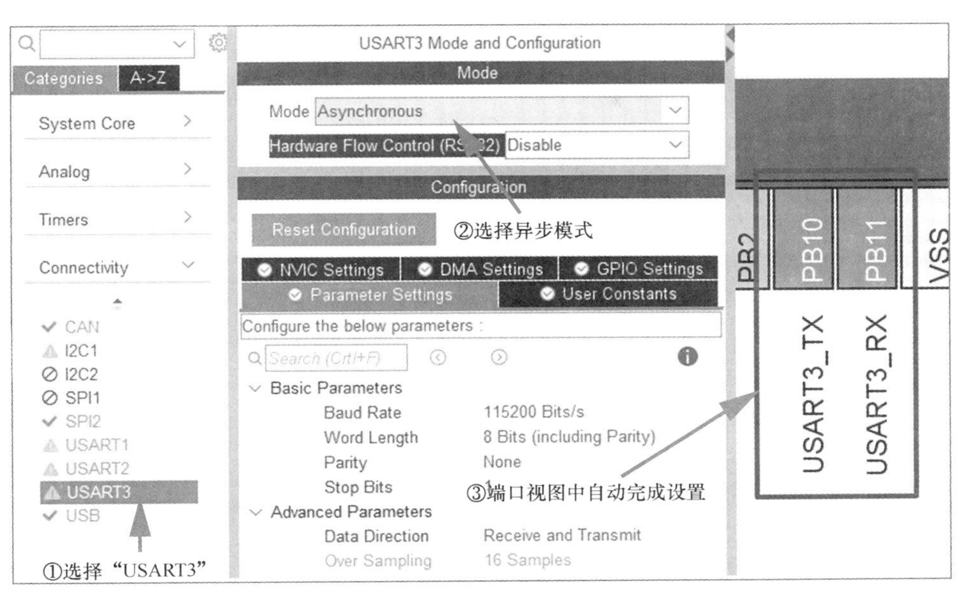

图 4.36　Wi-Fi 模块的设置

到此就完成了洋桃 IoT 开发板上所有端口的初始化设置。如图 4.37 和图 4.38 所示，我把所有项目的设置列为表格，请大家展开各功能的列表校对一遍，确保准确无误。如图 4.39 所示，在单片机端口视图中，每个完成设置的端口都有用户标注，端口颜色变成绿色。仔细观察会发现 PA7、PB6、PB7、PC13 端口没有被设置，可以将这些空置的端口扩展成你想要的模式。PC13 端口比较特殊，尽量别用，其他 3 个端口可以正常使用。如图 4.40 所示，我们设置的 JTAG 接口为 5 线式，你也可以在"SYS"功能中改成"JTAG（4 pins）"或"Serial Wire"。这样可以空出几个端口，对于引脚少的单片机来说，能预留些端口是至关重要的。

GPIO

名称 Pin Name	端口信号 Signal on Pin	初始电平 GPIO output level	端口模式 GPIO mode	上下拉状态 GPIO Pull-up/Pull-down	输出速度 Maximum output speed	用户标注 User Label	是否改动 Modified
PA0-WKUP	n/a	n/a	Input mode	Pull-up	n/a	KEY1	☑
PA1	n/a	n/a	Input mode	Pull-up	n/a	KEY2	☑
PA6	n/a	High	Output Open Drain	No pull-up and no pull-down	High	RELAY1	☑
PA8	n/a	Low	Output Push Pull	Pull-up	High	RS485_RE	☑
PB0	n/a	High	Output Push Pull	No pull-up and no pull-down	High	LED1	☑
PB1	n/a	High	Output Push Pull	No pull-up and no pull-down	High	LED2	☑
PB2	n/a	High	Output Push Pull	No pull-up and no pull-down	High	DHT11_DA	☑
PB5	n/a	High	Output Push Pull	No pull-up and no pull-down	High	BEEP1	☑
PB12	n/a	High	Output Push Pull	Pull-up	High	W25Q128_CS	☑

时钟

Pin Name	Signal on Pin	GPIO output level	GPIO mode	GPIO Pull-up/Pull-down	Maximum output speed	User Label	Modified
PC14-OSC32_IN	RCC_OSC32_IN	n/a	n/a	n/a	n/a		☐
PC15-OSC32_OUT	RCC_OSC32_OUT	n/a	n/a	n/a	n/a		☐
PD0-OSC_IN	RCC_OSC_IN	n/a	n/a	n/a	n/a		☐
PD1-OSC_OUT	RCC_OSC_OUT	n/a	n/a	n/a	n/a		☐

ADC

Pin Name	Signal on Pin	GPIO output level	GPIO mode	GPIO Pull-up/Pull-down	Maximum output speed	User Label	Modified
PA4	ADC1_IN4	n/a	Analog mode	n/a	n/a		☐
PA5	ADC1_IN5;ADC2_IN5	n/a	Analog mode	n/a	n/a		☐

图 4.37　端口设置列表 1

顺便说一下，STM32F103 单片机有一个特殊设计，CAN 功能与 USB 功能共用一组 RAM 空间，导致两个功能不能同时使用。虽然它们所使用的端口并不冲突，但也有类似复用的效果，这一部分在之后的学习中还会细讲。请大家按照我的设置方法完成所有端口的设置，并观察单片机端口视图中每个端口都有多少种设置项目，选择不同项目时模式与参数窗口会有哪些变化。深刻理解端口设置是必须掌握的基本功。

	名称	端口信号	初始电平	端口模式	上下拉状态	输出速度	用户标注	是否改动
	Pin Name	Signal on Pin	GPIO output level	GPIO mode	GPIO Pull-up/Pull-down	Maximum output speed	User Label	Modified
CAN	PB8	CAN_RX	n/a	Input mode	No pull-up and no pull-down	n/a		☐
	PB9	CAN_TX	n/a	Alternate Function Push Pull	n/a	High		☐
USART1	PA9	USART1_TX	n/a	Alternate Function Push Pull	n/a	High		☐
	PA10	USART1_RX	n/a	Input mode	No pull-up and no pull-down	n/a		☐
USART2	PA2	USART2_TX	n/a	Alternate Function Push Pull	n/a	High		☐
	PA3	USART2_RX	n/a	Input mode	No pull-up and no pull-down	n/a		☐
USART3	PB10	USART3_TX	n/a	Alternate Function Push Pull	n/a	High		☐
	PB11	USART3_RX	n/a	Input mode	No pull-up and no pull-down	n/a		☐
USB	PA11	USB_DM	n/a	n/a	n/a	n/a		☐
	PA12	USB_DP	n/a	n/a	n/a	n/a		☐
SPI	PB13	SPI2_SCK	n/a	Alternate Function...	n/a	High		☐
	PB14	SPI2_MISO	n/a	Input mode	Pull-up	n/a		☑
	PB15	SPI2_MOSI	n/a	Alternate Function...	n/a	High		☐

图 4.38　端口设置列表 2

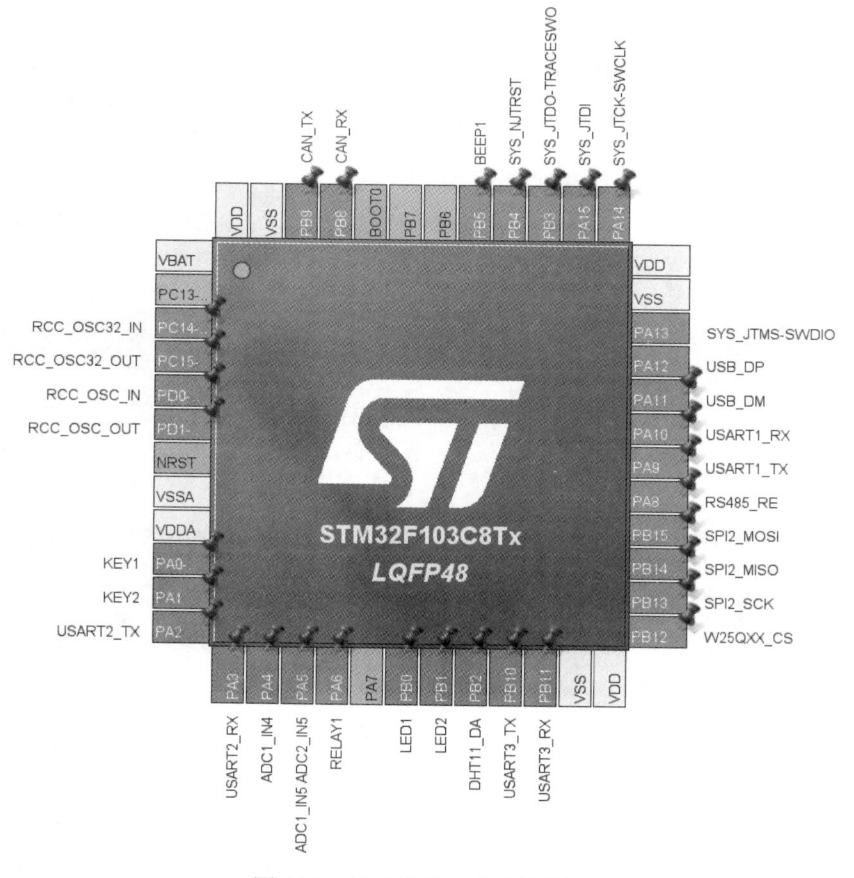

图 4.39　端口设置完成后的效果

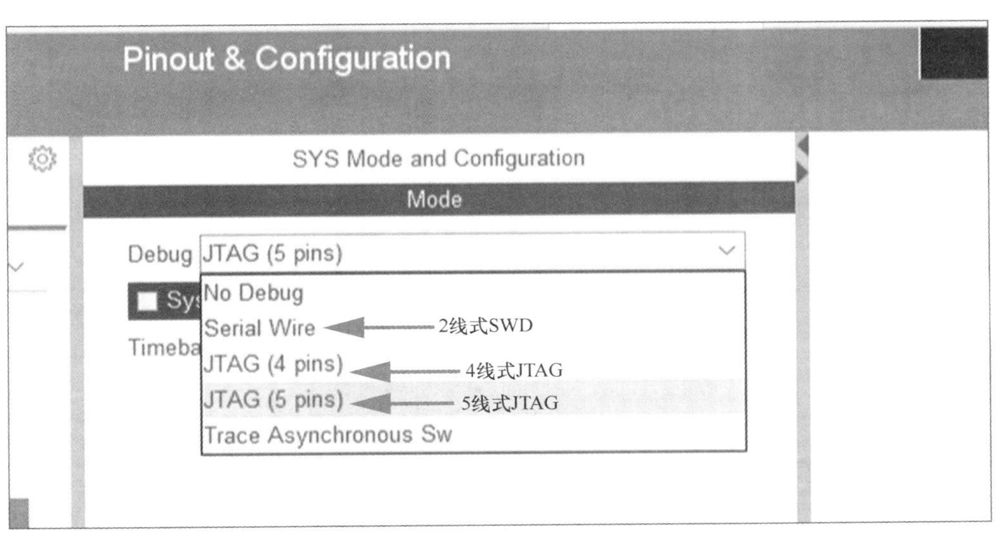

图 4.40　JTAG 接口的 3 种模式

第 5 步：工程的编译与下载

上一步我们在 CubeMX 中将单片机的所有端口设置完毕，这意味着我们拥有了单片机的初始化程序，能让单片机在上电后进入工作前的准备状态。正常来讲，下一步应该为单片机编写工作的内容，也就是应用程序。但在此之前我想先把当前的程序下载到单片机里，让大家既能真实感受到程序给开发板赋予灵魂的过程，又能提前学会程序下载的方法。所以这一步我们来讲程序下载，包括 3 个部分的内容：第 1 部分编译工程是把 CubeMX 设置好的参数转化为程序，再把程序通过编译器转化为单片机能识别的机器语言；第 2 部分程序下载是把编译出来的 HEX 机器语言文件下载到 STM32 单片机里，我将介绍常用的 3 种下载方法；第 3 部分修改参数重新下载是在完成下载后回到起点，在 CubeMX 图形化界面中修改参数，重新下载一遍，在洋桃 IoT 开发板上观察修改前后的效果差异。虽然差异细微，但能达成一种科学验证的闭环。也就是说，之前完成的安装软件、新建工程、设置端口等操作，终于要在开发板硬件上看到操作结果了。

5.1　编译工程

我们在 CubeMX 中完成的设置，既没有变成程序，也没有变成单片机可识别的机器语言，所以我们必须一步一步地将其转化。转化过程分为生成程序、编译设置、编译工程 3 个部分，生成程序是指把 CubeMX 中的参数转化成 C 语言程序，并和 HAL 库程序合并成完整可用的程序，编译设置是指在软件里设定好编译类型和输出文件的格式，编译工程是指将 CubeMX 生成的 C 语言程序联合 HAL 库中的程序共同编译成可下载到单片机里的机器语言文件。

5.1.1 生成程序

如图 5.1 所示，在 CubeMX 界面里单击工具栏中的“生成程序”图标，或者单击“保存”图标。CubeIDE 会将 CubeMX 界面里设置的参数转化成程序，转化过程需要一段时间。如图 5.2、图 5.3 所示，转换中途可能会弹出对话框，询问是否生成程序、是否打开程序编辑界面，可勾选“Remember my decision”（记住我的决定），然后单击“是”按钮。如图 5.4 所示，生成程序结束后会退出 CubeMX 界面，进入命令行界面。正常情况下这时应该编写应用程序，但我们暂时按默认状态设置，不做修改，直接进入编译操作。

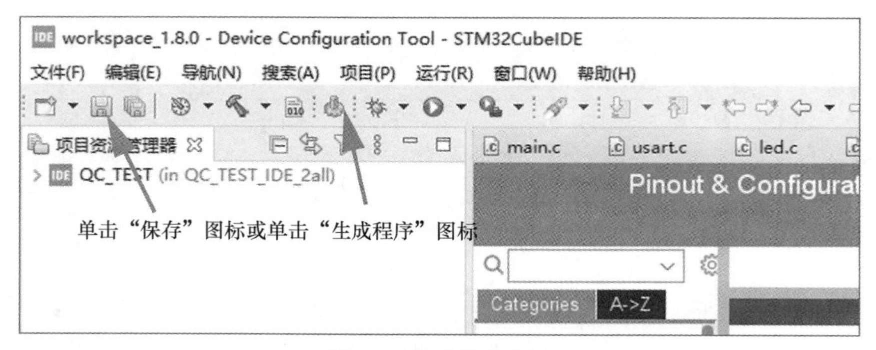

图 5.1 生成程序按钮

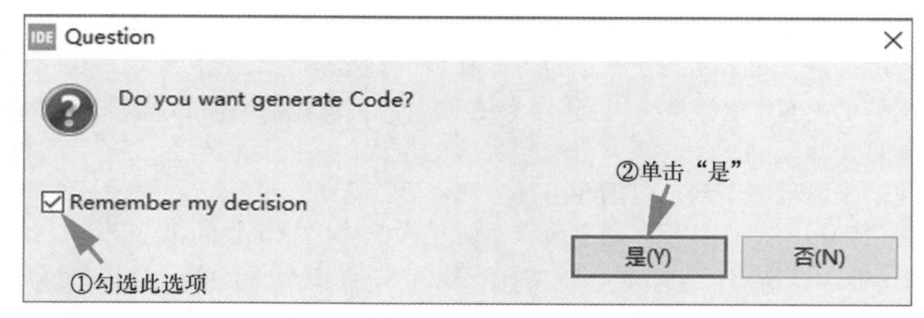

图 5.2 询问是否生成程序的对话框

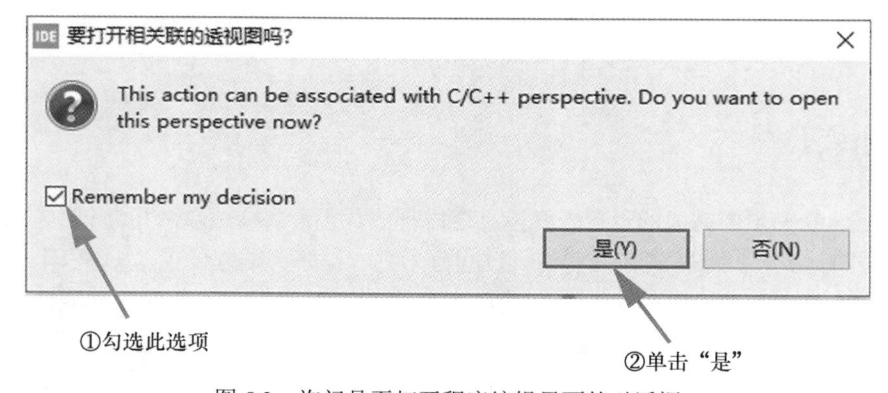

图 5.3 询问是否打开程序编辑界面的对话框

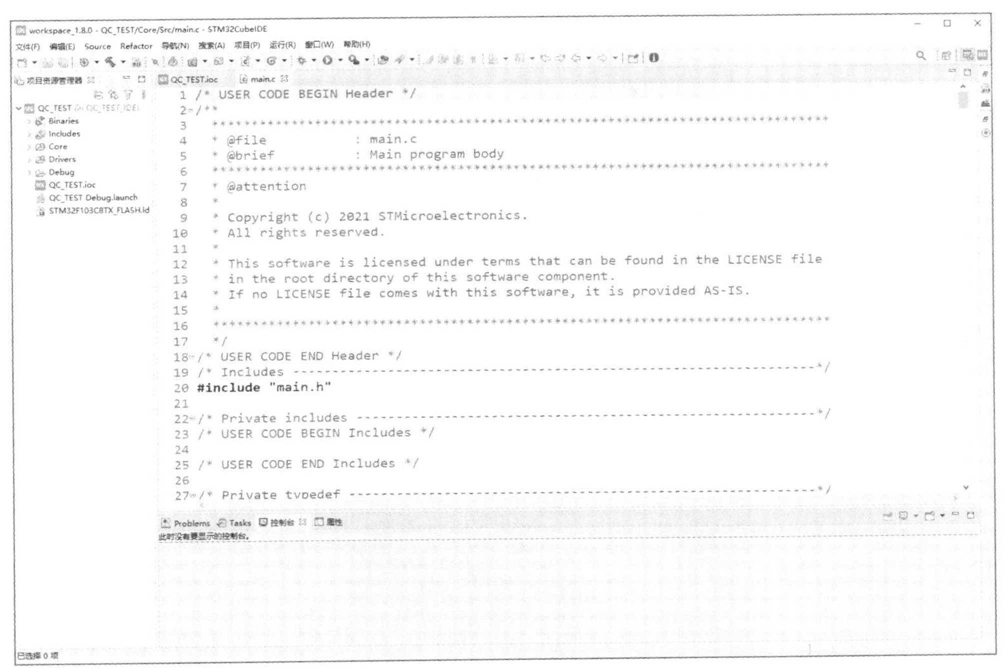

图 5.4　生成程序后的界面

5.1.2　编译设置

开始编译之前我们需要对编译器进行设置，使编译结果符合下载要求。操作方法如图 5.5 所示，单击菜单栏中的“项目”，在弹出的下拉列表中选择“属性”。如图 5.6 所示，在属性窗口中展开左侧文件树中的“C/C++ Build”（C/C++编译），在子选项中选择“Settings”（设置），接下来选择“Tool Settings”（工具设置）选项卡，在选项卡左侧的文件树中选择“MCU Post build outputs”（单片机编译输出），然后在右侧复选框中勾选“Convert to Intel Hex file（-O ihex）”（转化成英特尔 HEX 文件），其他项按默认设置，最后单击“应用并关闭”按钮。之所以要转化成 HEX 文件，是因为在后续下载操作中，下载给单片机的机器语言就是以“.hex”为扩展名的文件。每个工程只需设置一次，后续重新编译时，每次编译都会重新转化成 HEX 文件，覆盖之前的文件。也就是说，要想得到最新版本的 HEX 文件，只要重新编译即可。

5.1.3　编译工程

编译设置完成后开始编译工程。如图 5.7 所示，在工具栏中单击“编译”图标，默认以 Debug 模式发起编译。如图 5.8 所示，单击“编译”图标右边的三角号打开下拉菜单，弹出的两个选项中，Debug（调试）表示生成调试版文件，Release（发布）表示生成正式版文件。如表 5.1 所示，调试版本是面向开发者的，会在输出文件中保留调试信息，并允许调试功能，编译过程以速度优先，转化的文件中语句并不精练；发布版本是面向客户的，是发给甲方的，所以输出的文件中不包含调试信息，不允许调试功能，编译过程以质量优先，编译时间长，但转化的文件语句精练、文件体积小。由此可知，在学习和实践期间可用 Debug 调试模式进行编译。

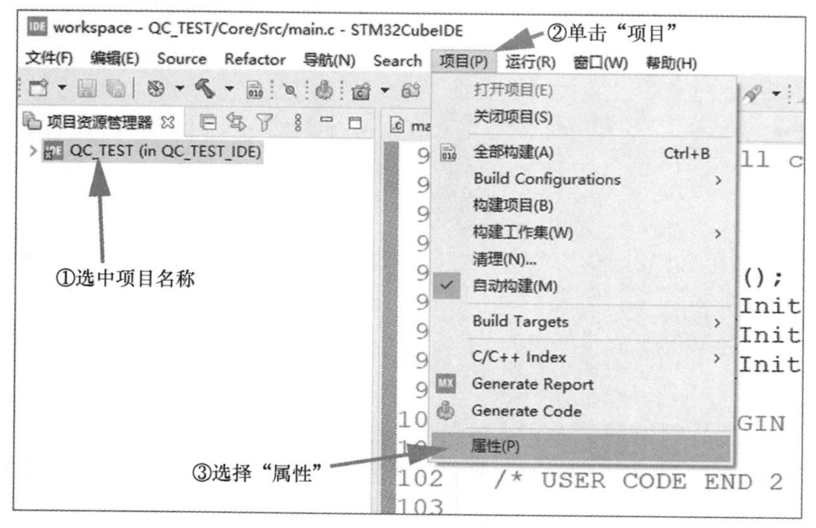

图 5.5　选择项目属性

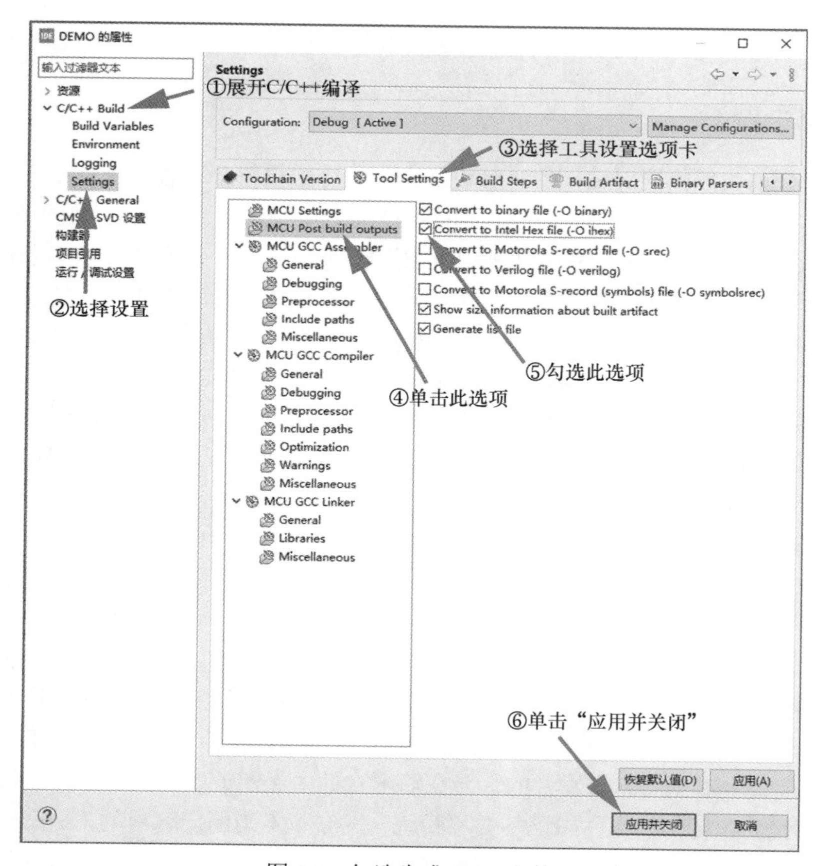

图 5.6　勾选生成 HEX 文件

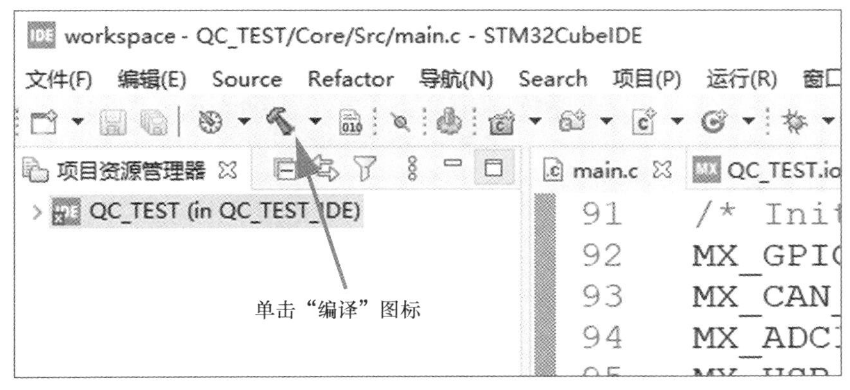

图 5.7　单击“编译”图标

图 5.8　“编译”的两个选项

表 5.1　调试与发布版本的区别

名称	解释	用途	特点
Debug	调试版本	开发调试	编译速度快、带调试信息、编译语句粗略
Release	发布版本	发给客户	编译语句精致、文件体积小

如图 5.9 所示，单击“编译”图标后编译器开始工作，软件界面下方的控制台窗口会显示编译状态信息。编译过程需要一段时间，最后显示“0 errors, 0 warnings”（0 错误，0 警告）时停止，表示编译结束。结果是 0 个错误，0 个警告，编译成功。如图 5.10 所示，编译成功之后在工程文件夹下的 Debug 文件夹里会出现名称与工程同名，扩展名是“.hex”的文件。如果程序中有明显的单词、语法、规则的错误，则会出现多个“errors”（错误）提示。如果程序中有一些不影响编译的小问题，则会出现多个“warnings”（警告）提示。出现任何一个错误都表示编译失败，无法转化成 HEX 文件。但如果没有错误，只出现多个警告，则表示编译成功，可正常转化成 HEX 文件。

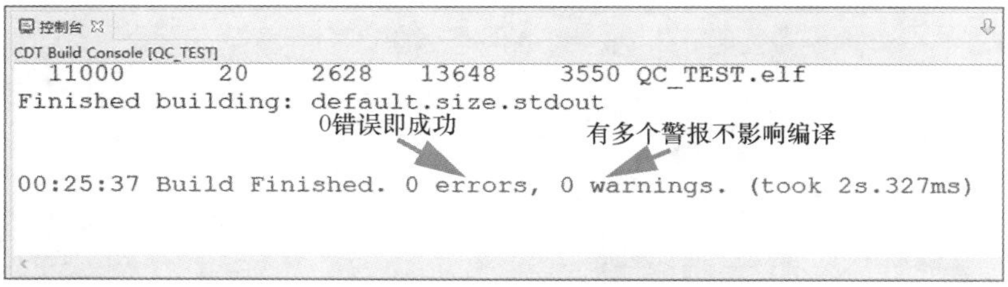

```
控制台
CDT Build Console [QC_TEST]
   11000       20     2628    13648     3550 QC_TEST.elf
Finished building: default.size.stdout
                   0错误即成功                有多个警报不影响编译

00:25:37 Build Finished. 0 errors, 0 warnings. (took 2s.327ms)
```

图 5.9　编译结果显示

5.2　程序下载

完成编译后的工作是把程序写入单片机，写入过程有很多种说法，如下载、编程、写入、烧写、烧录等，意思都一样。下载程序的方法有很多种，我这里例举常用的 3 种方法，分别是 FlyMcu 下载、CubeIDE 仿真器下载、ST-LINK Utility 下载。其中第 1 种使用 USB 转串口实现下载，在洋桃 1 号核心板上自带 USB 转串口电路，所以将核心的 USB 接口插到计算机上就能完成下载。第 2 种和第 3 种使用 ST-LINK 仿真器下载，需要另外配一款 ST-LINK V2 仿真器，将仿真器与洋桃 IoT 开发板的 JTAG 接口连接，才能完成下载。使用串口下载的成本低，但下载速度较慢。使用仿真器下载的成本高，但下载速度快，还能实现在线调试等功能。大家可以根据自己的需求选择下载方案，方案本身没有优劣之分，适合的才是最好的。不论你决定使用哪种下载方式，都请按顺序把这 3 种方式的讲解都看一遍，这不仅能使你在未来需要时很快运用自如，还能使你在对比不同的方式后更好地理解“下载”背后的逻辑。

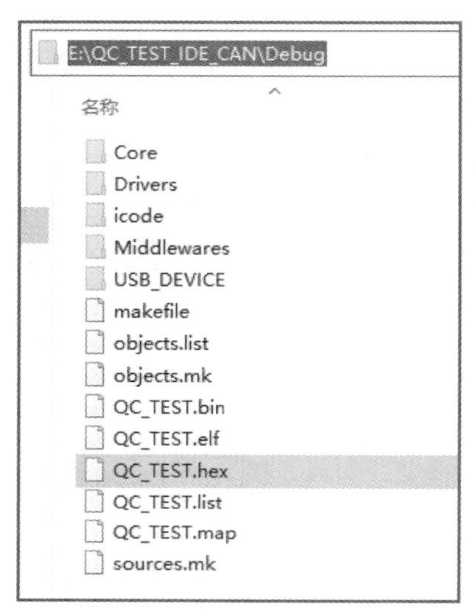

图 5.10　生成的 HEX 文件

5.2.1　FlyMcu 下载

FlyMcu 使用洋桃 IoT 开发板上自带的 USB 接口进行程序下载，不需要连接其他下载工具。程序下载的过程如下。

步骤 1：连接开发板硬件。如图 5.11 所示，准备好洋桃 IoT 开发板，确保核心板稳固地插在底板排孔上。然后将 Micro USB 线插入核心板的 Micro USB 接口，Micro USB 线的另一端插入计算机的 USB 接口。

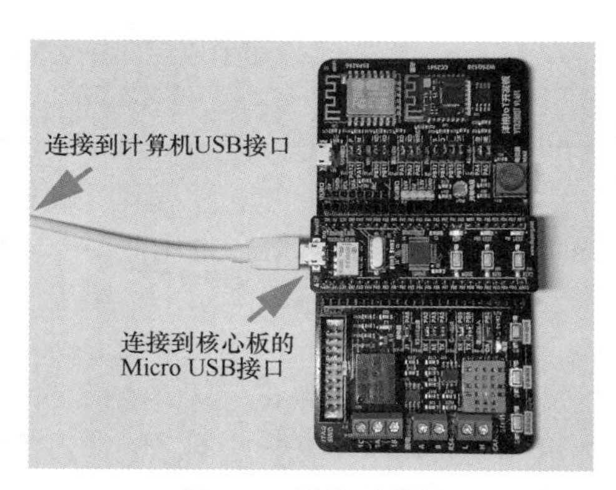

图 5.11　连接开发板

步骤 2：安装 USB 转串口驱动程序。核心板

上集成了USB转串口芯片，型号为CH340。这是一款常用的芯片，Windows7/8/10/11操作系统能自动识别此芯片，在计算机联网的情况下可自动完成驱动程序的安装。如图5.12所示，首次连接硬件后，可查看计算机中的“设备管理器”，在窗口中展开“端口（COM和LPT）”，看看有没有“CH340”的串口。如果有，可跳转到步骤4；如果没有，请看步骤3。

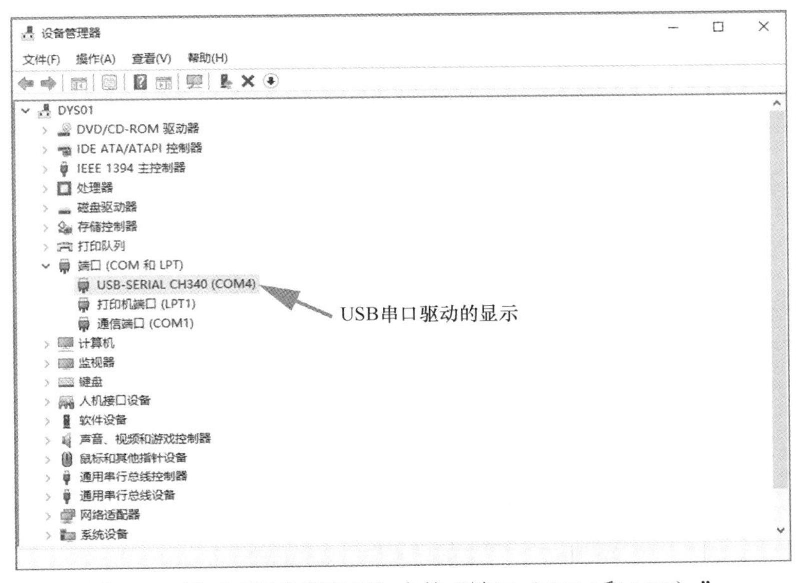

图5.12　展开“设备管理器”中的“端口（COM和LPT）”

步骤3：安装CH340驱动程序。在开发板资料中找到“工具软件”文件夹，在其中找到“USB串口驱动程序”，将压缩文件解压缩后运行其中的.exe文件。如图5.13所示，在安装界面中单击“安装”按钮，驱动程序会被安装到计算机上，重启计算机，再次查看“设备管理器”，会出现CH340串口设备。

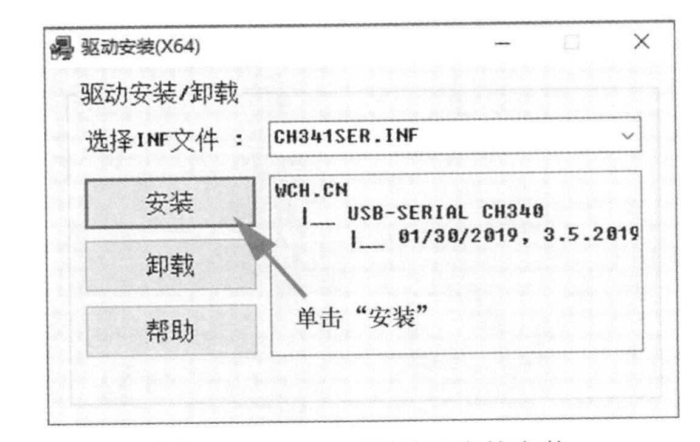

图5.13　CH340驱动程序的安装

步骤4：在开发板资料中找到“工具软件”文件夹，在其中找到“FlyMcu”，解压缩后运行“FlyMcu.exe”文件。

步骤5：在“设备管理器”中找到CH340对应的串口号。每台计算机分配的串口号不同，我的计算机是“COM4”，如图5.14所示，找到你的串口号并记住。

步骤6：如图5.15所示，打开FlyMcu，在菜单栏中单击“搜索串口”，然后单击“Port”，在下拉菜单中选择“COM4”。在菜单栏下方的“联机下载时的程序文件：”一栏中单击“...”按钮。在文件浏览窗口中选择工程文件夹下Debug文件夹里的“QC_TEST.hex”文件。按图中方框里的选项设置参数，最后单击“开始编程”按钮。这时开发板会配合软件自动完成下载。在窗口右侧的信息框里出现“一切正常”，表示

下载成功。如图 5.16 所示，下载完成后可以看到核心板上的 LED1 和 LED2 点亮，表示程序已经在单片机中运行。

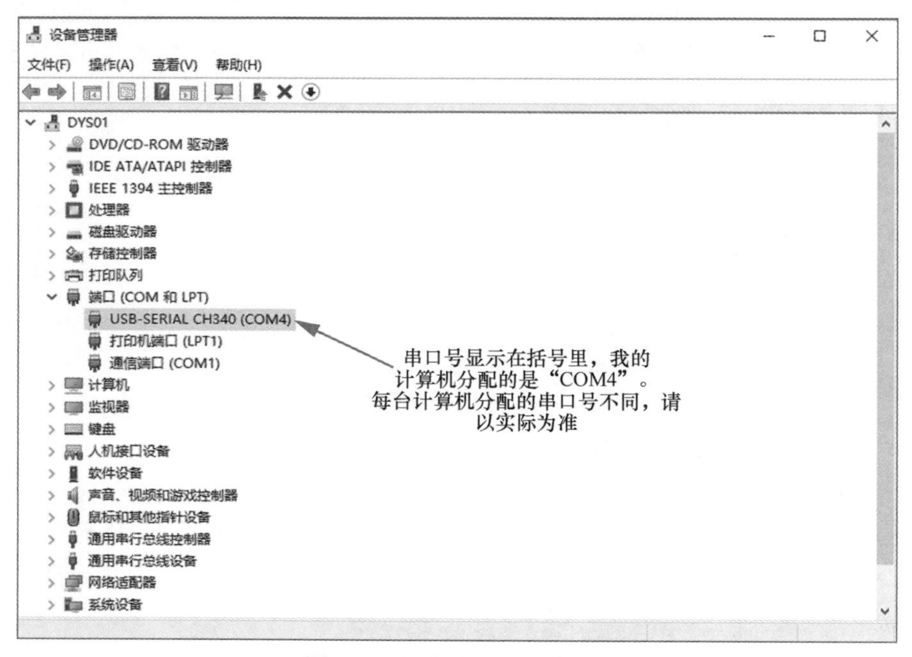

图 5.14　记住分配的 COM 号

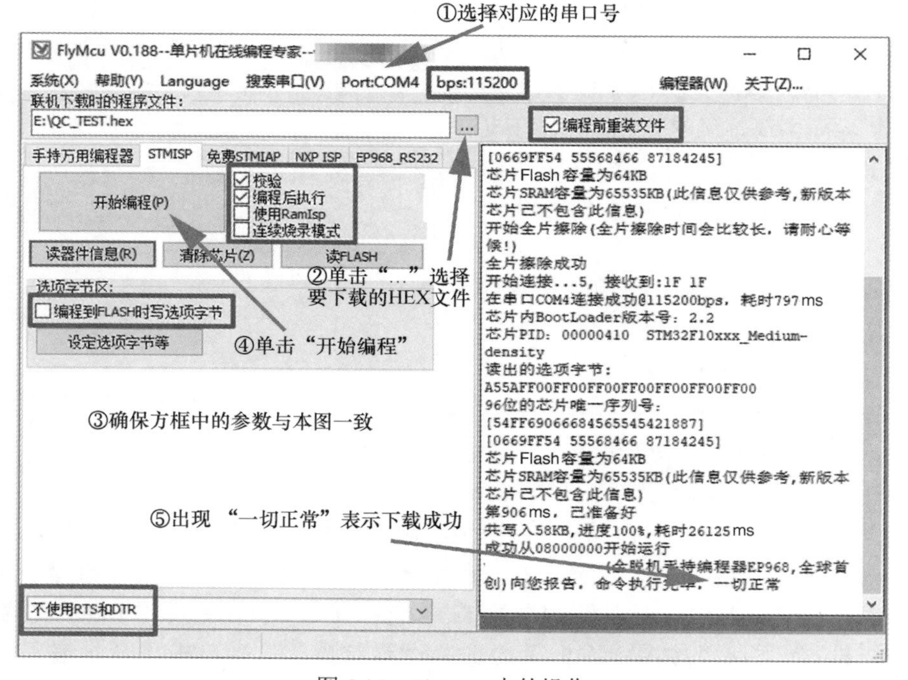

图 5.15　FlyMcu 中的操作

在此顺便介绍一下 FlyMcu 软件中的设置选项，以满足大家的不同需求。如图 5.17 所示，要开启特殊设置需要先在“选项字节区：”里勾选“编程到 FLASH 时写选项字节”，这样才能写入选项字节的设置。然后单击下方的“设定选项字节等”按钮，在弹出的子菜单中选择“STM32F1 选项设置（S）”。

图 5.16　开发板上的程序运行效果

如图 5.18 所示，在弹出的设置窗口中设置读保护字节、硬件选项字节和写保护字节，其中常用的是读保护。一般情况下写到单片机的程序会用于量产产品，我们不希望别人把程序读出来，转写到其他单片机里，盗取我们的劳动成果。所以可以在读保护字节部分单击“设成 FF 阻止读出”按钮，再单击“采用这个设置”按钮，然后按步骤 6 重新下载一次，此时单片机里的程序将只能写入、无法读出。如果写入的程序很重要，不希望再写入别的程序，可以设置为 Flash 写保护。勾选写保护部分对应地址的选项，就能设置此地址区块禁止写入。

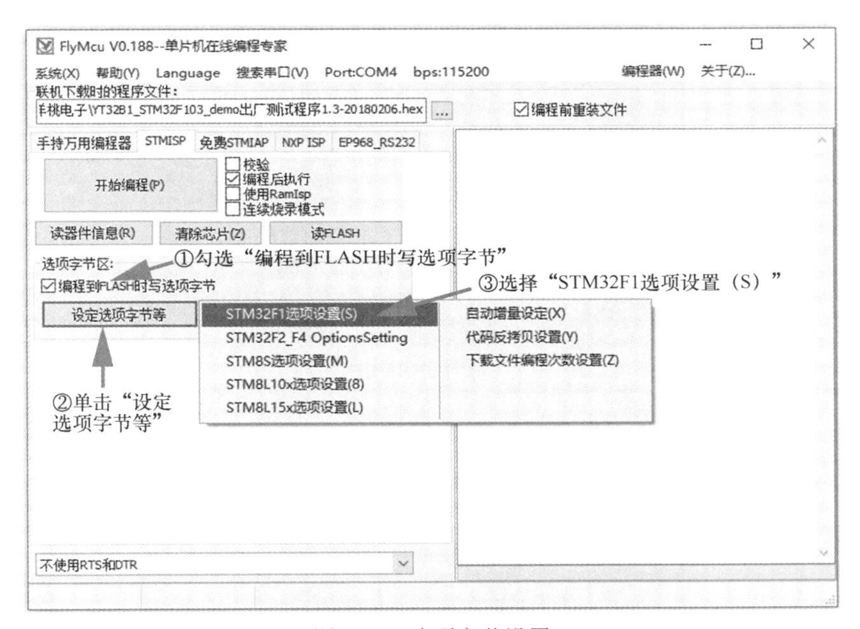

图 5.17　选项字节设置

另外，需要特别说明的是，在软件主界面中有一项“使用 RamIsp”，如图 5.19 所示。RamIsp 模式是不把程序写入 Flash，而保存在 RAM 中运行。这种模式的下载速度快，不会降低 Flash 的写入寿命。但缺点也很明显，因为 RAM 空间小于 Flash 空间，能写入的程序有限。如果其中有操作 Flash 的程序，将无法执行，还会出现意想不到的问题。另外 RAM 中的数据在断电后会丢失。一旦断电重启，单片机将无法运行通过 RamIsp 写入的程序。所以 RamIsp 适用于临时操作，并需要频繁调试的场合，初学者请不要使用。

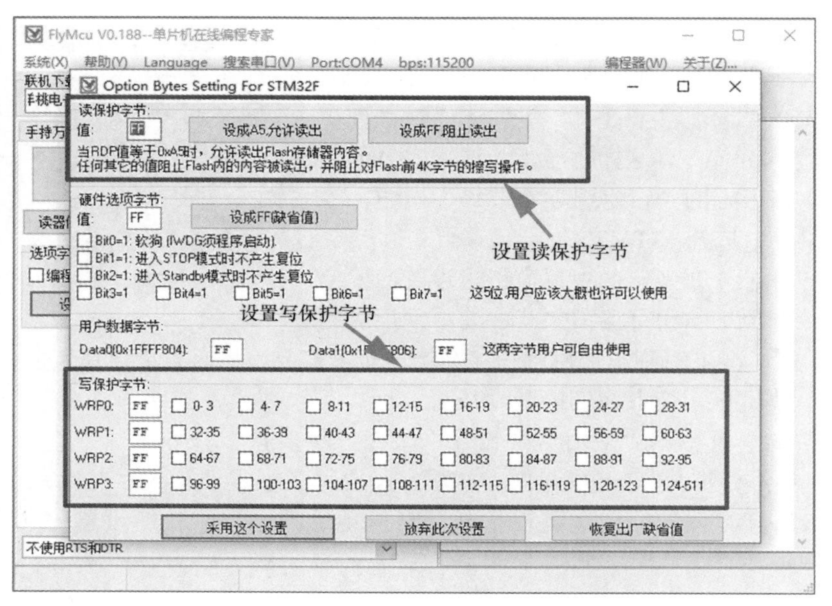

图 5.18　选项设置窗口

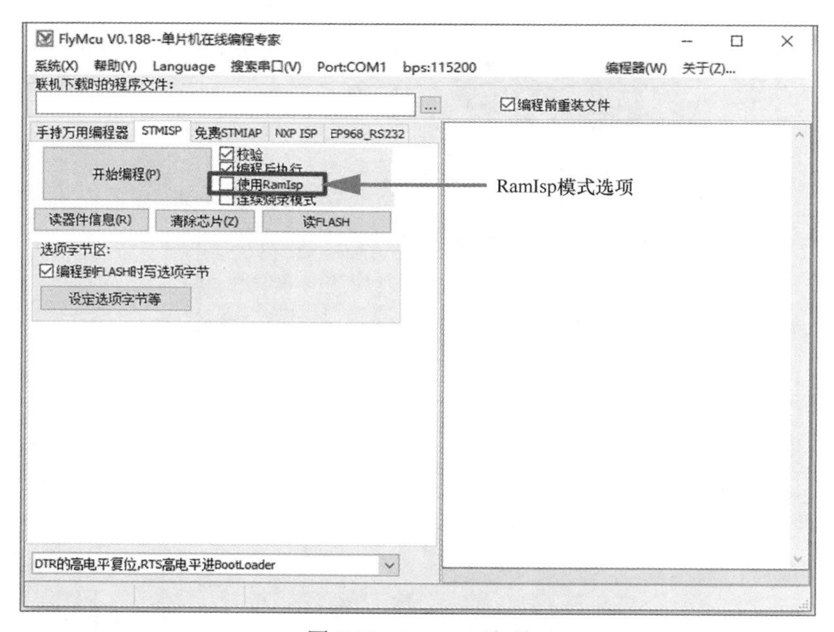

图 5.19　RamIsp 选项

5.2.2　CubeIDE 仿真器下载

接下来我们学习在 CubeIDE 里直接下载程序的方法，这个方法适用于产品开发过程，用 CubeIDE 编写程序时能随时下载程序、检验运行效果，而且不需要麻烦地导出 HEX 文件，再切换到其他软件下载程序。使用 CubeIDE 直接下载，要比使用 FlyMcu 方便，但需

要另外添加一台 ST-LINK V2 仿真器。

步骤 1：连接硬件。如图 5.20 所示，将仿真器的 USB 接口连接到计算机上，仿真器正面的 20 针排针通过附带的排线连接洋桃 IoT 开发板的 JTAG 接口。由于仿真器无法给开发板供电，所以还需要把 Micro USB 线连接到核心板的 USB 接口，另一端连接计算机，让计算机给开发板供电。

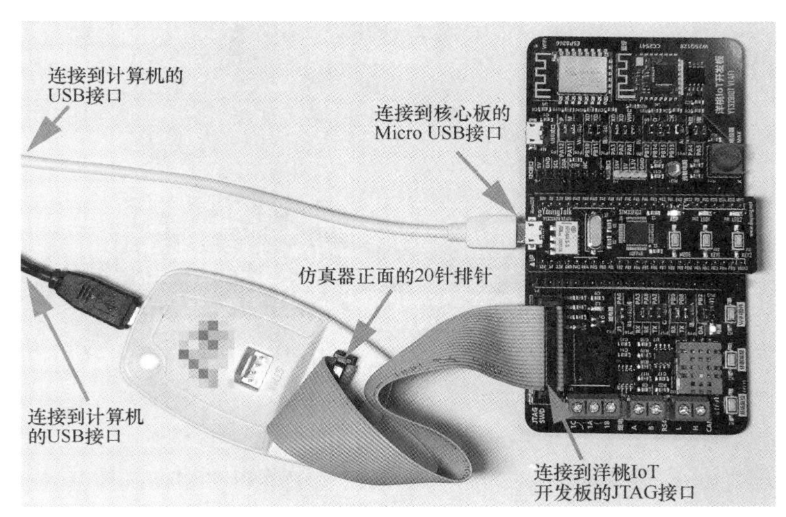

图 5.20　开发板连接说明

步骤 2：清除芯片。使用仿真器前先确认上一次下载到单片机的程序是否禁用 JTAG 接口。如果禁用 JTAG 接口或连接仿真器失败，可先用 FlyMcu 软件对单片机执行清除芯片操作，操作过程如图 5.21 所示。

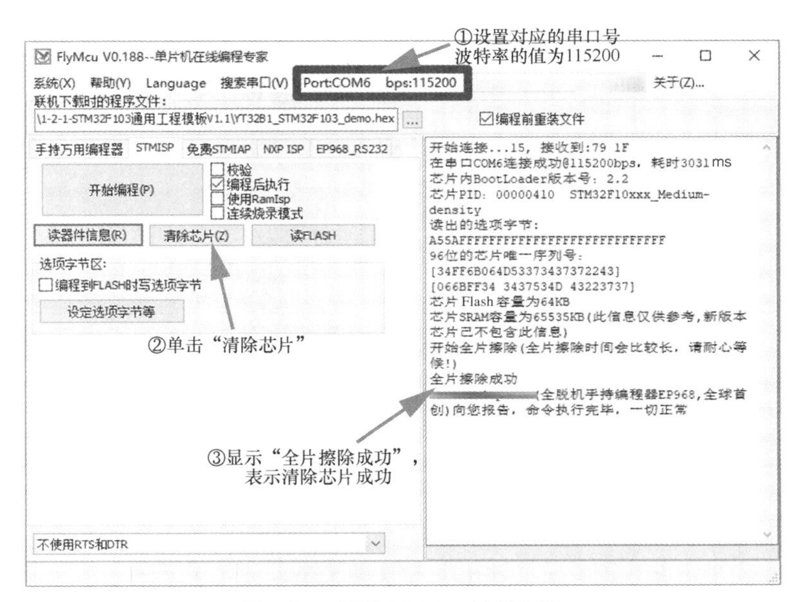

图 5.21　使用 FlyMcu 清除芯片

步骤 3：设置 JTAG 接口。如图 5.22 所示，打开 CubeIDE，在图形化界面中选择“System Core”（系统内核）组的“SYS”。在模式窗口中可设置 JTAG 接口，根据需求选择 Serial Wire、JTAG（4 pins）、JTAG（5 pins）模式。一般情况下选择 JTAG（5 Pins）。

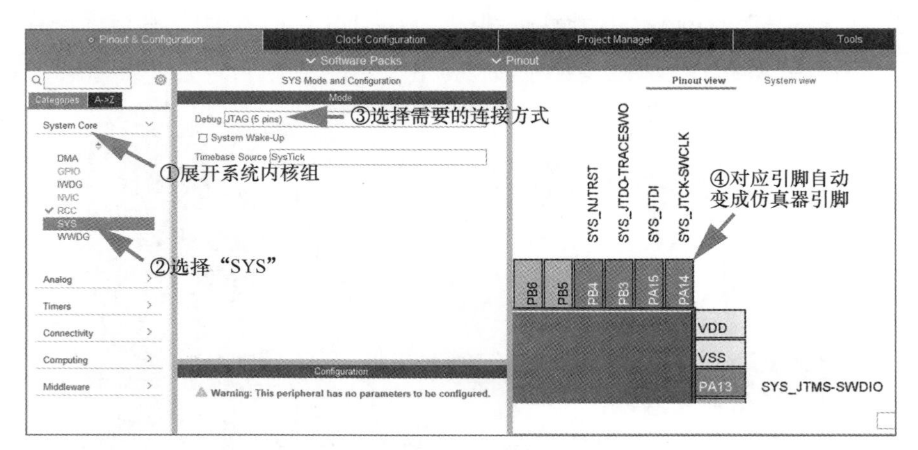

图 5.22　CubeMX 中设置 JTAG 接口

步骤 4：仿真器设置。首次使用时需要先在 CubeIDE 中设置仿真器。如图 5.23 所示，单击菜单栏中的“运行（R）”，在弹出的下拉菜单中单击“运行配置（N）...”。

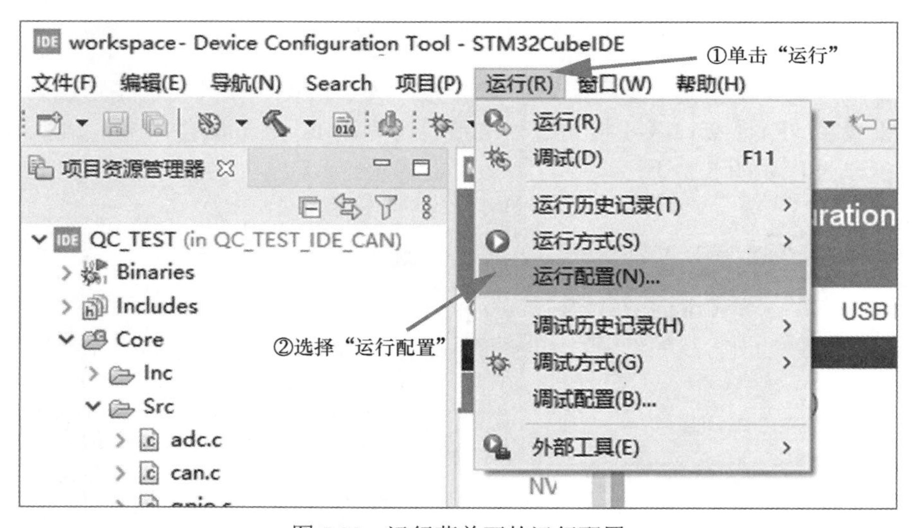

图 5.23　运行菜单下的运行配置

步骤 5：如图 5.24 所示，在弹出的运行配置窗口中展开左侧的“STM32 Cortex-M C/C++ Application”（STM32 内核 C/C++应用），选择“QC_TEST Debug”，在右侧弹出的设置项目中选择“调试器”选项卡。如图 5.25 所示，在“调试探头”中选择“ST-LINK（ST-LINK GDB server）”。在下方“接口”中选择与 SYS 功能中的模式相同的选项。如果模式为 Serial Wire，这里选择“SWD”，如果模式为 JTAG（4 pins）或 JTAG（5 pins），这里选择“JTAG”。最后单击“确定”按钮。

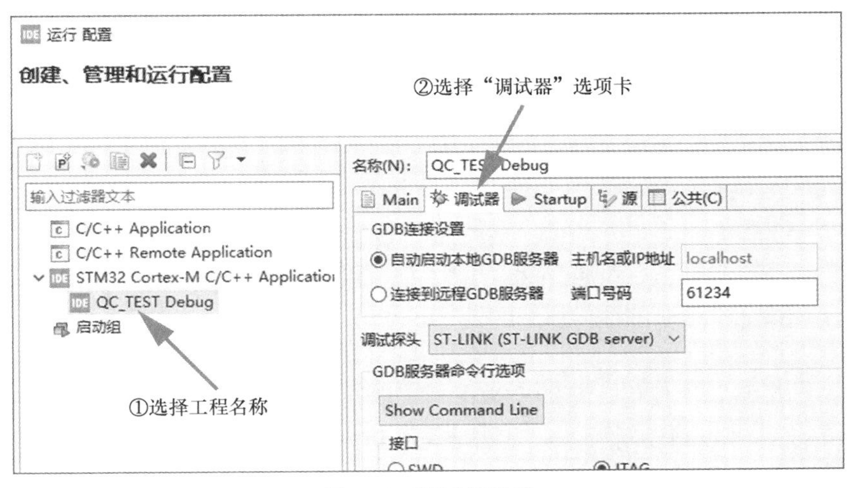

图 5.24　调试器设置

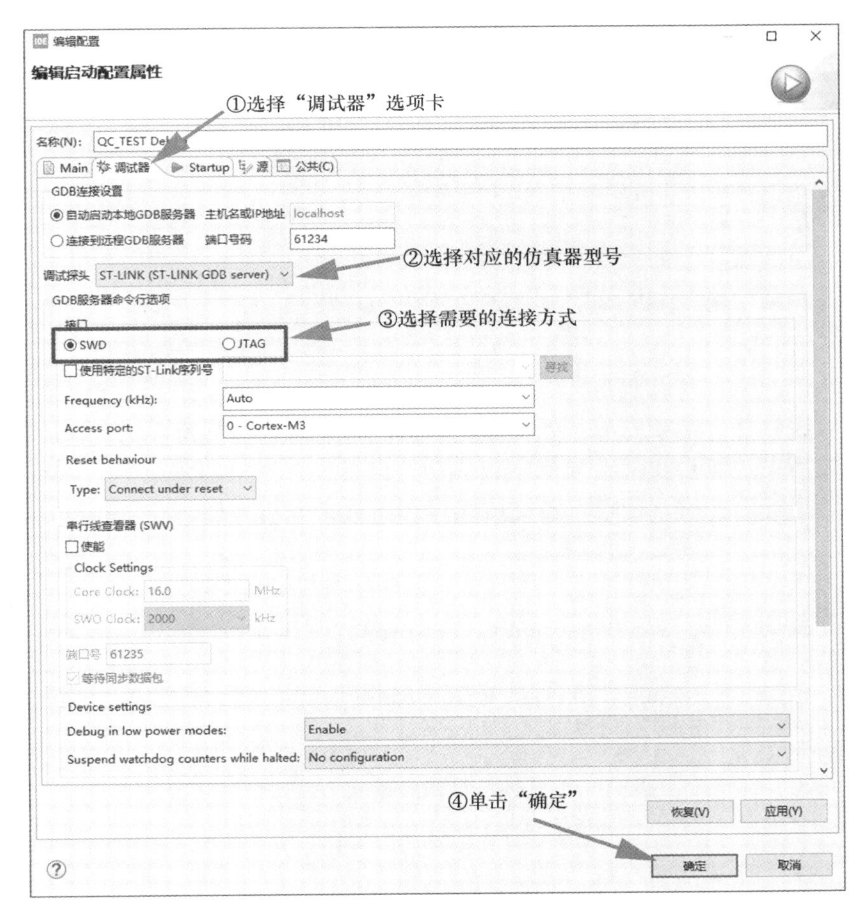

图 5.25　仿真器设置

步骤 6：开始下载。如图 5.26 所示，单击工具栏中的“运行”图标。软件将重新编译工程，自动用仿真器下载，这个过程需要一段时间。

图 5.26　单击“运行”图标

步骤 7：如果是首次使用，可能会弹出仿真器在线升级窗口，如图 5.27 所示。建议将仿真器内置的软件升级到最新版本。方法是先给仿真器重新上电，单击窗口中的“Open in update mode”（打开更新模式）按钮，然后再单击“Upgrade”（升级）按钮。升级需要几分钟，完成后单击右上角的“关闭”按钮。

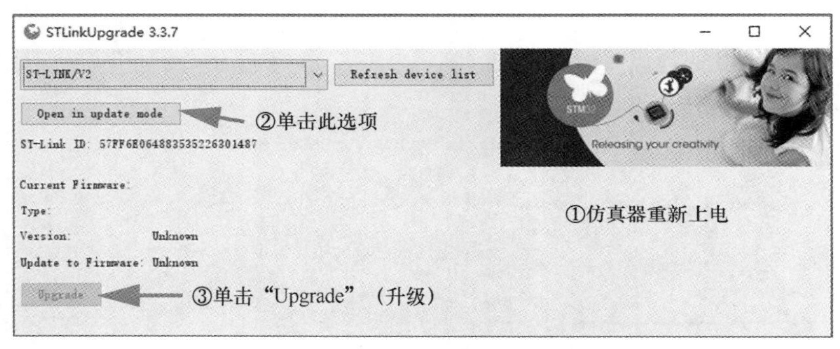

图 5.27　仿真器在线升级窗口

升级完成后软件会继续完成下载任务，如果没有完成，可重新尝试一次。如图 5.28 所示，下载完成后在控制台窗口会显示下载成功的信息。下次只要修改程序内容，直接单击工具栏中的“运行”按钮，便可一键完成编译和下载，非常方便。

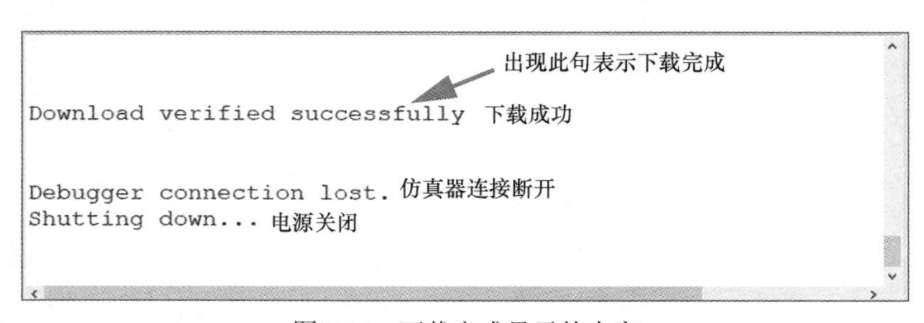

图 5.28　下载完成显示的内容

5.2.3　ST-LINK Utility 下载

在 CubeIDE 里使用仿真器下载程序的方法有一个局限，那就是我们必须拥有一套完整

的工程文件，在打开的工程里完成编译后才能下载。如果只有 HEX 文件要如何用仿真器下载呢？这就要用到 ST-LINK Utility，它可以将编译输出的 HEX 文件直接下载到单片机上，不需要 CubeIDE 工程文件，只要将仿真器连接到单片机的对应引脚，就能完成下载。这种方式特别适合在产品生产阶段给单片机批量下载程序。接下来介绍下载过程，如果已经在之前的方法中完成步骤 1 和步骤 2，则可直接跳到步骤 3。

步骤 1：连接硬件。如图 5.20 所示，将仿真器的 USB 接口连接到计算机上，仿真器正面的 20 针排针通过附带的排线连接洋桃 IoT 开发板的 JTAG 接口。由于仿真器无法给开发板供电，还需要将 Micro USB 线的一端与核心板的 USB 接口连接，另一端与计算机连接，让计算机给开发板供电。

步骤 2：清除芯片。如图 5.21 所示，用 FlyMcu 软件先清除单片机中的程序，防止运行的程序禁用 JTAG 接口。如果你确定单片机里没有程序，或者程序没有禁用 JTAG 接口，也可不做清除芯片的操作。

步骤 3：在资料包中的“工具软件”文件夹里找到“ST-LINK Utility”下载软件，下载后解压缩，双击其中的.exe 文件。

步骤 4：打开文件。如图 5.29 所示，在打开的软件界面中单击工具栏中的“打开文件”图标。如图 5.30 所示，在弹出的“打开”窗口中选择要下载的扩展名为“.hex”的文件，然后单击“打开”按钮。

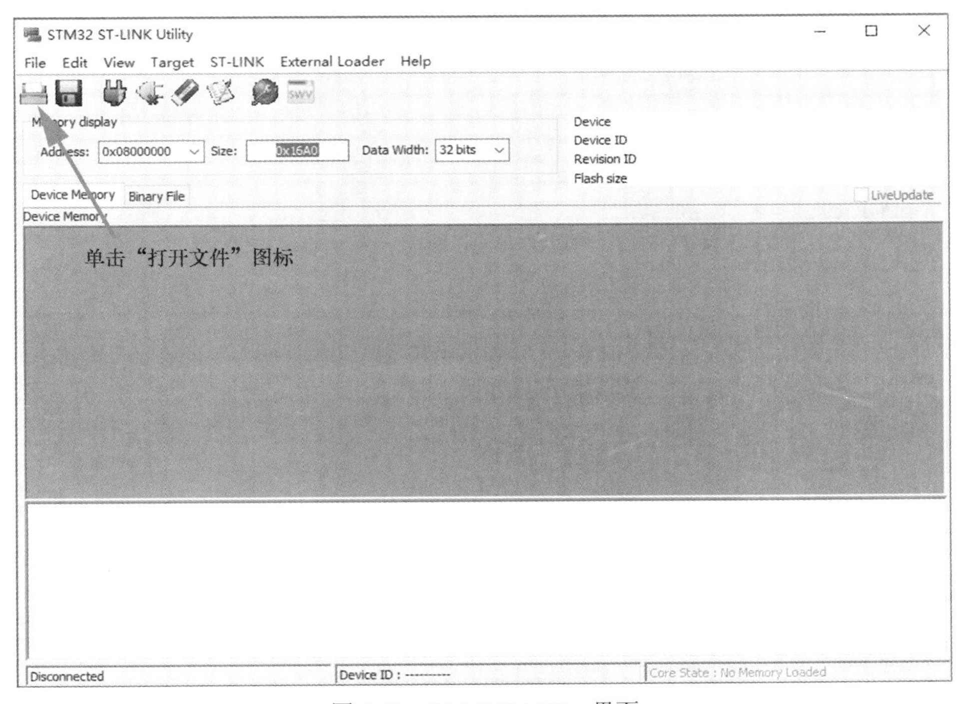

图 5.29　ST-LINK Utility 界面

步骤 5：连接仿真器。如图 5.31 所示，打开文件后，在窗口的中间部分会显示 HEX 文件中的机器语言程序，在我们看来，这是一堆乱码，但单片机可以识别。接下来单击工具栏中的“连接”图标。如图 5.32 所示，在窗口下方的信息栏会显示连接状态，如果连接状态信息是蓝色或黑色字体，表示连接成功，如果是红色字体，表示连接失败。

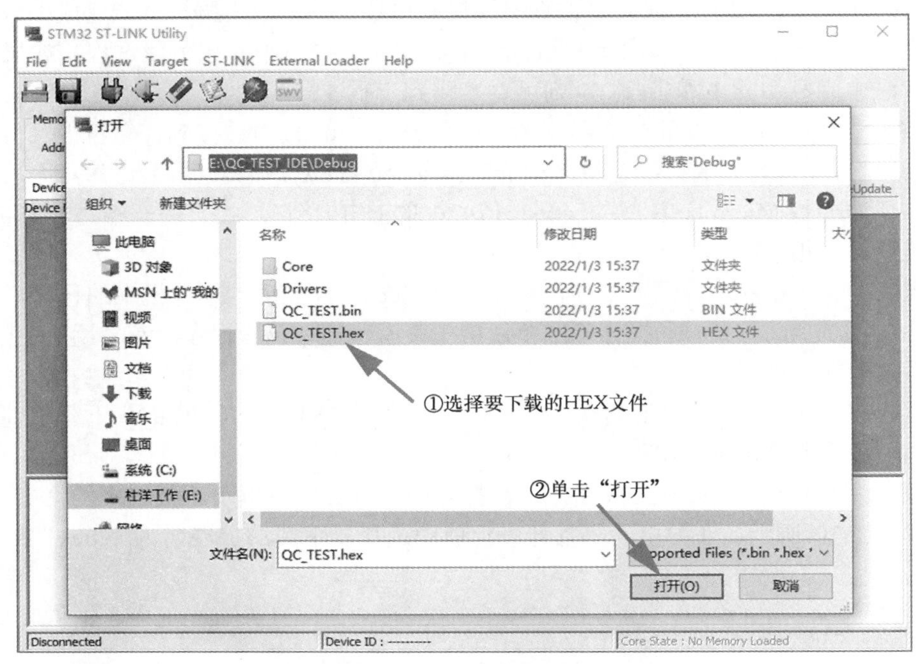

图 5.30　选择生成的 HEX 文件

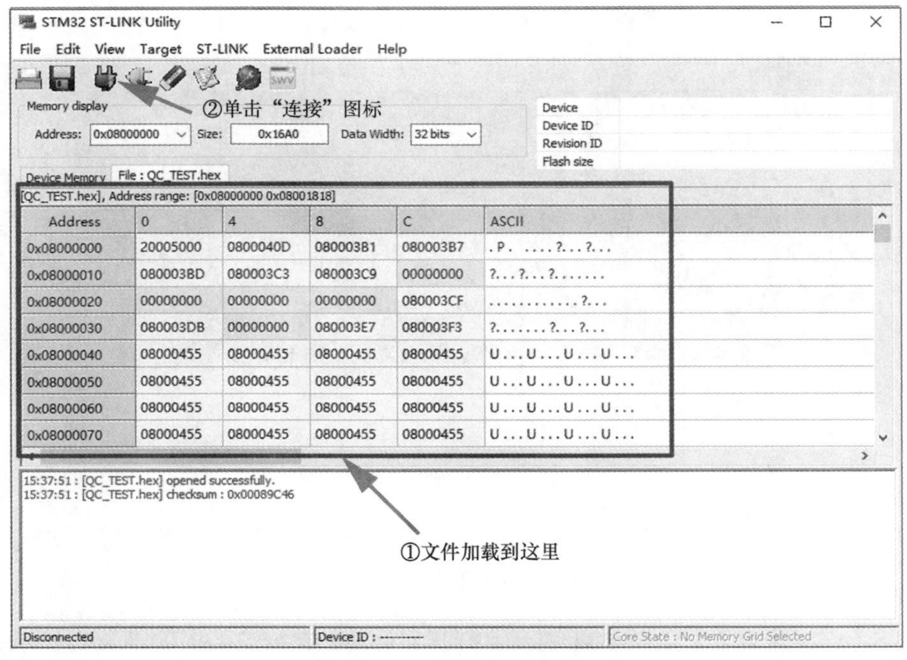

图 5.31　单击“连接”图标

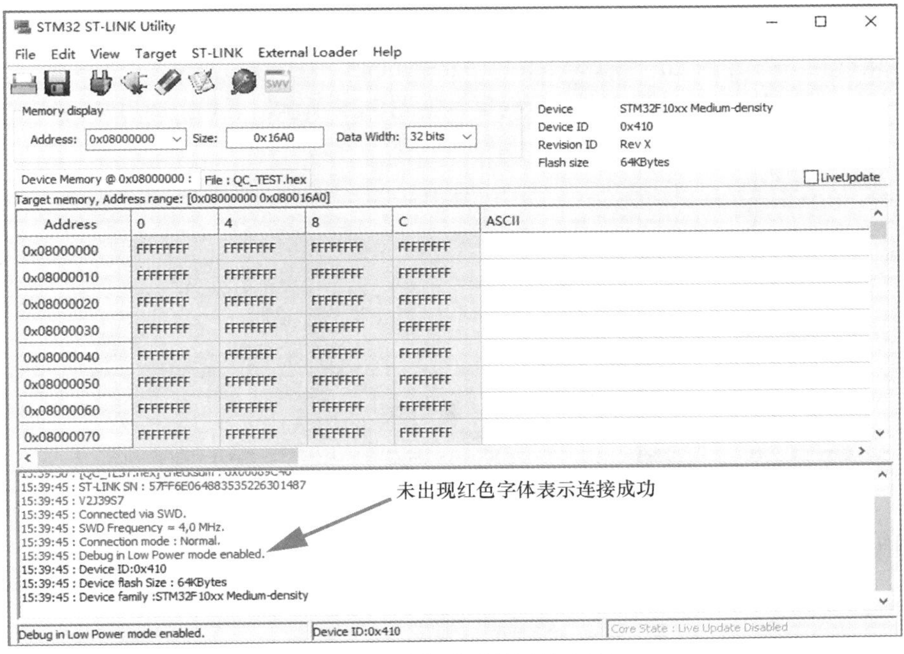

图 5.32　连接成功显示的内容

步骤 6：下载设置。如图 5.33 所示，连接成功后单击工具栏中的“下载”图标。在弹出的设置窗口中可设置“SWD”和“JTAG”下载端口，确定后单击“OK”按钮。

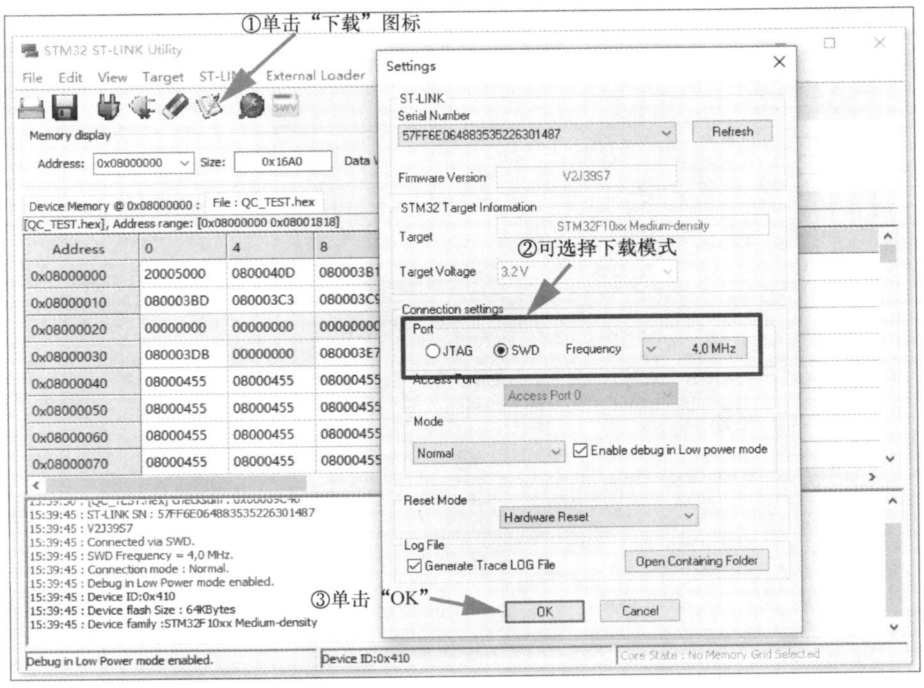

图 5.33　下载的设置

步骤 7：开始下载。如图 5.34 所示，在接下来弹出的窗口中可设置擦除方式和校验方式，这里按默认设置。在最下边的“Reset after programming”（下载后复位）一项打勾，然后单击“Start”（开始）按钮。下载过程需要一段时间。如图 5.35 所示，下载完成后在信息栏会出现绿色字体，表示下载成功。

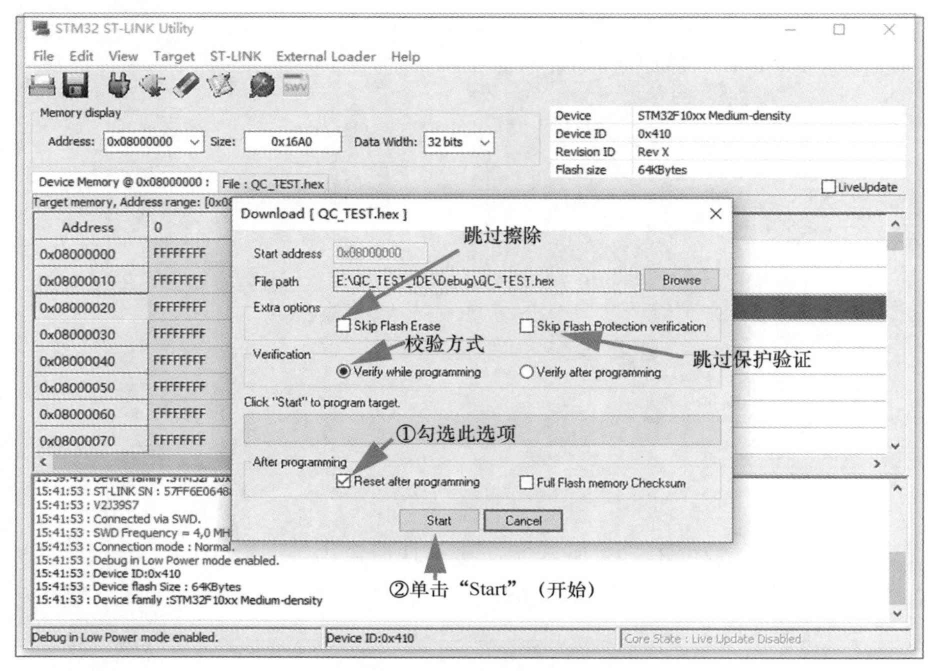

图 5.34　设置下载模式

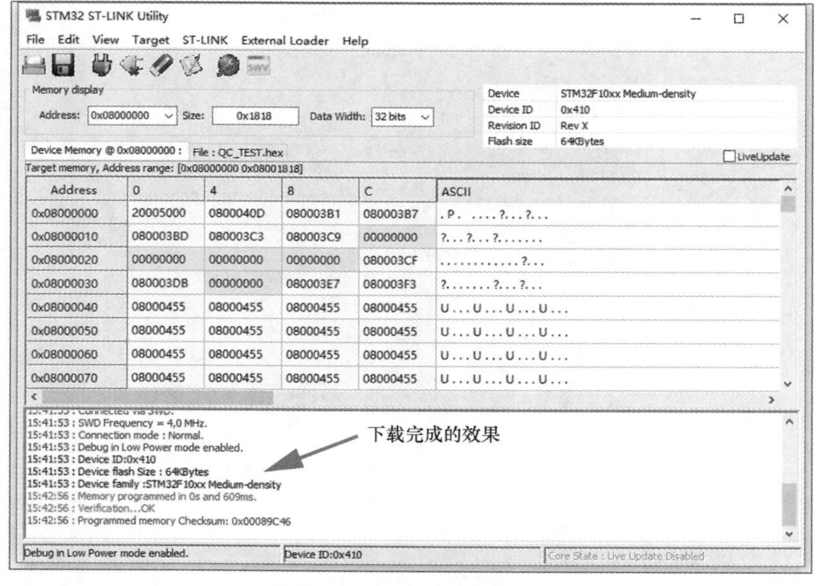

图 5.35　下载结果的显示

5.3　修改参数重新下载

以上是给单片机下载程序的 3 种方法 ，大家可以根据实际情况进行选择。因为在上一步中将 LED1 的初始状态设置为点亮，如果程序下载成功并正常运行，核心板上的 LED1 会点亮。如果你的 LED1 没有点亮，请检查 CubeIDE 图形化界面中 PB0 端口的设置是否正确，再尝试其他下载方法，找到你的操作与我的操作之间的差异。大家千万不要害怕出错、害怕遇见问题。所谓的开发高手都是经历了无数次错误，在摸爬滚打中练成的，如果你在学习中害怕遇见问题，那么到了实际开发时会不知所措。所以请勇敢地面对问题，真正的勇士能直面失败。如果下载成功也不要骄傲，我们还要把成功的经历反复操作，形成内化到思维的“肌肉记忆”。接下来可以尝试在 CubeMX 图形化界面里修改参数、重新下载。比如把 PB0 端口的输出电平改成低电平，如图 5.36 所示，再重新生成程序，重新编译下载，观察核心板上的 LED1 是否熄灭。

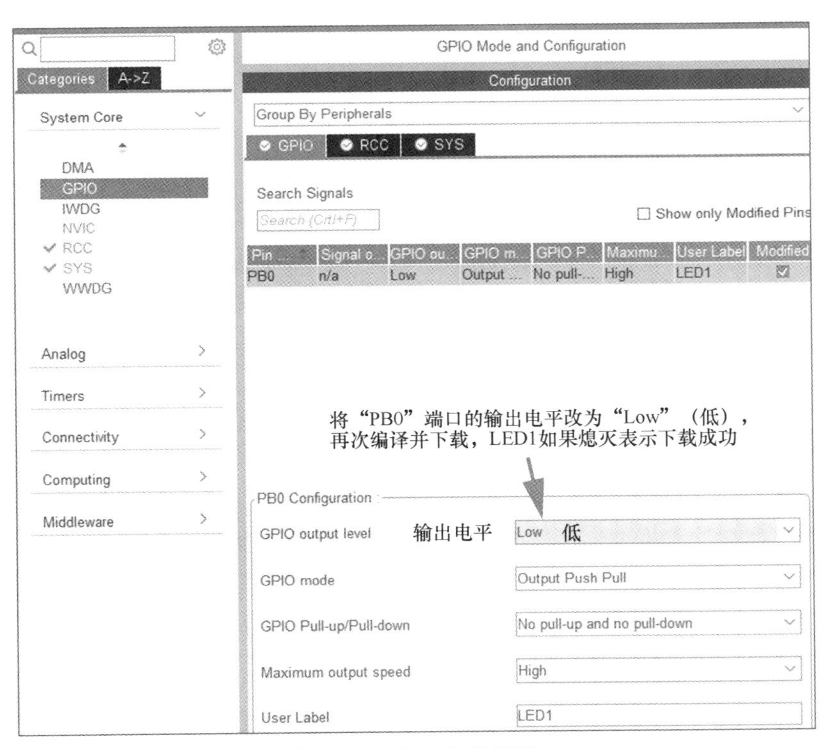

图 5.36　修改参数设置

第 6 步：HAL 库的结构与使用

上一步我们学会了程序下载，能成功控制开发板上 LED 的点亮和熄灭。也就是说，我们已经把项目开发的全流程走通了，掌握了开发板硬件电路原理、CubeIDE 的使用、程序的编译下载。接下来我们就可以开始编写自己的应用程序，从 LED 点亮到串口时钟显示，从 RS485 通信到 Wi-Fi 模块操作。不过在此之前需要先研究一下 HAL 库，因为 HAL 库是底层程序，未来要写的应用层程序需要根植于 HAL 库。就像在高山上建塔，必须先了解 HAL 库这座山，然后再编写我们的应用程序，才能有的放矢。要想讲透 HAL 库很困难，我只能尽量提炼大体理论，重点还需要大家自己研究，大家要仔细地观察函数内容，翻译每个函数的注释信息，理解函数的作用。HAL 库的讲解分成 3 个部分，第 1 部分讲 HAL 库的整体结构，从文件夹结构和工程文件树结构两个角度去观察 HAL 库的分类和调用关系。第 2 部分简单介绍 HAL 库的函数原理，探索函数层级调用。第 3 部分讲解 HAL 库的使用方法，例如怎样禁用 HAL 库、怎样切换成 LL 库。

6.1 HAL 库的整体结构

我们先从宏观上了解 HAL 库的结构。如图 6.1 所示，HAL 库中的文件并不平等，有些文件中的函数面向用户，给应用程序调用；有些文件直接操作寄存器；还有些文件作为中间层，连接应用层和底层。我们需要认识这些文件，了解每个文件的作用。我将分两部分介绍，一是从计算机的文件结构入手，二是从 CubeIDE 工程文件树结构入手。其实它们的结构几乎相同，但如果我只讲工程文件树，大家可能就无法将工程文件夹与工程文件树对应起来。

HAL库文件结构

用户应用程序
功能驱动层HAL库（面向用户）
芯片驱动层HAL库（中间层）
底层HAL库（操作寄存器）
单片机硬件

图 6.1　HAL 库的结构

6.1.1　文件夹结构

虽然我们已经在前几步创建好了可用的工程文件，但其中还缺少面向用户的应用程序，为了能讲解完整的文件结构，我以出厂测试程序的工程为例进行讲解。请在资料包中打开“洋桃 IoT 开发板出厂测试程序”文件夹，解压缩后打开“洋桃 IoT 开发板出厂测试程序”的工程。将工程保存在计算机上，路径中不要有中文，工程文件夹名称是 QC_TEST_IDE_2all。

如图 6.2 所示，工程文件夹里有多个子文件夹，其中 Core 是内核文件夹，里面存放着应用层面的重要文件，我们熟悉的 main.c 文件就在此文件夹里。Debug 是调试文件夹，顾名思义，里面存放着与仿真器调试相关的文件，这些文件不参与编译，一般是编译输出的文件，上一步给单片机下载的 HEX 文件就在这里。Drivers 是驱动程序文件夹，存放着单片机内部功能的底层驱动程序。HAL 库本质上是由 ST 公司制作的底层驱动程序，所以它就存放在这个文件夹里。icode 是用户驱动程序文件夹，此文件夹不是 CubeIDE 生成的，而是由我创建的，名字是随机命名的。之所以要创建这个文件夹，是因为在洋桃 IoT 开发板上有很多功能并不是单片机内置功能，比如 LED、按键、蜂鸣器，这些功能需要我们自己编写驱动程序，存放到 Drivers 里，但是那样容易使官方驱动程序与我们的驱动程序混淆，所以我才将它们分离出来，存放到 icode 文件夹里。Middlewares 是中间件文件夹，这是自动生成的文件夹，在 CubeMX 图形化界面中开启中间件功能后才会出现，其中存放着与中间件相关的驱动程序文件，主要包括 FATFS 文件系统。USB_DEVICE 文件夹只有在 CubeMX 中开启 USB 从设备功能时才会出现，其中存放着 USB 从设备的驱动程序文件。

› 此电脑 › 杜洋工作 (E:) › TT › QC_TEST_IDE_2all ›

名称	修改日期
.settings	2021/12/25 17:24
Core	2021/12/25 17:24
Debug	2022/1/8 15:49
Drivers	2021/12/25 17:24
icode	2021/12/27 1:09
Middlewares	2021/12/25 17:24
USB_DEVICE	2021/12/25 17:24
.cproject	2022/1/3 14:06
.mxproject	2022/1/3 14:06
.project	2021/10/13 23:33
QC_TEST Debug.launch	2021/12/28 17:58
QC_TEST.ioc	2022/1/3 14:06
STM32F103C8TX_FLASH.ld	2022/1/3 14:06

图 6.2　文件夹结构

文件夹讲完了，接下来是一些文件。.project 是 CubeIDE 工程的启动文件，双击可打开 CubeIDE 工程。QC_TEST.ioc 是 CubeMX 图形化界面的启动文件，在工程文件夹里双击该文件可打开 CubeMX 图形化界面。其他的文件与用户无关，不多介绍。请大家快速进入每个子文件夹浏览一遍，对整体的文件夹系统有一个印象，之后在讲工程文件树时能把工程文件树与文件系统对应起来。

6.1.2　工程文件树结构

双击.project 应用程序，在 CubeIDE 中打开工程。如图 6.3 所示，双击窗口左侧“项目资源管理器”中的工程名称 QC_TEST（in QC_TEST_IDE_2all），展开工程文件内容，这个文件结构俗称工程文件树。大家能直观地看到工程文件树中的内容与计算机系统文件夹是一样，它们本质上是相同的。

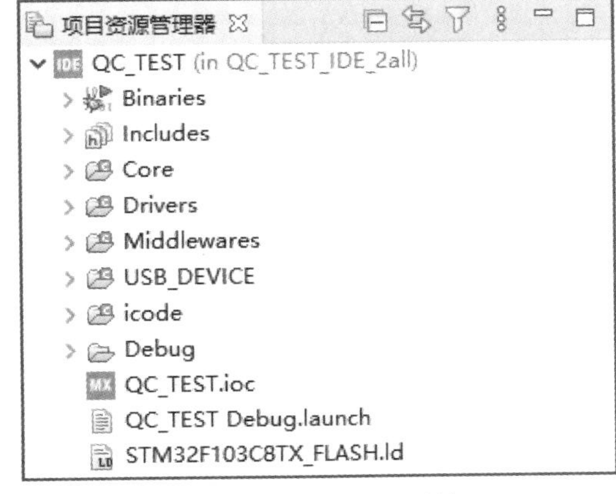

图 6.3　工程文件树结构

Core 文件夹中存放着内核程序，里面有 3 个子文件夹。如图 6.4 所示，Inc 文件夹用于存放各功能的.h 文件，Src 文件夹用于存放各功能的.c 文件，Startup 文件夹用于存放汇编语言的单片机启动文件。其中 Startup 文件夹中的启动文件比较重要，初学期间不要修改它。Inc 和 Src 文件夹里相同名称的.h 文件和.c 文件是关联的同一功能，分放在两个文

件夹里。比如 adc.h 文件里存放着 ADC 功能的宏定义和函数声明，而 adc.c 文件里存放着 ADC 功能的函数内容。

除了单片机各功能的.h 和.c 文件，还有几个前缀是“stm32f1xx”的文件，这是芯片层面的.h 文件和.c 文件，它们负责 STM32F1 这一型号单片机的驱动，选择不同的单片机型号会有不同的芯片文件。未来学习 STM32F4 系列单片机时，新的芯片文件则以“stm32f4xx”开头。还有几个文件以“sys”开头，这是最底层的内核级文件，包含了所有单片机通用的配置。想了解某个文件的作用，大家可以双击将其打开，去看文件开头的说明文字。后续教学中涉及哪个文件我再详细讲解。需要特别注意 Src 文件夹里的 main.c 文件，用户应用程序由此文件开始执行，我们熟知的 main 函数就在此文件里，未来的教学中会经常讲解此文件。

接下来展开 Drivers 文件夹，这里存放着与 HAL 库相关的文件。如图 6.5 所示，其中有两个子文件夹，CMSIS 用于存放单片机内核的软件接口标准化文件，STM32F1xx_HAL_Driver 用于存放 HAL 库文件。CMSIS 文件夹可不简单，如图 6.6 所示，其中存放着 Cortex 内核的通用软件接口标准，大家可以在网上搜索到它的详细说明，这里仅做了解即可。简单来说，CMSIS 文件夹存放的是 ARM 内核与 STM32F1 单片机硬件之间的底层协议。

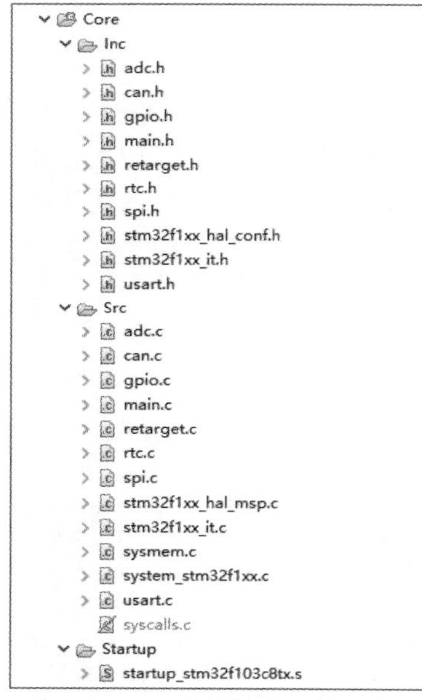

图 6.4　Core 文件夹里的文件

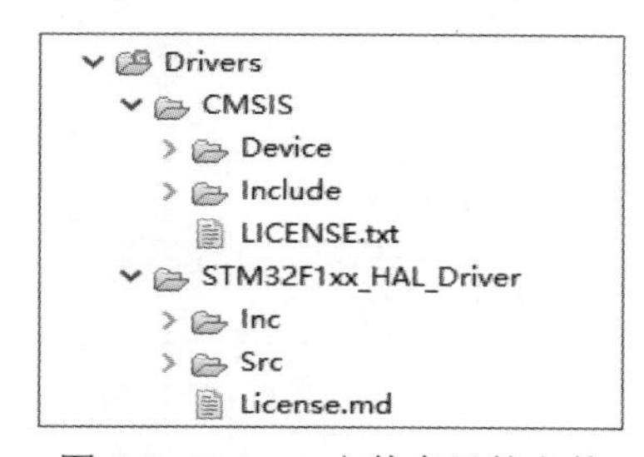

图 6.5　Drivers 文件夹里的文件

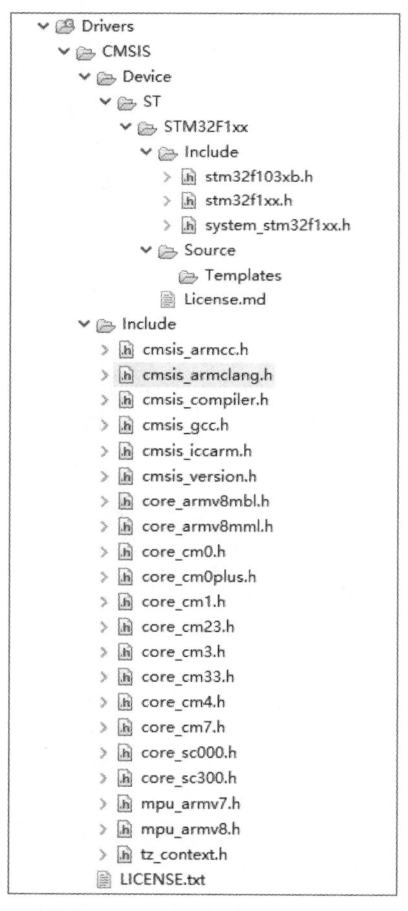

图 6.6　CMSIS 文件夹里的文件

STM32F1xx_HAL_Driver 文件夹如图 6.7 所示，我们学习的 HAL 库在这个文件夹里。还记得在 CubeIDE 新建工程的章节吗？如图 6.8 所示，在芯片包与嵌入程序中选择只复制用到的.c 和.h 文件到工程文件夹。也就是说，目前 HAL 库文件夹里含有的文件并不是全部的 HAL 库文件，而是只包含 CubeMX 中开启功能的 HAL 库文件，其中每项功能都由.h 文件和.c 文件组成，分放在两个文件夹里，如果在 CubeMX 里关闭某项功能，HAL 库文件夹里会自动删除相应功能的.h 和.c 文件。从文件名称可以看出它所对应的功能，文件名称中有“adc”的是模数转换功能，有“can”的是 CAN 总线功能。对于不认识的文件，可以双击打开，在其开头部分有英文介绍，翻译一下就了解了。

接下来是 Middlewares 中间层文件夹和 USB_DEVICE 设备文件夹，当开启 FATFS 文件系统和 USB 从设备功能时这两个文件夹才会出现，其中内容是这两项功能的驱动程序文件，后续讲到相应功能时再细讲。

icode 文件夹是一个需要我们手动创建的文件夹，用于存放我们编写的驱动程序，除此之外，其他文件夹都由 CubeMX 自动生成。如图 6.9 所示，icode 文件夹中的每个子文件夹名称与其功能相对应。在 HAL 库文件夹里存放的文件是针对单片机内置功能的驱动程序，但我们最终要使用洋桃 IoT 开发板，需要利用单片机内置功能来写出针对开发板硬件的驱动程序。以 LED 的亮灭为例，控制 LED 的是单片机内部的 GPIO 功能，需要使用 stm32f1xx_hal_gpio.c 文件中的 HAL 库函数。但还需要写一个针对开发板上 LED 的控制程序，被 main 函数调用，然后 LED 驱动程序再调用 HAL 库中的 GPIO 驱动程序。如图 6.10 所示，在未来的开发中，针对不同硬件电路，在 icode 文件夹里创建和编写对应电路的板级驱动程序，再让它们去调用 HAL 库中的芯片级驱动程序，最后在 main 函数中调用 icode 文件夹中的各硬件驱动程序，完成程序运行。在后续的教学中每用到一项新功能就要在 icode 文件夹里编写一组.h 和.c 文件。所谓学会某项功能就是学会 3 点：学会编写板级驱动程序；学会在板级驱动程序中调用 HAL 库中的功能函数；学会在 main 函数中调用板级驱动程序。icode 文件夹中的文件如何

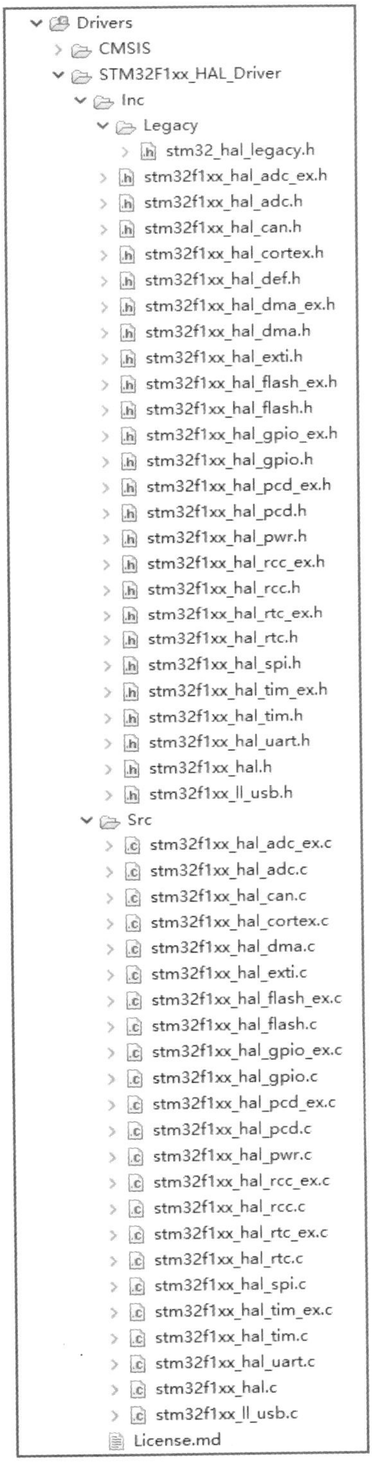

```
Drivers
  CMSIS
  STM32F1xx_HAL_Driver
    Inc
      Legacy
        stm32_hal_legacy.h
      stm32f1xx_hal_adc_ex.h
      stm32f1xx_hal_adc.h
      stm32f1xx_hal_can.h
      stm32f1xx_hal_cortex.h
      stm32f1xx_hal_def.h
      stm32f1xx_hal_dma_ex.h
      stm32f1xx_hal_dma.h
      stm32f1xx_hal_exti.h
      stm32f1xx_hal_flash_ex.h
      stm32f1xx_hal_flash.h
      stm32f1xx_hal_gpio_ex.h
      stm32f1xx_hal_gpio.h
      stm32f1xx_hal_pcd_ex.h
      stm32f1xx_hal_pcd.h
      stm32f1xx_hal_pwr.h
      stm32f1xx_hal_rcc_ex.h
      stm32f1xx_hal_rcc.h
      stm32f1xx_hal_rtc_ex.h
      stm32f1xx_hal_rtc.h
      stm32f1xx_hal_spi.h
      stm32f1xx_hal_tim_ex.h
      stm32f1xx_hal_tim.h
      stm32f1xx_hal_uart.h
      stm32f1xx_hal.h
      stm32f1xx_ll_usb.h
    Src
      stm32f1xx_hal_adc_ex.c
      stm32f1xx_hal_adc.c
      stm32f1xx_hal_can.c
      stm32f1xx_hal_cortex.c
      stm32f1xx_hal_dma.c
      stm32f1xx_hal_exti.c
      stm32f1xx_hal_flash_ex.c
      stm32f1xx_hal_flash.c
      stm32f1xx_hal_gpio_ex.c
      stm32f1xx_hal_gpio.c
      stm32f1xx_hal_pcd_ex.c
      stm32f1xx_hal_pcd.c
      stm32f1xx_hal_pwr.c
      stm32f1xx_hal_rcc_ex.c
      stm32f1xx_hal_rcc.c
      stm32f1xx_hal_rtc_ex.c
      stm32f1xx_hal_rtc.c
      stm32f1xx_hal_spi.c
      stm32f1xx_hal_tim_ex.c
      stm32f1xx_hal_tim.c
      stm32f1xx_hal_uart.c
      stm32f1xx_hal.c
      stm32f1xx_ll_usb.c
    License.md
```

图 6.7　STM32F1xx_HAL_Driver 文件夹里的文件

编写，在后续讲到对应功能时会细讲。

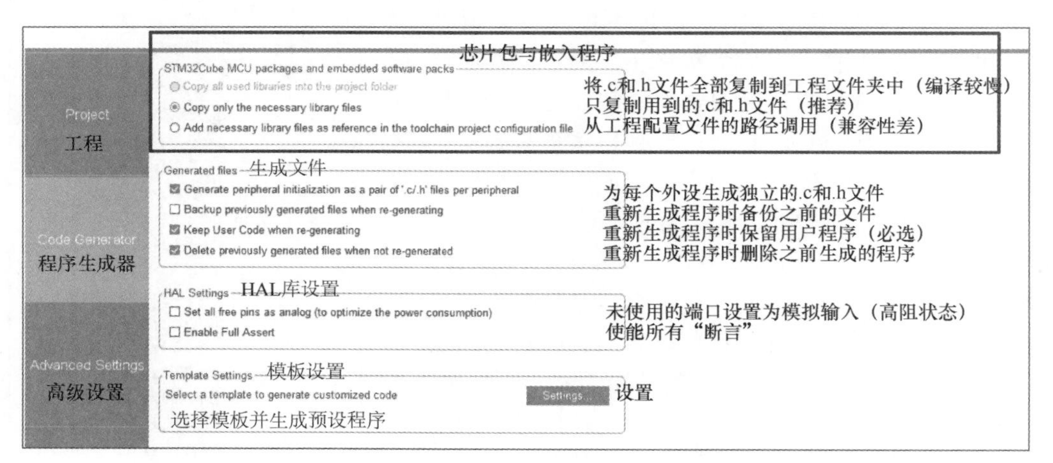

图 6.8　CubeMX 中的芯片包与嵌入程序设置

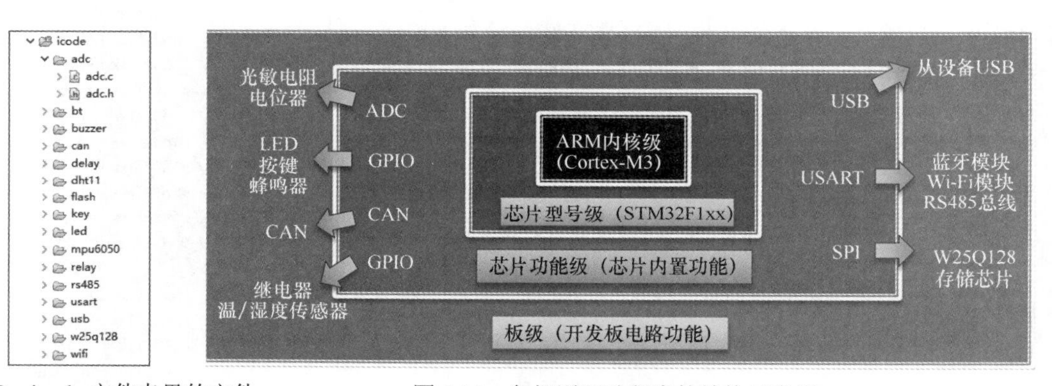

图 6.9　icode 文件夹里的文件　　　　图 6.10　各级别驱动程序的结构示意图

最后是 Debug 文件夹，如图 6.11 所示，其中存放着与调试相关的文件，包括我们熟知的 HEX 文件。

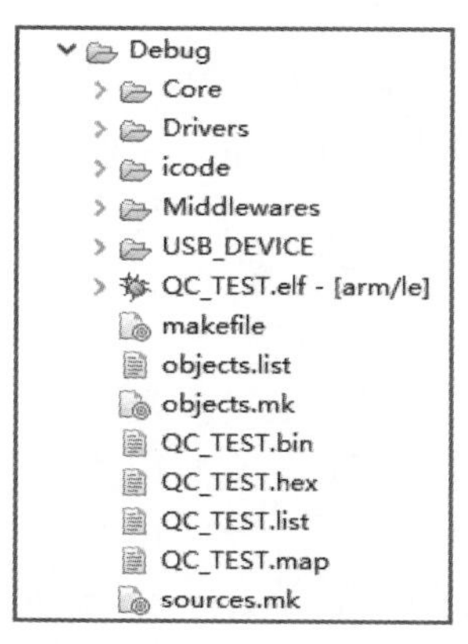

图 6.11　Debug 文件夹里的文件

6.2　HAL 库的函数原理

在了解 HAL 库的文件结构后，我们深入文件内部看看各类文件分别包含哪些函数，函数之间如何相互调用。由于文件太多不能各个都讲，在此只能举例说明。请大家学会之后认真把文件内容看一遍，找出它们的共同点和差异，这对于理解程序的工作原理很有帮助。

6.2.1　单个功能的文件内容

我以 ADC 功能为例，讲解它在函数层面的结构和原理。如图 6.12 所示，打开 STM32F1xx_HAL_Driver 文件夹，找到 Inc 文件夹中的 stm32f1xx_hal_adc.h 文件和 Src 文件夹中的 stm32f1xx_hal_adc.c 文件，单击文件名左边的三角号展开文件内容。展开内容看起来像是子文件，但这些并不是文件，而是文件包括的内容。CubeIDE 能识别出文件内容里哪些是宏定义，哪些是函数体，并把它们分门别类地显示在工程文件树里。这样不用翻看程序文件就能了解程序的结构，双击对应内容可以打开文件，让光标跳转到对应位置，方便查看程序。

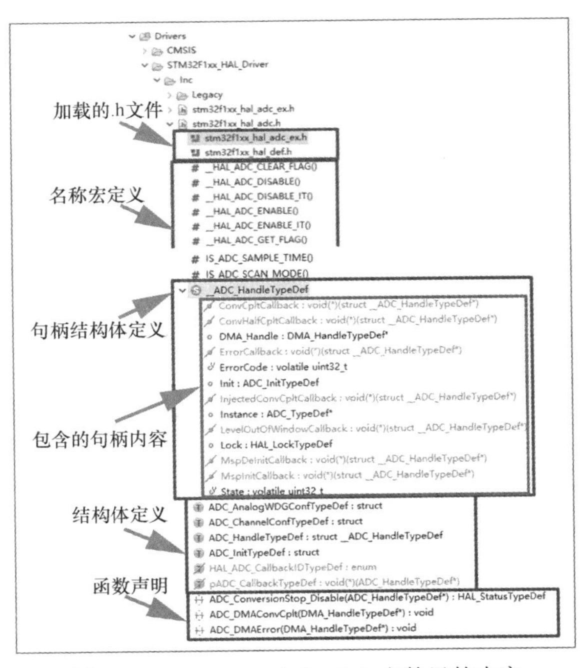

图 6.12　stm32f1xx_hal_adc.h 文件里的内容

首先展开 stm32f1xx_hal_adc.h 文件，其中包括加载的.h 文件、名称宏定义、句柄结构体定义、结构体定义、函数声明。加载的.h 文件、名称宏定义、结构体定义比较好理解，句柄结构体是新概念。简单来说，句柄就是特殊的结构体，它里面存放着某项功能的全部参数设置，我们在 CubeMX 图形化界面中设置的参数就保存在句柄结构体中，当其他函数要调用某项功能时，不需要我们再重新设置一遍参数，只要引用现有句柄就可以了。大多数功能有对应的句柄结构体，保存着参数内容。大家可以单击句柄名称左边的三角号，展开查看句柄内容。双击其中一项可以跳转查看具体内容。

函数声明部分如图 6.13 所示，这里列出了 ADC 功能在 HAL 库中可被调用的所有函数，可以双击其中一项跳转到对应的文件内容。但 adc.h 文件里存放的是函数声明，真正的函数体存放在 adc.c 文件里。可以看到，不论是句柄结构体还是函数声明，有一些条目显示为灰色底纹，双击查看时文件里的对应内容也显示为灰色底纹。如图 6.14 所示，这些灰色底纹内容被条件编译指令屏蔽了。在文件内容中明显看到在被屏蔽的内容处有#if 和#endif，这是用于条件编译判断的宏语句。#if 与 if 语句不同，#if 不是程序的一部分，不会被编译，它判断括号中的内容是否成立，如果内容不成立，则#if 与#endif 之间的部分不会被编译。例如在 CubeMX 中没有开启 ADC 功能的中断功能，在 ADC 文件里涉及中断的部分加入#if 判断，当判断中断功能没有开启时，所有与中断有关的部分都会变成灰色底纹，不被编译。这样一来，用户不删减程序也能有选择性地修改编译内容。我们也可以在自己的程序里添加#if 判断，提高调试效率。

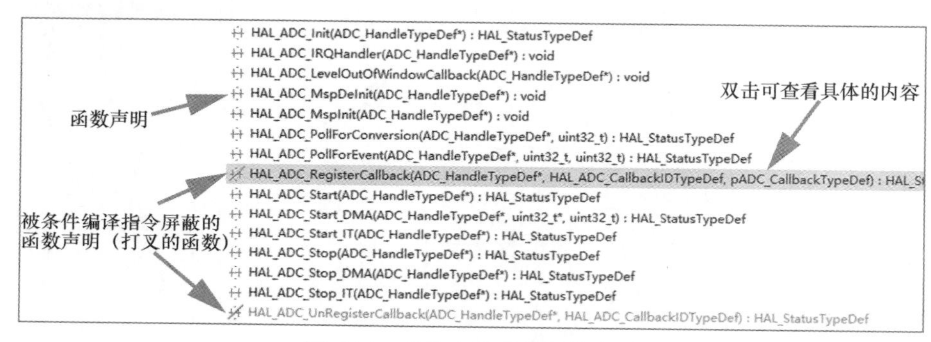

图 6.13　文件内容中的函数声明

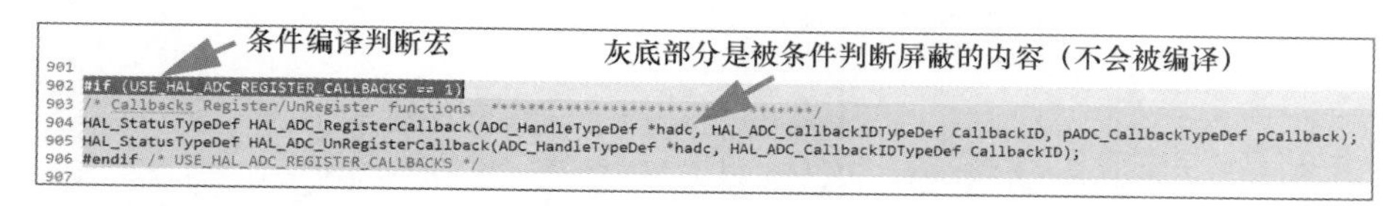

图 6.14　条件编译指令

接下来展开 stm32f1xx_hal_adc.c 文件，如图 6.15 所示，其中包括加载 adc.h 文件的库函数、宏定义、函数体。可以双击相应条目查看具体内容。在函数体条目中也有一些条目被条件编译判断屏蔽了，显示为灰色底纹。.c 文件与.h 文件的内容相呼应，一般在.c 文件中编写 C 语言函数，在.h 文件中编写宏定义和函数声明。其他功能文件的编写方法大体相同。

6.2.2　函数调用层级

现在我们已熟悉文件结构和文件内容，接下来研究各函数之间的调用关系。由于涉及的文件太多，无法逐一讲解，而我们学习的重点是应用开发，对底层只做简单了解，所以这里只讲探索函数间调用关系的方法，具体的调用关系请大家用我的方法自行研究。还是以 ADC 功能为例，如图 6.16 所示，在 stm32f1xx_hal_adc.c 文件中找到函数条目，这些都是可被用户应用程序调用的函数，如果我们要初始化 ADC 功能，就会用到 HAL_ADC_Init 函数，在板级驱动程序中可直接调用此函数。那么在 HAL_ADC_Init 函数里调用的是什么呢？

图 6.15　stm32f1xx_hal_adc.c 文件里的内容

HAL_ADC_ErrorCallback(ADC_HandleTypeDef*) : void
HAL_ADC_GetError(ADC_HandleTypeDef*) : uint32_t
HAL_ADC_GetState(ADC_HandleTypeDef*) : uint32_t
HAL_ADC_GetValue(ADC_HandleTypeDef*) : uint32_t
HAL_ADC_Init(ADC_HandleTypeDef*) : HAL_StatusTypeDef
HAL_ADC_IRQHandler(ADC_HandleTypeDef*) : void
HAL_ADC_LevelOutOfWindowCallback(ADC_HandleTypeDef*) : void
HAL_ADC_MspDeInit(ADC_HandleTypeDef*) : void
HAL_ADC_MspInit(ADC_HandleTypeDef*) : void

找到ADC初始化函数，双击打开

图 6.16　找到 ADC 初始化函数

双击 HAL_ADC_Init 条目跳转到 HAL_ADC_Init 函数。如图 6.17 所示，在函数上方的绿色字体是官方对此函数的说明，包括用途、备注、输入参数和返回值。如图 6.18 所示，我通常会把整段说明复制到翻译软件，从而了解这个函数。初学期间可能看不太懂这些专业说明，大家可以先跟着我操作，实践多了自然就懂了。

```
398⊖/**
399   * @brief  Initializes the ADC peripheral and regular group according to
400   *         parameters specified in structure "ADC_InitTypeDef".
401   * @note   As prerequisite, ADC clock must be configured at RCC top level
402   *         (clock source APB2).
403   *         See commented example code below that can be copied and uncommented
404   *         into HAL_ADC_MspInit().
405   * @note   Possibility to update parameters on the fly:
406   *         This function initializes the ADC MSP (HAL_ADC_MspInit()) only when
407   *         coming from ADC state reset. Following calls to this function can
408   *         be used to reconfigure some parameters of ADC_InitTypeDef
409   *         structure on the fly, without modifying MSP configuration. If ADC
410   *         MSP has to be modified again, HAL_ADC_DeInit() must be called
411   *         before HAL_ADC_Init().
412   *         The setting of these parameters is conditioned to ADC state.
413   *         For parameters constraints, see comments of structure
414   *         "ADC_InitTypeDef".
415   * @note   This function configures the ADC within 2 scopes: scope of entire
416   *         ADC and scope of regular group. For parameters details, see comments
417   *         of structure "ADC_InitTypeDef".
418   * @param  hadc: ADC handle
419   * @retval HAL status
420   */
421⊖HAL_StatusTypeDef HAL_ADC_Init(ADC_HandleTypeDef* hadc)
422 {
423   HAL_StatusTypeDef tmp_hal_status = HAL_OK;
424   uint32_t tmp_cr1 = 0U;
425   uint32_t tmp_cr2 = 0U;
426   uint32_t tmp_sqr1 = 0U;
```

图 6.17　HAL_ADC_Init 函数的说明

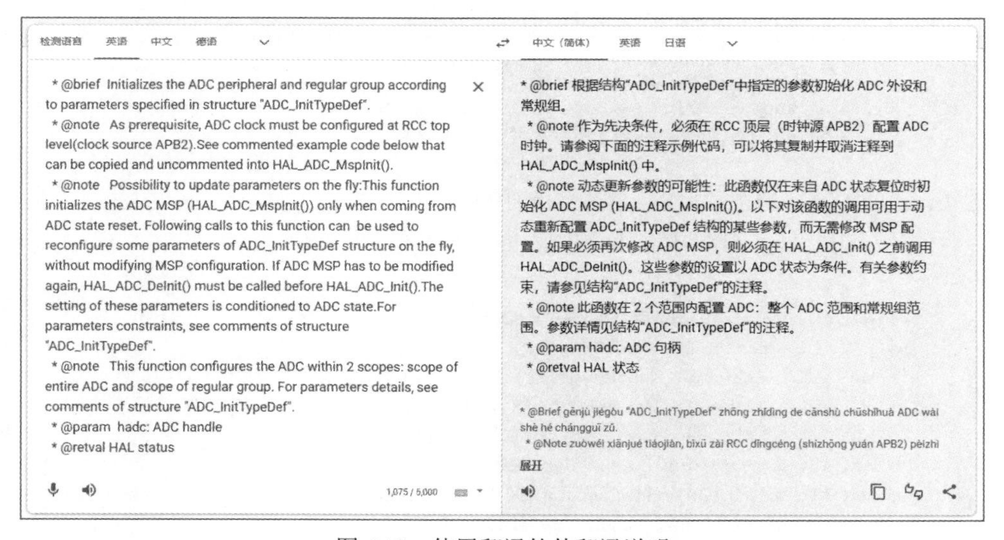

图 6.18　使用翻译软件翻译说明

如图 6.19 所示，函数内的程序中有变量定义、函数语句，还调用了其他函数。我们对这些函数名和参数的名称都不了解，接下来开始探索。如图 6.20 所示，在想了解的函数、变量或结构体处单击鼠标右键，在弹出的菜单中选择“Open Declaration”（打开声明）选项。这时软件会打开字段的声明文件，跳转到声明处，如图 6.21 所示。如果单击的是函数则会跳转到对应文件的函数内容，如果是结构体则会跳转到结构的定义部分。总之，用这个方法可以从“表面”跳转到“深层”。如法炮制，一层一层地深入，记录下各层的文件名，最后进入底层，进入寄存器操作的程序，文件的调用关系就出来了。大家可以花时间研究一下，观察都打开了哪些文件。

```
421 HAL_StatusTypeDef HAL_ADC_Init(ADC_HandleTypeDef* hadc)
422 {
423   HAL_StatusTypeDef tmp_hal_status = HAL_OK;
424   uint32_t tmp_cr1 = 0U;
425   uint32_t tmp_cr2 = 0U;
426   uint32_t tmp_sqr1 = 0U;
427
428   /* Check ADC handle */
429   if(hadc == NULL)
430   {
431     return HAL_ERROR;
432   }
433
434   /* Check the parameters */
435   assert_param(IS_ADC_ALL_INSTANCE(hadc->Instance));
436   assert_param(IS_ADC_DATA_ALIGN(hadc->Init.DataAlign));
437   assert_param(IS_ADC_SCAN_MODE(hadc->Init.ScanConvMode));
438   assert_param(IS_FUNCTIONAL_STATE(hadc->Init.ContinuousConvMode));
439   assert_param(IS_ADC_EXTTRIG(hadc->Init.ExternalTrigConv));
440
441   if(hadc->Init.ScanConvMode != ADC_SCAN_DISABLE)
442   {
443     assert_param(IS_ADC_REGULAR_NB_CONV(hadc->Init.NbrOfConversion));
444     assert_param(IS_FUNCTIONAL_STATE(hadc->Init.DiscontinuousConvMode));
445     if(hadc->Init.DiscontinuousConvMode != DISABLE)
446     {
447       assert_param(IS_ADC_REGULAR_DISCONT_NUMBER(hadc->Init.NbrOfDiscConversion));
448     }
449   }
450
451   /* As prerequisite, into HAL_ADC_MspInit(), ADC clock must be configured    */
452   /* at RCC top level.                                                        */
453   /* Refer to header of this file for more details on clock enabling         */
454   /* procedure.                                                               */
455
456   /* Actions performed only if ADC is coming from state reset:               */
457   /* - Initialization of ADC MSP                                              */
458   if (hadc->State == HAL_ADC_STATE_RESET)
459   {
460     /* Initialize ADC error code */
461     ADC_CLEAR_ERRORCODE(hadc);
462
```

图 6.19　HAL_ADC_Init 函数的内容

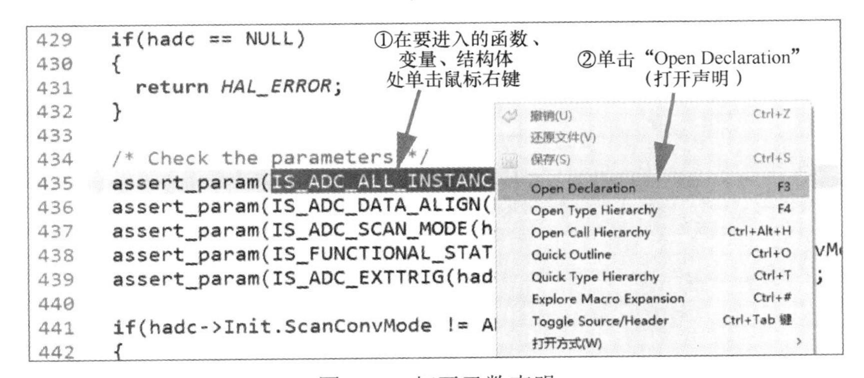

图 6.20　打开函数声明

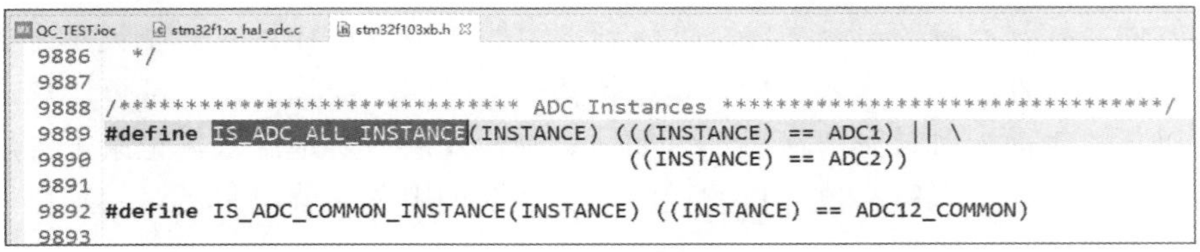

```
QC_TEST.ioc    stm32f1xx_hal_adc.c    stm32f103xb.h
9886   */
9887
9888 /****************************** ADC Instances *********************************/
9889 #define IS_ADC_ALL_INSTANCE(INSTANCE) (((INSTANCE) == ADC1) || \
9890                                        ((INSTANCE) == ADC2))
9891
9892 #define IS_ADC_COMMON_INSTANCE(INSTANCE) ((INSTANCE) == ADC12_COMMON)
9893
```

图 6.21　跳转到声明处

6.3　HAL 库的使用方法

了解了文件与函数，接下来学习 HAL 库的使用方法，包括 3 个部分。第 1 部分是上层应用程序如何调用 HAL 库，在后续讲解中会不断重复调用过程，到时我再结合实例细讲。第 2 部分是禁用 HAL 库的方法。第 3 部分是改用 LL 库的方法。禁用和改用的目的是让开发者有更自由的编程空间，不局限在官方限定范围内。也就是说，大家可以利用官方库但不要依赖它，HAL 库只是众多编程方案之一，还有标准库、LL 库、寄存器操作等方案，多一种选择就多一分自由。

6.3.1　禁用 HAL 库的方法

HAL 库虽好但并不完美，其中会产生一些 Bug，或者有些程序无法满足特殊需求，这时就要考虑禁用某项功能的 HAL 库，自己创建一个库文件取而代之。在实际开发中，这种情况比较少见。如图 6.22 所示，在 CubeMX 图形化界面里选择“Project Manager”（工程管理）选项卡，在其中选择“Advanced Settings”（高级设置）子选项卡，在显示的窗口下半部分是库生成的设置项。如图 6.23 所示，列表中的外围实例一栏是我们开启的单片机功能，函数名一栏是单片机各功能所对应的初始化函数。之所以是初始化函数，是因为一个功能的启动与基本设置都存放在初始化函数中，若在主函数中不调用某功能的初始化函数，此功能不会启动。因此禁用某项功能的 HAL 库，就是不在主函数中调用它的初始化函数，然后我们自己创建一个初始化函数添加到主函数中。

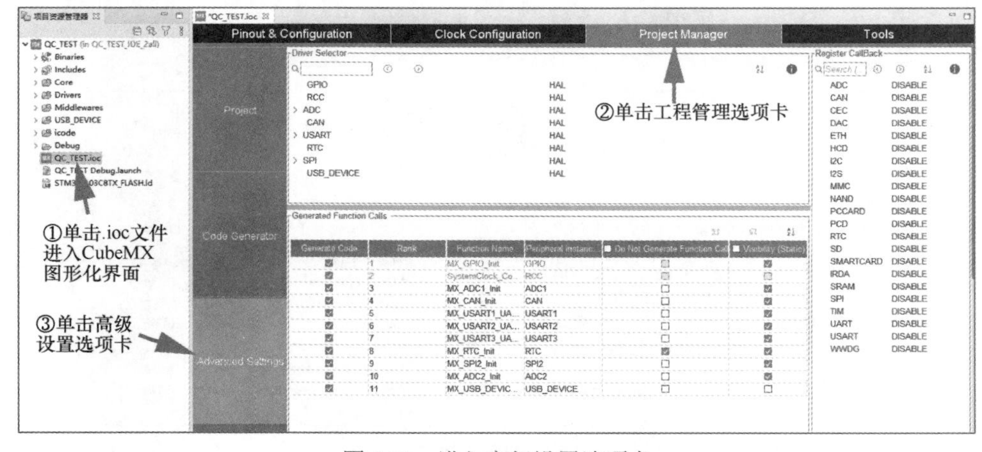

图 6.22　进入高级设置选项卡

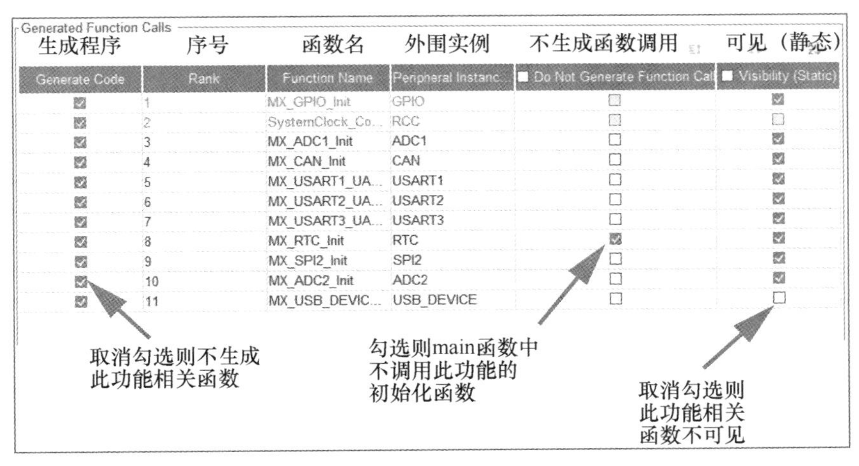

图 6.23　设置程序生成的勾选

禁用方法是在不生成函数调用一栏勾选要禁用的功能，例如勾选 RTC 功能，则原来在主函数中自动调用的MX_RTC_Init初始化函数将消失。如果取消生成程序一栏的勾选，RTC 驱动程序文件也将消失。一般情况下，我们会把自己创建的新驱动程序保存在自动生成的驱动程序文件里，所以生成程序的勾选不需要取消。设置好后重新生成程序就能达到禁用 HAL 库的效果。后续讲到 RTC 功能时会结合实例讲解禁用与自建驱动程序的过程。

6.3.2　改用 LL 库的方法

有些项目对程序的运行准度有很高要求，这时可改用更精简、效率更高的 LL 库。LL 库文件更接近 STM32 传统教学中的寄存器操作编程方案，直接操作寄存器的缺点是程序易学性差，开发者很难快速理解程序原理。而且 LL 库的移植性差，如果想把一段成熟的程序移植到其他型号的单片机上，需要修改很多内容，所以请大家根据需求来选择。改用 LL 库的方法如图 6.24 所示，在 CubeMX 图形化界面里选择“Project Manager”（工程管理）选项卡，在其中选择“Advanced Settings”（高级设置）子选项卡，在显示的窗口上半部分是库类型设置项。在左边列表可选择要修改的功能，选中后在右边的下拉列表可选择 HAL 库或 LL 库。每项功能都可独立选择，但有一些功能只有 HAL 库有，LL 库没有，比如 CAN 功能。选择好后重新生成程序即可。

以 RTC 功能为例，如图 6.25 所示，在 HAL 库状态下函数中调用函数前缀是“HAL”，表示用的是 HAL 库。赋值方法采用结构更清晰、更易理解的结构体和枚举。如图 6.26 所示，改用 LL 库之后调用函数前缀变成“LL”，表示 LL 库的文件和函数。赋值方法变成直接写入 32 位值，这是最简单直接的方式，因为单片机程序最底层的操作就是给寄存器写入 32 位值，但这种方式人类无法直接理解。编程的发展方向是越来越利于开发者直接理解，HAL 库是易理解的极端，LL 库是难理解的极端。

请大家反复研究工程文件树，反复研究 HAL 库中的函数调用关系。在心中有一个文件和函数的框架，随机打开一个文件，你能知道此文件在框架中的大体位置。对文件结构的理解越深刻，未来的学习越轻松。

图 6.24　改用 LL 库的方法

```
42 /* RTC init function */
43 void MX_RTC_Init(void)
44 {
45   RTC_TimeTypeDef sTime = {0};
46   RTC_DateTypeDef DateToUpdate = {0};
47
48   /** Initialize RTC Only
49   */
50   hrtc.Instance = RTC;
51   hrtc.Init.AsynchPrediv = RTC_AUTO_1_SECOND;
52   hrtc.Init.OutPut = RTC_OUTPUTSOURCE_NONE;
53   if (HAL_RTC_Init(&hrtc) != HAL_OK)
54   {
55     Error_Handler();
56   }
57
58   /* USER CODE BEGIN Check_RTC_BKUP */
59
60   /* USER CODE END Check_RTC_BKUP */
61
62   /** Initialize RTC and set the Time and Date
63   */
64   sTime.Hours = 0x23;
65   sTime.Minutes = 0x59;
66   sTime.Seconds = 0x50;
67
68   if (HAL_RTC_SetTime(&hrtc, &sTime, RTC_FORMAT_BCD) != HAL_OK)
69   {
70     Error_Handler();
71   }
72   DateToUpdate.WeekDay = RTC_WEEKDAY_SUNDAY;
73   DateToUpdate.Month = RTC_MONTH_JANUARY;
74   DateToUpdate.Date = 0x2;
75   DateToUpdate.Year = 0x22;
76
77   if (HAL_RTC_SetDate(&hrtc, &DateToUpdate, RTC_FORMAT_BCD) != HAL_OK)
78   {
79     Error_Handler();
80   }
81
82 }
```

赋值使用结构体和枚举

HAL前缀表示当前是HAL库

图 6.25　HAL 库的 RTC 初始化函数

```
40 /* RTC init function */
41 void MX_RTC_Init(void)
42 {
43   LL_RTC_InitTypeDef RTC_InitStruct = {0};
44   LL_RTC_TimeTypeDef RTC_TimeStruct = {0};
45
46     LL_PWR_EnableBkUpAccess();
47     /* Enable BKP CLK enable for backup registers */
48     LL_APB1_GRP1_EnableClock(LL_APB1_GRP1_PERIPH_BKP);
49   /* Peripheral clock enable */
50   LL_RCC_EnableRTC();
51
52   /** Initialize RTC and set the Time and Date
53   */
54   RTC_InitStruct.AsynchPrescaler = 0xFFFFFFFFU;
55   LL_RTC_Init(RTC, &RTC_InitStruct);
56   LL_RTC_SetAsynchPrescaler(RTC, 0xFFFFFFFFU);
57   /** Initialize RTC and set the Time and Date
58   */
59   RTC_TimeStruct.Hours = 23;
60   RTC_TimeStruct.Minutes = 59;
61   RTC_TimeStruct.Seconds = 50;
62   LL_RTC_TIME_Init(RTC, LL_RTC_FORMAT_BCD, &RTC_TimeStruct);
63   /** Initialize RTC and set the Time and Date
64   */
65
66 }
```


图 6.26　LL 库的 RTC 初始化函数

02

第 2 章

物联网基础功能

- 第 7 步：RCC 时钟与延时函数
- 第 8 步：LED 与按键驱动程序
- 第 9 步：蜂鸣器与继电器驱动程序
- 第 10 步：串口通信与超级终端
- 第 11 步：ADC 与 DMA 驱动程序
- 第 12 步：RTC 与 BKP 驱动程序
- 第 13 步：温/湿度传感器驱动程序
- 第 14 步：SPI 存储芯片驱动程序
- 第 15 步：USB 从设备驱动程序
- 第 16 步：省电模式、CRC 与芯片 ID
- 第 17 步：外部中断与定时器

第 7 步：RCC 时钟与延时函数

在前 6 步中我们把 CubeIDE 和 HAL 库的基础知识讲完了，现在进入下一个学习阶段，开始编写程序，把单片机内部各功能驱动起来。每项功能看似不同，但驱动方法大体相同，在反复编程的过程中你会总结出一个思维逻辑、一种编程规范，这是我真正想让大家学习的。这一步先来学习 RCC 系统时钟功能。虽然前面有内容涉及时钟设置，但现在我要从一项功能的角度正式讲解一次。我将分成 3 个部分进行讲解。第 1 部分是 RCC 的时钟树，我将介绍在图形化界面中如何设置时钟树和各功能时钟的作用与频率分配规范。第 2 部分是 RCC 程序，在图形化界面中生成了程序后，接下来要研究时钟设置的程序存放在哪个文件的哪个位置，程序以什么形式表现时钟设置。第 3 部分是 HAL 库中的延时函数，延时函数作为与时间相关的函数，几乎会用在每个程序中。如果不了解 RCC 功能的基础知识，可以学习《STM32 入门 100 步》中的第 5 步和第 41 步，从数据手册与标准库编程的角度理解 RCC 时钟。

7.1 RCC 的时钟树

如图 7.1 所示，先回顾一下时钟树结构，时钟树视图的设置项目可分成 3 个部分，左边是 4 个时钟输入源；中间部分是通道选择器、预分频器和倍频器，设置频率需要调节这个部分；右边是最终频率，单片机的数据总线和各功能时钟频率会显示在这里。之前是从时钟源的角度进行讲解，现在以最终频率为核心，看看时钟有哪些用途。

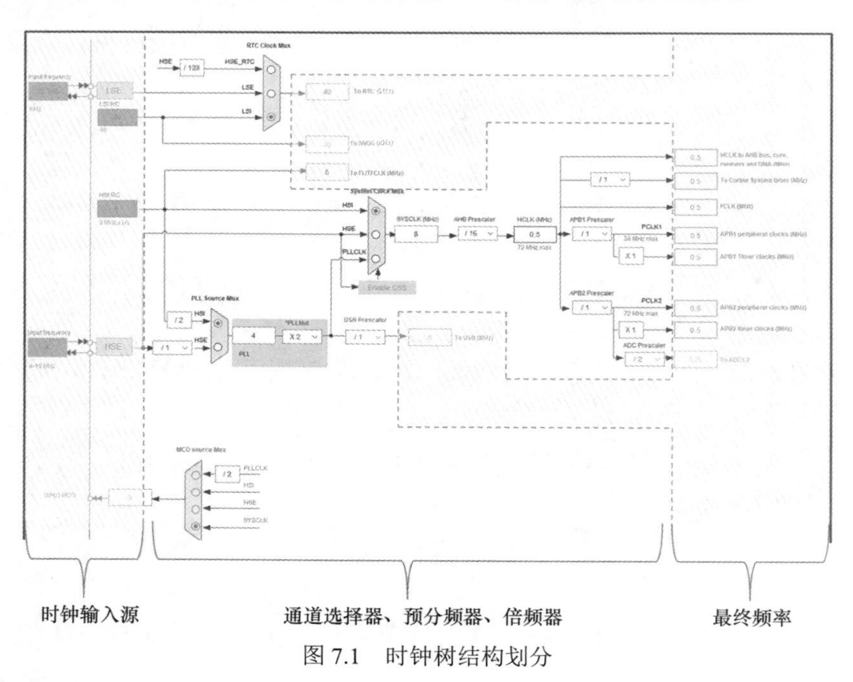

图 7.1　时钟树结构划分

如图 7.2 所示，为了讲解方便，我把时钟树中的所有功能都标注了序号，当讲到某个部分时会用序号代替。如图 7.3 所示，在设置过程中可能会出现红色高亮显示，同时在时钟配置选项卡前出现红叉，这表示设置值超出系统规定的频率范围。如果不去理会，出现红色高亮的功能将无法正常运行。所以在出现红色高亮显示时一定要重新设置，红色高亮消失后再生成程序。

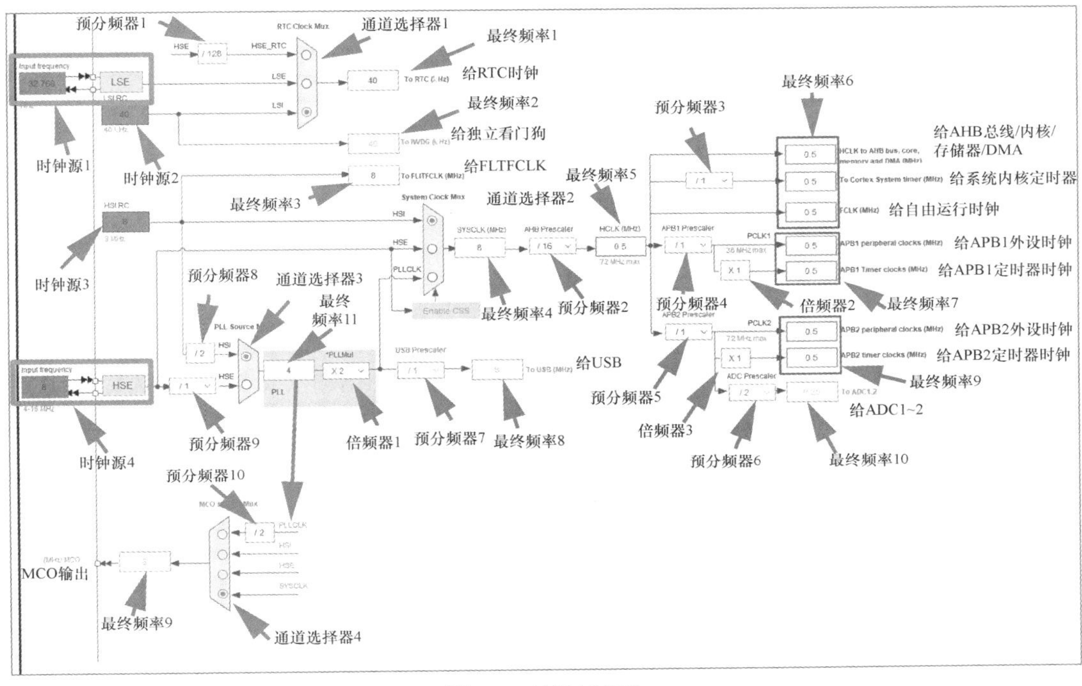

图 7.2　时钟树标注

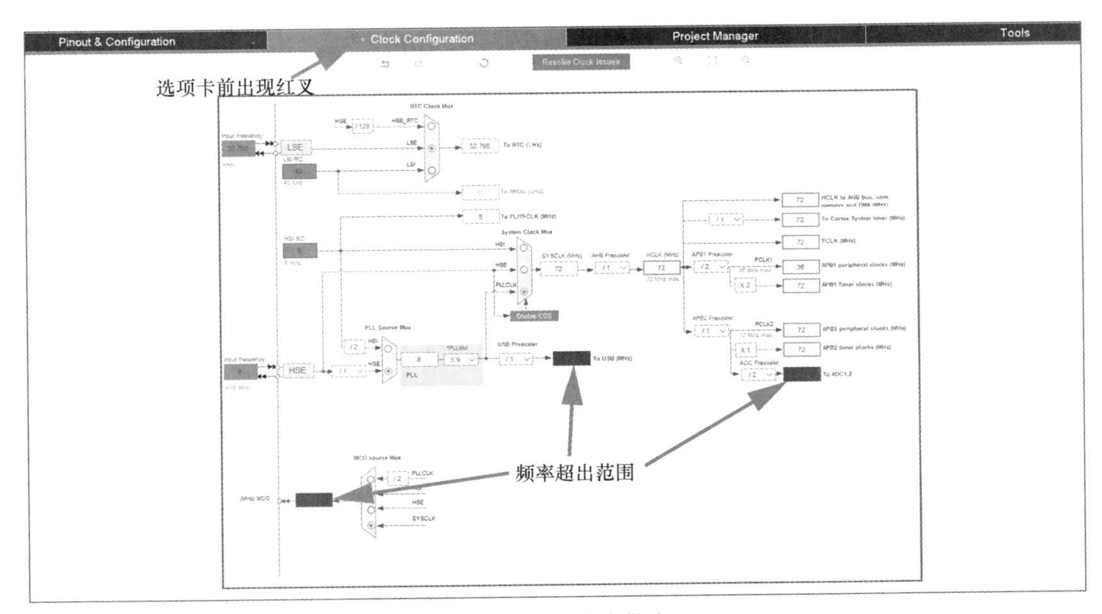

图 7.3　红色高亮警告

7.1.1　内核与外设时钟

时钟设置中的功能可以分成内核与外设时钟以及独立时钟两个部分，内核与外设时钟是指 ARM 内核与相关功能外设的时钟，包括 SYSCLK 时钟、HCLK 时钟、FCLK 时钟、PCLK 时钟和 ADC 功能时钟。

1．SYSCLK 时钟

SYSCLK 时钟是系统时钟，SYSCLK 时钟是单片机的“根时钟”，除了独立时钟，ARM 内核与各功能外设时钟都由此分配而来。HCLK 时钟、FCLK 时钟、PCLK 时钟、ADC 功能时钟都由 SYSCLK 时钟“生发”出来。如图 7.4 所示，时钟树视图中的 SYSCLK 时钟就是系统时钟，标注为最终频率 4。它代表着此单片机的最大频率，频率越大速度越快。系统时钟作为源头分配给各内部总线和功能。通过通道选择器 2 可选择 3 个输入源，第 1 个 HSI 是内部高速时钟输入，没有经过预分频器和倍频器，直接给 SYSCLK 时钟 8MHz 频率。由于 HSI 采用 RC 振荡器，频率精度不高，不能用于对时间精度要求很高的项目。第 2 个 HSE 需要单片机外接 4～16MHz 晶体振荡器。外接晶体振荡器虽然增加了成本，但大大提高了时间精度，适用于对时间精度要求高的场合。选择此项后的系统时钟频率就是 HSE 晶体振荡器频率，洋桃 IoT 开发板上使用的是 8MHz。第 3 个 PLLCLK 的频率是经过预分频器、倍频器和通道选择器分配后的频率。前面两个选项虽然简单直接，但得到的频率是固定值，无法超频或降频。PLLCLK 选项加入了 PLL 锁相环电路，可以在一定范围内调整频率值。通过通道选择器 3 可切换 HSI 和 HSE 输入源，它们在进入通道选择器 3 之前还各经过一个预分频器。通道选择器 3 后端进入 PLL 锁相环电路，通过倍频器 1 来升高频率，最终可分配给 SYSCLK 时钟和 USB 时钟。STM32F103 单片机的 SYSCLK 时钟的最大频率是 72MHz。

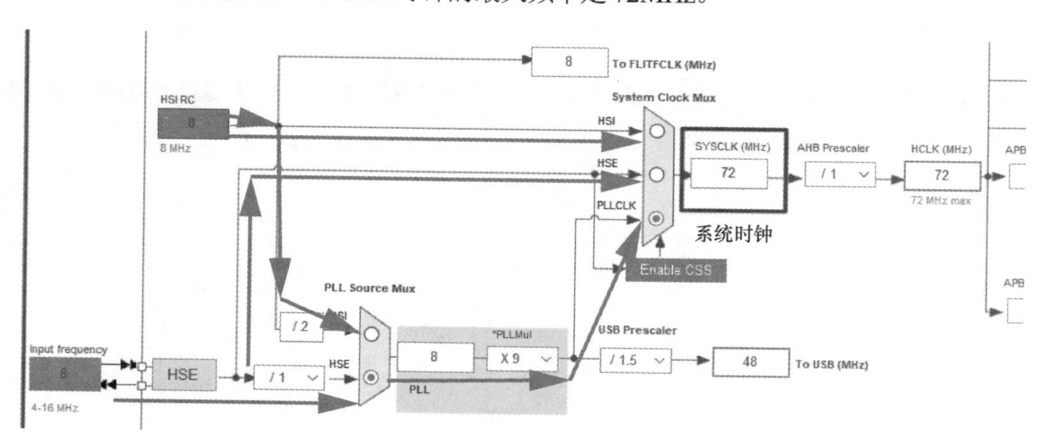

图 7.4　SYSCLK 时钟的通道

2．HCLK 时钟

如图 7.5 所示，SYSCLK 时钟经过预分频器 2 到达最终频率 5，这是 HCLK 时钟频率。HCLK 时钟通过内部高速数据总线 AHB，把频率提供给 ARM 内核、存储控制器、中断控制器、DMA 等内核功能。可以通过设置预分频器 2 来降低 HCLK 频率，但通常会让 HCLK 与 SYSCLK 保持一致。当你的项目中对 ARM 内核、RAM 与 Falsh 存储、DMA、NVIC 中断控制器等性能有

所要求时，可以设置 HCLK 来实现。最终频率 6 包含 HCLK 时钟所控制的部分的频率，其中给系统内核定时器的频率还能通过预分频器 3 进一步设置，初学期间先让两个频率一致。

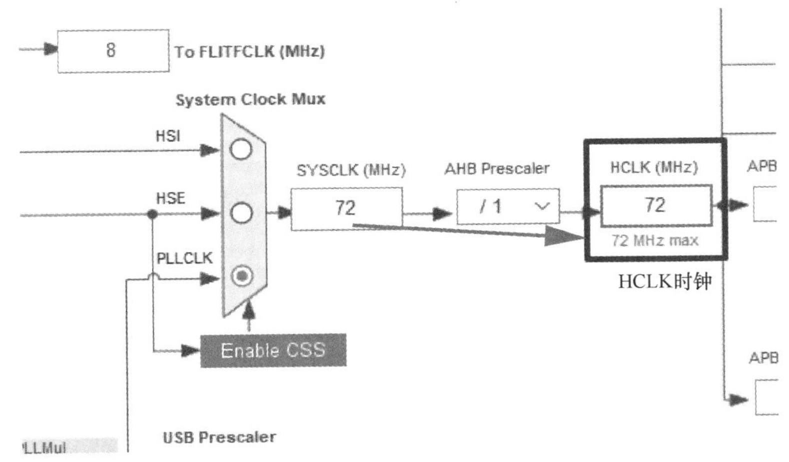

图 7.5 HCLK 时钟的通道

3. FCLK 时钟

如图 7.6 所示，FCLK 时钟是自由运行时钟，专为 ARM 内核提供运行时钟频率。HCLK 时钟也为内核提供时钟频率，它们的区别是 HCLK 通过 AHB 总线电路提供时钟，而 FCLK 不受总线限制，即使 AHB 总线停止工作，FCLK 时钟也能直接向 ARM 内核提供时钟。由于内核时钟与 AHB 总线时钟必须频率相同才能正常工作，所以这两个频率值始终相同。

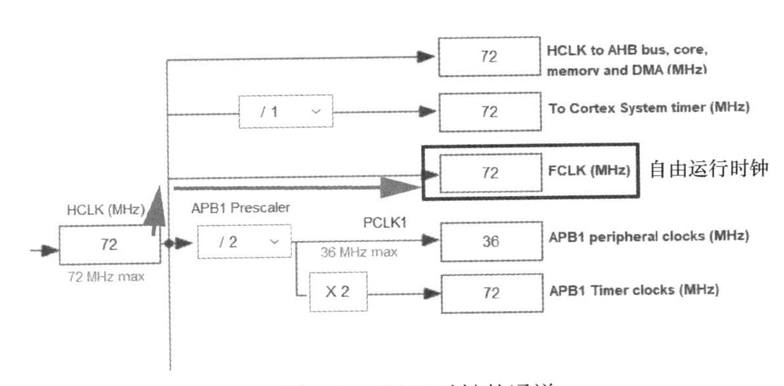

图 7.6 FCLK 时钟的通道

4. PCLK 时钟

PCLK 外设时钟的作用是给单片机外设功能提供时钟。这里所说的外设不是单片机外面的设备，而是相对于 ARM 内核以外的单片机内部功能。如图 7.7 所示，PCLK 时钟分配给 APB1 总线和 APB2 总线两个部分，每条总线上都挂接着不同的单片机内部功能。最终频率 7 是 APB1 总线相关时钟频率，包括 APB1 外设时钟和 APB1 定时器时钟。可通过预分频器 4 和倍频器 2 设置频率。需要注意，APB1 外设时钟的最大频率是 36MHz，APB1

定时器时钟的最大频率是 72MHz。最终频率 9 是 APB2 总线相关时钟，包括 APB2 外设时钟和 APB2 定时器时钟。通过预分频器 5 和倍频器 3 来设置频率，APB2 外设时钟和 APB2 定时器时钟的最大频率是 72MHz。若想知道 APB1 总线和 APB2 总线上都挂接了哪些内部功能，可以打开单片机数据手册找到时钟树结构图，如图 7.8 所示。

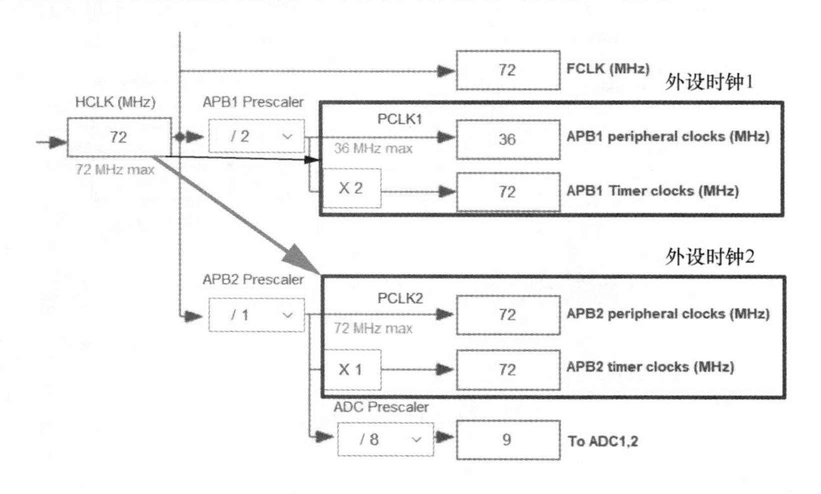

图 7.7　PCLK 时钟的通道

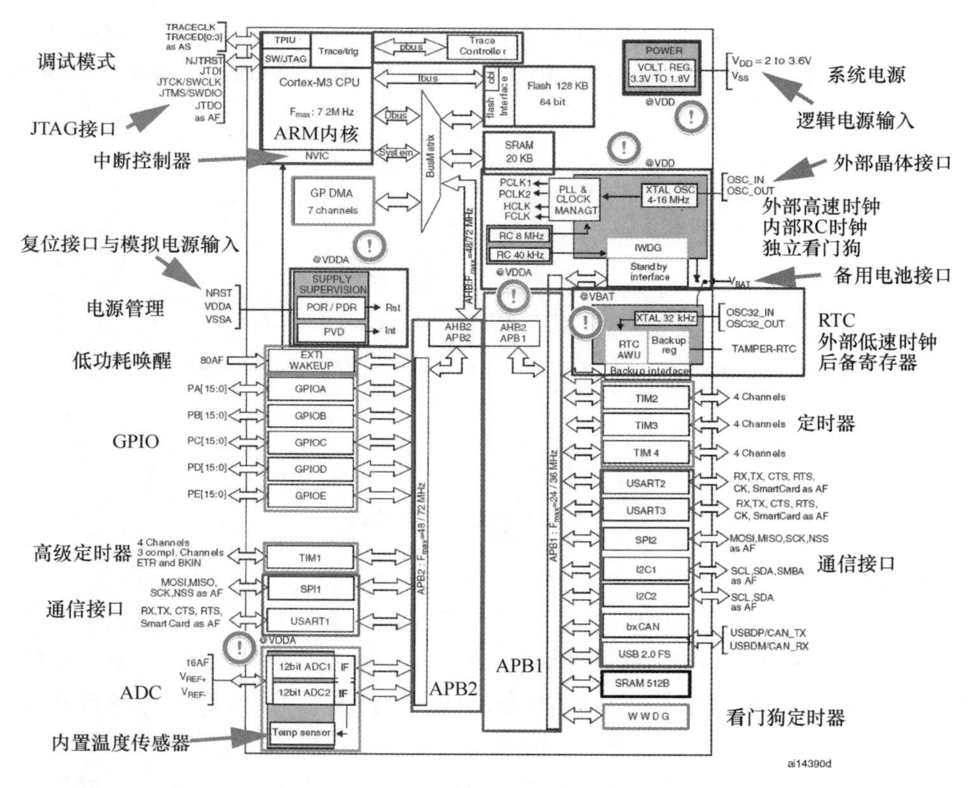

图 7.8　APB1 总线与 APB2 总线上挂接的内部功能

5．ADC 功能时钟

如图 7.9 所示，最终频率 10 是外设中的 ADC 功能的频率，涉及模数转换器，它的时钟挂接在 APB2 总线上，同时提供给 ADC1 和 ADC2。通过预分频器 6 可设置频率，最大频率为 14MHz。

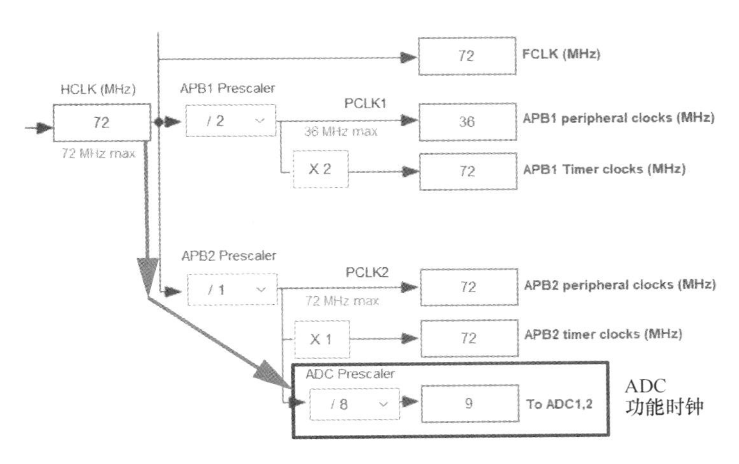

图 7.9　ADC 功能时钟的通道

7.1.2　独立时钟

独立时钟的频率不是由系统时钟提供，而是由时钟源直接提供，独立于系统时钟之外。独立时钟的功能包括 RTC 时钟、独立看门狗时钟、Flash 编程时钟、USB 时钟。单片机设计者把这些功能从系统时钟分离出来是有原因的。RTC 是实时时钟功能，需要在系统时钟不工作时也能持续走时，所以专门为它分配了 LSI 和 LSE 时钟源。独立看门狗用于监控单片机的工作状态，当单片机程序出错时，独立看门狗能复位单片机。Flash 编程时钟是在用 ISP 软件给单片机下载程序时用的时钟，单片机下载程序时系统时钟没有开启，所以 Flash 下载功能需要独立时钟。USB 时钟是单片机从设备接口时钟，USB 接口是独立的通信模块，必须配有独立的时钟。

1．RTC 时钟

如图 7.10 所示，RTC 时钟在时钟树视图的左上角，通过通道选择器 1 切换 3 个输入源。第 1 个输入源是 HSE 外部高速时钟，经过了预分频器 1 的“/128”。当 HSE 晶体振荡器的频率是 8MHz 时，经过分频得到约 62.5kHz 的频率送入 RTC 时钟。第 2 个输入源是 LSE 外部 32.768kHz 低速时钟，未经过分频和倍频直接输入 RTC 时钟，得到 32.768kHz 的时钟频率。第 3 个输入源是 LSI 内部 40kHz 低速时钟，也未经过分频和倍频直接输入 RTC 时钟，得到 40kHz 的时钟频率。可以看出，3 种输入源使 RTC 时钟得到不同频率，不同频率对 RTC 时钟功能有什么影响呢？

首先要知道 RTC 时钟的作用，RTC 时钟把单片机当作实时时钟使用，备用电池可提供掉电走时功能。RTC 时钟还能作为长时间定时器使用，比如要求单片机每小时读取一次传感器，可让 RTC 时钟走时并设定 1h 闹钟，然后单片机进入休眠状态，1h 后闹钟唤醒单片机读取一次传感器。实时时钟和长时间定时器应用对 RTC 时钟的走时准度要求有所不同。实时时钟需要有更高的精度，走时 1 年的误差为几分钟，这就要在 LSE 上外接精度高、零点漂移小的 32.768kHz 晶体振荡器，通道选择器 1 要选择 LSE 输入源。如果把 RTC 时钟作为长时间定时器使用，则对精度要求低，定时 1h 可以有几分钟误差。这时就不用外接 32.768kHz 晶体振荡器，使用精度不高的 LSI 或 HSI 即可。如果对系统时钟的频率精度要求也不高，连 HSE 外部的 8MHz 晶体振荡器也可省去，改用 LSI 内部 40kHz 时钟源。不过二者相差不大，通常会选择 LSI 时钟输入源。

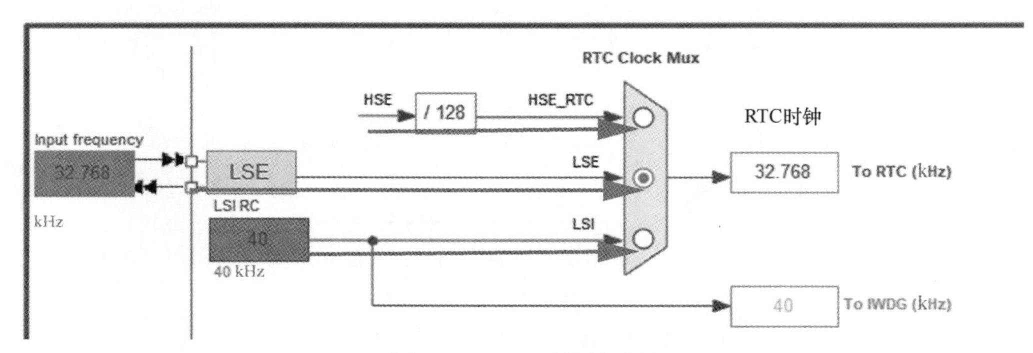

图 7.10　RTC 时钟的通道

2．独立看门狗时钟

独立看门狗的作用是监测单片机是否出错，它必须独立于系统时钟之外，保持“独立第三方”地位。如图 7.11 所示，独立看门狗时钟直接引入 40kHz 的 LSI 低速内部时钟，保证输入源的稳定可靠。独立看门狗时钟的固定频率是 40kHz，不允许修改。

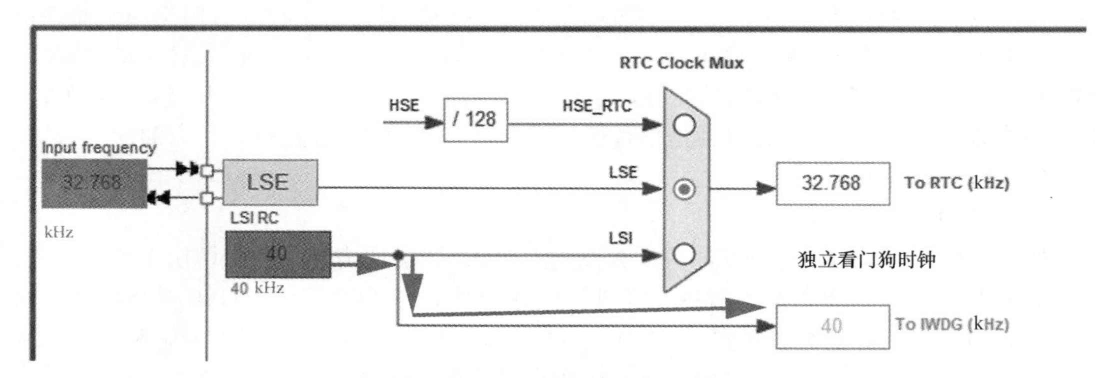

图 7.11　独立看门狗时钟的通道

3．Flash 编程时钟

如图 7.12 所示，Flash 编程时钟的作用是在给单片机下载程序时，为 Flash 编程操作提供时钟。在程序下载的过程中，单片机处于 BOOTLOADER 模式，系统时钟没有启动，所以 HSI 高速内部时钟直接给 Flash 编程提供独立时钟输入。Flash 编程时钟的固定频率是 8MHz，不允许修改。

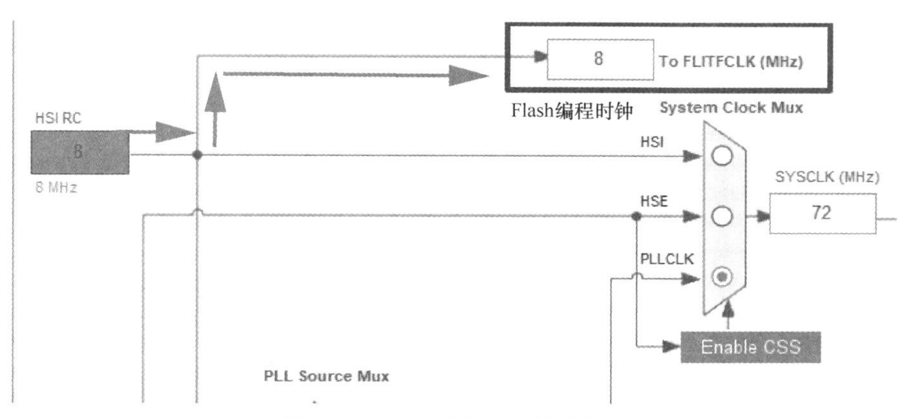

图 7.12　Flash 编程时钟的通道

4．USB 时钟

如图 7.13 所示，USB 时钟是指单片机内置的 USB 从设备接口，此功能在单片机内部独立工作。USB 时钟频率允许修改，通过通道选择器 3 可切换 HSI 和 HSE 两个输入源，通过预分频器 7、预分频器 8、预分频器 9 和倍频器 1 来调配频率值。需要注意，只有预分频器 7 是 USB 时钟专属的，其他都与系统时钟设置共享，设置时需要同时考虑系统时钟的连动变化。USB 时钟的最大频率是 48MHz，后续讲到 USB 从设备功能时再细讲。独立时钟部分大概就是这些，所谓“独立”仅仅是指时钟输入的独立，这些功能在程序开发层面上和其他功能没有区别，依然受到 ARM 内核的控制。

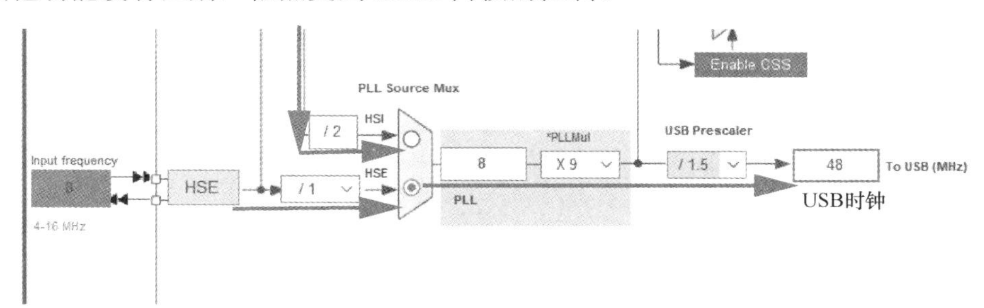

图 7.13　USB 时钟的通道

7.1.3　时钟输出

如图 7.14 所示，时钟树视图中的最终频率 9 是单片机预留的时钟输出功能，时钟输出的缩写是 MCO，在 STM32F103C8T6 这款单片机上，MCO 复用在 PA8 端口。如图 7.15 所示，开启 MCO 功能要在图形化界面中将端口视图中的 PA8 端口改成 MCO 模式，然后进入 RCC 功能的模式设置项，勾选“Master Clock Output”（主时钟输出）选项。这样时钟树视图中的 MCO 部分才能设置。如图 7.16 所示，通过通道选择器 4 可以切换 4 个时钟输入源，分别是 PLLCLK 锁相环时钟、HSI 高速内部时钟、HSE 高速外部时钟和 SYSCLK 系统时钟。其中 PLLCLK 是标注为最终频率 11 的锁相环频率输入。MCO 功能多基准用于给其他芯片提供时钟基准，或者作为单片机间通信的同步频率基准，大家可以根据项目需求来设置 MCO

功能。由于示例中没有用到 MCO 功能，所以请在了解它后取消 RCC 模式设置中“Master Clock Output”（主时钟输出）的勾选，将 PA8 端口恢复到之前的设置。

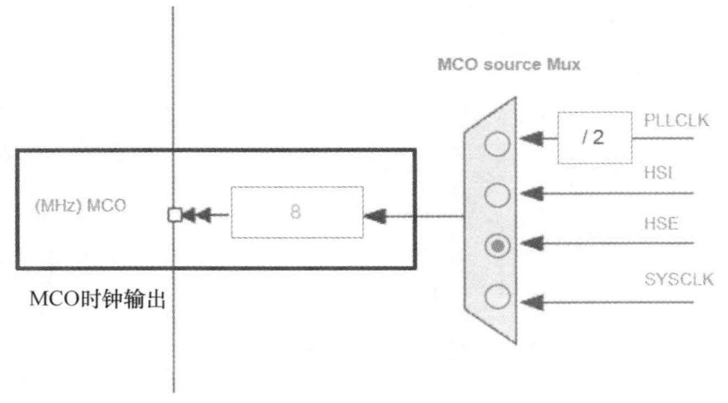

图 7.14　MCO 时钟输出

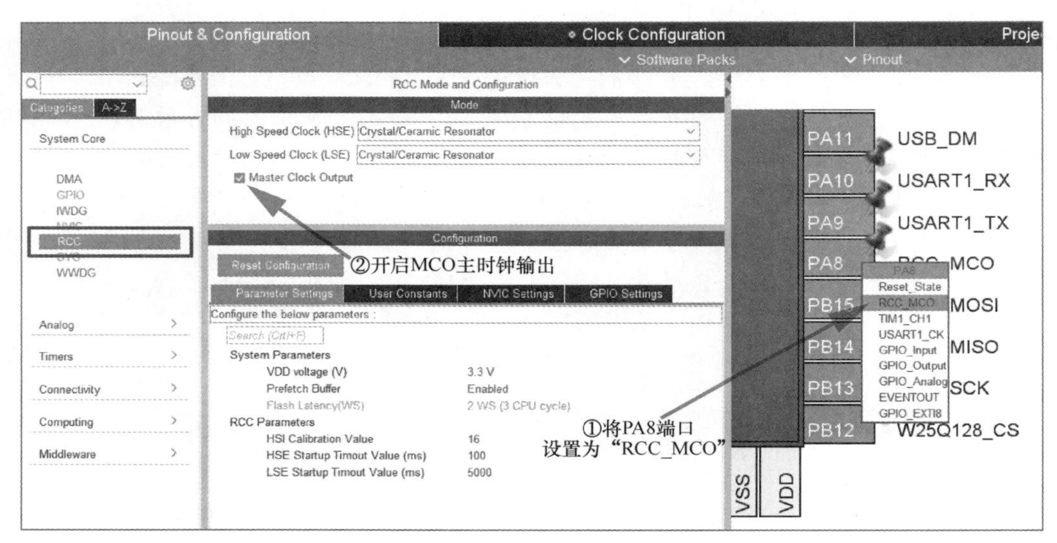

图 7.15　PA8 端口设置为 MCO 时钟输出

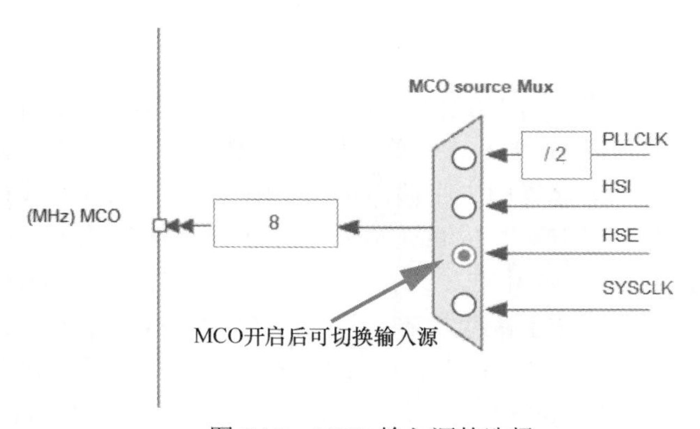

图 7.16　MCO 输入源的选择

7.2　RCC 的程序

在图形化界面里设置的时钟树选项，会转化成程序存放在工程文件里。为了能在未来的编程中修改这些 RCC 设置，我们需要了解 RCC 时钟的程序，并能与图形化界面上的设置联系起来。RCC 程序的讲解分为 3 个部分，一是了解汇编启动文件中与 RCC 相关的程序部分；二是了解 CubeMX 中生成的程序存放在什么地方，又是怎样被调用的；三是掌握在程序中修改时钟设置的方法。

7.2.1　启动文件中的程序

单片机在运行时并不是从 main 函数开始的，而是先运行汇编启动文件，然后启动文件里对单片机的 RAM、Flash、时钟、电源、中断等基础功能进行了初始化设置，这是保证单片机正常工作的条件。汇编启动文件非常重要，不允许修改，以下所讲的内容仅做了解。如图 7.17 所示，在工程文件树中找到 startup_stm32f103c8tx.s 启动文件，双击打开。在文件开头有功能说明，把这段文字翻译一下，如图 7.18 所示，说明中介绍了此文件的执行流程。最开始要执行的是初始化 SP 和 PC，这是程序运行最重要的两个系统指针。然后是设置向量表，其作用是当单片机在运行过程中发生异常时，自动跳转到对应的异常处理函数，这是系统层面的跳转设置。接下来是设置 RCC 时钟。最后一项是跳转到 main.c 文件开始执行用户的 C 语言程序。


```
1 /**
2   *************** (C) COPYRIGHT 2017 STMicroelectronics ************************
3   * @file      startup_stm32f103xb.s
4   * @author    MCD Application Team
5   * @brief     STM32F103xB Devices vector table for Atollic toolchain.
6   *            This module performs:
7   *                - Set the initial SP
8   *                - Set the initial PC == Reset_Handler,
9   *                - Set the vector table entries with the exceptions ISR address
10  *                - Configure the clock system
11  *                - Branches to main in the C library (which eventually
12  *                  calls main()).
13  *            After Reset the Cortex-M3 processor is in Thread mode,
14  *            priority is Privileged, and the Stack is set to Main.
15  ******************************************************************************
```

图 7.17　打开启动文件

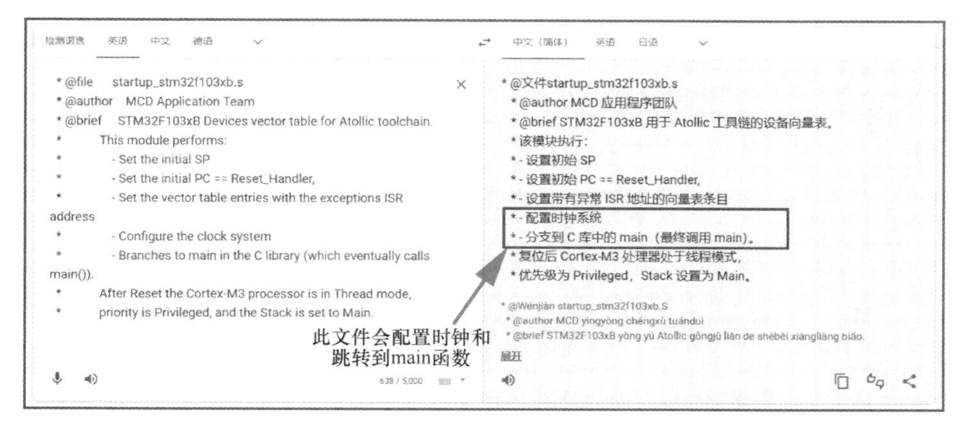

图 7.18　翻译启动文件的说明

启动文件里执行的 RCC 时钟设置调用了另外一个文件中的 C 语言函数。如图 7.19 所示，打开工程文件树中的 Core 文件夹，在其中展开 Src 文件夹，双击打开其中的 system_stm32f1xx.c 文件，启动文件调用了此文件中的时钟初始化函数。如图 7.20 所示，翻译文件说明可以得知，此函数先设置了 SYSCLK 时钟和 PLL 锁相环、AHB 与 APB 总线、闪存，然后把时钟输入源默认设置为 HSI 高速内部时钟，再把 HSE 高速外部时钟的默认频率设置为 8MHz。这就解释了为什么即使没有连接外部 8MHz 晶体振荡器，单片机也能正常运行，因为启动文件最先使用的是 HSI 高速内部时钟，只有进入 main.c 文件之后才会执行我们的设置，改用 HSE 高速外部时钟。关于启动文件中的时钟设置，了解到这个程度就可以了。

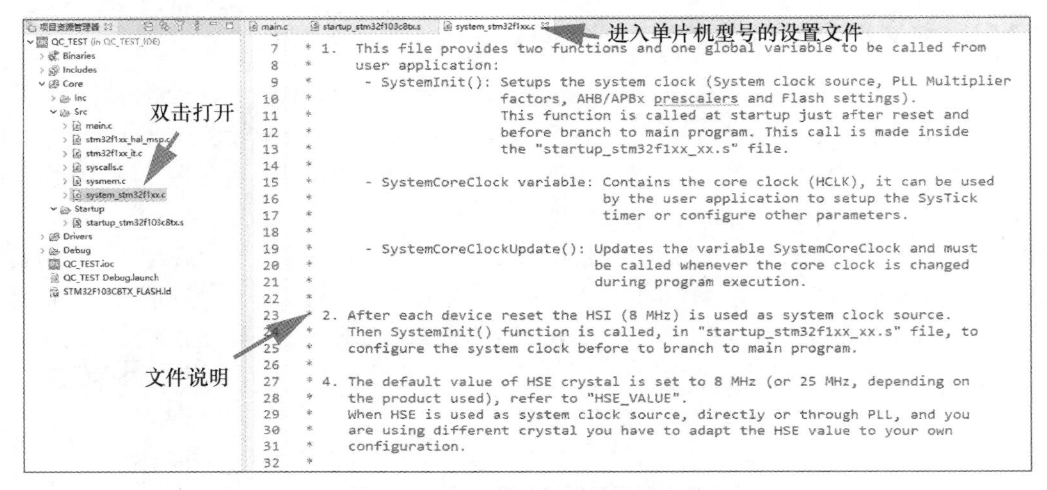

图 7.19　打开单片机型号设置文件

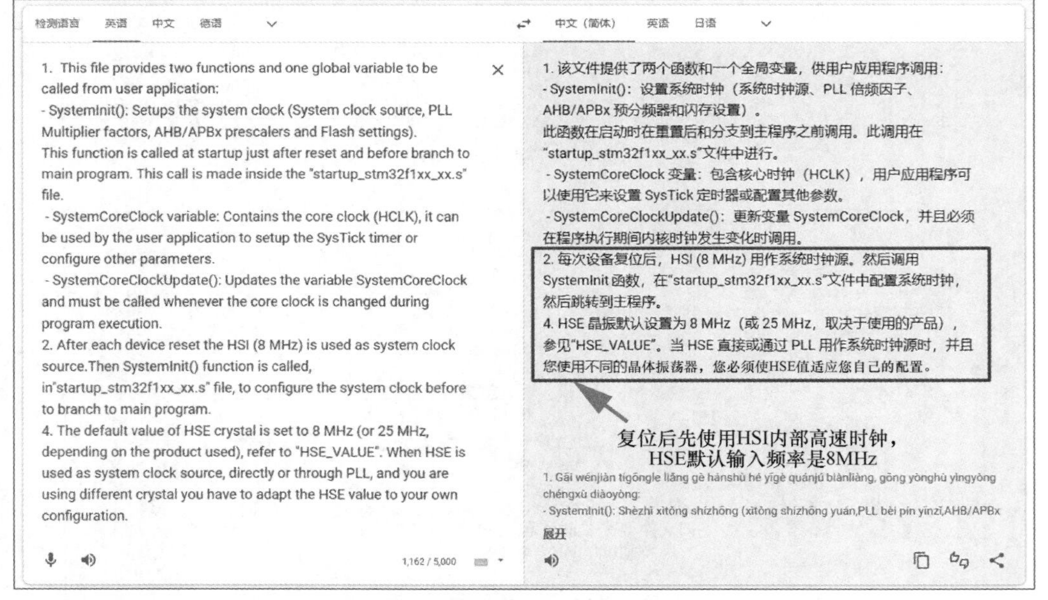

图 7.20　翻译单片机型号设置文件的说明

7.2.2　CubeMX 生成的程序

下面来看 CubeMX 图形化界面中设置的时钟选项在程序中的样子。如图 7.21 所示，打开 main.c 文件，用户程序在 main 函数中执行。在 main 函数的第 62 行调用了 SystemClock_Config 函数，这就是 RCC 时钟配置函数。在 CubeMX 图形化界面中与 RCC 相关的配置都保存在此函数里。如图 7.22 所示，将光标放在函数名上会弹出悬浮框，从悬浮框中可以快速查看函数内容。如图 7.23 所示，还可以用鼠标右键单击函数名，在弹出的菜单中选择“Open Declaration”（打开声明），跳转到函数内容的程序。如图 7.24 所示，跳转后你会惊奇地发现，时钟配置函数就保存在 main.c 文件的第 138 行，而不是保存在其他文件里。函数内容的第 140～142 行定义结构体变量，第 147～158 行设置 RCC 的基本功能，包括 4 个时钟输入源的开关、PLL 锁相环的倍频系数。如图 7.25 所示，第 161～171 行是单片机内核、FCLK 时钟、PCLK 时钟的设置，第 172～180 行是对单片机内部功能的时钟开启操作。


```
60
61 /* Private function prototypes -----------------
62 void SystemClock_Config(void);
63 static void MX_GPIO_Init(void);
64 static void MX_RTC_Init(void);
65 static void MX_ADC1_Init(void);
66 static void MX_ADC2_Init(void);
67 static void MX_CAN_Init(void);
68 static void MX_SPI2_Init(void);
69 static void MX_USART1_UART_Init(void);
70 static void MX_USART2_UART_Init(void);
71 static void MX_USART3_UART_Init(void);
72 static void MX_USB_PCD_Init(void);
73 /* USER CODE BEGIN PFP */
```

图 7.21　调用时钟配置函数


```
60
61 /* Private function prototypes -----------------------------------------------*/
62 void SystemClock_Config(void);
63 stati
64 stati
65 stati
66 stati
67 stati
68 stati
69 stati
70 stati
71 stati
72 stati
73 /* US
74
75 /* US
76
77 /* Pr
78 /* US
79
80 /* USER CODE END 0 */
```

```
/**
  * @brief System Clock Configuration
  * @retval None
  */
void SystemClock_Config(void)
{
  RCC_OscInitTypeDef RCC_OscInitStruct = {0};
  RCC_ClkInitTypeDef RCC_ClkInitStruct = {0};
  RCC_PeriphCLKInitTypeDef PeriphClkInit = {0};

  /** Initializes the RCC Oscillators according to the specified parameters
  * in the RCC_OscInitTypeDef structure.
  */
  RCC_OscInitStruct.OscillatorType = RCC_OSCILLATORTYPE_HSE|RCC_OSCILLATORTYPE_LSE;
  RCC_OscInitStruct.HSEState = RCC_HSE_ON;
```

图 7.22　自动弹出函数内容悬浮框

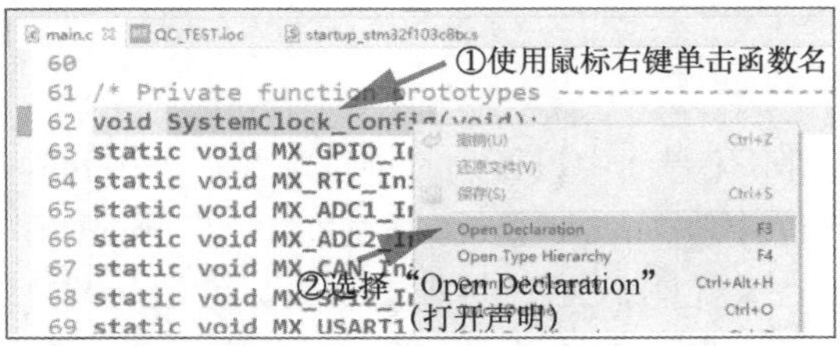

```
60
61 /* Private function prototypes -----------------
62 void SystemClock_Config(void);
63 static void MX_GPIO_I
64 static void MX_RTC_In
65 static void MX_ADC1_I
66 static void MX_ADC2_I
67 static void MX_CAN_In
68 static void MX_SPI2_I
69 static void MX_USART1
```

①使用鼠标右键单击函数名

②选择“Open Declaration”（打开声明）

图 7.23　右键菜单中打开声明

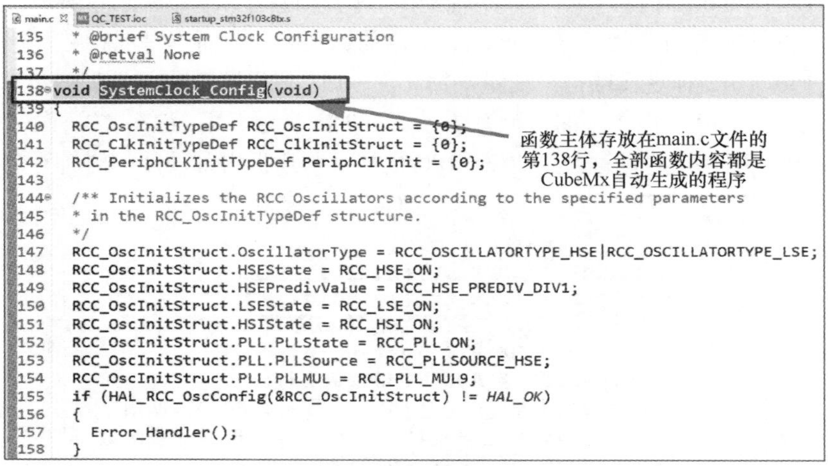

```
135   * @brief System Clock Configuration
136   * @retval None
137   */
138 void SystemClock_Config(void)
139 {
140   RCC_OscInitTypeDef RCC_OscInitStruct = {0};
141   RCC_ClkInitTypeDef RCC_ClkInitStruct = {0};
142   RCC_PeriphCLKInitTypeDef PeriphClkInit = {0};
143
144   /** Initializes the RCC Oscillators according to the specified parameters
145   * in the RCC_OscInitTypeDef structure.
146   */
147   RCC_OscInitStruct.OscillatorType = RCC_OSCILLATORTYPE_HSE|RCC_OSCILLATORTYPE_LSE;
148   RCC_OscInitStruct.HSEState = RCC_HSE_ON;
149   RCC_OscInitStruct.HSEPredivValue = RCC_HSE_PREDIV_DIV1;
150   RCC_OscInitStruct.LSEState = RCC_LSE_ON;
151   RCC_OscInitStruct.HSIState = RCC_HSI_ON;
152   RCC_OscInitStruct.PLL.PLLState = RCC_PLL_ON;
153   RCC_OscInitStruct.PLL.PLLSource = RCC_PLLSOURCE_HSE;
154   RCC_OscInitStruct.PLL.PLLMUL = RCC_PLL_MUL9;
155   if (HAL_RCC_OscConfig(&RCC_OscInitStruct) != HAL_OK)
156   {
157     Error_Handler();
158   }
```

函数主体存放在main.c文件的第138行，全部函数内容都是CubeMx自动生成的程序

图 7.24　跳转到时钟配置函数

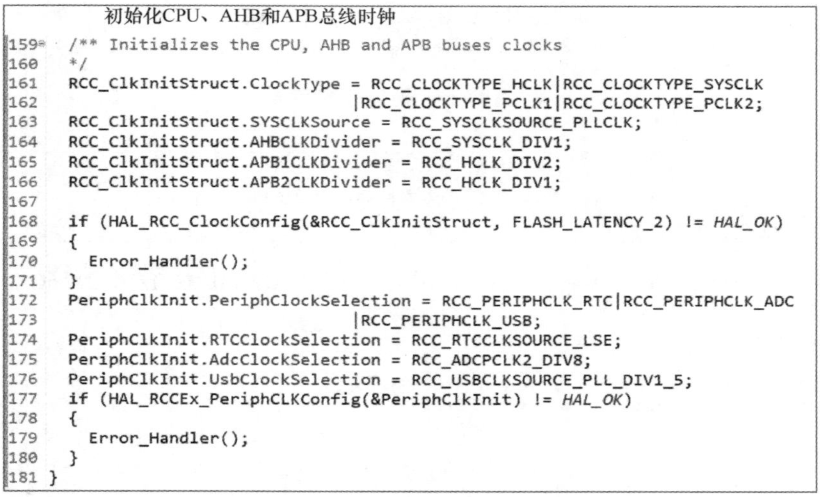

初始化CPU、AHB和APB总线时钟

```
159   /** Initializes the CPU, AHB and APB buses clocks
160   */
161   RCC_ClkInitStruct.ClockType = RCC_CLOCKTYPE_HCLK|RCC_CLOCKTYPE_SYSCLK
162                               |RCC_CLOCKTYPE_PCLK1|RCC_CLOCKTYPE_PCLK2;
163   RCC_ClkInitStruct.SYSCLKSource = RCC_SYSCLKSOURCE_PLLCLK;
164   RCC_ClkInitStruct.AHBCLKDivider = RCC_SYSCLK_DIV1;
165   RCC_ClkInitStruct.APB1CLKDivider = RCC_HCLK_DIV2;
166   RCC_ClkInitStruct.APB2CLKDivider = RCC_HCLK_DIV1;
167
168   if (HAL_RCC_ClockConfig(&RCC_ClkInitStruct, FLASH_LATENCY_2) != HAL_OK)
169   {
170     Error_Handler();
171   }
172   PeriphClkInit.PeriphClockSelection = RCC_PERIPHCLK_RTC|RCC_PERIPHCLK_ADC
173                               |RCC_PERIPHCLK_USB;
174   PeriphClkInit.RTCClockSelection = RCC_RTCCLKSOURCE_LSE;
175   PeriphClkInit.AdcClockSelection = RCC_ADCPCLK2_DIV8;
176   PeriphClkInit.UsbClockSelection = RCC_USBCLKSOURCE_PLL_DIV1_5;
177   if (HAL_RCCEx_PeriphCLKConfig(&PeriphClkInit) != HAL_OK)
178   {
179     Error_Handler();
180   }
181 }
```

图 7.25　初始化各总线时钟

7.2.3　修改程序中的时钟设置

下面的问题就是如何修改程序中的时钟设置，这里要分两种情况考虑，第 1 种是在程序

编译之前进行一次性设置，第 2 种是在程序里加入语句，能在程序运行的过程中修改时钟设置。先说第 1 种情况，在编译之前修改设置。例如要修改 PLL 锁相环倍频系数，也就是时钟树视图中的倍频器 1。如图 7.26 所示，只要找到这个参数，把光标放在第 154 行的参数上单击鼠标右键，在菜单中选择“Open Declaration”（打开声明），就能查看此参数的其他可选择项。如图 7.27 所示，这里可选择的倍数是 2～9，比如要改成 8 倍就把第 154 行的“9”改成“8”，如图 7.28 所示。其他参数的修改方法大同小异，都是先找到宏定义，用其他参数的宏名称代替。第 2 种情况是在程序运行中修改设置，方法是新建一个 RCC 初始化函数，把原函数的内容复制到新建的函数里，并在新函数里修改设置，最后在程序中想修改时钟的地方调用新函数即可。这个方法并不难，但操作步骤太多，这里就不展开细讲。

```
151  RCC_OscInitStruct.HSIState = RCC_HSI_ON;
152  RCC_OscInitStruct.PLL.PLLState = RCC_PLL_ON;
153  RCC_OscInitStruct.PLL.PLLSource = RCC_PLLSOURCE_HSE;
154  RCC_OscInitStruct.PLL.PLLMUL = RCC_PLL_MUL9
155  if (HAL_RCC_OscConfig(&RCC_OscInitStruct) !
156  {
157    Error_Handler();
158  }
159  /** Initializes the CPU, AHB and APB buses
160  */
161  RCC_ClkInitStruct.ClockType = RCC_CLOCKTYPE
```

①在参数上单击鼠标右键
②单击“Open Declaration”（打开声明）

图 7.26　右键菜单中打开声明

```
540 #else
541 #define RCC_PLL_MUL2                RCC_CFGR_PLLMULL2
542 #define RCC_PLL_MUL3                RCC_CFGR_PLLMULL3
543 #endif /* STM32F105xC || STM32F107xC */
544 #define RCC_PLL_MUL4                RCC_CFGR_PLLMULL4
545 #define RCC_PLL_MUL5                RCC_CFGR_PLLMULL5
546 #define RCC_PLL_MUL6                RCC_CFGR_PLLMULL6
547 #define RCC_PLL_MUL7                RCC_CFGR_PLLMULL7
548 #define RCC_PLL_MUL8                RCC_CFGR_PLLMULL8
549 #define RCC_PLL_MUL9                RCC_CFGR_PLLMULL9
550 #if defined(STM32F105xC) || defined(STM32F107xC)
551 #define RCC_PLL_MUL6_5              RCC_CFGR_PLLMULL6_5
552 #else
```

①自动跳到stm32f1xx_hal_rcc_ex.h文件
②这里有可供修改的参数

图 7.27　供修改的参数

```
147  RCC_OscInitStruct.OscillatorType = RCC_OSCILLATORTYPE_HSE
148  RCC_OscInitStruct.HSEState = RCC_HSE_ON;
149  RCC_OscInitStruct.HSEPredivValue = RCC_HSE_PREDIV_DIV1;
150  RCC_OscInitStruct.LSEState = RCC_LSE_ON;
151  RCC_OscInitStruct.HSIState = RCC_HSI_ON;
152  RCC_OscInitStruct.PLL.PLLState = RCC_PLL_ON;
153  RCC_OscInitStruct.PLL.PLLSource = RCC_PLLSOURCE_HSE;
154  RCC_OscInitStruct.PLL.PLLMUL = RCC_PLL_MUL8;
155  if (HAL_RCC_OscConfig(&RCC_OscInitStruct) != HAL_OK)
156  {
```

将倍频值从9改成8即可

图 7.28　在参数中修改相应数值

7.3　HAL 库中的延时函数

说完了时钟的各项设置，接下来介绍一个与时钟有关的函数——延时函数。由于单片机的运行速度太快，以微秒计算，有时要让程序运行慢一些，能以毫秒或秒的级别执行程序，这就需要使用延时函数。延时函数使用单片机内部的定时器中断方式实现，这里介绍 HAL 库自带的毫秒级延时函数 HAL_Delay，在参数中输入延时，单位是 ms。请从开发板的资料包中下载名称是“IoT 板-3-02-延时函数示例程序”的文件，解压缩后打开工程。打开工程中的 main.c 文件，我添加的唯一一行程序是第 127 行的 10ms 延时函数。可以把光标放在函数名称上单击鼠标右键，在菜单中选择“Open Declaration”（打开声明），查看延时函数的内容。如图 7.29 所示，HAL 库自带的延时函数存放在 stm32f1xx_hal.c 文件的第 370 行。从函数说明文字中可以看出，延时函数内部使用嘀嗒定时器实现定时，函数参数是 32 位延时。也就是说延时最短为 1ms，最长为 49.7 天，可以满足常用的延时需求。延时函数的调用方法也很简单，如图 7.30 所示，在需要延时的地方写入一行 HAL_Delay 函数，并在参数里输入延时值。后续我会用延时函数制作 LED 闪灯程序，通过不同的延时值来控制 LED 闪烁时间间隔。

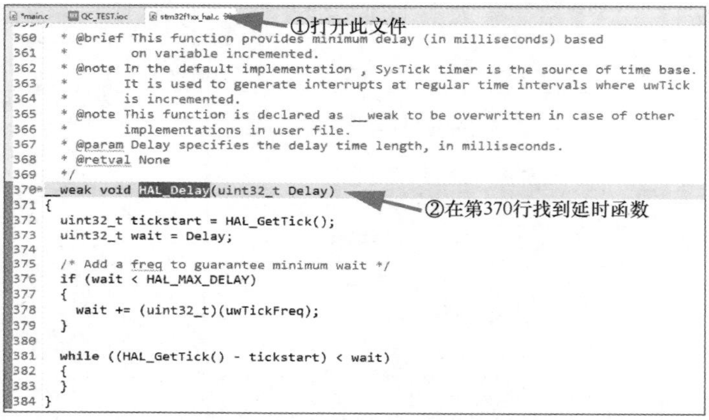

*main.c　QC_TEST.ioc　stm32f1xx_hal.c　←①打开此文件

```
360   * @brief This function provides minimum delay (in milliseconds) based
361   *        on variable incremented.
362   * @note In the default implementation , SysTick timer is the source of time base.
363   *       It is used to generate interrupts at regular time intervals where uwTick
364   *       is incremented.
365   * @note This function is declared as __weak to be overwritten in case of other
366   *       implementations in user file.
367   * @param Delay specifies the delay time length, in milliseconds.
368   * @retval None
369   */
370 __weak void HAL_Delay(uint32_t Delay)      ← ②在第370行找到延时函数
371 {
372   uint32_t tickstart = HAL_GetTick();
373   uint32_t wait = Delay;
374
375   /* Add a freq to guarantee minimum wait */
376   if (wait < HAL_MAX_DELAY)
377   {
378     wait += (uint32_t)(uwTickFreq);
379   }
380
381   while ((HAL_GetTick() - tickstart) < wait)
382   {
383   }
384 }
```

图 7.29　HAL 库自带的延时函数

*main.c　QC_TEST.ioc　stm32f1xx_hal.c

```
123   /* Infinite loop */
124   /* USER CODE BEGIN WHILE */
125   while (1)                               在主循环中插入延时函数
126   {
127       HAL_Delay(10);//在主循环里写入HAL库的毫秒级延时函数
128     /* USER CODE END WHILE */
129
130     /* USER CODE BEGIN 3 */
131   }
132   /* USER CODE END 3 */
133 }
```

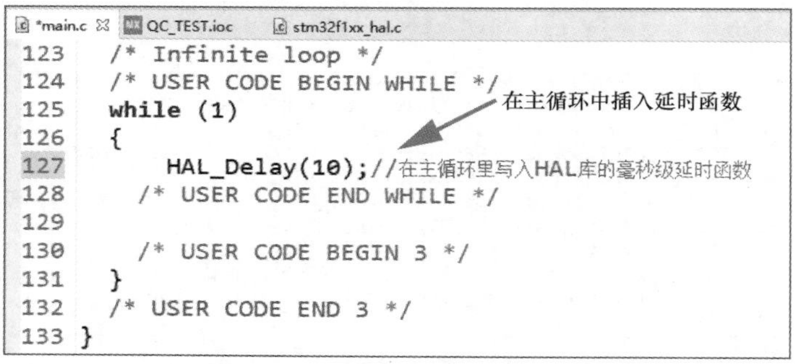

图 7.30　在主函数中调用延时函数

请大家在网上搜索与 RCC 有关的内容，比如搜索关键词“STM32 RCC”或“STM32 HCLK”，可以找到很多文章和应用实例讲解，请大家认真学习。虽然这一步我讲了很多时钟知识，但要想把时钟功能吃透，还必须挖掘更多深层原理，很多前辈已经把自己的经验笔记分享到了网上，等待着你去学习研究。

第 8 步：LED 与按键驱动程序

这一步我们来正式编写能在开发板上运行的程序，分别是 LED 闪灯程序和按键控制 LED 亮灭的程序。每个程序又需要编写驱动程序和应用程序，编写的过程包括创建驱动程序的文件夹和文件，在创建的文件里编写驱动程序，最后在 main.c 文件里编写应用程序。

请大家知道，我讲 LED 闪灯、讲按键控制 LED，让你学会它们的应用只是“副产品”，我的主要目的是让大家熟悉开发流程。也就是说，在初学期间大家的学习重点应该是掌握在工程里插入新硬件驱动程序并在主函数中调用的方法，其次才是如何编写驱动程序，如何在主函数里编写应用程序。所以在学习以下内容时不要执着于程序的实现原理，只关注流程和方法。当时机成熟，自然会转向程序的分析、原理的深挖和应用程序的设计。

8.1　LED 的驱动与应用

首先我们来编写 LED 闪灯程序，所使用的工程就是前几步中新建的 QC_TEST_IDE 工程。由于 LED 并不是单片机内置的功能，LED 亮灭控制通过 GPIO 端口实现。如果想以最方便的方法控制 LED，只要在 main 函数里加入一行 HAL 库函数，让 PB0 端口输出高电平或低电平。但这种方法太不规范，将来程序移植与修改时都很麻烦。我的建议是，即使功能再简单，也要为它编写一个驱动程序。操作过程如下。

8.1.1　创建 LED 驱动文件

由于这是第一次编写驱动程序，需要先新建一个存放板级驱动程序的总文件夹，即 icode 文件夹，把开发板上所有硬件的驱动程序都放在此文件夹里。然后为每项功能创建子文件夹，在其中创建该功能的.c 文件和.h 文件。

步骤 1：创建驱动程序总文件夹。如图 8.1 所示，在项目资源管理器中，用鼠标右键单击工程名称，在弹出的菜单中选择“新建”，在子菜单中选择“Source Folder”（源文件夹），注意选择的不是“文件夹”。

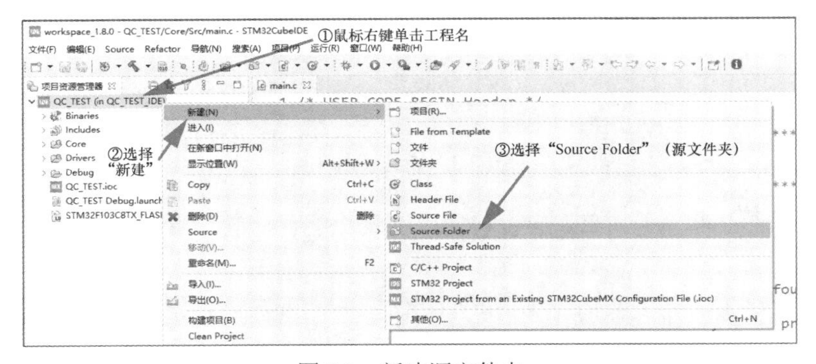

图 8.1　新建源文件夹

步骤 2：如图 8.2 所示，在弹出窗口的“Folder name”（文件夹名称）一栏中手动输入“icode”，然后单击“完成”按钮。

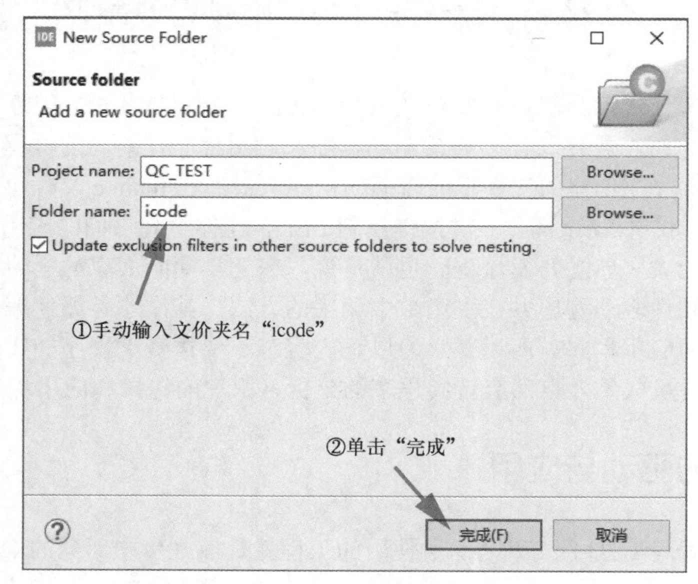

图 8.2　输入源文件夹名

步骤 3：创建 LED 功能的驱动程序文件夹。如图 8.3 所示，在新建的 icode 文件夹上单击鼠标右键，在弹出的菜单中选择“新建”，在子菜单中选择“文件夹”，注意这次选择的不是“Source Folder”（源文件夹）。

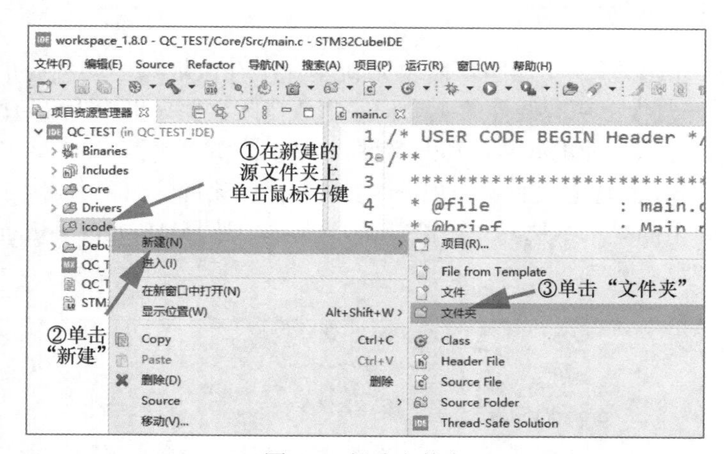

图 8.3　新建文件夹

步骤 4：如图 8.4 所示，在弹出窗口的“文件夹名”一栏中手动输入“led”，然后单击“完成”按钮。

步骤 5：创建驱动程序文件，包括 led.c 文件和 led.h 文件，先创建 led.c 文件。如图 8.5 所示，在新建的 led 文件夹上单击鼠标右键，在弹出的菜单中选择“新建”，在子菜单中选择“Source File”（源文件）。

步骤 6：如图 8.6 所示，在弹出窗口的“Source file”（源文件）一栏中手动输入“led.c”，注意一定要包含扩展名，否则文件无法被编译。然后单击“完成”按钮。

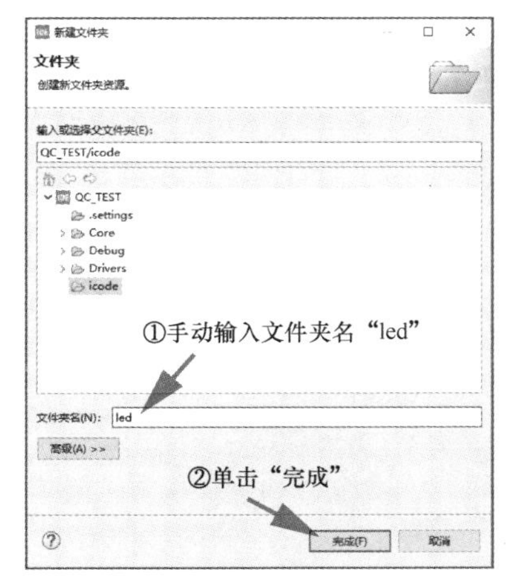

图 8.4　输入文件夹名

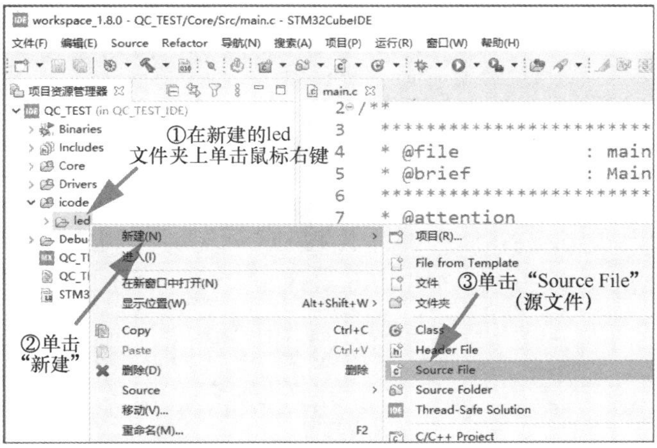

图 8.5　新建 led.c 源文件

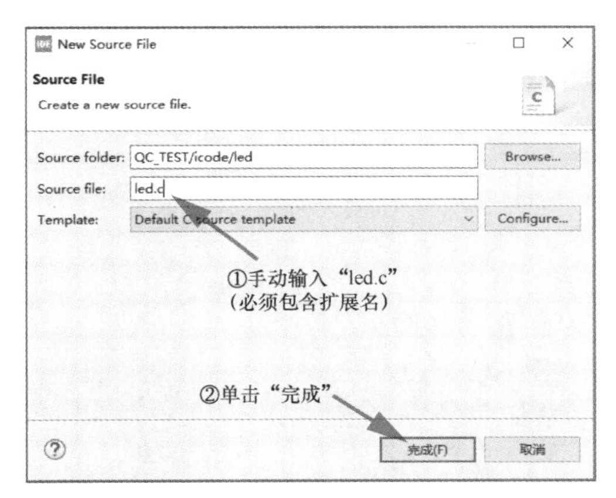

图 8.6　输入 led.c 源文件名

如图 8.7 所示，这一步骤完成后，在工程文件树中会出现 led.c 文件，文件编辑窗口中也会自动打开文件，并在文件内容中生成一段注释信息，包括文件名和创建日期。

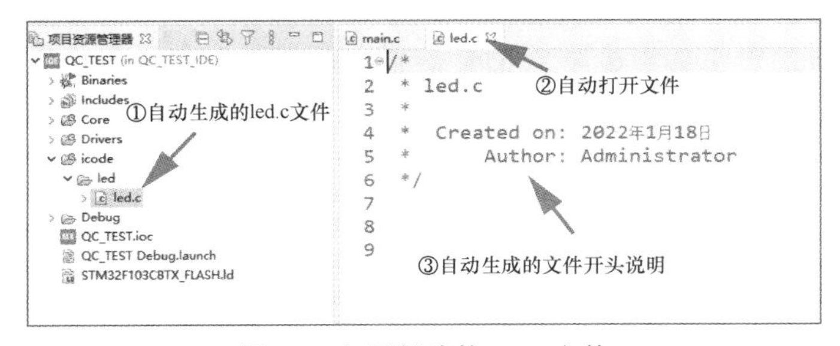

图 8.7　打开新建的 led.c 文件

步骤 7：创建 led.h 文件。如图 8.8 所示，在 led 文件夹上单击鼠标右键，在弹出的窗口中选择“新建”，在子菜单中选择“Header File”（头文件）。

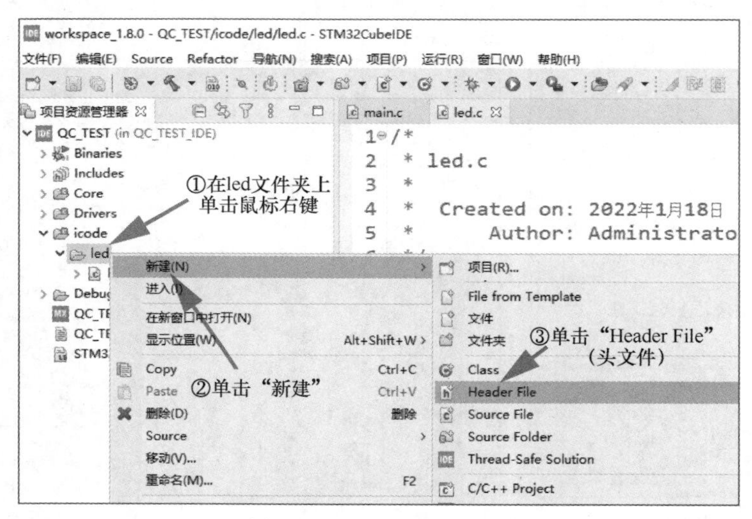

图 8.8　新建 led.h 头文件

步骤 8：如图 8.9 所示，在弹出窗口的“Header file”（头文件）一栏中手动输入“led.h”，然后单击“完成”按钮。

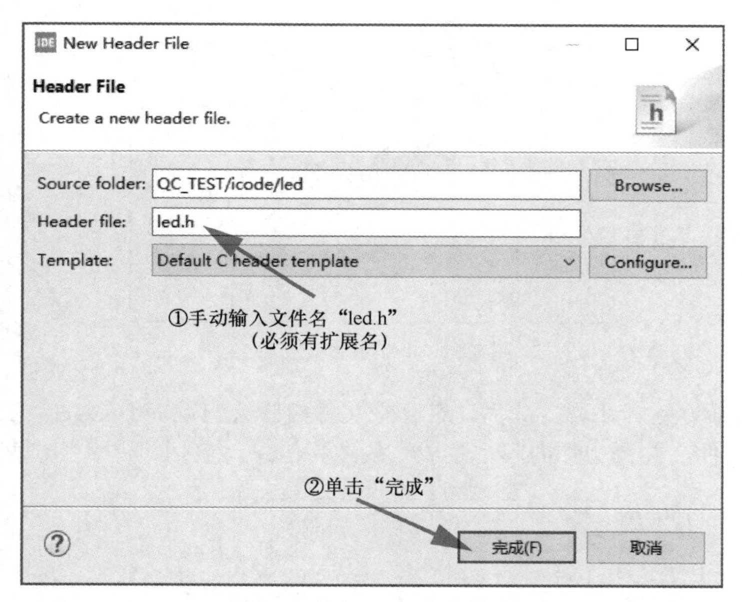

图 8.9　输入 led.h 头文件名

如图 8.10 所示，这一步骤完成后，在工程文件树中会出现 led.h 文件，文件编辑窗口也会自动打开文件，并在文件内容中生成一段注释信息，包括文件名、创建日期，还有用于防止重复编译头文件的宏语句#ifndef。

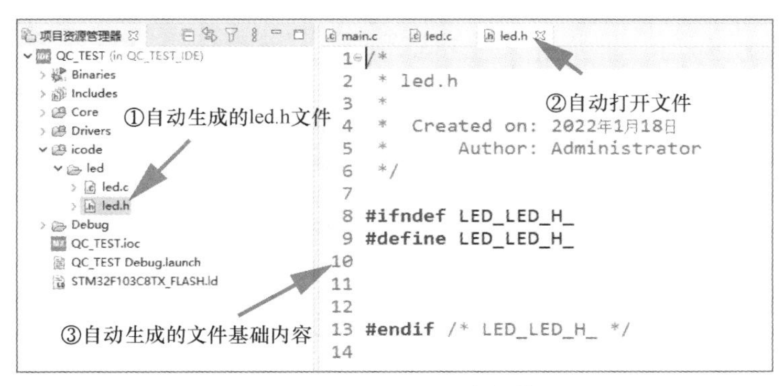

图 8.10 打开 led.h 头文件

8.1.2 编写 LED 驱动程序

步骤 9：编写 led.c 文件中的驱动程序。正常来讲，应该在空白的 led.c 文件里编写 LED 驱动程序。初学者喜欢用键盘一行一行地手动输入，显得更专业，也更有成就感。编程老手会在计算机上保存的类似工程中直接复制粘贴程序，更注重可靠性和效率，无论哪种方法都可以。在此为了方便，我把自己之前编写的驱动程序移植进来，请大家先照着视频的方法操作，等经验丰富后再用自己喜欢的方法编写。如图 8.11 所示，请打开开发板资料包中出厂测试程序的工程，找到其中的 led.c 文件，将其中的程序全部复制粘贴到刚刚创建的 led.c 文件里，如图 8.12 所示。

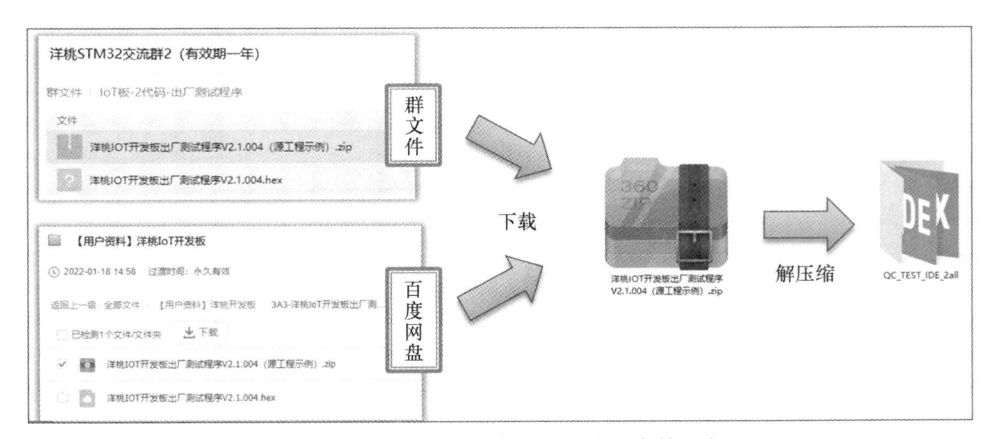

图 8.11 下载并解压缩出厂测试程序的工程

需要注意的是，CubeIDE 在一台计算机上同一时间只能打开一个项目工程，如果用 CubeIDE 打开出厂测试程序的工程，那么当前的工程将关闭。如图 8.13 所示，为了不在切换工程上浪费时间，可以用计算机自带的记事本软件打开出厂测试程序工程中的 led.c 和 led.h 文件。

步骤 10：编写 led.h 文件中的驱动程序。同样方法，如图 8.14 所示，请打开出厂测试程序工程中的 led.h 文件，将其中的程序全部复制，粘贴到刚刚创建的 led.h 文件里，如图 8.15 所示。

粘贴程序到led.c文件

```
 *
 *  Created on: 2022年1月18日
 *      Author: Administrator
 */

#include "led.h"

void LED_1(uint8_t a)//LED1独立控制函数（0为熄灭，其他值为点亮）
{
    if(a)HAL_GPIO_WritePin(GPIOB,LED1_Pin,GPIO_PIN_SET);
    else HAL_GPIO_WritePin(GPIOB,LED1_Pin,GPIO_PIN_RESET);
}
void LED_2(uint8_t a)//LED2独立控制函数（0为熄灭，其他值为点亮）
{
    if(a)HAL_GPIO_WritePin(GPIOB,LED2_Pin,GPIO_PIN_SET);
    else HAL_GPIO_WritePin(GPIOB,LED2_Pin,GPIO_PIN_RESET);
}
void LED_ALL(uint8_t a)//LED1~2整组操作函数（低2位的1/0状态对应2个LED亮灭，最低位对应LED1）
{
    if(a&0x01)HAL_GPIO_WritePin(GPIOB,LED1_Pin,GPIO_PIN_SET);
    else HAL_GPIO_WritePin(GPIOB,LED1_Pin,GPIO_PIN_RESET);
    if(a&0x02)HAL_GPIO_WritePin(GPIOB,LED2_Pin,GPIO_PIN_SET);
    else HAL_GPIO_WritePin(GPIOB,LED2_Pin,GPIO_PIN_RESET);
}
void LED_1_Contrary(void){
    HAL_GPIO_WritePin(GPIOB,LED1_Pin,1-HAL_GPIO_ReadPin(GPIOB,LED1_Pin));
}
void LED_2_Contrary(void){
    HAL_GPIO_WritePin(GPIOB,LED2_Pin,1-HAL_GPIO_ReadPin(GPIOB,LED2_Pin));
}
```

图 8.12　粘贴程序到 led.c 文件

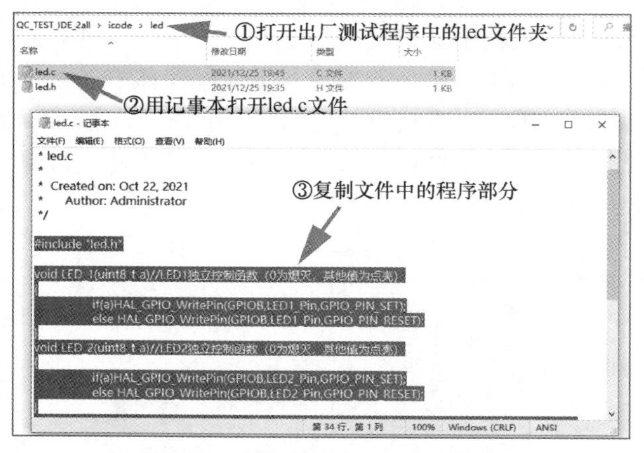

图 8.13　用记事本打开 led.c 文件

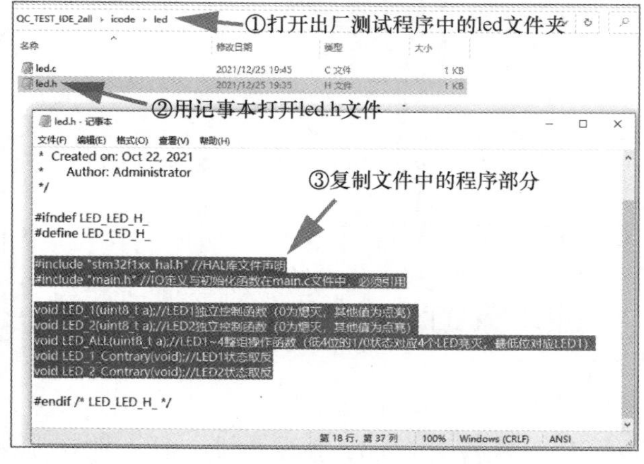

图 8.14　复制 led.h 文件中的程序

```
main.c   led.c   *led.h
 1 /*
 2  * led.h
 3  *
 4  *  Created on: 2022年1月18日
 5  *      Author: Administrator
 6  */
 7
 8 #ifndef LED_LED_H_
 9 #define LED_LED_H_
10
11 #include "stm32f1xx_hal.h" //HAL库文件声明
12 #include "main.h" //IO定义与初始化函数在main.c文件中，必须引用
13
14 void LED_1(uint8_t a);//LED1独立控制函数（0为熄灭，其他值为点亮）
15 void LED_2(uint8_t a);//LED2独立控制函数（0为熄灭，其他值为点亮）
16 void LED_ALL(uint8_t a);//LED1~4整组操作函数（低4位的1/0状态对应4个LED亮灭，最低位对应LED1）
17 void LED_1_Contrary(void);//LED1状态取反
18 void LED_2_Contrary(void);//LED2状态取反
19
20 #endif /* LED_LED_H_ */
21
```

粘贴程序到led.h文件

图 8.15　粘贴程序到 led.h 文件

8.1.3　编写 LED 闪灯应用程序

步骤 11：至此我们已把 LED 驱动程序文件夹和文件都准备好了，接下来要编写应用程序部分，应用程序要在 main.c 文件里编写。首先要在 main.c 文件中加载刚刚编写好的 LED 驱动程序文件，方法是打开 main.c 文件，如图 8.16 所示，找到第 23 行和第 25 行的用户程序开始处和用户程序结束处。我们的用户程序必须写在这两行之间，当我们再用 CubeMX 修改设置重新生成程序时，放在这两行注释之间的内容会保留，未放在这两行注释之间的程序将会消失。CubeMX 自动生成的文件里有很多这样的注释，用来插入用户程序，在使用时一定要注意。

```
18 /* USER CODE END Header */
19 /* Includes ------------------------------------------------------------------*/
20 #include "main.h"
21
22 /* Private includes ----------------------------------------------------------*/
23 /* USER CODE BEGIN Includes */
24 #include "../../icode/led/led.h"
25 /* USER CODE END Includes */
26
27 /* Private typedef -----------------------------------------------------------*/
28 /* USER CODE BEGIN PTD */
29
30 /* USER CODE END PTD */
31
```

用户程序开始处

用户程序结束处

在main.c文件中加载led.h头文件的相对路径

图 8.16　加载头文件的相对路径

步骤 12：在第 24 行写入#include 宏语句，在引号中加入 led.h 文件的路径。注意这个路径是相对于 main.c 文件的，如图 8.17 所示，由于 main.c 文件和 led.h 文件存放在不同层的文件夹里，需要先用“../../”退出两层文件夹，到达根目录，再用“icode/led”进入 icode 文件夹中的 led 文件夹，最后用“led.h”加载头文件。后续的所有驱动程序的头文件都用此方法加载。

步骤 13：现在 LED 头文件已经被引用到 main.c 文件中，接下来就可以在 main 函数中直接使用 led.c 文件中的函数了。如图 8.18 所示，我们以最简单的 LED 闪灯程序为例，在第 124 行和第 131 行的注释之间写入程序。第 125 行 while(1)是主循环语句，用户程序在此语句内无限循环执行。第 127～130 行是 LED 闪灯程序，其中第 127 行调用了 LED 驱动程序中的 LED_1 函数，参数为 1，表示点亮核心板上 LED1 指示灯。第 128 行是 500ms 延时函数，延时的作用是让 LED1 点亮后保持点亮状态 500ms。第 129 行还是调用 LED_1 函数，参数为 0，表示熄灭 LED1。第 130 行还是 500ms 延时函数，让 LED1 保持熄灭状态 500ms。程序结束后又会回到主循环开始处，执行第 127 行点亮 LED1 程序，实现 LED1 的循环点亮和熄灭。

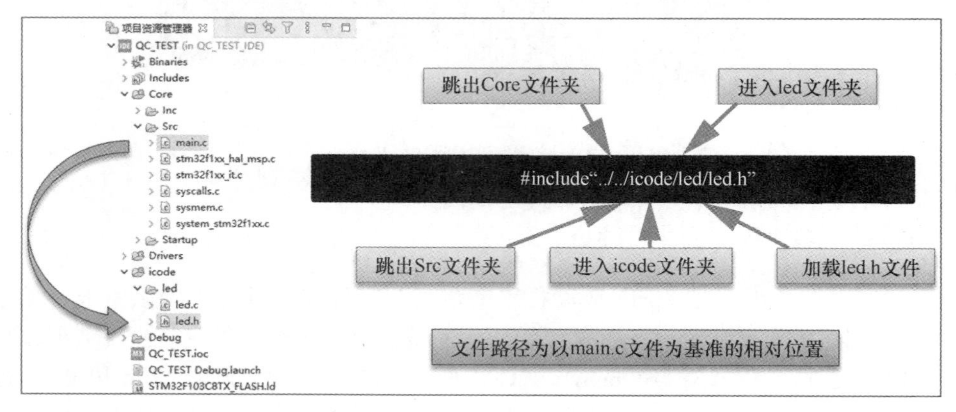

图 8.17　文件路径分析

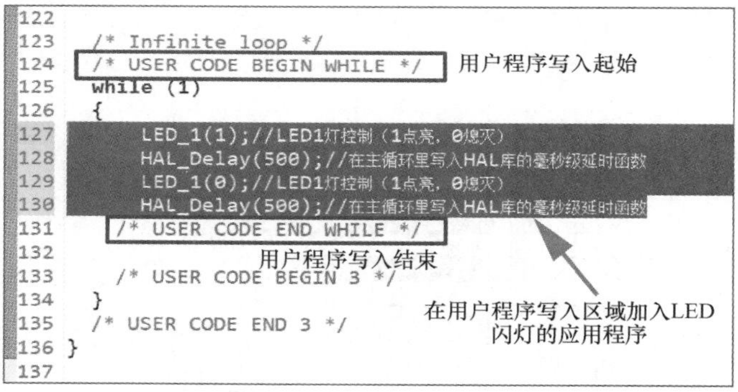

```
122
123   /* Infinite loop */
124   /* USER CODE BEGIN WHILE */
125   while (1)
126   {
127       LED_1(1);//LED1灯控制（1点亮，0熄灭）
128       HAL_Delay(500);//在主循环里写入HAL库的毫秒级延时函数
129       LED_1(0);//LED1灯控制（1点亮，0熄灭）
130       HAL_Delay(500);//在主循环里写入HAL库的毫秒级延时函数
131     /* USER CODE END WHILE */
132
133     /* USER CODE BEGIN 3 */
134   }
135   /* USER CODE END 3 */
136 }
137
```

用户程序写入起始

用户程序写入结束

在用户程序写入区域加入LED闪灯的应用程序

图 8.18　在用户程序写入区域插入应用程序

步骤 14：完成编写后，重新编译下载，在开发板上观察实验效果。如图 8.19 所示，可以看到开发板上的 LED1 以 1s 一次的频率闪烁，LED 闪灯程序设计完成！

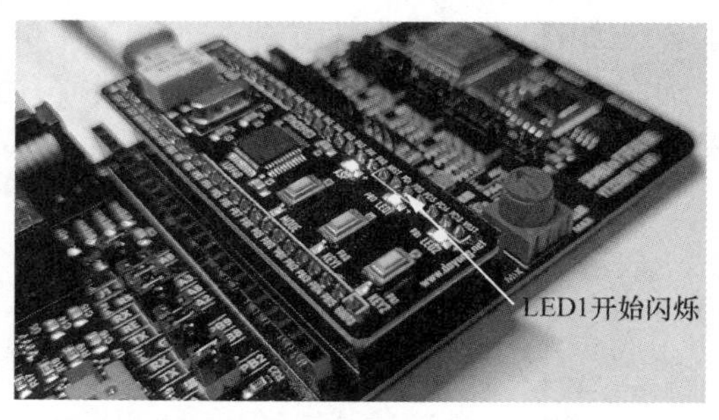

图 8.19　洋桃 IoT 开发板上的 LED1 开始闪烁

如果你用 JTAG 仿真器下载程序，下载完成后 LED1 没有闪烁，那可能是因为单片机被设置了读保护或写保护，可以先用 FlyMcu 清除芯片，再用仿真器下载，如图 8.20 所示。

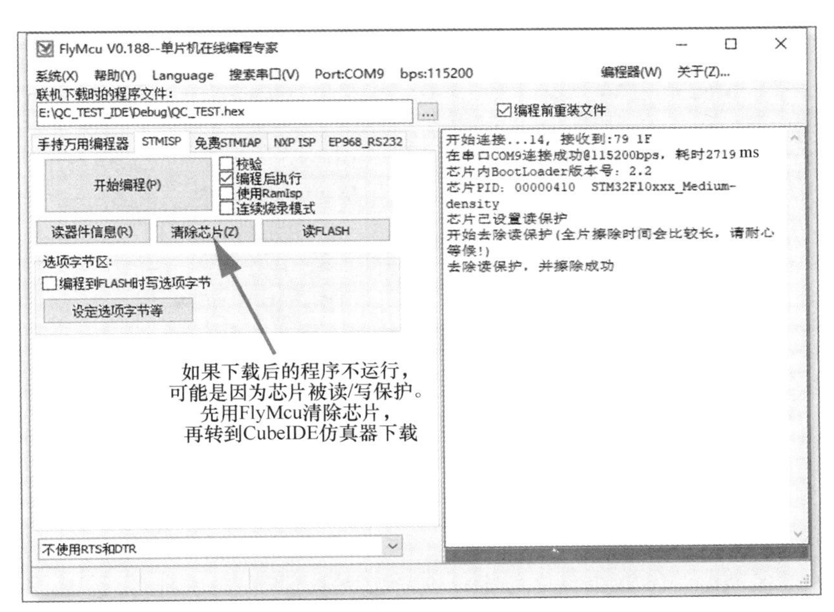

图 8.20　清除芯片的操作

8.1.4　修改程序重新编译

步骤 15：修改闪烁时间间隔。如图 8.21 所示，我们试着把第 128 行和第 130 行的延时从 500ms 改成 100ms。然后重新编译下载，在开发板上观察运行效果。

```
122
123   /* Infinite loop */
124   /* USER CODE BEGIN WHILE */
125   while (1)
126   {
127       LED_1(1);//LED1灯控制（1点亮，0熄灭）
128       HAL_Delay(100);//在主循环里写入HAL库的毫秒级延时函数
129       LED_1(0);//LED1灯控制（1点亮，0熄灭）
130       HAL_Delay(100);//在主循环里写入HAL库的毫秒级延时函数
131     /* USER CODE END WHILE */
132
133     /* USER CODE BEGIN 3 */
134   }
135   /* USER CODE END 3 */
136 }
137
```

图 8.21　修改延时

步骤 16：增加闪灯数量。如图 8.22 所示，尝试在程序中插入第 128 行和第 131 行内容，这是核心板上 LED2 指示灯的控制函数。其中第 128 行在 LED1 点亮的同时让 LED2 熄灭，第 131 行在 LED1 熄灭的同时让 LED2 点亮。修改好后重新编译下载，在开发板上可以看到 LED1 和 LED2 交替闪烁，如图 8.23 所示。关于 LED 闪灯的效果有很多种玩法，在此不多举例，有兴趣的朋友可以自行创造。

```
122
123    /* Infinite loop */
124    /* USER CODE BEGIN WHILE */
125    while (1)
126    {
127        LED_1(1);//LED1灯控制（1点亮，0熄灭）
128        LED_2(0);//LED2灯控制（1点亮，0熄灭）
129        HAL_Delay(100);//在主循环里写入HAL库的毫秒级延时函数
130        LED_1(0);//LED1灯控制（1点亮，0熄灭）
131        LED_2(1);//LED2灯控制（1点亮，0熄灭）
132        HAL_Delay(100);//在主循环里写入HAL库的毫秒级延时函数
133      /* USER CODE END WHILE */
134
135      /* USER CODE BEGIN 3 */
136    }
137    /* USER CODE END 3 */
138 }
```

图 8.22　增加 LED2 的闪烁程序

图 8.23　洋桃 IoT 开发板上的 LED1 和 LED2 交替闪烁

8.1.5　程序原理简介

最后简单介绍 LED 驱动程序的原理，我们以 LED_1 函数为例，介绍它如何调用 HAL 库来控制 GPIO 端口，其他函数的实现原理基本相同。如图 8.24 所示，函数内容在第 10～14 行，其中第 10 行是函数名 LED_1，参数是 8 位变量，没有返回值。虽然 LED 只有开/关两种状态，但由于 STM32 没有 BIT 位变量的定义，即使是只有两种状态的变量，也要使用 8 位的字符型变量来存储。另外需要注意，在《STM32 入门 100 步》中我用 u8 来定义无符号字符型变量，但 CubeIDE 没有添加这个宏定义，而是使用 uint8_t 来定义，其效果是一样的。

```
 3  *
 4  *  Created on: 2022年1月18日
 5  *      Author: Administrator
 6  */
 7
 8 #include "led.h"
 9
10 void LED_1(uint8_t a)//LED1独立控制函数（0为熄灭，其他值为点亮）
11 {
12     if(a)HAL_GPIO_WritePin(GPIOB,LED1_Pin,GPIO_PIN_SET);
13     else HAL_GPIO_WritePin(GPIOB,LED1_Pin,GPIO_PIN_RESET);
14 }
16 {
17     if(a)HAL_GPIO_WritePin(GPIOB,LED2_Pin,GPIO_PIN_SET);
18     else HAL_GPIO_WritePin(GPIOB,LED2_Pin,GPIO_PIN_RESET);
19 }
20 void LED_ALL(uint8_t a)//LED1~2整组操作函数（低2位的1/0状态对应2个LED亮灭，最低位对应LED1）
21 {
22     if(a&0x01)HAL_GPIO_WritePin(GPIOB,LED1_Pin,GPIO_PIN_SET);
23     else HAL_GPIO_WritePin(GPIOB,LED1_Pin,GPIO_PIN_RESET);
24     if(a&0x02)HAL_GPIO_WritePin(GPIOB,LED2_Pin,GPIO_PIN_SET);
25     else HAL_GPIO_WritePin(GPIOB,LED2_Pin,GPIO_PIN_RESET);
26 }
27 void LED_1_Contrary(void){
28     HAL_GPIO_WritePin(GPIOB,LED1_Pin,1-HAL_GPIO_ReadPin(GPIOB,LED1_Pin));
29 }
30 void LED_2_Contrary(void){
31     HAL_GPIO_WritePin(GPIOB,LED2_Pin,1-HAL_GPIO_ReadPin(GPIOB,LED2_Pin));
32 }
```

以此为例分析HAL库的调用方法

其他部分的原理大同小异

图 8.24　LED1 驱动程序

如图 8.25 所示，第 12 行判断变量 a 的值是否为真，a 值不为 0 就是真，为 0 就是假。也就是说，在 main 函数里调用 LED_1 函数时，调用时的参数输入 1，那么第 12 行的 if 判断则为真，执行第 12 行 HAL_GPIO_WritePin 库函数。这个函数的功能是向 GPIO 端口写入的电平状态，它有 3 个参数。第 1 个参数是要控制的端口所在的组，之前介绍过 STM32 单片机的 GPIO 端口分成 PA、PB、PC、PD 等多个组，每组 16 个端口。已知核心板上的 LED1 连接在单片机的 PB0 端口，这里选择 PB 组，写法是 GPIOB。第 2 个参数是要控制的端口所在的序号，每个端口组中有 0 号到 15 号的序号，PB0 指 PB 组第 0 号端口。所以这里应该写 GPIO_PIN_0，但由于我们已经在 CubeMX 中给 LED1 的端口起了标注名称，所以这里用标注名称 LED1 加上后缀_Pin 来代替端口 0 的写法。第 3 个参数是端口的输出电平状态，GPIO_PIN_SET 表示置位，输出高电平；GPIO_PIN_RESET 表示复位，输出低电平。由此可知，第 12 行程序的执行效果是让 PB0 端口输出高电平，从而点亮 LED1 指示灯。第 13 行是 else 语句，当 if(a)判断为假时执行。执行内容是让 PB0 端口输出低电平，使 LED1 指示灯熄灭。由此原理，程序可控制 LED 的亮灭。

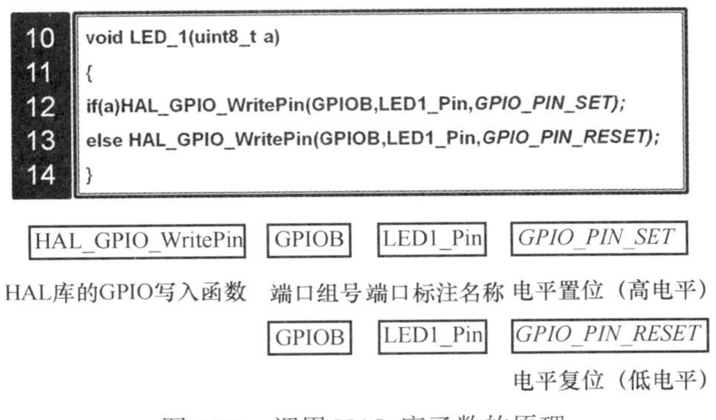

图 8.25　调用 HAL 库函数的原理

8.2 按键的驱动与应用

通过 LED 闪灯程序，我们掌握了 GPIO 电平输出的方法。接下来通过按键控制 LED 开/关的程序来学习 GPIO 电平输入的方法。在讲解程序之前，还是要创建按键的驱动程序文件，并编写驱动程序和应用程序。

8.2.1 创建按键驱动文件

步骤 1：创建 KEY 按键功能的驱动程序文件夹。如图 8.26 所示，在 icode 文件夹上单击鼠标右键，在弹出的菜单中选择“新建”，在子菜单中选择“文件夹”。

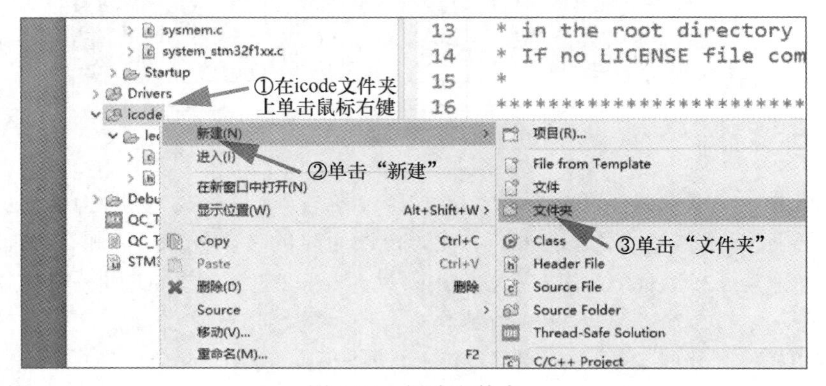

图 8.26 新建文件夹

步骤 2：如图 8.27 所示，在弹出窗口的“文件夹名”一栏中手动输入“key”，然后单击“完成”按钮。

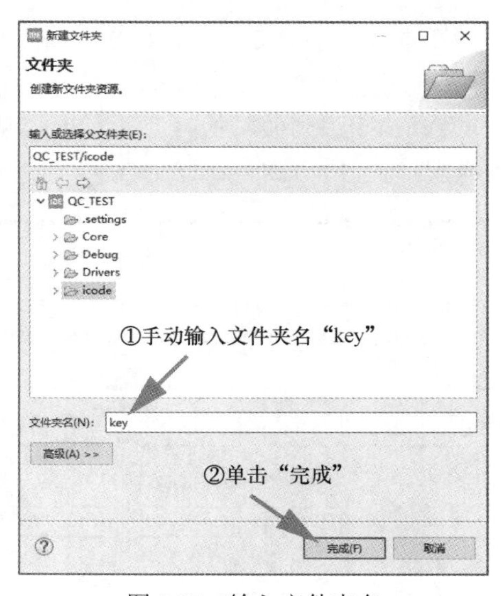

图 8.27 输入文件夹名

步骤 3：创建驱动程序 key.c 文件。如图 8.28 所示，在新建的 key 文件夹上单击鼠标右键，在弹出的菜单中选择“新建”，在子菜单中选择“Source File”（源文件）。

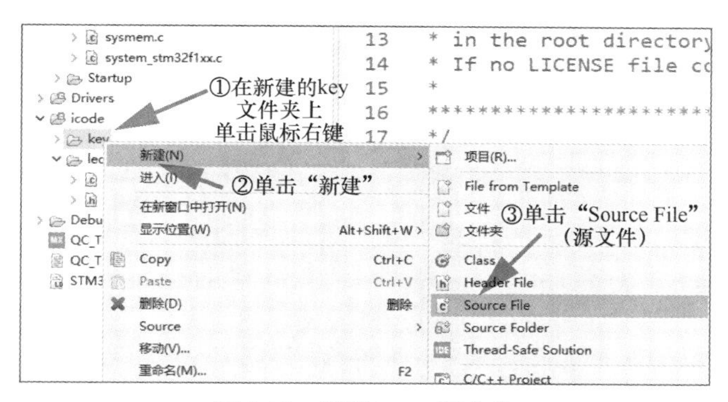

图 8.28　新建 key.c 源文件

步骤 4：如图 8.29 所示，在弹出窗口的“Source file”（源文件）一栏中手动输入“key.c”，注意一定要包含扩展名，否则文件无法被编译。然后单击“完成”按钮。

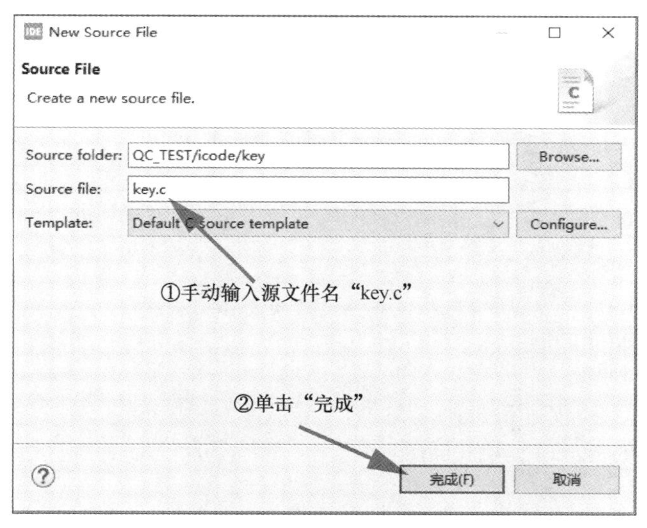

图 8.29　输入 key.c 源文件名

如图 8.30 所示，这一步骤完成后，在工程文件树中会出现 key.c 文件，文件编辑窗口也会自动打开文件，并在文件内容中生成一段注释信息，包括文件名和创建日期。

步骤 5：创建 key.h 文件。如图 8.31 所示，在 key 文件夹上单击鼠标右键，在弹出的窗口中选择“新建”，在子菜单中选择“Header File”（头文件）。

步骤 6：如图 8.32 所示，在弹出窗口的“Header file”（头文件）一栏中手动输入“key.h”，然后单击“完成”按钮。

如图 8.33 所示，这一步骤完成后，在工程文件树中会出现 key.h 文件，文件编辑窗口也会自动打开文件，并在文件内容中生成一段注释信息，包括文件名、创建日期、宏语句。

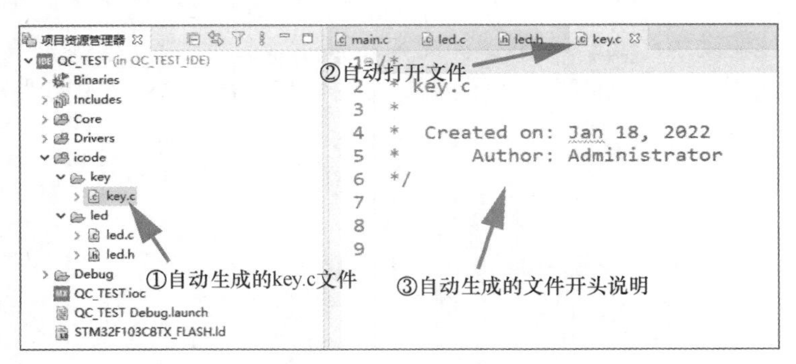

图 8.30　打开新建的 key.c 源文件

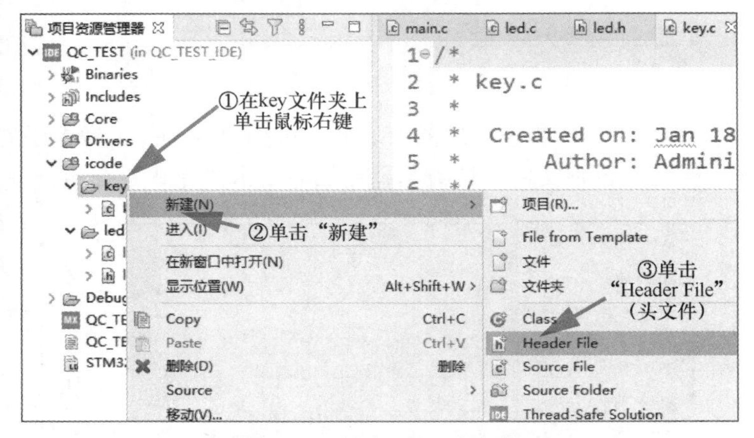

图 8.31　新建 key.h 头文件

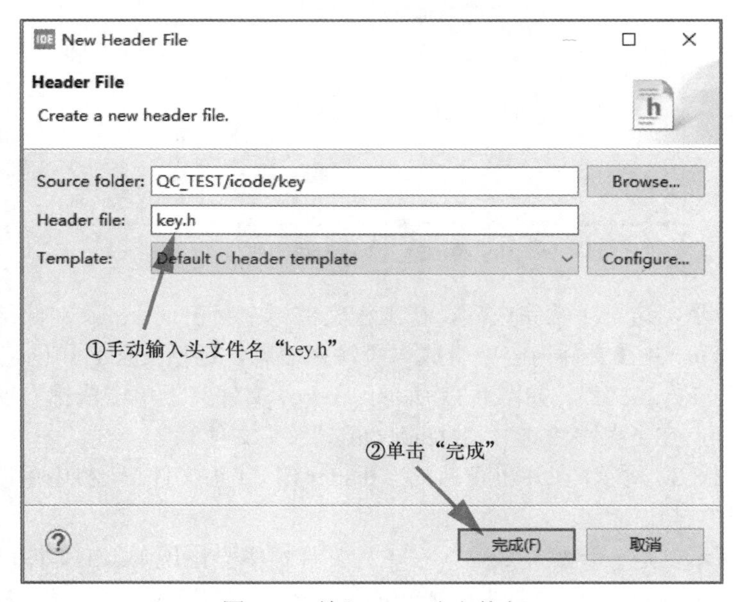

图 8.32　输入 key.h 头文件名

```
1 /*
2  * key.h
3  *
4  *  Created on: Jan 18, 2022
5  *      Author: Administrator
6  */
7
8 #ifndef KEY_KEY_H_
9 #define KEY_KEY_H_
10
11
12
13 #endif /* KEY_KEY_H_ */
14
```

①自动生成的key.h头文件　②自动打开的文件　③自动生成的文件基础内容

图 8.33　打开 key.h 头文件

8.2.2　编写按键驱动程序

步骤 7：请打开开发板资料包中出厂测试程序的工程，如图 8.34 所示，找到其中的 key.c 文件，将其中的程序全部复制、粘贴到刚刚创建的 key.c 文件里，如图 8.35 所示。

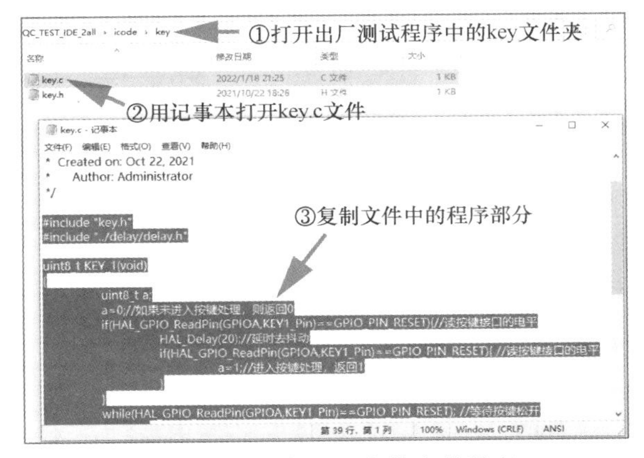

图 8.34　复制 key.c 文件中的程序

粘贴程序到key.c文件

```
1 /*
2  * key.c
3  *
4  *  Created on: Jan 18, 2022
5  *      Author: Administrator
6  */
7
8 #include "key.h"
9
10 uint8_t KEY_1(void)
11 {
12     uint8_t a;
13     a=0;//如果未进入按键处理，则返回0
14     if(HAL_GPIO_ReadPin(GPIOA,KEY1_Pin)==GPIO_PIN_RESET){//读按键接口的电平
15         HAL_Delay(20);//延时去抖动
16         if(HAL_GPIO_ReadPin(GPIOA,KEY1_Pin)==GPIO_PIN_RESET){ //读按键接口的电平
17             a=1;//进入按键处理，返回1
18         }
19     }
20     while(HAL_GPIO_ReadPin(GPIOA,KEY1_Pin)==GPIO_PIN_RESET); //等待按键松开
21     return a;
22 }
23
24 uint8_t KEY_2(void)
25 {
26     uint8_t a;
27     a=0;//如果未进入按键处理，则返回0
28     if(HAL_GPIO_ReadPin(GPIOA,KEY2_Pin)==GPIO_PIN_RESET){//读按键接口的电平
29         HAL_Delay(20);//延时去抖动
30         if(HAL_GPIO_ReadPin(GPIOA,KEY2_Pin)==GPIO_PIN_RESET){ //读按键接口的电平
31             a=1;//进入按键处理，返回1
32         }
33     }
34     while(HAL_GPIO_ReadPin(GPIOA,KEY2_Pin)==GPIO_PIN_RESET); //等待按键松开
35     return a;
36 }
```

图 8.35　粘贴程序到 key.c 文件

步骤 8：编写 key.h 文件中的驱动程序。如图 8.36 所示，在出厂测试程序工程中打开 key.h 文件，将其中的程序全部复制，粘贴到刚刚创建的 key.h 文件里，如图 8.37 所示。

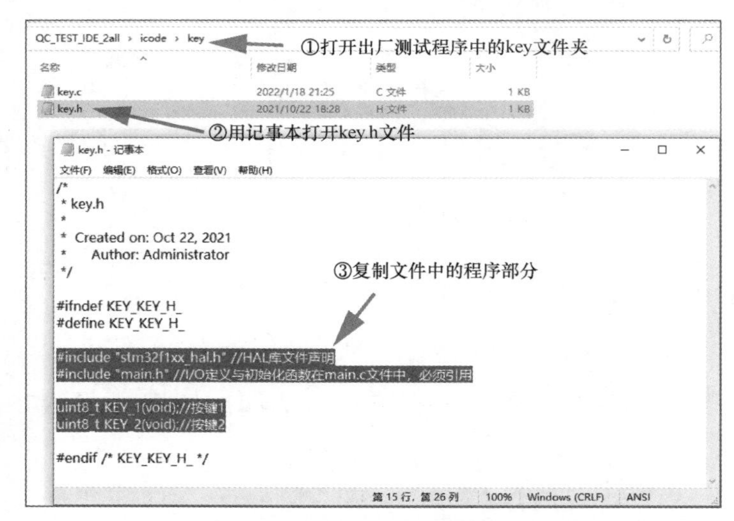

图 8.36　复制 key.h 文件中的程序

```
main.c  led.c  led.h  key.c  key.h
 1 /*
 2  * key.h
 3  *
 4  *  Created on: Jan 18, 2022
 5  *      Author: Administrator
 6  */
 7
 8 #ifndef KEY_KEY_H_
 9 #define KEY_KEY_H_
10
11 #include "stm32f1xx_hal.h" //HAL库文件声明
12 #include "main.h" //I/O定义与初始化函数在main.c文件中，必须引用
13
14 uint8_t KEY_1(void);//按键1
15 uint8_t KEY_2(void);//按键2
16
17 #endif /* KEY_KEY_H_ */
18
```

粘贴程序到key.h文件

图 8.37　粘贴程序到 key.h 文件

8.2.3　编写按键开/关灯应用程序

步骤 9：在第 25 行写入#include 宏语句，如图 8.38 所示，在引号中加入 key.h 文件的路径。

```
22 /* Private includes ------------------
23 /* USER CODE BEGIN Includes */
24 #include "../../icode/led/led.h"
25 #include "../../icode/key/key.h"
26 /* USER CODE END Includes */
27
```

图 8.38　在 main.c 文件中添加头文件的相对路径

步骤 10：屏蔽 LED 闪灯程序。如图 8.39 所示，我们先选中第 128～133 行的 LED 闪灯程序，然后在菜单栏中单击“Source”（源），在下拉菜单中选择第一项“Toggle Comment”（转换注释）。如图 8.40 所示，这时你会发现选中的程序段落变成了注释信息，不会被编译。

这是非常常用的屏蔽程序的方法，如果有不想编译又不想删除的程序，就可用此方法将其屏蔽。需要恢复编译时再在“Source”（源）菜单中选择“Toggle Comment”（转换注释），注释信息就会变回可被编译的程序。

```
/* USER CODE BEGIN WHILE */
while (1)
{
    LED_1(1);//LED1灯控制（1点亮，0熄灭）
    LED_2(0);//LED2灯控制（1点亮，0熄灭）
    HAL_Delay(100);//在主循环里写入HAL库的毫秒级延时函数
    LED_1(0);//LED1灯控制（1点亮，0熄灭）
    LED_2(1);//LED2灯控制（1点亮，0熄灭）
    HAL_Delay(100);//在主循环里写入HAL库的毫秒级延时函数
```

①选中要屏蔽的程序
②单击菜单栏中的“Source”（源）
③选择“Toggle Comment”（转换注释）

图 8.39　屏蔽之前的程序

```
124    /* Infinite loop */
125    /* USER CODE BEGIN WHILE */
126    while (1)
127    {
128 //     LED_1(1);//LED1灯控制（1点亮，0熄灭）
129 //     LED_2(0);//LED2灯控制（1点亮，0熄灭）
130 //     HAL_Delay(100);//在主循环里写入HAL库的毫秒级延时函数
131 //     LED_1(0);//LED1灯控制（1点亮，0熄灭）
132 //     LED_2(1);//LED2灯控制（1点亮，0熄灭）
133 //     HAL_Delay(100);//在主循环里写入HAL库的毫秒级延时函数
134
```

将程序变成了注释信息

图 8.40　程序变成了注释信息

步骤 11：写入新程序。如图 8.41 所示，第 135～144 行是我编写的按键控制 LED 亮灭的程序。其中第 135 行用 if 语句判断核心板上 KEY1 按键的状态。如果判断结果为真，也就是按键被按下，就执行第 137～138 行的程序，使 LED1 和 LED2 同时点亮。第 140 行是判断 KEY2 按键是否被按下，如果被按下，就执行第 142～143 行的程序，使 LED1 和 LED2 同时熄灭。

```
126    while (1)
127    {
128 //     LED_1(1);//LED1灯控制（1点亮，0熄灭）
129 //     LED_2(0);//LED2灯控制（1点亮，0熄灭）
130 //     HAL_Delay(100);//在主循环里写入HAL库的毫秒级延时函数
131 //     LED_1(0);//LED1灯控制（1点亮，0熄灭）
132 //     LED_2(1);//LED2灯控制（1点亮，0熄灭）
133 //     HAL_Delay(100);//在主循环里写入HAL库的毫秒级延时函数
134
135        if(KEY_1()) //按键KEY1判断为1时按键按下
136        {
137            LED_1(1);//LED1灯控制（1点亮，0熄灭）
138            LED_2(1);//LED2灯控制（1点亮，0熄灭）
139        }
140        if(KEY_2()) //按键KEY2判断为1时按键按下
141        {
142            LED_1(0);//LED1灯控制（1点亮，0熄灭）
143            LED_2(0);//LED2灯控制（1点亮，0熄灭）
144        }
145      /* USER CODE END WHILE */
146
```

写入新的按键控制LED亮灭的程序

图 8.41　写入新的按键控制 LED 亮灭的程序

步骤 12：将程序编译下载，在开发板上观察运行效果。如图 8.42 所示，当按下核心板上的 KEY1 按键时，LED1 和 LED2 点亮；当按下 KEY2 按键时，LED1 和 LED2 熄灭，达到了应用程序的预想效果。

图 8.42　在开发板上的实验效果

8.2.4　程序原理简介

接下来分析一下按键驱动程序的实现原理。我们以 KEY_1 函数为例，逐行分析函数内部的程序，KEY_2 函数的实现原理大同小异。我们打开 key.c 文件，如图 8.43 所示，第 10～22 行是 KEY1 按键的驱动程序。其中第 10 行包括函数名 KEY_1，8 位返回值，没有参数。返回值向 main 函数提供按键状态，返回值为 1 表示 KEY1 按键被按下，返回值为 0 表示 KEY1 按键未被按下。main 函数通过 if 语句判断返回值，从而得知按键状态。

```
 7
 8 #include "key.h"
 9
10 uint8_t KEY_1(void)
11 {
12     uint8_t a;
13     a=0;//如果未进入按键处理，则返回0
14     if(HAL_GPIO_ReadPin(GPIOA,KEY1_Pin)==GPIO_PIN_RESET){//读按键接口的电平
15         HAL_Delay(20);//延时去抖动
16         if(HAL_GPIO_ReadPin(GPIOA,KEY1_Pin)==GPIO_PIN_RESET){ //读按键接口的电平
17             a=1;//进入按键处理，返回1
18         }
19     }
20     while(HAL_GPIO_ReadPin(GPIOA,KEY1_Pin)==GPIO_PIN_RESET); //等待按键松开
21     return a;
22 }
23
```

图 8.43　KEY1 按键的驱动程序

第 12 行定义一个 8 位变量，用于存放返回值。第 13 行先让变量等于 0，作用是如果第 14 行判断按键未被按下，则最后返回值为 0。第 14 行用 if 语句判断按键所连接的 GPIO 端口的电平状态，HAL_GPIO_ReadPin 是读取 GPIO 电平状态的 HAL 库函数，它有两个参数和返回值。第 1 个参数是要读取 GPIO 的端口组，第 2 个参数是 GPIO 端口序号。已知 KEY1 按键连接在 PA0 端口，所以端口组是 GPIOA，端口号是在 CubeMX 中自定义的用户标注 KEY1，加上后缀_Pin，即读取 PA0 端口的电平状态。如果 PA0 端口是高电平，返回值为 1，也就是 GPIO_PIN_SET，表示按键未被按下；如果为低电平，返回值为 0，即 GPIO_PIN_RESET，表示按键被按下。判断函数返回值就能得知按键状态。

第 15 行延时 20ms，让程序躲开按键被按下时的物理抖动，防止误判。第 16 行重新判断一次按键状态，如果按键依然处于被按下状态，则执行第 17 行让变量 a 等于 1。接下来第 20 行用 while 语句循环判断按键是否被按下，如果按键一直被按着，则程序在此处循环，不向下执行，直到判断按键被放开。这样做的目的是防止当按键一直被按着时，程序反复执行多次。按键被放开后执行第 21 行，将变量 a 的值放入返回值，函数结束。这里给出的按键驱动程序比较简单，在后续的开发中我们可能需要更复杂的按键中断处理，到时候我再深入讲解。

请大家利用现有的 LED 和按键驱动程序，利用开发板上的两个 LED 和两个按键，在 main 函数中设计出更多有趣的程序，并重新编译下载，观察运行效果。这是发挥你想象力和编程能力的机会，后续的程序再复杂也都是以此为基础，希望大家能举一反三、不拘一格。

第 9 步：蜂鸣器与继电器驱动程序

上一步介绍了 LED 和按键驱动程序的创建和编写方法，接下来要学习的一系列功能都采用与之相似的方法。只是每项功能的设置内容不同，所涉及的驱动程序的难易程度也不同。也就是说，接下来学习的重点要从创建驱动程序文件夹和文件，转向思考各功能驱动程序的原理，同时逐行分析驱动程序和应用程序。这一步我们来学习蜂鸣器和继电器的驱动方法，每项功能的讲解又分为创建驱动程序文件夹和文件、导入现有的驱动程序、编写应用程序和逐行分析程序实现原理。相信随着讲解的深入和对程序原理的不断思考，大家逐渐能独立分析出程序原理，也能独立完成应用程序的编写，这样就算达到了入门水平。

9.1　蜂鸣器的驱动与应用

首先来学习蜂鸣器功能，包括创建驱动程序文件夹、添加.h 文件和.c 文件、编写应用程序和分析程序原理。其中第二部分添加.h 和.c 文件的方法并不是复制文件中的程序，而是从出厂测试程序中直接复制整个驱动程序文件夹。这样做的目的，一是介绍工程文件夹直接复制、粘贴的方法，二是传达一种程序移植的方法。当我们在一项功能里写好了驱动程序，再做其他项目开发时，如果二者的硬件电路相同，就可以直接复制驱动程序文件夹到新的工程，实现快速移植。

关于积累自己的驱动程序，我想多说几句。作为一名单片机开发者，除了要具备知识经验、思维方式等无形资产，还应在初学期间就开始积累在计算机硬盘上的有形资产，其中包括用于移植的驱动程序。通过我的教程，大家不仅要掌握 STM32 单片机的开发方法，还要在学到每项功能之后，将此功能的驱动程序存放到自己的驱动程序素材库。驱动程序素材库里面不是只能存放自己编写的驱动程序，本书附带的示例程序也能成为你的素材，还有其他开源的工程、网上搜集的程序都能整理到素材库。今后，每学会一项功能，就保存一份驱动程序文件到素材库，再创建一个文档，介绍素材的使用方法，比如这个驱动程序适用的单片机型号、电路要求、占用端口和在主函数中调用它的方法。未来的开发中一旦用到这些素材，它们会让你事半功倍。

9.1.1 导入蜂鸣器驱动程序

我将在 LED 与按键驱动的工程中加入蜂鸣器驱动程序。添加之前先进入 CubeMX 图形化界面，如图 9.1 所示，看一下蜂鸣器所连接的 PB5 端口的设置是否正确，是否设置为开漏输出、初始高电平、高速、标注为 BEEP1。

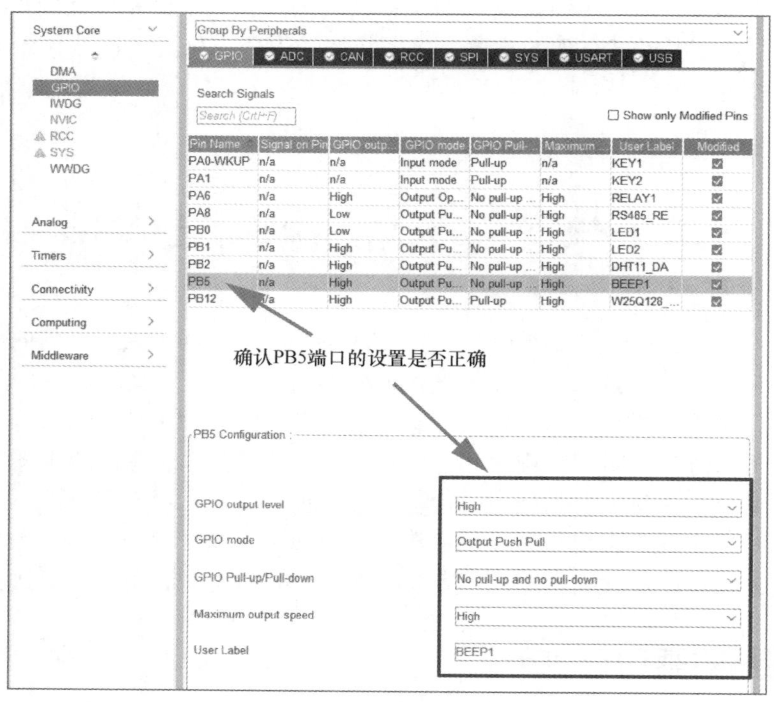

图 9.1 PB5 端口的参数设置

接下来我们用移植驱动程序素材库的方法，添加蜂鸣器驱动程序。假设开发板资料包中的出厂测试程序工程就是我们的驱动程序素材库，如图 9.2 所示，打开其中的 icode 文件夹，找到 buzzer 子文件夹。如图 9.3 所示，buzzer 子文件夹中包含 buzzer.c 和 buzzer.h 文件。如图 9.4 所示，将 buzzer 文件夹整体复制、粘贴到当前工程的 icode 文件夹里。如图 9.5 所示，在项目资源管理器的工程名上单击鼠标右键，在菜单中选择“刷新”。如图 9.6 所示，再展开项目资源管理器，在 icode 文件夹里会出现 buzzer 子文件夹，其中有 buzzer.c 和 buzzer.h 文件。

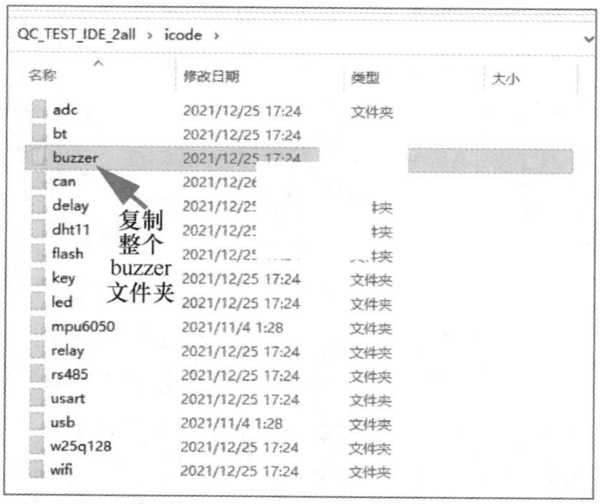

图 9.2 出厂测试程序工程中的 buzzer 文件夹

图 9.3　buzzer 文件夹里的文件

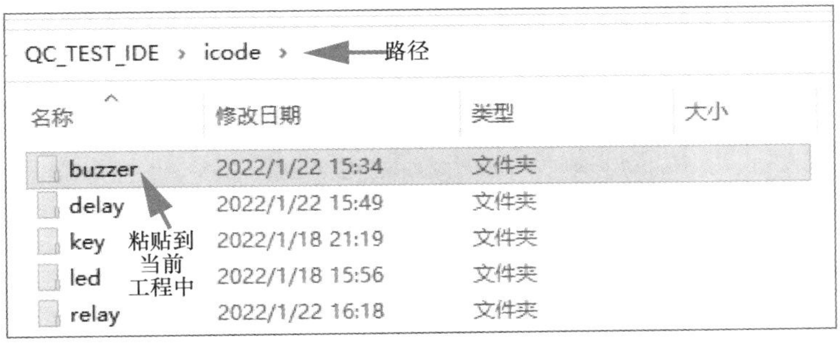

图 9.4　粘贴 buzzer 文件夹到当前工程中

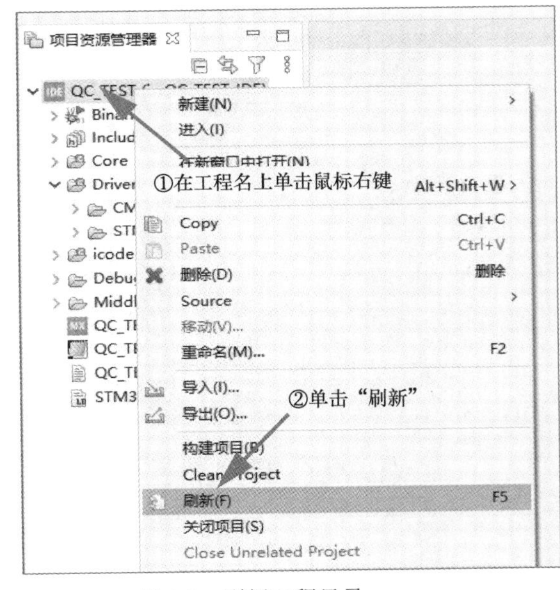

图 9.5　刷新工程目录

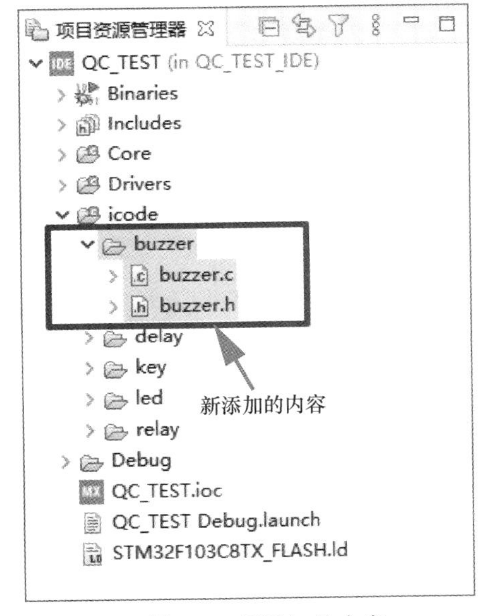

图 9.6　新添加的内容

如图 9.7 所示，打开 buzzer.h 文件，你会发现第 14～15 行是正常的加载 HAL 库和 main.h 函数库的宏语句，每个驱动程序文件中只有加载了它们，才能调用 HAL 库的函数。但在第 16 行加载了一个 delay.h 文件，文件名称没有“hal”前缀，可以判断它不是 HAL 库文件。如图 9.8 所示，打开 buzzer.c 文件，第 26 行和第 28 行调用了 delay_us 函数，它们也不是 HAL 库函数。这些延时函数是哪里来的呢？答案是，这是由我编写的微秒级延时函数。已知 HAL 库自带毫秒级延时函数 HAL_Delay，最低延时是 1ms。但是在蜂鸣器驱动程序中需要向无源蜂鸣器电路发出高频率脉冲才能使蜂鸣器发出对应频率的声音。延时函数正是调节频率高低的重要组成部分，要产生更高的频率需要更低的延时，所以要自己创建一个微秒级延时函数，满足蜂鸣器驱动程序的实际需要。

```
buzzer.h
1 /*
2  * buzzer.h
3  *
4  *  Created on: 2022年1月22日
5  *      Author: Administrator
6  */
7
8
9
10
11 #ifndef BUZZER_BUZZER_H_
12 #define BUZZER_BUZZER_H_
13
14 #include "stm32f1xx_hal.h" //HAL库文件声明
15 #include "main.h"
16 #include "../delay/delay.h"
17 void BUZZER_SOLO1(void);
18 void BUZZER_SOLO2(void);
19
20
21 #endif /* BUZZER_BUZZER_H_ */
22
```

图 9.7　buzzer.h 文件的内容

```
buzzer.c
1 /*
2  * buzzer.c
3  *
4  *  Created on: 2022年1月22日
5  *      Author: Administrator
6  */
7
8 #include "buzzer.h"
9 #define time1 50 //单音的时长
10 #define hz1 1 //单音的音调（单位 ms）
11 void BUZZER_SOLO1(void){//蜂鸣器输出单音的报警音（样式1：HAL库的精准延时函数）
12     uint16_t i;
13     for(i=0;i<time1;i++){//循环次数决定单音的时长
14         HAL_GPIO_WritePin(BEEP1_GPIO_Port,BEEP1_Pin,GPIO_PIN_RESET); //蜂鸣器接口输出低电平0
15         HAL_Delay(hz1); //延时（毫秒级延时最小1μs，实现的单调较低，因不需要额外编写微秒级延时函数所以最简单实用）
16         HAL_GPIO_WritePin(BEEP1_GPIO_Port,BEEP1_Pin,GPIO_PIN_SET); //蜂鸣器接口输出高电平1
17         HAL_Delay(hz1); //延时
18     }
19 }
20 #define time2 200 //单音的时长
21 #define hz2 500 //单音的音调（单位 μs）
22 void BUZZER_SOLO2(void){//蜂鸣器输出单音的报警音（样式2，CPU微秒级延时）
23     uint16_t i;
24     for(i=0;i<time2;i++){//循环次数决定单音的时长
25         HAL_GPIO_WritePin(BEEP1_GPIO_Port,BEEP1_Pin,GPIO_PIN_RESET); //蜂鸣器接口输出低电平0
26         delay_us(hz2); //延时
27         HAL_GPIO_WritePin(BEEP1_GPIO_Port,BEEP1_Pin,GPIO_PIN_SET); //蜂鸣器接口输出高电平1
28         delay_us(hz2); //延时
29     }
30 }
31
```

图 9.8　buzzer.c 文件的内容

添加微秒级延时函数的方法与添加蜂鸣器驱动驱动程序的方法相同。如图 9.9 所示，打开出厂测试程序工程中的 icode 文件夹，在其中复制 delay 子文件夹。如图 9.10 所示，粘贴到当前工程中的 icode 文件夹里。如图 9.11 所示，在 CubeIDE 里刷新工程文件目录，此

时便可以在工程文件树的 icode 文件夹里看到 delay 子文件夹，其中包含 delay.c 和 delay.h 文件。如图 9.12 所示，需要注意，delay.h 文件可以在 main.c 文件开始处加载，也可以在其他需要用到微秒级延时函数的程序文件中加载。所以在 buzzer.h 文件里加载了 delay.h 文件后，就可以在 buzzer.c 文件里调用它了。

QC_TEST_IDE_2all › icode ›

复制出厂测试程序中的delay文件夹

名称	修改日期	类型
adc	2021/12/25 17:24	文件夹
bt	2021/12/25 17:24	文件夹
buzzer	2021/12/25 17:24	文件夹
can	2021/12/26 17:28	文件夹
delay	2021/12/25 17:24	文件夹
dht11	2021/12/25 17:24	文件夹
flash	2021/12/25 17:24	文件夹
key	2021/12/25 17:24	文件夹
led	2021/12/25 17:24	文件夹
mpu6050	2021/11/4 1:28	文件夹
relay	2021/12/25 17:24	文件夹
rs485	2021/12/25 17:24	文件夹
usart	2021/12/25 17:24	文件夹
usb	2021/11/4 1:28	文件夹
w25q128	2021/12/25 17:24	文件夹
wifi	2021/12/25 17:24	文件夹

图 9.9　出厂测试程序工程中的 delay 文件夹

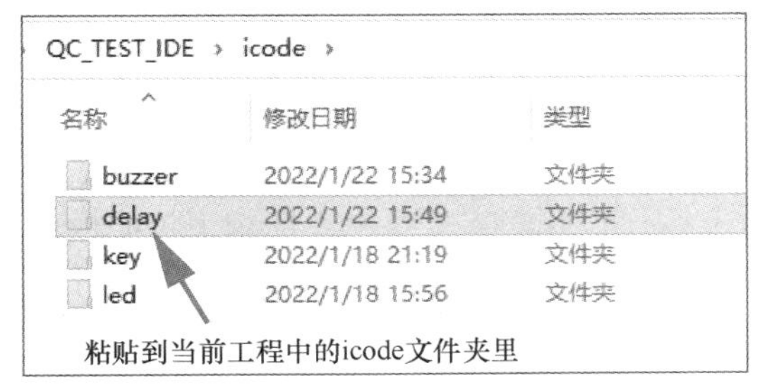

图 9.10　粘贴 delay 文件夹到当前工程中

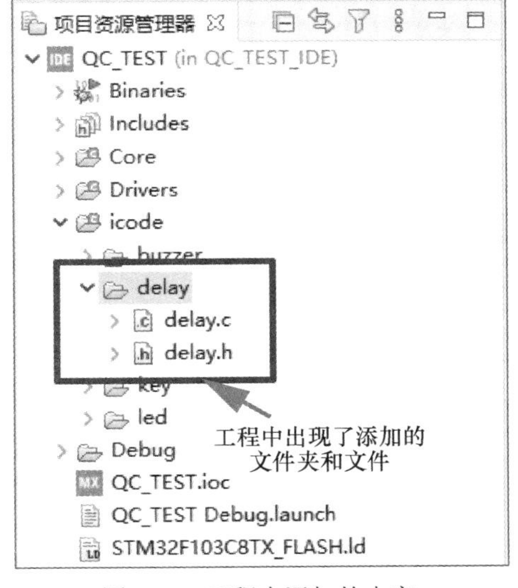

图 9.11　工程中添加的内容

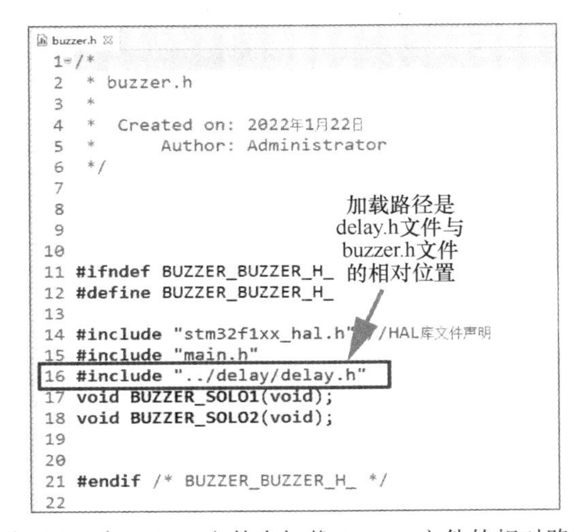

图 9.12　在 main.c 文件中加载 delay.h 文件的相对路径

9.1.2　编写蜂鸣器应用程序

如图 9.13 所示，打开 main.c 文件，在第 26 行和第 27 行添加 delay.h 和 buzzer.h 的库文件，这样就可以在 main.c 文件里调用 delay.c 和 buzzer.c 中的函数了。如果在主函数中不想使用微秒级延时函数，也可以不添加第 26 行，但是一般情况下最好添加，以备不时之需。

```
22 /* Private includes ----------------------
23 /* USER CODE BEGIN Includes */
24 #include "../../icode/led/led.h"
25 #include "../../icode/key/key.h"
26 #include "../../icode/delay/delay.h"
27 #include "../../icode/buzzer/buzzer.h"
28 /* USER CODE END Includes */
```

图 9.13　在 main.c 文件中加载头文件的相对路径

接下来在 main 函数里编写应用程序，这里借用上一步所编写的按键控制 LED 亮灭程序，在其中增加蜂鸣器发出鸣响的函数。如图 9.14 所示，第 137～148 行是全部应用程序，其中第 141 行调用第 1 种蜂鸣器声音的函数 BUZZER_SOLO1，函数中调用毫秒级延时函数。第 147 行调用第 2 种蜂鸣器声音的函数 BUZZER_SOLO2，函数中使用我编写的微秒级延时函数，第 2 种声音相对于第 1 种的音调更高。程序编写好后重新编译下载，在单片机上运行，观察实验效果。当按下核心板上的 KEY1 按键时，LED1 和 LED2 点亮的同时蜂鸣器发出鸣响；再按 KEY2 按键，LED1 和 LED2 熄灭的同时蜂鸣器又发出鸣响，只是相对于前一声的音调更高。

```
136
137         if(KEY_1()) //按键KEY1判断为1时按键按下
138         {
139             LED_1(1);//LED1灯控制（1点亮，0熄灭）
140             LED_2(1);//LED2灯控制（1点亮，0熄灭）
141             BUZZER_SOLO1();//蜂鸣器输出单音的报警音（样式1：HAL库的精准延时函数）
142         }
143         if(KEY_2()) //按键KEY2判断为1时按键按下
144         {
145             LED_1(0);//LED1灯控制（1点亮，0熄灭）
146             LED_2(0);//LED2灯控制（1点亮，0熄灭）
147             BUZZER_SOLO2();//蜂鸣器输出单音的报警音（样式2：CPU微秒级延时）
148         }
149
```

图 9.14　主循环程序中添加蜂鸣器驱动函数

9.1.3　程序原理简介

简单分析一下程序的实现原理，这个程序并不复杂，在此仅做粗略讲解。如果想细致、深入地学习蜂鸣器编程原理，可以参考《STM32 入门 100 步》，书中第 31 步介绍了蜂鸣器调频原理，第 32 步介绍了蜂鸣器演奏 MIDI 音乐的编程方法。大家可以尝试将标准库函数的示例程序改成 HAL 库函数，会发现标准库与 HAL 库之间除了函数名称不同，在使用层面几乎没有区别。如图 9.15 所示，打开 buzzer.c 文件，其中有两个函数，分别是第 11 行的 BUZZER_SOLO1 函数和第 22 行的 BUZZER_SOLO2 函数。它们用不同的延时函数发出不同频率的音调。因其基本原理相同，在此只分析 BUZZER_SOLO1 函数的原理。

函数第 8 行调用 buzzer.h 文件，这是必备的库函数调用，因为在 buzzer.h 文件里加载了 HAL 库文件和 main.h 库文件，如果不加载 buzzer.h 库文件，下面的程序将无法调用 HAL 库函数。第 9～10 行定义两个宏定义名称，分别表示鸣响的时长和音调。这样设计是为了在开发期间可以方便地修改参数，若程序中多次引用同一个参数，需要修改时必然一个一个地改。使用宏定义名称后，在程序中把参数改成宏定义名称，需要修改时只改第 9 行或第 10 行的参数值即可。第 11 行是函数名称，没有参数，没有返回值。第 12 行定义一个 16 位整型变量，用于第 13 行的 for 循环语句计数。第 13 行是 for 语句，先让变量 i 的值等于 0，每循环一次 i 的值加 1，直到 i 的值大于等于 time1，time1 是宏定义名称，它的实际数值是 50，也就是 for 语句中的内容将循环执行 50 次。循环的次数决定了蜂鸣器鸣响的总时长。

第 14 行调用 HAL 库函数，控制蜂鸣器所连接的 GPIO 端口输出电平，此 HAL 库函数已在 LED 闪灯程序的原理分析中讲解过了，在此不赘述。其执行效果是使蜂鸣器所连接的 PB5 端口输出低电平。第 15 行调用 HAL 库的毫秒级延时函数，参数是宏名称 hz1，实际数值是 1，即延时 1ms。要知道必须持续不断地向开发板上的无源蜂鸣器输出交替的高/低电平，才能使其振动发声，仅输出高电平或低电平不能让蜂鸣器发声，所以还要加入第 16 行，向蜂鸣器所连接的 PB5 端口输出高电平，延时 1ms。通过 for 语句向 PB5 端口循环输出 50 次高/低电平，蜂鸣器才发出鸣响。你可以试着修改第 9 行和第 10 行的宏参数，蜂鸣器鸣响的总时长和音调也会随之改变。

```
 8 #include "buzzer.h"
 9 #define time1 50 //单音的时长
10 #define hz1 1 //单音的音调（单位 ms）
11 void BUZZER_SOLO1(void){//蜂鸣器输出单音的报警音（样式1：HAL库的精准延时函数）
12     uint16_t i;
13     for(i=0;i<time1;i++){//循环次数决定单音的时长
14        HAL_GPIO_WritePin(BEEP1_GPIO_Port,BEEP1_Pin,GPIO_PIN_RESET); //蜂鸣器接口输出低电平0
15        HAL_Delay(hz1); //延时（毫秒级延时最小1 μs ，实现的单调较低，因不需要额外编写微秒级延时函数所以最简单实用）
16        HAL_GPIO_WritePin(BEEP1_GPIO_Port,BEEP1_Pin,GPIO_PIN_SET); //蜂鸣器接口输出高电平1
17        HAL_Delay(hz1); //延时
18     }
19 }
```

图 9.15　buzzer.c 文件的内容

接下来分析一下 delay.c 文件中的微秒级延时函数。HAL 库中的毫秒级延时函数利用单片机内部的嘀嗒定时器功能，嘀嗒定时器的原始设计目的是为运行 RTOS 实时操作系统提供时钟基准。当单片机裸机程序中，嘀嗒定时器被 HAL 库用于延时时，如果我们自己编写的微秒级延时函数也和 HAL 库抢占嘀嗒定时器，会产生冲突和错乱，所以我们改用 CPU 循环的方法产生延时。CPU 循环延时是让 CPU 在需要延时的地方空转，用“浪费时间”的方式产生延时。如图 9.16 所示，delay.c 文件的第 10 行是函数名称和 32 位参数，没有返回值。32 位参数用于给出延时，单位是 μs。第 12 行定义一个 32 位变量 delay，等于号右侧是赋给变量的值，调用了 HAL_RCC_GetHCLKFreq 函数，这是 HAL 库中读出 HCLK 时钟频率值的函数。将 HCLK 时钟频率值除以 8000000，得出 1μs 内 CPU 循环的次数，再乘以 32 位参数 μs，得到延时所对应的 CPU 循环空转的总次数。第 13 行利用 while 循环语句，括号中的条件判断是变量 delay 的值递减。也就说，CPU 每在第 13 行 while 语句中判断一次空转次数，变量 delay 的值减 1，如果值不为 0 则循环判断，直到 delay 的值等于 0 时，退出 while 循环语句，结束延时函数。由于此延时函数每次都通过 HAL 库函数即时读出 HCLK 时钟的频率值，就算在 RCC 时钟设置中修改了 HCLK 时钟的频率，此延时效果也不会受到影响。但 CPU 延时容易受到中断事件的干扰，只能用于对延时精度要求不高的场合。

```
7
8 #include "delay.h"
9
10 void delay_us(uint32_t us) //利用CPU循环实现的非精准应用的微秒延时函数
11 {
12     uint32_t delay = (HAL_RCC_GetHCLKFreq() / 8000000 * us); //使用HAL_RCC_GetHCLKFreq()函数获取主频值，经算法得到1µs 的循环次数
13     while (delay--); //循环delay次，达到1 µs 延时
14 }
15
```

图 9.16　delay.c 文件的内容

9.2　继电器的驱动与应用

用同样的流程学习继电器驱动方法，继电器与 LED 的控制类似。当继电器电路所连接的 PA6 端口输出低电平，继电器吸合，如图 9.17 所示，洋桃 IoT 开发板左上角的继电器控制端子 1A 和 1C 导通。如图 9.18 所示，当 PA6 端口输出高电平时，继电器断开，继电器控制端子 1A 和 1C 断开。于是 1A 和 1C 端子相当于一个由单片机程序控制的机械开关，根据电路知识，只要把用电器的回路与开关串联，就能让继电器控制用电器的开关，从而实现单片机对大功率用电器的控制。

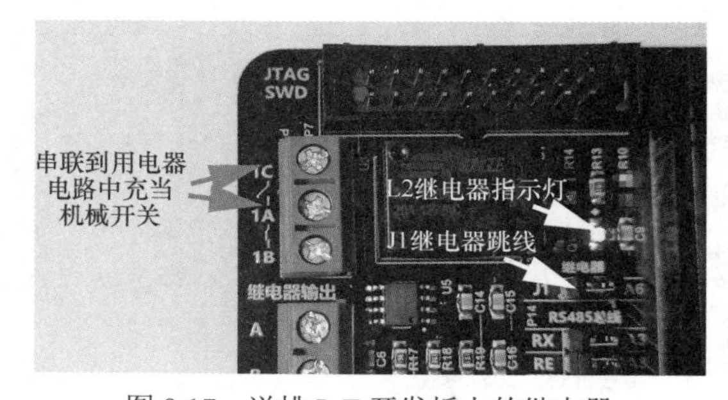

图 9.17　洋桃 IoT 开发板上的继电器

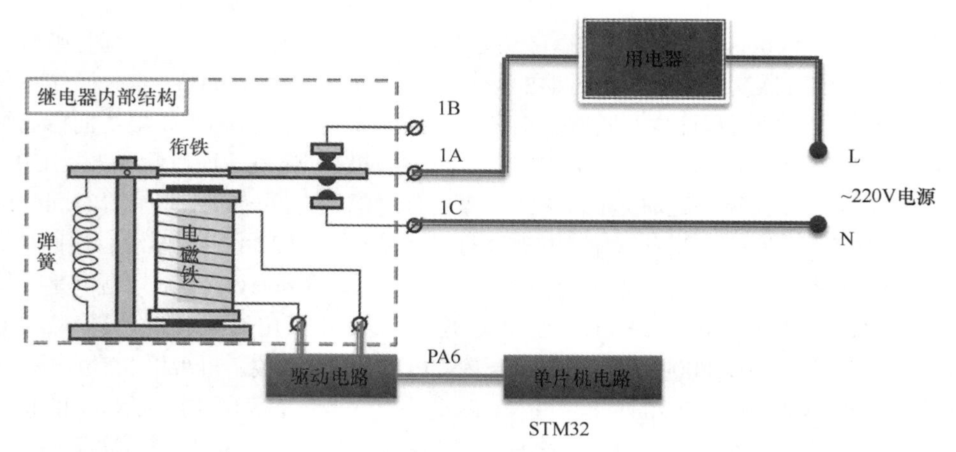

图 9.18　继电器控制原理示意图

9.2.1　导入继电器驱动程序

接下来在工程中移植继电器驱动程序，方法是打开出厂测试程序的工程，在 icode 文

件夹中复制 relay 子文件夹，粘贴到当前工程中的 icode 文件夹。如图 9.19 所示，刷新工程后，可以在工程文件树里看到新添加的 relay 子文件夹，其中包括 relay.h 和 relay.c 文件。

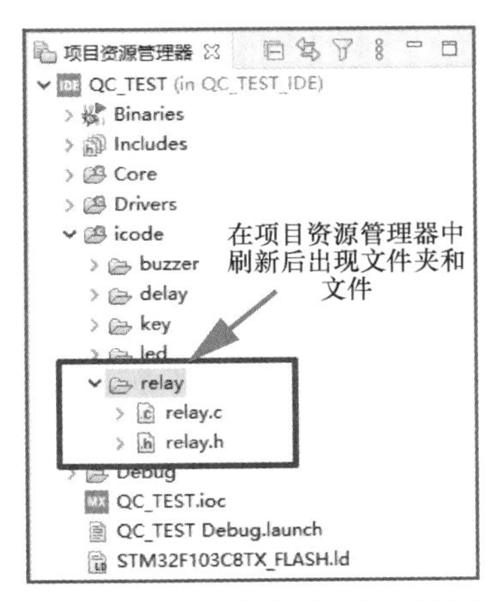

图 9.19　新添加的继电器驱动程序

如图 9.20 所示，打开 relay.h 文件，可以看到其中没有定义变量，也没有宏名称定义，只声明了一个函数 RELAY_1。如图 9.21 所示，打开 relay.c 文件，可以看到此函数的具体内容和调用说明。

9.2.2　编写继电器应用程序

有了驱动程序，接下来在 main.c 文件里加载 relay.h 头文件。如图 9.22 所示，打开 main.c 文件，在第 28 行添加 relay.h 文件的相对路径。然后在 main 函数中添加继电器应用程序。借用刚刚编写的蜂鸣器应用程序，如图 9.23 所示，在第 143 行的 KEY1 按键处理程序中加入 RELAY_1 函数，参数写入 1，继电器吸合。在第 150 行的 KEY2 按键处理程序中加入 RELAY_1 函数，参数写入 0，继电器断开。编写好后，将程序重新编译下载，在开发板上观察实验效果。可以看到当按下 KEY1 按键时，继电器吸合，指示灯 L2 点亮；当按下 KEY2 按键时，继电器断开，指示灯 L2 熄灭。继电器的吸合与断开都会伴随着清脆的声音。

```
main.c   relay.h   relay.c
1 /*
2  * relay.h
3  *
4  *  Created on: 2021年10月20日
5  *      Author: Administrator
6  */
7
8 #ifndef INC_RELAY_H_
9 #define INC_RELAY_H_
10
11 //继电器接口定义与初始化函数在MX中设置并生成在main.c文件中
12 #include "stm32f1xx_hal.h" //HAL库文件声明
13 #include "main.h" //I/O定义与初始化函数在main.c文件中，必须引用
14
15 void RELAY_1(uint8_t c);//继电器控制1
16
17 #endif /* INC_RELAY_H_ */
18
```

图 9.20　relay.h 文件的内容

如图 9.17 所示，在做继电器实验时，需要将洋桃 IoT 开发板上的继电器跳线帽插入，继电器才能正常吸合。另外，你可以根据自己的应用需要，在继电器控制端子上串联用电器，例如电灯泡、电风扇等。如图 9.18 所示，串联双绞线的一端接入 1A 端子，用十字螺丝刀拧紧固定。另一条双绞线如果接入 1C 常开端子，则在继电器吸合时给用电器通电；如果接入 1B 常闭端子，则在继电器断开时给用电器通电。这就相当于一个单刀双置机械

开关。洋桃 IoT 开发板上的继电器所能承载的功率较小，仅在学习实验中使用。在工业控制项目中，需要选择能承载更大功率的继电器模块。

```
main.c   relay.h   relay.c
 1 /*
 2  * relay.c
 3  *
 4  *  Created on: 2021年10月20日
 5  *      Author: Administrator
 6  */
 7
 8 #include "relay.h"
 9
10 void RELAY_1(uint8_t c){ //继电器的控制程序（c=0继电器放开，c=1继电器吸合）
11     if(c)HAL_GPIO_WritePin(GPIOA,RELAY1_Pin,GPIO_PIN_RESET); //继电器吸
12     else  HAL_GPIO_WritePin(GPIOA,RELAY1_Pin,GPIO_PIN_SET); //继电器松
13 }
14
```

图 9.21　relay.c 文件的内容

```
22 /* Private includes ----------------------
23 /* USER CODE BEGIN Includes */
24 #include "../../icode/led/led.h"
25 #include "../../icode/key/key.h"
26 #include "../../icode/delay/delay.h"
27 #include "../../icode/buzzer/buzzer.h"
28 #include "../../icode/relay/relay.h"
29 /* USER CODE END Includes */
30
```

图 9.22　加载继电器头文件的路径

```
137
138         if(KEY_1()) //按键KEY1判断为1时按键被按下
139         {
140             LED_1(1);//LED1灯控制（1点亮，0熄灭）
141             LED_2(1);//LED2灯控制（1点亮，0熄灭）
142             BUZZER_SOLO1();//蜂鸣器输出单音的报警音（样式1，HAL库的精准延时函数）
143             RELAY_1(1);//继电器的控制程序（c=0继电器放开，c=1继电器吸合）
144         }
145         if(KEY_2()) //按键KEY2判断为1时按键被按下
146         {
147             LED_1(0);//LED1灯控制（1点亮，0熄灭）
148             LED_2(0);//LED2灯控制（1点亮，0熄灭）
149             BUZZER_SOLO2();//蜂鸣器输出单音的报警音（样式2：CPU微秒级延时）
150             RELAY_1(0);//继电器的控制程序（c=0继电器放开，c=1继电器吸合）
151         }
152
```

图 9.23　主循环中的应用程序

9.2.3　程序原理简介

继电器驱动程序的实现原理也非常简单，把 LED 驱动程序的函数复制过来，修改一下函数名、端口组和端口号，程序就从控制 LED 灯变成了控制继电器。如图 9.21 所示，程序的第 11～12 行通过 if 语句判断参数值是否为真，根据不同的结果分别调用 HAL_GPIO_WritePin 库函数，向继电器所连接的 PA6 端口输出低电平或高电平。

请大家学习《STM32 入门 100 步》中的第 32 步，仔细研究“蜂鸣器播放 MIDI 音乐”示例程序，并努力将标准库的驱动程序，移植到 HAL 库工程中，在洋桃 IoT 开发板上实现蜂鸣器播放 MIDI 音乐的效果。如果你更有创意，可以再融入继电器开关时的清脆声音，来一个蜂鸣器与继电器的二重奏。

第 10 步：串口通信与超级终端

这一步我们来研究 USART 串口通信功能。串口通信对于单片机开发，特别是物联网开发非常重要。在开发过程中，我们需要实时了解单片机运行的状态信息，需要一个用于调试的信息输入/输出功能。最简单的输入/输出功能是 LED 和按键，但它们所能表示的信息太少。串口通信成为最理想的调试工具。在计算机上安装超级终端，将单片机上的参数以中/英文显示出来，清晰直观。同时可在计算机上用键盘发送信息给单片机，控制单片机的运行状态。后续要讲的蓝牙和 Wi-Fi 模块自带串口功能，能与单片机或计算机通信。开发蓝牙和 Wi-Fi 模块的过程，就是串口通信的过程。

这一步我将介绍洋桃 IoT 开发板与计算机之间的串口通信，包括超级终端的安装与设置、调用 printf 串口打印函数的方法、串口中断回调函数的原理、编写串口控制应用程序。超级终端是在计算机上运行的串口通信工具，可在其窗口中显示由单片机串口发来的数据，也可以用键盘在窗口中输入字符，字符将通过串口发送给单片机。与超级终端有着相似功能的还有串口助手，但在交互设计上超级终端更清晰直观。printf 函数是 C 语言自带的函数，它原本用于计算机的 C 语言，作用是将信息显示在计算机屏幕上。但当 C 语言用于单片机开发时，由于单片机没有配置屏幕，信息只能通过通信串口显示在超级终端上。printf 函数正是让单片机向超级终端发送数据的函数。有了数据发送，就要有数据接收，在我们的程序中，单片机通过串口中断功能接收超级终端发来的数据。不同于标准库函数在中断处理函数中处理接收数据，HAL 库通过一个叫中断回调的函数来处理数据。我们需要掌握中断回调函数的原理和使用方法。最后在 main.c 文件里编写一个串口收发应用程序，当按下核心板上的 KEY1 和 KEY2 按键时，在超级终端上将显示对应的按键名称。在超级终端里用键盘输入“1”和“0”，能控制继电器的吸合与断开。这一步的内容不难但很重要，请大家反复学习、熟练掌握。

10.1　超级终端的安装与设置

超级终端最初内置在 Windows XP 操作系统中，但随着 USB 接口的普及，计算机上已经不再预留串口。所以从 Windows 7 操作系统开始，不再内置超级终端，需要额外安装。我先来介绍一下超级终端的安装。

步骤 1：如图 10.1 所示，将核心板的 USB 接口连接到计算机上。如果你使用 FlyMcu 用串口给开发板下载程序，那么即将安装的超级终端与 FlyMcu 将占用同一个串口，在下载程序时要先关闭超级终端，下载完成后再将其打开。如果用 JTAG 仿真器下载程序，则不会出现冲突的问题。

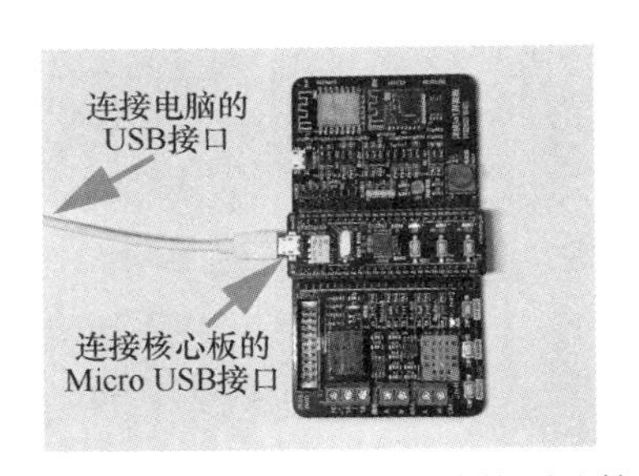

图 10.1　将洋桃 IoT 开发板连接到计算机

步骤 2：如图 10.2 所示，在洋桃 IoT 开发板的资料包里找到“工具软件”文件夹，在其中找到“超级终端软件”安装包，解压缩后双击运行安装程序。

步骤 3：如图 10.3 和图 10.4 所示，在安装向导窗口中单击“下一步”按钮，在安装文件夹窗口中，按系统默认的文件路径，然后单击“下一步”按钮，在确认安装窗口中单击“下一步”按钮，在安装完成窗口中单击“关闭”按钮。安装完成后运行超级终端，打开的软件界面如图 10.5 所示。

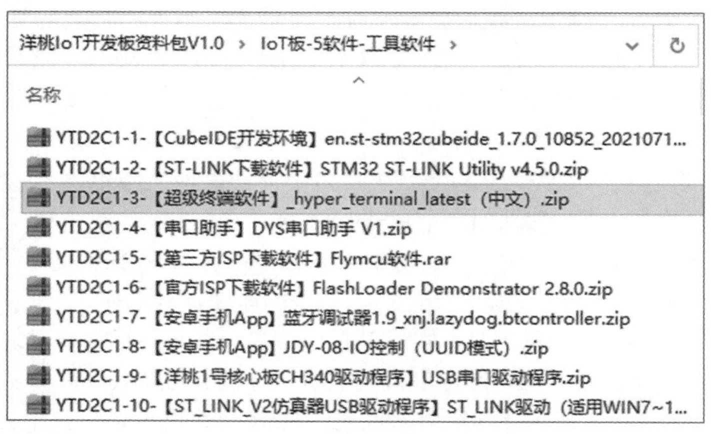

图 10.2　超级终端的下载位置

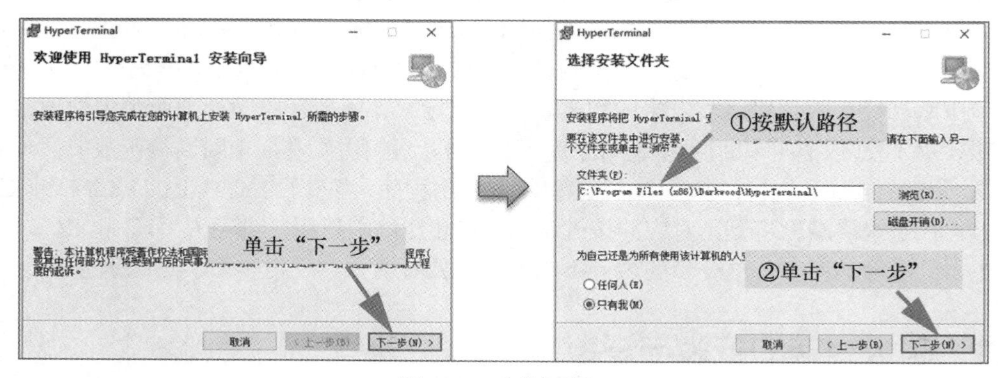

图 10.3　安装过程 1

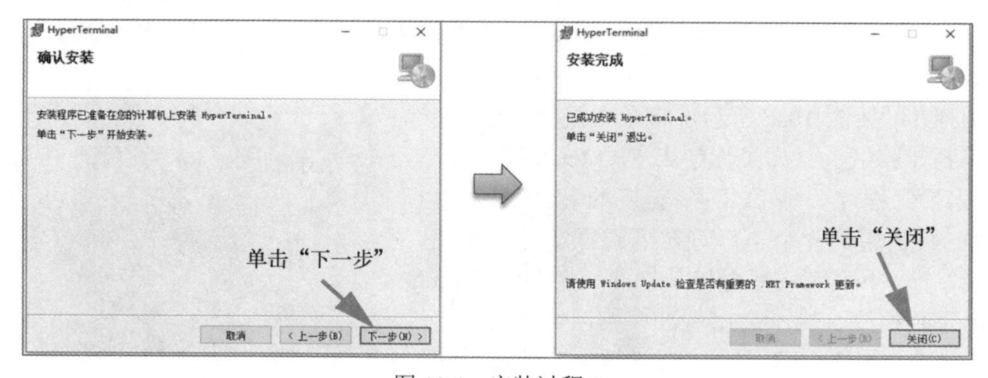

图 10.4　安装过程 2

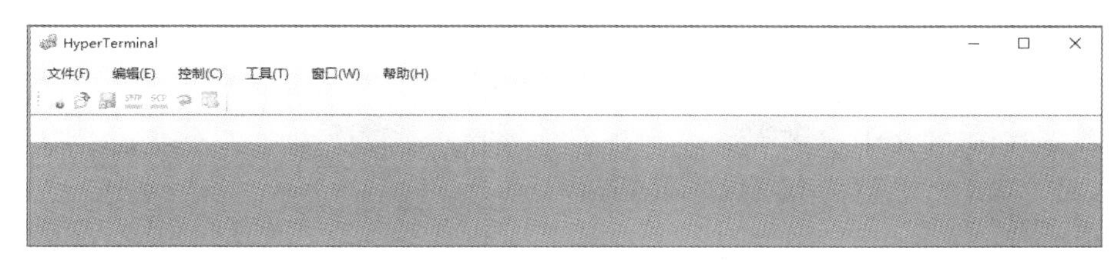

图 10.5　超级终端界面

步骤 4：如图 10.6 所示，在计算机的“设备管理器”窗口中，展开“端口”一项，查看 CH340 串口设备括号中的 COM 编号。我这里的编号是 COM4，你的 COM 编号可能不同，请把它记住。

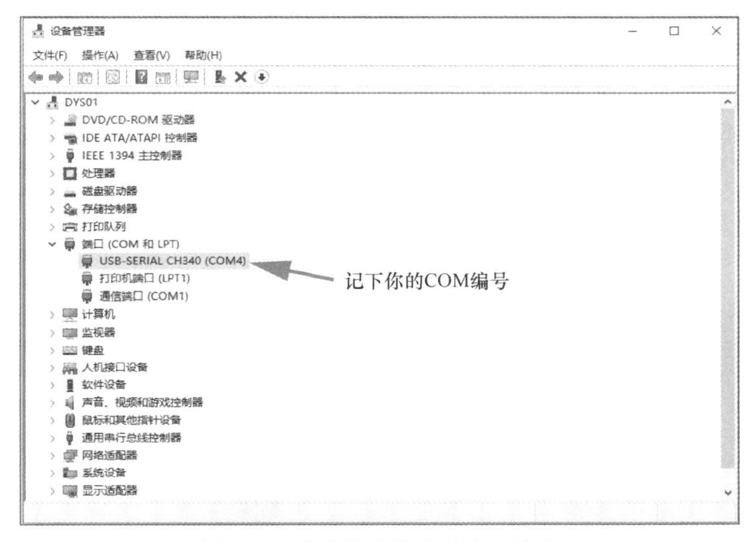

图 10.6　设备管理器中的串口编号

步骤 5：如图 10.7 所示，在超级终端窗口中单击菜单栏中的“文件”，在下拉菜单中选择“新建连接”。

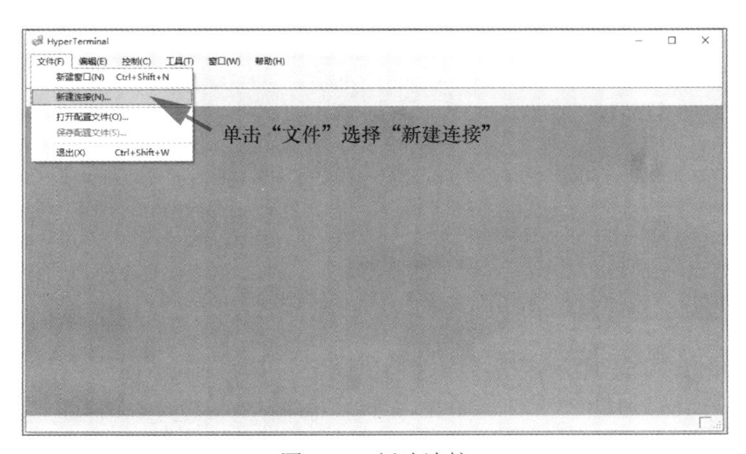

图 10.7　新建连接

步骤6：如图10.8所示，在弹出的连接类型窗口中选择你的COM号，我的编号是COM4，所以在窗口中选择“COM4”。如图 10.9 所示，在弹出的“新建连接”设置窗口中按图 10.9 设置参数，编码设置项中选择“GB2312”，然后单击“确定”按钮。到此就完成了超级终端的安装与设置，可以进行串口通信了。

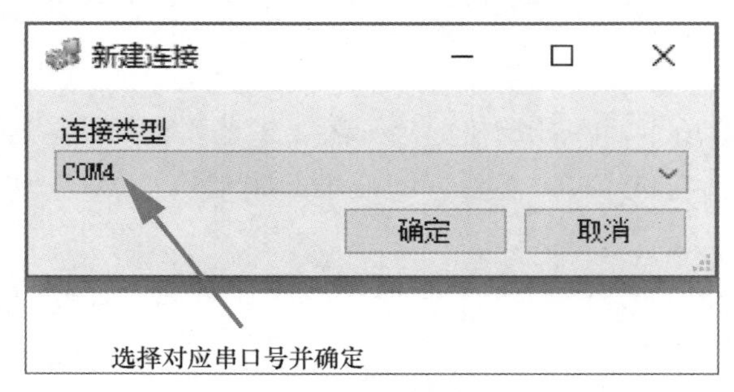

图 10.8　连接类型窗口

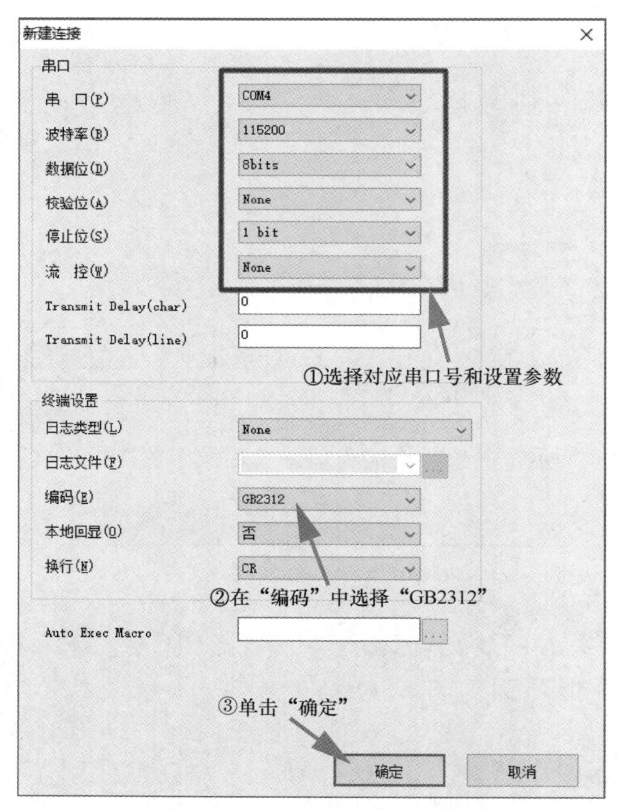

图 10.9　“新建连接”设置窗口

如图 10.10 和图 10.11 所示，超级终端的安装与设置只需要进行一次，软件关闭后如果想再次连接串口，只需要在“文件”菜单中单击对应的串口号，软件将按上次的设置自动连接。连接前请确保开发板连接在计算机上，否则无法连接。

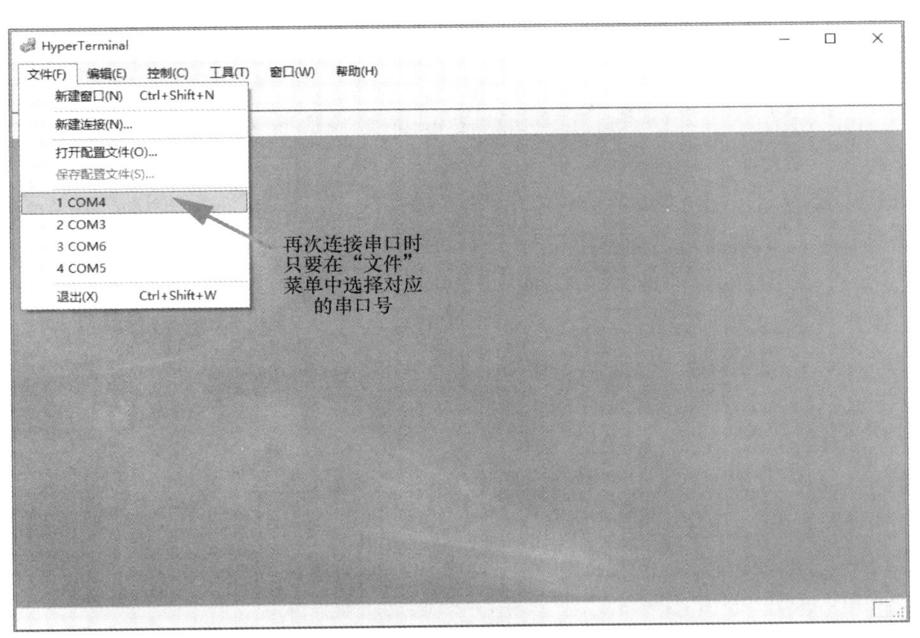

图 10.10　再次连接的方式

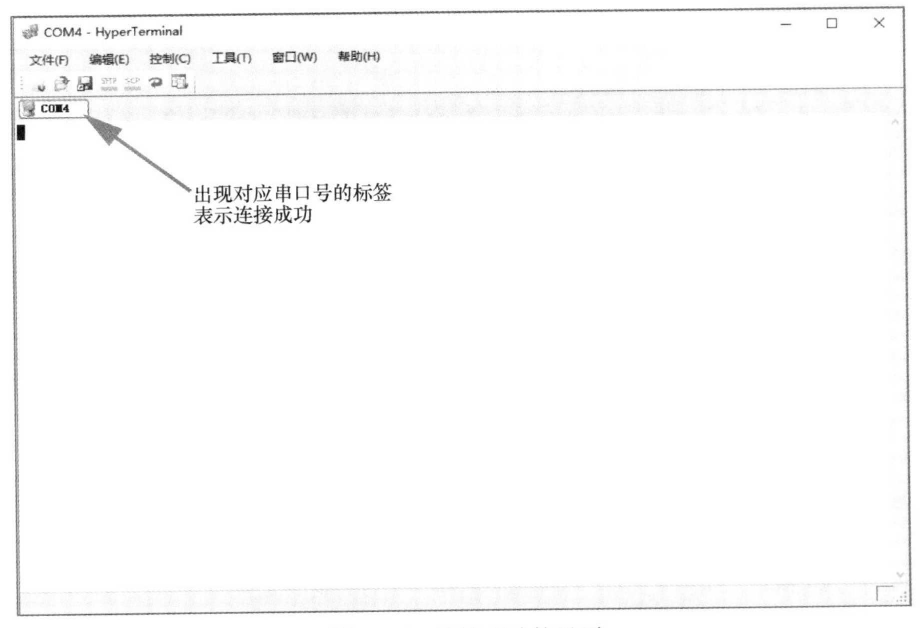

图 10.11　连接成功的界面

10.2　printf 串口打印函数

超级终端准备就绪，计算机端的部分就完成了，接下来是单片机端的程序编写，方法

是利用 printf 函数发送串口数据。操作流程是，了解串口所在的硬件电路，确认 CubeMX 图形化界面上的 USART1 设置，添加 printf 函数文件到工程中，在 main.c 文件中加载 printf 函数，把 printf 函数映射到 USART1 串口，在 main 函数中加入串口打印函数，最终在超级终端上看到串口数据。

我们早已经在 CubeMX 图形化界面中设置了 USART1 功能，这里我们回顾一下串口电路设计和 CubeMX 设置内容，以确保后续操作不会出现问题。如图 10.12 所示，打开"洋桃 1 号核心板电路原理图"，图纸左上角是 USB 转串口的电路部分，其中使用了 CH340 芯片，用 USB 接口模拟串口通信。图中的 M1 是 Micro USB 接口，连接到计算机的 USB 接口。转换的串口连接到单片机的 PA9 和 PA10 端口，这是复用的 USART1 端口。

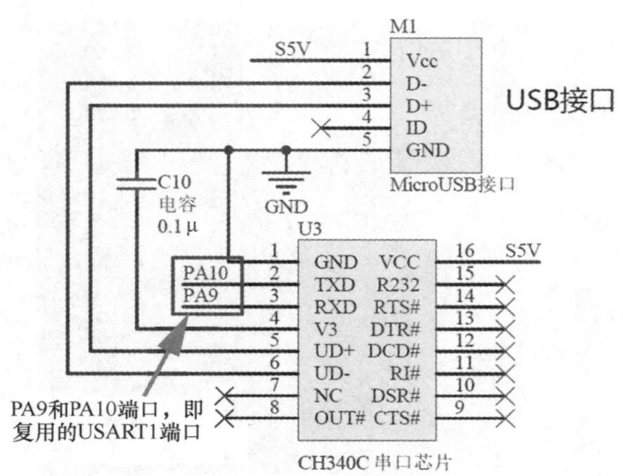

图 10.12　洋桃 1 号核心板电路原理图中的 USB 转串口部分电路

如图 10.13 所示，打开 CubeMX 图形化界面，在功能区单击"USART1"，在弹出的模式与参数窗口中选择"Asynchronous"（异步）模式，参数按默认设置。PA9 端口被定义为 USART1_TX，PA10 端口被定义为 USART1_RX。

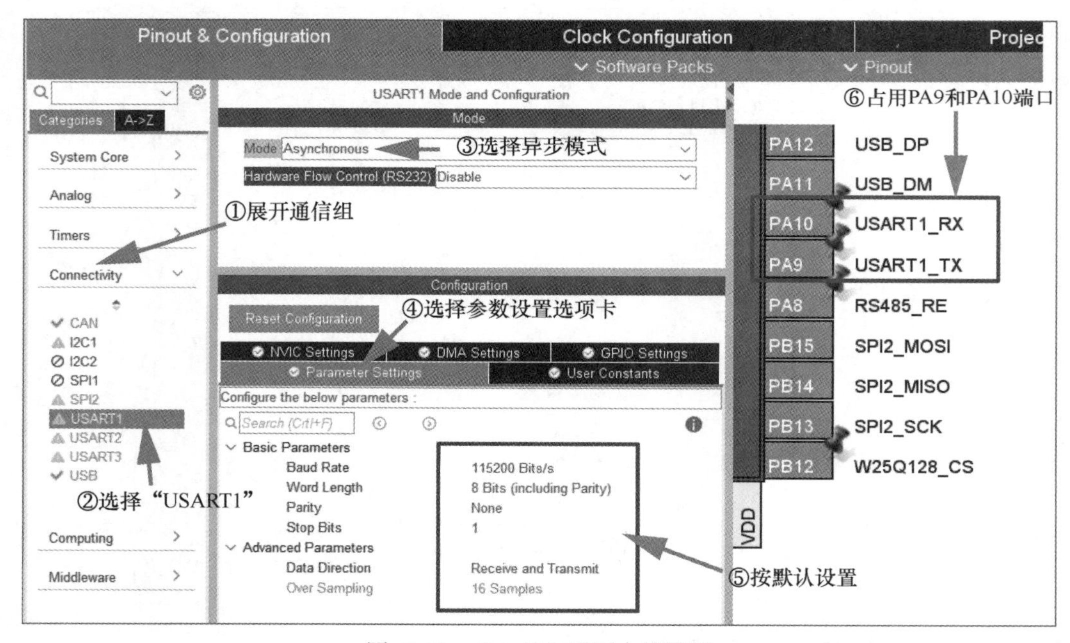

图 10.13　CubeMX 界面中的设置

接下来在工程中加入 printf 函数的相关文件。如图 10.14 所示，首先在工程文件树中 Core 文件夹下的 Src 文件夹里找到 syscalls.c 文件，在此文件上单击鼠标右键，在弹出的菜单中选择“属性”。

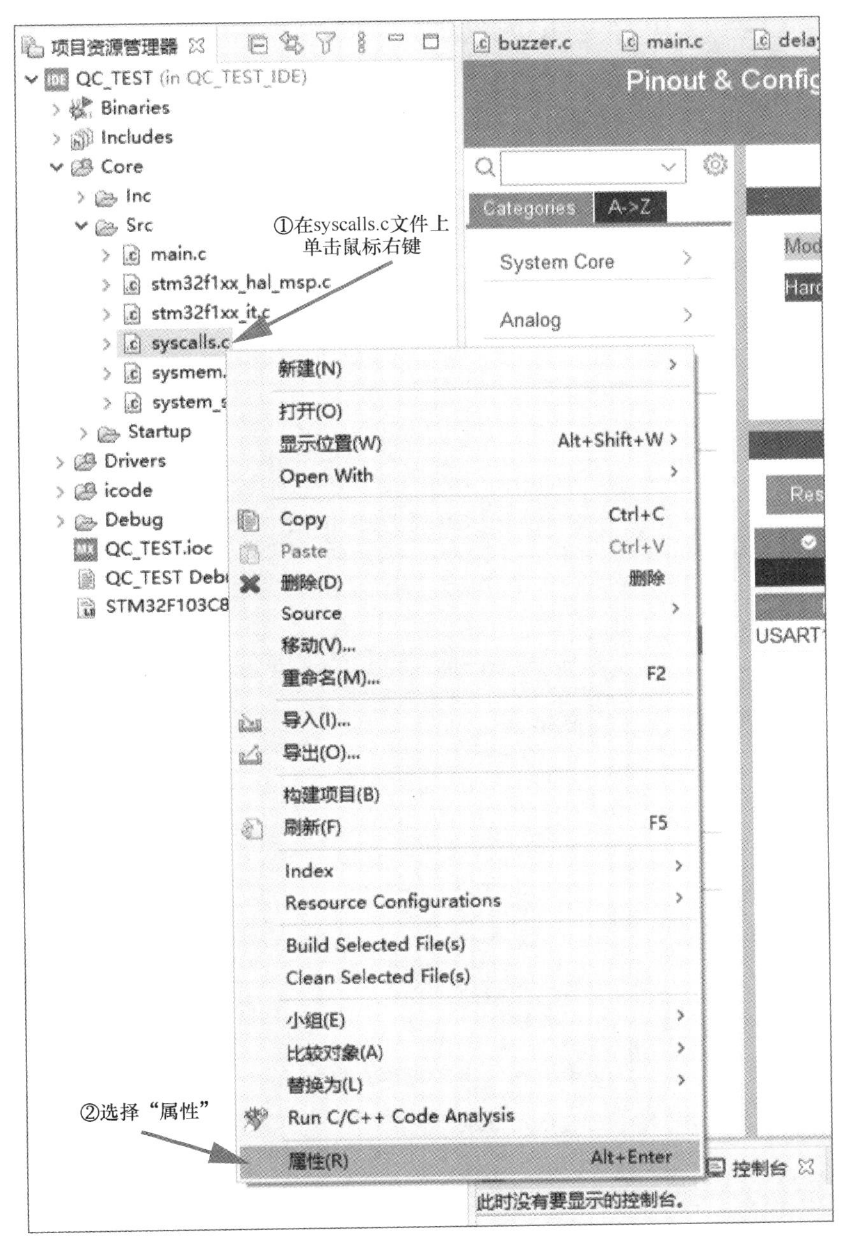

图 10.14　选择 syscalls.c 文件的属性

如图 10.15 所示，在弹出的属性窗口左侧选中“C/C++ Build”一项，然后在右侧的设置窗口中勾选“Exclude resource from build”（在构建中排除），最后单击“应用并关闭”按钮。因为 syscalls.c 文件与我们即将添加的文件内容冲突，必须先禁止此文件参与编译，再加入新文件。如图 10.16 所示，文件被禁止编译时在图标上会出现一条斜线。

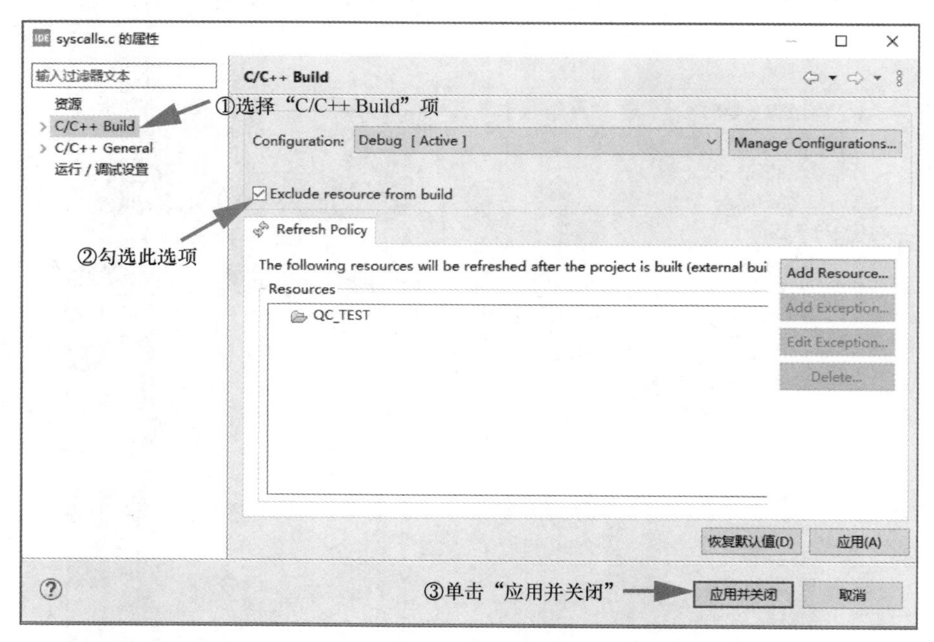

图 10.15　属性设置

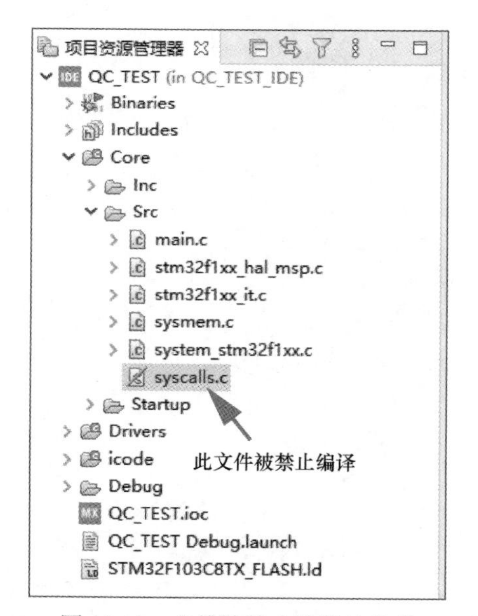

图 10.16　文件被禁止编译的状态

如图 10.17 所示，打开出厂测试程序的工程，在 Core 文件夹中找到 Inc 文件夹里的 retarget.h 文件和 Src 文件夹里的 retarget.c 文件，将文件分别复制到当前工程的相同路径下。在 CubeIDE 中刷新文件目录，分别打开这两个文件，简单浏览一下其中内容（见图 10.18 和图 10.19）。这两个文件类似于官方库的标准化文件，里面的内容并不是我写的，大家不需要理解其中的原理，直接调用即可。

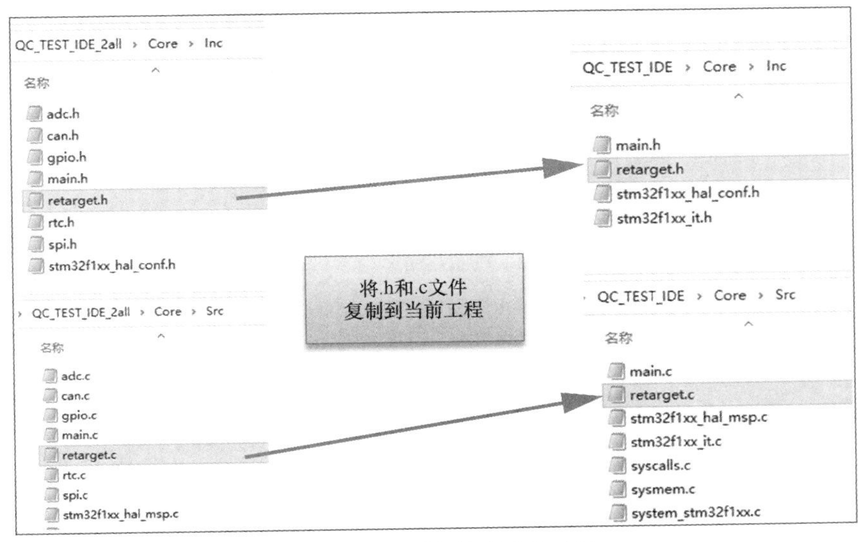

图 10.17 复制文件到当前工程

```
1 /*
2  * retarget.h
3  *
4  *  Created on: 2021年10月20日
5  *      Author: Administrator
6  */
7
8 #ifndef INC_RETARGET_H_
9 #define INC_RETARGET_H_
10
11 #include "stm32f1xx_hal.h"
12 #include "stdio.h"//用于printf函数串口重映射
13 #include <sys/stat.h>
14
15 void RetargetInit(UART_HandleTypeDef  *huart);
16
17 int _isatty(int fd);
18 int _write(int fd, char* ptr, int len);
19 int _close(int fd);
20 int _lseek(int fd, int ptr, int dir);
21 int _read(int fd, char* ptr, int len);
22 int _fstat(int fd, struct stat* st);
23
24 #endif /* INC_RETARGET_H_ */
25
```

图 10.18 retarget.h 文件

如图 10.20 所示，为了能在主函数里调用 printf 函数，还需要在 main.c 文件开始处加载 retarget.h 文件的路径。现在可以在主函数中调用 printf 函数了，但是还有一个问题，printf 函数虽然可以发送数据，但我们并没有告诉它要发到什么地方。如图 10.21 所示，于是还要在 main.c 文件的第 125 行调用 RetargetInit 初始化函数，并在参数中写入&huart1，表示 printf 函数被映射到 USART1 串口。这样在 main 函数中调用 printf 函数时，数据才会从 USART1 串口发出，显示在超级终端上。

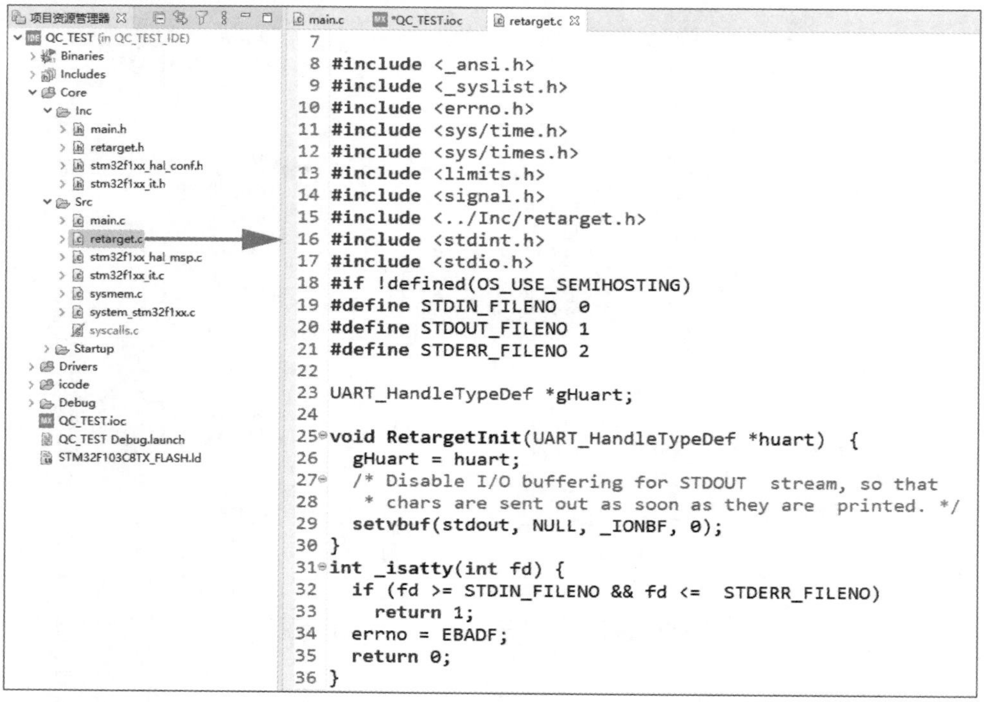

```
项目资源管理器
QC_TEST (in QC_TEST_IDE)
  Binaries
  Includes
  Core
    Inc
      main.h
      retarget.h
      stm32f1xx_hal_conf.h
      stm32f1xx_it.h
    Src
      main.c
      retarget.c
      stm32f1xx_hal_msp.c
      stm32f1xx_it.c
      sysmem.c
      system_stm32f1xx.c
      syscalls.c
    Startup
  Drivers
  icode
  Debug
  QC_TEST.ioc
  QC_TEST Debug.launch
  STM32F103C8TX_FLASH.ld
```

```
7
8  #include <_ansi.h>
9  #include <_syslist.h>
10 #include <errno.h>
11 #include <sys/time.h>
12 #include <sys/times.h>
13 #include <limits.h>
14 #include <signal.h>
15 #include <../Inc/retarget.h>
16 #include <stdint.h>
17 #include <stdio.h>
18 #if !defined(OS_USE_SEMIHOSTING)
19 #define STDIN_FILENO  0
20 #define STDOUT_FILENO 1
21 #define STDERR_FILENO 2
22
23 UART_HandleTypeDef *gHuart;
24
25 void RetargetInit(UART_HandleTypeDef *huart)  {
26   gHuart = huart;
27   /* Disable I/O buffering for STDOUT  stream, so that
28    * chars are sent out as soon as they are  printed. */
29   setvbuf(stdout, NULL, _IONBF, 0);
30 }
31 int _isatty(int fd) {
32   if (fd >= STDIN_FILENO && fd <=  STDERR_FILENO)
33     return 1;
34   errno = EBADF;
35   return 0;
36 }
```

图 10.19 retarget.c 文件

```
21
22 /* Private includes ----------------------------------
23 /* USER CODE BEGIN Includes */
24 #include "../../icode/led/led.h"
25 #include "../../icode/key/key.h"
26 #include "../../icode/delay/delay.h"
27 #include "../../icode/buzzer/buzzer.h"
28 #include "../../icode/relay/relay.h"
29 #include "../inc/retarget.h"//用于printf函数串口重映射
30 /* USER CODE END Includes */
31
```

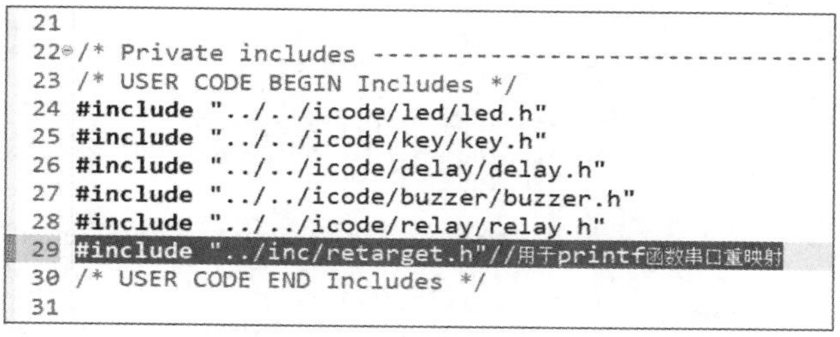

图 10.20 加载 retarget.h 文件的路径

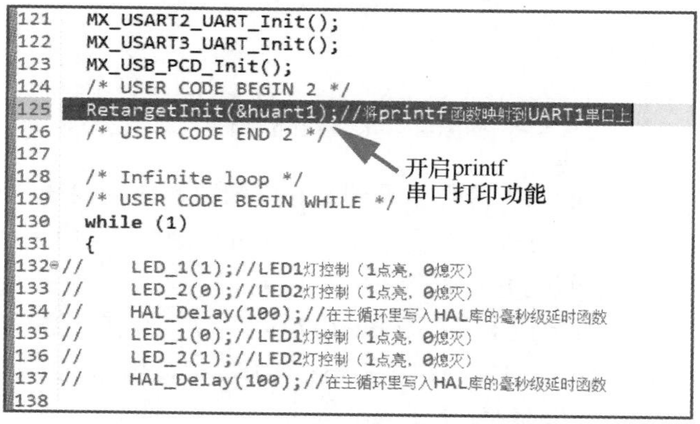

```
121   MX_USART2_UART_Init();
122   MX_USART3_UART_Init();
123   MX_USB_PCD_Init();
124   /* USER CODE BEGIN 2 */
125   RetargetInit(&huart1);//将printf函数映射到UART1串口上
126   /* USER CODE END 2 */
127
128   /* Infinite loop */
129   /* USER CODE BEGIN WHILE */
130   while (1)
131   {
132 //      LED_1(1);//LED1灯控制（1点亮，0熄灭）
133 //      LED_2(0);//LED2灯控制（1点亮，0熄灭）
134 //      HAL_Delay(100);//在主循环里写入HAL库的毫秒级延时函数
135 //      LED_1(0);//LED1灯控制（1点亮，0熄灭）
136 //      LED_2(1);//LED2灯控制（1点亮，0熄灭）
137 //      HAL_Delay(100);//在主循环里写入HAL库的毫秒级延时函数
138
```

开启printf
串口打印功能

图 10.21 printf 函数初始化

如图 10.22 所示，借用上一步编写的按键控制继电器程序，在其中第 145 行和第 153 行添加两种串口发送程序。第 153 行是经常使用的 printf 函数，引号内的字符是向超级终端发送的内容。运行程序，当按下核心板上的 KEY2 按键时，超级终端会显示“KEY2”并换行。注意 printf 函数中发送的\r\n 是换行专用指令，会被超级终端识别为 Enter 键。第 145 行是另一种利用 HAL 库函数实现的串口发送程序，函数的参数中需要给出串口号、发送数据内容、数据数量和溢出时间。其中溢出时间是指在数据发出后，等待数据发送完成的最大时间，一旦超时还没有发送完成，程序将不再等待，按发送失败来处理。溢出值一般设置为 0xffff，不需要修改。发送的数据内容是引号内的字符，发送的字符是 KEY1\r\n，其中\r 和\n 是特殊转译符，各自算 1 个字符，于是数据数量的值是 6。运行程序，当按下核心板上的 KEY1 按键时，超级终端会显示“KEY1”并换行。将程序重新编译下载，在开发板上分别按下 KEY1 和 KEY2 按键，可以在超级终端中看到单片机发来的字符，如图 10.23 所示。printf 函数与 HAL 库的串口发送函数所达到的效果一样，只是 printf 函数更方便，能达到更复杂的数据发送要求，在后续的开发中我们统一采用 printf 函数。

```
138
139        if(KEY_1()) //按键KEY1判断为1时按键按下
140        {
141            LED_1(1);//LED1灯控制（1点亮，0熄灭）
142            LED_2(1);//LED2灯控制（1点亮，0熄灭）
143            BUZZER_SOLO1();//蜂鸣器输出单音的报警音（样式1：HAL库的精准延时函数）
144            RELAY_1(1);//继电器的控制程序（c=0继电器放开，c=1继电器吸合）
145            HAL_UART_Transmit(&huart1,(uint8_t*)&"KEY1\r\n",6,0xffff);//串口发送，串口号1，内容"ABC"，数量3，溢出时间0xffff
146        }
147        if(KEY_2()) //按键KEY2判断为1时按键按下
148        {
149            LED_1(0);//LED1灯控制（1点亮，0熄灭）
150            LED_2(0);//LED2灯控制（1点亮，0熄灭）
151            BUZZER_SOLO2();//蜂鸣器输出单音的报警音（样式2：CPU微秒级延时）
152            RELAY_1(0);//继电器的控制程序（c=0继电器放开，c=1继电器吸合）
153            printf("KEY2\r\n");//向USART1串口发送字符串
154        }
155
```

使用HAL库中的串口发送函数

使用更高级的printf函数

图 10.22　应用程序

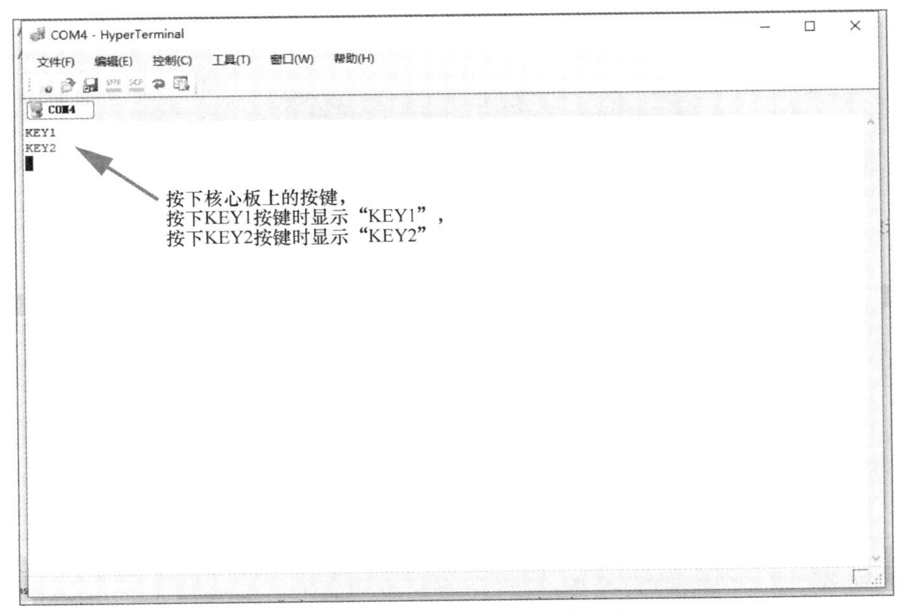

图 10.23　超级终端接收单片机发来的字符

10.3 串口中断回调函数

通过上面的讲解，我们已经掌握了串口通信中的发送方法，接下来学习串口接收。流程是在超级终端中用键盘输入字符，将字符发送给单片机，单片机接收到字符后，给出对应的动作。串口接收功能有两种实现方法，一是查询法，在主循环里写加入 if 判断语句，循环判断串口接收标志位，当 USART1 串口收到数据时，硬件会自动将接收标志位从 0 改成 1，表示收到数据，单片机就可以从对应的串口接收寄存器中读出数据；二是中断法，开启 NVIC 中断控制器中的 USART1 串口中断功能，当串口收到数据时，硬件自动产生中断，单片机中止当前程序，进入中断处理程序，读出接收寄存器里收到的数据。这里我只介绍在项目开发中比较常用的中断法。如图 10.24 所示，打开 CubeMX 图形化界面，在 USART1 功能的模式与参数窗口中选择“NVIC Settings”（NVIC 设置）选项卡，勾选 USART1 中断允许的选项，这样就开启了 USART1 串口接收中断。接下来打开洋桃 IoT 开发板出厂测试程序的工程，在 icode 文件夹里找到 usart 子文件夹，其中有 usart.c 和 usart.h 文件。如图 10.25 所示，将整个 usart 文件夹复制到当前工程的 icode 文件夹里。在 CubeIDE 中刷新工程目录，打开 usart.c 和 usart.h 文件，简单看一下两个文件的内容，接下来我将分析程序原理。

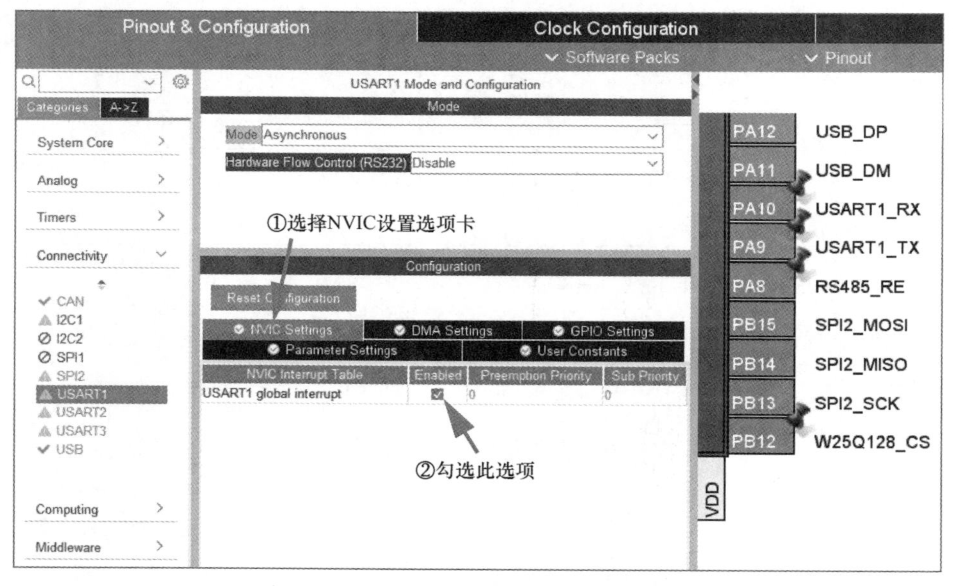

图 10.24　在 CubeMX 中开启串口接收中断

如图 10.26 所示，在 usart.c 文件里定义了多个全局变量，它们是串口接收的标志位与保存接收数据的数组。因为串口中断回调函数包含了所有串口中断事件，也就是说，USART1、USART2、USART3 中的任何一个串口产生中断，程序都会进入同一个中断回调函数，来处理中断事件。所以 usart.c 文件里需要处理 3 个串口的中断，第 10～21 行定义了 3 个串口接收标志位和保存接收数据的数组。当前我们只讲第 10～12 行的 USART1 串口部分。其中第 10 行定义了一个名为 USART1_RX_BUF 的数组，数组长度是宏定义名称，如

图 10.27 所示，实际数值在 usart.h 文件的第 19 行，为 200。这个数组用于存放 USART1 串口接收到的全部数据，最多可存放 200 个字符，已经非常足够。第 11 行定义了一个名为 USART1_RX_STA 的 16 位接收标志位，这个标志位中保存了接收到的数据数量和是否收到 Enter 键。在主函数里只要判断此标志位的状态，就能判断接收状态，后续讲解中会经常提及此标志位。第 12 行定义了一个名为 USART1_NewData 的 8 位变量，当产生串口接收中断时，此变量用于存放最新收到的 1 个字符。

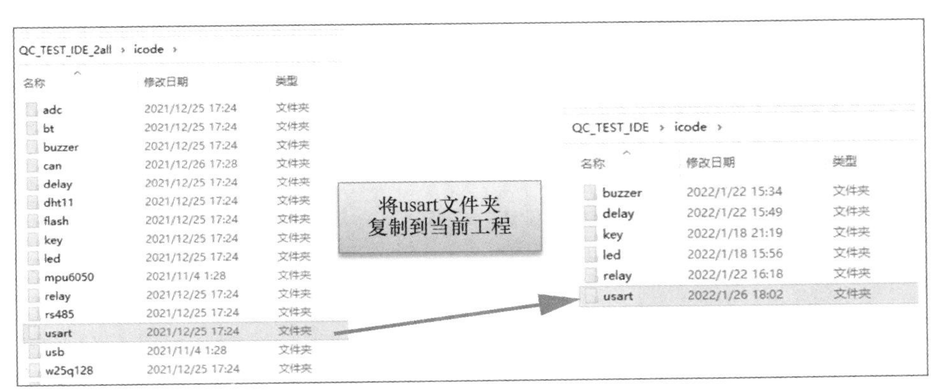

图 10.25　将 usart 文件夹复制到当前工程

```
7
8 #include "usart.h"
9
10 uint8_t USART1_RX_BUF[USART1_REC_LEN];//接收缓冲,最大USART_REC_LEN个字节.
11 uint16_t USART1_RX_STA=0;//接收状态标记//bit15，接收完成标志，bit14，接收到0x0d，bit13~0，接收到的有效字节数目
12 uint8_t USART1_NewData;//当前串口中断接收的1个字节数据的缓存
13
14 uint8_t USART2_RX_BUF[USART2_REC_LEN];//接收缓冲,最大USART_REC_LEN个字节.
15 uint16_t USART2_RX_STA=0;//接收状态标记//bit15，接收完成标志，bit14，接收到0x0d，bit13~0，接收到的有效字节数目
16 uint8_t USART2_NewData;//当前串口中断接收的1个字节数据的缓存
17 uint8_t RS485orBT;//当RS485orBT标志位为1时是RS485模式，为0时是蓝牙模式
18
19 uint8_t USART3_RX_BUF[USART3_REC_LEN];//接收缓冲,最大USART_REC_LEN个字节.
20 uint16_t USART3_RX_STA=0;//接收状态标记//bit15，接收完成标志，bit14，接收到0x0d，bit13~0，接收到的有效字节数目
21 uint8_t USART3_NewData;//当前串口中断接收的1个字节数据的缓存
22
23 void  HAL_UART_RxCpltCallback(UART_HandleTypeDef  *huart)//串口中断回调函数
24 {
25     if(huart ==&huart1)//判断中断来源（串口1，USB转串口）
26     {
27        printf("%c",USART1_NewData); //把收到的数据以 a符号变量 发送回计算机
28        if((USART1_RX_STA&0x8000)==0){//接收未完成
29            if(USART1_RX_STA&0x4000){//接收到了0x0d
30                if(USART1_NewData!=0x0a)USART1_RX_STA=0;//接收错误,重新开始
31                else USART1_RX_STA|=0x8000;   //接收完成了
32            }else{ //还没收到0X0D
33                if(USART1_NewData==0x0d)USART1_RX_STA|=0x4000;
34                else{
35                   USART1_RX_BUF[USART1_RX_STA&0X3FFF]=USART1_NewData; //将收到的数据放入数组
36                   USART1_RX_STA++;  //数据长度计数加1
```

图 10.26　usart.c 文件

usart.c 文件的第 23 行是串口中断回调函数，其中包含 3 个串口的独立处理程序。目前只用到 USART1 串口，所以只看第 23～42 行的程序部分。在分析函数原理之前，我先介绍一下中断回调函数的意义。如图 10.28 所示，看过《STM32 入门 100 步》的读者应该记得，标准库是在中断处理函数中完成接收数据的处理，当产生串口接收中断时，程序会中止运行主函数，自动跳转到对应的中断处理函数。这种处理方式简单直接，缺点是如果程序停留在中断处理函数的时间太久，会耽误主函数的时间，也会让其他中断事件受阻，其他中断需要等待当前中断处理完成才能进行处理。为了解决这个问题，HAL 库函数改用中

断回调函数处理中断事件。在 HAL 库程序中，当产生中断事件时，程序依然会跳转到中断处理函数，但中断处理函数里只简单标注了中断来源，然后程序退出中断，回到主函数。回到主函数后并不是继续执行之前中止的程序，而是自动调用中断回调函数，中断事件的处理都放在中断回调函数里。由于程序已经退出中断状态，回归主函数，所以其他中断事件不会受阻。这就是中断回调函数的作用和意义。

```
 7
 8 #ifndef INC_USART_H_
 9 #define INC_USART_H_
10
11 #include "stm32f1xx_hal.h" //HAL库文件声明
12 #include <string.h>//用于字符串处理的库
13 #include "../inc/retarget.h"//用于printf函数串口重映射
14
15 extern UART_HandleTypeDef huart1;//声明USART1的HAL库结构体
16 extern UART_HandleTypeDef huart2;//声明USART2的HAL库结构体
17 extern UART_HandleTypeDef huart3;//声明USART2的HAL库结构体
18
19 #define USART1_REC_LEN  200//定义USART1最大接收字节数
20 #define USART2_REC_LEN  200//定义USART1最大接收字节数
21 #define USART3_REC_LEN  200//定义USART1最大接收字节数
22
23 extern uint8_t  USART1_RX_BUF[USART1_REC_LEN];//接收缓冲,最大USART_REC_LEN个字节.末字节为换行符
24 extern uint16_t USART1_RX_STA;//接收状态标记
25 extern uint8_t USART1_NewData;//当前串口中断接收的1个字节数据的缓存
26
27 extern uint8_t  USART2_RX_BUF[USART2_REC_LEN];//接收缓冲,最大USART_REC_LEN个字节.末字节为换行符
28 extern uint16_t USART2_RX_STA;//接收状态标记
29 extern uint8_t USART2_NewData;//当前串口中断接收的1个字节数据的缓存
30 extern uint8_t RS485orBT;//当RS485orBT标志位为1时是RS485模式，为0时是蓝牙模式
31
32 extern uint8_t  USART3_RX_BUF[USART3_REC_LEN];//接收缓冲,最大USART_REC_LEN个字节.末字节为换行符
33 extern uint16_t USART3_RX_STA;//接收状态标记
34 extern uint8_t USART3_NewData;//当前串口中断接收的1个字节数据的缓存
35
36 void  HAL_UART_RxCpltCallback(UART_HandleTypeDef  *huart);//串口中断回调函数声明
```

图 10.27　usart.h 文件

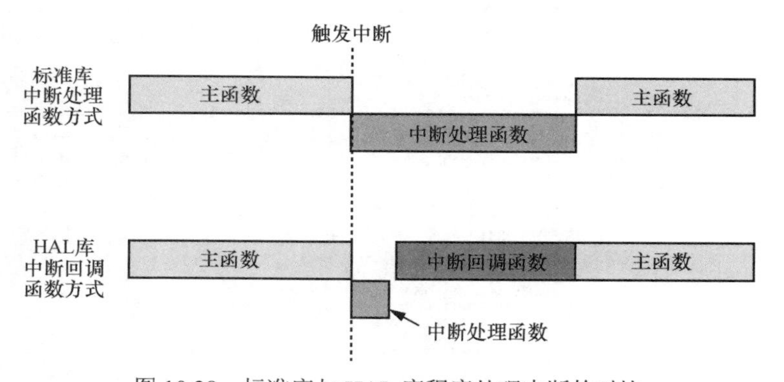

图 10.28　标准库与 HAL 库程序处理中断的对比

关于中断回调函数还有一个弱函数的概念。如图 10.29 所示，HAL 库中的 stm32f1xx_hal_uart.c 文件是 USART 串口功能的库函数文件，其中第 2616 行是串口中断回调函数，此函数与 usart.c 文件中第 23 行的中断回调函数名称完全一样，只是这个函数有 __weak 前缀，也叫修饰符。__weak 前缀的作用是定义弱函数。弱函数相当于后补球员，如果正式球员在场，后补球员不能上场；如果正式球员缺席，后补球员就会补位，保证比赛正常进行。当在 usart.c 文件中定义了中断回调函数时，弱函数不会被编译；假如程序中不需要串口中断功能，删除了中断回调函数，此时将会编译中断回调的弱函数。如果程序中没有弱函数当后补，删除正式函数会导致编译器找不到中断回调函数而报错。在 HAL 库

中有很多这样的弱函数在默默为程序的顺利编译做出贡献。

```
stm32f1xx_hal_uart.c
2611   * @brief  Rx Transfer completed callbacks.
2612   * @param  huart  Pointer to a UART_HandleTypeDef structure that contains
2613   *                the configuration information for the specified UART module.
2614   * @retval None
2615   */
2616 __weak void HAL_UART_RxCpltCallback(UART_HandleTypeDef *huart)
2617 {
2618   /* Prevent unused argument(s) compilation warning */
2619   UNUSED(huart);
2620   /* NOTE: This function should not be modified, when the callback is needed,
2621            the HAL_UART_RxCpltCallback could be implemented in the user file
2622    */
2623 }
2624
```

图 10.29　弱函数

下面我们分析一下中断回调函数的原理。首先打开 usart.c 文件，如图 10.30 所示，第 23～42 行是中断回调函数中 USART1 的处理程序部分。第 23 行是函数名和参数，参数是一个指针变量，作用是保存中断的来源。当产生串口中断时，程序进入中断处理函数，处理函数会把产生中断的串口号放入回调参数的指针。所以在第 25 行用 if 语句判断指针变量 huart 中的串口号是不是 huart1，如果是就表示产生中断的串口是 USART1。第 27 行调用了 printf 函数，参数中的“%c”表示将后面 USART1_NewData 变量的值以字符的方式发送给串口 USART1，变量中自动存放着最新接收到的串口数据。所以第 27 行的作用是把 USART1 收到的数据再原样发送出去，效果是我们在超级终端上输入字符时，字符同时显示在超级终端的窗口中。现在大家知道了，窗口中的字符并不是超级终端自己显示的，它们经过了单片机的接收和发送的过程。第 28～40 行是等待接收多个字符指令的程序，它的效果是在超级终端输入字符时，每输入一个字符就会产生一次串口中断，然后字符会按顺序存放到 USART1_RX_BUF 数组中，数组最多可以存放 200 个字符。在连续接收字符的过程中，USART1_RX_STA 标志位的值不断累加，它的值就是实际接收到字符的数量。在主函数里，只要循环判断 USART1_RX_STA 标志位的值，就可以知道串口接收的状态。第 28～40 行的程序还有一个功能，当在超级终端中用键盘按 Enter 键，USART1_RX_STA 标志位会把接收数量加上固定值 0xC000。比如我们在超级终端输入了“123”这 3 个字符然后按 Enter 键，那么在没按 Enter 键之前标志位的值是 0x0003，按 Enter 键后标志位的值变成 0xC003，通过判断标志位中是否有“C”就能判断有没有按 Enter 键。有朋友会问，为什么要判断有没有按 Enter 键呢？这个问题在编写串口控制程序时自然会告诉你答案。第 41 行是调用 HAL 库中的开启串口接收中断的函数。当串口产生接收中断后，接收中断会被自动关闭，所以在处理完与接收相关的程序后，要加入第 41 行的开启串口接收中断，这样下一次中断才能被正常触发。

关于第 28～40 行程序的实现原理，在《STM32 入门 100 步》中的第 37 步有详细的讲解，很多看过的读者依然不能理解其逻辑关系。在我看来，这个程序的实现并不难理解，初学者只要仔细研究就能很快掌握，但从学习者的反馈情况看，第 28～40 行程序却成了理解难点。我建议大家花一天时间去理解，如果理解不了，放弃是最好的选择。学习技术的第一目的是应用，第 28～40 行的程序就像一个完整可用的工具，只要学会如何移植和调用，即使不理解其内部结构和工作原理也不耽误使用。我在一开始就只讲解 HAL 库的使用，并没有分析每个 HAL 库函数的内部原理，不是也能很好地调用吗？

```
22
23 void  HAL_UART_RxCpltCallback(UART_HandleTypeDef  *huart)//串口中断回调函数
24 {
25     if(huart ==&huart1)//判断中断来源（串口1，USB转串口）
26     {
27        printf("%c",USART1_NewData); //把收到的数据以 a符号变量 发送回计算机
28        if((USART1_RX_STA&0x8000)==0){//接收未完成
29            if(USART1_RX_STA&0x4000){//接收到了0x0d
30                if(USART1_NewData!=0x0a)USART1_RX_STA=0;//接收错误,重新开始
31                else USART1_RX_STA|=0x8000;    //接收完成了
32            }else{ //还没收到0X0D
33                if(USART1_NewData==0x0d)USART1_RX_STA|=0x4000;
34                else{
35                   USART1_RX_BUF[USART1_RX_STA&0X3FFF]=USART1_NewData; //将收到的数据放入数组
36                   USART1_RX_STA++;  //数据长度计数加1
37                   if(USART1_RX_STA>(USART1_REC_LEN-1))USART1_RX_STA=0;//接收数据错误,重新开始接收
38                }
39            }
40        }
41        HAL_UART_Receive_IT(&huart1,(uint8_t *)&USART1_NewData,1); //再开启接收中断
42    }
```

图 10.30　中断回调函数内容

10.4　编写串口控制应用程序

接下来在 main.c 文件中编写串口接收的应用层程序，最终让超级终端控制开发板上继电器的吸合与断开。如图 10.31 所示，打开 main.c 文件，在第 30 行加载 usart.h 文件的路径。如图 10.32 所示，在第 127 行加入开启串口接收中断的函数，这一行函数的内容与 usart.c 文件中第 41 行的内容是一样的。因为单片机上电启动时，串口接收中断默认为关闭状态，所以在 main 函数开始处先将其开启。

```
22 /* Private includes ----------------------------------
23 /* USER CODE BEGIN Includes */
24 #include "../../icode/led/led.h"
25 #include "../../icode/key/key.h"
26 #include "../../icode/delay/delay.h"
27 #include "../../icode/buzzer/buzzer.h"
28 #include "../../icode/relay/relay.h"
29 #include "../inc/retarget.h"//用于printf函数串口重映射
30 #include "../../icode/usart/usart.h"
31 /* USER CODE END Includes */
32
```

图 10.31　usart.h 文件的路径

然后在主循环中添加串口控制继电器的程序。因为串口数据已经在中断回调函数中处理过了，如图 10.33 所示，处理好的内容存放在 usart.c 文件的第 10～11 行的变量中。第 10 行的 USART1_RX_BUF 数组中存放着按顺序接收到的字符，第 11 行的 USART1_RX_STA 标志位中存放着接收字符的数量和 Enter 标志，应用程序的编写就是利用这两组变量完成的。借用上一步中的按键控制继电器的程序，如图 10.34 所示，在

第 157～171 行加入我编写的新程序，新程序的原理非常简单。第 157 行用 if 语句判断 USART1_RX_STA 标志位中是否有 Enter 标志，如果有 Enter 标志“C”判断为真，没有则为假。所以我们新加入的程序是在等待 Enter 键，只有判断有 Enter 键才进行对串口接收数据的处理。这种以 Enter 键为一条指令的终结方式，也是早期 DOS 操作系统的执行方法。当有 Enter 键时执行第 158～170 行的内容。第 158 行判断 USART1_RX_BUF 数组中的第 1 个数据是不是字符“1”，数组中的数据从 0 开始计算，所以 USART1_RX_BUF[0]中是第 1 个接收到的字符。如果判断为真，则执行第 159～162 行程序，LED 点亮，继电器吸合。第 164 行判断 USART1_RX_BUF[0]中的字符是不是 0，如果是则执行第 165～168 行程序，LED 熄灭，继电器断开。第 170 行清除标志位中的数量与 Enter 标志，表示串口接收的处理结束，准备下一次接收。程序写好后重新编译下载，在开发板上运行。此时在超级终端中用键盘输入“1”并按 Enter 键，开发板上的两个 LED 点亮，继电器吸合；再输入字符“0”并按 Enter 键，开发板上的两个 LED 熄灭，继电器断开。这就达到了超级终端远程控制开发板的效果。

```
122    MX_USART2_UART_Init();
123    MX_USART3_UART_Init();
124    MX_USB_PCD_Init();
125    /* USER CODE BEGIN 2 */
126    RetargetInit(&huart1);//将printf函数映射到UART1串口上
127    HAL_UART_Receive_IT(&huart1,(uint8_t *)&USART1_NewData,1);//开启串口1接收中断
128    /* USER CODE END 2 */
129
130    /* Infinite loop */
131    /* USER CODE BEGIN WHILE */
132    while (1)
133    {
134 //      LED_1(1);//LED1灯控制（1点亮，0熄灭）
135 //      LED_2(0);//LED2灯控制（1点亮，0熄灭）
136 //      HAL_Delay(100);//在主循环里写入HAL库的毫秒级延时函数
137 //      LED_1(0);//LED1灯控制（1点亮，0熄灭）
138 //      LED_2(1);//LED2灯控制（1点亮，0熄灭）
139 //      HAL_Delay(100);//在主循环里写入HAL库的毫秒级延时函数
140
```

图 10.32 开启串口接收中断

```
 8 #include "usart.h"
 9
10 uint8_t USART1_RX_BUF[USART1_REC_LEN];//接收缓冲,最大USART_REC_LEN个字节
11 uint16_t USART1_RX_STA=0;//接收状态标记//bit15，接收完成标志，bit14，接收到0x0d，bit13~0，接收到的有效字节数目
12 uint8_t USART1_NewData;//当前串口中断接收的1个字节数据的缓存
13
```

图 10.33 数组与标志位

如图 10.35 所示，接下来可以试着修改第 157 行的 if 判断条件，改成判断标志位的数量是否等于 1，且没有 Enter 标志。重新编译下载，在开发板上运行。如图 10.36 所示，这时在超级终端中输入“1”，不用按 Enter 键，继电器就吸合了；再输入“0”，不用按 Enter 键，继电器就断开了。这是不加入 Enter 判断的效果。大家可以根据自己的实际需要来选择不同的判断条件和处理方法。

请大家认真分析 usart.c 文件中的第 28～40 行，尽量理解程序实现原理。另外请在示例

程序的基础上加入更复杂的控制界面设计，从而熟练掌握串口收发功能的应用。

```
157        if(USART1_RX_STA&0xC000){//串口1判断中断接收标志位
158            if(USART1_RX_BUF[0]=='1'){
159                LED_1(1);//LED1灯控制（1点亮，0熄灭）
160                LED_2(1);//LED2灯控制（1点亮，0熄灭）
161                BUZZER_SOLO1();//蜂鸣器输出单音的报警音（样式1：HAL库的精准延时函数）
162                RELAY_1(1);//继电器的控制程序（c=0继电器放开，c=1继电器吸合）
163            }
164            if(USART1_RX_BUF[0]=='0'){
165                LED_1(0);//LED1灯控制（1点亮，0熄灭）
166                LED_2(0);//LED2灯控制（1点亮，0熄灭）
167                BUZZER_SOLO2();//蜂鸣器输出单音的报警音（样式2：CPU微秒级延时）
168                RELAY_1(0);//继电器的控制程序（c=0继电器放开，c=1继电器吸合）
169            }
170            USART1_RX_STA=0;//串口接收标志清0，即开启下一轮接收
171        }
```

图 10.34　判断 Enter 键的应用程序

```
157        if(USART1_RX_STA==0x0001){//串口1判断中断接收标志位
158            if(USART1_RX_BUF[0]=='1'){
159                LED_1(1);//LED1灯控制（1点亮，0熄灭）
160                LED_2(1);//LED2灯控制（1点亮，0熄灭）
161                BUZZER_SOLO1();//蜂鸣器输出单音的报警音（样式1：HAL库的精准延时函数）
162                RELAY_1(1);//继电器的控制程序（c=0继电器放开，c=1继电器吸合）
163            }
164            if(USART1_RX_BUF[0]=='0'){
165                LED_1(0);//LED1灯控制（1点亮，0熄灭）
166                LED_2(0);//LED2灯控制（1点亮，0熄灭）
167                BUZZER_SOLO2();//蜂鸣器输出单音的报警音（样式2：CPU微秒级延时）
168                RELAY_1(0);//继电器的控制程序（c=0继电器放开，c=1继电器吸合）
169            }
170            USART1_RX_STA=0;//串口接收标志清0，即开启下一轮接收
171        }
```

图 10.35　不判断 Enter 键的程序

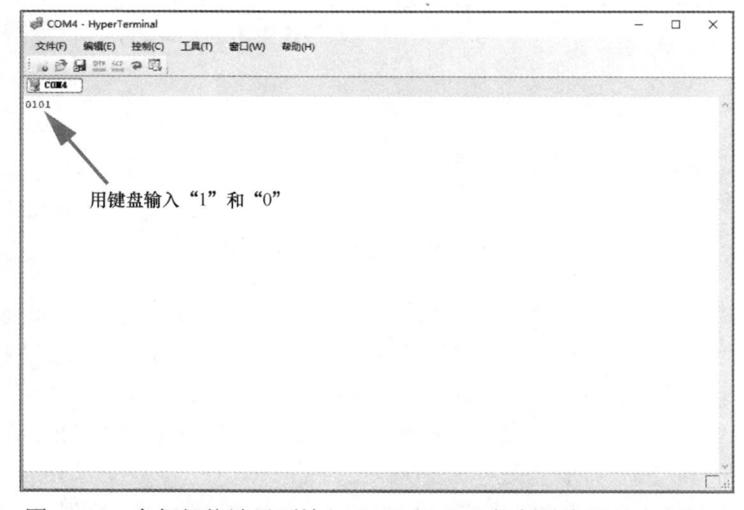

图 10.36　在超级终端界面输入“1”和“0”控制继电器吸合和断开

第 11 步：ADC 与 DMA 驱动程序

这一步我们学习用 HAL 库驱动 ADC 和 DMA 的方法。ADC 将模拟信号转换成数字信号，可以读出端口的电压值，是常用的单片机内部功能。我将介绍 ADC 功能的电路原理、CubeMX 设置方法、移植 ADC 驱动程序的方法，最后编写一个 ADC 读取光敏电阻和电位器电压值的应用程序。DMA 是直接存储器访问，可以不经过 ARM 内核，直接将 ADC 数据读出到指定寄存器，减少 ARM 内核的工作量。我们将学习 DMA 功能的原理和两种用 DMA 功能读取 ADC 数据的方法。

11.1　ADC 功能

在 HAL 库中应用 ADC 功能是非常简单的操作，因为 CubeMX 图形化界面中已经包括 ADC 大多数的设置，要移植的驱动程序也只有短短几行，如果改用 DMA 功能自动读取 ADC 数据，还可以完全省去 ADC 驱动程序。所以这一部分的学习重点是 CubeMX 设置和应用程序的设计。接下来我将分 4 个部分介绍 ADC 功能。

11.1.1　ADC 电路原理

如图 11.1 所示，之前介绍的 GPIO 端口功能只有高电平和低电平两种输入状态，适用于按键之类的输入电平，只有开和关两种状态的数字信号，输入单片机时以 1 和 0 表示。但还有一些电路输入的是线性电压，电压是 0～3.3V 范围内的任意值，这时就需要 ADC 功能来读取这种模拟电压值，输入单片机时以 0～4095 范围内的数值表示，通过简单的算法就可以得出真实的电压值。ADC 功能的应用非常广泛，例如电子设备的电量显示就是用 ADC 读取电池电压值实现的。

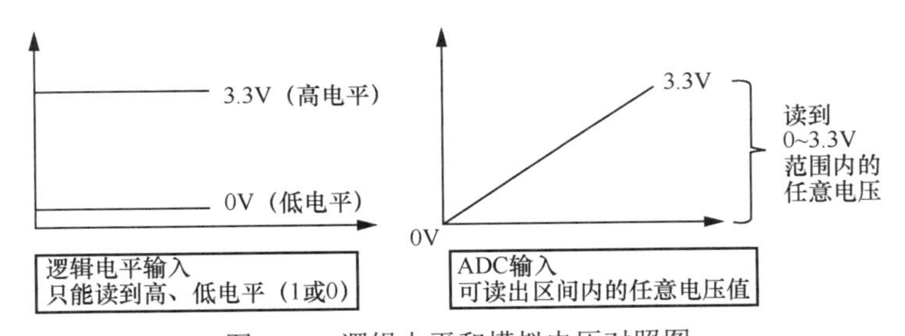

图 11.1　逻辑电平和模拟电压对照图

如图 11.2 所示，STM32F103 单片机有两个 ADC 功能，分别是 ADC1 和 ADC2，每个 ADC 有 16 个输入通道，但我们目前用的 48 引脚单片机只引出其中的 10 个通道，如果想要更多通道可改用多引脚的封装。单片机引脚上的 VDDA 和 VSSA 用于 ADC 功能的独立电源输入，如果要得到无干扰、更稳定的转换结果，需要为 VDDA 和 VSSA 提供独立电源，我们的开发板仅用于实验，就将 ADC 电源与单片机逻辑电源并联在一起了。ADC 的参考电压值由 VREF+引脚提供，48 引脚单片机将 VREF+在内部连接在 VDDA 上，使得 ADC 可读取的电压范围是 0～3.3V。每个 ADC 功能都具有 12 位分辨率，即 4096 级精度，将 0～3.3V 电压转换成对应的数字信号，其范围为 0～4095。

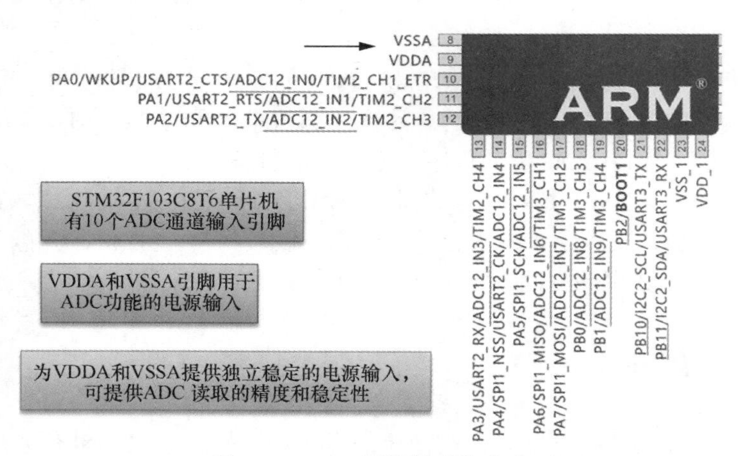

图 11.2　ADC 通道的引脚定义

如图 11.3 所示，打开“洋桃 IoT 开发板电路原理图”文件，在其中找到 ADC 输入部分的电路。从图中可以看出共有两路输入源，开发板上的手调电位器经过 P11 的跳线连接到单片机的 PA4 端口。如图 11.4 所示，在洋桃 IoT 开发板上蓝色的电器位旋钮上有一个箭头，当逆时针旋转旋钮，让箭头指向 MIX 时，电位器内部触点与 GND 达到最小电阻值，PA4 端口输入的电压等于 0，转换的数值为 0；当顺时针旋转旋钮，让箭头指向 MAX 时，电位器内部触点与 3.3V 电源达到最小电阻值，PA4 端口输入的电压等于 3.3V，转换的数值为 4095；当旋钮在最小和最大之间游走时，PA4 端口输入的电压在 0～3.3V 范围内线性变化，转换出的数值在 0～4095 范围内线性变化。在洋桃 IoT 开发板上的光敏电阻可以接收环境光线，通过跳线 P11 连接到单片机的 PA5 端口。当环境无光时，电路中的光敏电阻 RG1 达到最大电阻值，由于电阻 R7 的上拉作用，PA5 端口输入的电压升高；当环境光线强时，光敏电阻 RG1 达到最小电阻值，由于电路的分压作用，PA5 端口输入的电压下降。根据电路可知，光敏电阻转换的数值与照度之间并没有严格的换算关系，仅作为光线变化的粗略参考。由以上电路原理可以看出，只要读取 PA4 和 PA5 端口的 ADC 数值，就能判断环境光线强弱与电位器的旋钮角度。

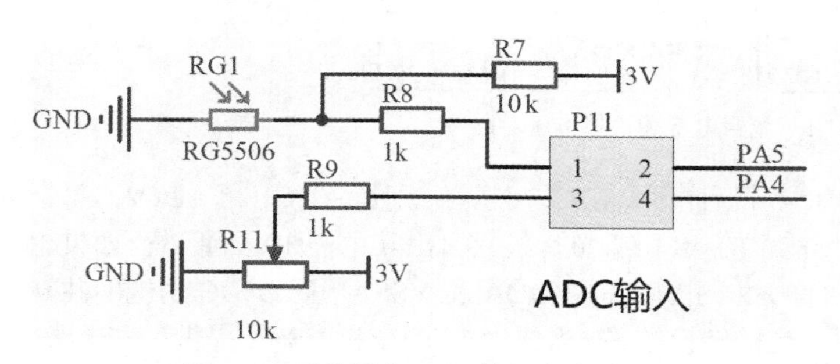

图 11.3　开发板上 ADC 输入电路原理图

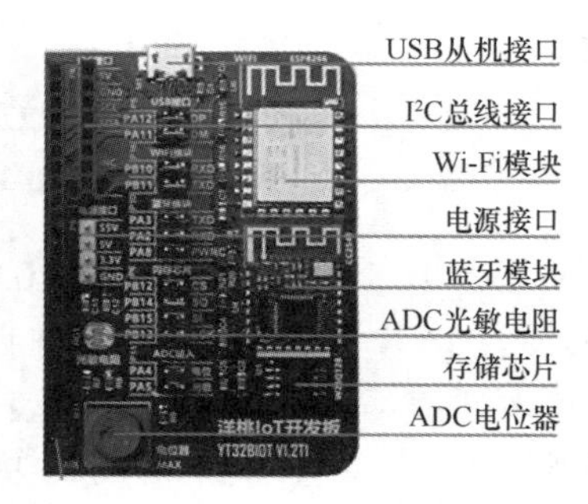

图 11.4　开发板上的光敏电阻和电位器

11.1.2　CubeMX 的设置

理解电路原理之后，接下来在 CubeMX 图形化界面中设置 ADC 功能的参数。依然是借用上一步编写的工程，打开工程进入 CubeMX 图形化界面，再进入时钟配置窗口。如图 11.5 所示，时钟树视图中重点关注 ADC 时钟的预分频器，可以根据 ADC 的刷新速度要求来设置 ADC 时钟频率，最大不超过 14MHz。由于当前对 ADC 的转换速度并没有严格要求，我将 ADC 时钟频率设置为 9MHz。

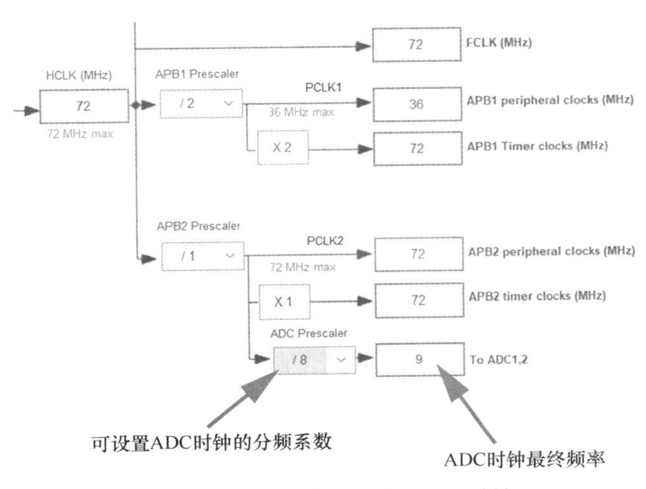

图 11.5　时钟树视图中的 ADC 时钟

如图 11.6 所示，进入单片机端口视图，将 PA4 端口模式设置为“ADC1_IN4”，在功能组中单击“ADC1”，在模式窗口中可以看到“IN4”被自动勾选，表示已开启 ADC1 功能的通道 4。

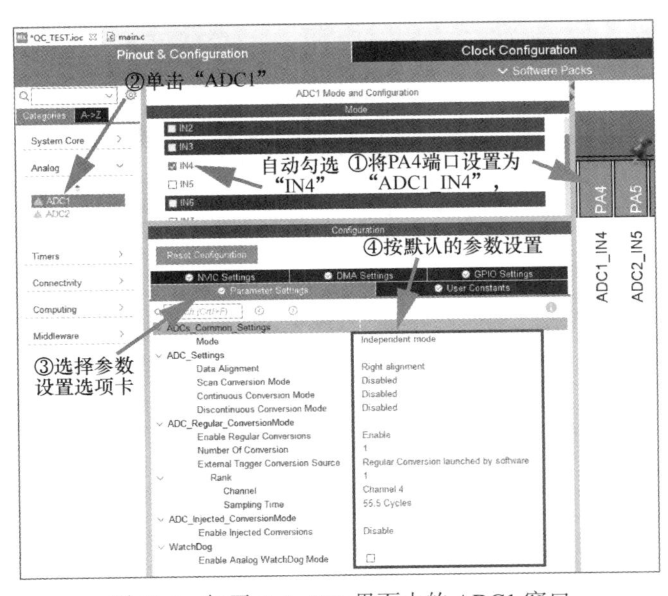

图 11.6　打开 CubeMX 界面中的 ADC1 窗口

如图 11.7 所示，在参数设置选项卡中按图中的设置，将 Rank 第 1 组中的转换时间设置为 55.5 个时钟周期，其他参数按默认设置。关于各参数的作用，下面用到时会讲解。如图 11.8 所示，再在端口视图中设置 PA5 端口为“ADC2_IN5”，然后单击“ADC2”，模式窗口中的“IN5”被自动勾选，表示开启了 ADC2 功能的通道 5。在参数设置选项卡中的设置与 ADC1 功能相同。设置完成后重新生成程序。

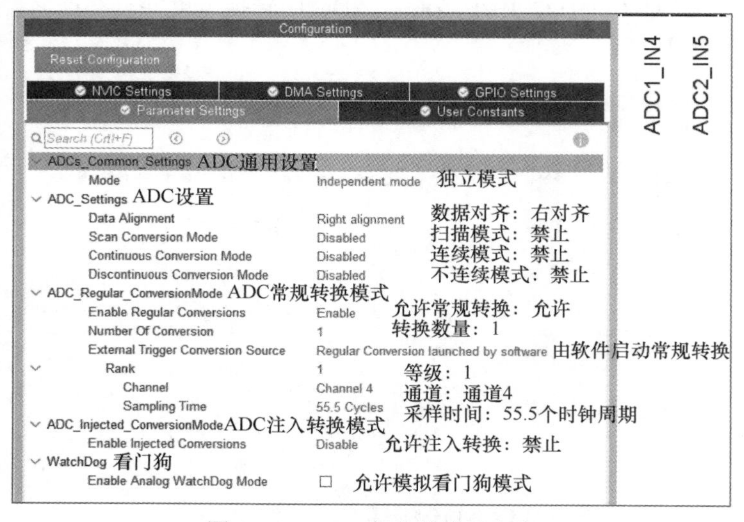

图 11.7　ADC1 的参数设置内容

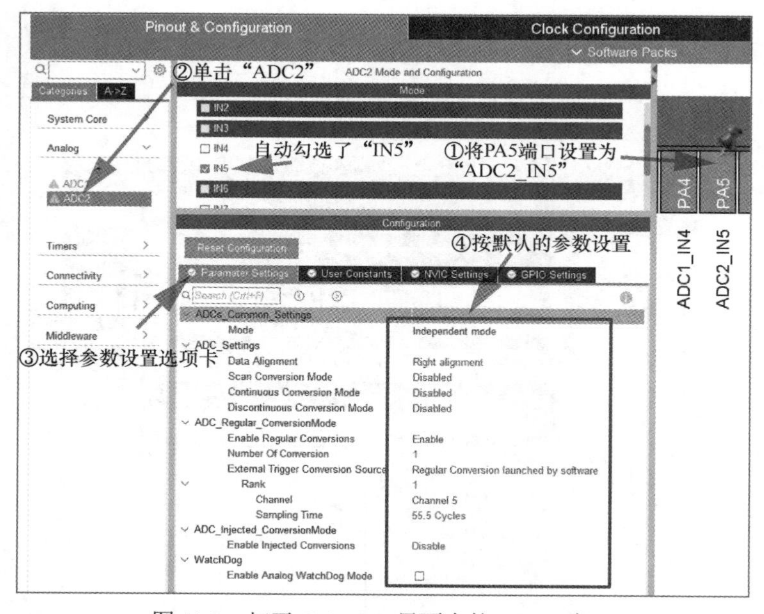

图 11.8　打开 CubeMX 界面中的 ADC2 窗口

打开 main.c 文件，如图 11.9 所示，在第 118 行和第 119 行自动生成了两组 ADC 的初始化函数。如图 11.10 所示，初始化函数的内容在 main.c 文件的第 241 行，我们在 CubeMX

中设置的参数都变成了这里的程序，单片机上电时会执行这两条初始化程序，把 CubeMX 中的设置写入单片机的寄存器，使 PA4 和 PA5 端口变成模拟输入状态，使 ADC 功能准备就绪。大家可以简单浏览一下其中的内容。

```
115   /* Initialize all configured peripherals */
116   MX_GPIO_Init();
117   MX_RTC_Init();
118   MX_ADC1_Init();
119   MX_ADC2_Init();
120   MX_CAN_Init();
121   MX_SPI2_Init();
122   MX_USART1_UART_Init();
123   MX_USART2_UART_Init();
124   MX_USART3_UART_Init();
125   MX_USB_PCD_Init();
126   /* USER CODE BEGIN 2 */
```

main函数中自动生成的ADC初始化函数

图 11.9　main 函数中自动生成的 ADC 初始化函数

ADC初始化函数的内容

```
main.c    QC_TEST.ioc
239    * @retval None
240    */
241 static void MX_ADC1_Init(void)
242 {
243
244   /* USER CODE BEGIN ADC1_Init 0 */
245
246   /* USER CODE END ADC1_Init 0 */
247
248   ADC_ChannelConfTypeDef sConfig = {0};
249
250   /* USER CODE BEGIN ADC1_Init 1 */
251
252   /* USER CODE END ADC1_Init 1 */
253   /** Common config
254   */
255   hadc1.Instance = ADC1;
256   hadc1.Init.ScanConvMode = ADC_SCAN_DISABLE;
257   hadc1.Init.ContinuousConvMode = DISABLE;
258   hadc1.Init.DiscontinuousConvMode = DISABLE;
259   hadc1.Init.ExternalTrigConv = ADC_SOFTWARE_START;
260   hadc1.Init.DataAlign = ADC_DATAALIGN_RIGHT;
261   hadc1.Init.NbrOfConversion = 1;
262   if (HAL_ADC_Init(&hadc1) != HAL_OK)
263   {
264     Error_Handler();
265   }
266   /** Configure Regular Channel
267   */
```

图 11.10　ADC 初始化函数的内容

11.1.3　移植 ADC 驱动程序

接下来还是用老方法，从出厂测试程序工程中移植 ADC 驱动程序。如图 11.11 所示，在出厂测试程序的 icode 文件夹里找到 adc 文件夹，其中包含 adc.c 和 adc.h 文件，将 adc 文件夹复制到当前工程的 icode 文件夹里。如图 11.12 和图 11.13 所示，在 CubeIDE 中刷新工程目录，打开 adc.h 和 adc.c 文件，并浏览其中内容。adc.c 文件中有开启 ADC1 和 ADC2 读取数据的函数，adc.h 文件中声明了这两个函数。

QC_TEST_IDE_2all › icode ›
名称
adc
bt
buzzer
can
delay
dht11
flash
key
led
mpu6050
relay
rs485
usart
usb
w25q128
出厂测试程序工程
QC_TEST_IDE_2all › icode › adc
名称
adc.c
adc.h
adc文件夹里的文件
复制到当前工程
QC_TEST_IDE › icode ›
名称
adc
buzzer
delay
key
led
relay
usart
当前工程

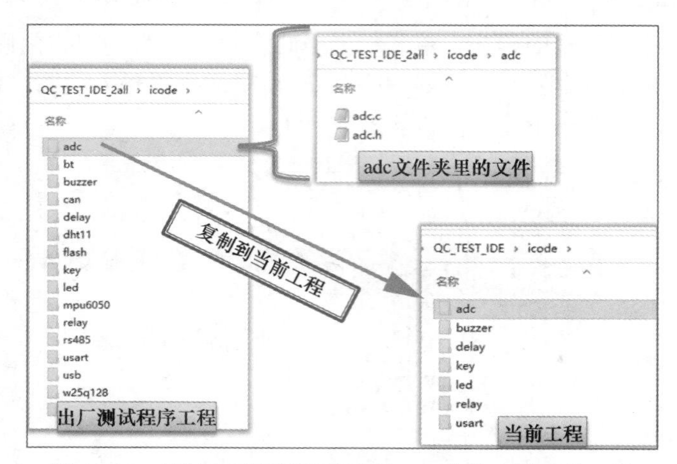

图 11.11　复制出厂测试程序中的 adc 文件夹到当前工程

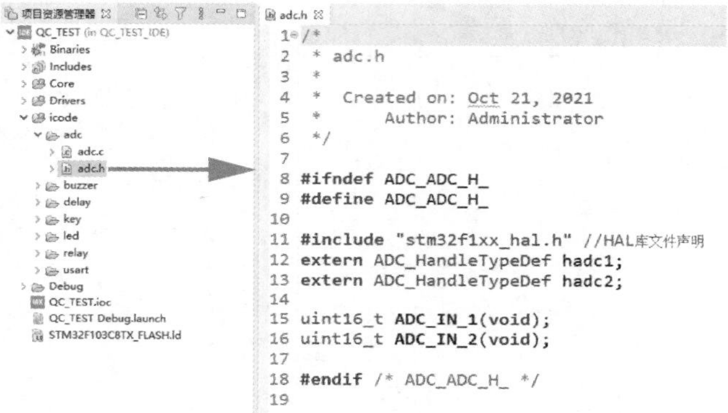

项目资源管理器
QC_TEST (in QC_TEST_IDE)
Binaries
Includes
Core
Drivers
icode
adc
adc.c
adc.h
buzzer
delay
key
led
relay
usart
Debug
QC_TEST.ioc
QC_TEST Debug.launch
STM32F103C8TX_FLASH.ld
adc.h
1 /*
2 * adc.h
3 *
4 * Created on: Oct 21, 2021
5 *   Author: Administrator
6 */
7
8 #ifndef ADC_ADC_H_
9 #define ADC_ADC_H_
10
11 #include "stm32f1xx_hal.h" //HAL库文件声明
12 extern ADC_HandleTypeDef hadc1;
13 extern ADC_HandleTypeDef hadc2;
14
15 uint16_t ADC_IN_1(void);
16 uint16_t ADC_IN_2(void);
17
18 #endif /* ADC_ADC_H_ */
19

图 11.12　adc.h 文件

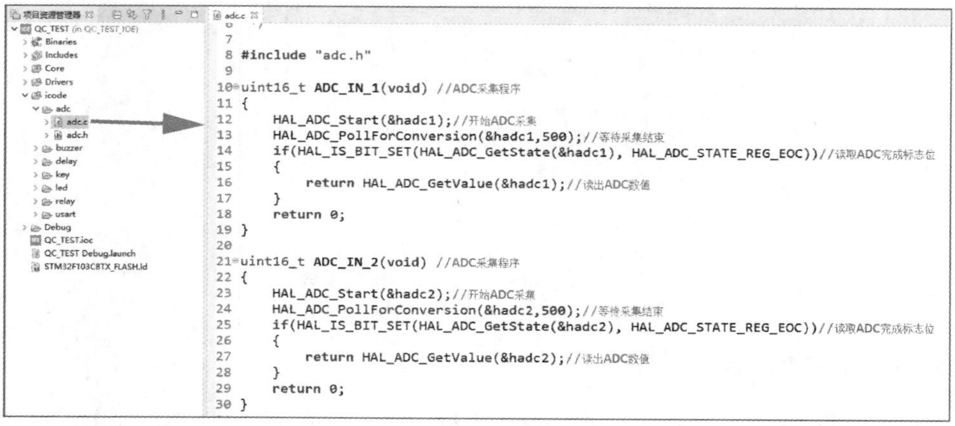

项目资源管理器
QC_TEST (in QC_TEST_IDE)
Binaries
Includes
Core
Drivers
icode
adc
adc.c
adc.h
buzzer
delay
key
led
relay
usart
Debug
QC_TEST.ioc
QC_TEST Debug.launch
STM32F103C8TX_FLASH.ld
adc.c
7
8 #include "adc.h"
9
10 uint16_t ADC_IN_1(void) //ADC采集程序
11 {
12   HAL_ADC_Start(&hadc1);//开始ADC采集
13   HAL_ADC_PollForConversion(&hadc1,500);//等待采集结束
14   if(HAL_IS_BIT_SET(HAL_ADC_GetState(&hadc1), HAL_ADC_STATE_REG_EOC))//读取ADC完成标志位
15   {
16   return HAL_ADC_GetValue(&hadc1);//读出ADC数值
17   }
18   return 0;
19 }
20
21 uint16_t ADC_IN_2(void) //ADC采集程序
22 {
23   HAL_ADC_Start(&hadc2);//开始ADC采集
24   HAL_ADC_PollForConversion(&hadc2,500);//等待采集结束
25   if(HAL_IS_BIT_SET(HAL_ADC_GetState(&hadc2), HAL_ADC_STATE_REG_EOC))//读取ADC完成标志位
26   {
27   return HAL_ADC_GetValue(&hadc2);//读出ADC数值
28   }
29   return 0;
30 }

图 11.13　adc.c 文件

我来简单分析一下 ADC1 读取数据的函数原理，ADC2 读取数据的函数原理与之相同。如图 11.13 所示，在 adc.c 文件的第 10～19 行是 ADC1 读取数据的函数，函数名是 ADC_IN_1，没有参数，有 16 位的返回值，最终读出的 12 位 ADC 的转换数值就在返回值

里。第 12 行调用 HAL 库函数，开启 ADC1 的转换，这一条程序执行后，单片机内部的 ADC1 功能电路开始采集 PA4 端口的电压值，然后将其转换为数值。由于转换的过程需要一段时间，所以第 13 行调用另一个 HAL 库函数，等待 ADC1 转换工作结果，执行这一条程序后，程序在此循环等待，当 ADC1 转换结束时，才继续执行第 14 行。第 14 行依然调用 HAL 库函数，读取 ADC1 的转换完成标志位，如果标志位判断为真，说明转换成功，转换得出的数值被存放到相应的寄存器。接下来执行第 16 行，调用读取 ADC1 数据寄存器的 HAL 库函数，把数值送到返回值，并退出函数。如果在第 14 行判断标志位为假，表示 ADC1 读取失败，则不会执行第 16 行，而会执行第 18 行，返回值为 0，表示读取失败。

11.1.4　编写 ADC 应用程序

驱动程序移植到工程后，要把 ADC 驱动程序在主函数中应用起来。打开 main.c 文件，如图 11.14 所示，在第 31 行加载 adc.h 文件的路径。如图 11.15 所示，在 main 函数开始处定义两个 16 位变量，用于临时存放转换后的 ADC 数值。如图 11.16 所示，在主循环开始之前的第 129 行加入 HAL 库函数中的 ADC 采样校准函数，作用是在 ADC 开始转换之前先校准转换电路，使后续转换得出的数值更精确。校准函数只需要调用一次，后续反复读取 ADC 数值时不需要反复校准。

```
22 /* Private includes ----------------------------------
23 /* USER CODE BEGIN Includes */
24 #include "../../icode/led/led.h"
25 #include "../../icode/key/key.h"
26 #include "../../icode/delay/delay.h"
27 #include "../../icode/buzzer/buzzer.h"
28 #include "../../icode/relay/relay.h"
29 #include "../inc/retarget.h"//用于printf函数串口重映射
30 #include "../../icode/usart/usart.h"
31 #include "../../icode/adc/adc.h"
32 /* USER CODE END Includes */
```

图 11.14　加载头文件的路径

```
93 int main(void)
94 {
95   /* USER CODE BEGIN 1 */
96     uint16_t a1,a2;//用于ADC数据读取的暂时变量
97   /* USER CODE END 1 */
98
99   /* MCU Configuration--------------------------
100
```

图 11.15　定义变量

```
126   /* USER CODE BEGIN 2 */
127   RetargetInit(&huart1);//将printf函数映射到UART1串口上
128   HAL_UART_Receive_IT(&huart1,(uint8_t *)&USART1_NewData,1);//开启串口1接收中断
129   HAL_ADCEx_Calibration_Start(&hadc1);//ADC采样校准
130   /* USER CODE END 2 */
131
```

图 11.16　插入 ADC 采样校准函数

接下来在主循环程序里加入读取 ADC 数值的程序。如图 11.17 所示，在 main.c 文件的第 173 行和第 174 行分别调用 ADC1 和 ADC2 的读取数值函数，将得到的返回值分别存入变量 a1 和 a2 中。第 175 行调用 printf 函数把两个数值通过串口显示在超级终端上。其中%04d 的意思是用 4 位十进制显示数值，%d 是十进制输出数据的转译字符，中间加上 04 是强制以 4 位数输出，数值不足 4 位时用 0 补充，这样使 ADC 数值显示为 0000～4095。printf 函数中的两个%04d 按先后顺序分别对应后面的 a1 和 a2 两个变量的值。第 176 行表示延时 500ms，使主循环每 500ms 循环执行一次。

```
173         a1 =  ADC_IN_1();//读出ADC1数值（电位器）
174         a2 =  ADC_IN_2();//读出ADC2数值（光敏电阻）
175         printf("ADC1=%04d  ADC2=%04d \r\n",a1,a2);//向USART1串口发送字符串
176         HAL_Delay(500);//在主循环里写入HAL库的毫秒级延时函数
177       /* USER CODE END WHILE */
```

图 11.17　添加 ADC 读取的应用程序

将程序重新编译下载，并确保洋桃 IoT 开发板上的 P11 跳线的两个路线帽都处在插入状态。如图 11.18 所示，在计算机上打开超级终端并连接串口，便能看到不断刷新的 ADC 数据。可以试着用手旋转电位器的旋钮，观察超级终端上 ADC1 数值的变化。再尝试用手挡住光敏电阻的正面，观察 ADC2 数值的变化。通过这些数值的变化，我们就可以在实际应用中判断光照强度和电位器的位置。

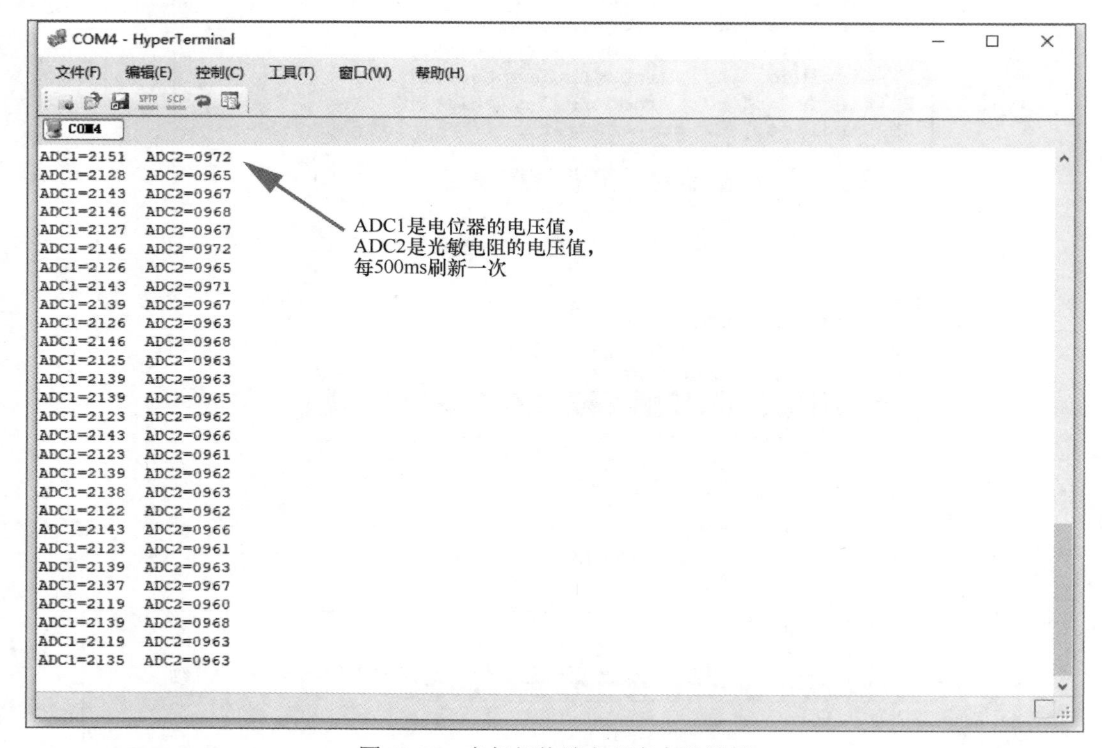

图 11.18　在超级终端上观察实验效果

11.2　DMA 功能

以上我们读取 ADC 数值的方式是调用 ADC 驱动函数，这种方式会占用 ARM 内核的时间，用于开启转换和等待转换结束，在此期间 ARM 内核不能做其他工作。如果偶尔进行一次 ADC，倒没有什么问题，但对于连续进行 ADC 的项目来说，ARM 内核永远处在被占用状态，不能做其他工作。这时就要开启专用于数据自动传递的 DMA 功能。下面我将介绍 DMA 功能的原理，再分别讲解用 DMA 读取单路和多路 ADC 数值的方法。

11.2.1　DMA 功能的原理

DMA 的本意是直接存储器访问，它的作用是从某项功能读取数据放入指定的寄存器，还可以从一个寄存器读出数据放到另一个寄存器。如图 11.19 所示，以 ADC 功能为例，若 ADC1 开启 DMA 读取的设置，ADC1 将自动开启转换，在转换结束时通过 DMA 将数值直接放入一个指定的寄存器。ADC1 再次转换时，DMA 会按照设置，将新数值覆盖原数值，或者按顺序放入一串数组中。转换和存放的过程是全自动的，不需要 ARM 内核参与。我们只要在程序用到 ADC 数值时，从指定寄存器读取即可，数值永远是最新的。如图 11.20 所示，DMA 功能不只用于 ADC 的数值传递，还可用于单片机内部的定时器、I^2C 总线、SPI 总线、USART 串口等功能。它还能在 Flash 与 SRAM 之间自动传递数据。当你的项目中需要采集和传递大量数据时，开启 DMA 功能是必然的选择。

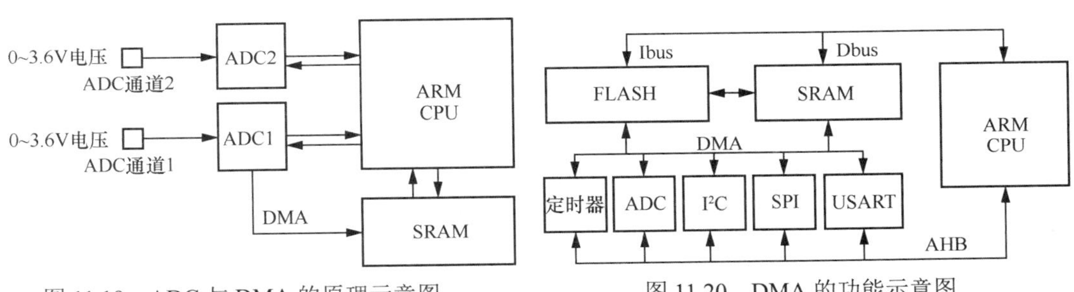

图 11.19　ADC 与 DMA 的原理示意图　　　图 11.20　DMA 的功能示意图

11.2.2　用 DMA 读取单路 ADC

接下来讲解用 DMA 功能自动读取 ADC1 数值的方法。首先需要打开 CubeMX 图形化界面，如图 11.21 所示，进入 ADC1 功能设置窗口，在参数设置选项卡里将单次转换模式改成连续转换模式。当设置为单次转换时，ADC 转换一次后将关闭，只有在 ADC 驱动程序里再次调用开启 ADC 转换的 HAL 库函数，才能再次转换。当设置为连续转换模式时，ADC 将不会关闭，完成一次转换后马上开始第二次转换。只有开启连续转换模式，DMA 读取的数值才是不断刷新的。如图 11.22 所示，接下来在 ADC1 功能设置窗口中选择“DMA Settings”（DMA 设置）选项卡，在左下角单击“Add”（添加）按钮。这时在窗口列表中会出现一行 DMA 项目，在列表左侧第一格选择“ADC1”。

图 11.21　开启连续转换模式

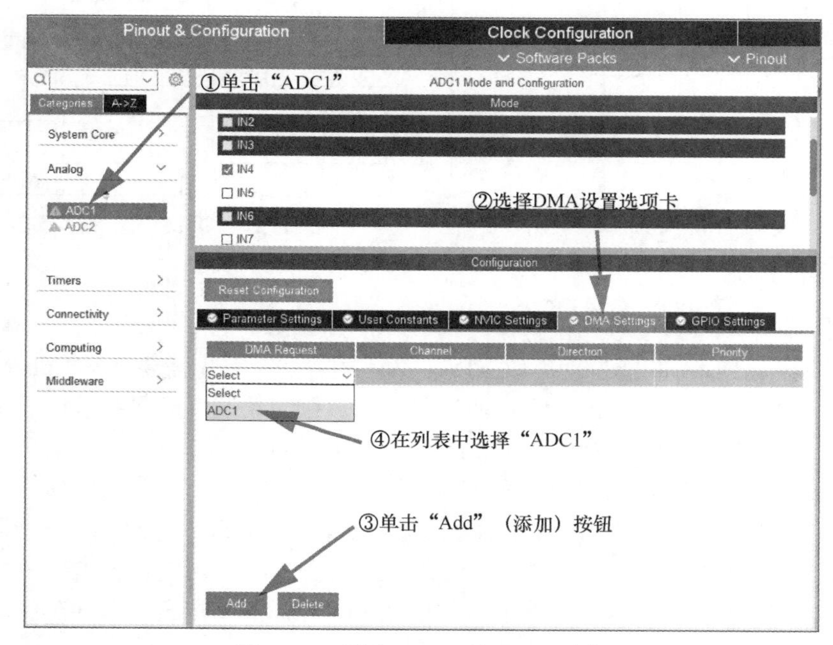

图 11.22　开启 ADC1 的 DMA 功能

如图 11.23 所示，这时在列表下方会出现具体的设置项目，先把列表最右侧一格的优先级设置为“High”（高），然后在下方的模式下拉列表中选择“Circular”（循环）模式。比如要读取 5 个数值，在正常模式下，DMA 读取数值按顺序放入 5 个寄存器，然后就停止工作了。而在循环模式下，DMA 将 5 个寄存器放满后，会再从第一个寄存器开始循环覆盖之前的数值。此循环模式与 ADC1 参数设置中的连续转换模式配合在一起，最终实现连续循环的转换和传递。接下来在右侧勾选“Memory”（寄存器）一项，勾选的效果是使存放的寄存器地址自动增加。比如要传递 5 个数值，不勾选此项时每次传递的数值都只放在第一个寄存器里，数值不断覆盖。勾选后第 1 次传递数值放入第一个寄存器，第 2 次传递数值放入相邻的下一个寄存器，依次类推。为了应对多组数据读取，需要勾选此项。最后在右下角的数据宽度选项中选择“Half Word”（半字），意思是 ADC 读出的数值将传递到 16 位宽度的寄存器。如图 11.24 所示，DMA 设置完成后，再进入“NVIC Settings”（NVIC 设置）选项卡，注意这里要确保勾选 DMA 中断允许。如果你希望在 ADC 中断回调函数中处理 ADC 相关工作，也可以勾选 ADC 中断允许，但一般在开启 DMA 功能时不会勾选它。另外需要说明，关于 DMA 功能的设置，在功能选项的系统内核组里有专门的 DMA 功能项，如图 11.25 所示，窗口中会显示所有已经开启 DMA 功能的列表。单击“Add”（添加）按钮或者列表中的项目，也可以进行 DMA 的创建和设置。

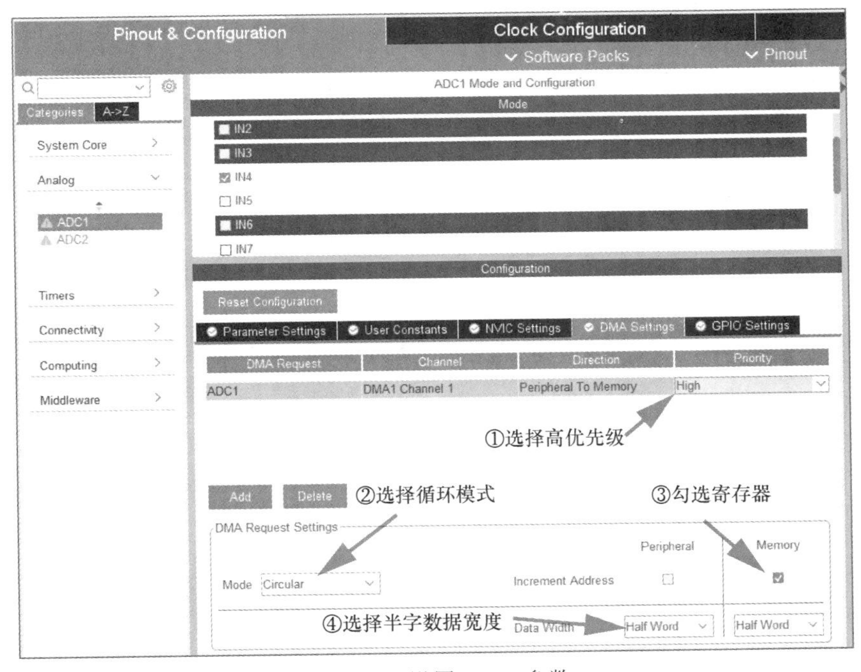

图 11.23　设置 DMA 参数

接下来在 main.c 文件里修改程序。如图 11.26 所示，打开 main.c 文件，第 127 行有 CubeMX 自动生成的 DMA 初始化函数，但这里存在一个非常致命的问题，DMA 初始化函数被放在 ADC1 初始化函数的下面，也就是先初始化 ADC1，后初始化 DMA。但某项功能要使用 DMA 时，必须先初始化 DMA 再初始化 ADC，否则 DMA 无法正常工作。所以我们需要把 DMA 初始化函数移动到 ADC1 初始化函数的上面。移动的方法不是在程序里直接剪切、粘贴，因为当下次再从 CubeMX 生成程序时，修改的程序将被恢复到之前的状态。必须要在 CubeMX 中修改初始化函数的顺序，才能从根本上解决问题。

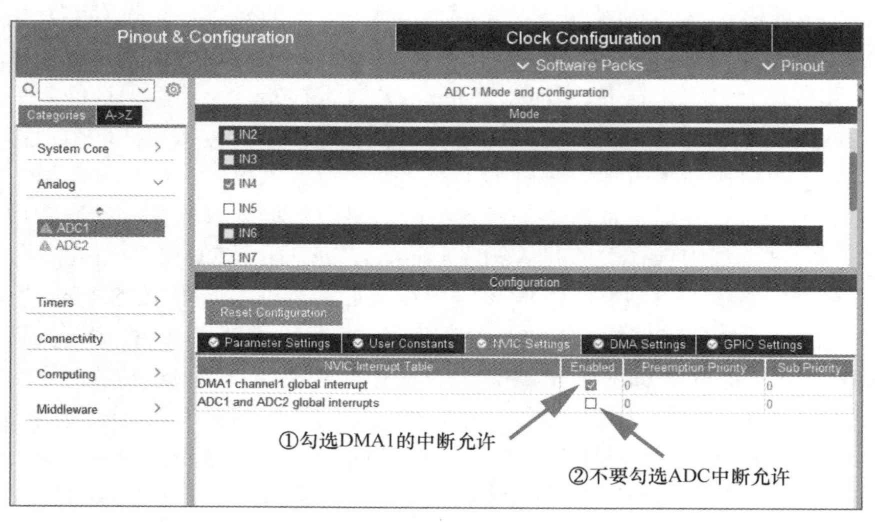

图 11.24　设置 DMA1 中断允许

图 11.25　DMA 功能的设置窗口

```
117    /* Initialize all configured peripherals */
118    MX_GPIO_Init();
119    MX_RTC_Init();
120    MX_ADC1_Init();
121    MX_ADC2_Init();
122    MX_CAN_Init();
123    MX_SPI2_Init();
124    MX_USART1_UART_Init();
125    MX_USART2_UART_Init();
126    MX_USART3_UART_Init();
127    MX_DMA_Init();
128    MX_USB_PCD_Init();
129    /* USER CODE BEGIN 2 */
```

自动生成的
DMA初始化函数

图 11.26　自动生成的 DMA 初始化函数

如图 11.27 所示，进入 CubeMX 图形化界面，单击“Project Manager”（工程管理）选项卡，单击“Advanced Settings”（高级设置）子选项卡，窗口下半部分列出所有自动生成的初始化函数。选中其中的 DMA 初始化函数所在的一行，然后单击列表右上方的排序上移图标。如图 11.28 所示，多单击几次，使 DMA 初始化函数移动到 ADC1 初始化函数的上面，然后重新生成程序。如图 11.29 所示，打开 main.c 文件，此时 DMA 初始化函数已经位于 ADC1 初始化函数的上面。

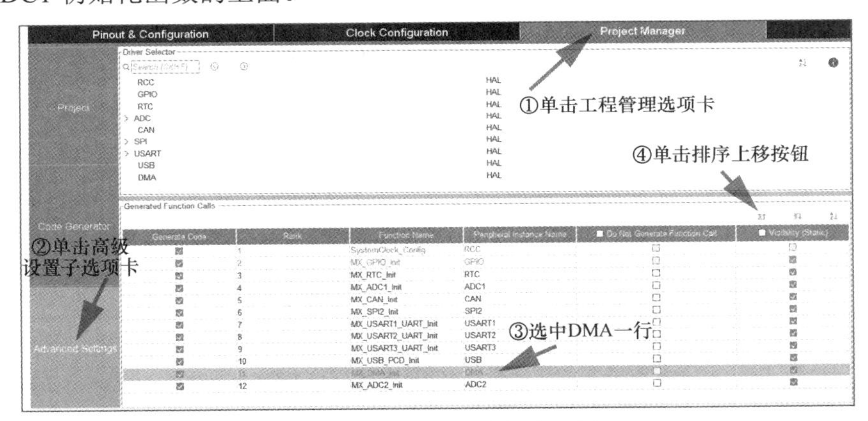

图 11.27　初始化函数排序设置

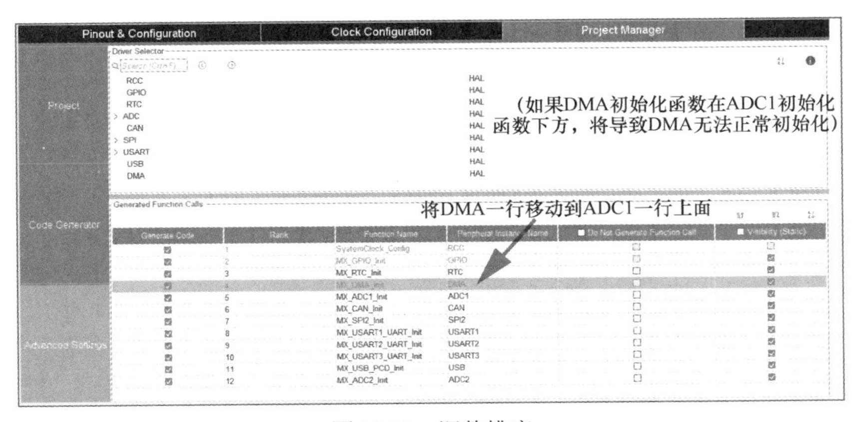

图 11.28　调整排序

如图 11.30 所示，在 main.c 文件的第 133 行加入一个 HAL 库函数，作用是开启 ADC 的 DMA 传递。此函数有 3 个参数。第 1 个参数是要传递的功能，hadc1 表示传递 ADC1 功能。第 2 个参数表示传递的数据放在哪个寄存器，这里输入“&a1”，a1 是我们定义的 16 位变量，&是取地址符号，意思是给出 a1 变量的具体寄存器地址。a1 变量在程序中可正常使用，但 DMA 功能是硬件功能，它不知道你定义了什么变量，它只认识寄存器地址，所以要给出变量的寄存器地址。第 3 个参数是传递的数据长度，也就是数据数量，因为我们只想读 ADC1 最新的数值，所以这里写入 1，即 DMA 每次只读 1 个 16 位数据，下次传递时将上次的数据覆盖。

```
117   /* Initialize all configured peripherals */
118   MX_GPIO_Init();
119   MX_RTC_Init();
120   MX_DMA_Init();
121   MX_ADC1_Init();
122   MX_CAN_Init();
123   MX_SPI2_Init();
124   MX_USART1_UART_Init();
125   MX_USART2_UART_Init();
126   MX_USART3_UART_Init();
127   MX_USB_PCD_Init();
128   MX_ADC2_Init();
129   /* USER CODE BEGIN 2 */
```

重新生成程序后，初始化函数顺序改变

图 11.29　初始化函数顺序改变

```
129   /* USER CODE BEGIN 2 */
130   RetargetInit(&huart1);//将printf函数映射到UART1串口上
131   HAL_UART_Receive_IT(&huart1,(uint8_t *)&USART1_NewData,1);//开启串口1接收中断
132   HAL_ADCEx_Calibration_Start(&hadc1);//ADC采样校准
133   HAL_ADC_Start_DMA(&hadc1,(uint32_t*)&a1,1);//启动DMA,采集数据存入的变量地址,长度1
134   /* USER CODE END 2 */
```

图 11.30　添加启动 DMA 的函数

如图 11.31 所示，进入主循环程序部分，由于 ADC1 已改用 DMA 读取，就要屏蔽第 178 行读取 ADC1 的函数。由于 ADC2 没有开启 DMA，所以 ADC2 部分照常用函数读取，其他部分不改动。看起来没有任何一行程序用于读取 ADC1 数值，但程序运行时 a1 变量的值将会被 DMA 不断刷新，在第 180 行直接被发送到超级终端。将程序重新编译下载，在超级终端上观察显示数据。用手旋转电位器时，ADC1 的数值依然可以刷新，这就是 DMA 自动传递的效果。

屏蔽读取ADC1的程序

a1的值将由DMA自动写入

```
177       }
178 //      a1 =  ADC_IN_1();//读出ADC1数值（电位器）
179       a2 =  ADC_IN_2();//读出ADC2数值（光敏电阻）
180       printf("ADC1=%04d  ADC2=%04d \r\n",a1,a2);//向USART1串口发送字符串
181       HAL_Delay(500);//在主循环里写入HAL库的毫秒级延时函数
182     /* USER CODE END WHILE */
```

图 11.31　修改 ADC 读取的应用程序

11.2.3　用 DMA 读取多路 ADC

我们学会了用 DMA 读取单路 ADC 的方法，接下来介绍用 DMA 读取多路 ADC 通道的方法。之前所说的 ADC1 和 ADC2 是两个独立 ADC 电路，每个电路有 16 个输入通道，也就是通过 16 个端口输入电压值。如图 11.32 所示，以上读取电位器和光敏电阻的方式是通过 ADC1 的通道 4 和 ADC2 的通道 5，现在要用 DMA 传递这两组数据就产生了新的问题，因为 ADC2 不支持 DMA，只能把 ADC2 的通道 5 改成 ADC1 的通道 5，然后在 ADC1 里用 DMA 循环交替读取通道 4 和通道 5 的数值。如图 11.33 所示，操作方法是在单片机端

口视图中单击“PA5”端口，在弹出的选项里单击“ADC2_IN5”，使之取消选中。如图 11.34 所示，再单击选项中的“ADC1_IN5”，使此端口变成 ADC1 的通道 5。

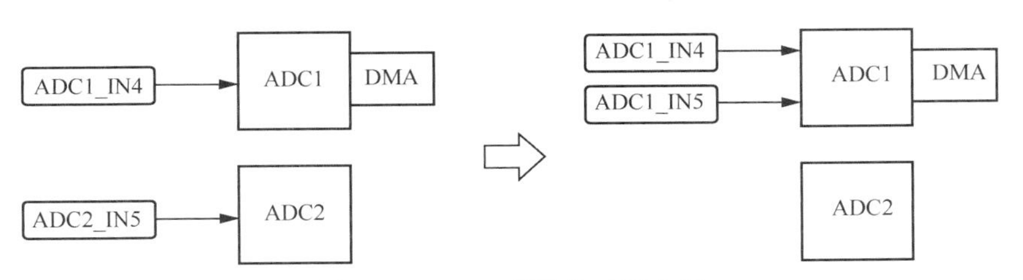

图 11.32 ADC 通道修改示意图

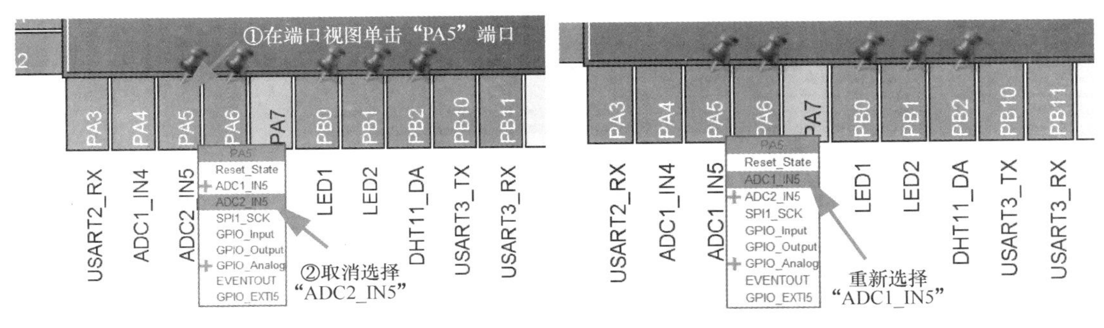

图 11.33 取消 ADC2 功能的通道 5　　图 11.34 设置 ADC1 功能的通道 5

如图 11.35 所示，单击“ADC1”进入设置窗口，在模式窗口中可以看到“IN5”的通道已被自动勾选。再进入参数设置选项卡，可以看到自动开启了扫描模式。扫描模式只有在多通道输入时才会被开启，开启后 ADC 将按通道顺序依次转换数据，比如目前开启了通道 4 和通道 5，那么第 1 次转换的结果是通道 4 的数值，第 2 次转换的结果是通道 5 的数值，第 3 次转换的结果又是通道 4 的数值，如此交替进行。然后把通道数量一行设置为 2，设置完成后，在下方会出现 Rank1 和 Rank2 两个子选项。将 Rank1 设置为通道 4，转换时间为 55.5 个时钟周期，将 Rank2 设置为通道 5，转换时间为 55.5 个时钟周期。如果你想使用更多的通道，只要再次修改通道数量，窗口中会自动生成 Rank3、Rank4 等更多通道的子选项，按照想要的扫描顺序添加通道编号即可。

接下来打开 main.c 文件，开始修改程序。由于现在要用一个 DMA 采集两个通道，需要定义一个数组来存放多个连续的数值。如图 11.36 所示，main.c 文件的第 97 行定义了含有 2 个 16 位的数组 dmaadc。如图 11.37 所示，第 131 行依然是开启 DMA 读取 ADC1 的 HAL 库函数，但第 2 个参数改成了 dmaadc 数组，第 3 个参数数据长度改成了 2。如图 11.38 所示，在主循环中把第 178 行读取 ADC2 的函数也屏蔽了，把第 179 行的 printf 函数的两个变量改成 dmaadc[0]和 dmaadc[1]。因为在程序运行时，DMA 会循环扫描通道 4 和通道 5，将数值放入 dmaadc 数组中，其中 dmaadc[0]存放着通道 4 的数值，dmaadc[1]存放着通道 5 的数值，并且循环覆盖刷新。将程序重新编译下载，在超级终端上观察效果。在开发板上旋转电位器和遮挡光敏电阻，超级终端上的数值依然更新变化，这就是 DMA 读取多路 ADC 的方法。

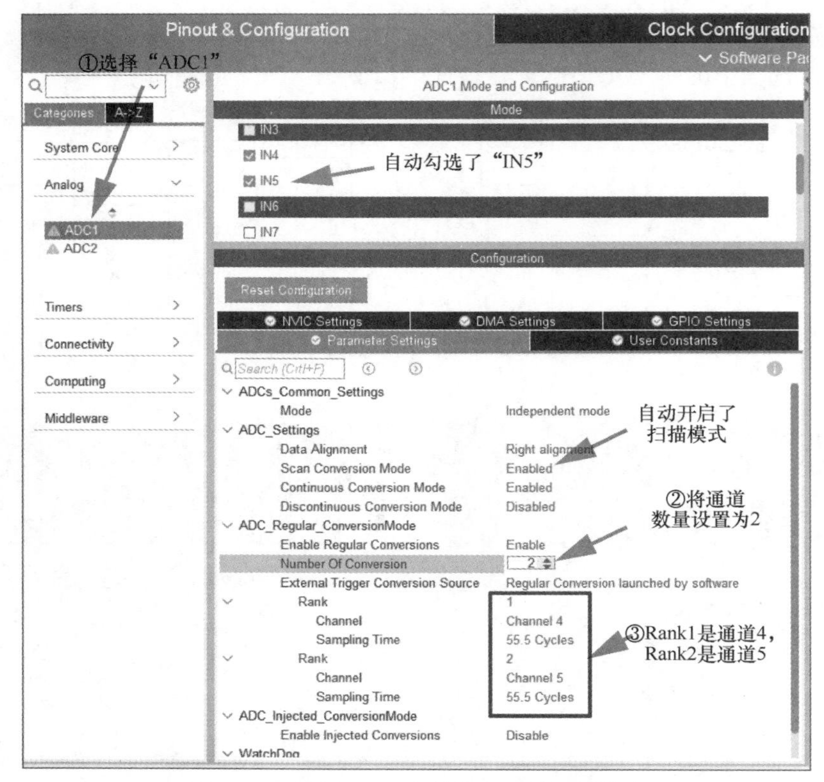

图 11.35　设置 ADC 参数为多通道扫描模式

```
93 int main(void)
94 {
95   /* USER CODE BEGIN 1 */
96 //   uint16_t a1,a2;//用于ADC数据读取的暂时变量
97      uint16_t dmaadc[2];//用于多路ADC数据读取的暂时数组
98   /* USER CODE END 1 */
99
```

图 11.36　定义 ADC 缓存数组

```
127   /* USER CODE BEGIN 2 */
128   RetargetInit(&huart1);//将printf函数映射到UART1串口上
129   HAL_UART_Receive_IT(&huart1,(uint8_t *)&USART1_NewData,1);//开启串口1接收中断
130   HAL_ADCEx_Calibration_Start(&hadc1);//ADC采样校准
131   HAL_ADC_Start_DMA(&hadc1,(uint32_t*)&dmaadc,2);//启动DMA，采集数据存入的变量地址，长度
132   /* USER CODE END 2 */
133
```

图 11.37　添加启动 DMA 的函数

```
176 //      a1 =  ADC_IN_1();//读出ADC1数值（电位器）
177 //      a2 =  ADC_IN_2();//读出ADC2数值（光敏电阻）
178       printf("ADC1=%04d  ADC2=%04d \r\n",dmaadc[0],dmaadc[1]);//向USART1串口发送字符串
179       HAL_Delay(500);//在主循环里写入HAL库的毫秒级延时函数
180     /* USER CODE END WHILE */
```

图 11.38　修改 ADC 读取的应用程序

请学习《STM32 入门 100 步》中的第 65～67 步，其中有在标准库下开启多路 ADC 读

取的方法，大家可以深入研究、举一反三，熟练掌握 ADC 数据读取的方法，并将 ADC 和 DMA 驱动程序放入你的驱动程序素材库。

第 12 步：RTC 与 BKP 驱动程序

这一步我们来学习 RTC 实时时钟功能。同之前学过的其他功能一样，HAL 库中也有 RTC 功能的相关函数，CubeMX 中也能对 RTC 功能进行设置。但是在实际应用中大家会发现，HAL 库对 RTC 功能的支持并不理想。之前我们介绍过，RTC 功能一般有两种应用场合，第一种作为长时间的定时器使用，比如设置 RTC 闹钟每 1h 触发一次中断，完成相关的定时处理；第二种作为电子时钟使用，包括年、月、日、时、分、秒和星期的自动走时，且能自动判断闰年等历法规则。CubeMX 自动生成的程序对第一种应用的支持很完善，可以让时、分、秒正常走时，但对于第二种应用没有支持，需要我们自己编写实时时钟的驱动程序。以下我将介绍针对两种场合的 RTC 应用，大家可以根据自己的应用需求来选择不同的驱动方法。

12.1　HAL 库自带的 RTC 驱动程序

首先我们来讲 RTC 作为长时间定时器使用的方法，使用这种方法不需要我们编写驱动程序，所有程序都由 CubeMX 自动生成。如果需要在单片机断电后依然保证 RTC 持续走时，还要加入 BKP 功能的几行程序。接下来我先介绍 RTC 和 BKP 功能的基本原理，然后介绍 CubeMX 生成时、分、秒自动走时的方法，再在程序中插入 BKP 备用寄存器的程序，使单片机断电后依然能用备用电池保持 RTC 走时，最后编写一段应用程序，在超级终端上观察 RTC 走时效果。

12.1.1　RTC 与 BKP 的原理

关于 RTC 和 BKP 的详细介绍，可以学习《STM32 入门 100 步》中的第 38～40 步。对 RTC 和 BKP 功能完全不了解的，可以跳转到那里去补充基础知识，这里只简单介绍一下这两个功能。RTC 本质上是一个 32 位计数器，能通过 RCC 时钟的设置达到每 1s 使计数值加 1。我们只需要按公历的历法规则编写函数，将计数值转换成年、月、日、时、分、秒和星期，RTC 就能一秒接一秒地累加，如电子时钟一般持续走时。BKP 是单片机内部的一组 16 位寄存器，可以自由存放数据。BKP 寄存器与其他寄存器的最大区别是，它可由单片机第 1 引脚连接的 3V 电池供电，即使单片机主电源断开，BKP 寄存器中的数据也不会丢失。RTC 也可由备用电池供电，在单片机断电后依然正常走时。

如图 12.1 所示，请打开“洋桃 1 号核心板电路原理图 V2.0-20211003”文件，找到 RTC 时钟和备用电池电路部分。其中 RTC 时钟部分是已经介绍过的低速外部时钟源，如果不要求走时精度，连接此电路，在时钟树设置中改用 40kHz 低速内部时钟源即可。备用电池部分保证主电源断开后，RTC 能正常走时，BKP 寄存器中的数据不丢失。如果不需要断电保持，或者主电源本身就是电池供电，则可去掉备用电池部分。洋桃 IoT 开发板上这两个电路部分都存在，程序的设计将会用到它们。

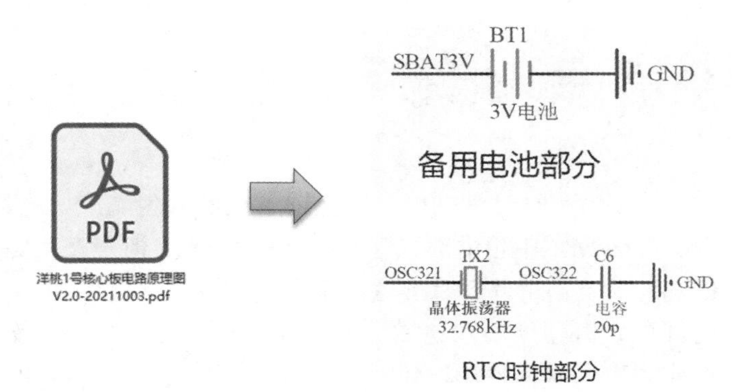

图 12.1　RTC 功能相关的电路原理图

12.1.2　CubeMX 的设置

接下来在 CubeMX 中开启 RTC 功能。打开时钟树视图，如图 12.2 所示，RTC 时钟通道选择器设置为 LSE 低速外部时钟，使 RTC 时钟输入频率为 32.768kHz。如图 12.3 所示，在端口与配置选项卡中进入 RTC 功能项，在模式设置窗口中勾选“Activate Clock Source”（激活时钟输入源）和“Activate Calendar”（激活日历）两项。日历功能无法在单片机断电后保存，勾选激活日历一项是为了在程序中生成年、月、日和星期相关的结构体变量，对于后续的程序扩展有一定作用。接下来单击“Parameter Settings”（参数设置）选项卡，参数中有日期和时间的初始值，一般按默认设置即可。设置完成后重新生成程序，RTC 功能将自动开启。

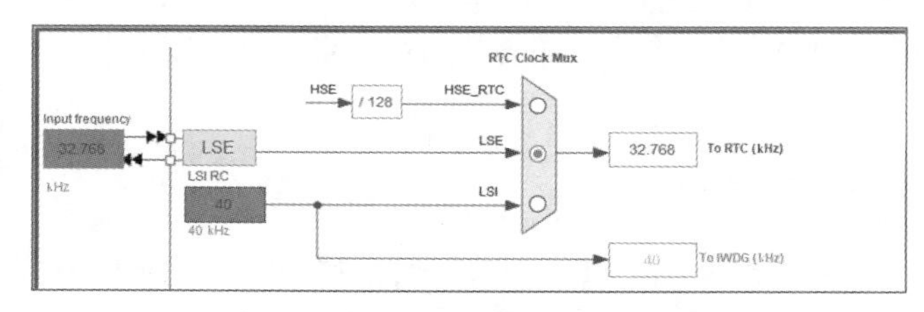

图 12.2　时钟树视图中的 RTC 部分

12.1.3　修改驱动程序

我们先找到 CubeMX 自动生成的程序在什么地方，然后再对程序进行优化。打开 main.c 文件，如图 12.4 所示，第 117 行是主函数开始处自动添加的 RTC 初始化函数，用鼠标右键单击此函数，在弹出的菜单中选择“Open Declaration”（打开声明）。窗口跳转到了 RTC 初始化函数的内容，你会发现初始化函数存放在 main.c 文件的第 358 行，在主函数的下面，并没有放在独立的 RTC 驱动程序文件里。当前即使不修改此函数，它也能正常运行，使 RTC 时钟走时。只是单片机重启后，RTC 时间总会回到初始值。这是因为单片机每次启动时都会调用 MX_RTC_Init 初始化函数，初始化函数里每次都会执行写入初始时间的程序。

即使单片机外接了备用电池，也不能保存时间。如图 12.5 所示，我们使用 BKP 备用寄存器设计一个时间保持标志位，方法是在初始化函数中添加第 369 行，开启 BKP 备用寄存器的 RCC 时钟，BKP 功能开始工作。第 370 行取消 BKP 备用寄存器的写保护，这是因为默认状态下 BKP 备用寄存器被写保护，写入数据之前先要将其取消。

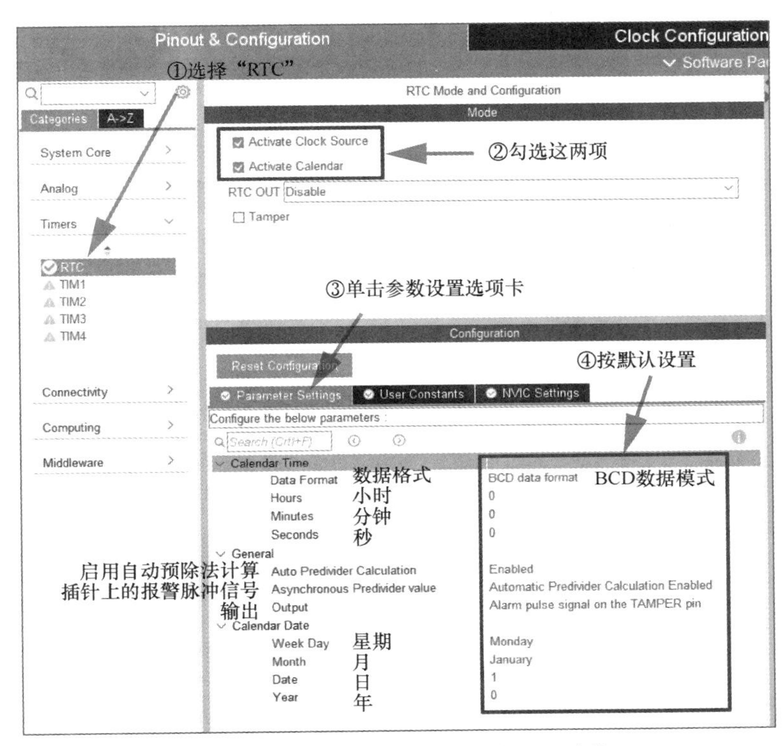

图 12.3　在 CubeMX 界面设置 RTC 功能

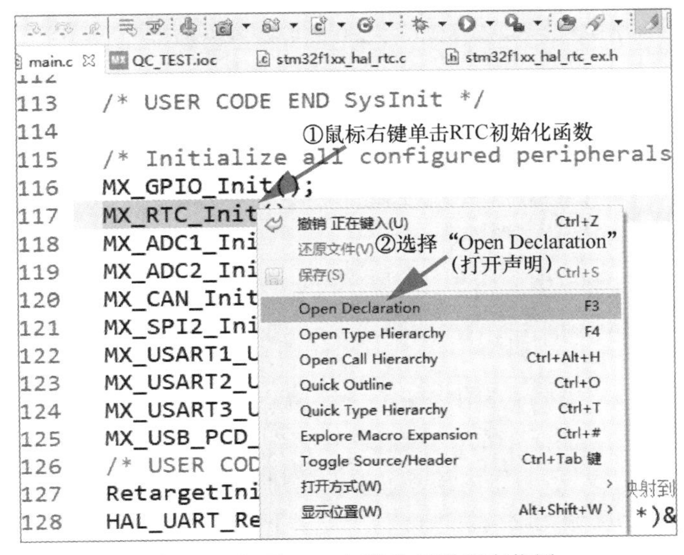

图 12.4　打开 RTC 初始化函数所在位置

如图 12.6 所示，在第 383 行用 HAL 库函数读取 BKP 第 1 组寄存器，第 1 组寄存器的名字是 RTC_BKP_DR1。STM32F103 单片机中共有 10 组 BKP 寄存器，从 RTC_BKP_DR1 到 RTC_BKP_DR10，每组可保存一个 16 位数值，用户可以自由使用它们，目前我们只使用其中一组。第 383 行的 if 语句用于判断 BKP 第 1 组寄存器的值是不是 0x5050，这个数值并没有特别含义，是我随机写的，判断它的作用是确认单片机是不是首次上电。因为在此程序第一次写入单片机时，BKP 第 1 组寄存器的值默认为 0xFFFF，当默认值不是 0x5050 时，则执行第 384 行括号里的内容，第 385 行是将数值 0x5050 写入 BKP 第 1 组寄存器中，这时第 1 组寄存器的值将始终是 0x5050，直到单片机外接的备用电池断开或电量不足，才会回到 0xFFFF。于是在第 383 行的判断中，如果 BKP 第 1 组寄存器的值是 0x5050，表示 RTC 不是首次上电，无需初始化时间；如果值不是 0x5050，表示 RTC 是首次上电，则执行第 384～408 行的内容，初始化时间。

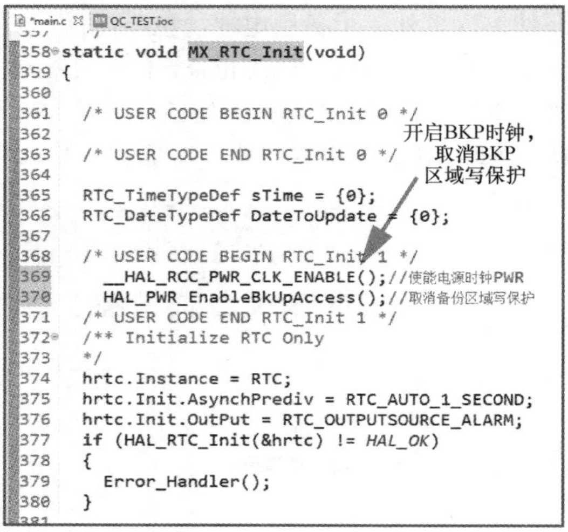
*main.c
QC_TEST.ioc
358 static void MX_RTC_Init(void)
359 {
360
361 /* USER CODE BEGIN RTC_Init 0 */
362
363 /* USER CODE END RTC_Init 0 */
364
365 RTC_TimeTypeDef sTime = {0};
366 RTC_DateTypeDef DateToUpdate = {0};
367
368 /* USER CODE BEGIN RTC_Init 1 */
369 __HAL_RCC_PWR_CLK_ENABLE();//使能电源时钟PWR
370 HAL_PWR_EnableBkUpAccess();//取消备份区域写保护
371 /* USER CODE END RTC_Init 1 */
372 /** Initialize RTC Only
373 */
374 hrtc.Instance = RTC;
375 hrtc.Init.AsynchPrediv = RTC_AUTO_1_SECOND;
376 hrtc.Init.OutPut = RTC_OUTPUTSOURCE_ALARM;
377 if (HAL_RTC_Init(&hrtc) != HAL_OK)
378 {
379 Error_Handler();
380 }
开启BKP时钟，
取消BKP
区域写保护

图 12.5　添加开启 BKP 的程序

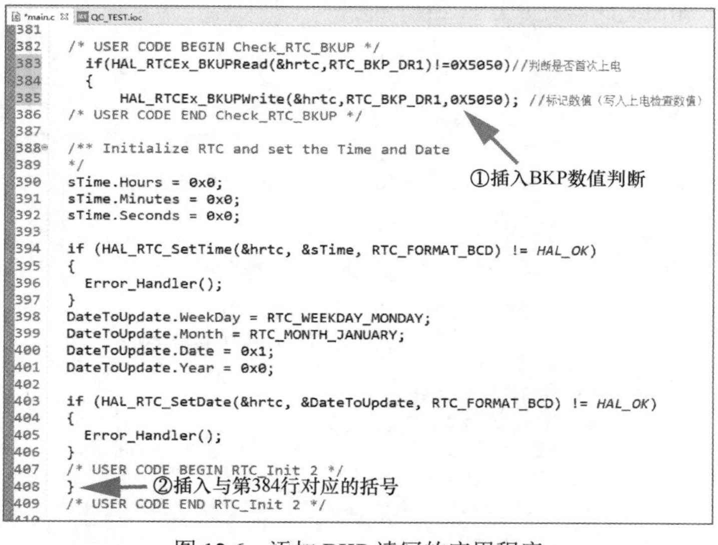
*main.c
QC_TEST.ioc
381
382 /* USER CODE BEGIN Check_RTC_BKUP */
383 if(HAL_RTCEx_BKUPRead(&hrtc,RTC_BKP_DR1)!=0X5050)//判断是否首次上电
384 {
385 HAL_RTCEx_BKUPWrite(&hrtc,RTC_BKP_DR1,0X5050); //标记数值（写入上电检查数值）
386 /* USER CODE END Check_RTC_BKUP */
387
388 /** Initialize RTC and set the Time and Date
389 */
390 sTime.Hours = 0x0;
391 sTime.Minutes = 0x0;
392 sTime.Seconds = 0x0;
393
394 if (HAL_RTC_SetTime(&hrtc, &sTime, RTC_FORMAT_BCD) != HAL_OK)
395 {
396 Error_Handler();
397 }
398 DateToUpdate.WeekDay = RTC_WEEKDAY_MONDAY;
399 DateToUpdate.Month = RTC_MONTH_JANUARY;
400 DateToUpdate.Date = 0x1;
401 DateToUpdate.Year = 0x0;
402
403 if (HAL_RTC_SetDate(&hrtc, &DateToUpdate, RTC_FORMAT_BCD) != HAL_OK)
404 {
405 Error_Handler();
406 }
407 /* USER CODE BEGIN RTC_Init 2 */
408 }
409 /* USER CODE END RTC_Init 2 */
①插入BKP数值判断
②插入与第384行对应的括号

图 12.6　添加 BKP 读写的应用程序

需要说明的是，HAL 库的开发者在设计 CubeMX 自动生成程序时，已经考虑到用户会添加 BKP 标志位的相关程序，于是在第 368～371 行范围内预留了用于开启 BKP 功能的用户程序区域。在第 382～386 行范围内预留了用于 if 判断的用户程序区域。在第 407～409 行范围内预留了添加括号的区域，以与第 384 行的括号相对应。修改程序后，RTC 中的时、分、秒数值将可以断电走时，但年、月、日、星期值无法保存。

12.1.4　编写应用程序

接下来在 main 函数里编写一个应用程序，把 RTC 时钟数据发送到超级终端上，用户还可以在超级终端输入时间数据并写入 RTC 时钟。打开 main.c 文件，如图 12.7 所示，在主函数开始处的第 95～96 行加入用于保存日期和时间的结构体变量。

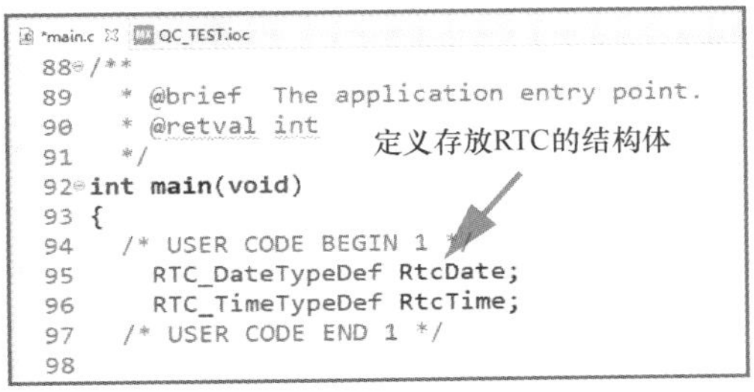

```
*main.c  QC_TEST.ioc
88 /**
89   * @brief  The application entry point.
90   * @retval int
91   */
92 int main(void)
93 {
94   /* USER CODE BEGIN 1 */
95     RTC_DateTypeDef RtcDate;
96     RTC_TimeTypeDef RtcTime;
97   /* USER CODE END 1 */
98
```

定义存放RTC的结构体

图 12.7　定义存放 RTC 的结构体

然后在主循环中删除我们之前编写的应用程序，再编写一个用超级终端显示和设置时间的程序。这个程序是我独立编写的，大家可以打开资料包的“示例程序”文件夹，在其中找到“HAL 库自带的 RTC 时钟测试程序”的工程，打开其中的 main.c 文件，复制主循环中的这段程序到你的当前工程。有能力的朋友也可以尝试自己编写，这是个不错的锻炼机会。

如图 12.8 所示，应用程序部分的第 135 行判断超级终端发来的是不是 Ether 键，如果是，则在第 136 行判断 Ether 键之前收到的字符数量是不是 0，也就是只输入 Ether 键。如果是，表示接收的是刷新时间指令，执行第 137～150 行的程序，向超级终端发送 RTC 时间数据。第 137 行调用 HAL 库函数，从 RTC 中读出时、分、秒的数据。第 138 行调用 HAL 库函数，从 RTC 中读出年、月、日的数据。需要注意，必须先读取时间，后读取日期，否则会出错。读出的数据被自动存放在 RtcDate 结构体。第 140 行用 printf 函数向串口发送时间数据，%04d 是以 4 位十进制数显示年，数据内容是逗号后面的结构体变量 RtcDate.Year，由于年的数值只有 2 位，所以要加上 2000 的基数。后面的多个%02d 是以 2 位十进制数显示月、日、时、分、秒，数据内容对应 RtcDate.Month、RtcDate.Data、RtcTime.Hours、RtcTime.Minutes、RtcTime.Seconds。第 145～146 行判断是否收到 1 个字符，且字符是大写或小写的字母 C，如果是则表示接收到初始化时间指令，调用第 146 行的 MX_RTC_Init 初始化函数。

以上是读出 RTC 数据的应用程序，下面来看写入 RTC 数据的编程方法。如图 12.8 所示，第 151 行判断超级终端是否发来 14 个字符，如果是则只有一种情况，那就是用户在超级终端中输入了日期和时间数据。这时 14 位的数据被按顺序保存在 USART1_RX_BUF 数组。第 153～158 行将数组中的数据存入 RtcDate 结构体对应的日期和时间中，最后在第 159 行调用 HAL 库函数，将结构体中的数据写入 RTC 功能里。当一切处理结束，第 169 行将串口接收标志位清 0，一次指令处理完成。

程序写好后，重新编译下载，在超级终端上观察效果。如图 12.9 所示，在超级终端上按 Enter 键可以显示出当前时间，第一次显示的时间肯定是初始时间。再输入 14 位数时间值，例如时间是 2022 年 2 月 6 日 22 时 47 分 00 秒，就输入 20220206224700，然后按 Enter 键，当显示“写入成功”后再按 Ether 键，可以看到时间值变成刚设置的值。多次按 Enter 键能观察到秒钟值不断变化，实现了自动走时。然后给开发板断电再通电，你会发现日期值回到初始状态，时间值能保持走时，达到了预期的效果。你可以利用时间值的走时特性来设计长时间定时器的应用，也能制作不需要日期显示的实时时钟。

```
132    /* USER CODE BEGIN WHILE */
133    while (1)
134    {
135          if(USART1_RX_STA&0xC000){ //如果标志位是0xC000表示收到数据串完成，可以处理。
136              if((USART1_RX_STA&0x3FFF)==0){ //单独的Enter键再显示一次欢迎词
137                  HAL_RTC_GetTime(&hrtc, &RtcTime,  RTC_FORMAT_BIN);//读出时间值
138                  HAL_RTC_GetDate(&hrtc, &RtcDate,  RTC_FORMAT_BIN);//一定要先读时间后读日期
139                  printf(" 洋桃IoT开发板RTC实时时钟测试    \r\n");
140                  printf(" 实时时间：%04d-%02d-%02d  %02d:%02d:%02d  \r\n",2000+RtcDate.Year,
141                          RtcDate.Month, RtcDate.Date,RtcTime.Hours, RtcTime.Minutes, RtcTime.Seconds);//显示日期时间
142                  printf(" 单按Enter键更新时间，输入字母C初始化时钟 \r\n");
143                  printf(" 请输入设置时间，格式20170806120000，按Enter键确定！  \r\n");
144              }else if((USART1_RX_STA&0x3FFF)==1){  //判断数据是不是1个
145                  if(USART1_RX_BUF[0]=='c' ||  USART1_RX_BUF[0]=='C'){
146                      MX_RTC_Init(); //键盘输入c或C，初始化时钟
147                      printf("初始化成功！         \r\n");//显示初始化成功
148                  }else{
149                      printf("指令错误！              \r\n"); //显示指令错误！
150                  }
151              }else  if((USART1_RX_STA&0x3FFF)==14){ //判断数据是不是14个
152                  //将超级终端发过来的数据换算并写入RTC
153                  RtcDate.Year =  (USART1_RX_BUF[2]-0x30)*10+USART1_RX_BUF[3]-0x30;//减0x30后才能得到十进制0~9的数据
154                  RtcDate.Month =  (USART1_RX_BUF[4]-0x30)*10+USART1_RX_BUF[5]-0x30;
155                  RtcDate.Date =  (USART1_RX_BUF[6]-0x30)*10+USART1_RX_BUF[7]-0x30;
156                  RtcTime.Hours =  (USART1_RX_BUF[8]-0x30)*10+USART1_RX_BUF[9]-0x30;
157                  RtcTime.Minutes =  (USART1_RX_BUF[10]-0x30)*10+USART1_RX_BUF[11]-0x30;
158                  RtcTime.Seconds =  (USART1_RX_BUF[12]-0x30)*10+USART1_RX_BUF[13]-0x30;
159                  if (HAL_RTC_SetTime(&hrtc,  &RtcTime, RTC_FORMAT_BIN) != HAL_OK)//将数据写入RTC程序
160                  {
161                      printf("写入时间失败！          \r\n"); //显示写入失败
162                  }else if (HAL_RTC_SetDate(&hrtc,  &RtcDate, RTC_FORMAT_BIN) != HAL_OK)//将数据写入RTC程序
163                  {
164                      printf("写入日期失败！          \r\n"); //显示写入失败
165                  }else printf("写入成功！         \r\n");//显示写入成功
166              }else{ //如果以上都不是，即是错误的指令
167                  printf("指令错误！            \r\n");  //如果不是以上正确的操作，显示指令错误！
168              }
169              USART1_RX_STA=0; //将串口数据标志位清0
170          }
171      /* USER CODE END WHILE */
172      /* USER CODE BEGIN 3 */
```

图 12.8　RTC 应用程序

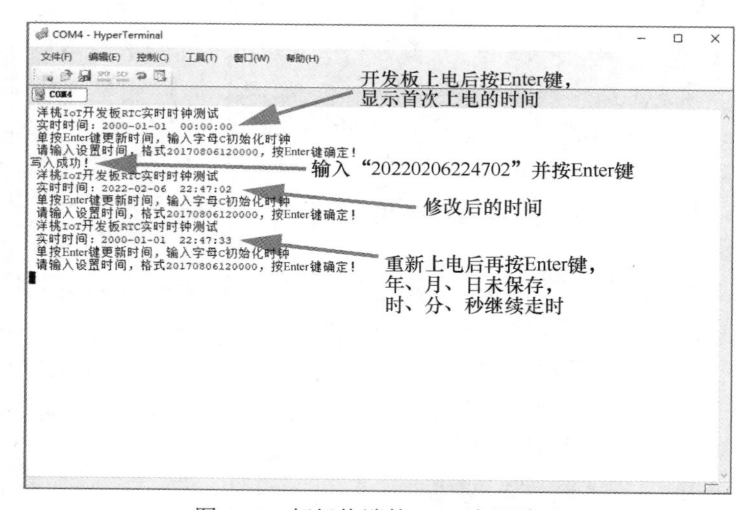

图 12.9　超级终端的 RTC 应用效果

12.2　创建走时完善的 RTC 驱动程序

接下来要禁用 HAL 库自带的 RTC 初始化函数，然后加入我编写的 RTC 驱动程序，并修改主函数的应用程序部分。花这么大力气，只是为了能让年、月、日的数据也可正常走时。如

果你的项目中需要实时时钟功能，就可以借用这个示例程序。但单片机内部时钟的走时精度不高，若想达到 1 年的误差小于 1min 的程度，要改用带有零点漂移自动校正的高精度时钟芯片。

12.2.1　禁用 RTC 初始化函数

在加入新的驱动程序之前，先在 CubeMX 中禁止自动生成的 RTC 初始化函数。不然单片机启动时 RTC 总会初始化，会删除正常走时的日期和时间。如图 12.10 所示，操作方法是进入 CubeMX 图形化界面，进入“Project Manager”（工程管理）选项卡，单击“Advanced Settings”（高级设置）子选项卡，弹出窗口的下半部分是所有自动生成的各功能初始化函数，在其中找到 RTC 初始化函数，勾选此行中的“Do Not Generate Function Call”（不生成函数调用），然后取消最右侧“Visibility（Static）”（静态）的勾选。重新生成程序后，主函数中的 RTC 初始化函数将消失，同时 MX_RTC_Init 函数会从静态函数变成普通函数，函数中定义的结构体不再是全局变量。

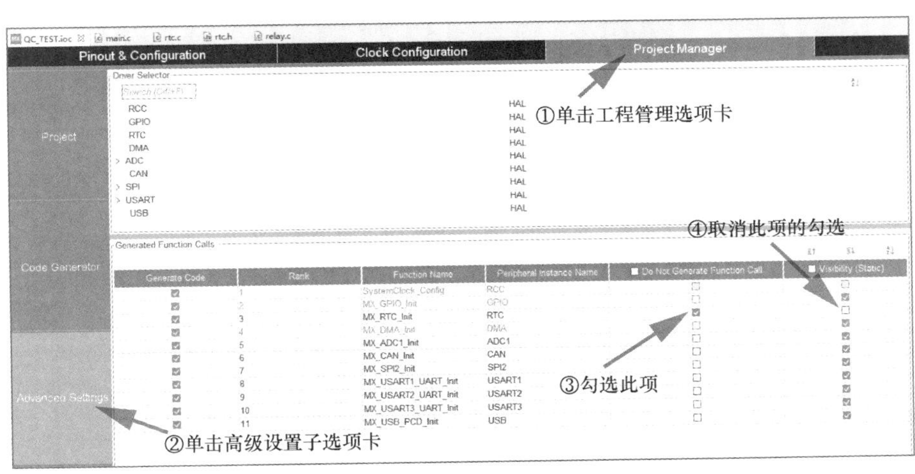

图 12.10　禁用自动生成的 RTC 初始化函数

12.2.2　添加 RTC 驱动程序

在资料包中打开“示例程序”文件夹，在其中找到“创建走时完善的 RTC 时钟测试程序”，解压缩后可在 icode 文件夹中找到 rtc 子文件夹，其中包含 rtc.c 和 rtc.h 文件。将 rtc 文件夹复制到当前工程的 icode 文件夹里，在 CubeIDE 里刷新工程文件树，可以看到 rtc 文件夹，如图 12.11 所示。

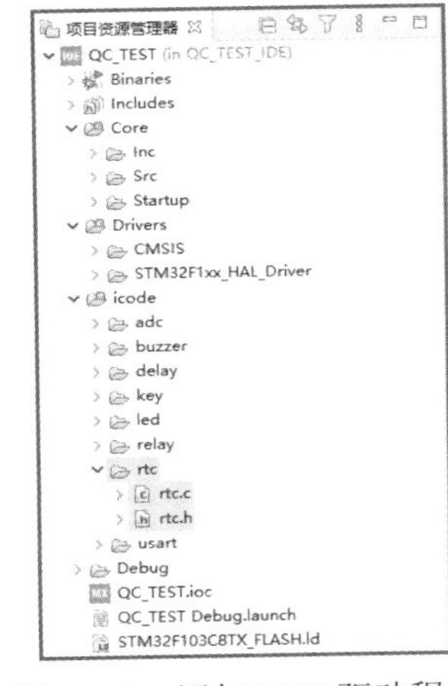

图 12.11　添加 RTC 驱动程序

如图 12.12 所示，请打开这两个文件，浏览其中的内容。rtc.c 文件的第 11～12 行重新定义了年、月、日、时、分、秒、星期的全局变量，用于存放日期和时间数据。rtc.c 文件中还重新设计了 RTC 初始化函数、RTC 读出时间函数、RTC 写入时间函数，以及闰年的换算函数、日期换算成星期的函数。但在应用程序中只需要调用 RTC_Init 初始化函数、RTC_Get 读出时间函数和 RTC_Set 写入时间函数。如图 12.13 所示，在 rtc.h 文件里是变量和函数的声明。

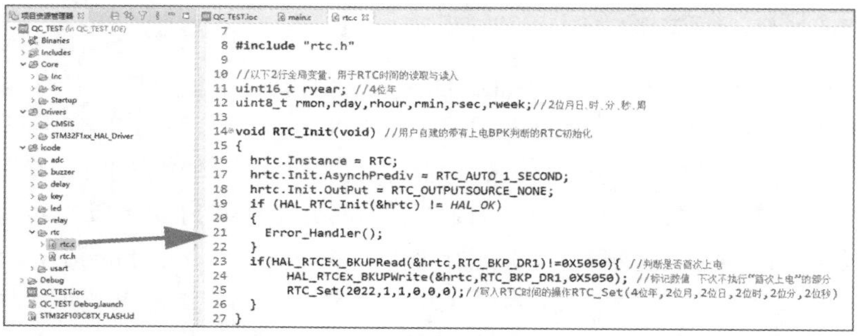

```
7
8 #include "rtc.h"
9
10 //以下2行全局变量，用于RTC时间的读取与读入
11 uint16_t ryear; //4位年
12 uint8_t rmon,rday,rhour,rmin,rsec,rweek;//2位月日时分秒周
13
14 void RTC_Init(void) //用户自建的带有上电BPK判断的RTC初始化
15 {
16   hrtc.Instance = RTC;
17   hrtc.Init.AsynchPrediv = RTC_AUTO_1_SECOND;
18   hrtc.Init.OutPut = RTC_OUTPUTSOURCE_NONE;
19   if (HAL_RTC_Init(&hrtc) != HAL_OK)
20   {
21     Error_Handler();
22   }
23   if(HAL_RTCEx_BKUPRead(&hrtc,RTC_BKP_DR1)!=0X5050){ //判断是否首次上电
24        HAL_RTCEx_BKUPWrite(&hrtc,RTC_BKP_DR1,0X5050); //标记数值 下次不执行"首次上电"的部分
25        RTC_Set(2022,1,1,0,0,0);//写入RTC时间的操作RTC_Set(4位年,2位月,2位日,2位时,2位分,2位秒)
26   }
27 }
```

图 12.12　rtc.c 文件

```
26 3. 使用RTC_Set(4位年,2位月,2位日,2位时,2位分,2位秒); 写入时间。
27 例如，RTC_Set(2022,8,6,21,34,0);
28
29 其他函数都是帮助如上3个函数的，不需要调用。
30 注意要使用RTC_Get和RTC_Set的返回值，为0时表示读写正确。
31 */
32
33 extern RTC_HandleTypeDef hrtc;
34
35 //声明rtc.c文件中定义的全局变量（注意，这里不能给变量赋值）
36 extern uint16_t ryear;
37 extern uint8_t rmon,rday,rhour,rmin,rsec,rweek;
38
39 void RTC_Init(void); //用户自建的带有上电BPK判断的RTC初始化【在主循环前调用】
40 uint8_t Is_Leap_Year(uint16_t year);//判断是否是闰年函数
41 uint8_t RTC_Get(void);//读出当前时间值【主函数中需要读RTC时调用】
42 uint8_t RTC_Set(uint16_t syear,uint8_t smon,uint8_t sday,uint8_t hour,uint8_t min,uint8_t sec);
43 uint8_t RTC_Get_Week(uint16_t year,uint8_t month,uint8_t day);//按年月日计算星期
44
45 #endif
46
```

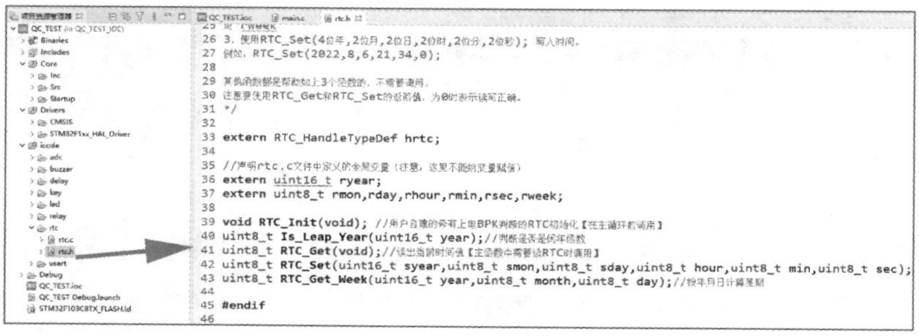

图 12.13　rtc.h 文件

简单分析一下 rtc.c 文件中 3 个函数的内部原理。如图 12.14 所示，首先来看第 14 行的 RTC 初始化函数，其中内容与 CubeMX 自动生成的 MX_RTC_Init 函数差不多，依然在第 19 行调用 HAL 库函数进行初始化。第 23 行判断 BKP 第 1 组寄存器的标志位，如果判断为假，则调用第 24 行写入 0x5050 到第 1 组寄存器，第 25 行调用新创建的 RTC_Set 写入时间函数，参数是要写入的初始日期和时间。由此可见，不论哪种方式的初始化，都要用 BKP 寄存器判断单片机是不是首次上电。

```
8 #include "rtc.h"
9
10 //以下2行全局变量，用于RTC时间的读取与读入
11 uint16_t ryear; //4位年
12 uint8_t rmon,rday,rhour,rmin,rsec,rweek;//2位月日时分秒周
13
14 void RTC_Init(void) //用户自建的带有上电BPK判断的RTC初始化
15 {
16   hrtc.Instance = RTC;
17   hrtc.Init.AsynchPrediv = RTC_AUTO_1_SECOND;
18   hrtc.Init.OutPut = RTC_OUTPUTSOURCE_NONE;
19   if (HAL_RTC_Init(&hrtc) != HAL_OK)
20   {
21     Error_Handler();
22   }
23   if(HAL_RTCEx_BKUPRead(&hrtc,RTC_BKP_DR1)!=0X5050){ //判断是否首次上电
24        HAL_RTCEx_BKUPWrite(&hrtc,RTC_BKP_DR1,0X5050); //标记数值 下次不执行"首次上电"的部分
25        RTC_Set(2022,1,1,0,0,0);//写入RTC时间的操作RTC_Set(4位年,2位月,2位日,2位时,2位分,2位秒)
26   }
27 }
```

图 12.14　RTC_Init 初始化函数

如图 12.15 所示，第 53 行是 RTC_Set 写入时间函数，它有年、月、日、时、分、秒共 6 个参数。之所以没有星期，是因为在调用读出时间函数时会用日期自动换算出星期，不需要手动填写。函数内部的实现原理过于复杂，我们只要知道最终返回值为 0 表示写入成功，不为 0 表示写入失败。在主函数中调用此函数，就能设置 RTC 日期和时间。

```
52 //写入时间
53 uint8_t RTC_Set(uint16_t syear,uint8_t smon,uint8_t sday,uint8_t hour,uint8_t min,uint8_t sec){
54     uint16_t t;
55     uint32_t seccount=0;
56     if(syear<2000||syear>2099)return 1;//syear范围1970~2099，此处设置范围为2000~2099
57     for(t=1970;t<syear;t++){ //把所有年份的秒钟相加
58         if(Is_Leap_Year(t))seccount+=31622400;//闰年的秒钟数
59         else seccount+=31536000;                    //平年的秒钟数
60     }
61     smon-=1;
62     for(t=0;t<smon;t++){          //把前面月份的秒钟数相加
63         seccount+=(uint32_t)mon_table[t]*86400;//月份秒钟数相加
64         if(Is_Leap_Year(syear)&&t==1)seccount+=86400;//闰年2月份增加一天的秒钟数
65     }
66     seccount+=(uint32_t)(sday-1)*86400;//把前面日期的秒钟数相加
67     seccount+=(uint32_t)hour*3600;//小时秒钟数
68     seccount+=(uint32_t)min*60;       //分钟秒钟数
69     seccount+=sec;//最后的秒钟加上去
70
71     //【寄存器操作】因为HAL库的不完善，无法直接调用RTC_ReadTimeCounter函数。此处改用寄存器直接操作。
72     RTC->CRL|=1<<4;    //允许配置
73     RTC->CNTL=seccount&0xffff;
74     RTC->CNTH=seccount>>16;
75     RTC->CRL&=~(1<<4);//配置更新
76     while(!(RTC->CRL&(1<<5)));//等待RTC寄存器操作完成
77     //【寄存器操作】结束
78
79     return 0; //返回值:0,成功;其他:错误程序
80 }
```

图 12.15　RTC_Set 写入时间函数

如图 12.16 所示，第 83 行是 RTC_Get 读出时间函数，函数没有参数，只有返回值。返回值为 0 表示读出成功，不为 0 表示读出失败。之所以没有参数，是因为函数会将读出的数据放入第 11～12 行定义的 7 个全局变量中。日期数据带有闰年的算法，不用担心日期出现错误。变量中的 rweek 存放的星期值为 0～6，0 代表星期日，1～6 代表星期一到星期六。函数内容涉及很多算法，在此不做深入分析，有精力的朋友可以结合注释信息，逐行分析程序，不过即使不了解函数的内部原理也不影响使用。

```
82 //读出时间
83 uint8_t RTC_Get(void){//读出当前时间值 //返回值:0,成功;其他:错误代码
84     static uint16_t daycnt=0;
85     uint32_t timecount=0;
86     uint32_t temp=0;
87     uint16_t temp1=0;
88
89     //【寄存器操作】因为HAL库的不完善，无法直接调用RTC_WriteTimeCounter函数。此处改用寄存器直接操作。
90     timecount=RTC->CNTH;//得到计数器中的值(秒钟数)
91     timecount<<=16;
92     timecount+=RTC->CNTL;
93     //【寄存器操作】结束
94
95     temp=timecount/86400;    //得到天数(秒钟数对应的)
96     if(daycnt!=temp){//超过一天了
97         daycnt=temp;
98         temp1=1970;  //从1970年开始
99         while(temp>=365){
100            if(Is_Leap_Year(temp1)){//是闰年
101                if(temp>=366)temp-=366;//闰年的秒钟数
102                else {temp1++;break;}
103            }
104            else temp-=365;       //平年
105            temp1++;
106        }
107        ryear=temp1;//得到年份
108        temp1=0;
109        while(temp>=28){//超过了一个月
110            if(Is_Leap_Year(ryear)&&temp1==1){//当年是不是闰年/2月份
111                if(temp>=29)temp-=29;//闰年的秒钟数
112                else break;
113            }else{
114                if(temp>=mon_table[temp1])temp-=mon_table[temp1];//平年
115                else break;
116            }
```

图 12.16　RTC_Get 读取时间函数

12.2.3 编写应用程序

接下来介绍如何将新创建的 RTC 驱动程序应用到主函数中。打开 main.c 文件，如图 12.17 所示，在第 32 行添加 rtc.h 文件的相对路径。如图 12.18 所示，第 116 行并没有自动生成 MX_RTC_Init 初始化函数，确定未生成后再在第 128 行添加新驱动程序的 RTC_Init 初始化函数。

```
22⊖/* Private includes ----------------------------------------------------------
23 /* USER CODE BEGIN Includes */
24 #include "../../icode/led/led.h"
25 #include "../../icode/key/key.h"
26 #include "../../icode/delay/delay.h"
27 #include "../../icode/buzzer/buzzer.h"
28 #include "../../icode/relay/relay.h"
29 #include "../inc/retarget.h"//用于printf函数串口重映射
30 #include "../../icode/usart/usart.h"
31 #include "../../icode/adc/adc.h"
32 #include "../../icode/rtc/rtc.h"
33 /* USER CODE END Includes */
34
```

图 12.17 加载头文件的相对应路径

如图 12.19 所示，在第 135～166 行添加应用程序部分。仔细观察可以发现应用程序部分的结构与上次编写的几乎一样，只修改了全局变量、读出时间函数、写入时间函数的名称。第 137 行调用了 RTC_Get 读出时间函数，一个函数就能把日期和时间数据更新到 7 个全局变量中。第 139 行依然是 printf 函数，将日期和时间发送给超级终端，区别是时间数据从结构体变量变成了新定义的全局变量。第 152～158 行将串口接收寄存器里的数据按顺序存入全局变量。第 159 行将全局变量中的数据通过 RTC_Set 函数写入 RTC 功能。函数的其他部分没有改变。

```
115   /* Initialize all configured peripherals */
116   MX_GPIO_Init();
117   MX_DMA_Init();
118   MX_ADC1_Init();
119   MX_CAN_Init();
120   MX_SPI2_Init();
121   MX_USART1_UART_Init();
122   MX_USART2_UART_Init();
123   MX_USART3_UART_Init();
124   MX_USB_PCD_Init();
125   /* USER CODE BEGIN 2 */
126   RetargetInit(&huart1);//将printf函数映射到UART1串口上
127   HAL_UART_Receive_IT(&huart1,(uint8_t *)&USART1_NewData,1);
128   RTC_Init();//自创走时完善的RTC时钟初始化
129   /* USER CODE END 2 */
130
```


图 12.18 手动加入初始化函数

```
133   while (1)
134   {
135     if(USART1_RX_STA&0xC000){ //如果标志位是0xC000表示收到数据串完成，可以处理。
136         if((USART1_RX_STA&0x3FFF)==0){ //单独的回车键再显示一次欢迎词
137             RTC_Get();//读出当前RTC日期与时间，放入全局变量
138             printf(" 洋桃IoT开发板RTC实时时钟测试    \r\n");
139             printf(" 实时时间：%04d-%02d-%02d  %02d:%02d:%02d  \r\n",
140                     ryear, rmon, rday, rhour, rmin, rsec);//显示日期时间
141             printf(" 单按Enter键更新时间，输入字母C初始化时钟 \r\n");
142             printf(" 请输入设置时间，格式20170806120000，按Enter键确定！  \r\n");
143         }else if((USART1_RX_STA&0x3FFF)==1){  //判断数据是不是1个
144             if(USART1_RX_BUF[0]=='c' ||  USART1_RX_BUF[0]=='C'){
145                 MX_RTC_Init(); //键盘输入c或C，初始化时钟（调用HAL库自带的初始化函数）
146                 printf("初始化成功！          \r\n");//显示初始化成功
147             }else{
148                 printf("指令错误！              \r\n"); //显示指令错误！
149             }
150         }else if((USART1_RX_STA&0x3FFF)==14){ //判断数据是不是14个
151             //将超级终端发过来的数据换算并写入RTC
152             ryear = (USART1_RX_BUF[0]-0x30)*1000 + (USART1_RX_BUF[1]-0x30)*100 +
153                     (USART1_RX_BUF[2]-0x30)*10 + (USART1_RX_BUF[3]-0x30);//减0x30得到十进制0~9的数据
154             rmon =  (USART1_RX_BUF[4]-0x30)*10 + (USART1_RX_BUF[5]-0x30);
155             rday =  (USART1_RX_BUF[6]-0x30)*10 + (USART1_RX_BUF[7]-0x30);
156             rhour = (USART1_RX_BUF[8]-0x30)*10 + (USART1_RX_BUF[9]-0x30);
157             rmin =  (USART1_RX_BUF[10]-0x30)*10 + (USART1_RX_BUF[11]-0x30);
158             rsec =  (USART1_RX_BUF[12]-0x30)*10 + (USART1_RX_BUF[13]-0x30);
159             if (RTC_Set(ryear,rmon,rday,rhour,rmin,rsec) != HAL_OK)//将数据写入RTC程序
160             {
161                 printf("写入时间失败！          \r\n"); //显示写入失败
162             }else printf("写入成功！          \r\n");//显示写入成功
163         }else{ //如果以上都不是，即是错误的指令
164             printf("指令错误！              \r\n");  //如果不是以上正确的操作，显示指令错误！
165         }
166         USART1_RX_STA=0; //将串口数据标志位清0
167     }
168   /* USER CODE END WHILE */
```

图 12.19 实时时钟的应用程序

将程序重新编译下载，在超级终端上观察实验效果。如图 12.20 所示，时间的显示与设置都和上一次效果完全相同，唯一的区别是日期能正常走时，单片机断电后也能保持日期的准确性。

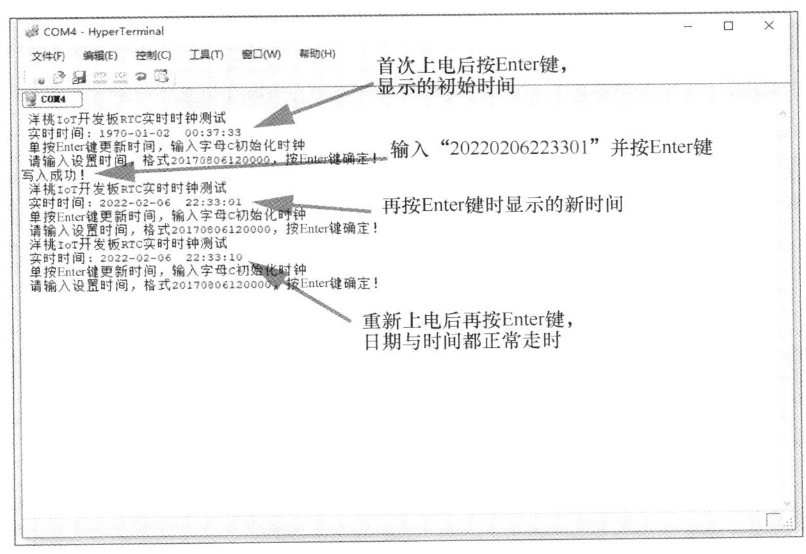

图 12.20　日期正常走时的实验效果

请大家将两种 RTC 驱动方法都操作一遍，熟悉 RTC 驱动程序的移植过程。在今后的项目开发中，不需要你再创建 RTC 驱动程序，因为可直接使用我写好的程序。了解驱动程序的结构和原理，是为了在更换单片机型号后，也能将 RTC 驱动程序移植到新单片机上。

第 13 步：温/湿度传感器驱动程序

这一步我们来介绍洋桃 IoT 开发板上的温/湿度传感器，型号是 DHT11。这是一款在常用的传感器芯片，它采用单总线通信方式，最远传输距离可达 20m，价格便宜、驱动简单。我将分 4 个部分介绍 DHT11 的电路原理和驱动程序移植方法。学会之后，可以在后续的项目开发中使用此传感器进行环境温度、湿度的采集，采集的数据可通过串口发送到超级终端，也可通过蓝牙和 Wi-Fi 模块发送到远程服务器，满足物联网的应用需求。

13.1　DHT11 芯片介绍

之前在开发板上驱动的功能要么是单片机内部功能（如 ADC 采集、USART 串口），要么是简单的电平驱动电路（如 LED、蜂鸣器、继电器），并没有涉及带有通信协议的功能电路。DHT11 温/湿度传感器正是需要通信协议的外部元器件，不能通过高/低电平或模拟电压来读取数据，而需要一套完整的单总线协议，以固定的格式进行通信。这就需要我们去理解单总线的协议规范，用 GPIO 端口模拟出通信协议的时序状态，然后编写出一套驱动程序。

首先来看一下 DHT11 的官方数据手册，了解它的技术参数和特征。在资料包中找到“数据手册与固件库”文件夹，在其中找到“DHT11 说明书”文档，请大家仔细阅览一遍。为了讲解方便，我把文档中的重要参数截取出来。如图 13.1 所示，从产品的订货信息可以看出，这款传感器的湿度测量范围是 20%～90%RH，分辨率是 1%RH，误差±5%RH；温度测试范围是 0～50℃，分辨率是 1℃，误差是±2℃。从传感器性能说明表中可以看到更详细的性能参数，特别是在湿度测量范围中，不同温度下的湿度测量范围有所变化。在 DHT11 引脚说明的表格中可以看到传感器有 4 个引脚，第 1 引脚 VDD 连接电源正极，可由 3～5.5V 电源供电，通常连接在 5V 电源上；第 2 引脚 DATA 是单总线通信接口，指令发送与数据接收都在这个接口上完成；第 3 引脚是空脚；第 4 引脚 GND 连接公共地。在下方的封装信息图中可以看到传感器的外观与下方的 4 个引脚，由左到右分别是第 1～4 引脚。在典型应用电路的图中可以看到 DHT11 传感器与 MCU 单片机的电路连接示意图。其中第 1 引脚和连接电源，第 4 引脚接地，第 2 引脚的单总线连接单片机 GPIO 接口。在单总线上还连接了 5kΩ 上拉电阻，如果连接第 2 引脚的 GPIO 端口设置为上拉模式，则可不连接此电阻。

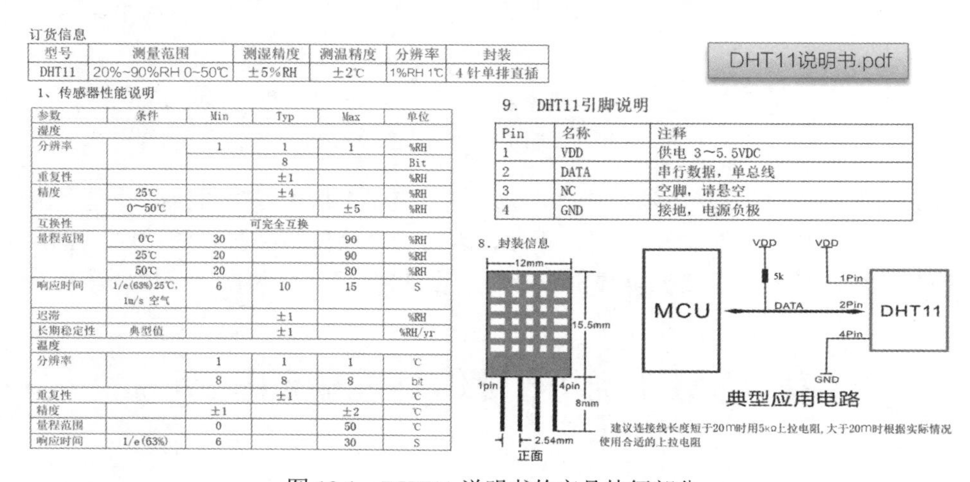

订货信息

型号	测量范围	测湿精度	测温精度	分辨率	封装
DHT11	20%~90%RH 0~50℃	±5%RH	±2℃	1%RH 1℃	4 针单排直插

1、传感器性能说明

参数	条件	Min	Typ	Max	单位
湿度					
分辨率		1	1	1	%RH
			8		Bit
重复性			±1		%RH
精度	25℃		±4		%RH
	0～50℃			±5	%RH
互换性	可完全互换				
量程范围	0℃	30		90	%RH
	25℃	20		90	%RH
	50℃	20		80	%RH
响应时间	1/e(63%)25℃，1m/s 空气	6	10	15	S
迟滞			±1		%RH
长期稳定性	典型值		±1		%RH/yr
温度					
分辨率		1	1	1	℃
		8	8	8	bit
重复性			±1		℃
精度		±1		±2	℃
量程范围		0		50	℃
响应时间	1/e(63%)	6		30	S

DHT11说明书.pdf

9． DHT11引脚说明

Pin	名称	注释
1	VDD	供电 3～5.5VDC
2	DATA	串行数据，单总线
3	NC	空脚，请悬空
4	GND	接地，电源负极

图 13.1　DHT11 说明书的产品特征部分

说明书的第 3～4 页是单总线通信协议的规范说明，如图 13.2 所示，这里详细介绍了如何利用一个 GPIO 端口与 DHT11 进行数据收发，大家可以自行阅读学习，在此不多介绍。看懂此单总线通信协议说明，对于在单片机上独立编写驱动程序很有帮助。但由于我已经按此协议把驱动程序编写好了，大家直接移植便可使用。所以即使不了解单总线协议内容，也不影响你把 DHT11 应用起来。但如果在未来的开发中想把它移植到其他型号的单片机，则不能直接调用我的驱动程序，而是要根据单片机特性来修改驱动程序，那时就需要你理解通信协议，知道修改哪些地方才能移植成功。

13.2　电路原理分析

打开“洋桃 IoT 开发板电路原理图”文件，在其中找到温/湿度模块部分的电路，如图 13.3 所示。从图中可以看出传感器的第 1 引脚连接开发板的 5V 电源，第 4 引脚连接 GND，第

2 引脚的单总线接口通过 P19 跳线连接单片机的 PB2 端口。如图 13.4 所示，在开发板左下方的蓝色方块就是 DHT11 温/湿度传感器，传感器表面的网格结构可以让环境湿气和温度进入内部探头。传感器右侧有标注为“温湿度输入”的 P19 跳线，当跳线帽插入时，传感器的单总线与单片机的 PB2 端口连接，没有加 5kΩ 上拉电阻。电路部分非常简单，几乎没有外围电路。

4. 串行接口（单线双向）

DATA用于微处理器与DHT11之间的通信和同步，采用单总线数据格式，一次通信时间为4ms左右，数据分小数部分和整数部分，具体格式在下面说明，当前小数部分用于以后扩展，现读出为零，操作流程如下。

一次完整的数据传输为40bit，高位先出。

数据格式：8bit湿度整数数据+8bit湿度小数数据+

8bit温度整数数据+8bit温度小数数据+

8bit校验和

数据传送正确时校验和数据等于“8bit湿度整数数据+8bit湿度小数数据+8bit温度整数数据+8bit温度小数数据”所得结果的末8位。

用户MCU发送一次开始信号后，DHT11从低功耗模式转换到高速模式，等待主机开始信号结束后，DHT11发送响应信号，送出40bit的数据，并触发一次信号采集，用户可选择读取部分数据。从模式下，DHT11接收到开始信号后触发一次温/湿度采集，如果没有接收到主机发送开始信号，DHT11不会主动进行温/湿度采集。采集数据后转换到低速模式。

（1）通信过程如图1所示

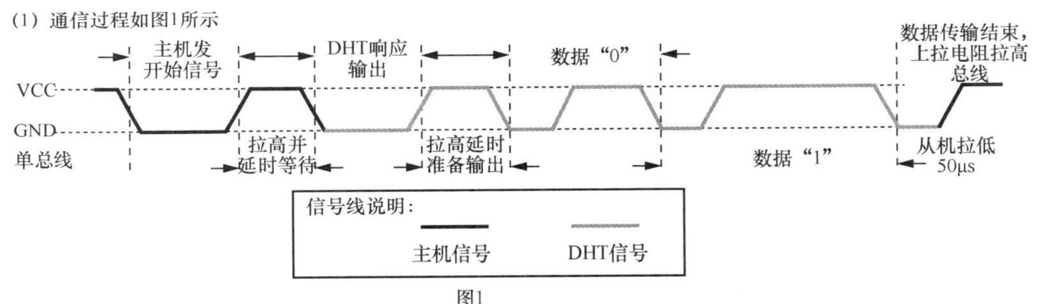

图1

总线空闲状态为高电平，主机把总线拉低等待DHT11响应，主机把总线拉低必须大于18ms，保证DHT11能检测到起始信号。DHT11接收到主机的开始信号后，等待主机开始信号结束，然后发送80μs低电平响应信号。主机发送开始信号结束后，延时等待20～40μs，读取DHT11的响应信号，主机发送开始信号后，可以切换到输入模式，或者输出高电平，总线由上拉电阻拉高。

图 13.2　单总线通信协议说明

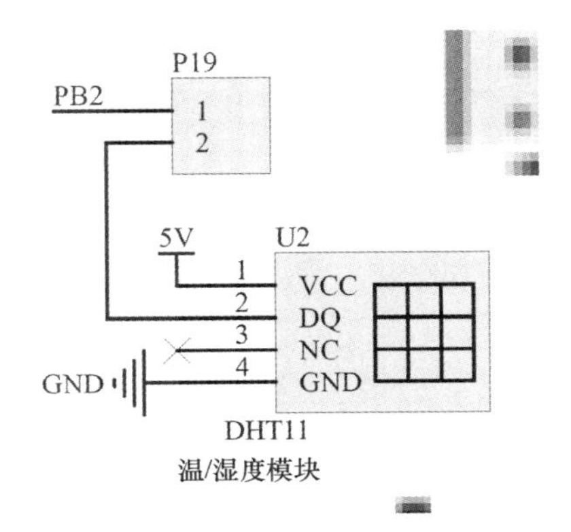

图 13.3　温/湿度模块部分的电路

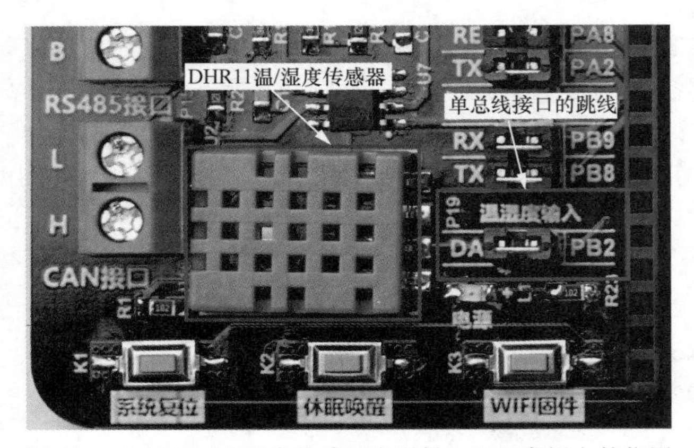

图 13.4　DHT11 温/湿度传感器在洋桃 IoT 开发板上的位置

13.3　移植驱动程序

我已经在出厂测试程序中写好了 DHT11 的驱动程序，接下来用老方法把驱动程序移植到当前工程。如图 13.5 所示，打开 CubeMX 图形化界面，进入 GPIO 功能设置项，在列表中找到 PB2 端口，确认端口为 GPIO 输出模式，参数设置为初始高电平、推挽输出、无上/下拉、高速，用户标注是 DHT11_DA。如图 13.6 所示，打开出厂测试程序的工程，在 icode 文件夹中找到 dht11 子文件夹，其中有 dht11.c 和 dht11.h 文件。将 dht11 文件夹复制到当前工程的 icode 文件夹里，并在 CubeIDE 中刷新工程目录。

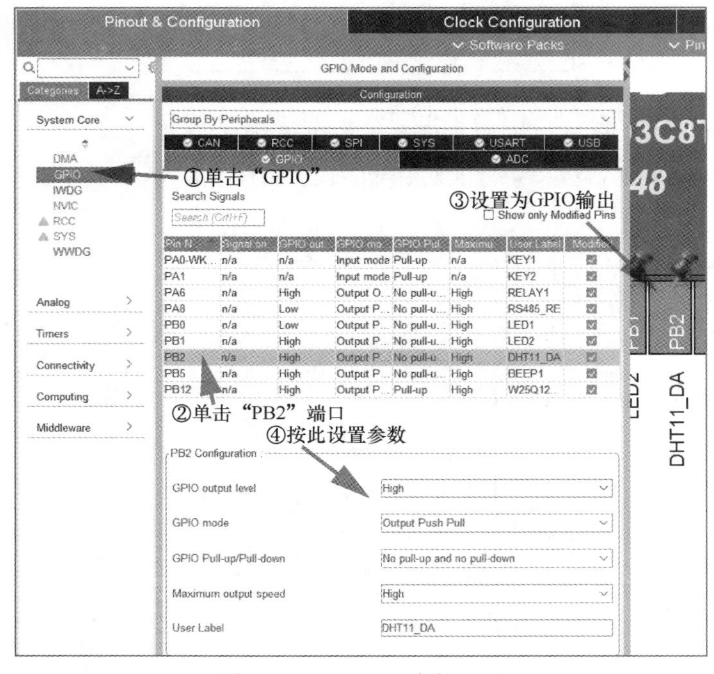

图 13.5　CubeMX 中的设置

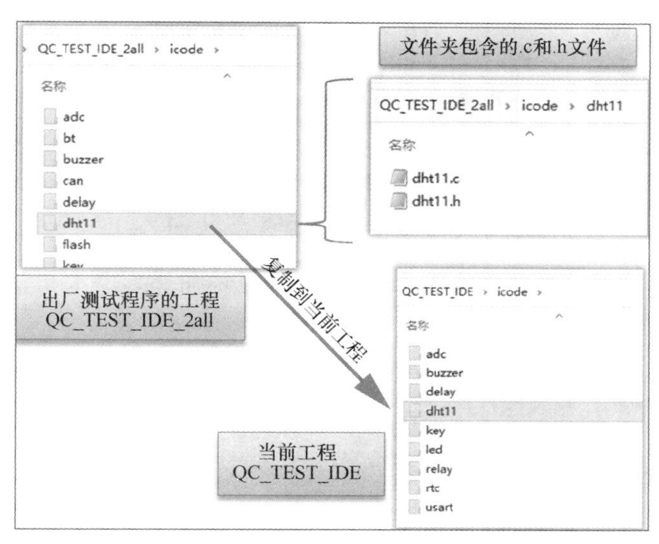

图 13.6 复制 dht11 文件夹到当前工程

在工程文件树中分别打开 dht11.c 和 dht11.h 文件，并浏览其中的内容。如图 13.7 所示，可以看到 dht11.c 文件中定义了多个函数，用于实现单总线协议的通信。其中需要开发者在主函数中调用的只有 DHT11_Init 初始化函数和 DHT11_ReadData 读取数据函数，其他函数都是为这两个函数服务的子函数。如图 13.8 所示，dht11.h 文件中只有对函数的声明。DHT11 驱动程序可以通过“DHT11 说明书”中的协议规范来编写，但接下来移植的驱动程序是我在网上找到，经过简单修改而得来的。很多初学者总是想着自己从头编写程序，体验从无到有的过程。但是单片机开发的现实是，我们都要站在巨人的肩膀上，要借用前辈们完成的工作，我也不例外。单片机开发不是一个追求原创的工作，我们要做的是找到前辈们的程序、理解程序的基础原理、修改程序以适应自己的硬件平台，最后在此基础上编写适应客户项目需求的应用程序。

```
25
26 #include "dht11.h"
27 #include "main.h"
28
29 void DHT11_IO_OUT (void){ //端口变为输出
30     GPIO_InitTypeDef GPIO_InitStruct = {0};
31     GPIO_InitStruct.Pin = DHT11_DA_Pin;
32     GPIO_InitStruct.Mode = GPIO_MODE_OUTPUT_PP;
33     GPIO_InitStruct.Pull = GPIO_NOPULL;
34     GPIO_InitStruct.Speed = GPIO_SPEED_FREQ_HIGH;
35     HAL_GPIO_Init(GPIOB, &GPIO_InitStruct);
36 }
37
38 void DHT11_IO_IN (void){ //端口变为输入
39     GPIO_InitTypeDef GPIO_InitStruct = {0};
40     GPIO_InitStruct.Pin = DHT11_DA_Pin;
41     GPIO_InitStruct.Mode = GPIO_MODE_INPUT;
42     GPIO_InitStruct.Pull = GPIO_PULLUP;
43     HAL_GPIO_Init(GPIOB, &GPIO_InitStruct);
44 }
45
46 void DHT11_RST (void){ //DHT11端口复位，发出起始信号（I/O发送）
47     DHT11_IO_OUT();
48     HAL_GPIO_WritePin(GPIOB,DHT11_DA_Pin, GPIO_PIN_RESET);
49     HAL_Delay(20); //拉低至少18ms
50     HAL_GPIO_WritePin(GPIOB,DHT11_DA_Pin, GPIO_PIN_SET);
51     delay_us(30); //主机拉高20~40μs
52 }
```

图 13.7 dht11.c 文件的内容

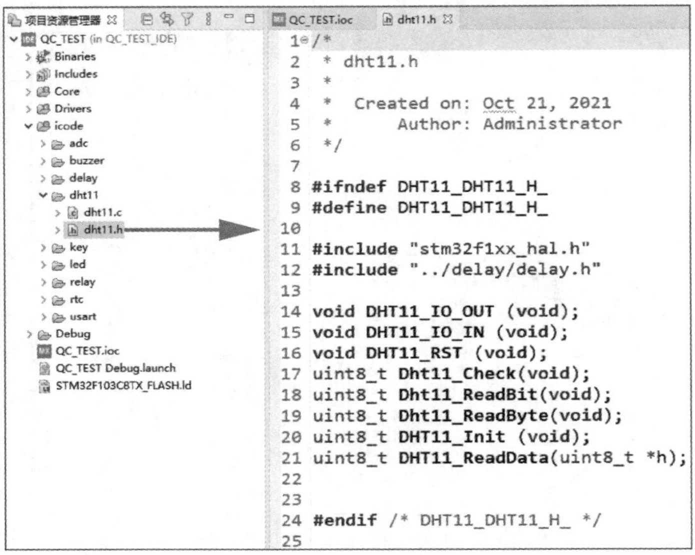

```
1 /*
2  * dht11.h
3  *
4  *  Created on: Oct 21, 2021
5  *      Author: Administrator
6  */
7
8 #ifndef DHT11_DHT11_H_
9 #define DHT11_DHT11_H_
10
11 #include "stm32f1xx_hal.h"
12 #include "../delay/delay.h"
13
14 void DHT11_IO_OUT (void);
15 void DHT11_IO_IN (void);
16 void DHT11_RST (void);
17 uint8_t Dht11_Check(void);
18 uint8_t Dht11_ReadBit(void);
19 uint8_t Dht11_ReadByte(void);
20 uint8_t DHT11_Init (void);
21 uint8_t DHT11_ReadData(uint8_t *h);
22
23
24 #endif /* DHT11_DHT11_H_ */
25
```

图 13.8　dht11.h 文件的内容

接下来简单分析一下 DHT11_Init 和 DHT11_ReadData 两个应用层函数的程序原理。如图 13.9 所示，dht11.c 文件的第 95 行是 DHT11_Init 函数，它没有参数，有返回值。第 96 行调用了 DHT11_RST 函数，此函数的作用是向 DHT11 传感器发送一个起始信号，使传感器复位。如图 13.10 所示，我们可以跳转到第 46 行观察具体的函数内容，第 47 行调用 DHT11_IO_OUT 函数，将连接单总线的 I/O 端口变成推挽输出模式。如图 13.10 所示，再跳转到第 29 行的函数内容。第 30～35 行是设置 GPIO 端口的标准程序，学过《STM32 入门 100 步》标准库知识的读者，对这里应该并不陌生。设置完端口模式后再回到第 48 行让单总线端口输出低电平，第 49 行延时 20ms，第 50 行让端口输出高电平，第 51 行延时 30ms。通过电平在固定时间内的高低变化，DHT11 传感器就可以识别出这是起始信号，进入复位状态。DHT11_RST 函数调用结束后回到第 97 行，调用 Dht11_Check 函数，将函数返回值传送到 DHT11_Init 并作为它的返回值。

```
95 uint8_t DHT11_Init (void){   //DHT11初始化
96     DHT11_RST();//DHT11端口复位，发出起始信号
97     return Dht11_Check(); //等待DHT11回应
98 }
99
100 uint8_t DHT11_ReadData(uint8_t *h){ //读取一次数据//湿度值(十进制，范围:20%~90%)
101     uint8_t buf[5];
102     uint8_t i;
103     DHT11_RST();//DHT11端口复位，发出起始信号
104     if(Dht11_Check()==0){ //等待DHT11回应
105         for(i=0;i<5;i++){//读取5位数据
106             buf[i]=Dht11_ReadByte(); //读出数据
107         }
108         if((buf[0]+buf[1]+buf[2]+buf[3])==buf[4]){  //数据校验
109             *h=buf[0]; //将湿度值放入指针1
110             h++;
111             *h=buf[2]; //将温度值放入指针2
112         }
113     }else return 1;
114     return 0;
115 }
116
```

图 13.9　dht11.c 文件的内容（片段 1）

```
26 #include "dht11.h"
27 #include "main.h"
28
29 void DHT11_IO_OUT (void){ //端口变为输出
30     GPIO_InitTypeDef GPIO_InitStruct = {0};
31     GPIO_InitStruct.Pin = DHT11_DA_Pin;
32     GPIO_InitStruct.Mode = GPIO_MODE_OUTPUT_PP;
33     GPIO_InitStruct.Pull = GPIO_NOPULL;
34     GPIO_InitStruct.Speed = GPIO_SPEED_FREQ_HIGH;
35     HAL_GPIO_Init(GPIOB, &GPIO_InitStruct);
36 }
37
38 void DHT11_IO_IN (void){ //端口变为输入
39     GPIO_InitTypeDef GPIO_InitStruct = {0};
40     GPIO_InitStruct.Pin = DHT11_DA_Pin;
41     GPIO_InitStruct.Mode = GPIO_MODE_INPUT;
42     GPIO_InitStruct.Pull = GPIO_PULLUP;
43     HAL_GPIO_Init(GPIOB, &GPIO_InitStruct);
44 }
45
46 void DHT11_RST (void){ //DHT11端口复位，发出起始信号（I/O发送）
47     DHT11_IO_OUT();
48     HAL_GPIO_WritePin(GPIOB,DHT11_DA_Pin, GPIO_PIN_RESET);
49     HAL_Delay(20); //拉低至少18ms
50     HAL_GPIO_WritePin(GPIOB,DHT11_DA_Pin, GPIO_PIN_SET);
51     delay_us(30); //主机拉高20~40μs
52 }
53
```

图 13.10　dht11.c 文件的内容（片段 2）

如图 13.11 所示，跳转到第 54 行，观察 Dht11_Check 函数内容。其中第 56 行将 GPIO 端口设置为输入模式，第 57～65 行通过两组 while 语句循环判断单总线的电平状态，因为在正常情况下，单片机向 DHT11 传感器发送起始信号后，传感器将回应一个应答信号。应答信号先输出 40～80ms 低电平，再输出 40～80ms 高电平。判断到这些信号表示传感器正常回应，可以进行下一步操作。返回值为 0 表示通信成功，为 1 表示通信失败。回到第 97 行，返回值为 0 表示初始化传感器成功，为 1 表示初始化失败。

```
54 uint8_t Dht11_Check(void){ //等待DHT11回应，返回1:未检测到DHT11，返回0:成功（I/O接收）
55     uint8_t retry=0;
56     DHT11_IO_IN();// 端口变为输入状态
57     while (HAL_GPIO_ReadPin(GPIOB,DHT11_DA_Pin)&&retry<100){//DHT11会拉低40~80μs
58         retry++;
59         delay_us(1);
60     }
61     if(retry>=100)return 1; else retry=0;
62     while (!HAL_GPIO_ReadPin(GPIOB,DHT11_DA_Pin)&&retry<100){//DHT11拉低后会再次拉高40~80μs
63         retry++;
64         delay_us(1);
65     }
66     if(retry>=100)return 1;
67     return 0;
68 }
```

图 13.11　dht11.c 文件的内容（片段 3）

再来看 DHT11_ReadData 函数的程序原理。如图 13.9 所示，第 103 行依然调用 DHT11_RST 函数，复位传感器。第 104 行调用 Dht11_Check 函数判断传感器的回应，如果返回值为 0 则执行第 105 行的循环，执行 5 次第 106 行的 Dht11_ReadByte 函数，从传感器中连续读出 5 个字节的数据。如图 13.12 所示，Dht11_ReadByte 函数的原理是循环 8 次调用 Dht11_ReadBit 函数，Dht11_ReadBit 函数通过 while 语句循环判断两次高/低电平的状态。传感器发出的数据中，高电平时长大于 40ms 的表示逻辑信号 1，小于 40ms 的表示逻辑信号 0。经过 Dht11_ReadByte 函数循环读取 8 个位组成一个字节，在第 105 行循环 5 次读取

5 个字节的温/湿度数据，在第 108 行进行数据校验。如果一切顺利，则在第 114 行使返回值为 0，否则在第 113 行使返回值为 1。单总线通信的原理层面并不复杂，就是单片机发出固定电平的信号，传感器返回固定时长的高/低电平代表 1 和 0，再把 1 和 0 组合成字节，从 5 个字节中读出温度和湿度数据。

```
70⊖uint8_t Dht11_ReadBit(void){ //从DHT11读取一个位 返回值：1/0
71      uint8_t retry=0;
72      while(HAL_GPIO_ReadPin(GPIOB,DHT11_DA_Pin)&&retry<100){//等待变为低电平
73          retry++;
74          delay_us(1);
75      }
76      retry=0;
77      while(!HAL_GPIO_ReadPin(GPIOB,DHT11_DA_Pin)&&retry<100){//等待变为高电平
78          retry++;
79          delay_us(1);
80      }
81      delay_us(40);//等待40μs   //用于判断高低电平，即数据1或0
82      if(HAL_GPIO_ReadPin(GPIOB,DHT11_DA_Pin))return 1; else return 0;
83 }
84
85⊖uint8_t Dht11_ReadByte(void){  //从DHT11读取一个字节   返回值：读到的数据
86      uint8_t i,dat;
87      dat=0;
88      for (i=0;i<8;i++){
89          dat<<=1;
90          dat|=Dht11_ReadBit();
91      }
92      return dat;
93 }
```

图 13.12　dht11.c 文件的内容（片段 4）

13.4　编写应用程序

接下来我们在主函数中应用 DHT11 驱动程序。在工程中打开 main.c 文件，如图 13.13 所示，在第 33 行加入 dht11.h 文件的路径。然后进入 main 函数，如图 13.14 所示，在主函数开始处第 97 行的用户程序插入区定义一个数组，用于存放读取的温/湿度值。如图 13.15 所示，在主循环之前的第 130 行加入 DHT11_Init 初始化函数，使传感器上电初始化。但在初始化函数前面的第 129 行加入了 500ms 的延时函数，这是为了防止在单片机与传感器一同上电时，传感器还没有进入稳定的工作状态，单片机就开始发送初始化指令了。所以上电后单片机先延时 50ms，等待传感器准备就绪。第 131 行再延时 1500ms，等待传感器初始化完成。第 132 行调用 DHT11_ReadData 函数，进行第一次数据读取，参数是读出数值要存放的位置，这里填写第 97 行定义的数组名。到此，传感器进入稳定的工作状态，接下来就可以在主循环程序中不断刷新温/湿度数据了。如图 13.16 所示，在主循环程序部分，第 139 行调用 DHT11_ReadData 函数，刷新数组中的数据。第 140 行调用 printf 函数，用两个%02d 分别表示湿度值和温度值，实际的湿度值存放在 DHT11_BUF[0]中，温度值存放在 DHT11_BUF[1]中。第 141 行延时 1500ms，等待一段时间，回到第 139 行再次执行读取传感器程序，在超级终端上刷新温/湿度数据。

将程序重新编译，下载到开发板，在超级终端上观察实验效果。如图 13.17 所示，开发板上电后，会停顿 2s 再显示温/湿度数据，数据每 1.5s 刷新一次。大家可以尝试改变环境的湿度和温度来观察传感器的灵敏度。温/湿度数据的更新会有延迟，一般为 30s 左右。所以在实际的项目开发中，温/湿度数据的刷新时间在 1min 以上，适合大多数应用场合。

今天的作业是，请大家仔细研究“DHT11 说明书”，将通信协议说明与驱动程序对照研究，深入理解程序与协议之间的关系，这对于今后自己编写驱动程序非常有帮助。

```
22 /* Private includes ----------------------------------
23 /* USER CODE BEGIN Includes */
24 #include "../../icode/led/led.h"
25 #include "../../icode/key/key.h"
26 #include "../../icode/delay/delay.h"
27 #include "../../icode/buzzer/buzzer.h"
28 #include "../../icode/relay/relay.h"
29 #include "../inc/retarget.h"//用于printf函数串口重映射
30 #include "../../icode/usart/usart.h"
31 #include "../../icode/adc/adc.h"
32 #include "../../icode/rtc/rtc.h"
33 #include "../../icode/dht11/dht11.h"
34 /* USER CODE END Includes */
```

图 13.13　加载头文件的路径

```
94 int main(void)
95 {
96   /* USER CODE BEGIN 1 */
97     uint8_t DHT11_BUF[2]={0};//用于存放DHT11数据
98   /* USER CODE END 1 */
99
```

图 13.14　定义数组

```
126   /* USER CODE BEGIN 2 */
127   RetargetInit(&huart1);//将printf()函数映射到UART1串口上
128   HAL_UART_Receive_IT(&huart1,(uint8_t *)&USART1_NewData,1);//开启串口1接收中断
129   HAL_Delay(500);//毫秒级延时
130   DHT11_Init();//传感器芯片初始化
131   HAL_Delay(1500);//毫秒级延时
132   DHT11_ReadData(DHT11_BUF);//读出DHT11传感器数据（参数是存放数据的数组指针）
133   /* USER CODE END 2 */
134
```

图 13.15　初始化程序

```
135   /* Infinite loop */
136   /* USER CODE BEGIN WHILE */
137   while (1)
138   {
139       DHT11_ReadData(DHT11_BUF);//读出DHT11传感器数据（参数是存放数据的数组指针）
140       printf("湿度：%02d% 温度：%02d℃\r\n",DHT11_BUF[0],DHT11_BUF[1]);//显示温/湿度值
141       HAL_Delay(1500);//毫秒级延时
142
143     /* USER CODE END WHILE */
```

图 13.16　读取温/湿度数据的应用程序

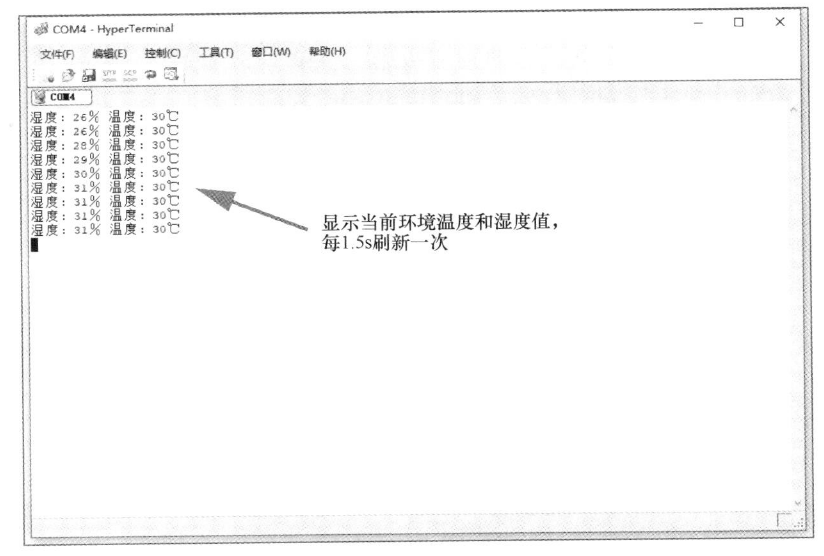

图 13.17　超级终端上的运行效果

第 14 步：SPI 存储芯片驱动程序

上一步学习了 DHT11 温/湿度传感器的驱动原理，用 GPIO 端口模拟出单总线通信协议的时序状态。这一步我们再学习一款需要通信协议的闪存芯片 W25Q128，这款芯片采用 SPI 总线接口，需要单片机用 SPI 总线标准的协议规范进行通信，但我们并不需要像模拟单总线那样模拟 SPI 总线协议，因为 STM32F103 单片机内置 SPI 总线功能，可以自动实现通信协议。这一步分成 5 个部分讲解，首先介绍 W25Q128 闪存芯片的特征与技术参数，然后分析芯片在开发板上的电路原理，掌握硬件部分之后，再在 CubeMX 中设置 SPI 总线接口，接着移植现有的驱动程序，最后编写一个读写闪存芯片的应用程序。

在洋桃 1 号开发板上并没有 W25Q128 闪存芯片，在《STM32 入门 100 步》中也没有这款芯片的讲解。但大家可以跳转到《STM32 入门 100 步》中的第 71～75 步，学习同样使用 SPI 总线协议的 CH376 芯片，看看同一种通信协议应用在不同功能的芯片上有哪些异同点。

14.1 芯片介绍

如图 14.1 所示，在洋桃 IoT 开发板右下角的黑色 8 引脚芯片就是 W25Q128 闪存芯片，元器件标号为 U1。虽然 STM32 单片机内部的 Flash 在保存用户程序之余，也能保存用户数据，但它毕竟容量有限。外接更大容量的闪存芯片，不仅能够更稳定地保存数据，还能在芯片内创建文件系统，是常见的外扩存储器方案。当我们想快速了解一款芯片时，首先要仔细阅读它的官方数据手册。在开发板资料包中找到“数据手册与固件库”文件夹，在其中打开“W25Q128 存储器芯片手册”文档。此数据手册是英文版，共 98 页，介绍了芯片的参数、特性与通信指令集。由于内容较多，在此只摘录重点内容，若想深入透彻地理解这款芯片，可用翻译软件翻译后通篇阅读数据手册。

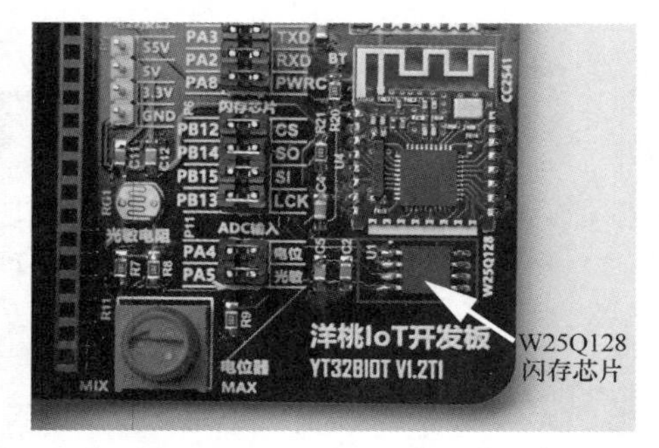

图 14.1 W25Q128 闪存芯片在洋桃 IoT 开发板上的位置

如图 14.2 所示，在手册第 5 页的下半部分可以看到芯片的重要参数。这是一款容量为 16MB 的 Flash 存储芯片，支持 104MHz 双工 SPI 通信协议。可用 2.7～3.6V 电源供电，带有硬件和软件双重写保护功能，有 8～24 引脚的各种芯片封装，我们的开发板上使用的是 8-pin SOIC 封装。

手册第 6 页有 8-pin SOIC 封装说明图，如图 14.3 所示，图中给出了芯片引脚定义，如图 14.4 所示，列表中给出了各引脚的具体功能。其中第 1 脚 CS 是 SPI 总线的片选使能接口，SPI 总线支持在一条总线上连接多个芯片，为了区分当前通信的芯片，就为每个芯片连接一个独立的 CS 片选接口，单片机要和哪个芯片通信就向其 CS 引脚输出低电平，其他

芯片的 CS 保持高电平。第 2 引脚 DO 是 SPI 总线的数据输出接口。第 3 引脚 WP 是硬件写保护接口，当向此引脚输入低电平时，芯片将禁止写入数据；当向此引脚输入高电平时，芯片可正常写入数据。第 4 引脚 GND 是公共地。第 5 引脚 DI 是 SPI 总线的数据输入接口。第 6 引脚 CLK 是 SPI 总线的时钟输入接口。第 7 引脚 HOLD 是状态保持接口，向此引脚输入低电平时，芯片将禁止任何操作；向此引脚输入高电平时，可正常操作芯片。第 8 引脚 VCC 是电源供电接口，向此引脚接入 2.7～3.6V 电源。请大家记住每个引脚的作用，在讲解电路原理时会用到。

2. FEATURES

- **New Family of SpiFlash Memories**
  – W25Q128FV: 128M-bit / 16M-byte
  – Standard SPI: CLK, /CS, DI, DO, /WP, /Hold
  – Dual SPI: CLK, /CS, IO_0, IO_1, /WP, /Hold
  – Quad SPI: CLK, /CS, IO_0, IO_1, IO_2, IO_3
  – QPI: CLK, /CS, IO_0, IO_1, IO_2, IO_3
  – Software & Hardware Reset
- **Highest Performance Serial Flash**
  – 104MHz Single, Dual/Quad SPI clocks
  – 208/416MHz equivalent Dual/Quad SPI
  – 50MB/S continuous data transfer rate
  – More than 100,000 erase/program cycles
  – More than 20-year data retention
- **Efficient "Continuous Read" and QPI Mode**
  – Continuous Read with 8/16/32/64-Byte Wrap
  – As few as 8 clocks to address memory
  – Quad Peripheral Interface (QPI) reduces instruction overhead
  – Allows true XIP (execute in place) operation
  – Outperforms X16 Parallel Flash
- **Low Power, Wide Temperature Range**
  – Single 2.7 to 3.6V supply
  – 4mA active current, <1μA Power-down (typ.)
  – -40°C to +85°C operating range
- **Flexible Architecture with 4KB sectors**
  – Uniform Sector/Block Erase (4K/32K/64K-Byte)
  – Program 1 to 256 byte per programmable page
  – Erase/Program Suspend & Resume
- **Advanced Security Features**
  – Software and Hardware Write-Protect
  – Power Supply Lock-Down and OTP protection
  – Top/Bottom, Complement array protection
  – Individual Block/Sector array protection
  – 64-Bit Unique ID for each device
  – Discoverable Parameters (SFDP) Register
  – 3X256-Bytes Security Registers with OTP locks
  – Volatile & Non-volatile Status Register Bits
- **Space Efficient Packaging**
  – 8-pin SOIC / VSOP 208-mil
  – 8-pin PDIP 300-mil
  – 8-pad WSON 6x5-mm / 8x6-mm
  – 16-pin SOIC 300-mil (additional /RESET pin)
  – 24-ball TFBGA 8x6-mm
  – Contact Winbond for KGD and other options

图 14.2　数据手册第 5 页的下半部分

3. PACKAGE TYPES AND PIN CONFIGURATIONS

3.1 Pin Configuration SOIC/VSOP 208-mill

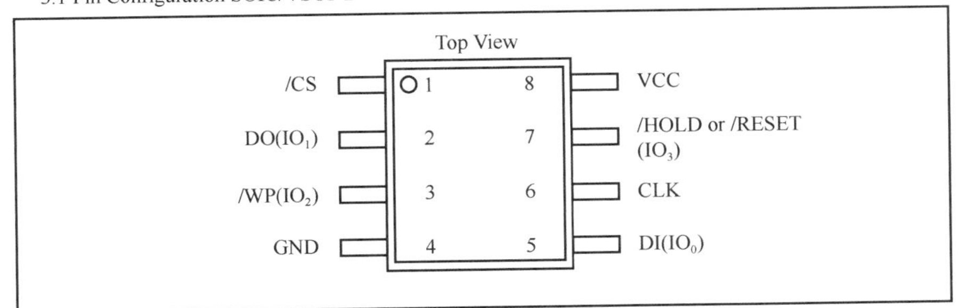

Figure 1a. W25Q 128FV Pin Assignments, 8-pin SOIC/VSOP 208-mil(Package Code S, T)

图 14.3　接口定义图

如图 14.5 所示，手册第 11 页是存储空间的地址映射图，图中呈现出芯片内部 16MB 存储空间的地址分布，还有芯片中各功能模块之间的协作关系。这里重点观察数据分页方式和页起始地址。

3.3 Pin Description SOIC/VSOP 208-mil, WSON 6×5-mm/8×6-mm

PIN NO.	PIN NAME	I/O	FUNCTION
1	/CS	I	Chip Select Input
2	DO (IO1)	I/O	Data Output (Data Input Output 1)(1)
3	/WP (IO2)	I/O	Write Protect Input (Data Input Output 2)(2)
4	GND		Ground
5	DI (IO0)	I/O	Data Input (Data Input Output 0)(1)
6	CLK	I	Serial Clock Input
7	/HOLD or /RESET (IO3)	I/O	Hold or Reset Input (Data Input Output 3)(3)
8	VCC		Power Supply

Notes:
1. IO0 and IO1 are used for Standard and Dual SPI instructions.
2. IO0-IO3 are used for Quad SPI instructions, /WP & /HOLD (or/RESET) functions are only available for Standard/Dual SPI.

图 14.4　接口功能说明表

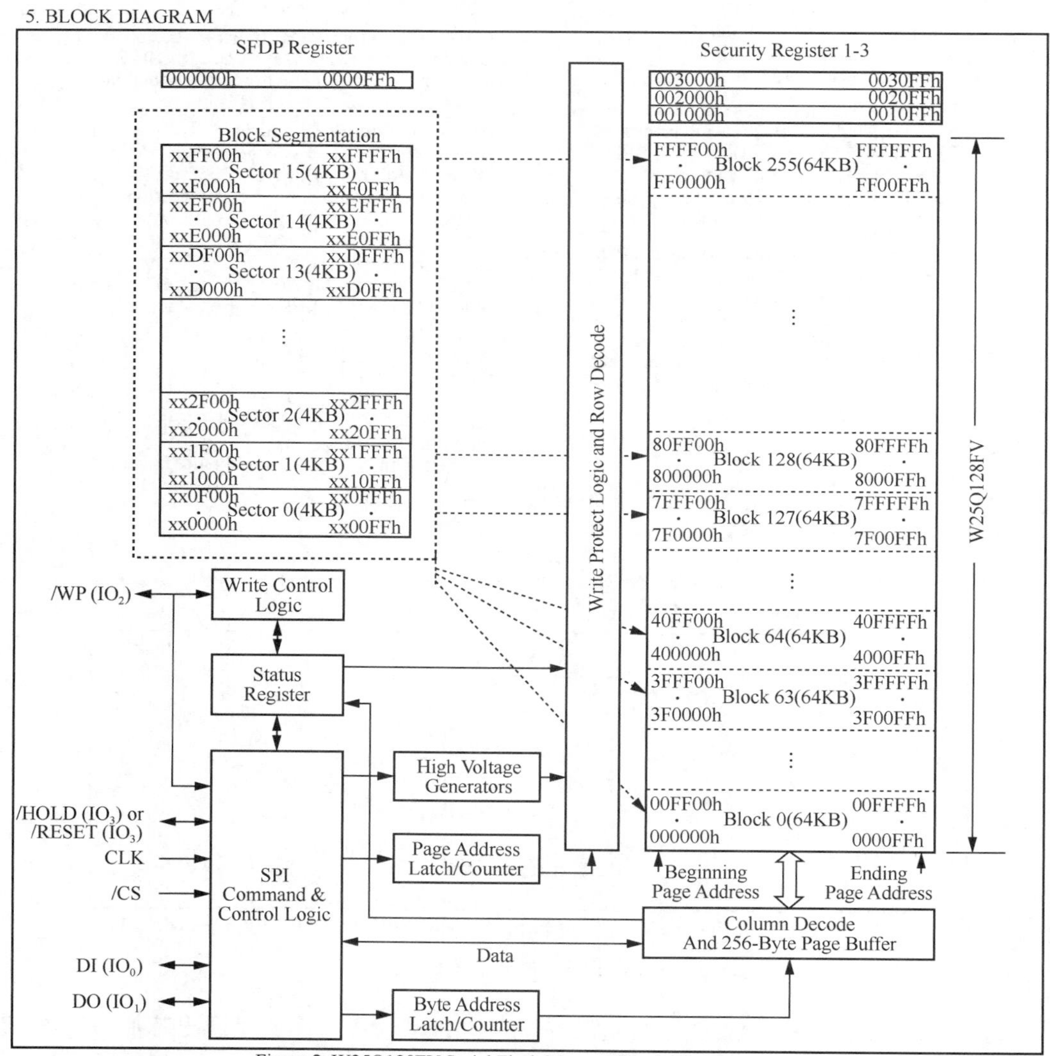

Figure 2. W25Q128FV Serial Flash Memory Block Diagram

图 14.5　存储空间地址映射图

如图 14.6 所示，手册第 24 页有芯片 ID 关系表。由于闪存芯片有很多种类，每一种又有不同容量的芯片型号，我们需要让单片机判断当前通信的芯片是哪个厂商的哪款型号，在读写数据之前能判断芯片型号是否正确，以防止硬件变动导致的读写错误。从表格中可以看出，ID 码分为厂商代码和型号代码两个部分。其中厂商是华邦电子，固定代码是 EFh，也就是十六进制的 0xEF。W25Q128 的型号代码是 0x17，在实际应用中可以根据需求来判断 ID 码。如图 14.7 所示，从手册第 25 页开始是操作芯片的指令集表，表中给出了操作功能和指令代码。由于操作指令非常多，不能一一介绍。如图 14.8 所示，从第 29 页手册开始给出了每个具体指令的详细说明，还给出了指令对应的 SPI 总线通信时序图。请大家简单浏览一遍手册，知道每个章节都有什么内容，在未来需要时可以快速找到。

8.1 Device ID and Instruction Set Tables

8.1.1 Manufacturer and Device Identification

MANUFACTURER ID	(MF7-MF0)	
Winbond Serial Flash	EFh	
Device ID	(ID7-ID0)	(ID15-ID0)
Instruction	ABh, 90h, 92h, 94h	9Fh
W25Q128FV (SPI Mode)	17h	4018h
W25Q128FV (QPI Mode)	17h	6018h

图 14.6 芯片 ID 关系表

8.1.2 Instruction Set Table 1 (Standard/Dual/Quad SPI Instructions)(1)

Data Input Output	Byte 1	Byte 2	Byte 3	Byte 4	Byte 5	Byte 6	Byte 7
Clock Number	(0-7)	(8-15)	(16-23)	(24-31)	(32-39)	(40-47)	(48-55)
Write Enable	06h						
Volatile SR Write Enable	50h						
Write Disable	04h						
Read Status Register-1	05h	(S7-S0)(2)					
Write Status Register-1(4)	01h	(S7-S0)(4)					
Read Status Register-2	35h	(S15-S8)(2)					
Write Status Register-2	31h	(S15-S8)					
Read Status Register-3	15h	(S23-S16)(2)					
Write Status Register-3	11h	(S23-S16)					
Chip Erase	C7h/60h						
Erase/Program Suspend	75h						
Erase/Program Resume	7Ah						
Power-down	B9h						
Release Power-down/ID	ABh	Dummy	Dummy	Dummy	(ID7-ID0)(2)		
Manufacture/Device ID	90h	Dummy	Dummy	00h	(MF7-MF0)	(ID7-ID0)	
JEDEC ID	9Fh	(MF7-MF0)	(ID15-ID8)	(ID7-ID0)			
Global Block Lock	7Eh						
Global Block Unlock	98h						
Enter QPI Mode	38h						
Enable Reset	66h						
Reset Device	99h						

图 14.7 指令集表

8.2 Instruction Descriptions

8.2.1 Write Enable (06h)

The Write Enable instruction (Figure 5) sets the Write Enable Latch (WEL) bit in the Status Register to a 1. The WEL bit must be set prior to every Page Program, Quad Page Program, Sector Erase, Block Erase, Chip Erase, Write Status Register and Erase/Program Security Registers instruction. The Write Enable instruction is entered by driving /CS low, shifting the instruction code"06h" into the Data Input (DI) pin on the rising edge of CLK, and then driving /CS high.

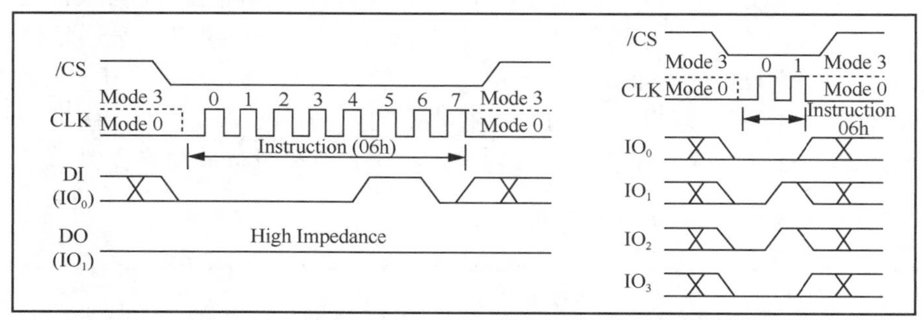

Figure 5. Write Enable Instruction for SPI Mode (left) or QPI Mode (right)

图 14.8　指令详细说明和对应的 SPI 总线通信时序图

14.2　电路原理

我们对芯片特性有了基本的认识，接下来看一下芯片在开发板上的电路连接。大家可以在洋桃 IoT 开发板右下部分找到 W25Q128 闪存芯片，芯片标号是 U1。如图 14.9 所示，芯片左上方有标注为“闪存芯片”的跳线，共有 4 个跳线帽。

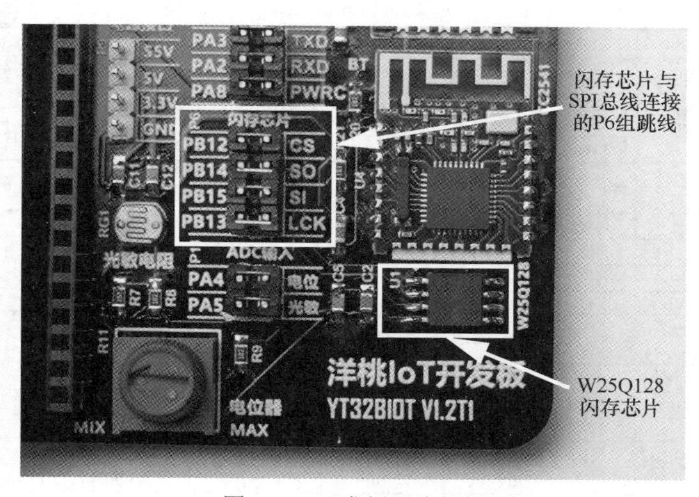

图 14.9　开发板跳线设置

打开“洋桃 IoT 开发板电路原理图”文件，找到闪存芯片电路部分。如图 14.10 所示，其中标号为 U1 的元器件是 W25Q128 芯片，芯片第 4 引脚 GND 连接电源的 GND，第 8 引脚 VCC 连接 3.3V 电源，为芯片供电。第 3 引脚连接 VCC，使 WP 接到高电平，即不使用硬件写保护功能，芯片始终可写入数据。第 7 引脚 HOLD 连接高电平，关闭保持状态，使芯片始终可操作。第 1 引脚 CS 片选接口通过 P6 跳线连接单片机的 PB12 端口。第 2、5、6 引脚是标准 SPI 总线接口，它们通过 P6 跳线连接单片机的 PB13～PB15 端口。电路连接非常简单，只要连接 3.3V 电源，再把 SPI 通信的 4 个接口连接到单片机。

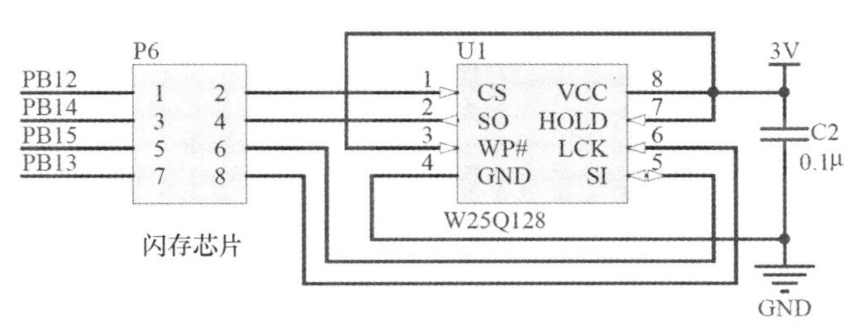

图 14.10　闪存芯片的电路原理

14.3　CubeMX 设置

硬件电路准备就绪后，接下来在 CubeMX 中正确设置闪存芯片所连接的 SPI。STM32F103 单片机共有两个独立的 SPI 总线功能，分别是 SPI1 和 SPI2，PB13～PB15 端口所复用的是 SPI2 功能的接口。打开 CubeMX 图形化界面，在功能组中选择“SPI2”，在弹出的模式窗口中选择“Full-Duplex Master”（全双工主机）模式，在单片机端口视图中将 PB13、PB14、PB15 端口设置为 SPI2 功能接口。然后进入参数设置选项卡，设置参数如图 14.11 所示。如此设置参数的原因是芯片数据手册上规定要用这个 SPI 参数才能通信，芯片规定用哪种参数，我们就设置成哪种。如图 14.12 所示，切换到 NVIC 设置选项卡，在中断向量列表中勾选 SPI2 中断允许。

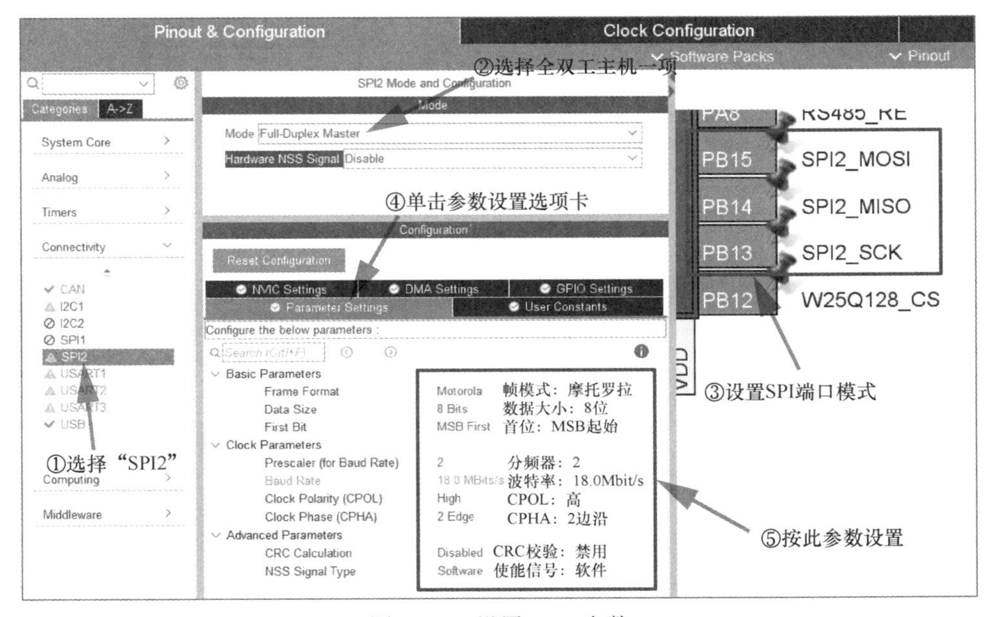

图 14.11　设置 SPI2 参数

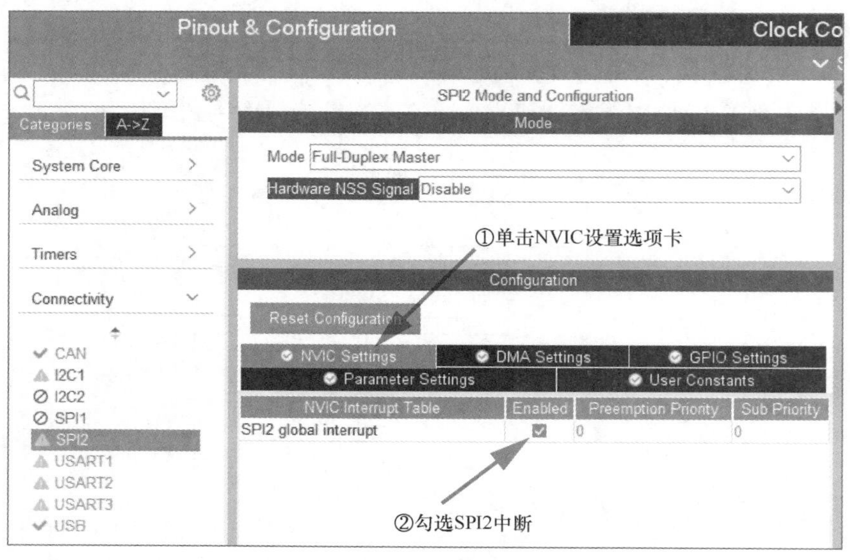

图 14.12　勾选 SPI2 中断允许

如图 14.13 所示，切换到 GPIO 设置选项卡，观察 SPI2 功能占用的端口列表，列表中的端口模式是自动生成的，不需要修改。这里占用了 PB13、PB14 和 PB15 端口，用于 SPI 总线的时钟输出、数据输入、数据输出。另外 PB12 端口的片选功能并没有在 SPI 列表中，而是将此功能用普通 GPIO 端口来实现。如图 14.14 所示，在功能组中单击“GPIO”，在已经开启的 GPIO 功能列表中选择 PB12 端口，在单片机端口视图中将 PB12 端口设置为 GPIO 输出模式，将端口参数设置为初始高电平、推挽输出、上拉、高速，用户标注为 W25Q128_CS。

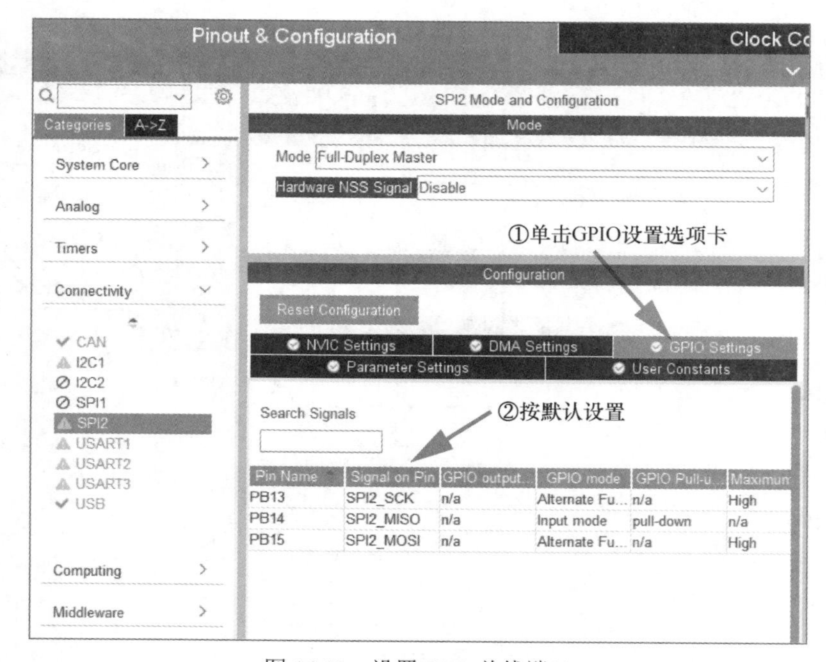

图 14.13　设置 SPI2 总线端口

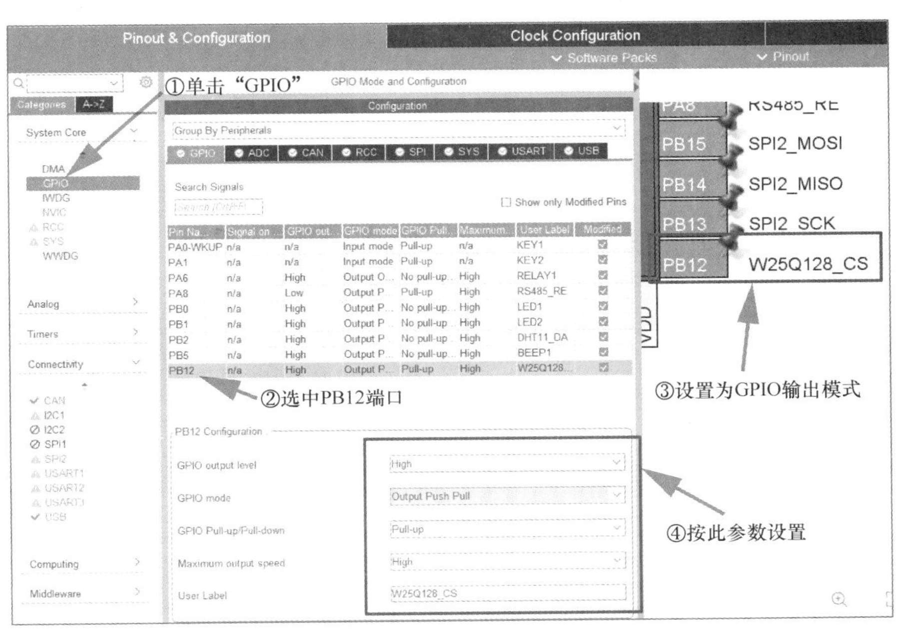

图 14.14　设置片选的 GPIO 端口

设置完成后重新生成程序，如图 14.15 所示，在 main.c 文件第 121 行找到自动生成的 SPI2 初始化函数，用鼠标右键单击函数名，在菜单中选择"Open Declaration"（打开声明），跳转到函数内容。如图 14.16 所示，你会发现 SPI2 初始化函数就存放在 main.c 文件的第 351 行，从函数内容可以看出，我们在 CubeMX 中设置的参数都转换成了函数内部的程序。这个部分不需要修改，了解即可。

```
116   /* Initialize all configured peripherals
117   MX_GPIO_Init();
118   MX_DMA_Init();
119   MX_ADC1_Init();
120   MX_CAN_Init();
121   MX_SPI2_Init();
122   MX_USART1_UA
123   MX_USART2_UA
124   MX_USART3_UA
125   MX_USB_PCD_I
126   /* USER CODE
127   RetargetInit
128   HAL_UART_Rec
129   HAL_Delay(50
130   DHT11_Init()
```

①用鼠标右键单击函数名

②选择打开声明一项

Open Declaration　F3
Open Type Hierarchy　F4
Open Call Hierarchy　Ctrl+Alt+H
Quick Outline　Ctrl+O
Quick Type Hierarchy　Ctrl+T
Explore Macro Expansion　Ctrl+#
Toggle Source/Header　Ctrl+Tab

图 14.15　SPI2 初始化函数

```
350    */
351 static void MX_SPI2_Init(void)
352 {
353
354   /* USER CODE BEGIN SPI2_Init 0 */
355
356   /* USER CODE END SPI2_Init 0 */
357
358   /* USER CODE BEGIN SPI2_Init 1 */
359
360   /* USER CODE END SPI2_Init 1 */
361   /* SPI2 parameter configuration*/
362   hspi2.Instance = SPI2;
363   hspi2.Init.Mode = SPI_MODE_MASTER;
364   hspi2.Init.Direction = SPI_DIRECTION_2LINES;
365   hspi2.Init.DataSize = SPI_DATASIZE_8BIT;
366   hspi2.Init.CLKPolarity = SPI_POLARITY_HIGH;
367   hspi2.Init.CLKPhase = SPI_PHASE_2EDGE;
368   hspi2.Init.NSS = SPI_NSS_SOFT;
369   hspi2.Init.BaudRatePrescaler = SPI_BAUDRATEPRESCALER_2;
370   hspi2.Init.FirstBit = SPI_FIRSTBIT_MSB;
371   hspi2.Init.TIMode = SPI_TIMODE_DISABLE;
372   hspi2.Init.CRCCalculation = SPI_CRCCALCULATION_DISABLE;
373   hspi2.Init.CRCPolynomial = 10;
374   if (HAL_SPI_Init(&hspi2) != HAL_OK)
375   {
376     Error_Handler();
377   }
378   /* USER CODE BEGIN SPI2_Init 2 */
379
380   /* USER CODE END SPI2_Init 2 */
381
382 }
```

在main.c文件中自动生成的函数

函数中完成对SPI总线的设置

图 14.16　SPI2 初始化函数的内容

14.4 移植驱动程序

接下来还是用老方法移植 W25Q128 芯片的驱动程序。如图 14.17 所示，在资料包中找到出厂测试程序的工程，在 icode 文件夹里找到 w25q128 子文件夹，其中包含 w25qxx.c 和 w25qxx.h 文件。将 w25q128 子文件夹复制到当前工程的 icode 文件夹里。在 CubeIDE 中刷新工程目录，在工程文件树中打开 w25qxx.c 和 w25qxx.h 文件。w25qxx.c 文件中定义了多个用于芯片初始化和数据读写的函数，w25qxx.h 文件中定义了操作芯片的指令集表，还声明了 w25qxx.c 文件中的函数。

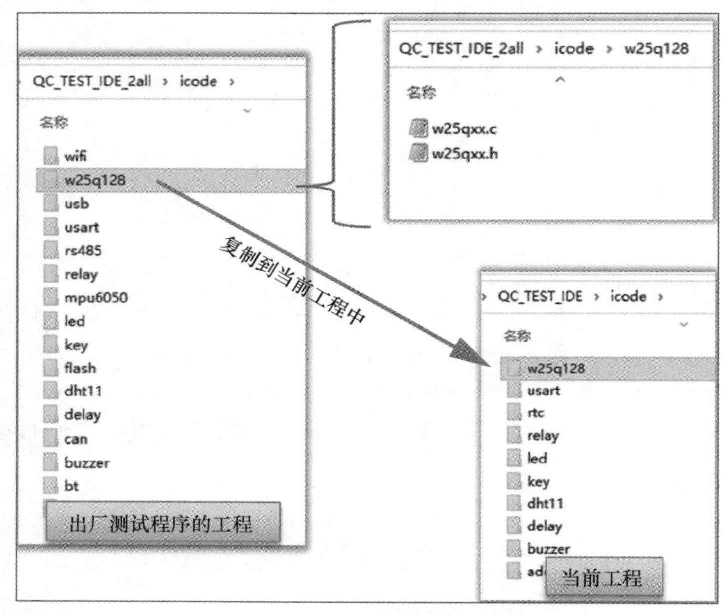

图 14.17　复制驱动程序到当前工程

下面我来分析一下驱动程序中的重点函数，希望对大家理解程序原理有所帮助。本驱动程序适用于 W25Q 系列不同容量的闪存芯片，它们的区别只有存储地址和芯片 ID，驱动原理与操作指令相同。

如图 14.18 所示，打开 w25qxx.c 文件，第 10 行是芯片型号的选择变量，在此处给芯片赋值，可让驱动程序针对不同型号做出不同的细节调整。当前赋值是 W25Q128，这是一个宏定义名称，在图 14.19 所示的 w25qxx.h 文件的第 19 行可以看到它对应的真实数值是 0xEF17，这是芯片 ID 码。w25qxx.c 文件的第 17 行是 SPI2 总线读写函数，其中第 20 行调用了 HAL 库函数，功能是向 SPI2 总线发送 1 个字节数据，同时接收 1 个字节数据。如图 4.20 所示，这里调用的 SPI2 总线 HAL 库函数存放在 Drivers 文件夹中的 stm32f1xx_hal_spi.c 文件里，此文件将操作底层寄存器实现对 SPI2 功能的控制。W25Q128 驱动程序则是调用 HAL 库中的 SPI 总线驱动实现的，我们编写的应用程序只需要调用 W25Q128 驱动程序，而不需要调用 SPI 总线 HAL 库函数。

```c
 8 #include "w25qxx.h"
 9 #include "main.h"
10 uint16_t W25QXX_TYPE=W25Q128;//默认是W25Q128
11 //4KB为一个Sector
12 //16个扇区为1个Block
13 //W25Q128
14 //容量为16MB字节,共有128个Block,4096个Sector
15 //SPI2总线读写一个字节
16 //参数是写入的字节，返回值是读出的字节
17 uint8_t SPI2_ReadWriteByte(uint8_t TxData)
18 {
19     uint8_t Rxdata;//定义一个变量Rxdata
20      HAL_SPI_TransmitReceive(&hspi2,&TxData,&Rxdata,1,1000);//调用固件库函数收发数据
21     return Rxdata;//返回收到的数据
22 }
23 void W25QXX_CS(uint8_t a)//软件控制函数（0为低电平，其他值为高电平）
24 {
25     if(a==0)HAL_GPIO_WritePin(W25Q128_CS_GPIO_Port, W25Q128_CS_Pin, GPIO_PIN_RESET);
26     else  HAL_GPIO_WritePin(W25Q128_CS_GPIO_Port,  W25Q128_CS_Pin, GPIO_PIN_SET);
27 }
```

图 14.18　w25qxx.c 文件的内容

```c
 8 #ifndef W25Q128_W25QXX_H_
 9 #define W25Q128_W25QXX_H_
10
11 #include "stm32f1xx_hal.h" //HAL库文件声明
12 #include "../delay/delay.h"
13
14 //25系列Flash芯片厂商与容量代号（厂商代号EF）
15 #define W25Q80     0XEF13
16 #define W25Q16     0XEF14
17 #define W25Q32     0XEF15
18 #define W25Q64     0XEF16
19 #define W25Q128    0XEF17
20 #define W25Q256 0XEF18
21 #define EX_FLASH_ADD 0x000000 //W25Q128的地址是24位宽
22 extern uint16_t W25QXX_TYPE;//定义W25QXX芯片型号
23 extern SPI_HandleTypeDef hspi2;
24 ////////////////////////////////////////////////////////
25 //指令表
26 #define W25X_WriteEnable              0x06
27 #define W25X_WriteDisable             0x04
```

图 14.19　w25qxx.h 文件的内容

不同于 USART 串口，USART 串口的接收与发送由两个函数分别实现，而 SPI 总线具有全双工特性，可以同时完成接收和发送，所以接收与发送在一个 HAL 库函数中完成。如图 14.21 所示，第 20 行就是同时实现接收和发送的库函数，共有 5 个参数。第 1 个参数是功能句柄，可填写 hspi1 和 hspi2，当前我们用的是 SPI2，于是填写 hspi2。第 2 个参数是发送数据的起始地址。第 3 个参数是接收数据的起始地址。第 4 个参数是收发数据的数量，因为每次收发 1 个字节，所以写入 1。第 5 个参数是溢出时间，这里通常填写 1000。通过 HAL 库函数的收发，可以在第 17 行的函数中实现 SPI2 的数据收发。当要发送数据时，只要在第 17 行的函数参数中填写 1 个字节数据，就能向 SPI2 发送数据。由于只是发送数据，所以忽略返回值中接收的数据。如果从 SPI2 中接收数据，可以填写任意一个参数，再重点处理返回值。当然你也可以同时

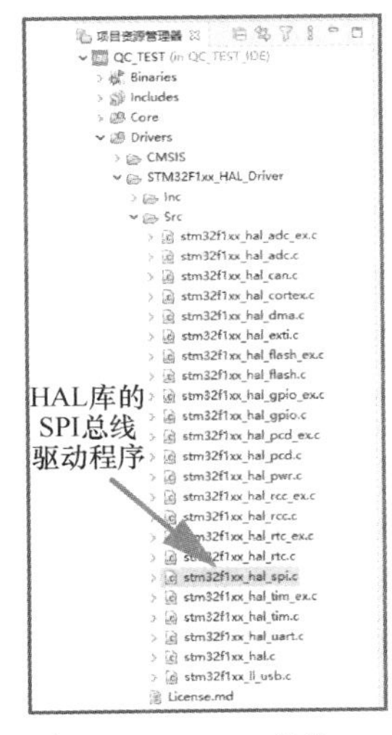

图 14.20　HAL 库的 SPI 总线驱动程序文件

发送和接收数据，发挥全双工通信的高效率。第 23 行是 W25Q128 芯片的 CS 片选控制函数，函数内部是对 PB12 端口高/低电平的操作，当函数参数为 0 时使能闪存芯片的读写操作，参数为其他值时禁止芯片操作。第 17 行和第 23 行的两个函数是 W25Q128 驱动程序的最底层通信函数，接下来要讲的函数都会调用它们，但我们不需要在应用程序中直接调用它们。

```
 8 #include "w25qxx.h"
 9 #include "main.h"
10 uint16_t W25QXX_TYPE=W25Q128;//默认是W25Q128
11⊖//4KB为一个Sector
12 //16个扇区为1个Block
13 //W25Q128
14 //容量为16MB字节,共有128个Block,4096个Sector
15 //SPI2总线读写一个字节
16 //参数是写入的字节，返回值是读出的字节
17⊖uint8_t SPI2_ReadWriteByte(uint8_t TxData)
18 {
19     uint8_t Rxdata;//定义一个变量Rxdata
20      HAL_SPI_TransmitReceive(&hspi2,&TxData,&Rxdata,1,1000);//调用固件库函数收发数据
21     return Rxdata;//返回收到的数据
22 }
23⊖void W25QXX_CS(uint8_t a)//软件控制函数（0为低电平，其他值为高电平）
24 {
25     if(a==0)HAL_GPIO_WritePin(W25Q128_CS_GPIO_Port, W25Q128_CS_Pin, GPIO_PIN_RESET);
26     else  HAL_GPIO_WritePin(W25Q128_CS_GPIO_Port,  W25Q128_CS_Pin, GPIO_PIN_SET);
27 }
```

图 14.21　SPI2 驱动程序分析

如图 14.22 所示，第 29 行是 W25Q 系列芯片的初始化函数，此函数先读取闪存芯片的 ID 码，再根据型号对芯片进行初始化。其中第 32 行关闭片选，使闪存芯片先复位。第 33 行调用 W25QXX_ReadID 函数，读取芯片 ID。如图 14.23 所示，跳转到第 138 行观察具体的读取过程。第 141 行开启片选，准备通信。第 142～145 行向闪存芯片发送 4 个字节数据，第 1 个字节是 0x90，即读芯片 ID 的指令，可以在数据手册中找到这一指令的具体说明。第 146～147 行读出 2 个字节的数据，合并成一个 16 位数据。第 148 行关闭片选，通信结束。第 149 行将合并后的 16 位芯片 ID 放入返回值。

```
28 //初始化SPI FLASH的I/O口
29⊖uint8_t W25QXX_Init(void)
30 {
31     uint8_t temp;//定义一个变量temp
32     W25QXX_CS(1);//0片选开启，1片选关闭
33     W25QXX_TYPE = W25QXX_ReadID();//读取Flash ID
34     if(W25QXX_TYPE == W25Q256)//SPI Flash为W25Q256时才用设置为4字节地址模式
35     {
36         temp = W25QXX_ReadSR(3);//读取状态寄存器3，判断地址模式
37         if((temp&0x01)==0)//如果不是4字节地址模式,则进入4字节地址模式
38         {
39             W25QXX_CS(0);//0片选开启，1片选关闭
40             SPI2_ReadWriteByte(W25X_Enable4ByteAddr);//发送进入4字节地址模式指令
41             W25QXX_CS(1);//0片选开启，1片选关闭
42         }
43     }
44     if(W25QXX_TYPE==W25Q256||W25QXX_TYPE==W25Q128||W25QXX_TYPE==W25Q64
45     ||W25QXX_TYPE==W25Q32||W25QXX_TYPE==W25Q16||W25QXX_TYPE==W25Q80)
46     return 0; else return 1;//如果读出ID是现有型号列表中的一个，则识别芯片成功
47 }
```

图 14.22　w25qxx_Init 初始化函数的内容

如图 14.22 所示，回到第 33 行可以明白，从 W25QXX_ReadID 读出的 16 位芯片 ID 被

存放在 W25QXX_TYPE 变量。第 34 行判断芯片型号是不是 W25Q256，因为这个型号的容量较大，需要 4 个字节的地址读写，其他型号只要 3 个字节。处理完特殊型号的问题后，第 44 行判断读出的芯片 ID 是不是在驱动程序型号的范围内，如果是则初始化成功，返回值为 0；如果不是则初始化失败，返回值为 1。也就是说初始化函数并没有设置什么内容，只是判断了一下芯片 ID 是否正确。

```
129 //读取芯片ID
130 //高8位是厂商代号（本程序不判断厂商代号）
131 //低8位是容量大小
132 //0XEF13型号为W25Q80
133 //0XEF14型号为W25Q16
134 //0XEF15型号为W25Q32
135 //0XEF16型号为W25Q64
136 //0XEF17型号为W25Q128（目前洋桃2号开发板使用128容量芯片）
137 //0XEF18型号为W25Q256
138 uint16_t W25QXX_ReadID(void)
139 {
140     uint16_t Temp = 0;
141     W25QXX_CS(0);//0片选开启，1片选关闭
142     SPI2_ReadWriteByte(0x90);//发送读取ID命令
143     SPI2_ReadWriteByte(0x00);
144     SPI2_ReadWriteByte(0x00);
145     SPI2_ReadWriteByte(0x00);
146     Temp|=SPI2_ReadWriteByte(0xFF)<<8;
147     Temp|=SPI2_ReadWriteByte(0xFF);
148     W25QXX_CS(1);//0片选开启，1片选关闭
149     return Temp;
150 }
```

图 14.23　W25QXX_ReadID 函数的内容

如图 14.24 所示，第 156 行是读取闪存芯片数据的函数，它有 3 个参数。第 1 个参数是读出数据要存放的数组名，第 2 个参数是数据所在的存储器地址，第 3 个参数是读出的字节数量。函数内部第 159 行开启片选，第 160 行发送读取数据的指令程序。第 161～167 行发送存储器地址，第 168～171 行循环读出数据，读出的次数由函数的第 3 个参数决定。第 172 行关闭片选，数据读取结束。

```
151 //读取SPI FLASH
152 //在指定地址开始读取指定长度的数据
153 //pBuffer:数据存储区
154 //ReadAddr:开始读取的地址(24bit)
155 //NumByteToRead:要读取的字节数(最大65535)
156 void W25QXX_Read(uint8_t* pBuffer,uint32_t  ReadAddr,uint16_t NumByteToRead)
157 {
158     uint16_t i;
159     W25QXX_CS(0);//0片选开启，1片选关闭
160     SPI2_ReadWriteByte(W25X_ReadData);//发送读取命令
161     if(W25QXX_TYPE==W25Q256)//如果是W25Q256的话地址为4字节的，要发送最高8位
162     {
163         SPI2_ReadWriteByte((uint8_t)((ReadAddr)>>24));
164     }
165      SPI2_ReadWriteByte((uint8_t)((ReadAddr)>>16));//发送24bit地址
166      SPI2_ReadWriteByte((uint8_t)((ReadAddr)>>8));
167     SPI2_ReadWriteByte((uint8_t)ReadAddr);
168     for(i=0;i<NumByteToRead;i++)
169     {
170         pBuffer[i]=SPI2_ReadWriteByte(0XFF);//循环读数
171     }
172     W25QXX_CS(1);//0片选开启，1片选关闭
173 }
```

图 14.24　W25QXX_Read 函数的内容

如图 14.25 所示，第 230 行向闪存芯片写入数据的函数，有 3 个参数，第 1 个参数是要写入数据的变量名，第 2 个参数是写入地址，第 3 个参数是写入的字节数量。写入函数

的原理比较复杂，因为 Flash 写入数据之前必须进行页擦除，即使只写入 1 个字节，也需要把整页数据全部读出来，然后擦除整页内容，修改 1 个字节后再把整页内容写入。所以在写入数据的函数里需要考虑很多问题，程序结构变得复杂。在此不逐行分析，有兴趣的朋友可以根据以往所学的知识自行研究。

```
223⊖//写SPI Flash
224 //在指定地址开始写入指定长度的数据
225 //该函数带擦除操作!
226 //pBuffer:数据存储区
227 //WriteAddr:开始写入的地址(24bit)
228 //NumByteToWrite:要写入的字节数(最大65535)
229 uint8_t W25QXX_BUFFER[4096];
230⊖void W25QXX_Write(uint8_t* pBuffer,uint32_t  WriteAddr,uint16_t NumByteToWrite)
231 {
232     uint32_t secpos;
233     uint16_t secoff;
234     uint16_t secremain;
235     uint16_t i;
236     uint8_t* W25QXX_BUF;
237     W25QXX_BUF=W25QXX_BUFFER;
238     secpos=WriteAddr/4096;//扇区地址
239     secoff=WriteAddr%4096;//在扇区内的偏移
240     secremain=4096-secoff;//扇区剩余空间大小
241     //printf("ad:%X,nb:%X\r\n",WriteAddr,NumByteToWrite);//测试用
242     if(NumByteToWrite<=secremain)secremain=NumByteToWrite;//不大于4096个字节
243     while(1)
244     {
245        W25QXX_Read(W25QXX_BUF,secpos*4096,4096);//读出整个扇区的内容
246        for(i=0;i<secremain;i++)//校验数据
247        {
248           if(W25QXX_BUF[secoff+i]!=0XFF)break;//需要擦除
```

图 14.25　W25QXX_Write 函数的内容

如图 14.26 所示，打开 w25qxx.h 文件，第 15～20 行宏定义了各芯片型号的 ID 代码。如图 14.27 所示，第 26～47 行宏定义了指令集表中的指令代码，这些宏定义都在 w25qxx.c 文件里得到使用。第 48～64 行是所有驱动程序的函数声明。

```
11 #include "stm32f1xx_hal.h" //HAL库文件声明
12 #include "../delay/delay.h"
13
14 //25系列Flash芯片厂商与容量代号（厂商代号EF）
15 #define W25Q80     0XEF13
16 #define W25Q16     0XEF14
17 #define W25Q32     0XEF15
18 #define W25Q64     0XEF16
19 #define W25Q128    0XEF17
20 #define W25Q256 0XEF18
21 #define EX_FLASH_ADD 0x000000 //W25Q128的地址是24位宽
22 extern uint16_t W25QXX_TYPE;//定义W25QXX芯片型号
23 extern SPI_HandleTypeDef hspi2;
24⊖///////////////////////////////////////////////////////
```

图 14.26　宏定义 ID 代码

```
41 #define W25X_PowerDown            0xB9
42 #define W25X_ReleasePowerDown    0xAB
43 #define W25X_DeviceID             0xAB
44 #define W25X_ManufactDeviceID    0x90
45 #define W25X_JedecDeviceID           0x9F
46 #define W25X_Enable4ByteAddr         0xB7
47 #define W25X_Exit4ByteAddr        0xE9
48 uint8_t SPI2_ReadWriteByte(uint8_t  TxData);//SPI2总线底层读写
49 void W25QXX_CS(uint8_t a);//W25QXX片选引脚控制
50 uint8_t W25QXX_Init(void);//初始化W25QXX函数
51 uint16_t  W25QXX_ReadID(void);//读取Flash ID
52 uint8_t W25QXX_ReadSR(uint8_t regno);//读取状态寄存器
53 void W25QXX_4ByteAddr_Enable(void);//使能4字节地址模式
54 void W25QXX_Write_SR(uint8_t regno,uint8_t  sr);//写状态寄存器
55 void W25QXX_Write_Enable(void);//写使能
56 void W25QXX_Write_Disable(void);//写保护
57 void W25QXX_Write_NoCheck(uint8_t*  pBuffer,uint32_t WriteAddr,uint16_t  NumByteToWrite);//
58 void W25QXX_Read(uint8_t* pBuffer,uint32_t  ReadAddr,uint16_t NumByteToRead);//读取Flash
59 void W25QXX_Write(uint8_t* pBuffer,uint32_t  WriteAddr,uint16_t NumByteToWrite);//写入Flash
60 void W25QXX_Erase_Chip(void);//整片擦除
61 void W25QXX_Erase_Sector(uint32_t  Dst_Addr);//扇区擦除
62 void W25QXX_Wait_Busy(void);//等待空闲
63 void W25QXX_PowerDown(void);//进入掉电模式
64 void W25QXX_WAKEUP(void);//唤醒
```

图 14.27　宏定义指令和函数声明

14.5　编写应用程序

理解了驱动程序的原理后，接下来我们编写一个简单的数据读写程序，来验证所学的知识。首先打开 main.c 文件，如图 14.28 所示，第 34 行加入 w25qxx.h 文件的路径。如图 14.29 所示，然后在 main 函数开始处的第 98 行定义一个 8 位数组，用于存放从闪存芯片读出的数据。由于本测试程序只读写 1 个字节数据，所以数组数量为 1，若在项目应用中需要存取更多数据，可按需要定义数组数量。

```
22 /* Private includes ----------------------------------
23 /* USER CODE BEGIN Includes */
24 #include "../../icode/led/led.h"
25 #include "../../icode/key/key.h"
26 #include "../../icode/delay/delay.h"
27 #include "../../icode/buzzer/buzzer.h"
28 #include "../../icode/relay/relay.h"
29 #include "../inc/retarget.h"//用于printf函数串口重映射
30 #include "../../icode/usart/usart.h"
31 #include "../../icode/adc/adc.h"
32 #include "../../icode/rtc/rtc.h"
33 #include "../../icode/dht11/dht11.h"
34 #include "../../icode/w25q128/w25qxx.h"
35 /* USER CODE END Includes */
```

图 14.28　加载头文件的路径

```
95 int main(void)
96 {
97   /* USER CODE BEGIN 1 */
98     uint8_t EX_FLASH_BUF[1];//W25Q128芯片数据缓存数组
99   /* USER CODE END 1 */
100
101  /* MCU Configuration-----------------------------
```

图 14.29　定义数组

如图 14.30 所示，接下来第 130 行调用 500ms 延时函数，在单片机上电后等待闪存芯片准备就绪。第 131 行调用 W25QXX_Init 初始化函数，使芯片进入可随时读写的状态。如图 14.31 所示，最后进入主循环程序，其中我借用了读取按键的程序，用于操作闪存芯片。在核心板上按下 KEY1 按键时，执行第 140 行的 W25QXX_ReadID 函数，读取芯片 ID，将读出的值存放到数组中。芯片 ID 的全长是 16 位数值 0xEF17，其中 EF 是厂商代码，17 是型号代码。这里我们只取低 8 位内容用于显示，第 141 行用 printf 函数将型号代码 17 发送给超级终端。第 144 行当按下 KEY2 按键时，调用第 146 行的 W25QXX_Read 函数，函数的第 1 个参数是数据要存放的数组名，第 2 个参数是读取数据的起始地址，第 3 个参数是要读出的数据数量。这里我们从 0x00 地址读出 1 个字节数据。第 147 行将读出的数值加 1，第 148 行判断加 1 后的数值是否超出 200，如果超出则数值清 0。第 149 行调用 W25QXX_Write 函数，将加 1 后的数据写回原地址，这样每次读写后数值都会加 1，我们便能很直观地看出数据读写是否成功。第 150 行将读写后的数据发送到超级终端。

```
126   MX_USB_PCD_Init();
127   /* USER CODE BEGIN 2 */
128   RetargetInit(&huart1);//将printf函数映射到USART1串口上
129   HAL_UART_Receive_IT(&huart1,(uint8_t *)&USART1_NewData,1);//开启串口1接收中断
130   HAL_Delay(500);//毫秒级延时
131   W25QXX_Init();//W25QXX初始化
132   printf("W25Q128测试程序：按KEY1键显示芯片ID，按KEY2键将0x00地址中的数值加1 \n\r");//显示程序说明文字
133   /* USER CODE END 2 */
```

图 14.30　初始化部分程序

将程序重新编译下载，在超级终端上观察实验结果。如图 14.32 所示，上电后会显示一行说明文字。当按下核心板上的 KEY1 按键时，超级终端上显示出芯片 ID 码 17。当按下 KEY2 按键时，超级终端上显示 0x00 地址读出的数据。每按一次 KEY2 按键时，读出的

数值加 1。此数据保存在 W25Q128 芯片的 Flash 中，即使开发板断电也不会丢失，达到我们预想的效果。

```
137    while (1)
138    {
139        if(KEY_1()){
140            EX_FLASH_BUF[0]=W25QXX_ReadID();//读取W25QXX芯片的ID码。W25Q128芯片十进制ID是61207（十六进制表示是0xEF17）
141            printf("芯片ID：%x \n\r",EX_FLASH_BUF[0]);//显示芯片ID
142            BUZZER_SOLO1();//提示音
143        }
144        if(KEY_2()){
145          BUZZER_SOLO1();//提示音
146          W25QXX_Read(EX_FLASH_BUF,EX_FLASH_ADD,1);//读出W25QXX芯片数据（参数，读出数据存放的数组，读取的开始地址，数量）
147          EX_FLASH_BUF[0]++;//数据加1
148          if(EX_FLASH_BUF[0]>200)EX_FLASH_BUF[0]=0;//如果数值大于指定最大值则清0
149          W25QXX_Write(EX_FLASH_BUF,EX_FLASH_ADD,1);//写入W25QXX芯片数据（参数，读出数据存放的数组，读取的开始地址，数量）
150          printf("读出0x00地址数据：%d \n\r",EX_FLASH_BUF[0]);//读出数据
151          BUZZER_SOLO1();//提示音
152        }
```

图 14.31　主循环部分程序

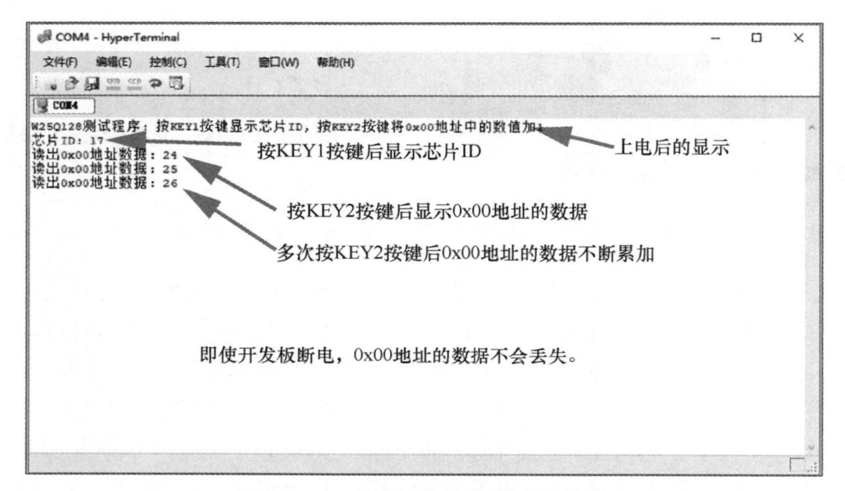

图 14.32　在超级终端上的实验效果

请大家仔细研究闪存芯片的驱动程序原理，并尝试编写一个读写 50 个字节数据的应用程序。相信对于认真学到现在的读者来说，编写这样一段程序并不困难。编程的过程中如果遇见问题，请用过往所学知识来解决，这是很好的锻炼机会。

第 15 步：USB 从设备驱动程序

这一步我们来学习 STM32 单片机内置的 USB 从设备功能。USB 接口大家都不陌生，计算机上使用的键盘、鼠标、U 盘、外接声卡、摄像头都是通过 USB 接口与计算机连接的。为了能够开发计算机周边设备，STM32F103 单片机内置了独立的 USB 从设备功能。只要用单片机的两个接口连接 USB 接口的两条数据线，计算机就能识别出 USB 接口。再使用 HAL 库自带的 USB 驱动程序，让计算机识别出 U 盘、串口、声卡、键盘、鼠标等设备。还可以编写定制化的应用程序，满足特殊的项目需求。USB 从设备驱动可选择很多种不同的设备，全部讲下来需要很长的时间，在此我只介绍 USB 虚拟串口功能。大家可以举一反

三，用所学的方法编写出更多 USB 从设备的驱动程序。我将分 4 个部分进行讲解，首先介绍 USB 从设备特性和电路原理；然后打开 CubeMX 图形化界面，设置 USB 接口参数，开启 USB 虚拟串口的驱动；生成程序后，接着在 USB 驱动程序中添加串口收发的处理程序；最后编写一个虚拟串口数据收发的应用程序。

15.1 电路原理

洋桃 IoT 开发板上共有两个 Micro USB 接口，我们之前一直使用核心板上的 USB 接口用于串口通信。如图 15.1 所示，在开发板底板上还有一个 Micro USB 接口，这是用于连接 USB 从设备的接口。在它下方有一组名为“USB 接口”的跳线，此跳线可以接通或断开 USB 接口数据线与单片机引脚的连接。

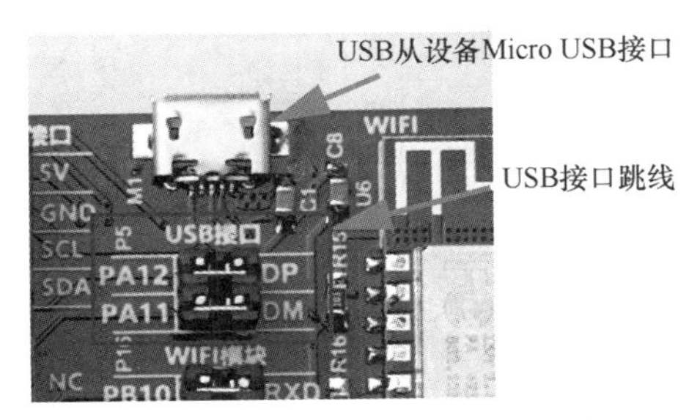

图 15.1　USB 从设备接口与跳线

如图 15.2 所示，打开“洋桃 IoT 开发板电路原理图”文件，图中右上角是 USB 接口的电路部分。其中标注为 M1 的器件对应开发板底板上的 MicroUSB 接口。接口的第 1 引脚连接 5V 电源，第 5 引脚连接 GND，第 2 引脚和第 3 引脚是 USB 接口的数据线，通过标号为 P5 的跳线连接单片机的 PA11 和 PA12 端口。需要注意的是，在 D+的数据线上连接了一个标号为 R24 的 1.5kΩ 上拉电阻，能够使 D+数据线在不受控制时保持高电平，防止出现 D+不受控制导致计算机无法识 USB 从设备的情况。USB 接口的设计比较简单，几乎没有外围电路。

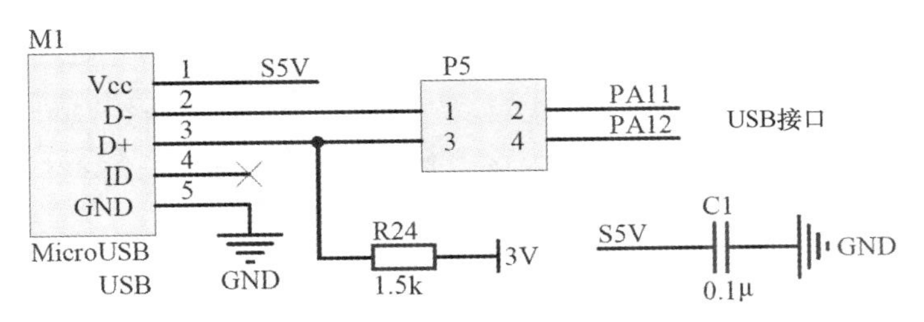

图 15.2　USB 从设备电路原理

15.2 CubeMX 设置

由于 USB 接口的驱动程序是由 CubeMX 自动生成的，所以设置 CubeMX 非常重要。如图 15.3 所示，单片机数据手册上有对 USB 从设备时钟的要求。如图 15.4 所示，把时钟树视图中 USB 时钟设置为高速外部时钟源（HSE），频率固定为 48MHz。如图 15.5 所示，打开 CubeMX 图形化界面，在功能组中单击“USB”，在模式窗口中勾选“Device（FS）”（设备），即开启 USB 接口的从设备功能。STM32F103 单片机内部的 USB 接口只能作为从设备，计算机是主设备，单片机是从设备。接下来在单片机端口视图中设置 PA11 和 PA12

端口为 USB 接口。参数设置选项卡中的参数按默认设置。如图 15.6 所示，单击“NVIC Settings”（NVIC 设置）选项卡，在列表中勾选 USB 低优先级一项，使 USB 接口可触发中断。如图 15.7 所示，单击“GPIO Settings”（GPIO 设置）选项卡，查看 PA11 和 PA12 端口的参数设置。这里的设置是系统自动生成的，不允许用户修改。

2.3.20 通用串行总线(USB)

STM32F103xx增强型系列产品，内嵌一个兼容全速USB的设备控制器，遵循全速USB设备(12MB/S)标准，端点可由软件配置，具有待机/唤醒功能。USB专用的48MHz时钟由内部主PLL直接产生(时钟源必须是一个HSE晶体振荡器)。

图 15.3　单片机数据手册上对 USB 从设备的说明

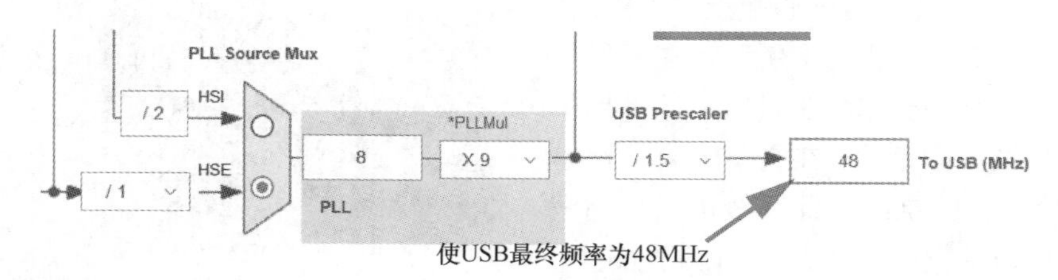

图 15.4　时钟树视图中的 USB 时钟部分

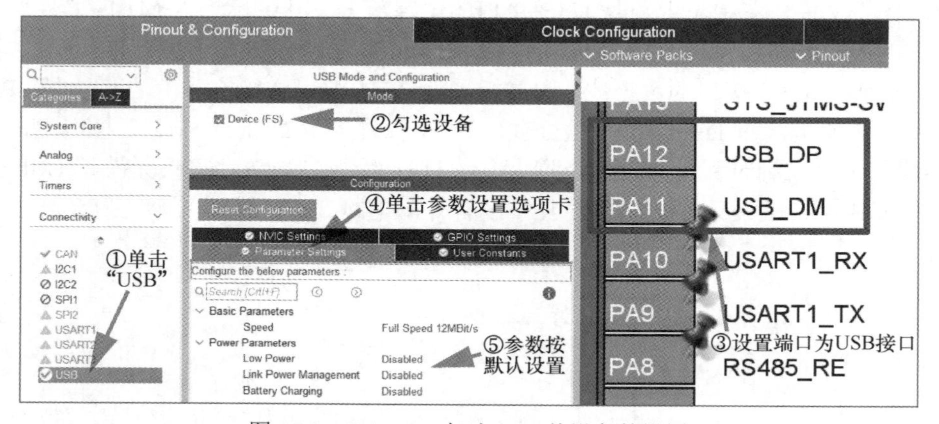

图 15.5　CubeMX 中对 USB 从设备的设置

以上只是针对 USB 接口硬件层面的操作，若想让 USB 接口开启虚拟串口功能，还要 USB 驱动程序的加持。驱动程序不用移植，可由 CubeMX 自动生成。如图 15.8 所示，选择“Middleware”（中间件）分组中的“USB_DEVICE”（USB 从设备）一项，在模式下拉列表中可选择 USB 从设备的类型。如图 15.9 所示，列表包括音频设备类、通信设备类、下载固件更新类、人机界面设备类、自定义人机界面设备类和大容量存储类。选择不同的类型，CubeMX 会生成不同的驱动程序。将 USB 从设备作为 U 盘、移动硬盘可选择大容量存储类，作为声卡可选择音频设备类，作为鼠标、键盘可选择人机界面设备类。我们想将 USB 从设备作为 USB 虚拟串口，所以选择通信设备类。参数设置选项卡中的参数按默认设置。如图 15.10 所示，再选择“Device Descriptor”（设备描述符）选项卡，这里可以设置被计算机识别到的设备类型和描述符。这里的参数设置只影响计算机上的设备属性，不影响具体使用，直接按默认设置。

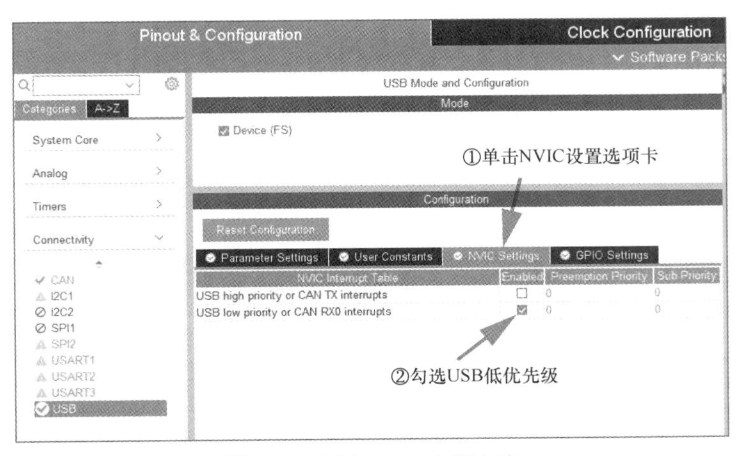

图 15.6　开启 USB 中断允许

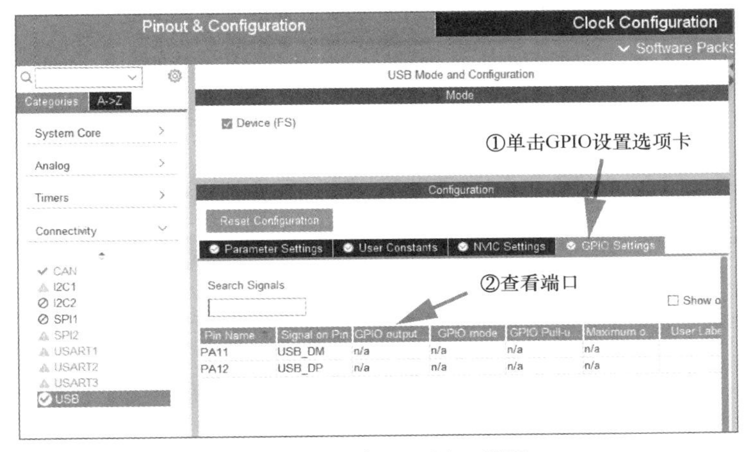

图 15.7　查看 USB 端口设置

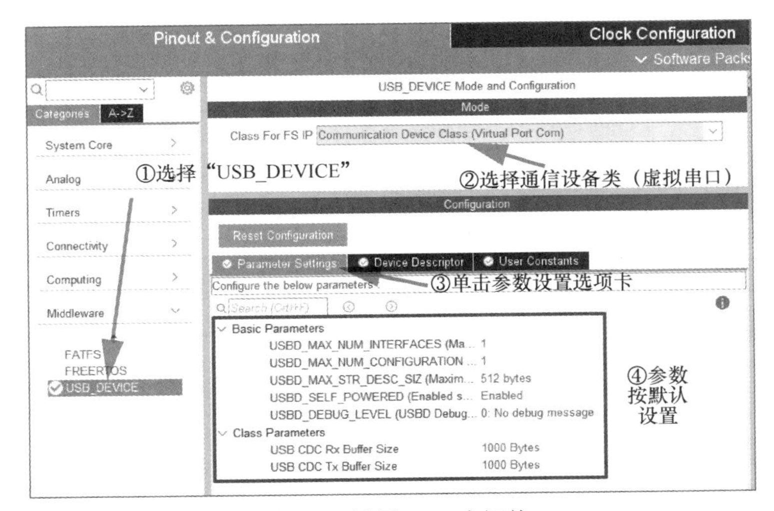

图 15.8　设置 USB 中间件

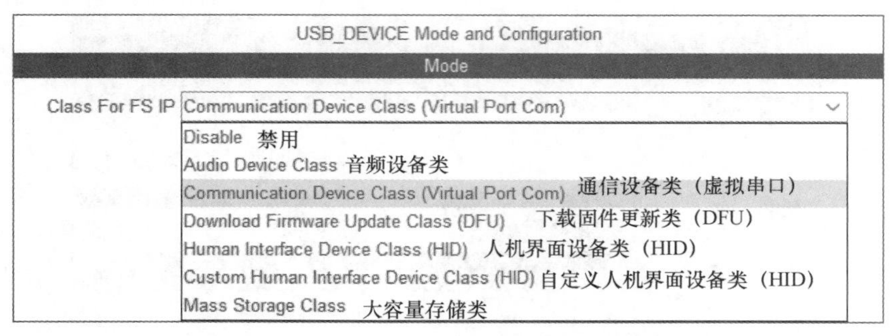

图 15.9　USB 从设备的可选类型

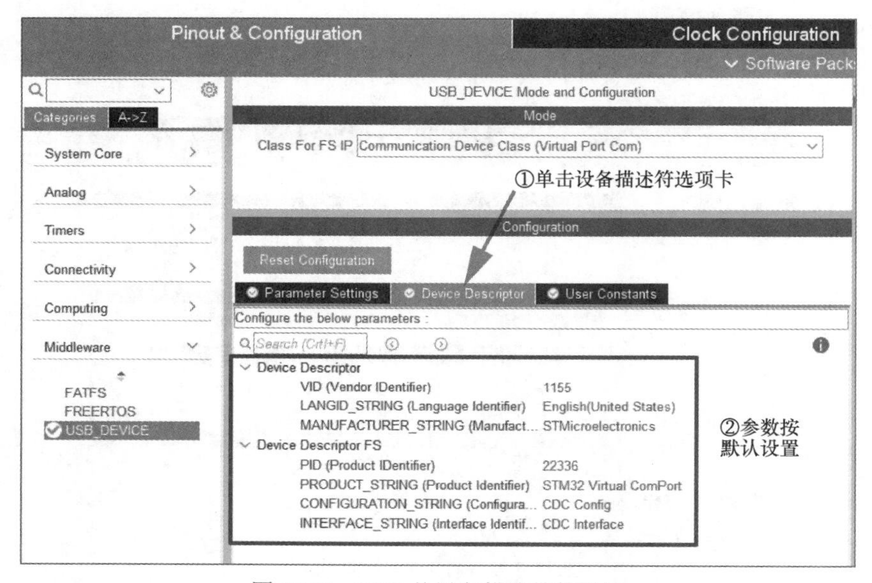

图 15.10　USB 从设备描述符的设置

中间件设置完成后还需要设置堆栈空间。如图 15.11 所示，进入“Project Manager”（工程管理）选项卡，单击“Project”（工程）子选项卡，在“Linker Settings”（编译设置）组中将堆栈空间的两个参数都改成 0x1000。由于 USB 虚拟串口的驱动程序需要占用更多缓存，这里要写入足够大的数值，否则在运行时会出现不可预知的错误，甚至无法编译。

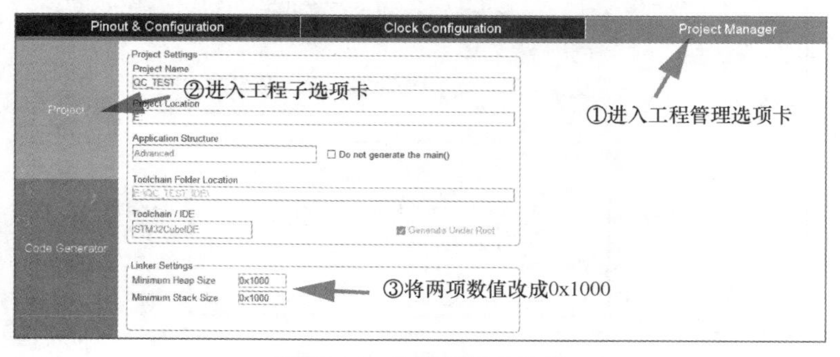

图 15.11　堆栈空间的设置

设置完成后重新生成程序，如图 15.12 所示，在 main.c 文件的第 124 行将自动生成 USB 从设备的初始化函数。用鼠标右键单击函数名称，在弹出的下拉菜单中选择“Open Declaration”（打开声明）一项。如图 15.13 所示，跳转到 usb_device.c 文件的第 64 行，初始化函数的内容保存在这里，初始化函数不需要用户修改。

```
115   /* Initialize all configured peripherals */
116   MX_GPIO_Init();
117   MX_DMA_Init();
118   MX_ADC1_Init();
119   MX_CAN_Init();
120   MX_SPI2_Init();
121   MX_USART1_UART_Init();
122   MX_USART2_UART_Init();
123   MX_USART3_UART_Init();
124   MX_USB_DEVICE_Init
125   /* USER CODE BEGIN
126   RetargetInit(&huar
127   HAL_UART_Receive_I
128   HAL_Delay(500);//
129   W25QXX_Init();//W2
130   printf("W25Q128测试
```


图 15.12　跳转到 USB 驱动初始化函数


```
60 /**
61   * Init USB device Library, add supported class and start the library
62   * @retval None
63   */
64 void MX_USB_DEVICE_Init(void)
65 {
66   /* USER CODE BEGIN USB_DEVICE_Init_PreTreatment */
67 
68   /* USER CODE END USB_DEVICE_Init_PreTreatment */
69 
70   /* Init Device Library, add supported class and start the library. */
71   if (USBD_Init(&hUsbDeviceFS, &FS_Desc, DEVICE_FS) != USBD_OK)
72   {
73     Error_Handler();
74   }
75   if (USBD_RegisterClass(&hUsbDeviceFS, &USBD_CDC) != USBD_OK)
76   {
77     Error_Handler();
78   }
79   if (USBD_CDC_RegisterInterface(&hUsbDeviceFS, &USBD_Interface_fops_FS) != USBD_OK)
80   {
81     Error_Handler();
82   }
83   if (USBD_Start(&hUsbDeviceFS) != USBD_OK)
84   {
85     Error_Handler();
86   }
```

图 15.13　USB 驱动初始化函数内容

15.3　修改驱动程序

完成 CubeMX 中的参数设置后，如图 15.14 所示，打开工程文件树，弄清楚哪些文件与 USB 从设备相关，串口收发处理程序需要写在哪里。在工程文件树中展开 Middlewares（中间件）文件夹，其中有 STM32_USB_Device_Library 文件夹，其中所有文件都和 USB 从设备驱动有关。另外打开 USB_DEVICE 文件夹，这里是 USB 从设备的驱动程序文件，其中 App 文件夹里的文件是应用层的驱动文件，这个部分需要针对应用需求做修改。如图 15.15 所示，由于我们开启的是虚拟串口功能，所以需要修改 usbd_cdc_if.c 和 usbd_cdc_if.h 文件。

如图 15.16 所示，打开 usbd_cdc_if.c 文件，在文件中加入虚拟串口的收发处理程序。首先要在文件开始处定义一些变量，自定义内容一定要插入在第 32 行和第 36 行之间的用户程序区域，否则 CubeMX 重新生成程序时，自定义的程序不能保存。第 34 行定义了一个 8 位数组，用于存放虚拟串口接收的数据。第 35 行定义了一个 16 位的串口接收标志位，用于存放接收数据的数量，当数量不为 0 时表示收到数据。如图 15.17 所示，第 260 行是 USB 虚拟串口的接收处理函数。这个函数类似于 USART 串口的回调函数，作用是将串口接收的数据放入我们定义的数组中。虚拟串口收到数据后会自动跳转到此函数，接收内容被自动存放在第 1 个参数 Buf 数组中，接收数据的数量被自动放在第 2 个参数 Len 中。接下来的工作就是将 Buf 数组中的数据转存到我们定义的 USB_RX_BUF 数组，将数据量值 Len 转存到 USB_RX_STA 标志位。第 263～269 行是我编写的程序部分，第 263 行通过 if 语句判断这次接收的数量是否小于数组的最大数量，如果小于则执行第 265～268 行的内容，开始转存数据和数量。第 270～271 行调用 USB 驱动程序，将接收数组 Buf 清 0 并再次开启虚拟串口接收。第 272 行向返回值送入 USBD_OK，表示接收成功。

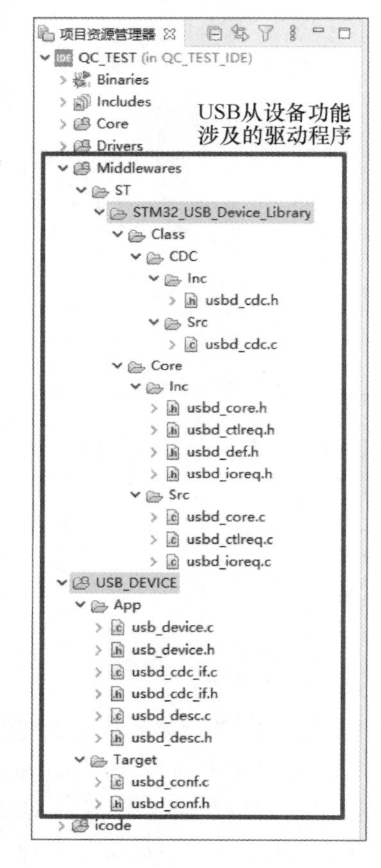

图 15.14　工程文件树中与 USB 从设备有关的文件

图 15.15　可供用户修改的文件

```
32 /* USER CODE BEGIN PV */
33 /* Private variables ---------------------------------------------
34 uint8_t USB_RX_BUF[USB_REC_LEN];//接收缓冲,最大USB_REC_LEN个字节
35 uint16_t USB_RX_STA=0;//接收状态标记（接收到的有效字节数量）
36 /* USER CODE END PV */
```

图 15.16　定义数组和标志位

```
260 static int8_t CDC_Receive_FS(uint8_t* Buf, uint32_t *Len)
261 {
262   /* USER CODE BEGIN 6 */
263     if(*Len<USB_REC_LEN)//判断收到数据量是否小于寄存器上限
264     {
265         uint16_t i;
266         USB_RX_STA = *Len;//将数据量值放入标志位
267         for(i=0;i<*Len;i++)//循环（循环次数=数据数量）
268             USB_RX_BUF[i] = Buf[i];//将数据内容放入数据寄存器
269     }
270   USBD_CDC_SetRxBuffer(&hUsbDeviceFS, &Buf[0]);
271   USBD_CDC_ReceivePacket(&hUsbDeviceFS);
272   return (USBD_OK);
273   /* USER CODE END 6 */
274 }
```

图 15.17　添加虚拟串口接收程序

如图 15.18 所示，找到第 287 行的虚拟串口发送函数，其中第 291～308 行是我添加的程序部分，程序的主要工作是用底层寄存器操作来判断虚拟串口发送状态，在串口空闲时开始发送数据。这部分程序涉及底层寄存器操作，而且其功能固定，大家只需复制程序，不需要理解原理。如图 15.19 所示，第 314～323 行加入了一段自定义的 printf 发送函数，只要在主函数中调用 USB_printf 函数就能向虚拟串口发送数据，使用方法和 printf 函数一

样。第 314～323 行的程序是固定结构，其中第 317～321 行对要发送的数据进行处理，第 322 行调用了第 287 行的虚拟串口发送函数，完成最终的发送。

```
287 uint8_t CDC_Transmit_FS(uint8_t* Buf, uint16_t Len)
288 {
289   uint8_t result = USBD_OK;
290   /* USER CODE BEGIN 7 */
291   uint32_t TimeStart = HAL_GetTick();
292   USBD_CDC_HandleTypeDef *hcdc =  (USBD_CDC_HandleTypeDef*)hUsbDeviceFS.pClassData;
293   //if (hcdc->TxState != 0) return  USBD_BUSY;
294   while(hcdc->TxState)
295   {
296      if(HAL_GetTick()-TimeStart > 10)
297   return USBD_BUSY;
298      else
299   break;
300   }
301   USBD_CDC_SetTxBuffer(&hUsbDeviceFS, Buf,  Len);
302   result =  USBD_CDC_TransmitPacket(&hUsbDeviceFS);
303   TimeStart = HAL_GetTick();
304   while(hcdc->TxState)
305     {
306        if(HAL_GetTick()-TimeStart > 10)
307          return USBD_BUSY;
308     }
309   /* USER CODE END 7 */
```

图 15.18　添加虚拟串口发送程序

```
312
313 /* USER CODE BEGIN PRIVATE_FUNCTIONS_IMPLEMENTATION */
314 #include <stdarg.h>
315 void USB_printf(const char *format, ...)//USB模拟串口的打印函数
316 {
317     va_list args;
318     uint32_t length;
319     va_start(args, format);
320     length = vsnprintf((char  *)UserTxBufferFS, APP_TX_DATA_SIZE, (char  *)format, args);
321     va_end(args);
322     CDC_Transmit_FS(UserTxBufferFS, length);
323 }
324 /* USER CODE END PRIVATE_FUNCTIONS_IMPLEMENTATION */
325
```

图 15.19　添加虚拟串口的 printf 函数

如图 15.20 所示，打开 usbd_cdc_if.h 文件，第 33 行宏定义了接收数组的数量，实际数量是 200，大家可以按需求修改这个数值。第 34～35 行声明了我们定义的数组和接收标志位。如图 15.21 所示，第 113 行插入 USB_printf 函数的声明。到此就完成了虚拟串口驱动程序的修改，应用程序可以使用 USB_printf 函数向虚拟串口发送数据，通过自定义的数组和标志位来处理串口接收数据。

```
31
32 /* USER CODE BEGIN INCLUDE */
33 #define USB_REC_LEN    200//定义USB串口最大接收字节数
34 extern uint8_t USB_RX_BUF[USB_REC_LEN];//接收缓冲,最大USB_REC_LEN个字节.末字节为换行符
35 extern uint16_t USB_RX_STA;//接收状态标记（接收到的有效字节数量）
36 /* USER CODE END INCLUDE */
37
```

图 15.20　添加虚拟串口接收的数组和标志位

```
109
110 uint8_t CDC_Transmit_FS(uint8_t* Buf, uint16_t Len);
111
112 /* USER CODE BEGIN EXPORTED_FUNCTIONS */
113 void USB_printf(const char *format,  ...);//USB模拟串口的打印函数
114 /* USER CODE END EXPORTED_FUNCTIONS */
115
```

图 15.21　添加 USB_printf 函数的声明

15.4　编写应用程序

USB 虚拟串口的驱动程序准备好后，接下来开始编写串口收发的测试程序。打开 main.c 文件，如图 15.22 所示，在第 36 行加入 usbd_cdc_if.h 文件的路径。如图 15.23 所示，第 125 行自动加入了 USB 设备的初始化函数。需要特别注意，如图 15.24 所示，单片机数据手册的第 424 页 CAN 总线的说明中有一段注解，大意是 CAN 功能与 USB 功能共用一组 SRAM 存储器，导致 CAN 与 USB 不能同时使用。也就是说，在应用程序中如果开启了 CAN 总线通信，就不能使用 USB 功能，反之也一样。由于在配置单片机 GPIO 端口时已经开启 CAN 功能，第 120 行自动生成了 CAN 总线的初始化函数，这导致 CAN 与 USB 功能冲突。为了使 USB 功能正常使用，我在第 129 行禁用 CAN 功能。这一行非常关键，如果不关闭 CAN 功能，计算机将无法识别单片机的 USB 接口。如果在接下来的程序中用到 CAN 总线通信，还可以重新初始化 CAN 功能，到时 USB 功能将失去作用。当再想使用 USB 功能时可再次禁用 CAN 功能。

```
23 /* Private includes ----------------------------------
24 /* USER CODE BEGIN Includes */
25 #include "../../icode/led/led.h"
26 #include "../../icode/key/key.h"
27 #include "../../icode/delay/delay.h"
28 #include "../../icode/buzzer/buzzer.h"
29 #include "../../icode/relay/relay.h"
30 #include "../inc/retarget.h"//用于printf函数串口重映射
31 #include "../../icode/usart/usart.h"
32 #include "../../icode/adc/adc.h"
33 #include "../../icode/rtc/rtc.h"
34 #include "../../icode/dht11/dht11.h"
35 #include "../../icode/w25q128/w25qxx.h"
36 #include "../../USB_DEVICE/App/usbd_cdc_if.h"
37 /* USER CODE END Includes */
38
```

图 15.22　加载 usbd_cdc_if.h 文件的路径

```
116   /* Initialize all configured peripherals */
117   MX_GPIO_Init();
118   MX_DMA_Init();
119   MX_ADC1_Init();
120   MX_CAN_Init();
121   MX_SPI2_Init();
122   MX_USART1_UART_Init();
123   MX_USART2_UART_Init();
124   MX_USART3_UART_Init();
125   MX_USB_DEVICE_Init();
126   /* USER CODE BEGIN 2 */
127   RetargetInit(&huart1);//将printf函数映射到UART1串口上
128   HAL_UART_Receive_IT(&huart1,(uint8_t *)&USART1_NewData,1);//开启串口1接收中断
129   HAL_CAN_MspDeInit(&hcan);//关闭CAN功能，使USB功能可被电脑识别（因USB与CAN共用一个RAM空间，不能同时使用）
130   /* USER CODE END 2 */
131
```

图 15.23　添加关闭 CAM 功能程序

单片机数据手册第424页中 CAN的介绍部分

注：　*在中容量和大容量产品中，USB和CAN共用一个专用的512byte的SRAM存储器用于数据的发送和接收，因此不同同时使用USB和CAN(共享的SRAM被USB和CAN模块互斥地访问)。USB和CAN可以同时用于一个应用中但不能在同一个时间使用。*

图 15.24　单片机数据手册中对 CAN 和 USB 冲突的介绍

如图 15.25 所示，进入主循环程序，虚拟串口的数据收发就在这里实现。第 137 行判断虚拟串口标志位的值，如果值不为 0 则表示串口收到了数据，执行第 139～143 行的内容。其中第 139 行调用 USB_printf 函数向虚拟串口发送字符 USB_RX，第 140 行调用 USB 从设备驱动函数中的串口发送函数，第 1 个参数是发送数据的数组名，第 2 个参数是数据数量。由于数组中存放的是虚拟串口刚刚接收到的数据，所以这里直接将收到的数据发送出去。第 141 行发送 Enter 键的转译字符。第 142 行将虚拟串口接收标志位清 0，第 143 行调用数据处理函数，将串口接收数组中的数据全部清 0，为下一次接收做好准备。这里的程序非常简洁，原理也非常简单，仅做基本的测试使用，在未来的项目开发中可以根据需要来设计更复杂的应用程序。

```
134   while (1)
135   {
136     //USB模拟串口的查寻接收处理（其编程原理与USART1串口收发相同）
137     if(USB_RX_STA!=0)//判断是否有数据
138     {
139         USB_printf("USB_RX:");//向USB模拟串口发送字符串
140         CDC_Transmit_FS(USB_RX_BUF,USB_RX_STA);//USB串口发送，将接收的数据发回给计算机端（参数1是数据内容，参数2是数据量）
141         USB_printf("\r\n");//向USB模拟串口发送字符串（Enter）
142         USB_RX_STA=0;//数据标志位清0
143         memset(USB_RX_BUF,0,sizeof(USB_RX_BUF));//USB串口数据寄存器清0
144     }
145
146     /* USER CODE END WHILE */
147
```

图 15.25　在主循环程序中添加应用程序

如图 15.26 所示，将程序编译下载到开发板，当程序运行之后再把插在核心板上的 Micro USB 线取下来，插入开发板底板上的 Micro USB 接口。由于单片机程序中已经开启了 USB 虚拟串口功能，计算机可识别出串行端口。如图 15.27 所示，打开计算机上的“设备管理器”，在“端口”一项中可以看到新出现的 USB 串行设备，请记住括号中的串口号，我这里的是 COM11。

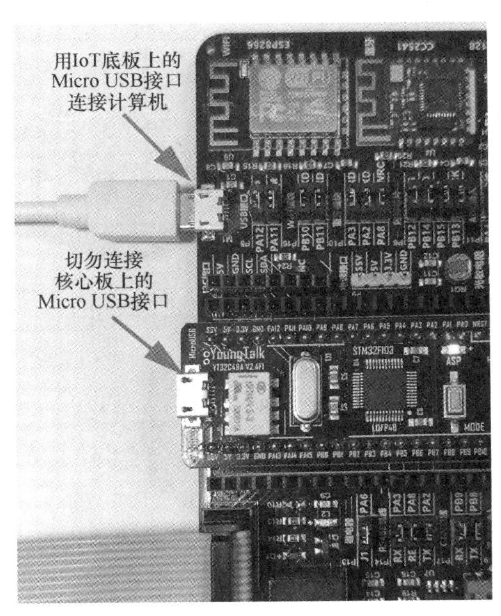

图 15.26　连接 IoT 底板上的 Micro USB 接口到计算机上

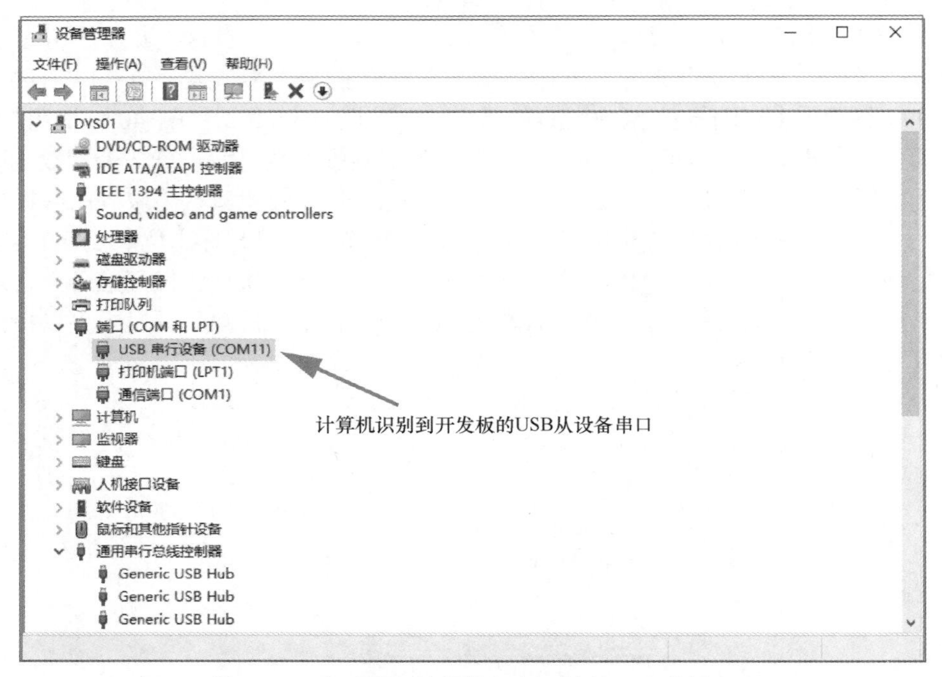

图 15.27　在“设备管理器”中识别到 USB 从设备

如图 15.28 所示，在开发板资料包中找到“工具软件”中的“DYS 串口助手”，解压缩后运行软件。在软件界面中设置并开启串口通信，如图 15.29 所示，设置端口号为“COM11”，波特率为“115200”，接收和发送模式设置为“字符”，单击“打开端口”按钮。现在计算机上的串口助手就和单片机的虚拟串口实现了连接。

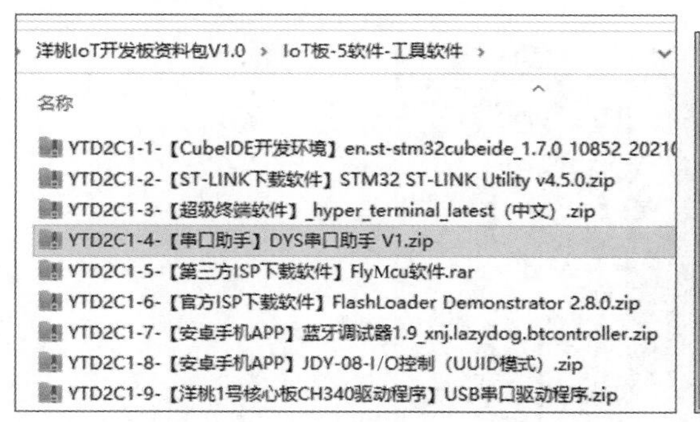

图 15.28　打开 DYS 串口助手

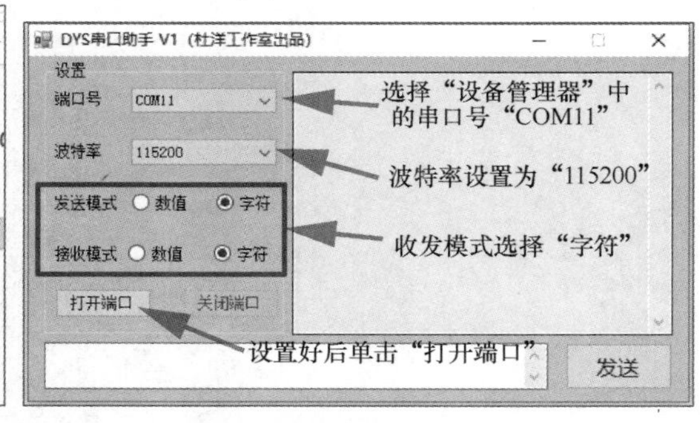

图 15.29　设置并开启串口通信

如图 15.30 所示，在下方的发送框中任意输入一串字符如“123”，单击“发送”按钮。此时单片机将收到这些字符数据。通过主循环中的应用程序，可在串口助手中收到“USB_RX:”加上我们发出的字符，到此就实现了虚拟串口的收发功能。请大家仔细研究示例程序中的应用程序部分，看看如何修改可以达到让虚拟串口控制继电器和蜂鸣器的效果。利用虚拟串口功能不再需要 CH340 串口转换芯片，可用单片机实现串口功能，从降低成本和扩展应用上看，都是很好的选择。

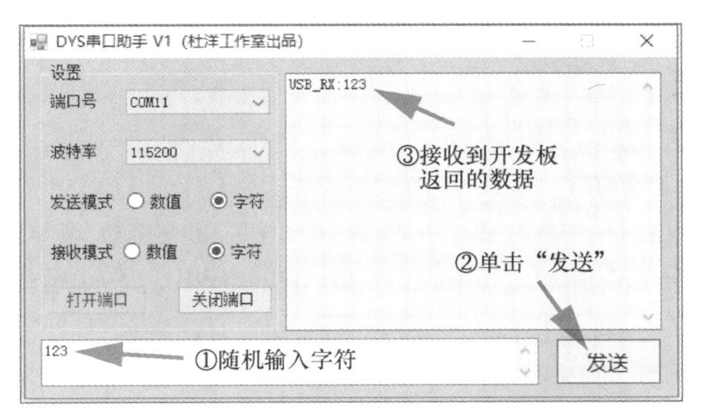

图 15.30　测试 USB 虚拟串口的数据收发

第 16 步：省电模式、CRC 与芯片 ID

这一步我们学习单片机内部的 3 个小功能：省电模式、CRC 和芯片 ID 功能。之所以说这些是小功能，是因为它们的实现都很简单，在项目开发中并不常用。由于太简单，在 CubeMX 图形化界面里并没有设置项目，大多数设置在程序中完成。这 3 个功能已经在《STM32 入门 100 步》里讲过了，感兴趣的读者可以在第 92～93 步学习省电模式，第 97 步学习 CRC 和芯片 ID 功能。这里我只对功能做简单介绍，重点讲解 HAL 库如何设置和开启这些功能。

16.1　省电模式

在之前的示例程序里，应用程序在 while 主循环里反复执行，ARM 内核以 100%的功率工作。这样的设计简单稳定，内核全速运行的功耗也只有几十毫安，对于外接电源的设备来讲，这点功耗可忽略不计。但开发电池提供的设备时则对功耗特别敏感，省电模式就是为对功耗有严格要求的设备而准备的。省电模式的本质是在某个时刻关闭用不到的单片机内部功能，根据关闭内部功能的等级可分成睡眠、停机、待机 3 种省电模式，接下来我将分别介绍。

16.1.1　省电模式介绍

STM32 单片机有 3 种省电模式，对应着 3 种不同的低功耗运行方案，适用于不同运行要求的应用场合。如表 16.1 所示，不同的省电模式关闭单片机内部功能的数量不同，关闭功能越多越省电，但关闭的功能越多，唤醒单片机的方法越少，有利有弊，需要视具体情况综合考虑。第 1 种省电模式是睡眠模式，它适用于 ARM 内核（CPU）不需要连续工作的场合，当不需要 ARM 内核工作时，就进入睡眠模式，这种模式可节省几毫安的功耗。由于只有 ARM 内核停止工作，单片机内部的其他功能照常运行，所以任意中断或事件都能唤醒 ARM 内核，退出睡眠模式，比如定时器中断、串口接收中断、RTC 时钟中断等。

由此看出，睡眠模式并不会停止单片机的运行，只是让 ARM 内核在无工作时休息一会。第 2 种省电模式是停机模式，此模式将关闭 ARM 内核、内部所有功能、PLL 时钟电路、HSE 高速外部时钟相关电路。停机模式下，单片机的所有工作停止，ARM 内核彻底停止，GPIO、ADC、DMA、USART、SPI 等内部功能停止工作。只有一些独立的内部功能可唤醒单片机，退出停机模式，包括外部中断输入接口 EXTI、RTC 闹钟到时、USB 唤醒信号，另外电源电压低时触发的中断也能唤醒单片机。由此看出，停机模式的单片机整体停止工作，少量功能可将其唤醒，适用于偶尔工作一会儿的场合。第 3 种省电模式是待机模式，此模式不仅关闭单片机的所有内部功能，而且关闭 SRAM 内存。进入待机模式时，单片机内部的功能寄存器将被清除，无法唤醒、只能复位单片机。这种省电模式的唤醒方式都是复位单片机的方式。唤醒后单片机无法接着之前停止的部分继续运行，只能从头开始。由此看出，待机模式适用于不连续的工作任务，每次唤醒后的工作都是独立的，与上一次无关。

表 16.1　3 种省电模式对照

省电模式	关掉功能	唤醒方式
睡眠模式	ARM 内核	所有内部、外部功能的中断/事件
停机模式	ARM 内核 内部所有功能 PLL 分频器、HSE	外部中断输入接口 EXTI（16 个 I/O 之一） 电源电压监控中断 PVD RTC 闹钟到时 USB 唤醒信号
待机模式	ARM 内核 内部所有功能 PLL 分频器、HSE SRAM 内存	NRST 接口的外部复位信号 独立看门狗 IWDG 复位 专用唤醒 WKUP 引脚 RTC 闹钟到时

如图 16.1 所示，根据这 3 种省电模式的特点，可以在单片机运行图里找到它们与单片机四大结构部分的对应关系。在实际应用时，需要从关闭功能的多少、节省功耗量级、对系统运行的影响等多方面综合考虑，才能明确自己的程序适合哪种省电模式，或者不适合任何一种省电模式。下面我来讲解 3 种省电模式的开启和唤醒方法。

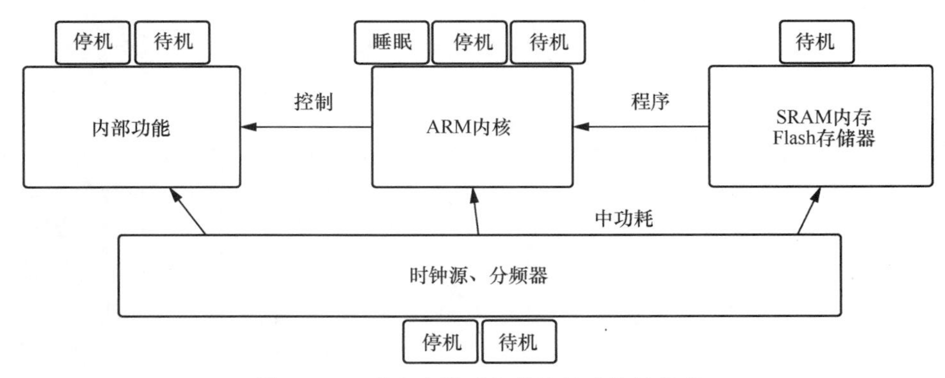

图 16.1　3 种省电模式与单片机功能的关系

16.1.2　睡眠模式的应用

睡眠模式的开启非常简单，不需要设置 CubeMX，只要在 main 函数需要进入睡眠的地方调用 HAL 库函数。如图 16.2 所示，在这个示例程序的第 135 行调用开启睡眠模式的函数，它有两个参数，第 1 个参数是电源模式设置，可设置为主电源开启或低功耗电源开启。设置为主电源开启时，除了 ARM 内核关闭，其他不变；设置为低功耗电源开启时，ARM 内核关闭的同时，系统时钟频率会下降，PLL 电路关闭，还有一系列性能会下降，以尽量降低运行功耗。在睡眠模式下一般设置为主电源开启。第 2 个参数是睡眠模式的唤醒方式，可以选择中断唤醒或事件唤醒。我这里选择了中断唤醒。程序运行到第 135 行，ARM 内核停止工作，程序不再继续执行，等待着中断唤醒。当出现任何一个中断时，ARM 内核将被唤醒，唤醒后的程序从停止时的下一行开始执行，也就是第 136 行。唤醒之后的单片机状态没有任何变化，程序将照常运行。大家可以将带有睡眠模式的程序下载到开发板上，观察实验效果。通过 LED 闪烁观察单片机的运行状态，LED 停止闪烁，表示单片机处在睡眠状态。但在单片机上的效果是 LED 正常闪烁，这并不是因为开启睡眠模式失败，而是内部功能有很多中断连续出现，特别是程序中带有调试中断服务，导致 ARM 内核无法长时间睡眠，这是正常的现象。

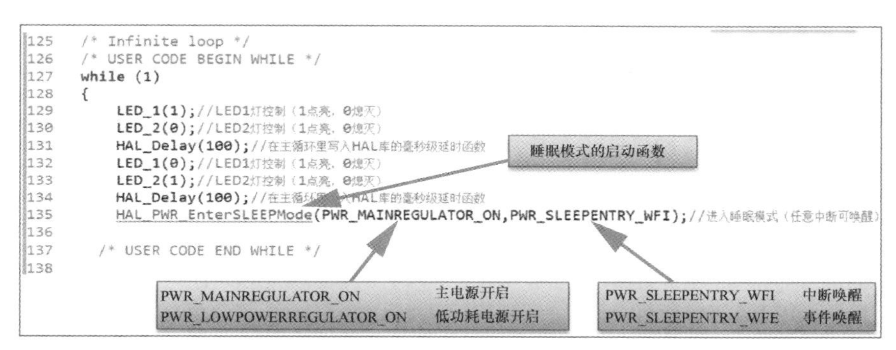

图 16.2　插入睡眠模式的程序

16.1.3　停机模式的应用

停机模式的开启方法和睡眠模式几乎一样，只是调用了不同的 HAL 库函数。如图 16.3 所示，在示例程序中，在主循环中需要停机的地方插入第 140 行的函数，此函数有两个参数，第 1 个参数可选择主电源开启或低功耗电源开启，第 2 个参数可选择中断唤醒或事件唤醒。由于停机模式将关闭单片机内部的所有功能，所以第 1 个参数选择低功耗电源开启。当执行完第 140 行的内容，单片机便停止运行，等待中断唤醒。如果有外部中断、USB 唤醒信号等唤醒单片机，程序将从停止处的下一行继续运行，也就是第 141 行。

为了能够在开发板上演示出停机和唤醒的实验效果，我们还需要设置一个用于外部中断唤醒的端口。我将 PA0 端口设置为外部中断输入端口，当按下 KEY1 按键，PA0 端口被输入下降沿信号，可唤醒停机状态下的单片机。如图 16.4 所示，打开 CubeMX 图形化界面，在单片机端口视图中单击“PA0”端口，选择“GPIO_EXTI0”（外部中断输入通道 0）。如

图 16.5 所示，进入“GPIO”功能窗口，在模式窗口中选择“GPIO”选项卡，在端口列表中单击“PA0-WKUP”，在下方的参数设置中将 PA0 端口设置为下降沿触发、上拉，用户标注为 KEY1。如图 16.6 所示，切换到“NVIC”选项卡，在端口中断列表中勾选 EXTI0 中断允许，这样当 PA0 端口出现下降沿时，才会触发外部中断。

```
127    /* USER CODE BEGIN WHILE */
128    while (1)
129    {
130        LED_1(1);//LED1灯控制（1点亮，0熄灭）
131        LED_2(0);//LED2灯控制（1点亮，0熄灭）
132        HAL_Delay(100);//在主循环里写入HAL库的毫秒级延时函数
133        LED_1(0);//LED1灯控制（1点亮，0熄灭）
134        LED_2(1);//LED2灯控制（1点亮，0熄灭）
135        HAL_Delay(100);//在主循环里写入HAL库的毫秒级延时函数
136        if(KEY_2()) //按键KEY2判断为1时按键按下
137        {
138          printf("进入【停机】状态！（按KEY1键外部中断唤醒） \n\r");//串口发送
139          BUZZER_SOLO1();//蜂鸣器输出单音的报警音（样式1，HAL库的精准延时函数）
140          HAL_PWR_EnterSTOPMode(PWR_LOWPOWERREGULATOR_ON, PWR_STOPENTRY_WFI);//进入【停机】模式
141          //此处进入停机状态！！！
142          //接下来的程序在唤醒后执行
143          SystemClock_Config();//唤醒后重新初始化时钟
144          printf("退出【停机】状态！ \n\r");//串口发送
145        }
146
```

图 16.3　插入停机模式的程序

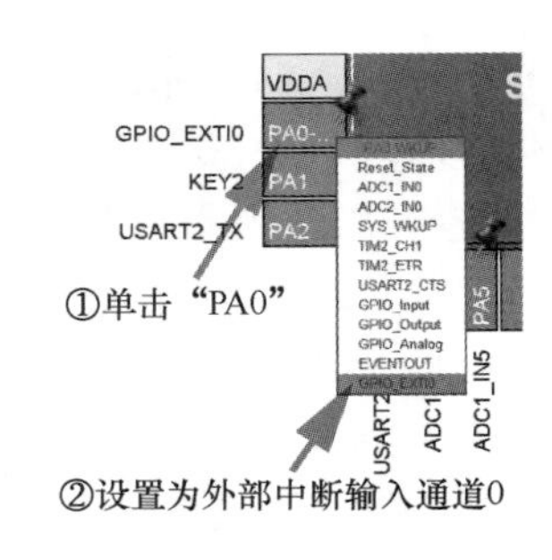

图 16.4　设置外部中断输入端口

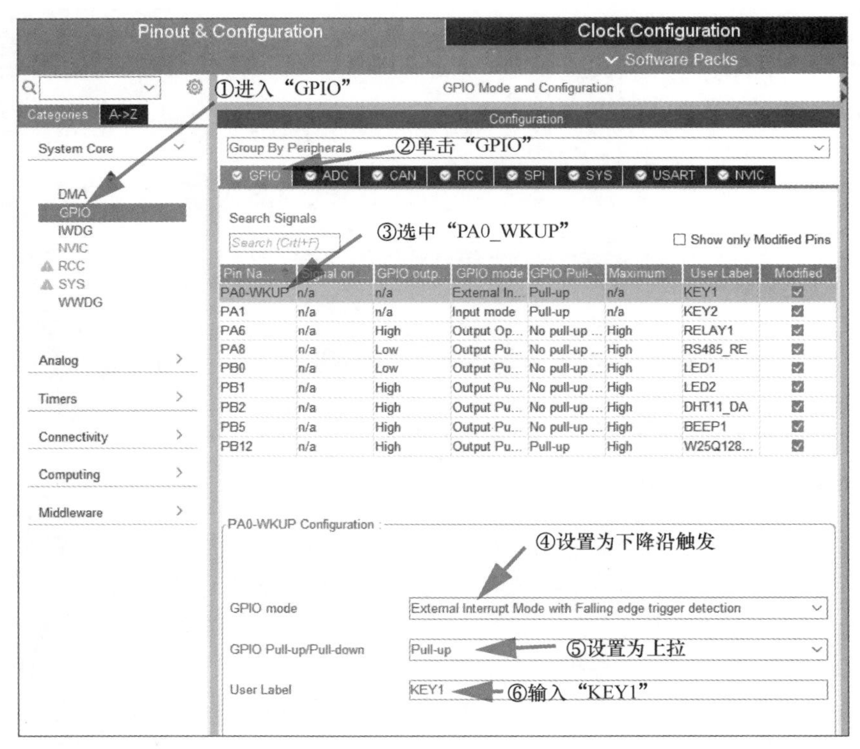

图 16.5　设置 GPIO 模式

设置好后重新生成程序，回到示例程序，当程序执行完第 140 行时，单片机进入停机模式，这时 LED 不会再闪烁，单片机内部功能停止，不会产生中断。只有按下 KEY1 按键，产生外部中断时，单片机被唤醒。唤醒后将从第 141 行继续执行之前的程序。但由于停机

模式关闭了内部功能的时钟，所以唤醒之后的第 143 行调用了系统时钟初始化函数，重新初始化系统时钟，内部功能才能重新开启，单片机才能进入稳定的工作状态。

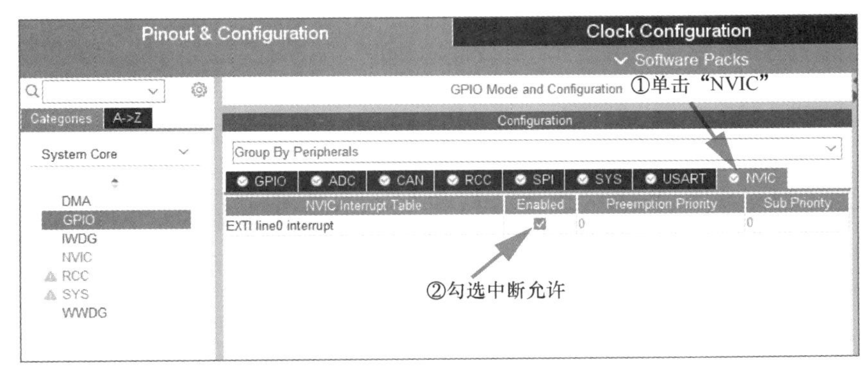

图 16.6　设置 EXTI 中断允许

16.1.4　待机模式的应用

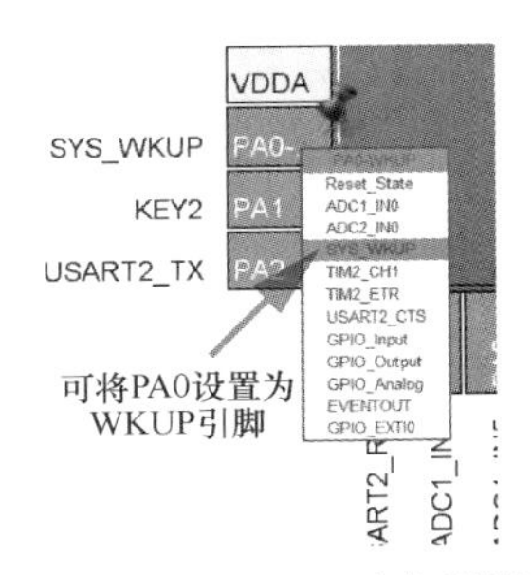

图 16.7　设置 WKUP 功能引脚

待机模式是在停机模式的基础上关闭了 SRAM 电源，使正在运行的程序全部丢失，这种模式只能复位重启，连外部中断也不能唤醒。如果想通过一个端口唤醒单片机，就要设置 WKUP 引脚，WKUP 引脚是专用的待机唤醒引脚，当引脚上出现上升沿信号时，单片机将从待机模式中被唤醒。如图 16.7 所示，WKUP 复用在 PA0 端口上，在单片机端口视图中单击“PA0”端口，可以选择“SYS_WKUP”模式，将此端口专用于待机唤醒。如图 16.8 所示，由于单片机正常运行时，PA0 端口需要作为按键被使用，只有进入待机状态之前才需要被设置为 WKUP 功能，所以在 CubeMX 里还是将 PA0 端口设置为 GPIO 输入模式，这时无法在 SYS 窗口中勾选 WKUP 功能选项，WKUP 功能只能在程序中切换设置。

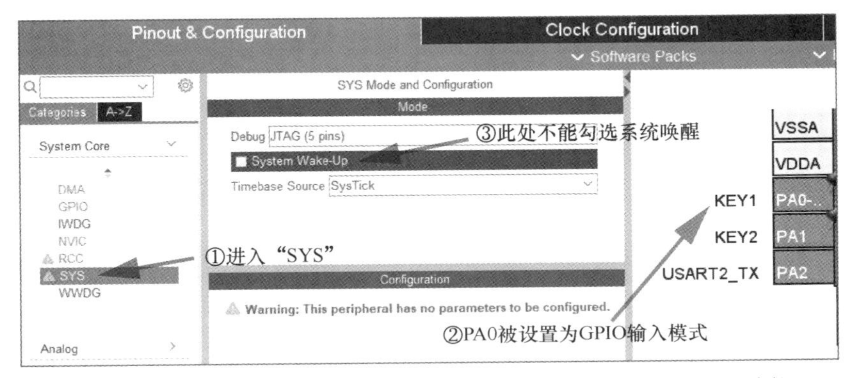

图 16.8　PA0 端口被设置为 GPIO 输入模式导致不能勾选 WKUP 功能

进入示例程序的主函数，如图 16.9 所示，在主循环开始之前的第 134 行加入复位标志位的判断程序，判断本次复位是不是待机模式的唤醒。如果是则执行第 136 行，可以在这里插入待机唤醒的处理程序。第 138 行禁止 WKUP 功能，第 139 行清除唤醒标志位。

进入主循环程序，如图 16.10 所示，第 160 行调用正式进入待机状态的 HAL 库函数，但在此之前要做一些准备工作，主要是设置 WKUP 功能的端口。第 157 行设置 PA0 端口为低电平，第 158 行清除 WKUP 状态标志位，为接收端口的上升沿信号做好准备，第 159 行调用 HAL 库函数，开启 WKUP 功能。此时当执行完第 160 行时，进入待机状态。我们按下 KEY1 按键并松开时，必然产生电平的上升沿，触发唤醒。由于待机状态下，唤醒后无法继续运行之前的程序，只能复位重新开始，所以第 160 行的下面没有添加唤醒处理程序，处理程序在主函数开始处的第 134～140 行。大家可以分别将 3 种省电模式的示例程序下载到开发板，观察实验效果。

```
130  /* USER CODE BEGIN 2 */
131  RetargetInit(&huart1);//将printf函数映射到UART1串口上
132  HAL_UART_Receive_IT(&huart1,(uint8_t *)&USART1_NewData,1);//开启串口1接收中断
133  printf("\n\r单片机启动! (按KEY2按键输入【待机】模式) \n\r");//串口发送
134  if (__HAL_PWR_GET_FLAG(PWR_FLAG_SB) != RESET)//判断本次复位是不是从待机中唤醒
135  {
136    //可在此插入待机唤醒的处理程序
137    printf("从【待机】模式中唤醒! \n\r");//串口发送
138    HAL_PWR_DisableWakeUpPin(PWR_WAKEUP_PIN1);//禁止WKUP引脚的唤醒功能
139    __HAL_PWR_CLEAR_FLAG(PWR_FLAG_SB);//清除唤醒标志位
140  }
141  /* USER CODE END 2 */
142
```

图 16.9　复位标志位判断程序

```
144  /* USER CODE BEGIN WHILE */
145  while (1)
146  {
147      LED_1(1);//LED1灯控制(1点亮，0熄灭)
148      LED_2(0);//LED2灯控制(1点亮，0熄灭)
149      HAL_Delay(100);//在主循环里写入HAL库的毫秒级延时函数
150      LED_1(0);//LED1灯控制(1点亮，0熄灭)
151      LED_2(1);//LED2灯控制(1点亮，0熄灭)
152      HAL_Delay(100);//在主循环里写入HAL库的毫秒级延时函数
153      if(KEY_2()) //按键KEY2判断为1时按键按下
154      {
155        printf("进入【待机】状态! (按IoT开发板上的"休眠唤醒"键唤醒)  \n\r");//串口发送
156        BUZZER_SOLO1();//蜂鸣器输出单音的报警音(样式1：HAL库的精准延时函数)
157        HAL_GPIO_WritePin(GPIOA,KEY1_Pin, GPIO_PIN_RESET);//PA0端口变低电平，准备好唤醒键初始电平
158        __HAL_PWR_CLEAR_FLAG(PWR_FLAG_WU);//清除 WKUP唤醒键 状态位
159        HAL_PWR_EnableWakeUpPin(PWR_WAKEUP_PIN1);//使能WKUP引脚的唤醒功能(使能PA0)
160        HAL_PWR_EnterSTANDBYMode();//进入【待机模式】
161      }
162
163    /* USER CODE END WHILE */
164
```

图 16.10　插入待机模式的程序

16.2　CRC 功能

CRC 是一种数据校验方式，STM32 单片机内置硬件 CRC 功能。接下来我将介绍 CRC 原理，然后在 CubeMX 中激活 CRC 功能，再编写一个用于测试的应用程序。

16.2.1　功能介绍

如图 16.11 所示，CRC 功能是 STM32 单片机内部的硬件功能，其本质是一个 32 位带多项式计算的寄存器。需要计算时，只要向 CRC 寄存器连续写入要计算的数据，寄存器内

部将完成计算，读取 CRC 寄存器得到的就是计算结果。这个计算结果本身并没有实际意义，只是单纯用于数据发送方与接收方之间的校对。

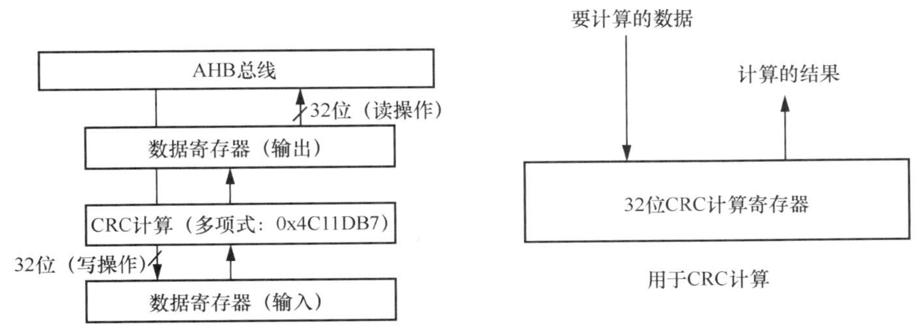

图 16.11　CRC 的原理示意图

CRC 功能多用于数据通信过程中的校验，例如用设备 1 向设备 2 发送一组数据，但我们不确定设备 2 接收到的内容是否完全正确，因此，需要用一种方法校验数据，这时就可使用 CRC 功能。如图 16.12 所示，设备 1 在发送数据之前先把数据全部放入 CRC 寄存器，从寄存器中读出 32 位结果，然后将全部数据和计算结果一并发送给设备 2。设备 2 把收到的全部数据放入自己的 CRC 寄存器里，并读出计算结果。当设备 2 计算出的结果与设备 1 发来的结果一致时，表示数据通信成功，如果不一致，则要求设备 1 重新发送，实现了数据校验。接下来我将用示例讲解 CRC 的实现方法。

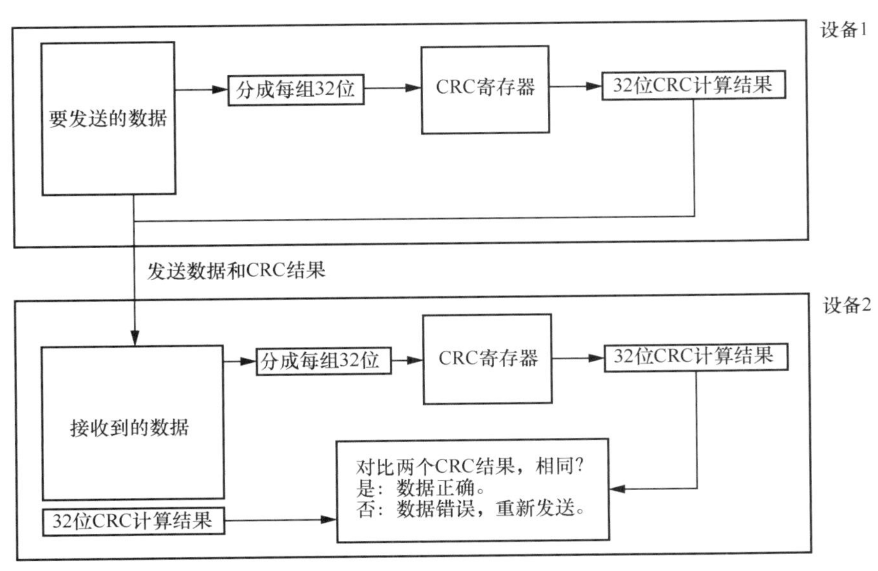

图 16.12　CRC 应用实例的示意图

16.2.2　CubeMX 设置

如图 16.13 所示，打开 CubeMX 图形化界面，在功能组中单击“CRC”。在模式窗口中勾选“Activated”（激活）一项，在参数窗口中出现一行警报，意思是 CRC 功能并没有可以设置的参数。重新生成程序后就开启了 CRC 功能，如图 16.14 所示，在 main.c 文件的第 123 行自动生成了 CRC 初始化函数。

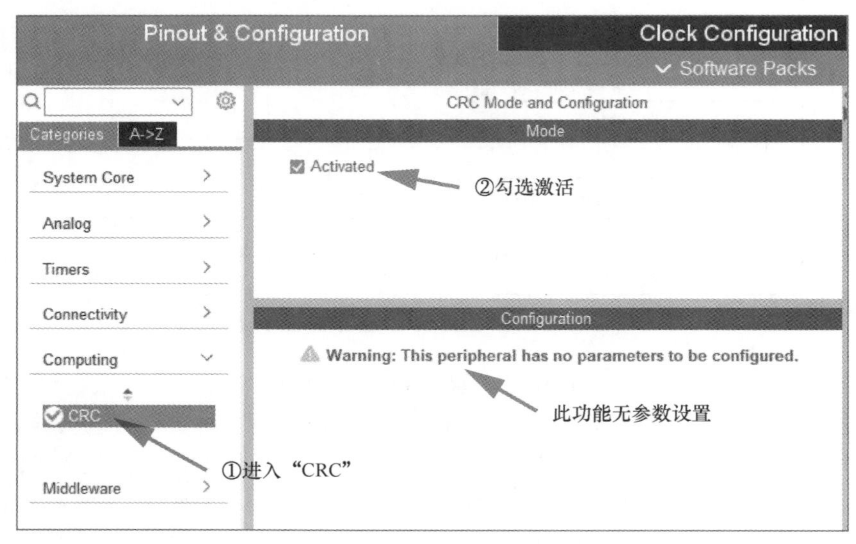

图 16.13　激活 CRC 功能

```
114
115    /* Initialize all configured peripherals */
116    MX_GPIO_Init();
117    MX_ADC1_Init();
118    MX_CAN_Init();
119    MX_SPI2_Init();
120    MX_USART1_UART_Init();
121    MX_USART2_UART_Init();
122    MX_USART3_UART_Init();
123    MX_CRC_Init();        自动生成的CRC初始化函数
124    /* USER CODE BEGIN 2 */
125    RetargetInit(&huart1);//将printf函数映射到UART1串口上
126    HAL_UART_Receive_IT(&huart1,(uint8_t *)&USART1_NewData,1);//开启串口1接收中断
127    printf("\n\rCRC计算测试程序\n\r");//串口发送
128    /* USER CODE END 2 */
129
```

图 16.14　自动生成的 CRC 初始化函数

16.2.3　编写应用程序

接下来在主函数中编写 CRC 功能的测试程序。如图 16.15 所示，打开 main.c 文件，在第 86 行定义一个 32 位数组，数组数量为 4，在数组中随意写入一些要发送的数据。第 96 行定义三个通用 32 位变量，在程序中临时使用。

如图 16.16 所示，进入主循环程序，第 134 行调用了具有 CRC 功能的 HAL 库函数，函数有 3 个参数。第 1 个参数是 CRC 功能的句柄，直接写入&hcrc。第 2 个参数是需要计算的数据所存放的数组名，这里写入刚刚定义的数组名，由于 CRC 寄存器的宽度是 32 位，所以定义的数组也要是 32 位。第 3 个参数是数据数量。函数有一个返回值，当执行这个函数时，数组中的数据将全部写入 CRC 寄存器，并将计算结果放入返回值。第 134 行的程序

中将返回值中的计算结果放入变量 c，然后执行第 136 行，将计算结果发送到超级终端。需要注意第 135 行还有一个 CRC 的 HAL 库函数，此函数的参数和返回值都和第 134 行函数的一样，两个函数的区别是计算初始值。第 134 行的函数每次调用前会先清除 CRC 寄存器，类似于电子计算器在每次计算之前先归零，适用于一次性数据校验。第 135 行的函数在计算之前无清除操作，初始化值保留着上次的内容，适用于不连续的累加式校验。

```
83
84 /* Private user code ---------------------------------------------
85 /* USER CODE BEGIN 0 */
86 static const uint32_t CRCBUF[4] = {0x61,0x62,0x63,0x64};
87 /* USER CODE END 0 */
88
89 /**
90   * @brief  The application entry point.
91   * @retval int
92   */
93 int main(void)
94 {
95   /* USER CODE BEGIN 1 */
96     uint32_t a,b,c;
97   /* USER CODE END 1 */
```

图 16.15　定义变量

```
129
130   /* Infinite loop */
131   /* USER CODE BEGIN WHILE */
132   while (1)
133   {
134     c = HAL_CRC_Calculate(&hcrc,(uint32_t *)CRCBUF,4);//载入CRC数据并返回计算结果
135 //  c = HAL_CRC_Accumulate(&hcrc,(uint32_t *)CRCBUF,4);//载入CRC数据并返回计算结果
136     printf("CRC计算结果: %08X \n\r",c);//将CRC计算结果显示在超级终端
137
138     a = *(__IO uint32_t *)(0X1FFFF7E8); //读出3个32位芯片ID（高字节）
139     b = *(__IO uint32_t *)(0X1FFFF7EC); //
140     c = *(__IO uint32_t *)(0X1FFFF7F0); //（低字节）
141     printf("芯片ID: %08X %08X %08X \r\n",a,b,c); //从串口输出16进制ID
142
143     while (1);//执行结束后在此循环
144
145    /* USER CODE END WHILE */
146
```

CRC计算程序

图 16.16　CRC 计算程序

16.3　芯片 ID 功能

STM32 单片机虽然是批量生产的芯片，但每个芯片都有一组全球唯一的 ID 编码，像身份证一样刻在芯片存储器里，不能更改。每个芯片 ID 码由 96 位二进制数组成，存放在 3 个 32 位寄存器里。只要读取单片机中固定的 3 个地址就能读出芯片 ID。芯片 ID 可以作为产品硬件的序列号使用；也可以作为加密算法的一部分，使每个产品都有独立密码；还可用于防止程序被他人复制，只要在程序运行时读取芯片 ID，并判断是不是规定的 ID 范围，不在范围内就停止运行，这样即使他人得到 HEX 文件，下载到新的芯片，也会由于芯片 ID 不符合而无法运行，防止了盗版现象。芯片 ID 的详细介绍可参考《STM32 入门 100 步》中

的第 97 步。在不编写程序的情况下，可用 FlyMcu 软件读出芯片 ID。如图 16.17 所示，将核心板上的 USB 接口连接到计算机上，在 FlyMcu 软件中设置好串口号和波特率，单击“读器件信息”按钮，右侧的窗口中将显示芯片的相关信息，其中有 3 组 32 位数据的便是芯片 ID。

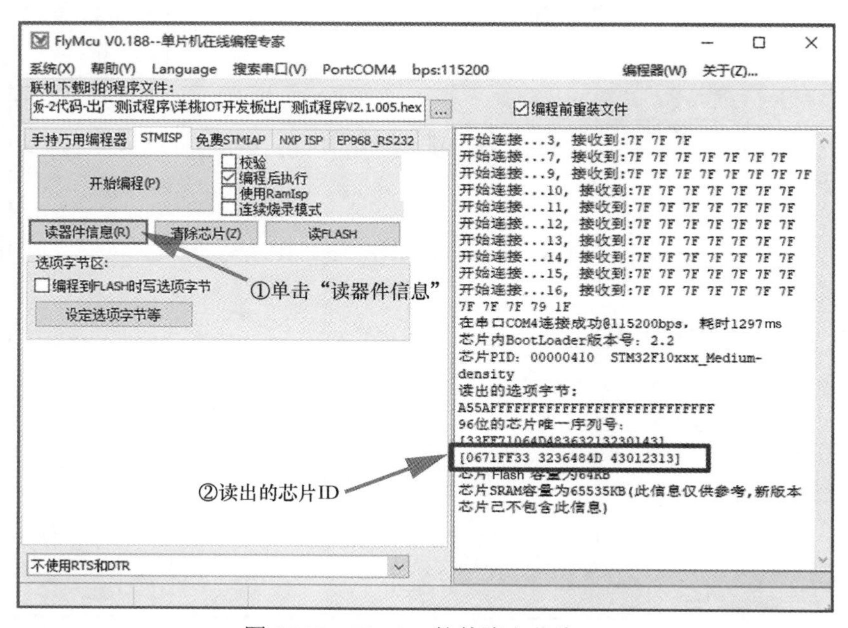

图 16.17　FlyMcu 软件读出芯片 ID

在程序里读出芯片 ID 也很简单，不需要在 CubeMX 中进行设置，也不需要调用 HAL 库。如图 16.18 所示，只要在需要读取的地方插入第 138～140 行的程序，直接从 3 个固定地址中读出数据。读出数据是 32 位的，每个系列单片机的芯片 ID 所在地址有所不同，读取其他芯片之前要先在数据手册和参考手册上确认存放地址。第 141 行将读出的芯片 ID 显示在超级终端上。将程序重新编译下载，在超级终端上观察实验效果。如图 16.19 所示，开发板重启后超级终端上会显示 CRC 结果，还会显示芯片 ID。大家可以将超级终端显示的芯片 ID 与 FlyMcu 软件读出的芯片 ID 对比一下，看看是否一致。

```
129
130    /* Infinite loop */
131    /* USER CODE BEGIN WHILE */
132    while (1)
133    {
134        c = HAL_CRC_Calculate(&hcrc,(uint32_t *)CRCBUF,4);//载入CRC数据并返回计算结果 (
135 //     c = HAL_CRC_Accumulate(&hcrc,(uint32_t *)CRCBUF,4);//载入CRC数据并返回计算结果
136        printf("CRC计算结果：%08X \n\r",c);//将CRC计算结果显示在超级终端
137
138        a = *(__IO uint32_t *)(0X1FFFF7E8); //读出3个32位芯片ID（高字节）
139        b = *(__IO uint32_t *)(0X1FFFF7EC); //
140        c = *(__IO uint32_t *)(0X1FFFF7F0); //（低字节）
141        printf("芯片ID: %08X %08X %08X \r\n",a,b,c); //从串口输出16进制ID
142
143        while (1);//执行结束后在此循环
144                                                          芯片ID读取程序
145      /* USER CODE END WHILE */
146
```

图 16.18　用程序读出芯片 ID

省电模式、CRC、芯片 ID 功能在项目开发中较少使用，大家仅做了解。其实学习与实践是两个体系，学习更注重系统性和全面的知识范围，实践更关注实用性和开发效率。请大家先关注全面的、广泛的知识，当你有系统性的认知后，你会发现你比别人的思路更广阔，更有大局观。

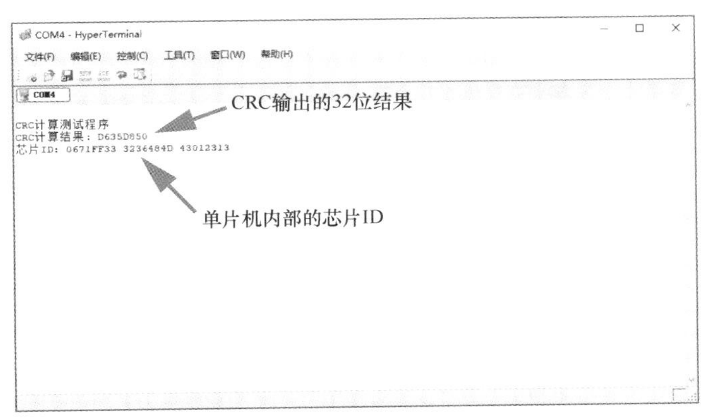

图 16.19　超级终端显示的 CRC 结果与芯片 ID

第 17 步：外部中断与定时器

这一步我们来学习单片机两个内部功能，外部中断与定时器。在以往的单片机教学中，外部中断与定时器一直是重点和难点。但从我多年的教学经验来看，这两个功能并不复杂也不难懂，更没有学不会的道理。再加上 CubeMX 的出现使很多过去的难点不攻自破，所以在接下来的学习中，请不要带着传统教学的眼光看新问题，把外部中断和定时器当成两个基础的、普通的功能。这一步我将分成两部分讲解，第一部分介绍外部中断功能，学习在 CubeMX 中如何设置外部中断输入源，在程序部分如何添加中断回调函数。第二部分介绍定时器功能，了解定时器功能的多种工作模式，然后以普通定时应用和 PWM 输出应用为例，讲解定时器的设置与编程方法。关于外部中断和定时器的底层原理，《STM32 入门 100 步》中的第 79 步和第 83 步中有详细介绍，在此不赘述。

17.1　外部中断功能

单片机 GPIO 端口可用于逻辑电平的输入和输出，作为输入功能时可通过程序来读取 GPIO 端口的状态，完成相应的处理。经典应用是按键读取程序，GPIO 端口读取按键状态看似是一个理想的解决方案，但在实际项目开发中会遇见很多问题。比如在主循环程序里有很多工作任务，每个任务都会占用一段处理时间，导致循环读取按键的时间变长，按下按键后几秒钟才有反应。单片机无法对按下按键这一事件做快速响应，若应用在实时性要求很高的场合，就需要把按下按键的操作变成中断事件，只要按下按键，单片机马上中止当前工作，跳转到按键处理程序。能实现电平变化而产生中断的功能就是外部中断功能。

17.1.1 功能介绍

外部中断功能不再需要程序循环读取电平状态，开启外部中断功能后，当端口电平按照我们预先设置的方式变化时，就会产生中断信号，使单片机进入中断处理程序。STM32F103 单片机支持将所有 GPIO 端口设置为外部中断的输入端口，中断触发电平变化有 3 种，分别是上升沿、下降沿和高/低电平，触发方式有中断触发和事件触发。

我来详细说一下 3 种触发电平变化。如图 17.1 所示，首先要知道开启外部中断的 GPIO 端口工作在逻辑电平输入状态，它只能有高电平和低电平两种状态。第 1 种是下降沿触发，所谓下降沿是由高电平变成低电平的变化过程，形成一条向下变化的边沿线。只要外部中断功能检测到这一条下降的边沿线就会触发中断。同理，第 2 种上升沿触发形成由低电平向高电平变化时的边沿线。第 3 种高/低电平触发是无方向的，不论电平由高变低还是由低变高都触发中断。大家可以按项目的实际情况来选择触发方式。从按键检测的角度来看，在未按下按键时 GPIO 端口处于高电平，当按键被按下时端口由高电平变化成低电平，产生了下降沿，所以可使用下降沿触发。

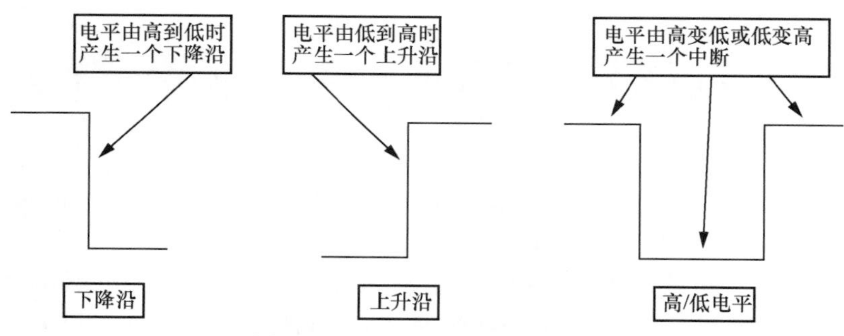

图 17.1　3 种电平变化触发方式

接下来看 GPIO 端口与中断通道的关系。如表 17.1 和表 17.2 所示，外部中断功能共有 19 个中断通道，可理解为中断标志位。当产生外部中断后，我们可以通过中断标志位判断出触发来自哪里。从表 17.1 可以看出 PA0～PG0 端口共用一个中断标志位 EXTI0。由于开发板上的单片机只有 PA 组和 PB 组端口，所以我们只考虑这两组。也就是说，如果中断来自 PA0 或 PB0 端口，中断标志位将变成 EXTI0。同理，如果中断来自 PA1 或 PB1 端口，中断标志位将变成 EXTI1。依次类推，各组端口标号对应着不同的中断标志位。需要注意，EXTI5～EXTI9 标志位共用一个中断处理函数，EXTI10～EXTI15 共用一个中断处理函数。那么还有一个问题，假如产生了 EXTI0 中断，我们怎么知道触发来源是 PA0 还是 PB0 端口呢？这个问题很简单，如果只设置 PA0 为外部中断引脚，设置 PB0 为普通 GPIO 端口，那一定是 PA0 产生中断；如果二者都被设置为外部中断输入端口，则在中断处理程序中再次读取它们的电平状态，便可区分。如表 17.2 所示，除了常规的外部中断引脚的标志位，还有 3 个特殊中断标志位，当出现 PVD 电源检测事件（电源电压突然降低）时会产生 EXTI16 中断，RTC 闹钟事件可产生 EXTI17 中断，USB 唤醒事件可产生 EXTI18 中断。

表 17.1 外部中断引脚的标志位

GPIO 引脚	中断标志位	中断处理函数
PA0～PG0	EXTI0	EXTI0_IRQHandler
PA1～PG1	EXTI1	EXTI1_IRQHandler
PA2～PG2	EXTI2	EXTI2_IRQHandler
PA3～PG3	EXTI3	EXTI3_IRQHandler
PA4～PG4	EXTI4	EXTI4_IRQHandler
PA5～PG5	EXTI5	EXTI9_5_IRQHandler
PA6～PG6	EXTI6	EXTI9_5_IRQHandler
PA7～PG7	EXTI7	EXTI9_5_IRQHandler
PA8～PG8	EXTI8	EXTI9_5_IRQHandler
PA9～PG9	EXTI9	EXTI9_5_IRQHandler
PA10～PG10	EXTI10	EXTI15_10_IRQHandler
PA11～PG11	EXTI11	EXTI15_10_IRQHandler
PA12～PG12	EXTI12	EXTI15_10_IRQHandler
PA13～PG13	EXTI13	EXTI15_10_IRQHandler
PA14～PG14	EXTI14	EXTI15_10_IRQHandler
PA15～PG15	EXTI15	EXTI15_10_IRQHandler

表 17.2 其他中断标志位

中断标志位	中断处理函数
EXTI16	PVD 电源检测事件
EXTI17	RTC 闹钟事件
EXTI18	USB 唤醒事件

17.1.2 CubeMX 设置

以按键中断为例，看看如何在 CubeMX 中进行设置。如图 17.2 所示，我们要把 KEY1 按键（PA0 端口）设置为外部中断输入端口，首先在单片机端口视图中单击“PA0”端口，在下拉列表中选择“GPIO_EXTI0”（外部中断输入 0 端口）。如图 17.3 所示，单击“GPIO”设置窗口，在窗口中单击“GPIO”选项卡，在出现的 GPIO 列表中选中 PA0 一行，将 PA0 的参数设置为下降沿触发、上拉模式，用户标注为“KEY1”。如图 17.4 所示，GPIO 模式下拉列表中有 6 个选项，可选择触发源是中断还是事件，是上升沿、下降沿还是高/低电平触发。如图 17.5 所示，在端口上/下拉选项中可以选择无上/下拉、上拉或下拉。

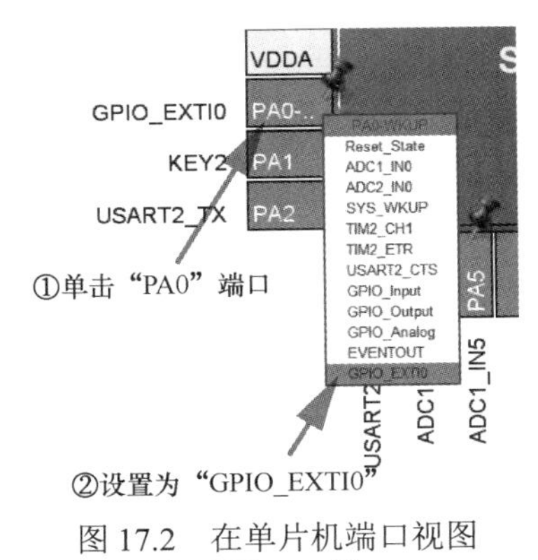

图 17.2 在单片机端口视图中设置 PA0 端口

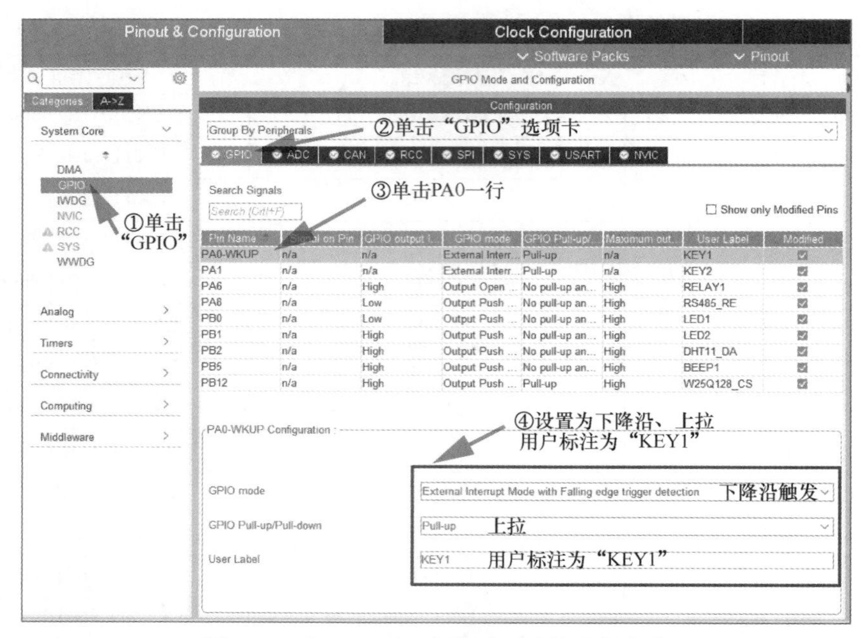

图 17.3　在 CubeMX 中设置 PA0 端口的参数

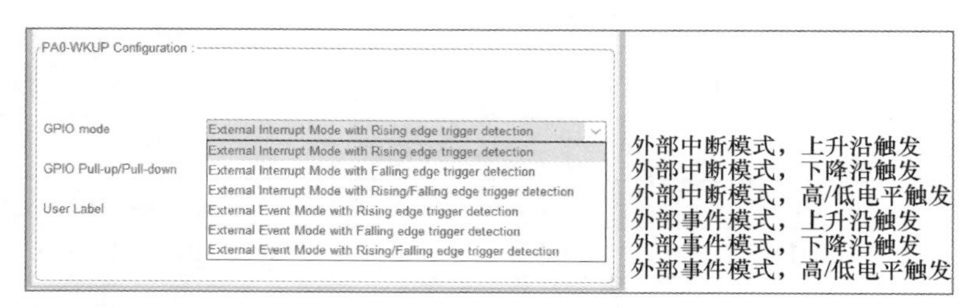

图 17.4　端口触发模式的 6 个选项

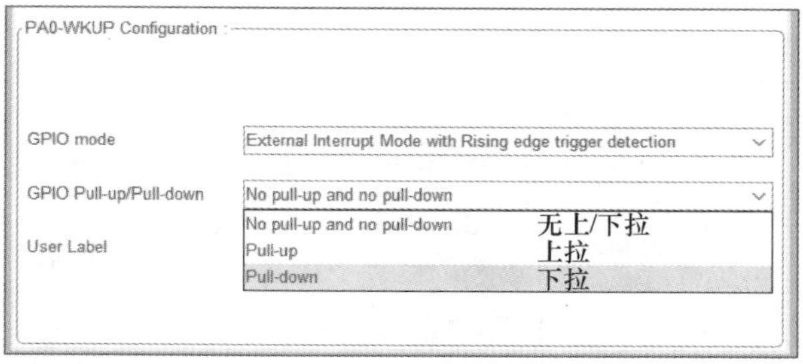

图 17.5　端口上/下拉的 3 个选项

如图 17.6 所示，单击“NVIC”选项卡，在列表中勾选 EXTI0 中断允许，开启中断。当你在单片机端口视图中设置更多的端口为外部中断输入端口时，列表中将会列出所有外部中断端口，可以在此勾选所有的中断允许。如图 17.7 所示，还可以进入 NVIC 功能窗口，在 NVIC 选项卡里有所有中断的列表，在其中可以找到 PVD 中断、RTC 闹钟中断和 USB 中断的选项，需要时勾选相应的中断允许。如图 17.8 所示，还可以单击“Code generation”（生成程序）选项卡，在列表中设置 EXTI0 的生成程序、初始化函数排序等内容。全部设

置完成后重新生成程序，你会发现在主函数中并没有出现外部中断的初始化函数，这是因为外部中断属于 GPIO 功能，所以外部中断的初始化是在 GPIO 初始化函数内完成的。

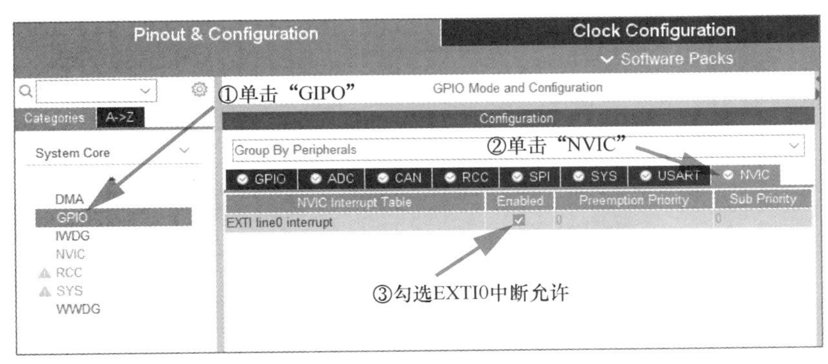

图 17.6　设置 EXTI0 中断允许

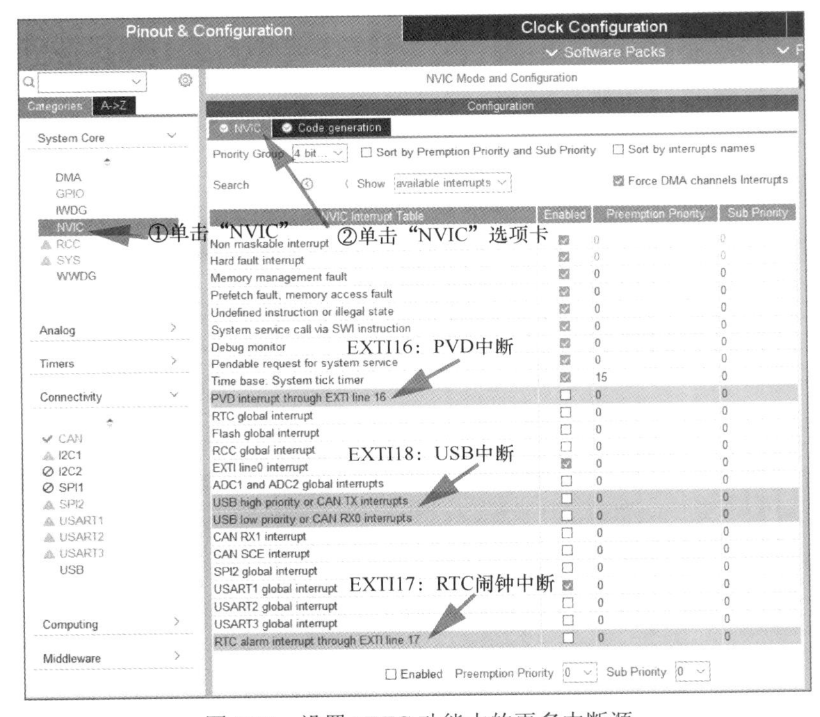

图 17.7　设置 NVIC 功能中的更多中断源

17.1.3　编写应用程序

接下来我们进入程序编辑区，先找到外部中断处理函数和回调函数，然后编写一段用外部中断实现的按键处理程序。首先在工程文件树中打开 stm32f1xx_it.c 文件，这里保存了与中断有关的自动生成的函数。如图 17.9 所示，在文件中可以找到第 204 行的 EXTI0 中断处理函数，在函数内部只调用了第 209 行的 HAL 库函数，进行真正的中断处理工作。如图 17.8 所示，可以在 stm32f1xx_hal_gpio.c 文件的第 546 行找到这个函数，函数内容是清除中断标志位并调用中断回调函数。第 561 行是中断回调的弱函数。也就是说，我们只要在自己的程序中创建一个同名的中断回调函数，就可在其中添加对按键的操作程序。

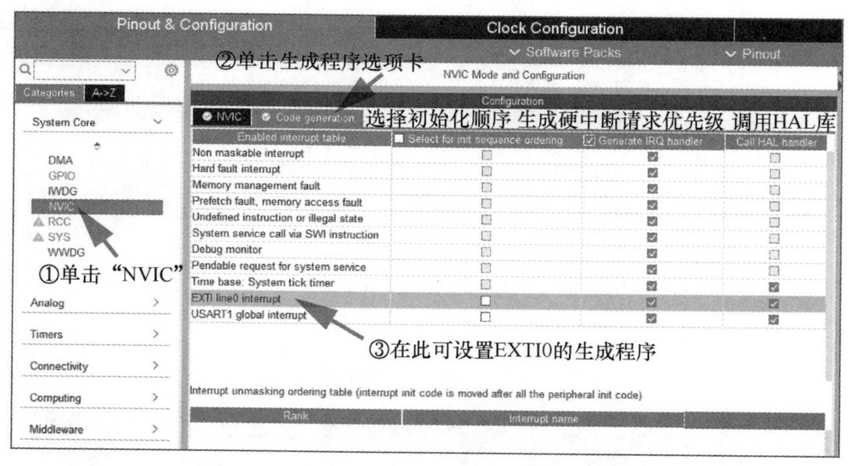

图 17.8　生成程序选项卡中的更多设置内容

```
203     */
204 void EXTI0_IRQHandler(void)
205 {
206   /* USER CODE BEGIN EXTI0_IRQn 0 */
207
208   /* USER CODE END EXTI0_IRQn 0 */
209   HAL_GPIO_EXTI_IRQHandler(KEY1_Pin);
210   /* USER CODE BEGIN EXTI0_IRQn 1 */
211
212   /* USER CODE END EXTI0_IRQn 1 */
213 }
214
```

图 17.9　stm32f1xx_it.c 文件中 EXTI0 的中断处理函数

```
545   */
546 void HAL_GPIO_EXTI_IRQHandler(uint16_t GPIO_Pin)
547 {
548   /* EXTI line interrupt detected */
549   if (__HAL_GPIO_EXTI_GET_IT(GPIO_Pin) != 0x00u)
550   {
551     __HAL_GPIO_EXTI_CLEAR_IT(GPIO_Pin);
552     HAL_GPIO_EXTI_Callback(GPIO_Pin);
553   }
554 }
555
556 /**
557   * @brief  EXTI line detection callbacks.
558   * @param  GPIO_Pin: Specifies the pins connected EXTI line
559   * @retval None
560   */
561 __weak void HAL_GPIO_EXTI_Callback(uint16_t GPIO_Pin)
562 {
563   /* Prevent unused argument(s) compilation warning */
564   UNUSED(GPIO_Pin);
565   /* NOTE: This function Should not be modified, when the callback is needed,
566            the HAL_GPIO_EXTI_Callback could be implemented in the user file
567    */
568 }
569
```

图 17.10　HAL 库中的外部中断处理函数和回调弱函数

为了简化设计，我直接将中断回调函数创建在 main.c 文件里面。如图 17.11 所示，在第 86～95 行插入中断回调函数，此函数有一个参数，参数内容是在中断时自动存入触发中断的端口号。进入函数后的第 88 行判断触发端口号是不是 KEY1 按键（PA0 端口），如果是则执行第 90 行的调用按键处理函数，如果按键处理函数判断按键被按下，则执行第 92 行，反转 LED1 指示灯状态。如图 17.12 所示，大家可以发现，所有按键处理程序都在中断回

调函数中，在主循环中没有添加程序，这就表示按键处理工作完全是在中断函数中完成的。你可以在主循环部分写入其他程序，即使写入的程序一直占用 ARM 内核，按键也能实时响应。另外还有一处修改需要说明，如图 17.13 所示，在 key.c 文件的第 15 行我屏蔽了 HAL 库的延时函数，因为此延时函数只能被主函数和子函数调用，不能在任何中断函数中调用，所以在此改用第 16 行的自定义延时函数。程序写好后，重新编译下载，在开发板上观察实验效果。如图 17.14 所示，当按下 KEY1 按键时 LED1 点亮，再次按下 KEY1 按键时 LED1 熄灭，达到了实验效果。大家可以在主循环部分加入大量的程序，看看按键响应会不会受到影响。

```
84 /* Private user code ---------------------------------------------
85 /* USER CODE BEGIN 0 */
86 void HAL_GPIO_EXTI_Callback(uint16_t GPIO_Pin)//外部中断回调函数
87 {
88     if(GPIO_Pin == KEY1_Pin)//判断产生中断的端口
89     {
90         if(KEY_1())//再通过按键处理程序判断按键被按下和放开
91         {
92             LED_1_Contrary();//每按一次按键，LED状态反转一次
93         }
94     }
95 }
96 /* USER CODE END 0 */
97
```

图 17.11　在 main.c 文件里编写外部中断回调函数

```
137
138   /* Infinite loop */
139   /* USER CODE BEGIN WHILE */
140   while (1)
141   {
142
143     /* USER CODE END WHILE */
144
145     /* USER CODE BEGIN 3 */
146   }
147   /* USER CODE END 3 */
148 }
149
```

图 17.12　main.c 文件中主函数中未添加程序

```
9
10 uint8_t KEY_1(void)
11 {
12     uint8_t a;
13     a=0;//如果未进入按键处理，则返回0
14     if(HAL_GPIO_ReadPin(GPIOA,KEY1_Pin)==GPIO_PIN_RESET){//读按键接口的电平
15 //      HAL_Delay(20);//延时去抖动（外部中断回调函数调用时不能使用系统自带的延时函数）
16         delay_us(20000);//延时去抖动
17         if(HAL_GPIO_ReadPin(GPIOA,KEY1_Pin)==GPIO_PIN_RESET){ //读按键接口的电平
18             a=1;//进入按键处理，返回1
19         }
20     }
21     while(HAL_GPIO_ReadPin(GPIOA,KEY1_Pin)==GPIO_PIN_RESET); //等待按键被松开
22     delay_us(20000);//延时去抖动（避开按键放开时的抖动）
23     return a;
24 }
```

图 17.13　修改按键驱动程序中的延时函数

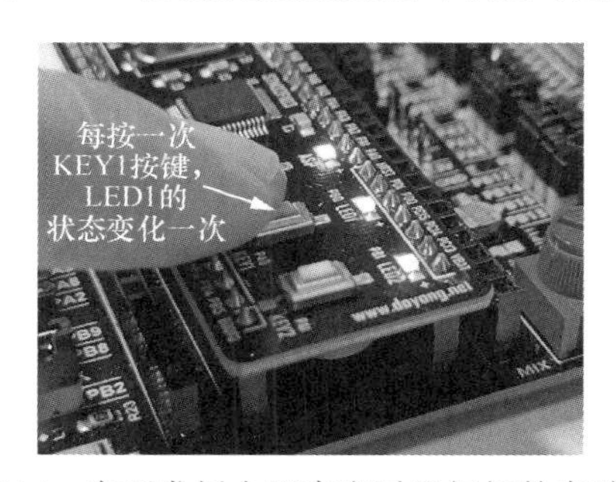

图 17.14　在开发板上观察定时器闪灯的实验效果

17.2　定时器功能

功能再少的单片机也会有定时器功能，这是因为单片机运行的本质就是在规定时间内

输入或输出相应的电平，最基础的输入/输出是 GPIO，最基础的时间生成功能就是定时器。性能越优秀的单片机越会有更强大的定时器，如果我们要在程序中使用多组时间的定时，就要学会定时器的使用。接下来我将介绍定时器的基本原理和特性，重点讲解定时器常用的两种模式，给出设置方法与应用示例。

17.2.1 功能介绍

STM32F103 单片机内部集成了 4 个独立的定时器 TIM1、TIM2、TIM3 和 TIM4，其中 TIM1 是高级定时器，其余 3 个是标准定时器。TIM1 多用于复杂且专业的 PWM 电机控制，在初学期间暂时不用学习。TIM2、TIM3、TIM4 可以实现多种应用，如图 17.15 所示，分别是普通定时器、捕获器、比较器、PWM（脉宽调制器）和单脉冲模式。

普通定时器：做计数累加到设定数值后产生溢出信号

捕获器：测量波形的频率和宽度

比较器：分为模拟比较器和输出比较器

- 模拟比较器：比较两组输入电压的大小（STM32F103无此功能）
- 输出比较器：产生可调频率和可调占空比的脉冲波形

PWM：脉宽调制器，产生频率固定但占空比可调的脉冲波形

单脉冲模式：在PWM输出一次脉冲之后，立即停止定时器

图 17.15　定时器的 4 种工作模式

如图 17.16 所示，定时器的基本原理非常简单，定时器的本质是一个 16 位计数器，我们在启动定时器之前需要设置一个结束数值，叫作溢出值。定时器开启时内部的计数器每过一个时钟周期将计数值加 1，当数值达到溢出值时计数完成，触发定时器中断。我们只要知道单片机的一个时钟周期是多长时间，再乘以计数数量，就能得出定时器从开启到触发中断的总时长。定时器的效果等同于延时函数，定时器的目的是延时。今后只要设置好溢出数值就能精确定时了。这就是定时器的基本原理，但在定时器作为 PWM、输出比较器使用时还会在此原理之上加入附加功能，但万变不离其宗。接下来我来讲解普通定时器的设置与应用方法，从中大家可以窥见定时器的结构与效果。

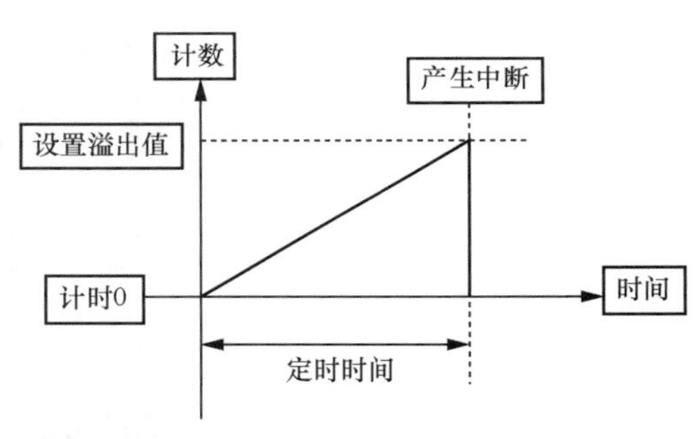

图 17.16　定时器的基本工作原理

17.2.2 普通定时应用

定时器功能的基础应用是普通定时，即设置一个溢出值，溢出后产生中断，达到延时一段时间的效果。相比于延时函数，定时器在计时的过程中不会占用 ARM 内核，只有在溢出后才需要 ARM 内核处理中断程序。用定时器控制 LED 闪烁时，主函数可以做其他工作，LED 闪烁的计时与电平切换都由定时器功能完成。要使用定时器，首先要了解定时时间的计算方法，单片机数据手册上给出了定时器溢出时间的计算式：

$$T_{out}=(ARR+1)\times(PCS+1)\div T_{clk}$$

定时时间（μs）=(计数周期+1)×(分频系数+1)÷输入时钟频率（MHz）

式中，T_{out} 是最终得到的定时时间，单位是 μs；ARR 是计算周期；PCS 是分频系数；T_{clk} 是输入时钟频率，单位是 MHz。其中输入时钟频率是指单片机系统 RCC 时钟分配给定时器功能的时钟频率。如图 17.17 所示，CubeMX 时钟树视图的 APB1 Timer clocks 就是定时器的输入时钟频率，当前频率是 72MHz。计数周期和分频系数是在 CubeMX 参数窗口中完成设置的。例如我想使用定时器 2（TIM2）达到 1s 的溢出时间，通过计算可得到多种参数组合，我们只需要考虑计数周期和分频系数都是 16 位参数，最大值为 65535，参数再没有其他限制。那么我这里将计数周期设置为 7199，分频系数设置为 9999，且输入时钟频率值是 72，最终计算结果是 1×10^6μs（1s）。

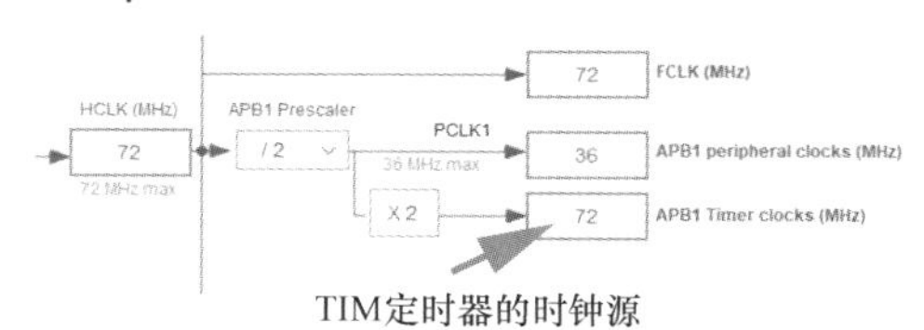

图 17.17　时钟树视图中定时器的时钟源

打开 CubeMX 图形化界面，如图 17.18 所示，单击“TIM2”进入设置窗口，在模式窗口中设置时钟源一项为内部时钟源。在参数设置选项卡中按计算结果将分频系数设为“9999”，计数周期设为“7199”。计数模式选择“Up”（向上计数），结果是每过一个时钟周期，计数值加 1。如果选择“Down”则每过一个周期计数值减 1。时钟分频因子选择“No Division”（不分频），自动重装初值一项选择“Enable”（允许）。如图 17.19 所示，在 NVIC 设置选项卡的列表中勾选 TIM2 中断允许。

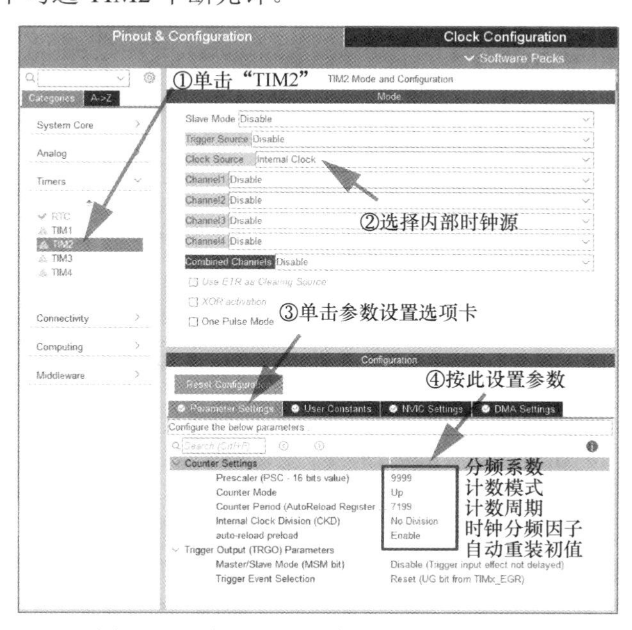

图 17.18　在 CubeMX 中设置 TIM2 定时器

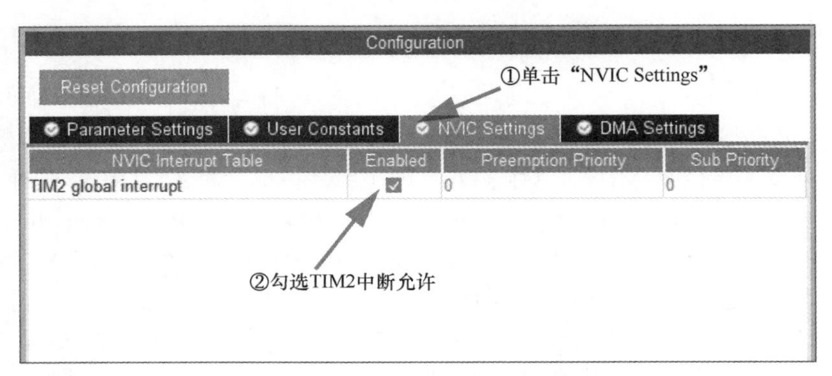

图 17.19　设置 TIM2 中断允许

设置完成后重新生成程序，打开 main.c 文件，进行程序的编写。如图 17.20 所示，在 main.c 文件的第 141 行自动生成了 TIM2 定时器的初始化函数，执行完此函数后，CubeMX 设置的模式和参数将被写入定时器 2 的寄存器，但此时定时器还没有启动。第 145 行调用的 HAL 库函数用于启动定时器，执行完这一行，定时器开始计数（计时）。第 150～156 行的主循环程序里没有添加内容，这表明定时器的处理程序全部放在中断回调函数。正式的中断回调函数需要我们自己创建，如图 17.21 所示，我在 main.c 文件的第 98～103 行插入了定时器中断回调函数，此函数的参数是产生中断的定时器编号，函数内部可以写入中断处理程序。第 99 行判断当前中断是不是 TIM2 产生的中断，“&htim2”表示定时器 2 功能句柄所在的地址。判断为真则执行第 101 行的程序，将 LED2 的电平状态反转。也就是说定时器溢出时间为 1s，定时器每溢出一次 LED2 电平反转一次，最终实现 LED 闪烁的效果。

```
138   MX_USART2_UART_Init();
139   MX_USART3_UART_Init();
140   MX_CRC_Init();
141   MX_TIM2_Init();
142   /* USER CODE BEGIN 2 */
143   RetargetInit(&huart1);//将printf函数映射到UART1串口上
144   HAL_UART_Receive_IT(&huart1,(uint8_t *)&USART1_NewData,1);//开启串口1接收中断
145   HAL_TIM_Base_Start_IT(&htim2);//开启定时器中断（必须开启才能进入中断处理回调函数）
146   /* USER CODE END 2 */
147
148   /* Infinite loop */
149   /* USER CODE BEGIN WHILE */
150   while (1)
151   {
152
153     /* USER CODE END WHILE */
154
155     /* USER CODE BEGIN 3 */
156   }
157   /* USER CODE END 3 */
158 }
```

图 17.20　main.c 文件中的主循环部分

```
 97 }
 98 void HAL_TIM_PeriodElapsedCallback(TIM_HandleTypeDef *htim){//定时器中断回调函数
 99     if(htim==(&htim2))//判断产生中断的定时器
100     {
101         LED_2_Contrary();//LED状态反转
102     }
103 }
104 /* USER CODE END 0 */
105
```

图 17.21　main.c 文件中的外部中断回调函数部分

17.2.3　PWM 输出应用

普通定时器虽然可以自动重设初值，但当定时器溢出时还是需要ARM内核来反转LED的电平状态。有没有一种在定时器溢出后自动改变输出电平的功能呢？PWM 和输出比较器都可实现自动控制 GPIO 端口的电平输出。在此我仅讲解 PWM，输出比较器的原理和设置大同小异，大家可以自行研究。

如图 17.22 所示，PWM 可以向一个端口自动输出固定长度的高电平和低电平。其中有效电平占整个周期的比值叫作占空比，PWM 功能可以在初始化时设定一个固定周期，然后在 PWM 向端口输出的过程中修改占空比的值。PWM 功能可用于调节 LED 亮度，还可用于控制舵机、步进电机，在项目开发中比较常用。下面我用 PWM 功能控制 LED1 的亮度，通过连续调节占空比，达到呼吸灯的效果。

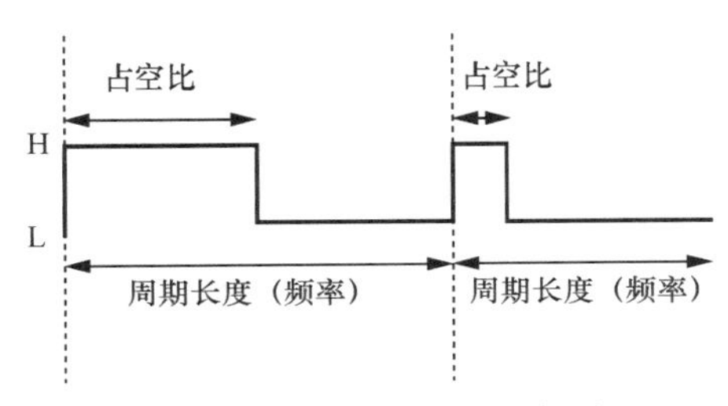

图 17.22　PWM 原理示意图

如图 17.23 所示，打开 CubeMX 图形化界面，在单片机端口视图中单击“PB0”端口，在模式列表中选择“TIM3_CH3”，使 PB0 端口变成定时器 3 的通道 3 输出端口。由此可见，并不是每个单片机引脚都可用于定时器通道，比如 PB0 端口只能被设置为定时器 1 的通道 2（TIM1_CH2N）和定时器 3 的通道 3（TIM3_CH3），所以在设计定时器输出时要考虑硬件端口的分配。由于输出端口被设置为 TIM3 的通道3，所以定时器只能使用 TIM3。如图 17.24 所示，单击 TIM3，进入设置窗口，在模式窗口中勾选“Internal Clock”（内部时钟）一项，再把通道 3 选项设置为 PWM 通道 3。如图 17.25 所示，进入参数设置选项卡，设置分频系数为 71，计数周期为 499，开启自动重装初值。接下来设置 PWM 通道 3 的参数，要把输出占空比设置为开启，通道极性设置为高电平。通道极性是指占空比中“占”的部分是高电平还是低电平，在当前的实验中，端口输出高电平时 LED 点亮，我们通过控制高电平在整个周期内的比例来改变 LED 亮度，所以通道极性应设置为高电平。如图 17.26 所示，在 NVIC 设置选项卡中勾选 TIM3 中断允许。如图 17.27 所示，进入 GPIO 设置选项卡，

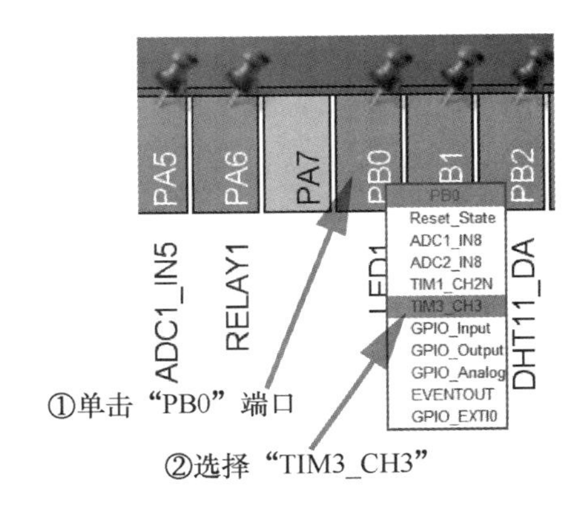

图 17.23　在单片机端口视图中设置 PB0 端口

选中 PB0 一行，将下方的参数设置为交替推挽、高速，用户标注为“LED1”。设置好后重新生成程序，进入程序编辑区。

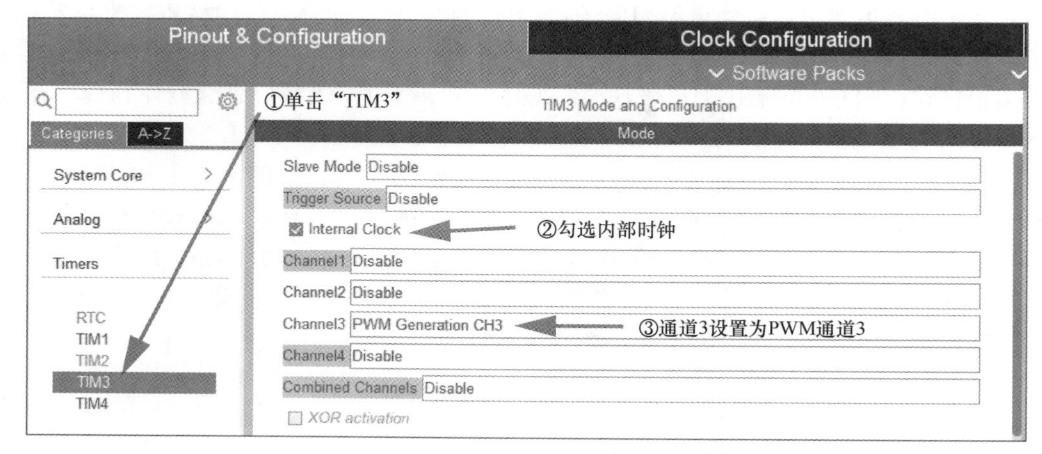

图 17.24　在 CubeMX 中设置 TIM3 定时器

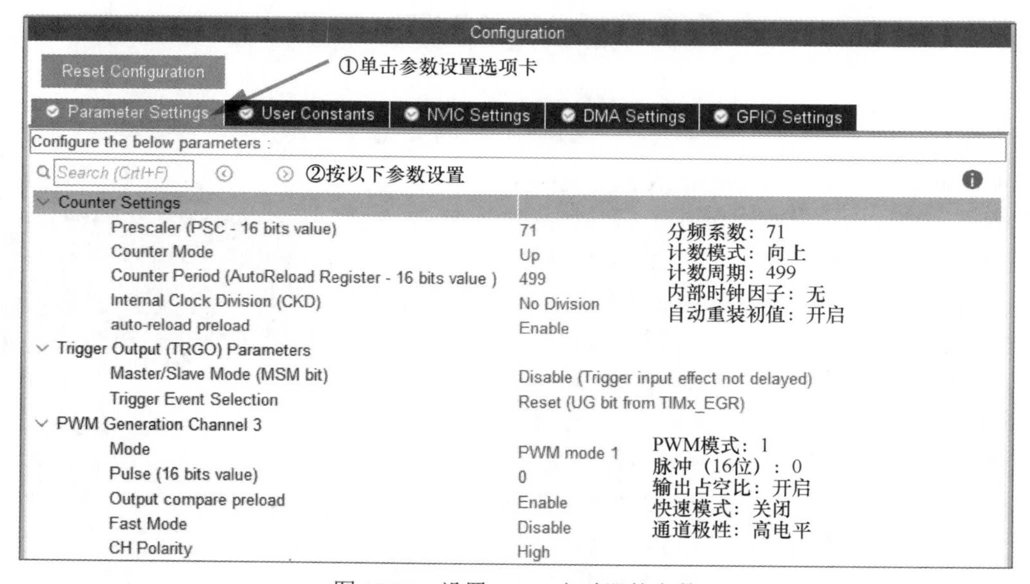

图 17.25　设置 TIM3 定时器的参数

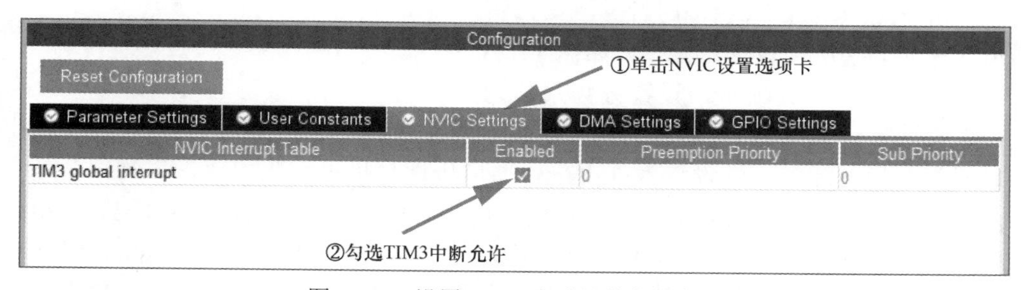

图 17.26　设置 TIM3 定时器的中断允许

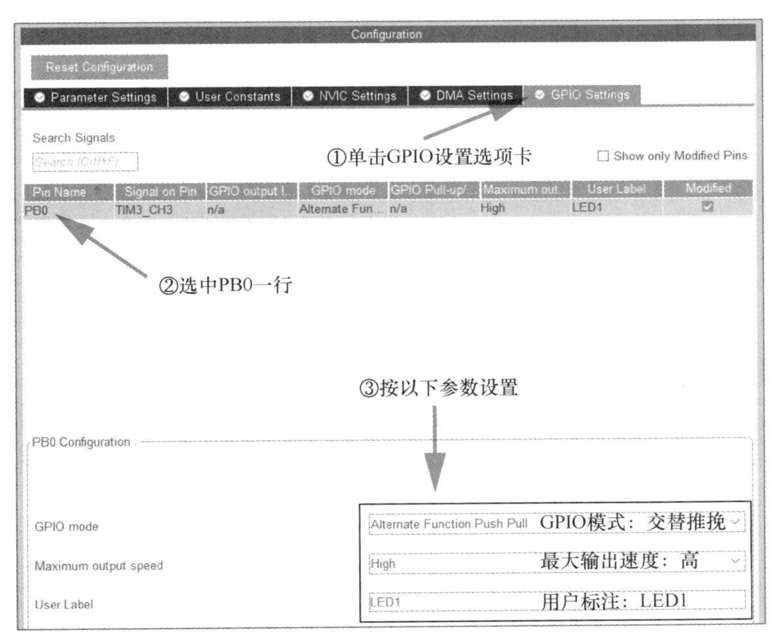

图 17.27　设置 PWM 输出端口的参数

如图 17.28 所示，打开 main.c 文件，第 144 行是自动生成的 TIM3 初始化函数，单片机启动时执行此函数，将我们设置的 TIM3 参数写入相应寄存器，做好 PWM 开启前的准备工作。接下来需要我们自己编写应用程序，如图 17.29 所示，在第 115 行定义通用变量 a，用于存放不断累加的占空比数值。如图 17.28 所示，在主循环之前的第 149 行调用 HAL 库函数，功能是开启定时器 PWM 通道 3 的输出，执行此函数后，定时器开始输出固定占空比的 PWM 信号。但要实现呼吸灯效果，还需要连续不断地修改占空比，改变 LED 亮度。如图 17.30 所示，在主循环程序中第 156 行调用 HAL 库函数，作用是修改占空比。函数有 3 个参数，第 1 个参数是 TIM3 定时器的句柄，第 2 个参数是 PWM 输出的通道号，第 3 个参数是占空比的数值。占空比数值最小为 0，最大是计数周期的设定值。我们在 CubeMX 中设置计数周期为 499，所以第 3 个参数的取值范围是 0～499。第 157 行让变量 a 的值加 1，第 158 行当数值大于或等于最大值 499 时数值清 0。第 159 行延时 10ms，使主循环程序每 10ms 循环一次，每 10ms 占空比数值加 1。最终使 LED 灯以缓慢的速度变亮。如图 17.31 所示，将程序重新编译下载，在开发板上观察实验效果。你会看到 LED1 慢慢变亮，达到最亮时突然熄灭，然后又慢慢变亮，循环往复。

```
142   MX_CRC_Init();
143   MX_TIM2_Init();
144   MX_TIM3_Init();
145   /* USER CODE BEGIN 2 */
146   RetargetInit(&huart1);//将printf函数映射到USART1串口上
147   HAL_UART_Receive_IT(&huart1,(uint8_t *)&USART1_NewData,1);//开启串口1接收中断
148   HAL_TIM_Base_Start_IT(&htim2);//开启定时器中断（必须开启才能进入中断处理回调函数）
149   HAL_TIM_PWM_Start(&htim3,TIM_CHANNEL_3);//开启定时器PWM输出
150   /* USER CODE END 2 */
151
```

图 17.28　主循环之前的程序

```
112⊖int main(void)
113 {
114   /* USER CODE BEGIN 1 */
115     uint16_t a=0;
116   /* USER CODE END 1 */
117
```

图 17.29　在主函数中定义变量

```
151
152   /* Infinite loop */
153   /* USER CODE BEGIN WHILE */
154   while (1)
155   {
156       __HAL_TIM_SetCompare(&htim3,TIM_CHANNEL_3,a);//设置占空比函数
157       a++;//占空比值加1
158       if(a>=499)a=0;//当占空比值达到最大后清0
159       HAL_Delay(10);//使主循环每10 ms 循环一次
160     /* USER CODE END WHILE */
161
162     /* USER CODE BEGIN 3 */
163   }
164   /* USER CODE END 3 */
165 }
```

图 17.30　主循环程序部分

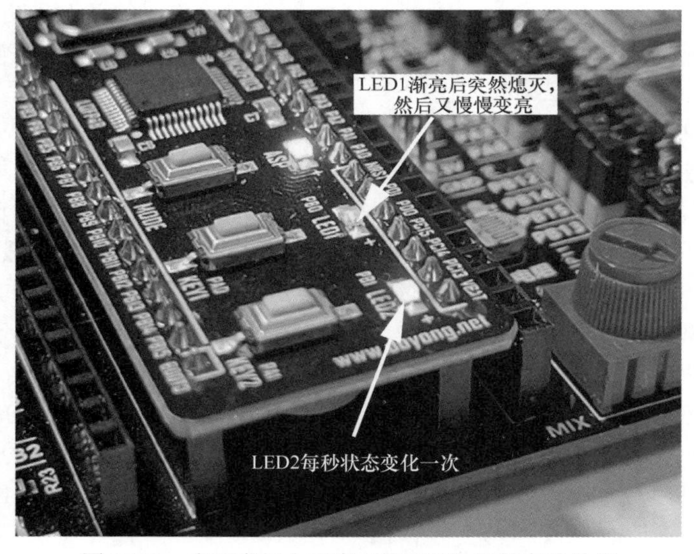

图 17.31　在开发板上观察 PWM 呼吸灯的实验效果

03

第 3 章 物联网通信功能

- 第 18 步：RS485 总线驱动程序
- 第 19 步：CAN 总线驱动程序
- 第 20 步：蓝牙模块驱动程序
- 第 21 步：蓝牙 AT 指令与控制应用
- 第 22 步：蓝牙模块的扩展应用
- 第 23 步：Wi-Fi 模块原理与 AT 指令
- 第 24 步：Wi-Fi 模块的 TCP 通信
- 第 25 步：Wi-Fi 模块的单片机控制应用
- 第 26 步：创建阿里云物联网平台
- 第 27 步：STM32 连接阿里云物联网平台

第 18 步：RS485 总线驱动程序

这一步学习 RS485 总线的设置与应用。如今大家一提到物联网就会想到蓝牙和 Wi-Fi 通信，蓝牙和 Wi-Fi 是在智能家居系统中常用的通信方式，但并不是万能的，比如在工业控制与有线长距离通信的场合，就不适合用蓝牙、Wi-Fi 等近场无线通信。物联网还有其他的通信接口需要学习，接下来要讲的 RS485 和 CAN 总线，就是在工业控制、汽车系统中应用的通信功能。有线通信听起来可能不如无线通信，但在项目开发中具有很高的实用性，请大家认真学习，不要懈怠。

RS485 总线通信是由 USART 串口转换而来的，因此不需要学习新功能，只要在 USART 串口通信的基础上稍做修改。这一步的讲解分成 4 个部分，首先介绍 RS485 总线的电路原理和基本工作原理；接着打开 CubeMX 图形化界面，设置 RS485 的端口、模式和参数；然后把 RS485 总线的驱动程序移植到当前工程；最后编写一段应用程序，在开发板上测试通信效果。如果你不清楚 RS485 的通信协议和底层原理，可以看《STM32 入门 100 步》中的第 60 步来补充相应的基础知识。

18.1 电路原理

如图 18.1 所示，RS485 使用 USART 串口通信协议，其通信方法和超级终端的通信方法一样。USART 串口通信采用 TTL 电平，最大通信距离约为 2m，只能用于板间的近距离通信。RS485 总线主要用于两个设备之间的远距离通信，使用两芯双绞线，最远通信距离可达 1000m。如图 18.2 所示，RS485 总线不仅能在两台设备之间通信，还能将多台设备并联在同一条总线上，进行多主机的总线通信。

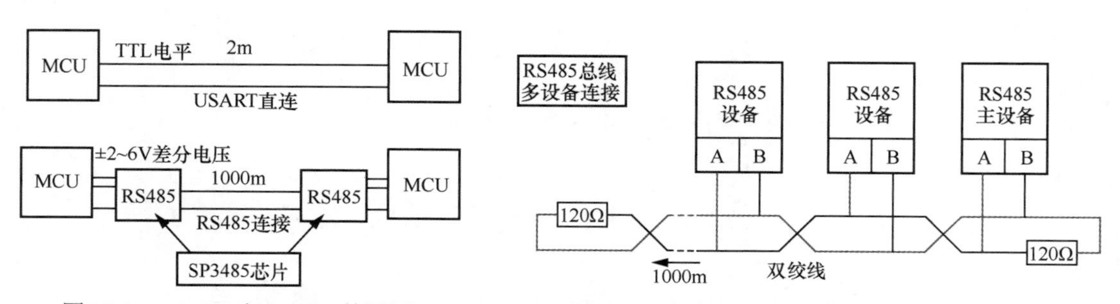

图 18.1 USART 与 RS485 的区别

图 18.2 多台 RS485 设备连接在同一总线上

如图 18.3 所示，打开“洋桃 IoT 开发板电路原理图”文件，在图纸中找到 RS485 总线的电路部分。RS485 电路的核心器件是标号为 U5 的芯片，型号是 SP3485，此芯片可以将 RS485 协议与 USART 协议相互转换。芯片的右侧通过 P14 跳线连接单片机的 PA2、PA3、PA8 端口。其中 PA2 和 PA3 是 USART2 功能的专用引脚，PA8 是普通 GPIO 端口，用于切换 RS485 总线的接收与发送状态。PA8 端口输出高电平表示单片机向 RS485 总线发送数据，PA8 端口输出低电平表示单片机接收 RS485 总线发来的数据。芯片的左侧是 RS485 接口部分，接口有 A 和 B 两个端子，可以用两芯双绞线连接另一个 RS485 设备。由于 RS485 采用差分电平，两个设备不需要共地，即使电压差不同也能正常通信。

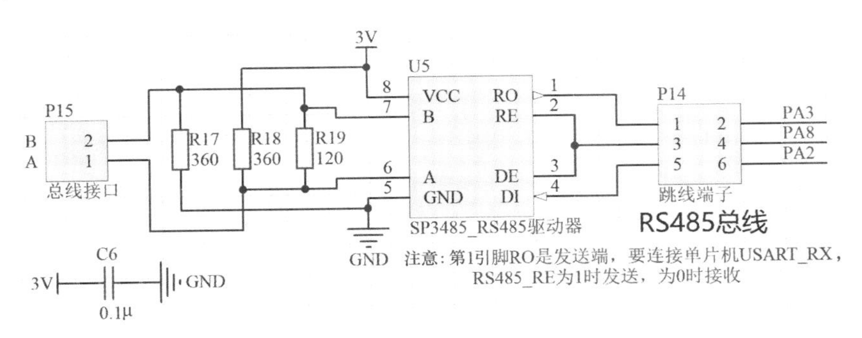

图 18.3　RS485 总线电路原理

另外，如图 18.4 所示，图纸中的蓝牙模块所使用的也是 PA2、PA3、PA8 端口，为了防止两个电路共用端口而产生干扰，在使用 RS485 功能时要断开蓝牙模块电路的 P10 跳线。按此原理设置开发板上的跳线，确保标注为“RS485 总线”的 P14 跳线帽处于插入状态，将标注为“蓝牙模块”的 P10 跳线帽拔出，如图 18.5 所示。

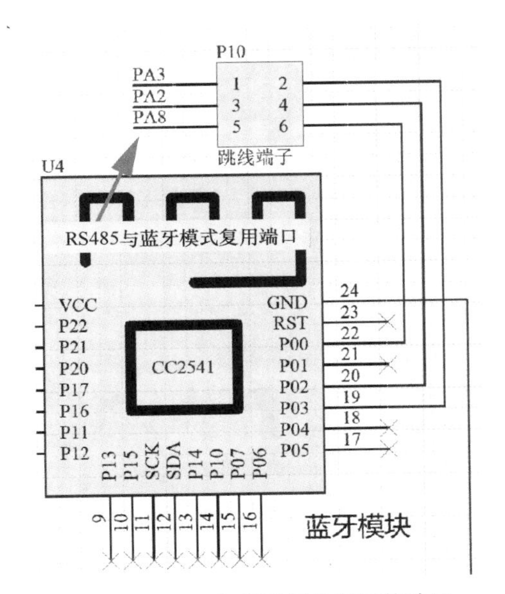

图 18.4　RS485 与蓝牙模块复用的端口

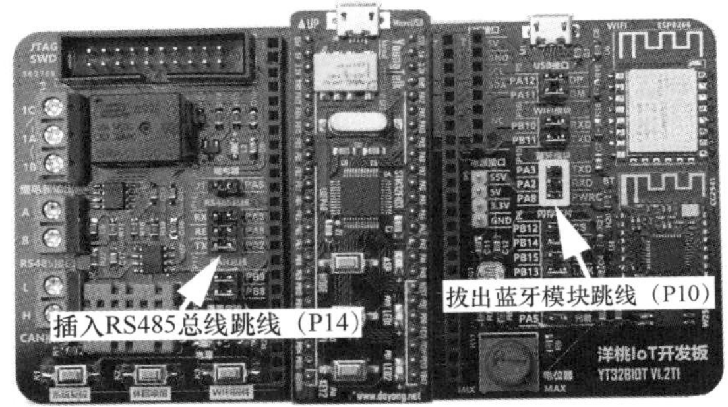

图 18.5　洋桃 IoT 开发板上的跳线设置

18.2　CubeMX 设置

打开 CubeMX 图形化界面，如图 18.6 所示，在单片机端口视图中将 PA2 端口模式设置为 USART2_TX，将 PA3 端口模式设置为 USART2_RX，这样就可以用 USART2 串口完成RS485总线通信。如图18.7所示，单击“USART2”，在模式窗口中选择“Asynchronous”（异步）。然后单击“Parameter Settings”（参数设置）选项卡，在窗口中按默认设置，波特率115200、8位宽度、无校验、1个停止位，数据方向一项选择“Receive and Transmit”（接收和发送）。设置内容与USART1相同，未来项目开发中也可按需求修改参数。如图18.8所示，单击“NVIC Settings”（NVIC设置）选项卡，勾选USART2串口中断允许，当RS485总线接收到数据时，将产生USART2串口中断。

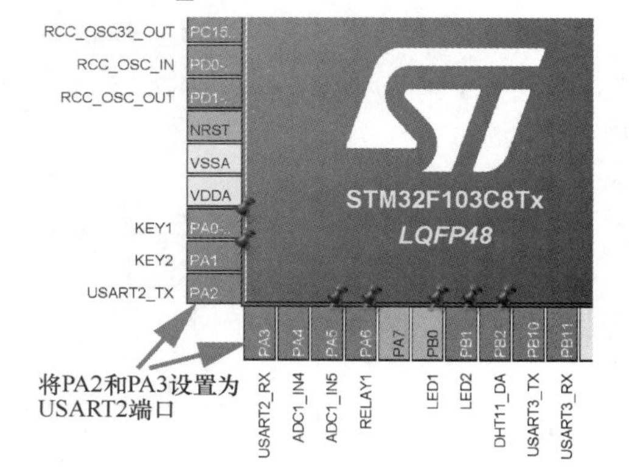

图 18.6　在单片机端口视图设置 PA2 和 PA3 端口

通信所用的串口设置好后，还需要单独设置切换收发状态的PA8端口。如图18.9所示，单击“GPIO”，在模式窗口中单击“GPIO”选项卡，在下方的列表中单击PA8一行，参数设置为初始低电平、推挽输出、无上/下拉、高速，用户标注为“RS485_RE”。设置完成后重新生成程序，完成CubeMX的端口设置。

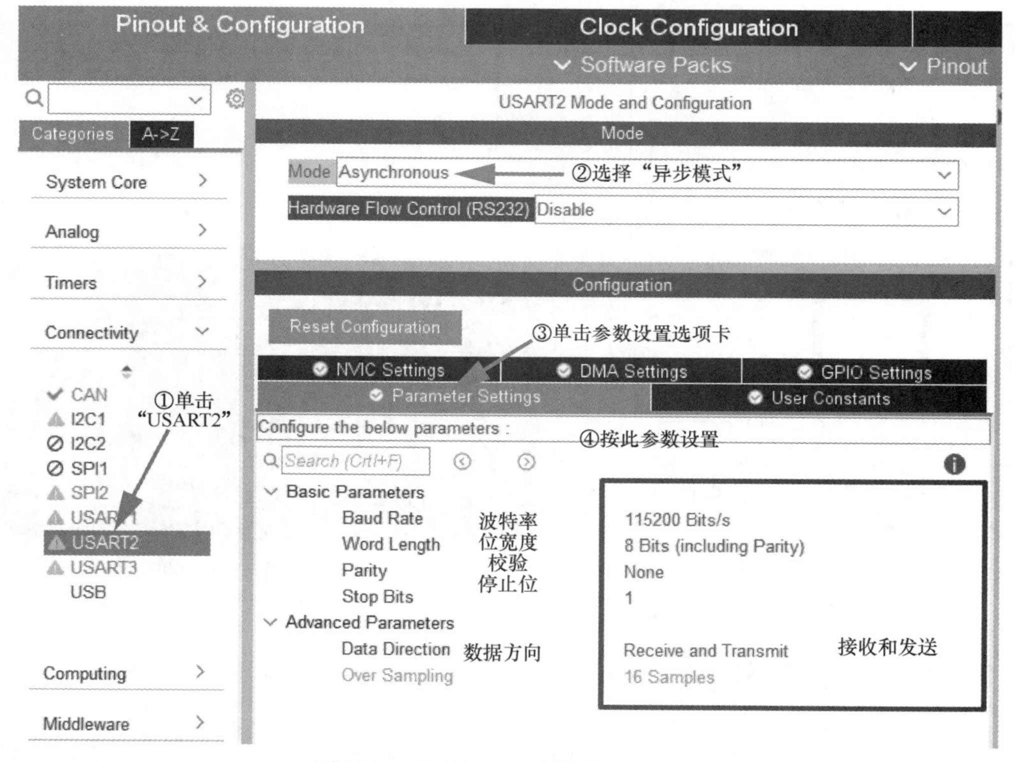

图 18.7　在 CubeMX 中设置 USART2

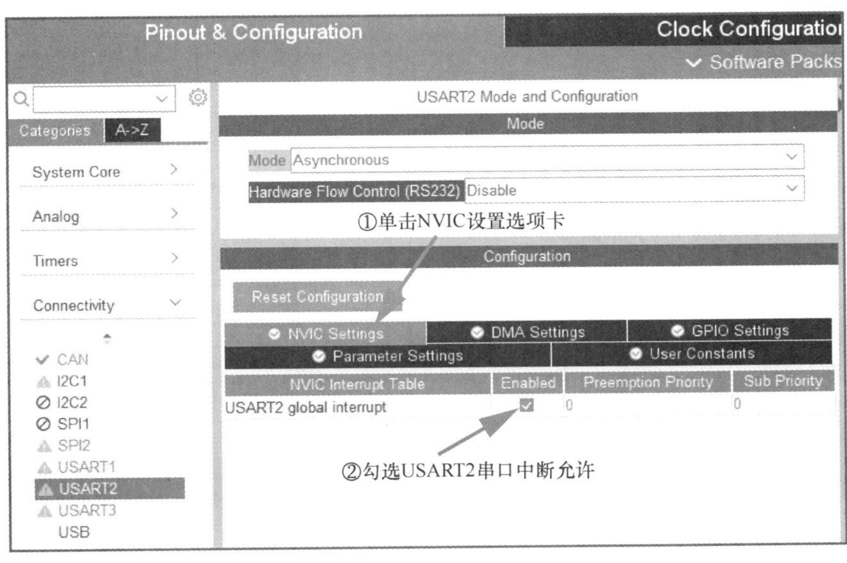

图 18.8　设置 USART2 中断允许

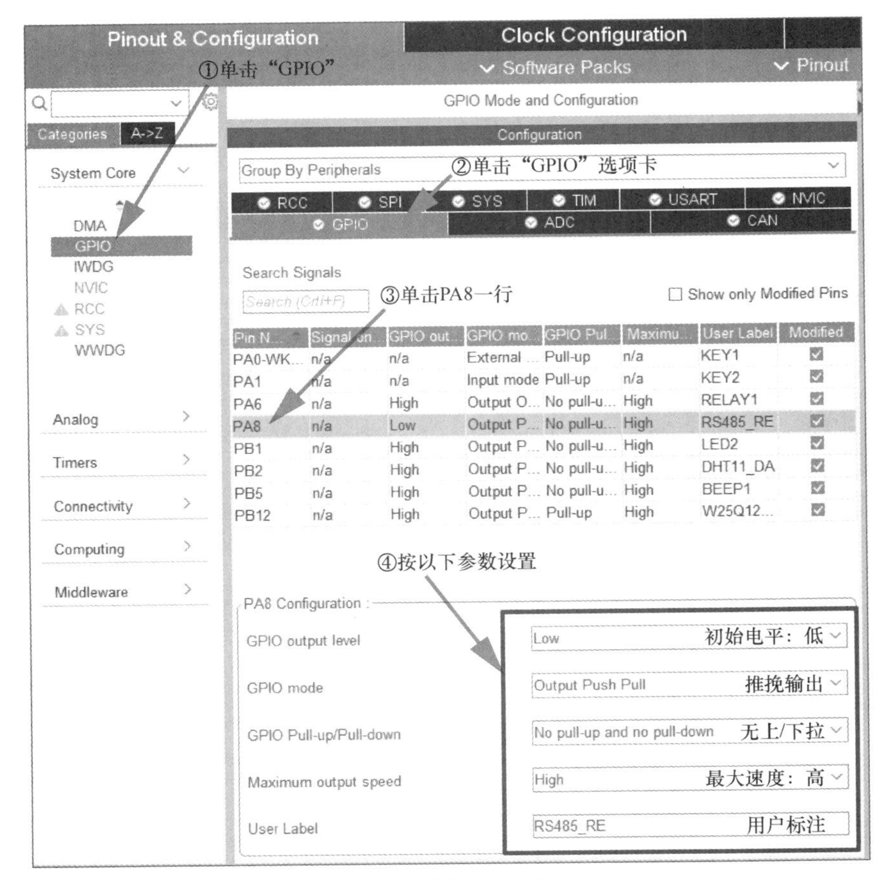

Pin N...	Signal on...	GPIO out...	GPIO mo...	GPIO Pul...	Maximu...	User Label	Modified
PA0-WK...	n/a	n/a	External ...	Pull-up	n/a	KEY1	☑
PA1	n/a	n/a	Input mode	Pull-up	n/a	KEY2	☑
PA6	n/a	High	Output O...	No pull-u...	High	RELAY1	☑
PA8	n/a	Low	Output P...	No pull-u...	High	RS485_RE	☑
PB1	n/a	High	Output P...	No pull-u...	High	LED2	☑
PB2	n/a	High	Output P...	No pull-u...	High	DHT11_DA	☑
PB5	n/a	High	Output P...	No pull-u...	High	BEEP1	☑
PB12	n/a	High	Output P...	Pull-up	High	W25Q12...	☑

图 18.9　设置 PA8 端口

18.3 移植驱动程序

接下来进入命令行界面，先从现有的文件中移植 RS485 的驱动程序。如图 18.10 所示，在资料包中打开“RS485 总线通信测试程序”的示例程序，解压缩后打开工程，里面已经编写好了驱动程序和应用程序，大家可直接编译下载。但为了让你对移植过程和编程结构更熟悉，建议把示例程序中 icode 文件夹下的 rs485 文件夹，复制到当前工程的 icode 文件夹里，其中包含了 rs485.c 和 rs485.h 驱动程序文件。

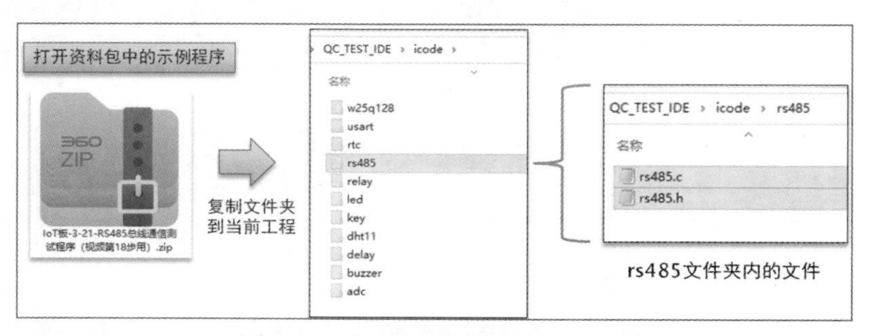

图 18.10　打开示例程序的工程文件

在 CubeIDE 中刷新工程文件树，打开 rs485.c 和 rs485.h 文件。首先来看 rs485.c 文件，如图 18.11 所示，其中只有 RS485 数据发送专用的 printf 函数，此函数内容与 USB 虚拟串口专用的 printf 函数几乎一样，是自定义 printf 发送函数的标准格式。区别是在第 25 行调用 HAL 库函数，作用是向 USART2 串口发送数据。特别注意第 20 行和第 27 行改变 PA8 端口的电平状态，第 20 行在发送数据之前让 PA8 端口输出高电平，使 SP3485 芯片的 RE 引脚为高电平，芯片切换到发送数据状态；第 27 行在发送完成后让 PA8 端口输出低电平，SP3485 芯片切换回接收状态，等待外部设备发来数据。接收和发送切换的引脚是 RS485 通信特有的，PA8 端口一定要设置为初始低电平，且在发送数据后变成低电平，才能接收外部发来的数据。再打开 rs485.h 文件，如图 18.12 所示，这里面声明了 USART2 的结构体句柄，声明了 RS485_printf 函数，无其他内容。

```
1 /*
2  * rs485.c
3  *
4  *  Created on: Oct 21, 2021
5  *      Author: Administrator
6  */
7
8 #include "rs485.h"
9 #include "../usart/usart.h"
10 #include "main.h"
11 /*
12 RS485总线通信，使用UART8，这是RS485专用的printf函数
13 调用方法：RS485_printf("123"); //向UART8发送字符123
14 */
15 void RS485_printf (char *fmt, ...)
16 {
17     char buff[USART2_REC_LEN+1];  //用于存放转换后的数据 [长度]
18     uint16_t i=0;
19     va_list arg_ptr;
20     HAL_GPIO_WritePin(RS485_RE_GPIO_Port,RS485_RE_Pin, GPIO_PIN_SET);//RS485收发选择线RE为高电平（发送）
21     va_start(arg_ptr,fmt);
22     vsnprintf(buff, USART2_REC_LEN+1,fmt,arg_ptr);//数据转换
23     i=strlen(buff);//得出数据长度
24     if(strlen(buff)>USART2_REC_LEN)i=USART2_REC_LEN;//如果长度大于最大值，则长度等于最大值（多出部分忽略）
25     HAL_UART_Transmit(&huart2,(uint8_t *)buff,i,0xffff);//串口发送函数（串口号，内容，数量，溢出时间）
26     va_end(arg_ptr);
27     HAL_GPIO_WritePin(RS485_RE_GPIO_Port,RS485_RE_Pin, GPIO_PIN_RESET);//RS485收发选择线RE为低电平（接收）
28 }
```

图 18.11　rs485.c 文件

```
1 /*
2  * rs485.h
3  *
4  *  Created on: Oct 21, 2021
5  *      Author: Administrator
6  */
7
8 #ifndef RS485_RS485_H_
9 #define RS485_RS485_H_
10
11 #include "stm32f1xx_hal.h" //HAL库文件声明
12 #include <string.h>//用于字符串处理的库
13 #include <stdarg.h>
14 #include <stdlib.h>
15 #include "stdio.h"
16
17 extern UART_HandleTypeDef huart2;//声明USART2的HAL库结构体
18 void RS485_printf (char *fmt, ...);  //RS485发送
19
20 #endif /* RS485_RS485_H_ */
21
```

图 18.12　rs485.h 文件

因为 RS485 的通信功能借用了 USART2 串口，当打开 USART2 串口中断允许后，RS485 接收到数据后会进入串口回调函数。又因为 USART1～USART3 的所有串口功能共用一个中断回调函数，而我们在学习 USART1 串口通信时已经在 usart.c 文件里定义了串口中断回调函数。也就是说，RS485 的接收处理也要在同一个中断回调函数里进行。打开 usart 文件夹里的 usart.c 文件，我们要在此文件里添加 USART2 的相关内容。如图 18.13 所示，在第 14～17 行定义串口 2 需要使用的变量，其中第 14 行定义存放接收数据的数组；第 15 行定义接收状态标志位；第 16 行定义的变量用于存放串口 2 收到的最新的 1 个字节数据，进入中断回调函数后，读取此变量可得到接收数据；第 17 行定义 RS485 与蓝牙模式的切换标志位，由于目前没有开启蓝牙功能，此标志位暂时不使用。

```
13
14 uint8_t USART2_RX_BUF[USART2_REC_LEN];//接收缓冲,最大USART_REC_LEN个字节.
15 uint16_t USART2_RX_STA=0;//接收状态标记//bit15：接收完成标志，bit14：接收到0x0d，bit13~0：接收到的有效字节数目
16 uint8_t USART2_NewData;//当前串口中断接收的1个字节数据的缓存
17 uint8_t RS485orBT;//当RS485orBT标志位为1时是RS485模式，为0时是蓝牙模式
18
```

图 18.13　在 usart.c 文件里定义变量

接下来看第 23 行的串口中断回调函数，此函数在 USART1 串口部分介绍过了，现在我们需要在函数中加入 USART2 中断处理程序。如图 18.14 所示，第 43～48 行是新添加的内容，其中第 43 行判断本次中断是不是 USART2 串口中断，如果是则执行第 45 行，将本次接收的串口 2 数据存入数组第 0 位。由于目前只是测试，每次只接收 1 个字节。第 46 行将串口 2 标志位加 1，表示已接收到 1 个字节数据。第 47 行调用 HAL 库函数，作用是清除串口 2 中断标志位，表示本次中断处理结束，准备下次接收。

```
43      if(huart ==&huart2)//判断中断来源（RS485）
44      {
45         USART2_RX_BUF[0]=USART2_NewData;//收到数据放入缓存数组（只用到1个数据存放在数组[0]）
46         USART2_RX_STA++;//数据接收标志位加1
47         HAL_UART_Receive_IT(&huart2,(uint8_t *)&USART2_NewData, 1); //再开启接收中断
48      }
```

图 18.14　在 usart.c 文件的串口回调函数中加入 RS485 处理程序

18.4 编写应用程序

```
31 #include "../../icode/adc/adc.h"
32 #include "../../icode/rtc/rtc.h"
33 #include "../../icode/dht11/dht11.h"
34 #include "../../icode/w25q128/w25qxx.h"
35 #include "../../icode/rs485/rs485.h"
36 /* USER CODE END Includes */
37
```

图 18.15 在 main.c 文件里加载头文件的路径

打开 main.c 文件，在其中编写 RS485 的发送和接收测试程序。如图 18.15 所示，第 35 行添加 rs485.h 文件的路径，加载 RS485 驱动程序。如图 18.16 所示，在 main 函数的第 124 行添加清除串口 2 中断标志位，执行这一行程序后 USART2 串口接收中断开启。如图 18.17 所示，进入主循环程序，这里我简单地编写了 RS485 接收处理和按键发送程序。其中第 131～136 行是当 RS485 接收到数据时的处理程序。第 131 行判断 USART2 串口接收标志位是否为 0，不为 0 表示收到数据，则执行第 133 行发出提示音，第 134 行将接收数据用 RS485_printf 函数再发送出去，第 135 行将 USART2 状态标志位清 0。第 137～146 行是 KEY1 和 KEY2 按键被按下后向 RS485 发送指定数据的程序。其中第 137 行判断 KEY1 按键是否被按下，如果被按下则执行第 139 行发出提示音，第 140 行向 RS485 总线发送字符 A。第 142 行判断 KEY2 是否被按下，如果被按下则执行第 144 行发出错误提示音，第 145 行向 RS485 总线发送字符 B。

将程序重新编译下载，在开发板上观察实验效果。如图 18.18 所示，我这里借用洋桃 1 号开发板作为外部的 RS485 设备。给洋桃 1 号开发板下载 RS485 测试的示例程序，并设置好 1 号开发板的跳线。连接洋桃 1 号开发板和洋桃 IoT 开发板的 RS485 接口，需要注意接口的 A 端子连接 A 端子，B 端子连接 B 端子。

```
121   /* USER CODE BEGIN 2 */
122   RetargetInit(&huart1);//将printf函数映射到UART1串口上
123   HAL_UART_Receive_IT(&huart1,(uint8_t *)&USART1_NewData,1);//开启串口1接收中断
124   HAL_UART_Receive_IT(&huart2,(uint8_t *)&USART2_NewData,1); //开启串口2接收中断
125   /* USER CODE END 2 */
```

图 18.16 在主循环之前加入 USART2 串口中断允许

```
128   /* USER CODE BEGIN WHILE */
129   while (1)
130   {
131       if(USART2_RX_STA!=0)//串口2判断中断接收标志位【处理从RS485外部设备接收的字符】
132       {
133           BUZZER_SOLO1();//蜂鸣器输出单音的报警音（样式1：HAL库的精准延时函数）
134           RS485_printf("%c",USART2_RX_BUF[0]); //串口发送
135           USART2_RX_STA=0;//清除标志位
136       }
137       if(KEY_1())//按下KEY1判断
138       {
139           BUZZER_SOLO2();//提示音
140           RS485_printf("A");//向RS485发送字符A
141       }
142       if(KEY_2())//按下KEY2判断
143       {
144           BUZZER_SOLO2();//提示音
145           RS485_printf("B");//向RS485发送字符B
146       }
147     /* USER CODE END WHILE */
```

图 18.17 在主循环程序中加入应用程序

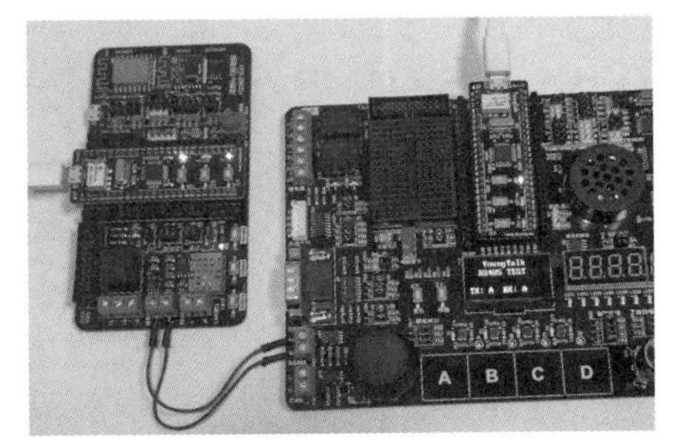

图 18.18　在两块开发板上观察实验效果

同时给两块开发板接上电源，在 IoT 开发板上按 KEY1 和 KEY2 按键，1 号开发板的 OLED 显示屏上，RX 接收显示区会出现字符 A 和 B。再按 1 号开发板上的触摸按键，向 IoT 开发板发送字符，IoT 开发板收到数据后会将数据原样返回，于是在 OLED 显示屏的 RX 接收显示区还会显示发送的字符。如果你手上没有洋桃 1 号开发板，也可以购买专用的 RS485 转 USB 模块，将模块连接到计算机的 USB 接口上，安装好驱动程序，再把模块上的 RS485 端子与洋桃 IoT 开发板上的端子正确连接，通过串口助手软件也能达到同样的实验效果。

以上我们讲解了 RS485 的基础应用，实现了设备间的远距离串口通信。但在工业控制类项目中为了保证通信的稳定可靠，也为了能达到多个设备连接到同一条总线，实现复杂网络通信，需要在 RS485 基础通信之上添加中间层协议，常用的工业标准协议有 MODBUS 总线协议，该协议在 PLC 和自动化控制领域有着很重要的地位。MODBUS 的移植过程在这里不展开讲解，未来用到时可以看专业的教程来学习。

第 19 步：CAN 总线驱动程序

这一步我们来学习 CAN 总线的原理与应用。从大体上讲，RS485 与 CAN 总线最终达到的通信效果是相同的，都能实现多设备的长距离通信。但相比于 RS485 的简单底层协议，CAN 总线具有更复杂的底层和更丰富的功能。如图 19.1 所示，CAN 总线的最远通信距离可达 10km，理论上连接在同一条总线上的设备数量没有上限。CAN 总线的多设备通信没有采用器件地址的方式，而是用 ID 加上过滤器的方式，在同一总线上实现多主机通信。关于 CAN 总线的介绍与应用程序编写，我已经在《STM32 入门 100 步》中的第 61～64 步进行了细致讲解，看过之后你会明白什么是标准帧、报文、邮箱，如何设置波特率和过滤器。这一步重点介绍在 CubeMX 图形化界面中如何设置 CAN 总线，如何调用 HAL 库函数实现 CAN 总线通信的编程。

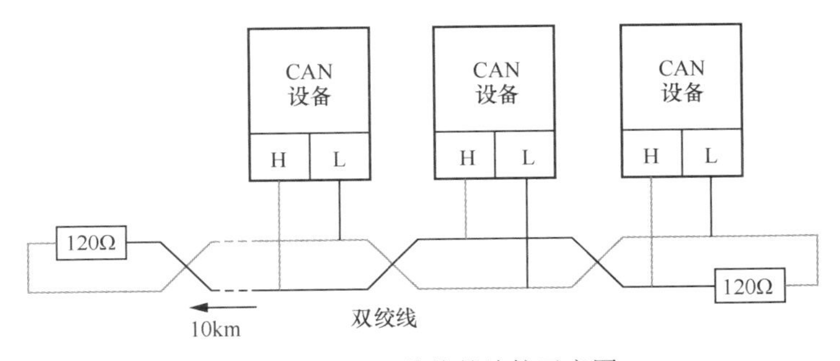

图 19.1　CAN 总线的连接示意图

19.1 电路原理

打开“洋桃 IoT 开发板电路原理图”文件，如图 19.2 所示，图纸左下角是 CAN 总线电路部分。图中标号为 U7 的芯片是 CAN 总线转发器芯片，型号是 TJA1050。如图 19.3 所示，STM32F103 单片机内置有 CAN 总线控制器，可用硬件实现 CAN 总线通信协议，但单片机硬件协议在端口上还是以 TTL 电平输入/输出，而真正的 CAN 总线是有差分电平规范的。所以我们需要外接一个 CAN 转发器芯片来做电平转换。TJA1050 芯片的右侧连接单片机，通过 P17 跳线与 PB8、PB9 端口连接。和 RS485 相同，CAN 总线也是 2 线式，分为 H 和 L 端子。如图 19.4 所示，洋桃 IoT 开发板上 CAN 总线功能独占 PB8、PB9 端口，需要使用时只要将标注为“CAN 总线”的 P17 跳线插入即可。

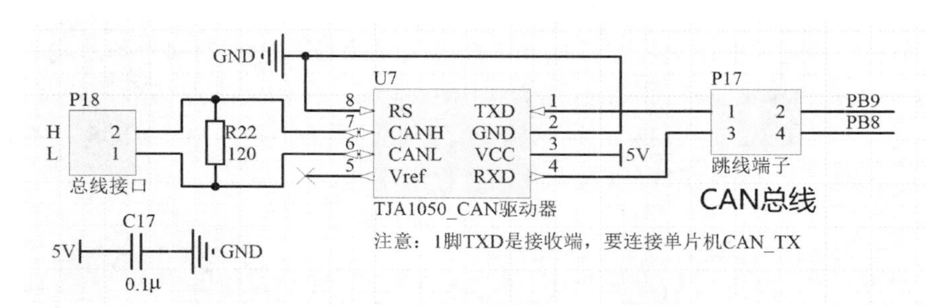

图 19.2　CAN 总线电路原理图

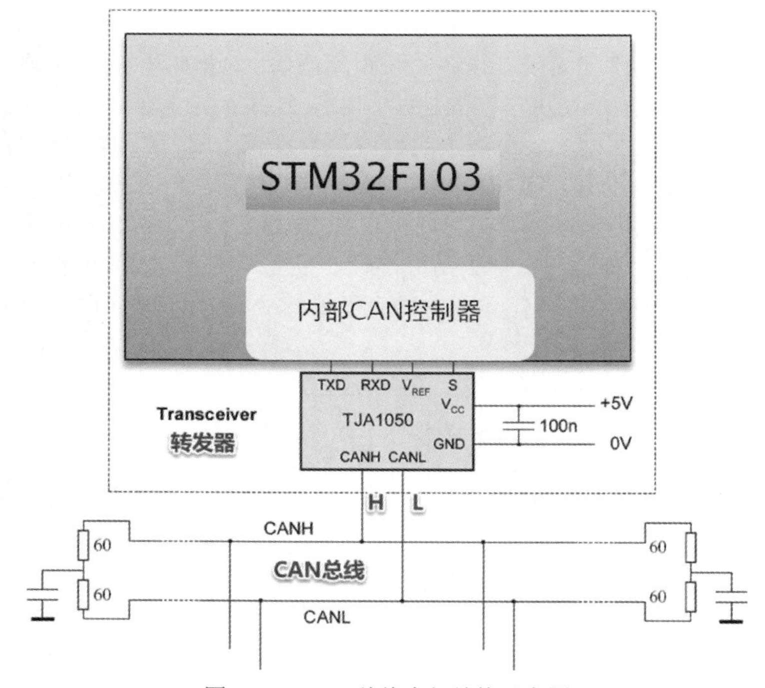

图 19.3　CAN 总线内部结构示意图

19.2 CubeMX 设置

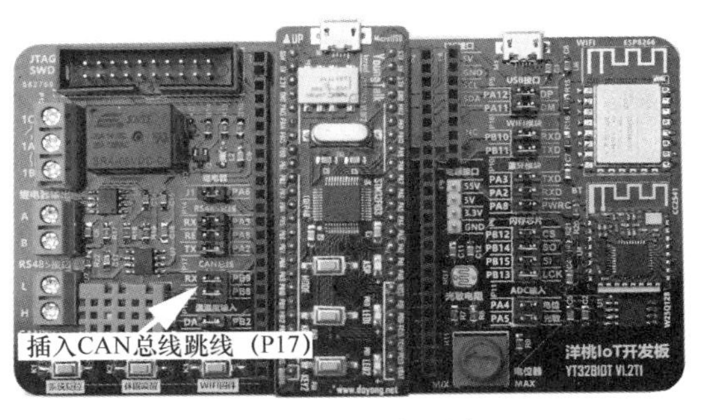

图 19.4　跳线设置

用 CubeIDE 打开当前工程，进入 CubeMX 图形化界面。如图 19.5 所示，在时钟树视图中找到 APB1 总线时钟部分，CAN 总线的时钟由 APB1 时钟提供，当前时钟频率是 36MHz。如图 19.6 所示，在端口与配置中单击“CAN”，在弹出的模式窗口中勾选“Activated”（激活）一项，启用 CAN 总线功能。启用后的 CAN 总线端口默认连接在 PA11、PA12 端口，再在单片机端口视图中将 PB8 的模式设置为“CAN_RX”，将 PB9 的模式设置为“CAN_TX”，使 CAN 接口切换到 PB8、PB9 端口上。设置好端口后，单击参数窗口中的“Parameter Settings”（参数设置）选项卡，在弹出的参数中可以设置 CAN 总线的波特率。如图 19.7 所示，根据 CAN 总线的波特率计算式可以设置参数中的 4 个值，最终得到想要的波特率值。由于连接在同一条总线上的波特率必须一致，我们的测试程序要和洋桃 1 号开发板通信，所以波特率要设置为 1 号开发板的 250kbit/s。根据 PCLK1 时钟频率是 36MHz，最终 4 个参数的组合是 9、8、7、1，其他参数与波特率无关，按默认设置。如图 19.8 所示，单击“NVIC Settings”（NVIC 设置）选项卡，勾选 CAN RX1 中断允许，当 CAN 总线接收到数据时会进入 CAN 中断处理程序。设置完成后重新生成程序，在 main 函数开始处会自动生成 CAN 总线初始化函数。

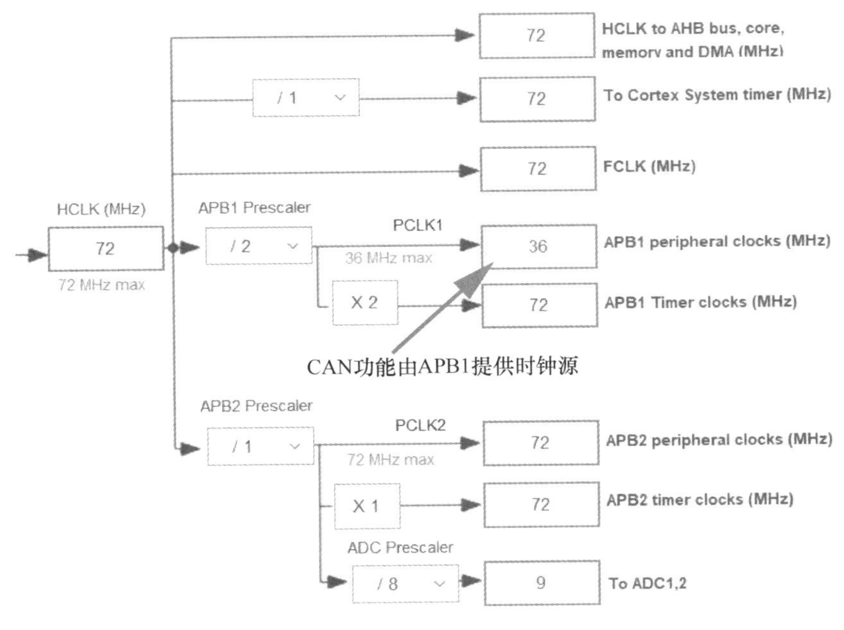

图 19.5　时钟树设置

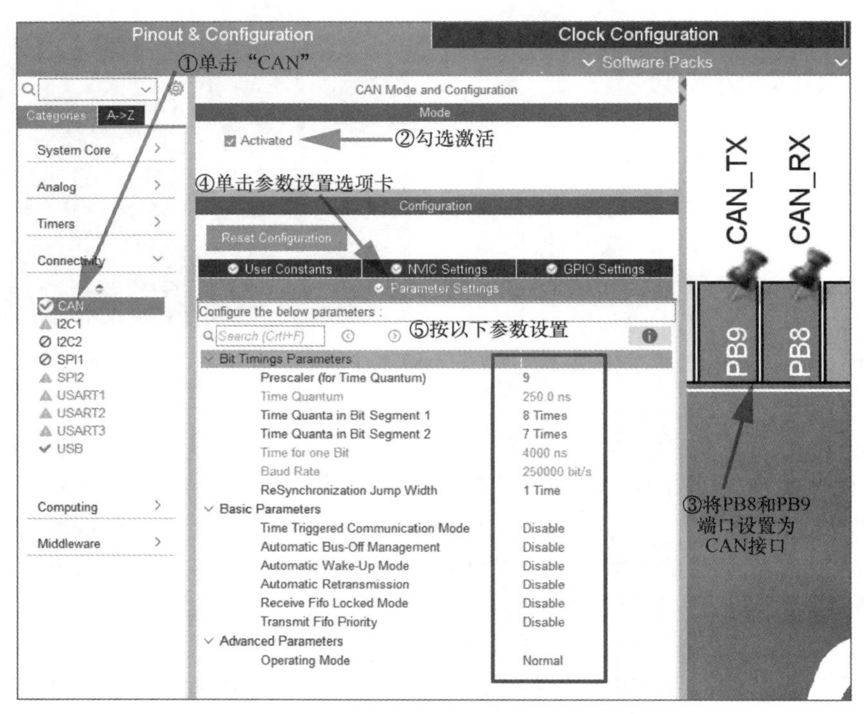

图 19.6　CAN 功能的模式与参数设置

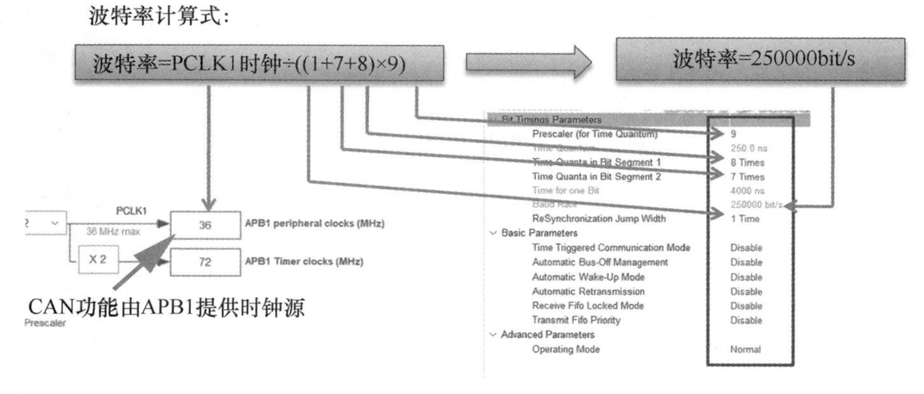

图 19.7　CAN 总线波特率计算

19.3　移植驱动程序

进入命令行界面，开始移植驱动程序。CAN 总线的驱动程序比较复杂，我也是在参考和借用了大量前辈们现有的程序并将其重新优化后才得到 CAN 总线驱动程序。也就是说，驱动程序不是我一行一行编写出来的，而是在网上搜索资料，复制、粘贴现成的程序再做一些修改后得到的。在这个过程中，最重要的是明白 CAN 总线功能的原理，这样才能知道怎么修改、怎么应用。现在你也可以参考我改好的驱动程序，在此基础上修改可达到进一步优化的目的。

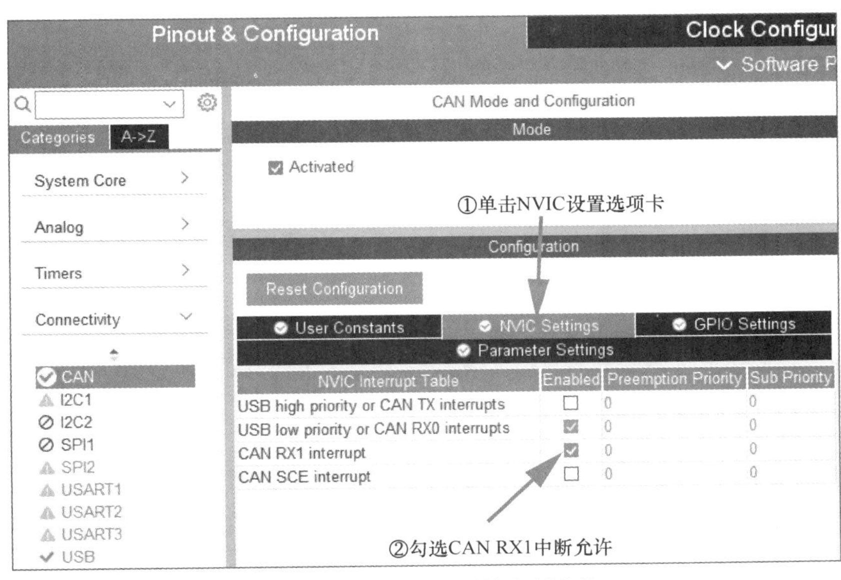

图 19.8　开启 CAN 总线中断允许

我写好的驱动程序已经存放在出厂测试程序中。如图 19.9 所示，打开出厂测试程序的工程，在 icode 文件夹里找到 can 文件夹，其中有 can1.c 和 can1.h 文件，这就是需要移植的 CAN 总线驱动程序。将 can 文件夹复制到当前工程的 icode 文件夹里，然后在 CubeIDE 中刷新工程文件树，打开其中的 can1.c 和 can1.h 文件。先打开 can1.c 文件，如图 19.10 所示，第 13 行定义了用于存放 CAN 接收数据的数组，第 14 行定义了 CAN 接收标志位。从这两个定义可以看出，CAN 总线的通信原理与 USART 串口一样，都是接收数组和接收标志位的组合。如图 19.11 所示，第 16 行是 CAN 用户初始化函数，此函数与 CubeMX 自动生成的 CAN 初始化函数不同，自动生成的初始化函数是对 CubeMX 中设置的波特率等参数进行初始化，而 CAN 用户初始化函数是对 CAN 总线的帧模式、ID、过滤器等高级应用进行设置，这是 CubeMX 参数中没有的内容，大家可以修改第 20～31 行的结构体参数，在每行参数的后面我都给出了详细的注释说明。需要注意，因为要使用洋桃 1 号开发板进行通信测试，所以这里的参数要和 1 号开发板上运行的示例程序保持一致，特别是过滤器的设置，只有正确设置才能保证数据不被过滤器屏蔽。

如图 19.12 所示，第 49 行是 CAN 总线的接收回调函数，CAN 总线收到数据后会进入中断回调函数。其中第 53 行调用 HAL 库函数，作用是把接收邮箱里的数据放入 Data 数组中。第 54 行判断接收状态的枚举，如果接收成功则在第 55 行执行数据处理程序，大家可以将自己的数据处理程序写在此处。由于目前仅做收发测试，于是只在第 57 行把数组中第 1 个字节的数据存入接收缓存数组。第 58 行让接收标志位加 1，即完成了接收数据的处理。如图 19.13 所示，第 63 行是 CAN 总线数据发送函数，可以在参数中写入 ID、发送数据的数组名和数量。可以在应用程序中直接调用此发送函数，但是操作比较麻烦。为了更方便、更统一，我编写了 CAN 总线的 printf 函数。如图 19.14 所示，第 97 行是 CAN 总线专用的

printf 函数，函数的内部原理和 RS485_printf 函数一样，区别只是在第 106 行调用了第 63 行的 CAN 发送函数。于是我们只要在应用程序中直接调用 CAN1_printf 函数，就能轻松地完成发送。

打开 can1.h 文件，如图 19.15 所示，第 17～20 行声明了结构体，第 22～26 行宏定义的数值用于 CAN 用户初始化函数，第 28～29 行声明了数据缓存数组和接收标志位为全局变量，如图 19.16 所示，第 31～34 行声明了 can1.c 文件里的函数。初学期间只要能了解驱动程序中每个函数的作用和使用方法即可。

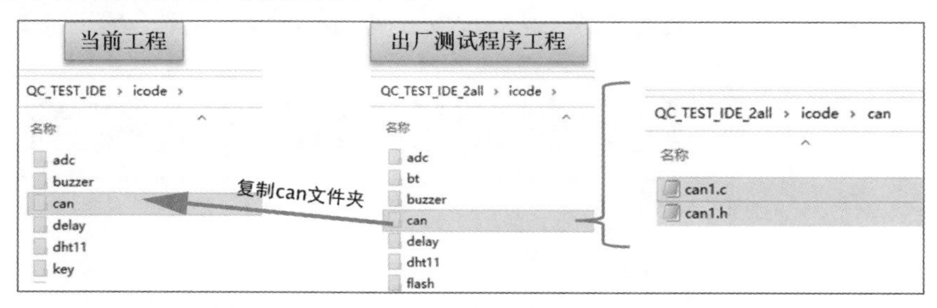

图 19.9　复制 CAN 总线驱动程序到当前工程

```
 7
 8 #include "can1.h" //库文件声明
 9 #include "main.h"
10
11 CAN_HandleTypeDef hcan;//声明的HAL库结构体
12
13 uint8_t CAN1_RX_BUF[CAN1_REC_LEN];//接收缓冲,最大CAN1_REC_LEN个字节.末字节为换行符
14 uint16_t CAN1_RX_STA;//接收状态标记
15
```

图 19.10　can1.c 文件的内容（片段 1）

```
15
16 void CAN_User_Init(CAN_HandleTypeDef* hcan  )//CAN总线用户初始化函数
17 {
18     CAN_FilterTypeDef  sFilterConfig;
19     HAL_StatusTypeDef  HAL_Status;
20     TxMeg.IDE = CAN_ID_STD;//扩展帧标识（STD标准帧/EXT扩展帧）
21     TxMeg.RTR = CAN_RTR_DATA;//远程帧标识（DATA数据帧/REMOTE远程帧）
22     sFilterConfig.FilterBank = 0;//过滤器0
23     sFilterConfig.FilterMode =   CAN_FILTERMODE_IDMASK;//设为IDLIST列表模式/IDMASK屏蔽模式
24     sFilterConfig.FilterScale =  CAN_FILTERSCALE_32BIT;//过滤器位宽度
25     sFilterConfig.FilterIdHigh = CAN1_ID_H;//32位基础ID设置（高16位）
26     sFilterConfig.FilterIdLow  = CAN1_ID_L;//32位基础ID设置（低16位）
27     sFilterConfig.FilterMaskIdHigh =  CAN1_MASK_H;//32位屏蔽MASK设置（高16位）
28     sFilterConfig.FilterMaskIdLow  =  CAN1_MASK_L;//32位屏蔽MASK设置（低16位）
29     sFilterConfig.FilterFIFOAssignment =  CAN_RX_FIFO1;//接收到的报文放入FIFO1位置
30     sFilterConfig.FilterActivation =  ENABLE;//ENABLE激活过滤器，DISABLE禁止过滤器
31     sFilterConfig.SlaveStartFilterBank  =  0;//过滤器组设置（单个CAN总线时无用）
32     HAL_Status=HAL_CAN_ConfigFilter(hcan,&sFilterConfig);//将以上结构体参数设置到CAN寄存器中
```

图 19.11　can1.c 文件的内容（片段 2）

```
49 void  HAL_CAN_RxFifo1MsgPendingCallback(CAN_HandleTypeDef *hcan)  //接收回调函数（函数名不可改）
50 {
51     uint8_t  Data[8];//接收缓存数组
52     HAL_StatusTypeDef HAL_RetVal;//判断状态的枚举
53     HAL_RetVal=HAL_CAN_GetRxMessage(hcan,CAN_RX_FIFO1,&RxMeg,Data);//接收邮箱中的数据
54     if (HAL_OK==HAL_RetVal){//判断接收是否成功
55         //接收成功后的数据处理程序，写在此处 （数据在Data数组中）
56         //以下2行是采用简单的寄存器查寻方式处理接收数据，每次只接收1位。在实际项目中的复杂接收程序可自行编写
57         CAN1_RX_BUF[0]=Data[0];//将接收到的数据放入缓存数组（因只用到1个数据，所以只存放在数据[0]位置）
58         CAN1_RX_STA++;//数据接收标志位加1
59     }
60 }
```

图 19.12　can1.c 文件的内容（片段 3）

```
61 //CAN发送数据函数（参数：总线名，ID，数据数组，数量。返回值：0成功HAL_OK，1参数错误HAL_ERROR，2发送失败HAL_BUSY）
62 //示例：CAN1_SendNormalData(&hcan1,0,CAN_buffer,8);//CAN发送数据函数
63 uint8_t  CAN1_SendNormalData(CAN_HandleTypeDef* hcan,uint16_t ID,uint8_t *pData,uint16_t  Len)
64 {
65     HAL_StatusTypeDef HAL_RetVal;//判断状态的枚举
66     uint16_t SendTimes,SendCNT=0;
67     uint8_t  FreeTxNum=0;
68     uint32_t CAN_TX_BOX0;
69     TxMeg.StdId=ID;
70     if(!hcan||!pData||!Len){
71         printf("\n\rCAN发送失败！\n\r"); //串口发送
72         return  HAL_ERROR;//如果总线名、数据、数量任何一个为0则返回值为1
73     }
```

图 19.13　can1.c 文件的内容（片段 4）

```
95 //CAN总线通信，使用CAN1，这是CAN专用的printf函数
96 //调用方法：CAN1_printf("123"); //向UART8发送字符123
97 void CAN1_printf (char *fmt, ...)
98 {
99      char buff[CAN1_REC_LEN+1];  //用于存放转换后的数据 [长度]
100     uint16_t i=0;
101     va_list arg_ptr;
102     va_start(arg_ptr, fmt);
103     vsnprintf(buff, CAN1_REC_LEN+1, fmt,  arg_ptr);//数据转换
104     i=strlen(buff);//得出数据长度
105     if(strlen(buff)>CAN1_REC_LEN)i=CAN1_REC_LEN;//如果长度大于最大值，则长度等于最大值（多出部分忽略）
106     CAN1_SendNormalData(&hcan,0x12,(uint8_t *)buff,i);//CAN发送数据函数（ID为0x12）
107     va_end(arg_ptr);
108 }
```

图 19.14　can1.c 文件的内容（片段 5）

```
8  #ifndef CAN_CAN1_H_
9  #define CAN_CAN1_H_
10
11 #include "stm32f1xx_hal.h" //HAL库文件声明
12 #include <string.h>//用于字符串处理的库
13 #include <stdarg.h>
14 #include <stdlib.h>
15 #include "stdio.h"
16
17 extern CAN_HandleTypeDef hcan;//声明的HAL库结构体
18
19 CAN_TxHeaderTypeDef     TxMeg;//CAN发送设置相关结构体
20 CAN_RxHeaderTypeDef     RxMeg;//CAN接收设置相关结构体
21
22 #define CAN1_ID_H      0x0000 //32位基础ID设置（高16位）
23 #define CAN1_ID_L      0x0000 //32位基础ID设置（低16位）
24 #define CAN1_MASK_H    0x0000 //32位屏蔽MASK设置（高16位）
25 #define CAN1_MASK_L    0x0000 //32位屏蔽MASK设置（低16位）
26 #define CAN1_REC_LEN  200//定义CAN1最大接收字节数
27
28 extern uint8_t  CAN1_RX_BUF[CAN1_REC_LEN];//接收缓冲,末字节为换行符
29 extern uint16_t CAN1_RX_STA;//接收状态标记
30
```

图 19.15　can1.h 文件的内容（片段 1）

```
31 void CAN_User_Init(CAN_HandleTypeDef* hcan  );//CAN用户初始化函数
32 void  HAL_CAN_RxFifo1MsgPendingCallback(CAN_HandleTypeDef *hcan);//CAN接收回调函数
33 uint8_t  CAN1_SendNormalData(CAN_HandleTypeDef*  hcan,uint16_t ID,uint8_t *pData,uint16_t  Len);//CAN发送函数
34 void CAN1_printf (char *fmt, ...);//CAN总线通信，使用CAN1，这是CAN专用的printf函数
35
```

图 19.16　can1.h 文件的内容（片段 2）

19.4　编写驱动程序

打开 main.c 文件，如图 19.17 所示，第 36 行添加 can1.h 文件的路径。接下来进入 main 函

数，如图 19.18 所示，在初始化部分的第 126 行关闭 CAN 总线功能的初始化函数，第 127 行开启 CAN 总线功能的初始化函数。之所以给出这两个函数，是因为 STM32F103 单片机的 USB 与 CAN 功能共用一组 RAM 寄存器，两个功能不能同时使用，使用 USB 从设备时要先关闭 CAN 总线，使用 CAN 总线功能时再调用开启 CAN 总线的初始化函数。这里给出关闭和开启 CAN 总线的函数，大家可以根据需要切换这两个功能。由于当前用不到 USB 从设备，第 126 行的函数被屏蔽，只执行第 127 行的开启 CAN 总线初始化函数。需要注意，开启 CAN 总线的初始化函数仅设置了 CubeMX 中的参数，不包括帧模式和过滤器。于是第 128 行调用 CAN 总线用户初始化函数，完成帧模式、ID 和过滤器的设置。到此完成了全部的初始化工作。

```
22⊖/* Private includes ----------------------------
23 /* USER CODE BEGIN Includes */
24 #include "../../icode/led/led.h"
25 #include "../../icode/key/key.h"
26 #include "../../icode/delay/delay.h"
27 #include "../../icode/buzzer/buzzer.h"
28 #include "../../icode/relay/relay.h"
29 #include "../inc/retarget.h"//用于printf函数串口重映射
30 #include "../../icode/usart/usart.h"
31 #include "../../icode/adc/adc.h"
32 #include "../../icode/rtc/rtc.h"
33 #include "../../icode/dht11/dht11.h"
34 #include "../../icode/w25q128/w25qxx.h"
35 #include "../../icode/rs485/rs485.h"
36 #include "../../icode/can/can1.h"
37 /* USER CODE END Includes */
38
```

图 19.17　加载 canl.h 文件的路径

```
122   /* USER CODE BEGIN 2 */
123   RetargetInit(&huart1);//将printf()函数映射到UART1串口上
124   HAL_UART_Receive_IT(&huart1,(uint8_t *)&USART1_NewData,1);//开启串口1接收中断
125   HAL_UART_Receive_IT(&huart2,(uint8_t *)&USART2_NewData,1); //开启串口2接收中断
126 //   HAL_CAN_MspDeInit(&hcan);//关闭CAN功能，使USB功能可被电脑识别（因USB与CAN共用RAM空间，不能同时使用）
127   HAL_CAN_MspInit(&hcan);//开启CAN功能（因USB与CAN共用RAM，不能同时使用，USB用完后想用CAN可在CAN收发前打开）
128   CAN_User_Init(&hcan);//CAN1总线用户层初始化  同时开启CAN1功能
129   /* USER CODE END 2 */
130
```

图 19.18　开启 CAN 功能

接下来进入主循环程序，如图 19.19 所示，第 135～140 行是判断 CAN 是否接收到数据的处理程序，第 141～150 行判断按键被按下时发出提示音，并向 CAN 总线发送数据的函数。此处程序的原理与上一步 RS485 主循环程序的一样。在 USART、RS485、USB 虚拟串口、CAN 总线功能中，驱动程序的目的都是把五花八门的通信协议和参数设置，转变成统一的接收缓存数组、接收标志位和专用的 printf 函数，只要在应用程序部分处理好这些内容，再在 CubeMX 中正确设置模式与参数，在主循环程序之前正确调用初始化函数，就能应对万变不离其宗的通信功能。

将程序重新编译后下载到洋桃 IoT 开发板上，借用洋桃 1 号开发板作为外部 CAN 设备，确保洋桃 1 号开发板里下载了 CAN 总线测试程序。然后用两条双绞线连接两块开发板的

CAN 总线端子，H 端子连接 H 端子，L 端子连接 L 端子，并用十字螺丝刀固定双绞线。同时给两块开发板接通电源，在洋桃 IoT 开发板上按下 KEY1 和 KEY2 按键，洋桃 1 号开发板的 OLED 显示屏上 RX 接收显示区会出现字符 A 和 B。再按 1 号开发板上的触摸按键，向 IoT 开发板发送字符，IoT 开发板收到数据后会将数据原样返回，于是在 OLED 显示屏上 RX 接收显示区会显示发送的字符。如果你没有洋桃 1 号开发板，可以购买 CAN 转 USB 模块，能实现同样的实验效果。

```
131    /* Infinite loop */
132    /* USER CODE BEGIN WHILE */
133    while (1)
134    {
135        if(CAN1_RX_STA!=0)//CAN判断中断接收标志位【处理从CAN外部设备接收的字符】
136        {
137            BUZZER_SOLO1();//蜂鸣器输出单音的报警音（样式1：HAL库的精准延时函数）
138            CAN1_printf("%c",CAN1_RX_BUF[0]); //CAN总线发送
139            CAN1_RX_STA=0;//清除标志位
140        }
141        if(KEY_1())//按下KEY1判断
142        {
143            BUZZER_SOLO2();//提示音
144            CAN1_printf("A");//向CAN1发送字符A
145        }
146        if(KEY_2())//按下KEY2判断
147        {
148            BUZZER_SOLO2();//提示音
149            CAN1_printf("B");//向CAN1发送字符B
150        }
151      /* USER CODE END WHILE */
```

图 19.19　编写 CAN 收发的测试程序

关于 CAN 总线的基本通信，了解这么多就可以了。在实际项目开发中还会涉及多台 CAN 设备通信、硬件设计、布线方法等问题，开发者可能还需要在应用现场解决意想不到的问题，最终才能让 CAN 总线在实际应用中稳定可靠。而这些内容就不在入门教学的讲解范围了。

第 20 步：蓝牙模块驱动程序

这一步我们来学习物联网常用的蓝牙功能。在智能手机发达的今天，大家对蓝牙技术非常熟悉，蓝牙音箱、蓝牙耳机、蓝牙鼠标、蓝牙键盘等蓝牙技术已融入日常生活。虽然在无线通信领域，Wi-Fi 具有更高的性能，但蓝牙技术以其低成本、低功耗，依然在近场无线通信中占据一席之地。蓝牙依然是低成本、低功耗的智能设备理想的解决方案。

蓝牙技术可以讲解的内容有很多，深入底层可以讲解蓝牙通信协议，展开应用层可以讲解蓝牙与手机的连接，比如用 App 控制设备、用微信小程序控制产品、在两台设备之间传送图片和音乐，但这些内容不适合入门学习。本书只介绍基础的数据透传与模块设置，学会之后可用手机 App 实现数据通信和近场控制。在我做过的项目中，涉及蓝牙功能的无非是在手机 App 上设置设备参数，或者把设备上的数据显示在手机上，这些应用只需要掌握透传模式，与手机 App 开发者创建一套通信协议。

这一步先打开蓝牙模块的数据手册，了解蓝牙模块的功能和性能。然后打开开发板的电路原理图，了解蓝牙模块在开发板上的电路连接。利用 USART2 串口与蓝牙模块连接，在 CubeMX 中设置蓝牙模块的接口和参数。接着移植蓝牙驱动程序。再编写一个蓝牙数据收发的应用程序。最后用手机与开发板建立蓝牙连接，在 App 上测试蓝牙数据收发。

20.1 数据手册分析

在洋桃 IoT 开发板上集成了一块蓝牙模块，型号是 JDY-08，其核心芯片型号是 CC2541。蓝牙模块本身只是一块小巧的 PCB 电路板，电路板上焊接了核心芯片 CC2541、晶体振荡器、电容、电阻等元器件，电路板边缘金属部分是蓝牙模块向外连接的引脚。洋桃 IoT 开发板上设计有对应的焊盘，可把蓝牙模块的电路板焊接在开发板的电路板上面。了解电路原理之前先来分析一下官方数据手册，从根本上掌握蓝牙模块。

如图 20.1 所示，在开发板资料包中找到“CC2541 蓝牙模块”压缩文件，解压缩后有 7 个文件夹。第 1 个文件夹里是蓝牙模块的官方数据手册文档，第 2 个文件夹里是用于手机通信测试的 App，第 3 个文件夹里是串口助手工具软件，第 4 个文件夹里是蓝牙模块高级应用的教程和使用手册，第 5 个文件夹里是蓝牙模块与微信小程序通信的测试工具软件，第 6 个文件夹里是蓝牙模块的 PCB 封装与尺寸图，第 7 个文件夹里是技术问题与解答。下面打开第 1 个文件夹里的“CC2541 模块数据手册”文档。

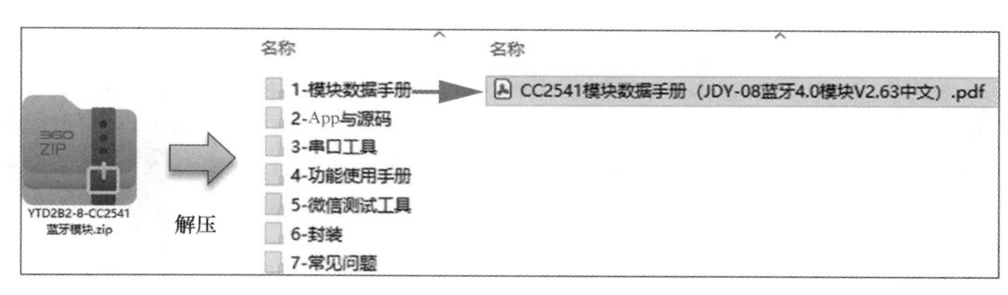

图 20.1　蓝牙模块数据手册文档地址

如图 20.2 所示，文档首页给出了蓝牙模块的名称、外观图、版本说明。如图 20.3 所示，文档第 2 页的产品简介说明了蓝牙模块的型号是 JDY-08，基于蓝牙 4.0 协议，工作频率为 2.4GHz，最大发射功率为 0，最大发射距离为 80m。核心处理器是 TI 公司的 CC2541 芯片。支持用户通过 AT 命令设置模块参数。功能简介里给出了蓝牙模块的主要功能，包括微信透传、微信控制、App 透传等模式。模块还可以外接温/湿度传感器，可输出 PWM 信号控制电机，可以用模块上的 I/O 端口控制继电器和 LED。模块内部的 RTC 时钟可设置两个 RTC 报警时间来控制 I/O 端口。从这段介绍可以得出结论：蓝牙模块本身是一块单片机，CC2541 芯片不仅能与 STM32 单片机通信，芯片上的 I/O 端口还能独立输出电平来控制继电器和 LED。也就是说，当要实现简单蓝牙控制时，不需要扩展 STM32 单片机，可把蓝牙模块当成单片机使用，连接温/湿度传感器、继电器、电机、LED 等外围电路。当面对复杂应用时，蓝牙模块可连接 STM32 单片机，成为单片机的“协处理器”，负责蓝牙通信功能。目前我们要学习的是它作为协处理器的应用。电气特性表给出了不同工作模式之下的功耗（电流）。

JDY-08蓝牙透传模块
(微信透传、App透传、主从一体、iBeacon)
版本号: JDY-08-V2.6

V2.6版本更新内容

模块的功能与老版本完全一样，更新只是为了适应更多的客户需求。
(1) 减少特征UUID的数量，目前只保留了两个特征UUID。
(2) 增加了I/O断开连接功能。
(3) 更新了密码连接功能，新版本采用了蓝牙默认功能密码连接。
(4) 更改AT+HOSTEN0为App透传模式，微信功能为单独模式AT+HOSTEN4。

图 20.2　数据手册首页

产品简介

JDY-08透传模块基于蓝牙4.0协议标准，工作频率为2.4GHz，调制方式为GFSK，最大发射功率为0，最大发射距离为80m，采用TI CC2541芯片设计，支持用户通过AT命令修改设备名、服务UUID、发射功率、配对密码等参数，使用方便、快捷、灵活。

功能简介

(1) 微信透传（支持AirSyne协议，应用于微信H5或厂商服务器通信、包括长包数据解析收发）。
(2) 微信控制模式（电机调速、LED灯开关控制）。
(3) App 透传（支持Android、IOS 数据透传）。
(4) iBeacon模式（支持微信摇一摇协议与苹果iBeacon协议）。
(5) 传感器模式（温度、湿度等众多传感器数据采集应用）。
(6) 主机透传模式（应用模块间数据透传，主机与从机通信）。
(7) 主机观察者模式（应用传感器、室内定位）。
(8) PWM模式（应用于电机调速、LED灯亮度调节）。
(9) I/O模式（应用于手机控制继电器或LED亮灭）。
(10) 室内室位应用（应用采集iBeacon的数据来实现范围定位）。
(11) RTC模式。
(12) RTC报警模式：可以设置RTC的报警时间来控制I/O端口，支持两个报警时间设置。

电气特性

工作模式	状态	电流
从机透传模式	连接/未连接/待机	0.8mA/300μA/1μA
从机广播模式（iBeacon，传感器）	连接/未连接/待机	0.5mA/300μA/1μA
主机透传模式	连接/未连接/待机	20mA/9mA/1μA
主机观察者模式（传感器）	连接/未连接/待机	25mA
以上测试电源电压为3.3V		

图 20.3　蓝牙模块产品简介和功能简介

如图 20.4 所示，文档的第 3 页给出了蓝牙模块的尺寸图和引脚定义图。两图对照可以看出模块电路板上的金属引脚的序号和名称。如图 20.5 所示，文档第 4 页是引脚功能说明，列出了 24 个引脚的功能说明。其中第 1 引脚是 VCC（电源正极），可输入 3～3.3V 电压，第 24 引脚是 GND（电源公共地）。第 19 和 20 引脚是串口引脚，可与 STM32 单片机进行串口通信。第 23 引脚 RST 是模块复位引脚。第 22 引脚 PWRC 是模块睡眠唤醒引脚，平时为高电平，当模块进入睡眠模式时，可给此引脚低电平脉冲以退出睡眠模式。第 21 引脚是断开蓝牙连接的引脚，在蓝牙模块与手机连接后给此引脚下降沿信号，可断开与手机的连接。一般在此引脚连接一个按键，按键被按下即断开连接。第 6 引脚是连接状态引脚，一般会连接 LED，建立手机连接时 LED 点亮。第 7～18 引脚是蓝牙模块作为主控设备的对外输出接口，与 STM32 单片机通信无关，这里不多介绍。

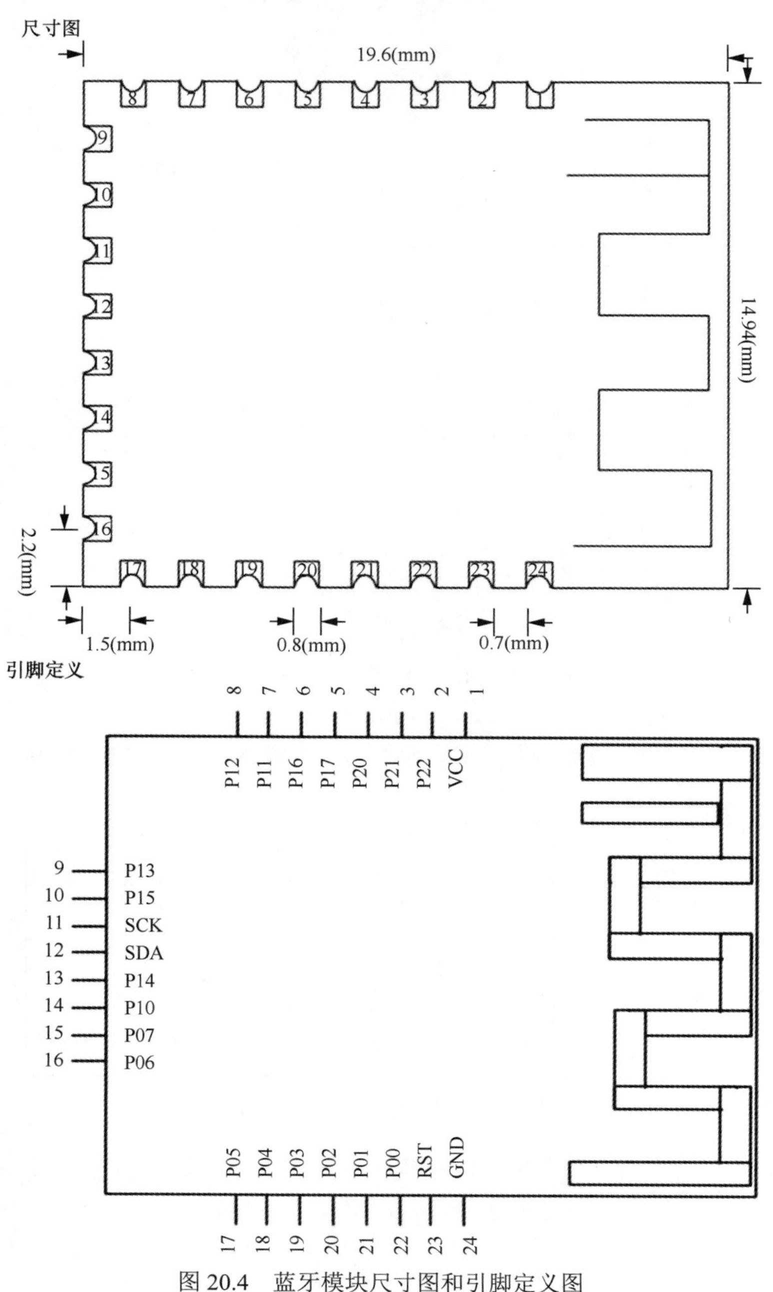

图 20.4　蓝牙模块尺寸图和引脚定义图

引脚功能说明

引脚	定义	功能	说明
1	VCC	电源	供电电源3V或3.3V
2	P22		
3	P21		
4	P20		
5	P17		
6	P16	连接状态引脚	蓝牙连接后为低电平，平时为高电平(主从有效)
7	P11	PWM2	PWM2输出引脚可以通过App控制
8	P12	I/O1	输出I/O1引脚可以通过App控制电平
9	P13	I/O2	输出I/O2引脚可以通过App控制电平
10	P15	I/O3	输出I/O3引脚可以通过App控制电平
11	SCK		
12	SDA		
13	P14	I/O4	输出I/O4引脚可以通过App控制电平
14	P10	PWM1	PWM1输出引脚可以通过App控制
15	P07	PWM3	PWM3输出引脚可以通过App控制
16	P06	PWM4	PWM4输出引脚可以通过App控制
17	P05	RTC报警I/O	当RTC定时时间到时I/O输出低电平
18	P04	RTC报警I/O	当RTC定时时间到时I/O输出低电平
19	P03	TXD	串口输出，电平为TTL电平
20	P02	RXD	串口输入，电平为TTL电平.
21	P01	I/O断开连接	蓝牙连接状态下降延断开连接，平时为高电平
22	P00	PWRC	模块睡眠唤醒引脚、模块内部自带上拉电阻，低电平唤醒，平时为高电平
23	RST	复位	硬件复位引脚
24	GND	电源地	

图 20.5　蓝牙模块引脚说明

如图 20.6 所示，第 5～6 页是 AT 指令集，列出了 STM32 可向蓝牙模块发送的指令，包括设置参数、切换模式等。如图 20.7 所示，第 6～14 页是 AT 指令说明，介绍了每条 AT 指令的设置方法。AT 指令在蓝牙模块的应用中非常重要，后续会单独讲解。

如图 20.8 所示，第 15～17 页是各种应用状态下的接线图（电路原理图）。其中第 17 页的 App 或微信透传与 MCU 接线图要重点关注，因为 STM32 单片机与蓝牙模块的通信正是使用 App 透传。从电路中可以看到蓝牙模块的第 1 引脚连接 VDD，第 24 引脚连接 GND，3.3V 电源供电。第 6 引脚连接 D1 指示灯，刚刚说过第 6 引脚是连接状态引脚，蓝牙模块与手机建立连接时 D1 指示灯会点亮。第 19～20 引脚连接单片机（MCU）的 USART 串口，与单片机通信。第 22 引脚连接单片机的 GPIO 端口，此引脚的作用是把模块从睡眠模式中唤醒，低功耗应用中将使用此引脚。请大家通篇阅读数据手册，在后续讲解时你才能快速理解并在手册中找到对应的介绍。

AT指令集

序列	指令	作用	主/从	工作模式	默认
1	AT+RST	复位	M/S	–	
2	AT+BOUD	串口波特率设置	M/S	–	115200
3	AT+HOSTEN	主从设置	M/S	–	从机
4	AT+HOST	读取主机状态	M	–	
5	AT+DISC	断开连接	M	–	
6	AT+ADVEN	打开广播	S	–	打开
7	AT+ADVIN	广播间隔	S	–	100ms
8	AT+NEIN	连接间隔	S	–	10ms
9	AT+ROWR	发射功率	S	–	0dB
10	AT+NAME	广播名	S	–	JDY-08
11	AT+MAC	读MAC地址	M/S	–	
12	AT+STRUUID	设置iBeacon UUID(字符串类型UUID)	S	iBeacon	微信UUID
13	AT+HEXUUID	设置iBeacon UUID(十六进制类型UUID)	S	iBeacon	微信UUID
14	AT+MAJOR	设置iBeacon Major(字符串类型Major)	S	iBeacon	10
15	AT+MINOR	设置iBeacon Minor(字符串类型Minor)	S	iBeacon	7
16	AT+VER	读取版本号	M/S	–	JDY-08-2.1
17	AT+VID	厂商识别码 (用于不能厂商识别)	S	iBeacon 传感器	8899
18	AT+TEMP	温度值设置	S	iBeacon 传感器	0
19	AT+HUMID	湿度值设置	S	iBeacon 传感器	0
20	AT+ISCEN	设置是否打开密码连接	S	–	关闭
21	AT+PASS	连接密码	S	–	123456
22	AT+SVRUUID	更改服务UUID	M/S	–	FFE0
23	AT+CHRUUID	更改特征UUID	M/S	–	FFE1
24	AT+SCAN	主机扫描从机	M	主机透传	
25	AT+RSLV	读取主机扫描到的从机MAC	M	主机透传	
26	AT+CONNET	连接扫描到从机的MAC	M	主机透传	
27	AT+BAND	绑定从机MAC	M	–	
28	AT+GETDCD	读取主机扫描到的从机数量	M	–	
29	AT+GETSTAT	查找模块的工作状态	M/S	–	
30	AT+PWMFRE	设置PWM频率	M/S	–	500Hz
31	AT+PWMOPEN	打开PWM	M/S	–	关闭
32	AT+PWM1PUS	设置PWM1的脉宽	M/S	–	50%
33	AT+PWM2PUS	设置PWM2的脉宽	M/S	–	50%

图 20.6　蓝牙模块 AT 指令集

AT 指令说明

软复位

指令：AT+RST

返回：OK

设置波特率　　注意：模块默认波特率是：115200

指令：AT+BOUD0　表示波特率为：115200

指令：AT+BOUD1　表示波特率为：57600

指令：AT+BOUD2　表示波特率为：38400

指令：AT+BOUD3　表示波特率为：19200

指令：AT+BOUD4　表示波特率为：9600

返回：OK

设置模块工作模式

指令：AT+HOSTEN0　　表示设置从机透传（App）模式　**注意：默认从机透传**

指令：AT+HOSTEN1　　表示设置主机透传模式

指令：AT+HOSTEN2　　表示设置主机（室内定位、传感器）观察者模式

指令：AT+HOSTEN3　　表示设置从机（iBeacon、传感器）模式

指令：AT+HOSTEN4　　表示设置从机（微信透传）模式

返回：OK

设置是否打开密码连接

指令：AT+ISCEN0　　表示关闭密码连接

指令：AT+ISCEN1　　表示打开密码连接但不绑定

指令：AT+ISCEN2　　表示打开密码连接并绑定

返回：OK

注意：出厂默认配置为关闭密码连接

设置连接密码

指令：AT+PASS123456　　表示设置连接密码为：123456　密码长度只能为 6 位

返回：OK

指令：AT+PASS　　　表示读取连接密码

返回：PSS:123456

注意：出厂默认密码：123456

图 20.7　AT 指令说明

App或微信透传与 MCU 接线图

应用于血压计、心率计、计步器、电子秤等众多产品的数据通信。

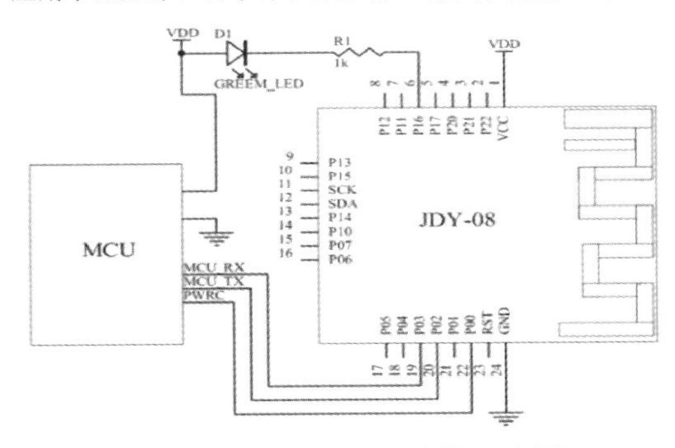

图 20.8　电路连接示意图

20.2　电路原理

打开“洋桃 IoT 开发板电路原理图”文件，在原理图右下角找到蓝牙模块电路部分，如图 20.9 所示。蓝牙模块的 1 引脚连接 3.3V 电源，第 24 引脚连接 GND，第 6 引脚没有连接状态指标灯，第 19～20 引脚通过 P10 跳线连接 STM32 单片机的 USART2 串口，第 22 引脚（睡眠唤醒引脚）通过 P10 跳线连接 STM32 单片机的 PA8 端口，用于睡眠唤醒。蓝牙模块的硬件结构如图 20.10 所示。如图 20.11 所示，蓝牙模块在洋桃 IoT 开发板的右侧。

由于开发板上的 RS485 总线与蓝牙模块共同占用 PA2、PA3、PA8 引脚，二者不能同时连接，使用蓝牙模块时要插入标注为“蓝牙模块”的 P10 跳线，将标注为“RS485 总线”的 P14 跳线断开。接下来将使用单片机的 USART2 串口与蓝牙模块通信。需要的外围电路都被蓝牙模块内部集成了，导致开发板电路非常简单。未来的电路硬件将是高度芯片化、模块化的，我们需要做的只是用双绞线把模块连接在一起。

20.3 CubeMX 设置

如图 20.12 所示，打开 CubeMX 图形化界面，单击“USART2”，在单片机端口视图中将 PA2 和 PA3 端口设置为 USART2 的接口。在模式窗口中将模式设置为“Asynchronous”（异步），再单击“Parameter Settings”（参数设置）选项卡，按图中的参数设置，波特率值为 115200。如图 20.13 所示，单击“NVIC Settings”（NVIC 设置）选项卡，在列表中勾选 USART2 中断允许。串口部分设置好后，接下来设置睡眠唤醒的 GPIO 端口。如图 20.14 所示，单击“GPIO”，在单片机端口视图中将 PA8 端口设置为 GPIO 输出模式，单击“GPIO”选项卡，在列表中选中 PA8 一行，参数设置为初始低电平、推挽输出、上拉、高速，用户标注为“RS485_RE”。需要注意，如果用到睡眠模式则将 PA8 端口的初始电平设置为高电平，这样在唤醒时才能产生低电平脉冲；如果不使用睡眠唤醒则将 PA8 端口的初始电平设置为低电平，禁用唤醒功能。蓝牙模块与 RS485 总线共用 PA8 端口，所以用户标注沿用了 RS485 的设置。

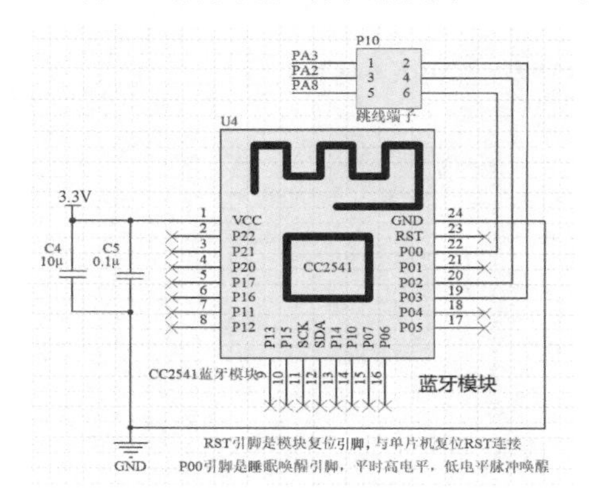

图 20.9　蓝牙模块部分电路原理

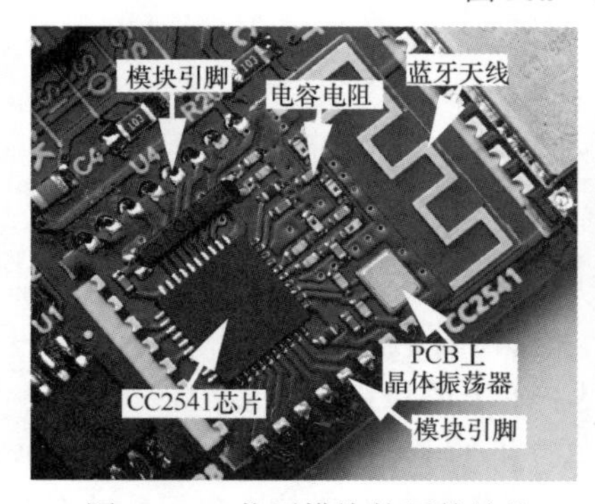

图 20.10　蓝牙模块的硬件结构

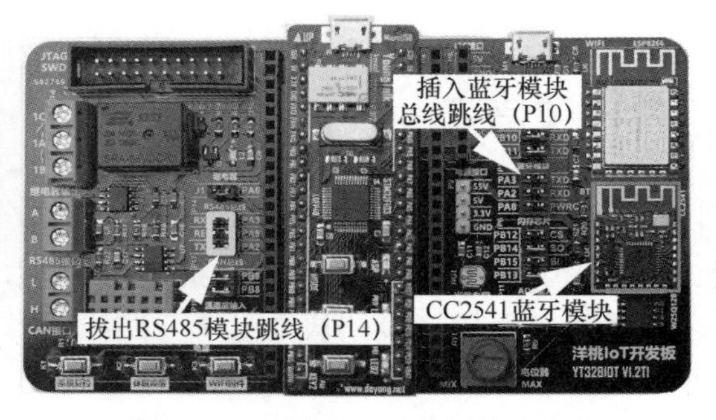

图 20.11　洋桃 IoT 开发板的跳线设置

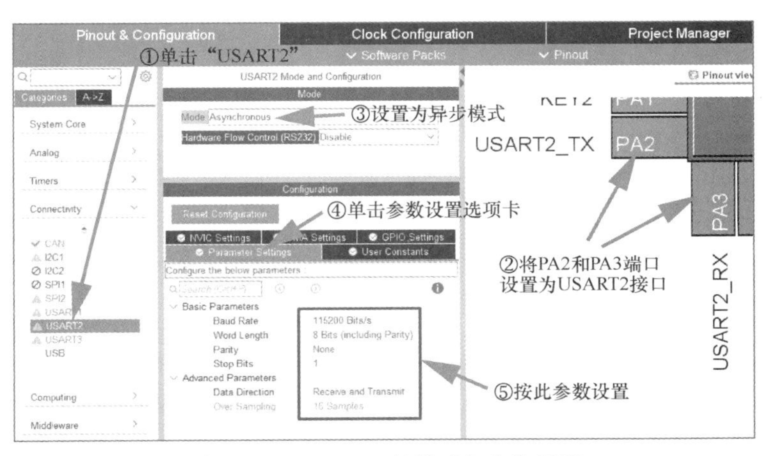

图 20.12　USART2 的模式与参数设置

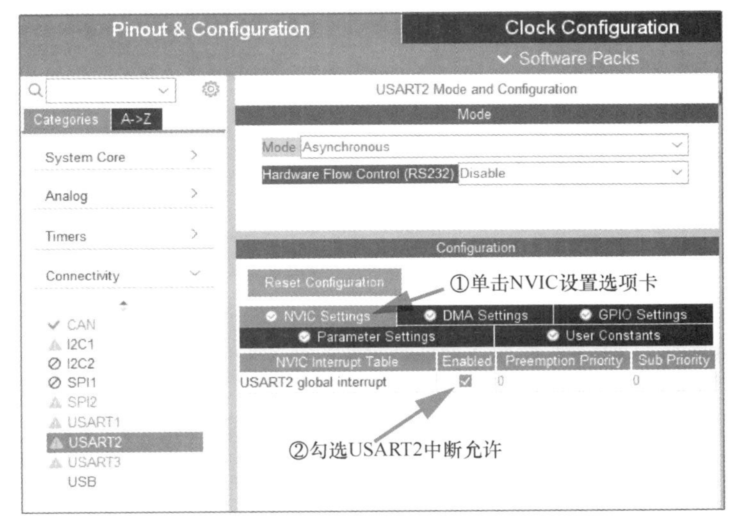

图 20.13　开启 USART2 中断允许

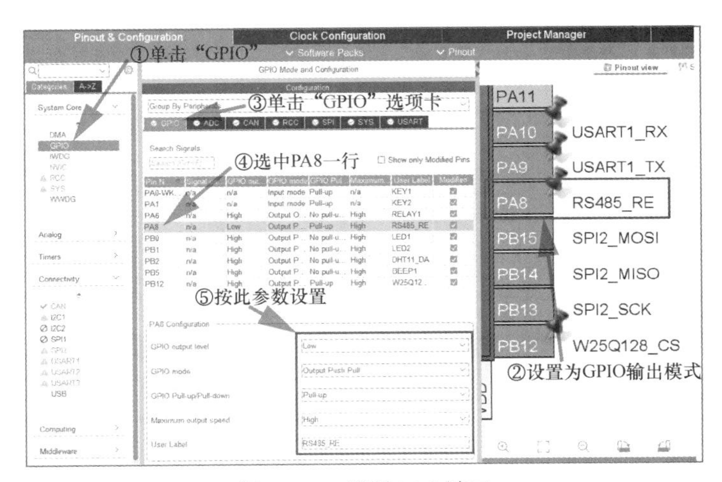

图 20.14　设置 PA8 端口

20.4 移植驱动程序

将我编写好的蓝牙模块驱动程序移植到当前的工程里。如图 20.15 所示，打开出厂测试程序的工程文件夹，在 icode 文件夹里找到 bt 子文件夹，这是蓝牙模块的驱动程序文件夹，其中有 bt.c 和 bt.h 文件。将 bt 文件夹复制到当前工程的 icode 文件夹，在 CubeIDE 中刷新工程文件树。如图 20.16 和图 20.17 所示，在工程文件树中打开 bt.c 和 bt.h 文件，浏览一遍其中的内容。bt.c 文件中有两个函数，第 12 行是蓝牙模块睡眠唤醒函数，函数内容是控制 PA8 端口产生 100μs 低电平脉冲。由于目前不使用睡眠模式，PA8 端口也被设置为初始低电平，所以此函数不起作用。第 20 行是蓝牙模块专用的 printf 函数，函数内容与 RS485、USB 虚拟串口的 printf 函数一样，区别只是在最终发送数据的第 29 行调用了 USART2 发送的 HAL 库函数。bt.h 文件里加载了各类库文件，对 bt.c 文件里的函数进行声明。

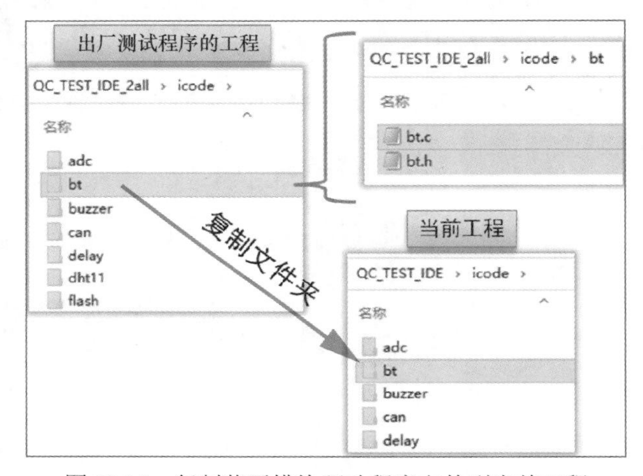

图 20.15　复制蓝牙模块驱动程序文件到当前工程

```
3  *
4  *  Created on: Oct 21, 2021
5  *      Author: Administrator
6  */
7
8 #include "bt.h"
9
10 //蓝牙模块唤醒函数
11 //对蓝牙模块上的PWRC（P00）接口产生一个低电平脉冲，如不使用睡眠模式可忽略此函数
12 void BT_WEEKUP (void)
13 {
14     HAL_GPIO_WritePin(RS485_RE_GPIO_Port,RS485_RE_Pin, GPIO_PIN_RESET);//PWRC接口控制
15     delay_us(100);
16     HAL_GPIO_WritePin(RS485_RE_GPIO_Port,RS485_RE_Pin, GPIO_PIN_SET);//PWRC接口控制
17 }
18 //蓝牙模块通信，使用USART2（与RS485复用），这是BT蓝牙的printf函数
19 //调用方法：BT_printf("123"); //向USART3发送字符123
20 void BT_printf (char *fmt, ...)
21 {
22     char buff[USART2_REC_LEN+1];  //用于存放转换后的数据 [长度]
23     uint16_t i=0;
24     va_list arg_ptr;
25     va_start(arg_ptr, fmt);
26     vsnprintf(buff, USART2_REC_LEN+1, fmt,  arg_ptr);//数据转换
27     i=strlen(buff);//得出数据长度
28     if(strlen(buff)>USART2_REC_LEN)i=USART2_REC_LEN;//如果长度大于最大值，则长度等于最大值（多出部分忽略）
29     HAL_UART_Transmit(&huart2,(uint8_t  *)buff,i,0xffff);//串口发送函数（串口号，内容，数量，溢出时间）
30     va_end(arg_ptr);
31 }
32 //所有USART串口的中断回调函数HAL_UART_RxCpltCallback，统一存放在【USART1.C】文件中。
33
```

图 20.16　bt.c 文件的内容

```
QC_TEST (in QC_TEST_IDE)
  > Binaries
  > Includes
  > Core
  > Drivers
  v icode
    > adc
    v bt
      > bt.c
      > bt.h
    > buzzer
    > can
    > delay
    > dht11
    > key
    > led
    > relay
    > rs485
    > rtc
    > usart
    > w25q128
  > Debug
  > Middlewares
    QC_TEST.ioc
    QC_TEST Debug.launch
    STM32F103C8TX_FLASH.ld
```

```
1 /*
2  * bt.h
3  *
4  *  Created on: Oct 21, 2021
5  *      Author: Administrator
6  */
7
8 #ifndef BT_BT_H_
9 #define BT_BT_H_
10
11 #include "stm32f1xx_hal.h" //HAL库文件声明
12 #include "main.h"
13 #include "../usart/usart.h"
14 #include "../delay/delay.h"
15 #include <string.h>//用于字符串处理的库
16 #include <stdarg.h>
17 #include <stdlib.h>
18 #include "stdio.h"
19
20 extern UART_HandleTypeDef huart2;//声明USART2的HAL库结构体
21 void BT_WEEKUP (void);//蓝牙模块唤醒函数
22 void BT_printf (char *fmt, ...); //BT蓝牙模块发送
23
24 #endif /* BT_BT_H_ */
25
```

图 20.17　bt.h 文件的内容

蓝牙模块驱动程序里的内容只有数据发送的相关函数，因为通信借用了 USART2 串口，所以数据接收程序存放在 usart.c 文件的串口中断回调函数里。如图 20.18 所示，usart.c 文件的第 14～17 行是之前 RS485 总线通信时定义的数组和标志位，现在它们将成为蓝牙模块的接收数组和标志位。特别是第 17 行的 RS485 与蓝牙模块切换标志位，如果不想删除 RS485 的接收处理程序，就要使用此标志位来适时切换接收来源。我们规定此位为 1 时表示接收 RS485 数据，为 0 时表示接收蓝牙数据。

```
13
14 uint8_t USART2_RX_BUF[USART2_REC_LEN];//接收缓冲,最大USART_REC_LEN个字节.
15 uint16_t USART2_RX_STA=0;//接收状态标记//bit15：接收完成标志，bit14：接收到0x0d，bit13~0：接收到的有效字节数目
16 uint8_t USART2_NewData;//当前串口中断接收的1个字节数据的缓存
17 uint8_t RS485orBT;//当RS485orBT标志位为1时是RS485模式，为0时是蓝牙模式
18
```

图 20.18　USART2 的数组和标志位

如图 20.19 所示，串口中断回调函数中的第 43 行是 USART2 中断判断，如果串口 2 接收到数据将执行第 45～64 行的程序。其中第 45 行是判断 RS485 和蓝牙模块切换标志位，如果标志位不为 0 则执行第 46～48 行的 RS485 接收处理程序，如果标志位为 0 则执行第 50～63 行的蓝牙模块接收处理程序。这段蓝牙处理程序并不陌生，整体程序结构和超级终端串口接收处理程序一样，只是将 USART1 换成了 USART2。也就是说，可以像处理超级终端的程序一样处理这段蓝牙接收数据，陌生的蓝牙模块一下变成了熟悉的超级终端，处理程序几乎一样，这里就不再逐行分析。通信协议的相同是一件好事，大大降低了学习成本，降低了开发难度。如果每个模块都有一套与众不同的通信协议，那才是开发者的灾难。当所有模块和芯片都统一采用 USART、单总线、SPI 总线、I^2C 总线的通信协议时，我们才能以不变应万变。

```
43      if(huart ==&huart2)//判断中断来源（RS485/蓝牙）
44      {
45          if(RS485orBT){//判断当RS485orBT标志位为1时是RS485模式，为0时是蓝牙模式
46              USART2_RX_BUF[0]=USART2_NewData;//收到数据放入缓存数组（只用到1个数据存放在数组[0]）
47              USART2_RX_STA++;//数据接收标志位加1
48              HAL_UART_Receive_IT(&huart2,(uint8_t *)&USART2_NewData, 1); //再开启接收中断
49          }else{
50              if((USART2_RX_STA&0x8000)==0){//接收未完成
51                  if(USART2_RX_STA&0x4000){//接收到了0x0d
52                      if(USART2_NewData!=0x0a)USART2_RX_STA=0;//接收错误,重新开始
53                      else USART2_RX_STA|=0x8000;    //接收完成了
54                  }else{ //还没收到0X0D
55                      if(USART2_NewData==0x0d)USART2_RX_STA|=0x4000;
56                      else{
57                          USART2_RX_BUF[USART2_RX_STA&0X3FFF]=USART2_NewData; //将收到的数据放入数组
58                          USART2_RX_STA++;   //数据长度计数加1
59                          if(USART2_RX_STA>(USART2_REC_LEN-1))USART2_RX_STA=0;//接收数据错误,重新开始接收
60                      }
61                  }
62              }
63              HAL_UART_Receive_IT(&huart2,(uint8_t *)&USART2_NewData,1); //再开启接收中断
64          }
65      }
```

图 20.19　USART2 接收处理程序

20.5　编写应用程序

接下来编写蓝牙模块数据收发的应用程序。打开 main.c 文件，如图 20.20 所示，第 37 行加入 bt.h 文件的路径。如图 20.21 所示，在主循环之前的第 126 行加入开启串口 2 接收中断的 HAL 库函数，执行此函数才能开始串口 2 的接收。第 127 行将 RS485 与蓝牙模块的切换标志位赋值为 0，使中断回调函数里采用蓝牙模块的处理程序。进入主循环程序，如图 20.22 所示，其中第 135～138 行是判断串口 2 接收标志位，如果接收到数据则执行第 137 行，将接收到的第 1 个数据通过 BT_printf 函数发送回蓝牙模块。第 140～148 行是判断按键并向蓝牙模块发送字符 A 和 B 的程序。也就是说，这里的数据收发应用程序与上一步中 RS485 总线的应用程序一样，若单片机收到蓝牙模块的数据，就将第 1 个数据发回给蓝牙模块。当按下核心板上的 KEY1 和 KEY2 按键时，向蓝牙模块发送字符 A 和 B。将程序重新编译下载，在开发板上观察实验效果。由于需要将蓝牙模块与手机 App 建立连接才能看到实验效果，所以要在手机上安装 App，并在手机上操作完成数据收发。

```
22⊕/* Private includes ----------------------------------
23 /* USER CODE BEGIN Includes */
24 #include "../../icode/led/led.h"
25 #include "../../icode/key/key.h"
26 #include "../../icode/delay/delay.h"
27 #include "../../icode/buzzer/buzzer.h"
28 #include "../../icode/relay/relay.h"
29 #include "../inc/retarget.h"//用于printf函数串口重映射
30 #include "../../icode/usart/usart.h"
31 #include "../../icode/adc/adc.h"
32 #include "../../icode/rtc/rtc.h"
33 #include "../../icode/dht11/dht11.h"
34 #include "../../icode/w25q128/w25qxx.h"
35 #include "../../icode/rs485/rs485.h"
36 #include "../../icode/can/can1.h"
37 #include "../../icode/bt/bt.h"
38 /* USER CODE END Includes */
```

图 20.20　加载 bt.h 文件的路径

```
115    /* Initialize all configured peripherals */
116    MX_GPIO_Init();
117    MX_ADC1_Init();
118    MX_CAN_Init();
119    MX_SPI2_Init();
120    MX_USART1_UART_Init();
121    MX_USART2_UART_Init();
122    MX_USART3_UART_Init();
123    /* USER CODE BEGIN 2 */
124    RetargetInit(&huart1);//将printf函数映射到USART1串口上
125    HAL_UART_Receive_IT(&huart1,(uint8_t *)&USART1_NewData,1);//开启串口1接收中断
126    HAL_UART_Receive_IT(&huart2,(uint8_t *)&USART2_NewData,1); //开启串口2接收中断
127    RS485orBT = 0;////当RS485orBT标志位为1时是RS485模式，为0时是蓝牙模式
128
```

图 20.21　初始化部分程序

```
131    /* Infinite loop */
132    /* USER CODE BEGIN WHILE */
133    while (1)
134    {
135        if(USART2_RX_STA!=0){//判断中断接收标志位（蓝牙模块BT，使用USART2）
136           BUZZER_SOLO1();//蜂鸣器输出单音的报警音
137           BT_printf("%c",USART2_RX_BUF[0]); //蓝牙发送（仅发送第1个字符）
138           USART2_RX_STA=0;//标志位清0，准备下次接收
139        }
140        if(KEY_1())//按下KEY1判断
141        {
142            BUZZER_SOLO2();//提示音
143            BT_printf("A");//向蓝牙发送字符A
144        }
145        if(KEY_2())//按下KEY2判断
146        {
147            BUZZER_SOLO2();//提示音
148            BT_printf("B");//向蓝牙发送字符B
149        }
150      /* USER CODE END WHILE */
151
```

图 20.22　应用部分程序

20.6　App 透传测试

这里以安卓手机为例，介绍蓝牙通信软件的安装与使用方法，在后续的蓝牙功能学习与实验中都会用到此手机软件。如图 20.23 所示，大家可以在蓝牙模块资料中打开第 2 个文件夹“App 与源码”，在其中找到“蓝牙调试器”（扩展名为 APK）的安装程序。将此文件复制到你的安卓手机上并安装。iOS 手机可以在应用市场中搜索“蓝牙调试助手”，它们的功能和操作方法大体相同。应用市场中可能还有很多更好的蓝牙调试软件，但透传通信的基本原理一样，大家可以找到喜欢的软件举一反三。

这里所说的“透传”是指两台设备之间不经任何处理的数据传输，直接收发。之前学习的 USART 串口、RS485 总线、CAN 总线的通信实验都属于透传。接下来连接开发板的电源，运行刚刚下载的蓝牙通信程序。如图 20.24 所示，打开安卓手机上的蓝牙调试器 App，主界面会显示周边的蓝牙设备，蓝牙名称为“JDY-08”的设备是开发板上的蓝牙模块。单击设备名右侧的加号开始连接，连接成功时标题栏会显示“JDY-08 已连接”。如图 20.25

所示，如果想断开连接可单击设备名右侧的红叉。单击屏幕下边的“对话模式”选项，如图 20.26 所示，出现与串口助手一样的通信窗口。在下面的输入框中输入字符“1”，单击发送按钮就能从手机向蓝牙模块发送数据。在上方的窗口中第一行的“<–”表示向外发送数据，数据内容是字符“1”。开发板收到数据后会将数据原样返回，于是在第二行显示“–>”表示向内接收数据，接收内容是字符“1”。然后再按下核心板上的 KEY1 和 KEY2 按键，手机会接收到字符“A”和“B”，达到了预想的实验效果。以上是最基础的透传通信实验，在未来的项目开发中可以利用“对话模式”代替超级终端，在手机上调试数据。也可以编写蓝牙模块控制 LED 和继电器的程序，实现手机对开发板的无线控制。

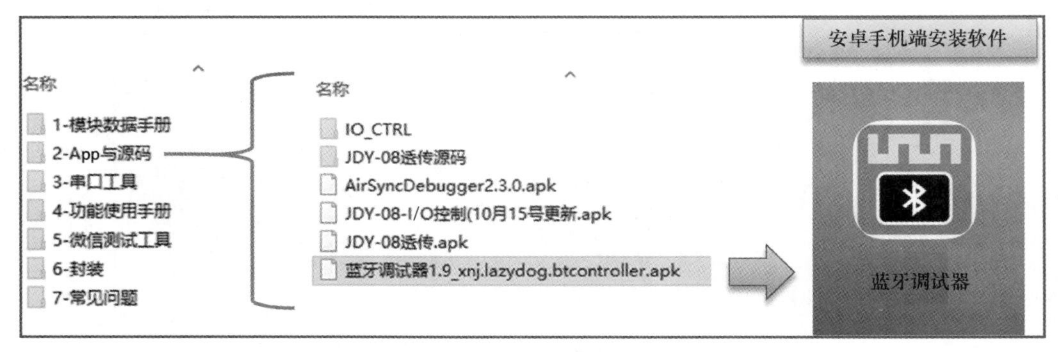

图 20.23　找到并安装蓝牙调试器 App

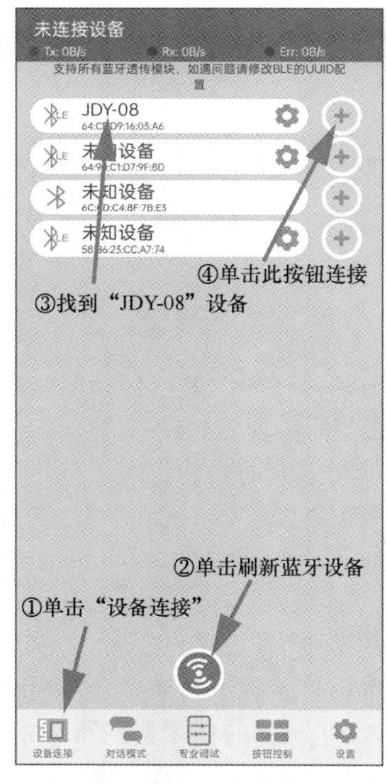

图 20.24　设备连接

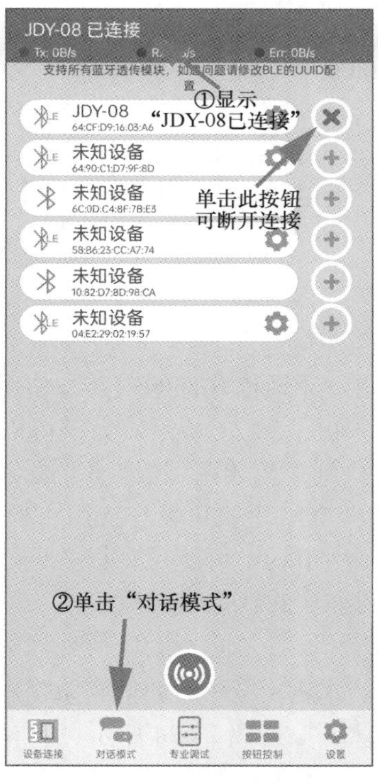

图 20.25　进入对话模式

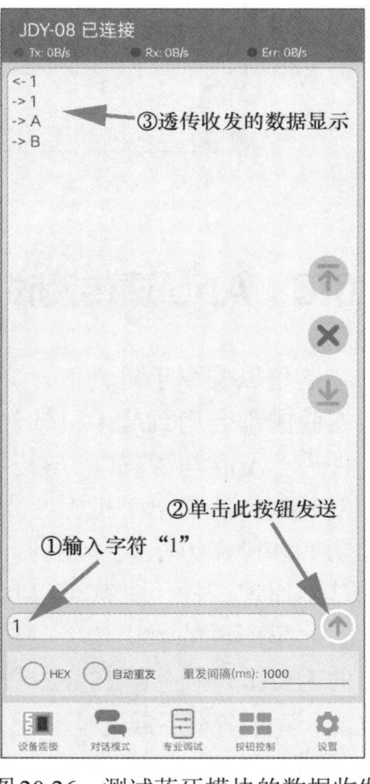

图 20.26　测试蓝牙模块的数据收发

第 21 步：蓝牙 AT 指令与控制应用

上一步学会了蓝牙模块最基础的数据收发，这一步继续学习蓝牙模块，我分成两个部分，第 1 部分学习蓝牙模块的 AT 指令，通过仔细研究蓝牙模块的数据手册，掌握常用的 AT 指令，了解每个指令的作用。然后编写一个操作 AT 指令的程序，学习在程序中如何发送 AT 指令。第 2 部分学习利用手机 App 实现近场遥控应用。用蓝牙调试器 App 制作一款蓝牙遥控器，在手机界面上控制洋桃 IoT 开发板上的继电器、LED 和蜂鸣器，并把开发板上的执行结果显示在手机上。

21.1　AT 指令集介绍

现在学习的蓝牙模块和即将学习的 Wi-Fi 模块都有 AT 指令。初次听说 AT 指令会觉得它复杂神秘，但掌握之后你会发现它非常简单。AT 指令本质上是对蓝牙模块内置功能的设置指令，就像用 CubeMX 设置单片机内部功能一样，包括设置蓝牙模块的工作模式、串口波特率、广播名称、发射功率等，还能控制蓝牙模块进入睡眠状态、复位、断开连接，蓝牙模块上自带的 I/O 端口、控制电机的 PWM 输出功能、内部 RTC 时钟功能也可以通过 AT 指令设置或控制。AT 指令是一种格式，并没有统一标准，每个模块都有自己独特的设置内容，具体的操作需要先阅读模块的数据手册，通过 AT 指令集表了解模块有哪些 AT 指令，每个指令的作用是什么，才能正确地设置或控制。

打开“CC2541 模块数据手册”，如图 21.1 所示，第 5～6 页是 AT 指令集表，如图 21.2 所示，第 6～14 页是每个 AT 指令的使用方法。下面我来介绍常用的 AT 指令项目，其他不常用的请大家自学。AT 指令集表中常用的指令是序列 1～11、20～21 和 29。序列 1 指令（AT+RST）的功能是让蓝牙模块复位。序列 2 指令（AT+BOUD）的功能是设置串口通信的波特率，默认值是 115200。序列 3 指令（AT+HOSTEN）的功能是选择主从设备模式，可设置蓝牙模块工作在主/从设备模式。序列 6 指令（AT+ADVEN）的功能是打开广播，默认是打开状态。蓝牙模块的广播是指让其他设备可以扫描到蓝牙模块，如果广播功能关闭，手机无法搜索到蓝牙模块的设备名称。序列 9 指令（AT+POWR）的功能是设置无线发射功率。序列 10 指令（AT+NAME）的功能是设置广播名称，默认名称是 JDY-08，也就是上一步在手机上显示的蓝牙模块名称，大家可以通过此 AT 指令将名称改成自己的产品名称。序列 20 指令（AT+ISCEN）的功能是设置密码连接，默认关闭密码，打开后手机需要密码才能连接蓝牙模块。序列 29 指令（AT+GETSTAT）的功能是查寻模块的工作状态，蓝牙模块收到此 AT 指令后会回复一组数据，反馈模块的各项设置的状态。

如图 21.2 所示，数据手册从第 6 页开始是 AT 指令说明，其中给出了指令的具体操作方法。方法是向蓝牙模块发送一组字符，字符有固定的格式，由“AT+”开头，后面接指令的英文字符。例如复位的指令是通过串口向蓝牙模块发送“AT+”后接“RST”，蓝牙模块收到指令后复位模块。蓝牙模块执行完指令会回复一组字符，告诉单片机执行结果，执行成功回复“OK”，执行失败回复“ERR”。接下来看断开连接指令，指令是

“AT+DISC”，执行成功蓝牙模块回复“OK”。如图 21.3 所示，设置模块工作模式的指令共有 5 个，默认为从机透传（App）模式，可以发送指令切换工作模式，切换成功回复“OK”。如图 21.4 所示，通过不同的发射功率指令来修改不同功率值，默认发射功率为 0，设置成功回复“OK”。读取当前功率值可发送指令“AT+POWR”，蓝牙模块回复“POWR0db”表示当前功率为 0。修改广播名的指令是“AT+NAME”后接设置的名称，例如修改的名称是 JDY-08，则完整指令是“AT+NAMEJDY-08”，修改成功回复“OK”。读取当前广播名可发送指令“AT+NAME”，蓝牙模块回复广播名“JDY-08”。如图 21.5 所示，读取模块工作状态的指令发送后会回复“STS:”后接状态码，通过说明表格可以了解状态码中的每一位代表的含义，此表中的状态码仅限蓝牙模块处于从机透传模式，其他工作模式如图 21.6 所示，会有不同的状态码。

AT指令集

序列	指令	作用	主/从	工作模式	默认
1	AT+RST	复位	M/S	–	
2	AT+BOUD	串口波特率设置	M/S	–	115200
3	AT+HOSTEN	主从设置	M/S	–	从机
4	AT+HOST	读取主设备状态	M	–	
5	AT+DISC	断开连接	M	–	
6	AT+ADVEN	打开广播	S	–	打开
7	AT+ADVIN	广播间隔设置	S	–	100ms
8	AT+NEIN	连接间隔设置	S	–	10ms
9	AT+POWR	发射功率设置	S	–	0dB
10	AT+NAME	广播名称设置	S	–	JDY-08
11	AT+MAC	读MAC地址	M/S	–	
20	AT+ISCEN	密码连接设置	S	–	关闭
21	AT+PASS	连接密码	S	–	123456
28	AT+GETDCD	读取主机扫描到的从机数量	M	–	
29	AT+GETSTAT	查找模块的工作状态	M/S	–	
30	AT+PWMFRE	设置PWM频率	M/S	–	500Hz

图 21.1　AT 指令集表（节选）

通过以上介绍，大家应该对 AT 指令的设置有了清晰的理解，对于没有介绍到的 AT 指令，其功能和操作方法都是相同的。接下来学习在具体程序开发中如何发送 AT 指令、如何接收和处理回复的数据。

AT指令说明
复位
　指令：AT+RST
　返回：OK

断开连接
　指令：AT+DISC　表示断开连接
　返回：OK

图 21.2　复位和断开连接指令说明

设置模块工作模式
　指令: AT+HOSTEN0　表示设置从机透传（App）模式　注意: 默认为从机透传传（App）
　指令: AT+HOSTEN1　表示设置主机透传模式
　指令: AT+HOSTEN2　表示设置主机（室内定位、传感器）观察者模式
　指令: AT+HOSTEN3　表示设置从机（iBeacon、传感器）模式
　指令: AT+HOSTEN4　表示设置从机（微信透传）模式
　返回: OK

图 21.3　设置模块工作模式指令说明

发射功率
　指令: AT+POWR0　表示设置发射功率为4dB
　指令: AT+POWR1　表示设置发射功率为0
　指令: AT+POWR2　表示设置发射功率为-6dB
　指令: AT+POWR3　表示设置发射功率为-23dB
　返回: OK
　指令: AT+POWR　指令后面不带参数表示读
　返回: POWR0db　表示模块发射功率为0
设置广播名
　指令: AT+NAMEJDY-08　表示设置广播名为JDY-08
　返回: OK
　指令: AT+NAME　指令后面不带参数表示读
　返回: JDY-08　表示模块广播名为JDY-08

图 21.4　发射功率与设置广播名指令说明

读取模块的工作状态
　指令：AT+ GETSTAT
　以下为各工作模式的返回状态
　(1) **从机透传模式**
　　返回：STS:0111

绝色部分与左边功能对应		
功能	**命令位**	**位功能说明**
工作模式	STS:0111	0表示从机透传模式
连接状态	STS:0111	1 表示已经连接，0 表示未连接
打开广播	STS:0111	1 表示广播使能打开，0 表示关闭
打开密码连接	STS:0111	1表示打开密码连接，0表示未打开

图 21.5　读取模块的工作状态指令说明

21.2　AT 指令的编程方法

接下来编写一个向蓝牙模块发送 AT 指令的程序，在开发板上测试实验效果。由于之

前就已经使用过此蓝牙模块，对它在实际应用中的情况有所了解。在这里我要先说明一个数据手册与实际使用中的差异，那就是蓝牙模块回复数据并不是数据手册上的“OK”。如图 21.7 所示，这里我通过串口助手软件与蓝牙模块进行通信，发现回复的数据是“+OK”，而当我将接收模式从文本模式改成十六进制（HEX）模式时，发现回复数据的结尾还有结束符 0x0A，0x0A 是换行转译符，在文本模式下看不出来，只有在 HEX 模式下才能看到最真实数据。当

（2）主机透传模式
返回: STS:10
1：表示为主机透传模式
0：表示未连接，1表示已经连接
（3）从机iBeacon模式
返回: STS:301
3：表示从机iBeacon模式
0：表示未连接，1表示已经连接
1：表示打开广播，0表示未打开广播
（4）主机观察者模式
返回：STS:2
2：表示主机观察者模式

图 21.6　其他的工作模式

AT 指令执行错误时回复的数据不是“ERR”，而是“+ERR”，也包含结束符 0x0A。也就是说，如果需要在程序里处理回复数据，要以实际接收内容为准。如图 21.8 所示，AT 指令执行成功将回复 4 个字节，其中 0x2B 是字符“+”对应的 ASCII。0x4F 和 0x4B 对应“O”和“K”，最后一个字节是结束符 0x0A。AT 指令执行失败将回复 5 个字节，前 4 个是字符“+ERR”的 ASCII，最后一个字节是结束符 0x0A。下面我们将按照这样的回复数据来编写处理程序。

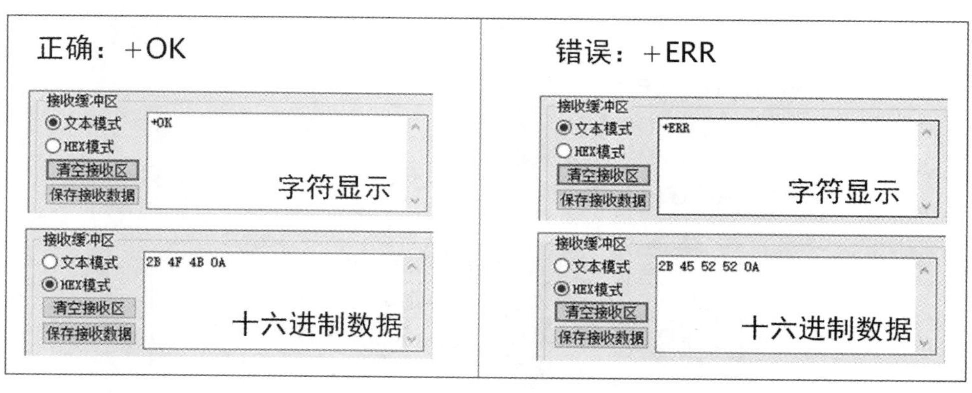

图 21.7　蓝牙模块回复的数据

回复+OK的数据
数据数量：4个

字符	+	O	K	结束符
十六进制数据	0x2B	0x4F	0x4B	0x0A

回复+ERR的数据
数据数量：5个

字符	+	E	R	R	结束符
十六进制数据	0x2B	0x45	0x52	0x52	0x0A

图 21.8　蓝牙模式回复数据分析

如图 21.9 所示，打开 usart.c 文件，在串口中断回调函数的第 50～61 行是 USART2 串口的处理程序。在上一步的示例中，此处的处理程序直接复制了超级终端的串口处理程序，会判断“\r\n”转译字符代表的 Enter 键。但是在蓝牙模块回复的数据中只有结束符 0x0A，也就是转译字符“\n”。于是我们的处理程序只需要判断“\n”，即 0x0A。第 51 行判断接收

的数据是不是 0x0A，如果是则执行第 53 行，将接收标志位的 16 个位中的最高位变成 1。接下来只需要在应用程序中判断串口 2 接收标志位的最高位是不是 1，就能判断一组数据是否接收结束。这个部分的程序并不复杂，不再逐行分析。

```
43      if(huart ==&huart2)//判断中断来源（RS485/蓝牙）
44      {
45          if(RS485orBT){//判断当RS485orBT标志位为1时是RS485模式，为0时是蓝牙模式
46             USART2_RX_BUF[0]=USART2_NewData;//收到数据放入缓存数组（只用到1个数据存放在数组[0]）
47             USART2_RX_STA++;//数据接收标志位加1
48             HAL_UART_Receive_IT(&huart2,(uint8_t *)&USART2_NewData, 1); //再开启接收中断
49          }else{
50             if((USART2_RX_STA&0x8000)==0){//接收未完成（将USART2_RX_STA最高位1位规定是接收完成标志位）
51                 if(USART2_NewData==0x0A)//如收到0x0A表示接收到结束符（蓝牙模块回复数据以0x0A为结束符）
52                 {
53                      USART2_RX_STA|=0x8000;//收到0x0A，接收完成
54                 }
55                 else{ //如没有收到0x0A则继续接收数据内容并把数量加1
56                    USART2_RX_BUF[USART2_RX_STA&0X7FFF]=USART2_NewData; //将收到的数据放入数组
57                    USART2_RX_STA++;  //数据长度计数加1
58                    if(USART2_RX_STA>(USART2_REC_LEN-1))USART2_RX_STA=0;//接收数据错误，重新开始接收
59                 }
60             }
61             HAL_UART_Receive_IT(&huart2,(uint8_t *)&USART2_NewData,1); //再开启接收中断
62          }
63      }
```

图 21.9 中断回调函数中的蓝牙接收部分

如图 21.10 所示，打开 main.c 文件，开始编写 AT 指令发送程序和回复数据处理程序。第 128～129 行将 LED1 和 LED2 熄灭，为后面用 LED 状态表示回复状态做好准备。如图 21.11 所示，进入主循环程序部分，其中第 154～167 行是 AT 指令发送程序，当按下核心板上的 KEY1 按键时执行第 159 行的 BT_printf 函数，向蓝牙模块发送“AT+NAMECC2541”，也就是修改广播名的指令，将广播名改成“CC2541”。按下 KEY2 按键时执行第 166 行的程序，向蓝牙模块发送“AT+DISC”断开连接指令。AT 指令的发送就是这么简单，直接发送一组字符即可。第 136～153 行是蓝牙模块回复数据的处理程序。其中第 136 行判断串口接收标志位的最高位是不是 1，如果是，表示已经完成一组回复数据的接收，开始处理数据。第 137 行判断接收标志位中的接收数量是不是 3 个。之前说过执行成功会回复 4 个字节数据，但最后的结束符 0x0A 不计数，所以这里只判断“+OK”，共 3 个字节。第 138～140 行通过“&&”，同时判断串口 2 接收数组中第 1 个数据是不是字符“+”，第 2 个数据是不是字符“O”，第 3 个数据是不是字符“K”。数量与字符内容都正确时执行第 142 行，LED1 点亮，AT 指令执行成功。另外，第 144～148 行是判断 AT 指令执行失败的程序，判断回复数量是 4 个，内容是“+ERR”则执行第 150 行，LED2 点亮，AT 指令执行失败。最后执行第 152 行清除接收标志位，为下一次接收做准备。

```
123     /* USER CODE BEGIN 2 */
124     RetargetInit(&huart1);//将printf函数映射到USART1串口上
125     HAL_UART_Receive_IT(&huart1,(uint8_t *)&USART1_NewData,1);//开启串口1接收中断
126     HAL_UART_Receive_IT(&huart2,(uint8_t *)&USART2_NewData,1); //开启串口2接收中断
127     RS485orBT = 0;////当RS485orBT标志位为1时是RS485模式，为0时是蓝牙模式
128     LED_1(0);//LED1控制 //LED状态复位
129     LED_2(0);//LED2控制
130     /* USER CODE END 2 */
131
```

图 21.10 LED 状态复位程序

```
133    /* USER CODE BEGIN WHILE */
134    while (1)
135    {
136        if(USART2_RX_STA&0x8000){//判断中断接收标志位（蓝牙模块BT，使用USART2）
137           if((USART2_RX_STA&0x7FFF) == 3      //判断接收数量3个
138                  && USART2_RX_BUF[0]=='+'     //判断接收第1个字符是不是+
139                  && USART2_RX_BUF[1]=='O'     //判断接收第2个字符是不是O
140                  && USART2_RX_BUF[2]=='K')    //判断接收第3个字符是不是K
141           {
142               LED_1(1);//LED1控制 //LED1亮，表示接收到+OK（成功）的回复
143           }
144           else if((USART2_RX_STA&0x7FFF) == 4      //判断接收数量4个
145                  && USART2_RX_BUF[0]=='+'          //判断接收第1个字符是不是+
146                  && USART2_RX_BUF[1]=='E'          //判断接收第2个字符是不是E
147                  && USART2_RX_BUF[2]=='R'          //判断接收第3个字符是不是R
148                  && USART2_RX_BUF[3]=='R')         //判断接收第4个字符是不是R
149           {
150               LED_2(1);//LED2控制 //LED2亮，表示接收到+ERR（失败）的回复
151           }
152           USART2_RX_STA=0;//标志位清0，准备下次接收
153        }
154        if(KEY_1())//按下KEY1判断
155        {
156            BUZZER_SOLO2();//提示音
157            LED_1(0);//LED1控制 //在蓝牙模块回复之前先将LED状态复位
158            LED_2(0);//LED2控制
159            BT_printf("AT+NAMECC2541");//向蓝牙模块发送AT指令（修改模块的广播名为CC2541）
160        }
161        if(KEY_2())//按下KEY2判断
162        {
163            BUZZER_SOLO2();//提示音
164            LED_1(0);//LED1控制 //在蓝牙模块回复之前先将LED状态复位
165            LED_2(0);//LED2控制
166            BT_printf("AT+DISC");//向蓝牙模块发送AT指令（断开与手机的连接）
167        }
168     /* USER CODE END WHILE */
```

图 21.11　主循环部分程序

请把编写好的程序重新编译下载，在洋桃 IoT 开发板上观察实验效果。如图 21.11 所示，当按下核心板上的 KEY1 和 KEY2 按键时，LED1 点亮，实验效果如图 21.12 所示。然后再用手机搜索蓝牙设备会发现设备名称变成了“CC2541”，表示 AT 指令执行成功，广播名已经改变。大家可以试着在程序中修改第 159 行或第 166 行的发送内容，改成一个并不存在的 AT 指令，下载测试时按下按键，LED2 点亮，表示回复数据是“+ERR”。有了这个程序示例，大家就能在此基础上发送各种 AT 指令，达到任意设置蓝牙模块的效果。

图 21.12　实验效果

21.3　蓝牙控制界面设置

在我做过的项目开发中，涉及蓝牙模块的大多是蓝牙模块与手机 App 的连接。如图 21.13 所示，客户会找专业的 App 开发者开发适用于产品的 App，而我们嵌入式开发者的工作是在产品硬件上集成蓝牙模块，最终与手机 App 通信。通信的基础依然是透传收发，只是在此基础上 App 开发者与嵌入式开发者会约定一套通信协议。简单的协议是一个字符代表一个功能，复杂的协议需要包括起始码、功能码、数量码、校验码、结束码，甚至包含加密算法。

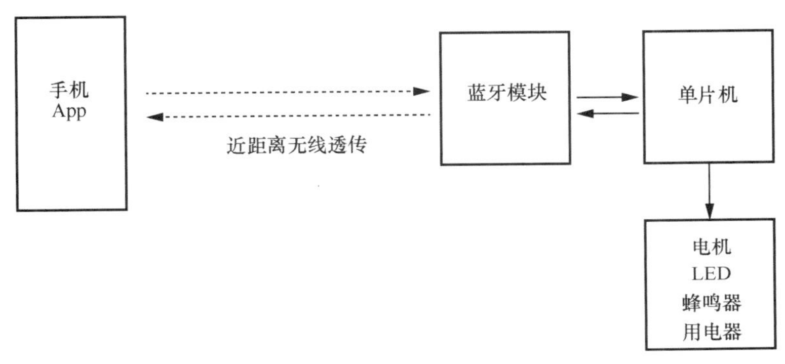

图 21.13　蓝牙模块与手机 App 连接示意图

目前我们在教学实验阶段可用蓝牙调试器 App 内的按钮控制功能来模拟定制的 App。依然打开上一步在手机上安装好的蓝牙调试器 App，同时保持洋桃 IoT 开发板处于运行状态。打开软件后，在设备连接界面上单击扫描按钮，会找到名为“CC2541”的设备（这是改名后的蓝牙模块），单击右侧的“+”连接。如图 21.14 所示，单击下方的“按钮控制”，在弹出的界面上方有接收数据显示区，开发板发来的数据会显示在此处，下方数据发送按钮区的按钮可由我们自定义发送内容。首次使用时需要打开“编辑模式”的开关，然后单击左上角的“按钮 1”，将弹出按钮设置窗口。如图 21.15 所示，窗口最上方可以设置按钮名称，这里改成“继电器开”，下面可以设置按下按钮时发送的数据，还可以设置松开按钮时发送的数据。如果把按钮作为单点开关使用，只需要填写按下时发送的数据；如果要做电机控制等需要按下按钮时工作、松开按钮后停止的场合，就要设置按下和松开两组数据。填写数据默认以字符方式，但是我想在单片机程序里借用 AT 指令的接收处理程序，需要有结束符 0x0A，用字符方式没法输入，所以先打开右下角的“HEX”开关，这时可填写十六进制数据。这里填写 0x41 和 0x0A 两个字节，用手机键盘输入“41 0A”，单击“确定”按钮。如图 21.16 所示，按此方法设置 6 个按钮，左侧一组按钮可开关继电器，中间一组按钮可点亮和熄灭 LED1，右侧一组上边按钮让蜂鸣器响一声，下边按钮让单片机复位。每个按钮都设置为按下后发送两个字节，有效数据从 0x41 到 0x46，后接 0x0A。下方还有 5 个按钮也可以用同样的方法设置，这里暂时没有使用它们。如图 21.17 所示，设置好后关闭“编辑模式”，然后可随意按下设置过的按钮，按钮上方会有红色字体显示发送的数据。

此时开发板上的蓝牙模块将接收到相应的两个字节数据。

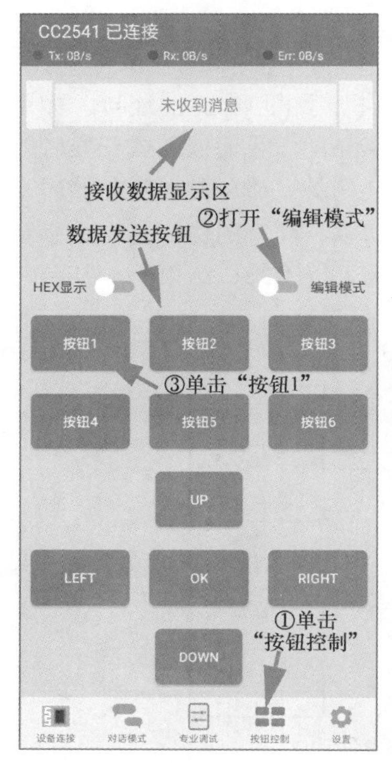

图 21.14　打开“按钮控制”界面

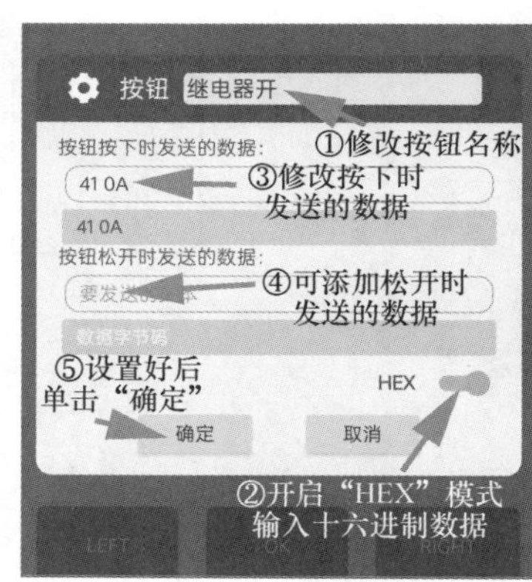

图 21.15　编辑按钮名称和发送的数据

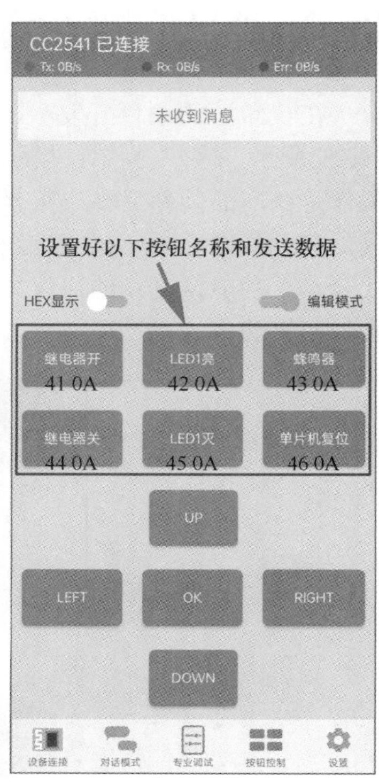

图 21.16　完成 6 个按钮的编辑

21.4　编写蓝牙控制应用程序

接下来要在接收处理程序中添加数据处理和控制程序。由于我们已经在按钮发送中加入了结束符 0x0A，所以可直接借用主循环中的 AT 指令接收处理程序。如图 21.18 所示，在程序的第 152～182 行加入按钮控制的处理程序。其中第 152 行判断接收标志位中的数量，如果接收到 1 个字节表示收到的不是 AT 指令，而是按钮控制。这时执行第 154 行的 switch 语句判断接收字节的内容。第 155 行如果第 1 个字节是 0x41，则执行第 156 行吸合继电器，再执行第 157 行向手机回复“Relay ON”，表示继电器已经吸合。接下来的 5 个数据判断也是同样原理，如果是对应的数据就执行相应的操作，并向手机回复一组状态字符。

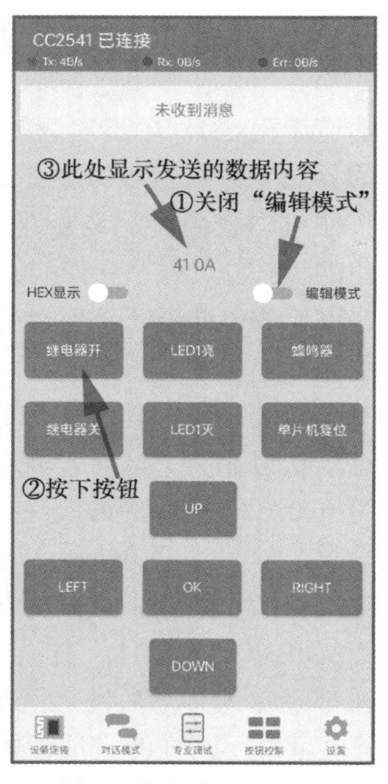

图 21.17　关闭“编辑模式”并测试按钮发送

将程序重新编译下载，在开发板上运行，在

手机上操作，观察实验效果。如图 21.19 所示，当按下“继电器开”按钮时，开发板上的继电器吸合，界面上方的接收数据显示区出现“Relay ON”。再按其他按钮，开发板执行相应的操作，接收数据显示区出现对应的状态字符。达到了预想的实验效果。学会按钮摇控功能之后，你就具有了丰富的扩展空间，可以通过修改按钮发送内容，通过修改接收处理程序来达到各种复杂、有趣的应用。希望大家尽情发挥，创造出自己的特色应用。熟练掌握单片机的秘诀是在示例程序的基本上不断修改、创造，在实践中遇见问题，在问题中学习如何寻找原因、解决问题。下一步我将探索蓝牙模块在应用上的更多可能性，给大家提供更多的发挥空间。

```
152         else if((USART2_RX_STA&0x7FFF) == 1)    //判断接收数量1个（手机控制程序）
153         {
154             switch (USART2_RX_BUF[0]){//判断接收数据的内容
155                 case 0x41:
156                     RELAY_1(1);////继电器的控制程序（0继电器放开，1继电器吸合）
157                     BT_printf("Relay ON");//返回数据内容，在手机App上显示
158                     break;
159                 case 0x44:
160                     RELAY_1(0);////继电器的控制程序（0继电器放开，1继电器吸合）
161                     BT_printf("Relay OFF");//返回数据内容，在手机App上显示
162                     break;
163                 case 0x42:
164                     LED_1(1);//LED1控制
165                     BT_printf("LED1 ON");//返回数据内容，在手机App上显示
166                     break;
167                 case 0x45:
168                     LED_1(0);//LED1控制
169                     BT_printf("LED1 OFF");//返回数据内容，在手机App上显示
170                     break;
171                 case 0x43:
172                     BUZZER_SOLO1();//蜂鸣器输出单音的报警音
173                     BT_printf("BEEP");//返回数据内容，在手机App上显示
174                     break;
175                 case 0x46:
176                     BT_printf("CPU Reset");//返回数据内容，在手机App上显示
177                     HAL_Delay(1000);//延时
178                     NVIC_SystemReset();//系统软件复位函数
179                     break;
180                 default:
181                     //冗余语句
182                     break;
183             }
```

图 21.18　编写按钮控制处理程序

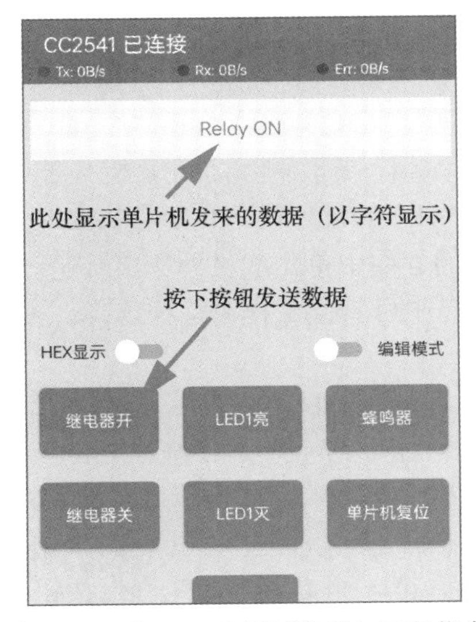

图 21.19　在 App 上测试发送与回复信息

第 22 步：蓝牙模块的扩展应用

这一步我们来学习蓝牙模块的高级应用，主要分两个部分。第一部分介绍蓝牙调试器中的专业调试界面，在这里我们可以设计出更丰富的操控界面，可以自由添加按钮、文本框、滑动条、摇杆等控件。数据的通信方式也是更专业的协议，是带有起始码、校验码、结束码的完整数据包格式。学习界面的设计，学习处理数据包的编程方法，可以使你对蓝牙模块的运用更接近项目实践。第二部分简单介绍在不使用单片机的前提下，如何用手机 App 直接操作蓝牙模块上的 4 个 I/O 端口，实现无单片机的蓝牙模块应用。

大家需要认识到一点，本套教程依然是单片机和物联网的入门教程，即使大家能 100%学会我讲的所有技术，也只达到入门水平。因为在实际的项目开发中还会涉及各种软/硬件的知识，需要与技术、应用环境的配合，还要满足客户的各种要求。所以项目开发是一套需要知识、技术、实验、智商、情商、学习能力、团队协作能力的综合性工作，而我们的教程只能分享入门级别的知识。所以大家千万不要飘飘然，以为会了蓝牙和 Wi-Fi 就了不起了，千里之行刚迈出第一步，和你同样迈出这一步的人成千上万，只有你比别人多努力、多编程、多实践，你才能有脱颖而出的机会。机会往往只留给最有实力的人，加油吧！

22.1 蓝牙专业调试的界面设计

现在我们来学习蓝牙调试器中的专业调试界面。在界面里我们可以自由地创建各种控件，实现更直观的控制和显示。在未来的项目开发中，开发产品的定制 App 也都是采用类似的控件方案，只是界面更花哨些。在通信过程中专业调试界面采用数据包方式。数据包是一组封装好的数据内容，包含包头（起始码）、包尾（结束码）、校验码。数据内容也被规范化，将位控制、单字节数据、多字节数据按顺序区分排列。每个界面被划分在一个“工程”里，可以创建多个工程来应对多种开发需要。可以说，专业调试界面的功能与真实的项目开发在形式上几乎没有区别。

首先打开手机上的蓝牙调试器，让洋桃 IoT 开发板处于运行状态。如图 22.1 所示，扫描蓝牙设备并连接名为“CC2541”的蓝牙设备。如图 22.2 所示，在手机屏幕最下方一栏单击“专业调试”按钮，在出现的界面中单击加号图标，新建一个调试工程。如图 22.3 所示，在弹出的“添加调试工程”窗口中可修改工程名称和选择屏幕显示方向，设置好后单击“确定”按钮。

完成后在界面中会出现工程列表，目前列表中只有我们刚刚创建的工程。如图 22.4 所示，单击工程会出现 5 个操作按钮。第 1 个是“修改名称”按钮，用于修改工程名称。第 2 个是“编辑控件”按钮，单击后可进入控件编辑区，在其中可添加各种控件。第 3 个是“通信设置”按钮，用于设置通信数据包，把每个控件与数据包中的数据相对应，这样在操作控件时才能发送对应的数据。第 4 个是“分享工程”按钮，单击后可把工程发送给其他手机。第 5 个是“删除工程”按钮。这里需要重点关注的是“编辑控件”和“通信设置”。

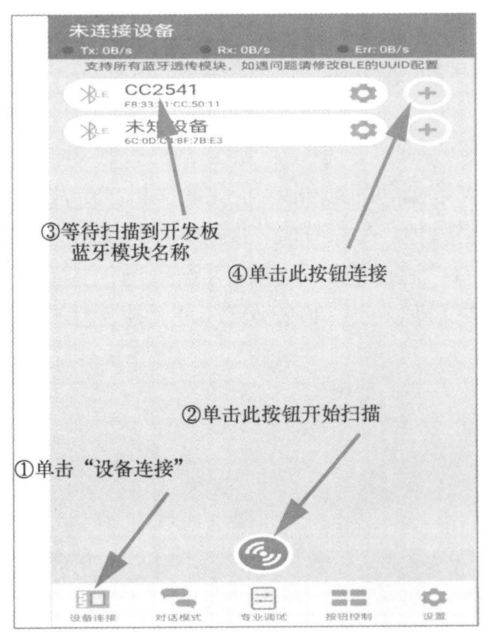

图 22.1　在手机蓝牙调试器中扫描并连接蓝牙模块

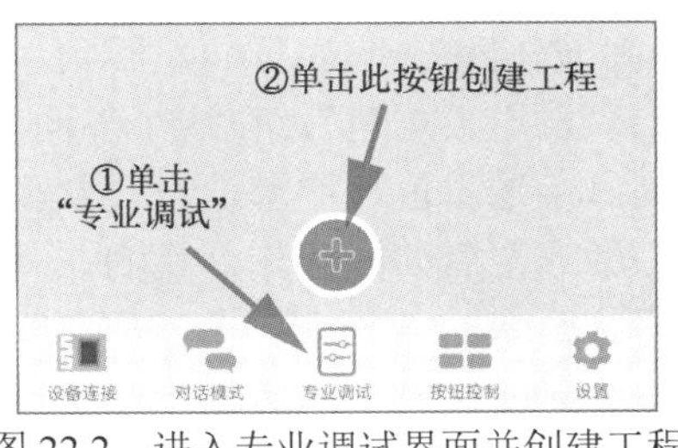

图 22.2　进入专业调试界面并创建工程

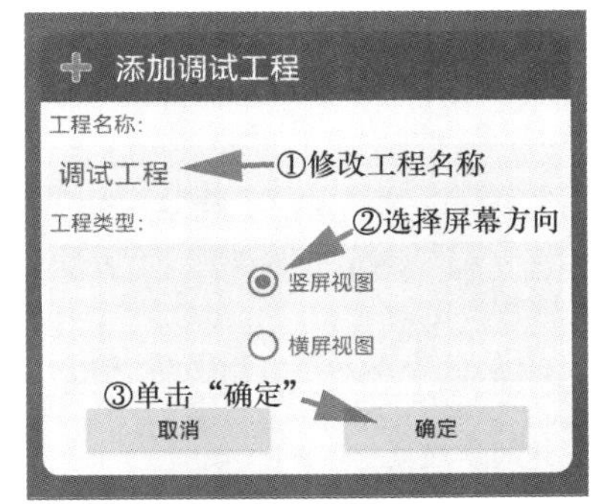

图 22.3　修改工程名称和选择屏幕方向

单击“通信设置”，出现的界面上方是“数据包结构设置”部分说明，如图 22.5 所示，其中数据从左到右依次是包头、逻辑数据、字节数据、短整型数据、整型数据、浮点数据、校验码和包尾。数据包中的各类数据并不是必须包含的，可以根据实际需要删除或增加。

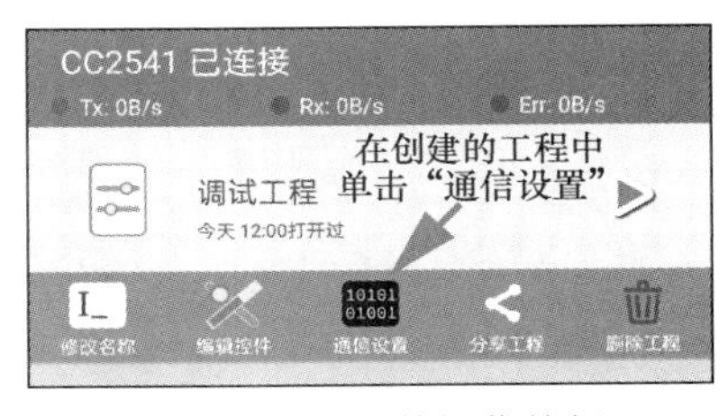

图 22.4　工程的操作按钮

单击界面右上角的问号，会出现“数据包说明”页面。如图 22.6 所示，其中介绍了通信协议的整体设计框架，给出了具体的数据包结构。数据包中的包头（起始码）是固定数值 0xA5，包尾（结束码）是固定数值 0x5A。校验码在包尾之前占用 1 个字节，校验的算法是将所有原数据相加，得到结果的最低 8 位就是校验码。在包头与校验码之间是原数据，原数据中包含了可由用户设置的逻辑值、字节等数据类型。这里也对每种数据类型做了详细介绍。简单来说，逻辑值把 1 个字节拆分成 8 个位，用每一位的 1 和 0 来表示被控制用电器的开关状态，每 8 个逻辑值占用 1 个字节；字节变量是有符号的单字节数据，取值范围为−128～+127；短整型变量占用 2 个字节；整型变量占用 4 个字节；浮点型变量占用 4 个字节。你可以根据实际需要添加并命名这些变量。

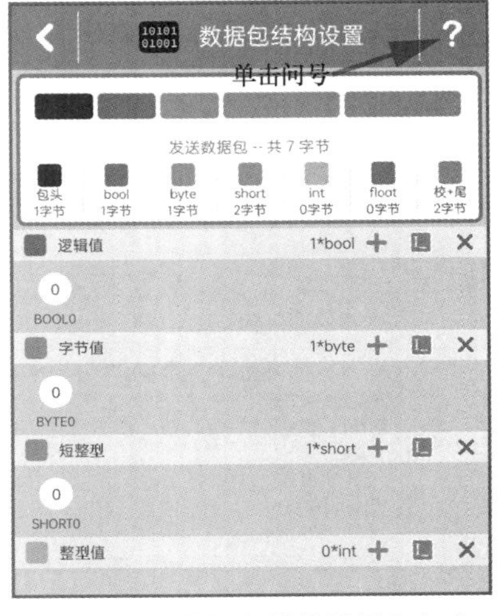

图 22.5　“数据包结构设置”部分

退出“数据包说明”页面，回到“数据包结构设置”界面。如图 22.7 所示，在屏幕下方可单击“发送数据包”，在这个界面里可以设置手机 App 向蓝牙模块发送的数据。在屏幕中间列出了逻辑值、字节值、短整型等一系列类型设置，可单击类型右上角的加号添加数据。为了方便后续的操作，我们在“逻辑值”“字节值”“短整型”这 3 栏中各添加 1 个类型数据。如图 22.8 所示，单击屏幕下方的“接收数据包”按钮，可设置手机 App 以什么方式接收蓝牙模块发来的数据包。这里我也在“逻辑值”“字节值”“短整型”3 栏中各添加 1 个类型数据。如图 22.9 所示，单击屏幕下方的“通信模式”按钮可设置通信模式和发送间隔等参数。在“通信模式设置”一栏中选择“仅操作控件时发送”，将“控件操作时额外发送次数”修改为“0”，其他参数按默认设置。

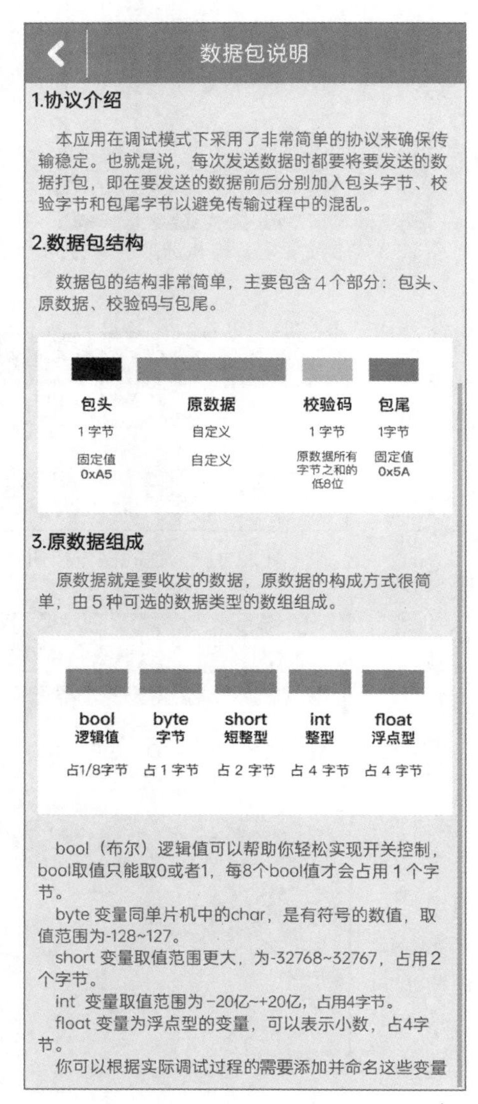

图 22.6 “数据包说明”页面

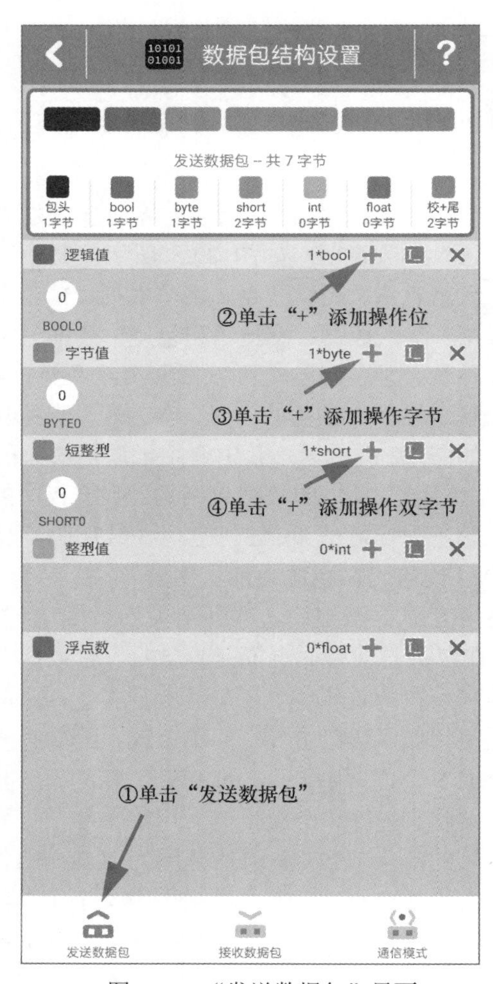

图 22.7 “发送数据包”界面

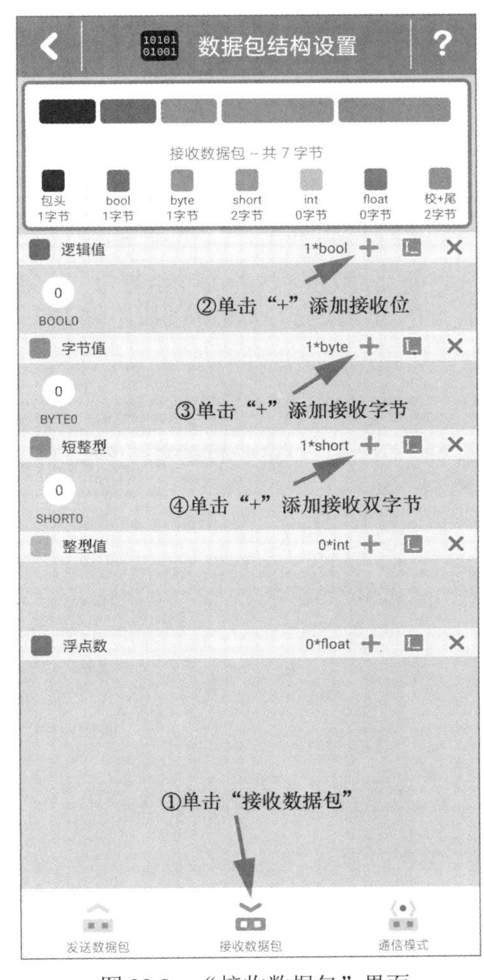

图 22.8　“接收数据包”界面

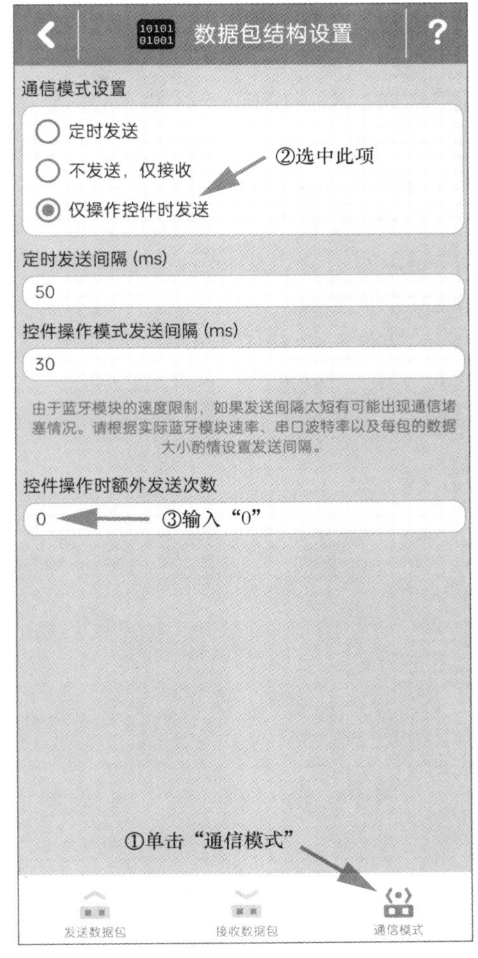

图 22.9　“通信模式”界面

如图 22.10 所示，退回到工程列表界面后单击“编辑控件”按钮。如图 22.11 所示，单击后会进入一片空白区域，在屏幕右上角有操作按钮，第 1 个按钮用于添加新控件，第 2 个按钮用于设置控件链接，第 3 个按钮用于设置控件属性，第 4 个是删除控件按钮，第 5 个是退出控件编辑界面的按钮。下方 3 个按钮用于对添加的控件进行移动、缩放、旋转。

下面我们实际操作一下，添加一些控件到空白界面。单击右上角的加号按钮添加新控件，如图 22.12 所示，在弹出的窗口中列出了 10 个可以添加的控件样式。其中的某个控件如果链接到发送数据包，则可用于向开发板发送数据指令。如果链接到接收数据包，则可用于显示开发板发来的状态或数值。例如添加一个按钮控件，如图 22.13 所示，在界面中间会出现一个按钮控件，我们可以对此按钮进行缩放、移动和旋转的图形化操作。选中按钮时，单击右上角的第 2 个设置控件链接按钮，如图 22.14 所示，在弹出的设置窗口中有 3 个下拉列表，左边列表中可选择按下按钮时是发送数据还是接收数据，开头字母为 T 的选项表示发送，按钮将链接到“通信设置”界面中的“发送数据包”；开头字母为 R 的选项表示接收，按钮将链接到“通信设置”界面中的“接收数据包”。中间列表中可设置变量类型，可选择逻辑值、字节值、短整型、整型、浮点型。右边列表中可选择将当前的按钮链接到数据类型内的哪个具体的地方。例如在中间下拉列表中选择了逻辑值，那么右边列表中可选择“BOOL0”，因为在“通信设置”界面的“逻辑值”一栏我们只添加了“BOOL0”。如果想创建更多按钮，将更多按钮链接到数据包，则需要先在“通信设置”界面里添加好相应数量的数据类型。链接设置完成后回到“编辑控件”界面，单击第 3 个设置控件属性按钮，如图 22.15 所示，在弹出的窗口中可以设置按钮的参数，参数包含按下和松开按钮时发送的数据。由于在控件链接窗口中设置此按钮为逻辑值，所以按下与松开按钮时发送的数值只能是 1 或 0。当前把按下时的数值设置为 1，松开时的数值设置为 0，然后单击“OK”按钮。

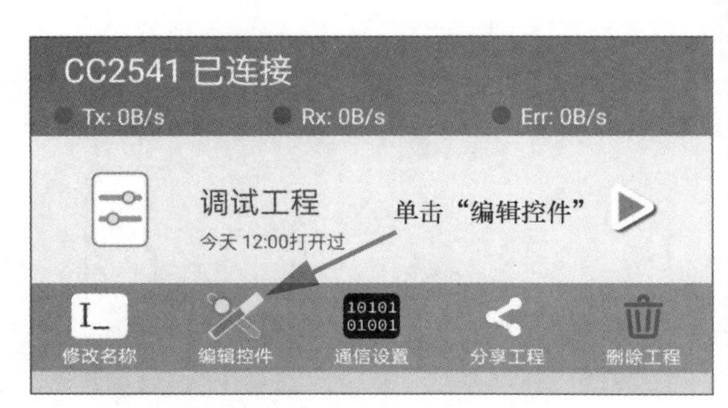

图 22.10　单击“编辑控件”按钮

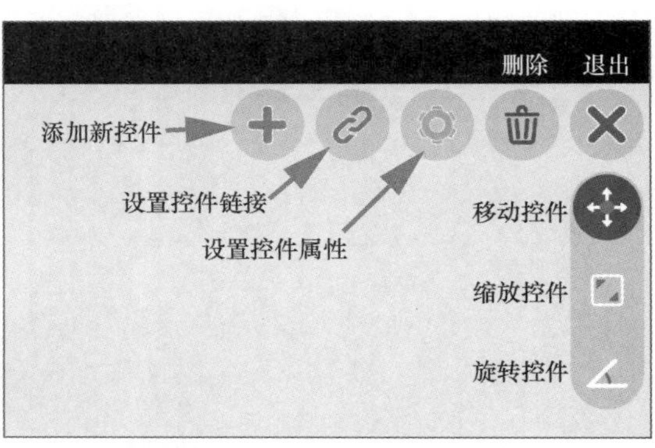

图 22.11　“编辑控件”界面

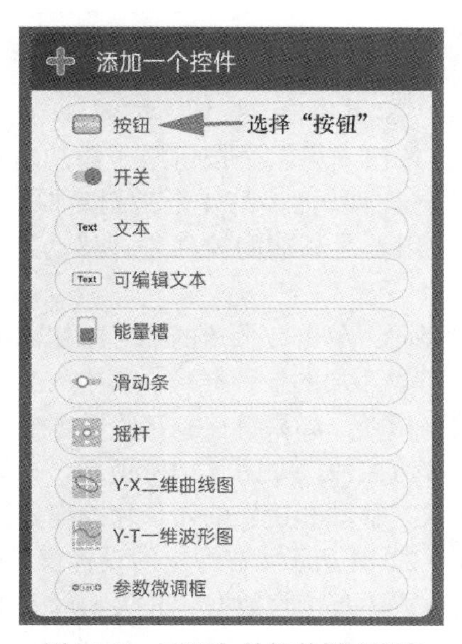

图 22.12　可添加的控件样式列表

图 22.13　新添加一个按钮控件

现在我们已经添加了按钮控件，并设置好了它的链接和属性，接下来可以在工程运行时使用这个按钮。如图 22.16 所示，再次返回工程列表，单击工程名右侧的播放图标，运行工程。如图 22.17 所示，这时出现的界面右上角只有一个退出按钮，这是工程正式运行的界面，刚刚添加的按钮和其他控件都显示在界面中。现在单击按钮，手机就会发送数据包，按下按钮时发送一个数据包，其中逻辑值最低位是 1。松开按钮后又会发送一个数据包，其中逻辑值最低位是 0。接下来我们要在开发板上修改蓝牙模块接收处理程序，加入数据包的处理程序，能判断按钮对应的逻辑值，也能判断包头、包尾和校验码。

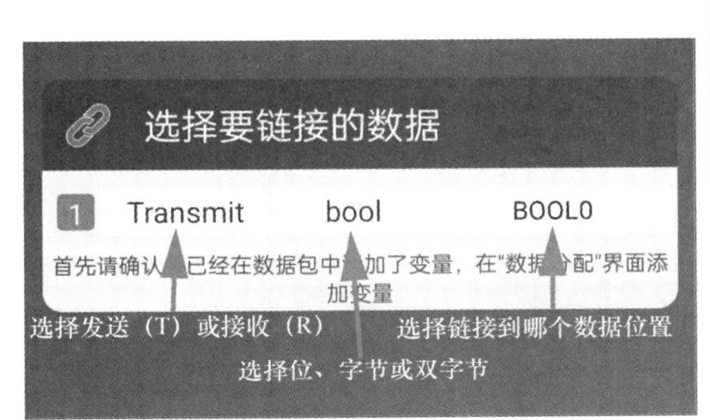

图 22.14　“选择要链接的数据”窗口

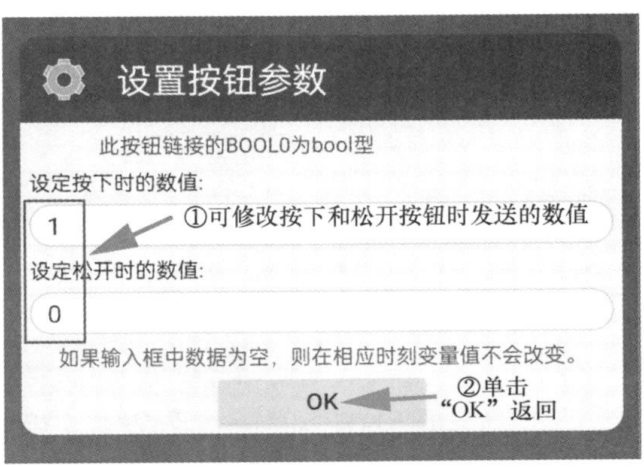

图 22.15　“设置按钮参数”窗口

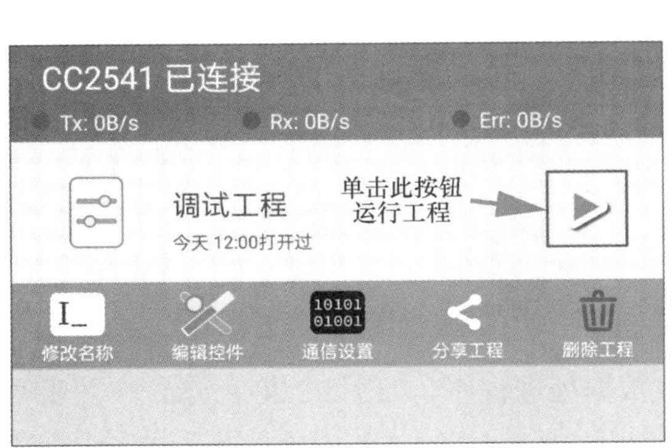

图 22.16　单击运行工程按钮

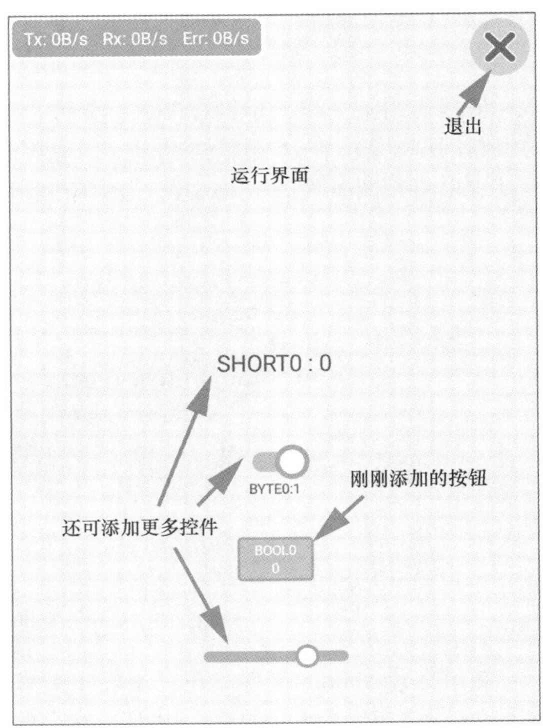

图 22.17　工程运行界面

22.2　专业调试的程序编写

在编写程序之前依然要明确知道，单击按钮后手机会向蓝牙模块发送什么数据。如图 22.18 所示，这里我用串口助手软件读出了蓝牙模块接收到的真实数据。从中可以看出数据分两组，第一组是按下按钮时发出的，第二组是松开按钮后发出的。我们对比两组数据可以发现，按下按钮发出的数据中逻辑值的 8 位中最低位是 1，而松开按钮发出的数据中此位变成 0，这就是用于识别按钮状态的位。另一个不同的是校验码，由于逻辑位的差异，校验码的求和结果也有所不同。下面我们就根据这种变化来编写处理程序。

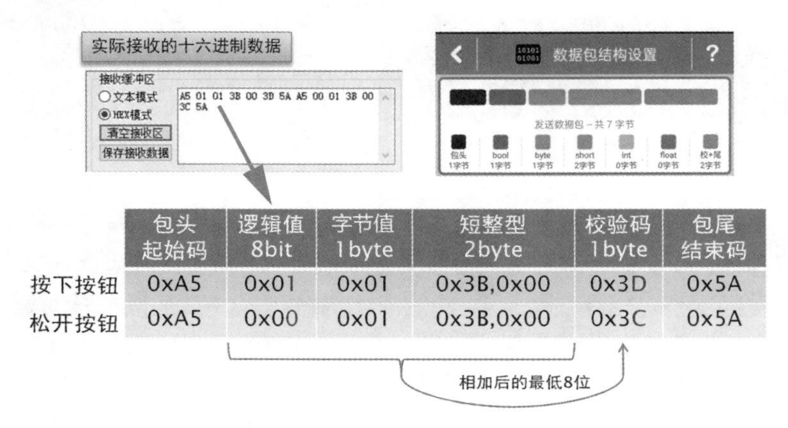

图 22.18　实际数据包内容分析

依然借用上一步的示例程序进行修改，如图 22.19 所示，首先需要修改 usart.c 文件里的中断回调函数。在函数第 51 行中，原先判断的结束码是 0x0A，但现在的结束码是 0x5A，所以这里将判断条件改成 0x5A。当中断回调函数接收到 0x5A 时，一组数据接收完成。

```
43      if(huart ==&huart2)//判断中断来源（RS485/蓝牙）
44      {
45          if(RS485orBT){//判断当RS485orBT标志位为1时是RS485模式，为0时是蓝牙模式
46              USART2_RX_BUF[0]=USART2_NewData;//收到数据放入缓存数组（只用到1个数据存放在数组[0]）
47              USART2_RX_STA++;//数据接收标志位加1
48              HAL_UART_Receive_IT(&huart2,(uint8_t *)&USART2_NewData, 1); //再开启接收中断
49          }else{
50              if((USART2_RX_STA&0x8000)==0){//接收未完成（将USART2_RX_STA最高位1位规定是接收完成标志位）
51                  if(USART2_NewData==0x5A)//如收到0x5A表示接收到结束符（手机App蓝牙调试器回复数据以0x5A为结束符）
52                  {
53                       USART2_RX_STA|=0x8000;//收到0x0A，接收完成
54                  }
55                  else{ //如没有收到0x0A则继续接收数据内容并把数量加1
56                     USART2_RX_BUF[USART2_RX_STA&0X7FFF]=USART2_NewData; //将收到的数据放入数组
57                     USART2_RX_STA++;   //数据长度计数加1
58                     if(USART2_RX_STA>(USART2_REC_LEN-1))USART2_RX_STA=0;//接收数据错误,重新开始接收
59                  }
60              }
61              HAL_UART_Receive_IT(&huart2,(uint8_t *)&USART2_NewData,1); //再开启接收中断
62          }
63      }
```

图 22.19　usart.c 文件里的蓝牙接收处理程序

然后打开 main.c 文件，在应用程序中修改数据处理程序。如图 22.20 所示，在主函数的第 96 行添加一个 buf 数组，用于存放即将发送的数据包内容，数组中共有 7 个字节。第 1 个字节是包头，第 2～5 个字节是数据内容，第 6 个字节是校验码，第 7 个字节是包尾。

其中校验码需要在每次确定数据内容后重新计算，所以这里先给出一个初始值 0xFF。接下来进入主循环程序，如图 22.21 所示，第 136～150 行是处理手机 App 发来数据的程序，处理方法也不复杂。第 136 行判断接收标志位，第 137 行判断不包括结束码的数据数量是不是 6，第 138～140 行同时判断接收到的第 1 个字节是不是包头 0xA5，第 2～5 个数据相加后的低 8 位是不是等于第 6 个数据，即判断校验码是否正确。如果这些判断都成立，则执行第 142 行判断逻辑值中的最低位，如果此位值为 1 则 LED1 点亮，为 0 则 LED1 熄灭。最后第 149 行清除接收标志位，等待下一次的数据处理。

```
93 int main(void)
94 {
95   /* USER CODE BEGIN 1 */
96     uint8_t buf[7] = {0xA5,0x00,0x01,0x3B,0x00,0xFF,0x5A};//创建要发送和数组
97   /* USER CODE END 1 */
98
```

图 22.20　添加存储数据包的数组

```
134    while (1)
135    {
136        if(USART2_RX_STA&0x8000){//判断中断接收标志位（蓝牙模块BT，使用USART2）
137           if((USART2_RX_STA&0x7FFF) == 6      //判断接收数量6个
138                 && USART2_RX_BUF[0]==0xA5    //判断接收第1个数据是不是包头0xA5
139                 && USART2_RX_BUF[5]==        //判断接收第6个校验码是不是前4个数据之和
140                 (USART2_RX_BUF[1]+USART2_RX_BUF[2]+USART2_RX_BUF[3]+USART2_RX_BUF[4])%0x100)
141           {
142              if(USART2_RX_BUF[1]&0x01)    //判断逻辑值中最低位是1则LED点亮
143              {
144                 LED_1(1);//LED1控制
145              }else{                      //如果是0则关LED
146                 LED_1(0);//LED1控制
147              }
148           }
149           USART2_RX_STA=0;//标志位清0，准备下次接收
150       }
```

图 22.21　数据包的接收判断与处理程序

除了接收处理程序，还要用到向手机 App 发送数据包的程序。如图 22.22 所示，第 151～164 行是按下核心板上的 KEY1 和 KEY2 按键时发送数据包的程序。其中第 154 行修改 buf 数组中的数据内容，大家可以按需求来设置发送内容。第 155 行将数据内容相加后取最低 8 位，得出校验码并将其存入数据中。第 156 行调用 USART2 串口发送函数，其中第 2 个参数填写数组 buf，第 3 个参数填写数量 7。这样当按下 KEY1 按键时即可向手机 App 发送数据包。KEY2 按键的处理方法相同，只是在第 161 行将逻辑值的最低位改成 0。

```
151         if(KEY_1())//按下KEY1判断
152         {
153             BUZZER_SOLO2();//提示音
154             buf[1] = 0x01; //可在计算校验码之前按实现需求修改数据值
155             buf[5] = (buf[1]+buf[2]+buf[3]+buf[4])%0x100; //数据相加得出校验码，取最低8位
156             HAL_UART_Transmit(&huart2,(uint8_t *)buf,7,0xffff);//串口发送函数（串口号，内容，数量，溢出时间）
157         }
158         if(KEY_2())//按下KEY2判断
159         {
160             BUZZER_SOLO2();//提示音
161             buf[1] = 0x00; //可在计算校验码之前按实现需求修改数据值
162             buf[5] = (buf[1]+buf[2]+buf[3]+buf[4])%0x100; //数据相加得出校验码，取最低8位
163             HAL_UART_Transmit(&huart2,(uint8_t *)buf,7,0xffff);//串口发送函数（串口号，内容，数量，溢出时间）
164         }
165       /* USER CODE END WHILE */
```

图 22.22　按下按键发送数据包的程序

将程序重新编译下载，在开发板上观察实验效果。如图 22.23 所示，在专业调试界面

中我添加了一个按钮和一个开关。将按钮链接设置为发送、逻辑值、BOOL0，开关链接设置为接收、逻辑值、BOOL0。运行工程的同时运行开发板，按下手机界面上的按钮 LED1 点亮，松开按钮 LED1 熄灭。按下核心板上的 KEY1 按键，手机界面上的开关打开；按下 KEY2 按键，手机界面上的开关关闭，实现了数据包双向收发，达到了预想的实验效果。大家按此方法可以扩展更多控件，设计出更多好玩的界面，实现更多有趣又实用的蓝牙遥控应用。

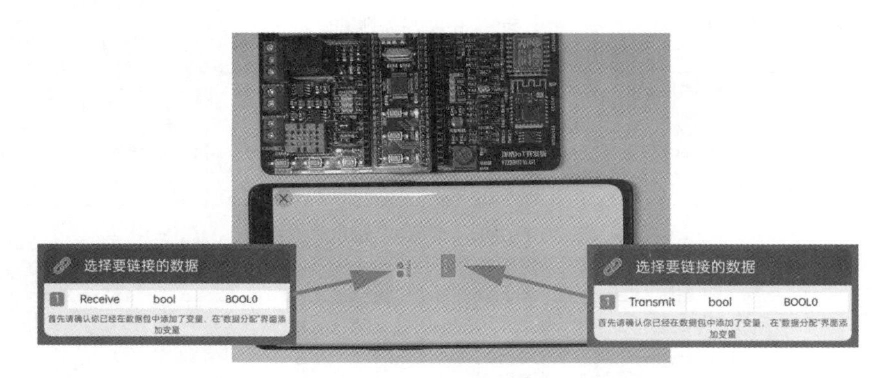

图 22.23　专业调试的最终实验效果

22.3　蓝牙模块 I/O 端口的控制

以上我们介绍的都是把蓝牙模块连接到单片机上的项目开发方案，如果项目要求过于简单，只需要用手机摇控几个开关，那就没有必要使用单片机，直接用蓝牙模块上的 I/O 端口即可。接下来简单介绍一下利用手机 App 控制蓝牙模块 I/O 端口的方法。如图 22.24 所示，此方法没有单片机参与，需要手机 App 通过 UUID 列表来切换通信命令，实现 App 控制蓝牙模块的 I/O 端口。如果你是单片机初学者，以下内容仅做了解即可；如果你有 App 开发的能力，可参考此方法进行开发。

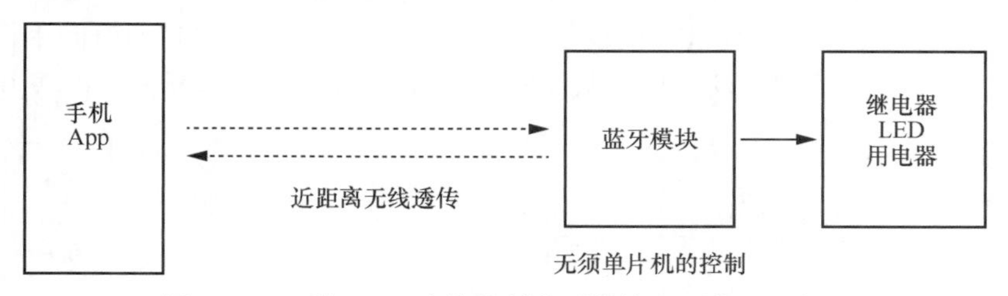

图 22.24　手机 App 直接控制蓝牙模块 I/O 端口示意图

蓝牙模块 I/O 端口的输出电平与单片机 GPIO 端口的相同，可以直接连接 LED、继电器、蜂鸣器等电路，电路设计可参照“洋桃 IoT 开发板电路原理图”。首先打开“CC2541 模块数据手册”，如图 22.25 所示，文档第 16 页的“继电器或 I/O 控制接线图”是蓝牙模块 I/O 端口外接 LED 的控制电路。这里共使用 4 个 I/O 端口，对应第 8、9、10 和 13 引脚。各引脚通过一个 100Ω 的限流电阻连接 LED 正极，LED 负极接 GND（公共地），实现推挽

输出控制。当 I/O 端口输出高电平时 LED 点亮，输出低电平时 LED 熄灭。

如图 22.26 所示，文档第 11 页有对手机端 UUID 命令的说明，UUID 是手机 App 与蓝牙模块通信协议的一种。从 UUID 列表可以看到，当 UUID 的值是 0xFFE1 时，手机 App 与蓝牙模块之间是透传协议；当 UUID 的值是 0xFFE2 时，手机 App 与蓝牙模块之间是模块功能配置，也就是对模块 I/O 端口的控制。关于 UUID 的数值设置需要在手机 App 里完成，现在我们还不会开发 App，先借用现有的 App 来测试。

继电器或 I/O 控制接线图

可以应用于电子锁、灯或继电器开关等众多控制应用（高/低电平控制开关）

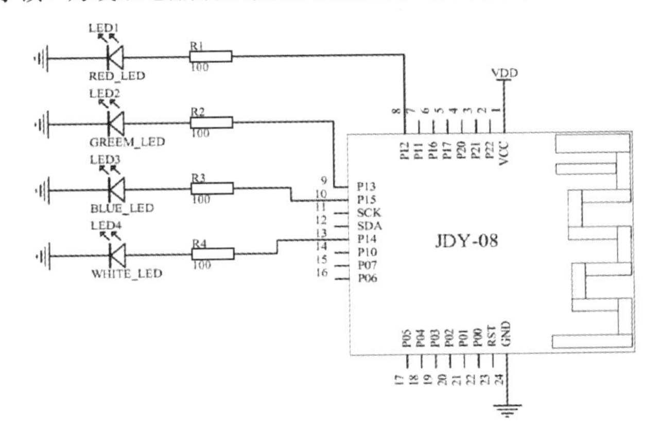

图 22.25　蓝牙模块 I/O 端口控制 LED 原理

手机端命令
UUID列表
　　服务UUID: 0xFFE0（服务UUID，用户可以更改）
　　特征UUID: 0xFFE1（用于透传，用户可以更改）
　　特征UUID: 0xFFE2（用于模块功能配置）

微信UUID列表
　微信UUID为标准UUID，这里不再说明，用户可直接使用

App命令使用说明
　1) App透传（使用特征UUID: 0XFFE1）
　　FFE1为App透传特征UUID（应用于iOS或Android手机App透传）

图 22.26　UUID 说明

如图 22.27 所示，打开蓝牙模块的资料包，在“App 与源码”文件夹里找到“JDY-08-I/O 控制”的 APK 安装文件。将文件复制到安卓手机上，完成安装后打开软件。使洋桃 IoT 开发板处于运行状态。如图 22.28 所示，单击 App 主界面右上角的“扫描设备”按钮，选择 CC2541 蓝牙设备。如图 22.29 所示，进入控制界面后可以看到有一行显示“UUID 0xffe2”，表示当前使用的 UUID 是模块功能配置。界面上的 4 个开关可以控制蓝牙模块上的 4 个 I/O 端口，开关 1 对应第 9 引脚的 I/O 端口，开关 2 对应第 8 引脚，开关 3 对应第 10 引脚，开关 4 对应第 13 引脚。拨动开关后蓝牙模块的 I/O 端口电平也会发生变化。如图 22.30 所示，大家可以用万用表测量 I/O 端口的电压，看看能否达到预想的实验效果。关于 UUID 在手机 App 中的配置方法，App 开发者可以参考 IO_CTRL 文件夹里的软件源程序，这里不再过多介绍。

图 22.27　安装并运行 IO_CTRL

图 22.28　连接蓝牙模块设备

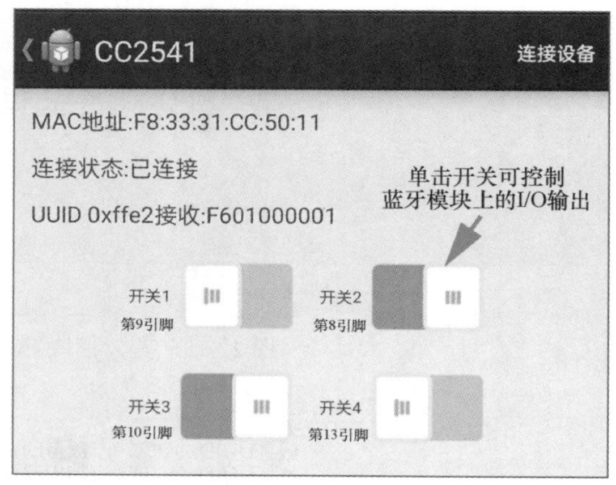

图 22.29　I/O 端口控制界面

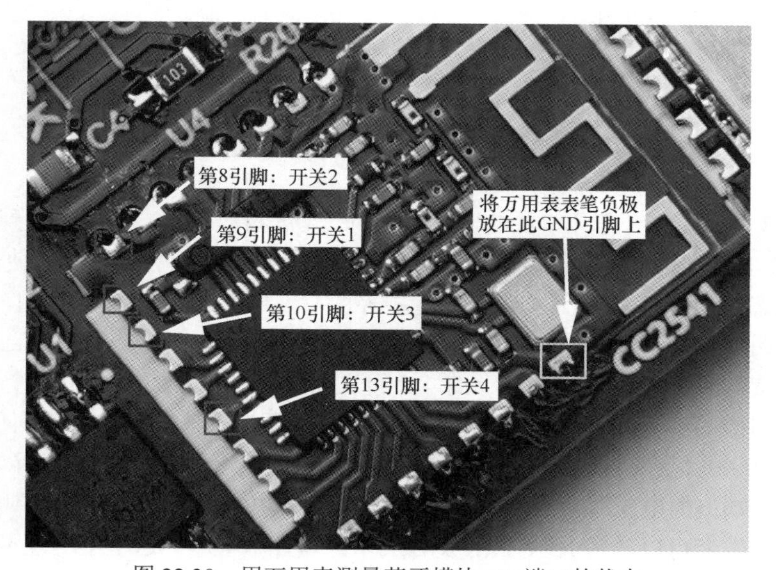

图 22.30　用万用表测量蓝牙模块 I/O 端口的状态

关于蓝牙模块的设置与使用还有很多内容可学，但初学者能掌握以上内容就可以了。大家也不要只被 CC2541 这款蓝牙模块束缚了思维，还可以在市场上找到功能各异的蓝牙模块，针对不同应用选择功能适合、成本最低的模块才是嵌入式开发者能力的体现。

第 23 步：Wi-Fi 模块原理与 AT 指令

从这一步开始，我们来学习 Wi-Fi 模块。随着互联网技术的成熟，云计算、大数据、万物互联将快速普及嵌入式领域，让单片机连接互联网成为开发者必须掌握的技能。单片机接入网络的方法有网线连接和无线 Wi-Fi 连接，从技术的实现原理来看，二者几乎没有区别，有线网络模块和 Wi-Fi 模块都将复杂的网络通信协议封装成串口通信的 AT 指令集，我们只要理解了物联网通信的原理，再掌握 AT 指令的使用，就能完成物联网项目开发。但有一点需要注意，物联网开发不仅包括嵌入式单片机端的开发，还包括服务器、云端、浏览器网页、手机 App 等众多技术的配合开发，作为单片机开发者，我们很难独立完成一套完整系统的开发，需要与别人协作。所以本套教程只能讲解 Wi-Fi 的基本使用，教大家独立完成 Wi-Fi 远程控制的小应用。要想达到更高的水平，你还需要自学以太网的原理和结构，还要学习应用层面的更多技术，这是一个长期的、艰难的过程，需要付出更多精力。

初学 Wi-Fi 模块先不要急着连接网络，这一步我们先来分析 Wi-Fi 模块的数据手册，了解模块的功能和性能，研究 Wi-Fi 模块在开发板上的连接方式。再写一个程序让 Wi-Fi 模块与 USART1 串口实现透传，在计算机上与 Wi-Fi 模块收发 AT 指令。最后打开 AT 指令集说明手册，认真学习 AT 指令集，为下一步连接无线路由器做好准备。

23.1　数据手册分析

首先分析 Wi-Fi 模块的数据手册，对 Wi-Fi 模块有一个基本的认知。如图 23.1 所示，在洋桃 IoT 开发板资料包里找到安信可 ESP-12F 资料，解压缩后可以得到 3 个文件夹和 3 个文件，第 1 个文件夹里是 Wi-Fi 模块通信专用的串口助手软件，第 2 个文件夹里是连接网络的测试工具，第 3 个文件夹里是 Wi-Fi 模块的固件升级软件。3 个文件中第 1 个文件是 Wi-Fi 模块的数据手册，第 2 个文件是 Wi-Fi 模块的 AT 指令集说明手册，第 3 个文件是用于测试 Wi-Fi 模块与手机通信的测试 App。

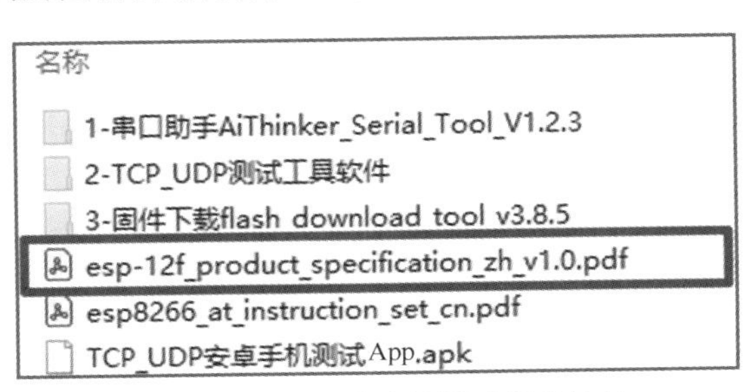

图 23.1　Wi-Fi 模块数据手册的地址

这里我们要打开 Wi-Fi 模块数据手册文档，文档首页显示的名称是“ESP-12F 规格书”。如图 23.2 和图 23.3 所示，第 5 页是“产品概述”，可以得到几个关键信息，Wi-Fi 模块型号是 ESP-12F，模块上核心芯片型号是 ESP8266，这个芯片是一款超低功耗的 32 位单片机。也就是说，Wi-Fi 模块通信功能是由一块名为 ESP8266 的 32 位单片机实现的，开发者在单片机里写入程序，达成完整的 TCP/IP 协议栈。ESP8266 芯片可以作为核心单片机，完成带有 Wi-Fi 功能的开发，也可以配合其他单片机完成 Wi-Fi 通信。在洋桃 IoT 开发板上，Wi-Fi 模块作为从设备协助 STM32 单片机完成 Wi-Fi 通信。在这种情况下，ESP8266 支持 SPI 总线和 UART 串口通信。

1. 产品概述

ESP-12F 是由安信可科技开发的 Wi-Fi 模块，该模块核心处理器 ESP8266 在较小尺寸封装中集成了业界领先的 Tensilica L106 超低功耗 32 位微型 MCU，带有 16 位精简模式，主频支持 80 MHz 和 160 MHz，支持 RTOS，集成 Wi-Fi MAC/BB/RF/PA/LNA。

ESP-12F Wi-Fi 模块支持标准的 IEEE802.11 b/g/n 协议，完整的 TCP/IP 协议栈。用户可以使用该模块为现有的设备添加联网功能，也可以构建独立的网络控制器。

ESP8266 是高性能无线 SoC，以最低成本提供最大实用性，为 Wi-Fi 功能嵌入其他系统提供无限可能。

模块名ESP-12F
核心芯片ESP8266
低功耗32位单片机
标准互联网协议

图 23.2　Wi-Fi 模块产品概述（片段 1）

ESP8266 拥有完整的且自成体系的 Wi-Fi 网络功能，既能够独立应用，也可以作为从机搭载于其他主机 MCU 运行。当 ESP8266 独立应用时，能够直接从外接 flash 中启动。内置的高速缓冲存储器有利于提高系统性能，并且优化存储系统。

另外一种情况是，ESP8266 只需通过 SPI/SDIO 接口或 UART 接口即可作为 Wi-Fi 适配器，应用到基于任何微控制器设计中。

ESP8266 强大的片上处理和存储能力，使其可通过 GPIO 端口集成传感器及其他应用的特定设备，大大地降低了前期开发的成本。

可独立应用
可作为单片机从设备
SPI或UART通信

图 23.3　Wi-Fi 模块产品概述（片段 2）

如图 23.4 所示，文档第 6 页是模块特征介绍。从中得知 ESP8266 单片机的主频是 80MHz 和 160MHz，支持移植 RTOS 实时操作系统。单片机内置 10 位 ADC，支持 UART/GPIO/ADC/PWM/SPI/I^{2}C 接口，可以看出这款单片机的功能很全面，性能也很强劲。还支持远程升级内部固件程序。支持通用 AT 指令，即使是不懂 TCP/IP 的人也能很快学会网络开发。

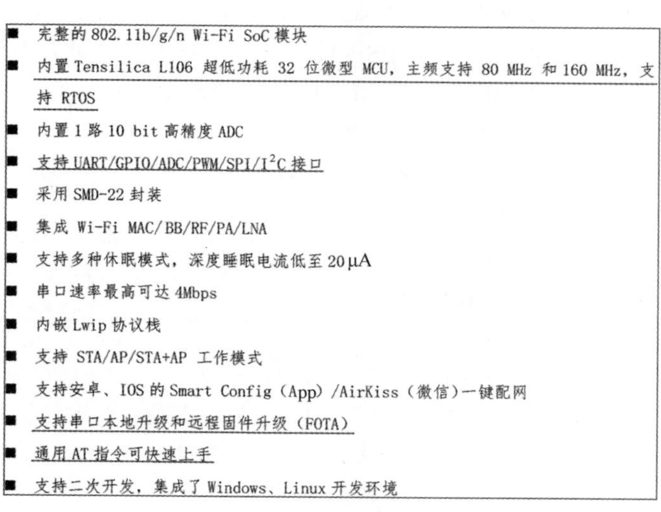

- 完整的 802.11b/g/n Wi-Fi SoC 模块
- 内置 Tensilica L106 超低功耗 32 位微型 MCU，主频支持 80 MHz 和 160 MHz，支持 RTOS
- 内置 1 路 10 bit 高精度 ADC
- 支持 UART/GPIO/ADC/PWM/SPI/I^{2}C 接口
- 采用 SMD-22 封装
- 集成 Wi-Fi MAC/BB/RF/PA/LNA
- 支持多种休眠模式，深度睡眠电流低至 20μA
- 串口速率最高可达 4Mbps
- 内嵌 Lwip 协议栈
- 支持 STA/AP/STA+AP 工作模式
- 支持安卓、IOS 的 Smart Config（App）/AirKiss（微信）一键配网
- 支持串口本地升级和远程固件升级（FOTA）
- 通用 AT 指令可快速上手
- 支持二次开发，集成了 Windows、Linux 开发环境

图 23.4　产品特征

如图 23.5 所示，文档第 10 页是 Wi-Fi 模块的外观图和尺寸图，当你设计 PCB 时可参考此图来画元器件封装。如图 23.6 所示，第 11～12 页是 Wi-Fi 模块的引脚定义，芯片的第 1 脚 RST 是复位引脚，第 2 脚是 ADC 输入端口，第 3 脚是芯片使能端，向此端口输入高电平时 Wi-Fi 模块才能工作。第 8 脚 VCC 是 3.3V 供电输入端口，第 9 脚是公共地端口。第 15 脚和第 16 脚是用于连接外部单片机的 USART 接口，我们的 STM32 单片机的 USART3 端口就与此引脚连接。第 12 脚是下载模式引脚，向此引脚输入低电平时进入固件程序下载模式，将此引脚悬空或输入高电平时进入正常工作模式。其他未介绍的引脚都可用于 Wi-Fi 模块的 GPIO 端口。

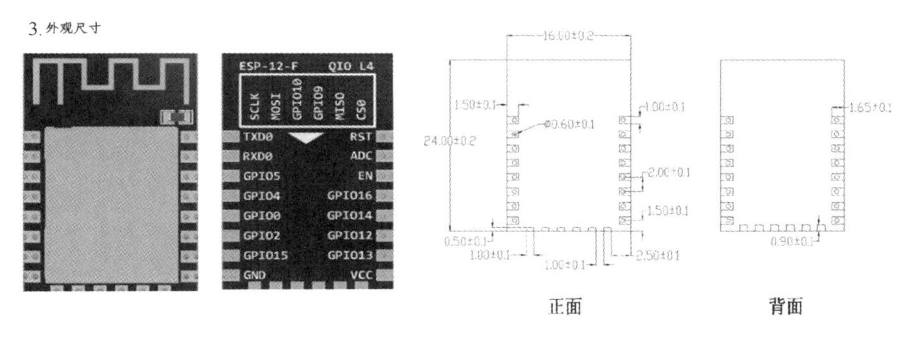

图 23.5 外观图和尺寸图

ESP-12-F QIO L4

ESP-12F 引脚示意图

表 管脚功能定义

脚序	名称	功能说明
1	RST	复位
2	ADC	A/D 转换结果。输入电压范围 0～1V，取值范围：0～1024
3	EN	芯片使能端，高电平有效
4	IO16	GPIO16/ 接到 RST 管脚时可做 deep sleep 的唤醒
5	IO14	GPIO14/HSPI_CLK
6	IO12	GPIO12/HSPI_MISO
7	IO13	GPIO13/HSPI_MOSI/UART0_CTS
8	VCC	3.3V 供电（VDD）；外部供电电源输出电流建议在 500mA 以上
9	GND	接地
10	IO15	GPIO15/MTDO/HSPICS/UART0_RTS
11	IO2	GPIO2/UART1_TXD
12	IO0	GPIO0；下载模式：外部拉低，运行模式：悬空或者外部拉高
13	IO4	GPIO4
14	IO5	GPIO5/IR_R
15	RXD	UART0_RXD/GPIO3
16	TXD	UART0_TXD/GPIO1

图 23.6 Wi-Fi 模块的引脚定义

如图 23.7 所示，文档第 13 页是 Wi-Fi 模块的应用电路。图中第 9～14 引脚不可用，这样电路上的引脚数量才能与刚刚介绍的引脚定义表格相对应。下方文字说明注意事项，其中 EN、RST、GPIO0 必须上拉到 VCC，GPIO15 必须下拉到 GND。

6. 设计指导

应用电路

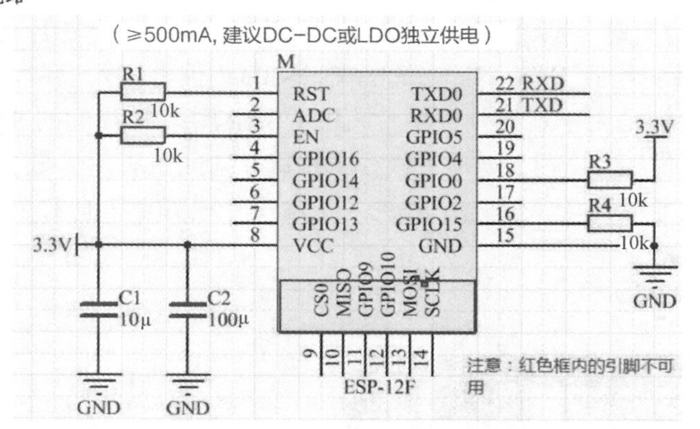

注意：

（1）模组外围电路，GPIO0 必须上拉到 VCC，GPIO15 必须下拉到 GND。

（2）EN 脚和 RST 脚必须上拉到 VCC。

（3）模组的 pin9～pin14 不可用。

图 23.7　Wi-Fi 模块的应用电路

23.2　电路原理

打开“洋桃 IoT 开发板电路原理图”文件，如图 23.8 所示，图纸正下方是 Wi-Fi 模块部分的电路原理。此电路是按照数据手册上的注意文字来设计的，其中第 1、3、12 引脚上拉，第 10 引脚下拉，在第 12 引脚上连接一个按键，按键另一端接地。当按下按键时，模块可进行固件下载模式。模块第 15、16 引脚通过 P16 跳线连接 STM32 单片机的 PB10、PB11 引脚，使单片机的 USART3 串口能与 Wi-Fi 模块通信。如图 23.9 所示，在开发板实物的右上角是 Wi-Fi 模块，Wi-Fi 模块左边有标注为“WIFI 模块”的 P16 跳线。开发板左下角标注为“WIFI 固件”的按键是固件下载按键。需要注意的是 Wi-Fi 模块对电源的要求比较高，在设计产品时需要考虑为它提供独立稳定的供电电源。

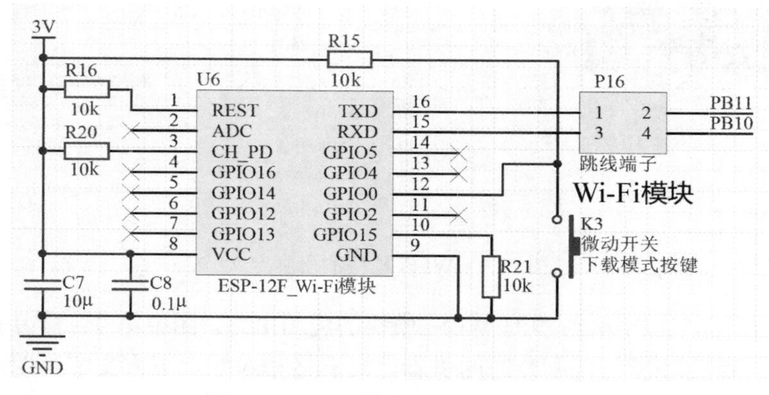

图 23.8　Wi-Fi 模块部分的电路原理

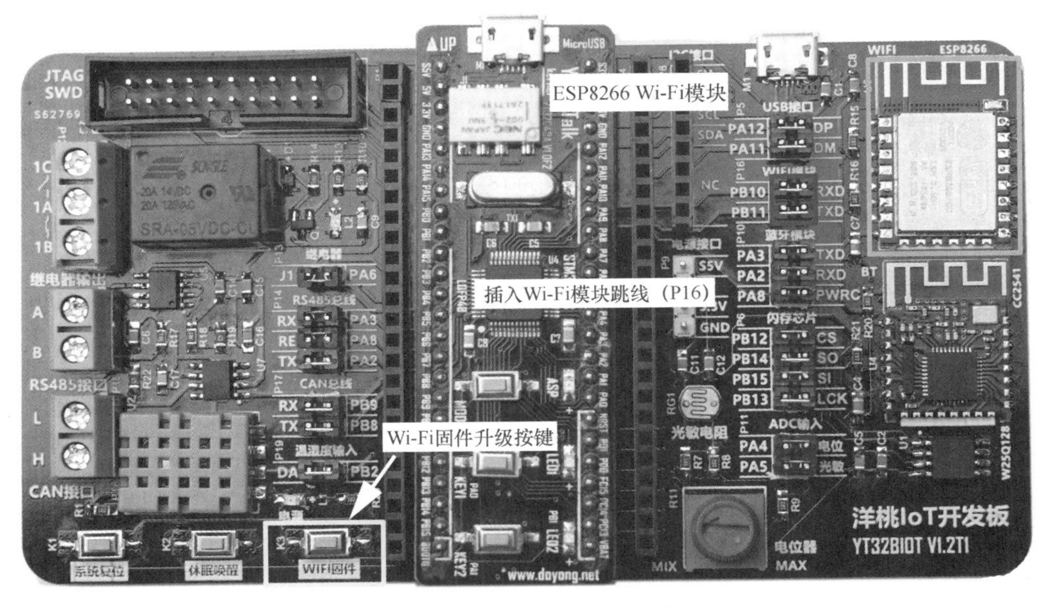

图 23.9　Wi-Fi 模块在开发板上的位置

23.3　Wi-Fi 模块与串口 1 透传

Wi-Fi 模块连接无线路由器后才能和局域网内的手机、计算机通信。所以 Wi-Fi 模块并不像蓝牙模块那样具有默认的透传通信模式，所有功能都要通过 AT 指令完成。为了方便大家熟悉 Wi-Fi 模块的 AT 指令，我先用串口助手软件与 Wi-Fi 模块通信，在串口助手软件上发送 AT 指令并观察 Wi-Fi 模块回复的信息。由于在洋桃 IoT 开发板硬件上没有将 Wi-Fi 模块直接连接到计算机上的电路，我们可以用两根双绞线将 USART1 和 USART3 端口连接起来，这样连接在 USART3 上的 Wi-Fi 模块就可以与连接在 USART1 上的 CH340 芯片通信，只要将核心板上的 Micro USB 线连接到计算机上，就能用 CH340 的串口号与 Wi-Fi 模块通信。除了连接双绞线，还可在 STM32 单片机里写入一个程序，程序内容是将 USART1 发送的数据传给 USART3，再把 USART3 发送的数据传给 USART1，这样就可以代替双绞线，在单片机内部实现两个串口的数据透传。

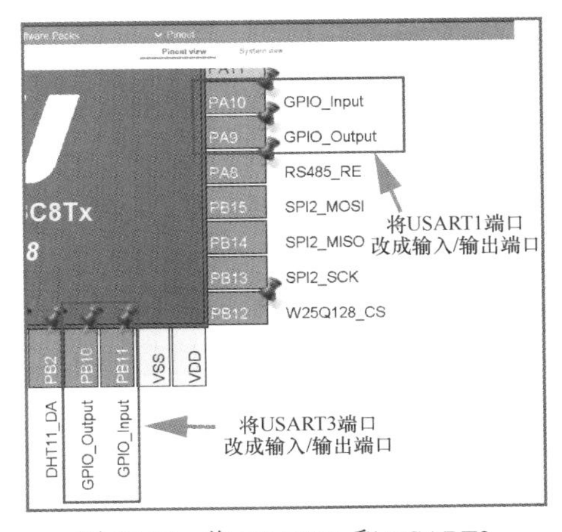

图 23.10　将 USART1 和 USART3 对应端口设置为输入/输出端口

程序实现的透传并不复杂，如图 23.10 和图 23.11 所示，首先在 CubeMX 中将 USART1 和 USART3 对应的接口都设置为 GPIO 输入和输出端口。如图 23.12 所示，在 main.c 文件里删除所有与 USART1 和 USART3 有关的程序，在主循环程序里添加两行程序。第 128 行读出 PA10 端口的电平状态并将其写入 PB10 端口，实现了将 USART1 发送的数据传给 USART3；第 130 行读出 PB11 端口的电平状态并将其写入 PA9 端口，实现了将 USART3 发送的数据传给 USART1，最终实现两组串口的透传。在开发板资料包的示例程序中可以找到我编写好的串口透传工程，可以直接将工程中的 HEX 文件下载到开发板上，并运行开发板。

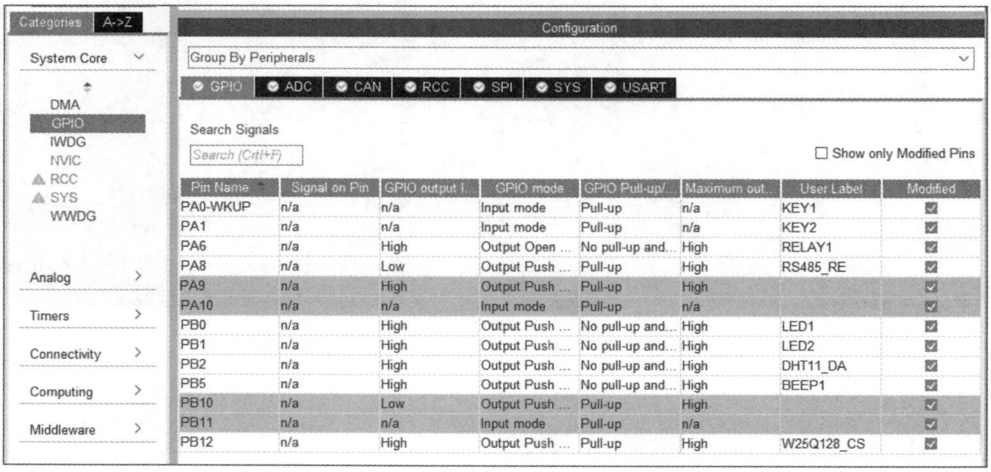

Categories A->Z

System Core: DMA, GPIO, IWDG, NVIC, RCC, SYS, WWDG

Analog / Timers / Connectivity / Computing / Middleware

Configuration

Group By Peripherals

GPIO | ADC | CAN | RCC | SPI | SYS | USART

Search Signals

Search (Crtl+F)

Show only Modified Pins

Pin Name	Signal on Pin	GPIO output l...	GPIO mode	GPIO Pull-up/...	Maximum out...	User Label	Modified
PA0-WKUP	n/a	n/a	Input mode	Pull-up	n/a	KEY1	☑
PA1	n/a	n/a	Input mode	Pull-up	n/a	KEY2	☑
PA6	n/a	High	Output Open ...	No pull-up and...	High	RELAY1	☑
PA8	n/a	Low	Output Push ...	Pull-up	High	RS485_RE	☑
PA9	n/a	High	Output Push ...	Pull-up	High		☑
PA10	n/a	n/a	Input mode	Pull-up	n/a		☑
PB0	n/a	High	Output Push ...	No pull-up and...	High	LED1	☑
PB1	n/a	High	Output Push ...	No pull-up and...	High	LED2	☑
PB2	n/a	High	Output Push ...	No pull-up and...	High	DHT11_DA	☑
PB5	n/a	High	Output Push ...	No pull-up and...	High	BEEP1	☑
PB10	n/a	Low	Output Push ...	Pull-up	High		☑
PB11	n/a	n/a	Input mode	Pull-up	n/a		☑
PB12	n/a	High	Output Push ...	Pull-up	High	W25Q128_CS	☑

图 23.11　USART1 和 USART3 对应端口端口的参数设置

```
123   while (1)
124   {
125       //【GPIO对应关系】USART1:计算机USB转串口(RX:PA10,TX:PA9)。USART3: Wi-Fi 模块(RX:PB10,TX:PB11)
126
127       //将PA10(计算机串口1的RX)的电平状态发送给PB10 (Wi-Fi 模块串口3的TX)
128       HAL_GPIO_WritePin(GPIOB,GPIO_PIN_10,HAL_GPIO_ReadPin(GPIOA,GPIO_PIN_10));
129       //将PB11(Wi-Fi 模块串口3的RX)的电平状态发送给PA9(计算机串口1的TX)
130       HAL_GPIO_WritePin(GPIOA,GPIO_PIN_9,HAL_GPIO_ReadPin(GPIOB,GPIO_PIN_11));
131     /* USER CODE END WHILE */
132
```

图 23.12　串口互传的程序

23.4　串口助手调试 AT 指令

接下来使用串口助手软件与 Wi-Fi 模块通信。由于 Wi-Fi 模块的串口通信有一些特殊的要求，为了不产生额外问题，我们使用 Wi-Fi 模块官方提供的串口助手软件进行实验。如图 23.13 所示，Wi-Fi 模块资料包的第 1 个文件夹里是适用于 Wi-Fi 模块通信的串口助手软件，打开文件夹并运行其中的.exe 文件，打开串口助手。如图 23.14 所示，界面左上方是接收数据显示区，右下方是发送数据区，左下方是串口参数设置区，右上方是预设的多组 AT 指令发送区。

如图 23.15 所示，在软件界面的左下方设置正确的串口号和波特率，然后单击“打开串口”按钮。接下来按下核心板上的 MODE 按键，重启开发板。如图 23.16 所示，随后在

串口助手接收数据显示区出现一堆乱码，最后一行会显示“ready”，这表示 Wi-Fi 模块启动成功，现在可以向 Wi-Fi 模块发送 AT 指令了，如图 23.17 所示，在右下角的文本框里用键盘输入“AT”，然后单击左侧的“发送”按钮，接收区会出现一行“AT”和一行“OK”，表示 AT 指令发送成功，也能正常收到 Wi-Fi 模块回复的信息。如图 23.18 所示，除了在文本框中输入然后发送 AT 指令，还可以在界面右上方发送预先写好的 AT 指令，单击对应 AT 指令右边的数字按钮就能发送。

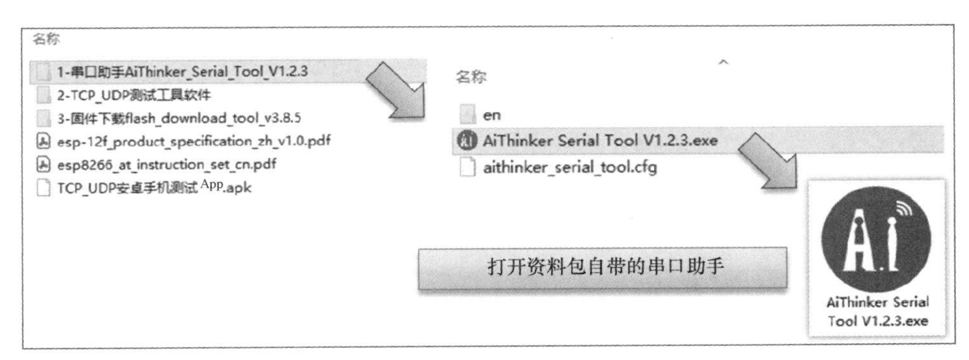

图 23.13　找到并运行串口助手

图 23.14　串口助手界面

现在出现一个新问题，我们完全不了解 Wi-Fi 模块有哪些 AT 指令，AT 指令都有哪些功能。所以在将 Wi-Fi 模块联网之前需要认真学习 AT 指令集。

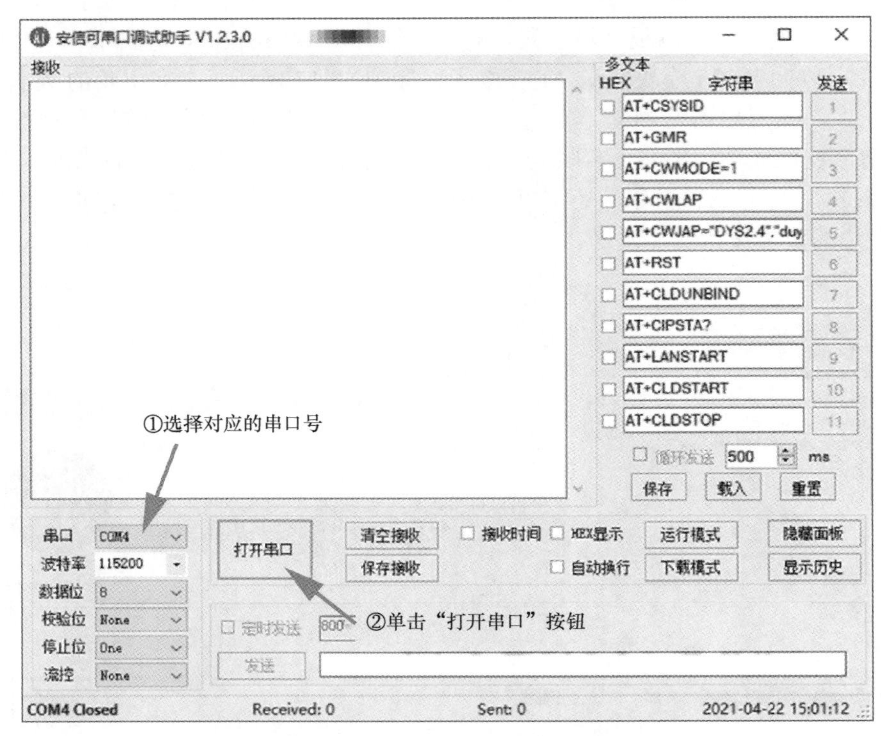

图 23.15　设置串口号和波特率

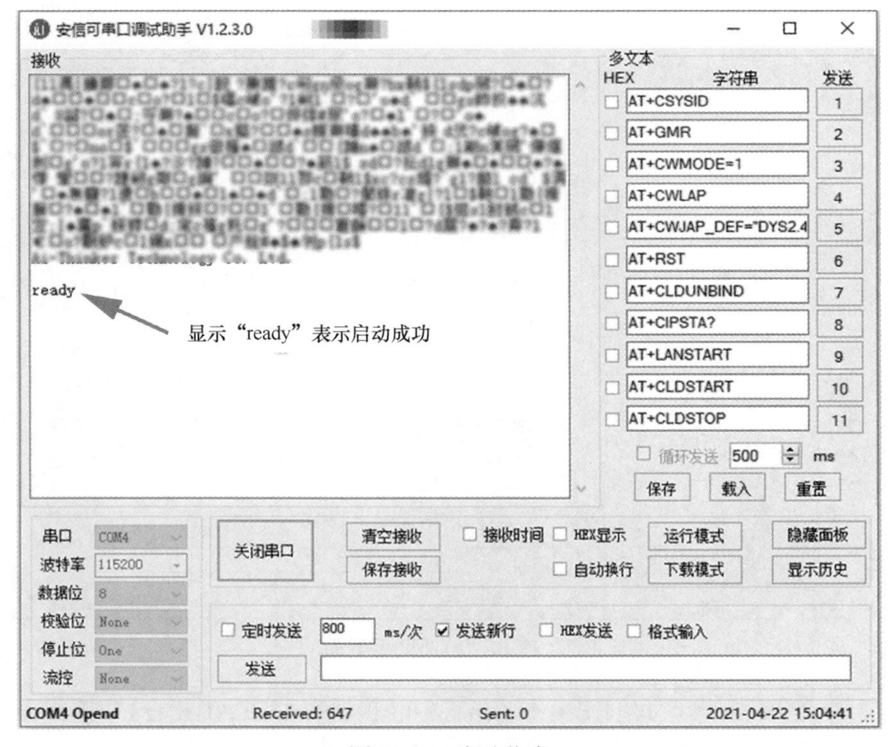

图 23.16　启动信息

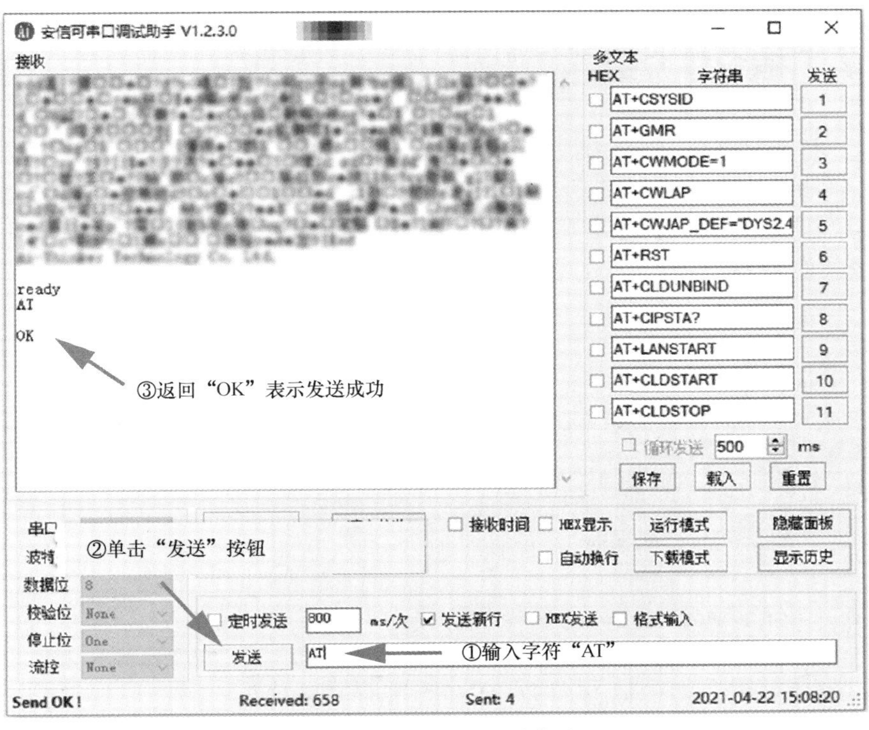

图 23.17　发送 AT 测试指令

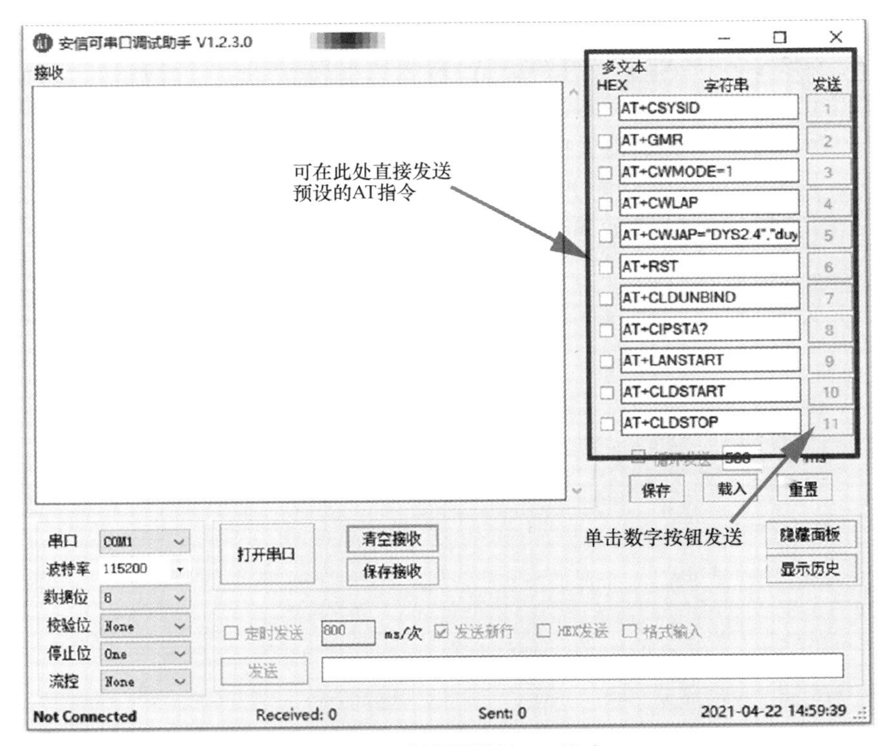

图 23.18　发送预设的 AT 指令

23.5 AT 指令集介绍

如图 23.19 所示，在 Wi-Fi 模块资料包中打开 ESP8266 的 AT 指令集说明书，从标题可以看出此 AT 指令集适用于核心芯片为 ESP8266 的所有 Wi-Fi 模块。目前开发板上所采用的是 ESP-12F 模块，如果你改用其他型号的模块，只要核心芯片是 ESP8266，都可参考这个 AT 指令集说明书。

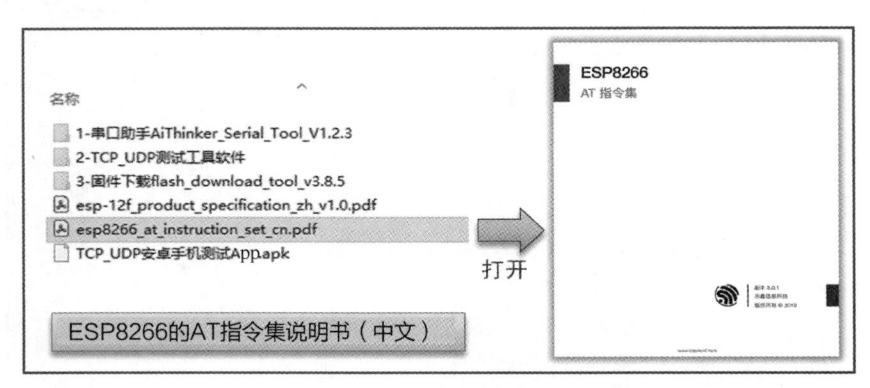

图 23.19　AT 指令集文档的地址

如图 23.20 所示，文档第 3～7 页的目录列出了各章节的内容。这里只看一级标题的目录结构。其中第 2 章指令说明介绍了 AT 指令的发送格式与回复数据的样式，是对 AT 指令形式的介绍。第 3 章基础 AT 指令介绍了 Wi-Fi 模块本身功能和性能的设置指令，比如设置工作模式、串口波特率、复位、进入睡眠模式等指令。第 4 章与第 3 章的标题相同，但实际内容是与 Wi-Fi 通信有关的设置指令，比如设置 Wi-Fi 工作模式、设置 DHCP、设置 MAC 地址等指令。第 5 章 TCP/IP 功能 AT 指令介绍了在 Wi-Fi 模块与网络连接后，进行 TCP/IP 通信时的设置与通信指令，比如建立 TCP 连接、查询本地 IP 地址、发送数据、设置 TCP 服务器等指令。

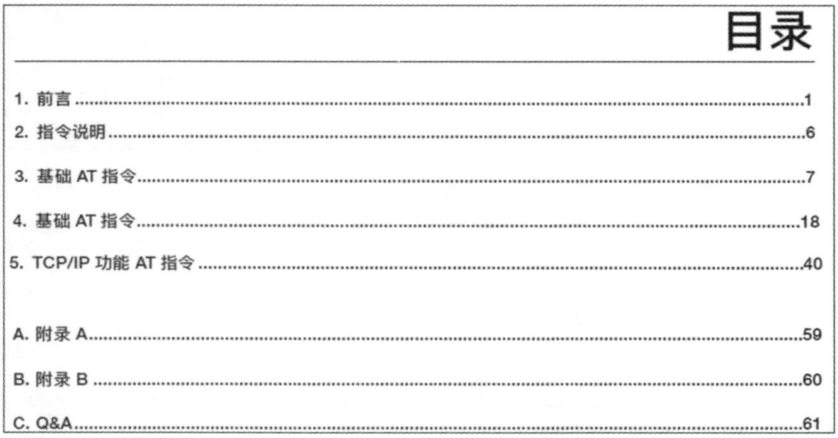

目录

1. 前言 1
2. 指令说明 6
3. 基础 AT 指令 7
4. 基础 AT 指令 18
5. TCP/IP 功能 AT 指令 40
A. 附录 A 59
B. 附录 B 60
C. Q&A 61

图 23.20　AT 指令集文档的目录

如图 23.21 所示，文档第 8 页是基本的说明，大家只要简单浏览一下。如图 23.22 所示，第 9 页是烧录 AT 固件的方法。ESP8266 芯片内部的程序在出厂时已经下载好了，但是厂商还会不断发布升级程序，一是解决旧版本中的程序错误，二是加入更多新功能、新应用。大家在看视频初学期间请不要升级固件，等把 Wi-Fi 模块熟练掌握之后再按自己的需求升级固件程序。升级固件的工具，可单击链接到官方网站下载。

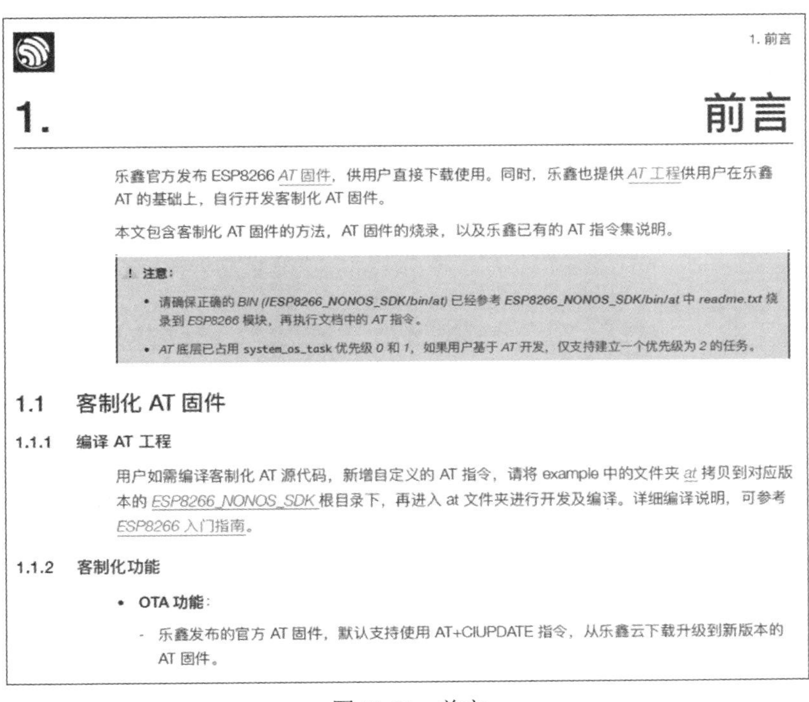
1. 前言

1. 前言

乐鑫官方发布 ESP8266 AT 固件，供用户直接下载使用。同时，乐鑫也提供 AT 工程供用户在乐鑫 AT 的基础上，自行开发客制化 AT 固件。

本文包含客制化 AT 固件的方法，AT 固件的烧录，以及乐鑫已有的 AT 指令集说明。

! 注意：

- 请确保正确的 *BIN (/ESP8266_NONOS_SDK/bin/at)* 已经参考 *ESP8266_NONOS_SDK/bin/at* 中 *readme.txt* 烧录到 *ESP8266* 模块，再执行文档中的 *AT* 指令。
- *AT* 底层已占用 system_os_task 优先级 *0* 和 *1*，如果用户基于 *AT* 开发，仅支持建立一个优先级为 *2* 的任务。

1.1 客制化 AT 固件

1.1.1 编译 AT 工程

用户如需编译客制化 AT 源代码，新增自定义的 AT 指令，请将 example 中的文件夹 at 拷贝到对应版本的 ESP8266_NONOS_SDK 根目录下，再进入 at 文件夹进行开发及编译。详细编译说明，可参考 ESP8266 入门指南。

1.1.2 客制化功能

- **OTA 功能**：
  - 乐鑫发布的官方 AT 固件，默认支持使用 AT+CIUPDATE 指令，从乐鑫云下载升级到新版本的 AT 固件。

图 23.21　前言

1.2. 烧录 AT 固件

参考 ***ESP8266_NONOS_SDK/bin/at/readme.txt*** 进行烧录，请使用乐鑫官方烧录工具，烧录时注意选择对应的 Flash 大小。。

乐鑫官方烧录工具链接：

从 ESP8266_NONOS_SDK_V3.0.0，AT_V1.7 起，由于 AT bin size 增大，AT 默认只支持 1024 KB + 1024 KB 的 Flash map。

图 23.22　烧录 AT 固件

如图 23.23 所示，文档第 13 页的指令说明有对 AT 指令的类型、格式的基本介绍，在列表中将 AT 指令分成测试、查询、设置、执行四大类，下面是使用 AT 指令时的注意事项。如图 23.24 所示，文档第 14 页是基础 AT 指令，在 3.1 节给出了所有基础 AT 指令的列表，大家可以从这里了解基础指令有哪些，它们的基本功能是什么。如图 23.25 所示，从文档第 15 页开始是对列表中的每条 AT 指令的详细介绍，用表格的方式列出每条指令的执行指令、响应和参数说明。比如 3.2.1 节的测试 AT 启动指令，执行指令是“AT”，响应是“OK”，无参数说明，如果我们要测试 AT 指令是否启动，可以发送“AT”，Wi-Fi 模块回复“OK”，表示测试成功。3.2.2 节是重启模块指令，发送“AT+RST”，Wi-Fi 模块回复“OK”，表示重启成功。3.2.3 节是查询版本信息指令，发送“AT+GMR”，Wi-Fi 模块回复 3 行信息后再回复“OK”，表示查询版本信息成功。根据参数说明，我们可以得知这 3 行数据的内容：第 1 行是 AT 指令的版本，第 2 行是 SDK 版本，第 3 行是编译生成时间。请大家按照这样的方法，把第 3 章里的所有指令描述认真看一遍，这对于 Wi-Fi 模块的使用非常重要，在此就不一一列举了。

2. 指令说明

2. 指令说明

AT 指令可以细分为4 种类型。

类型	指令格式	描述
测试指令	AT+<x>=?	该命令用于查询设置指令的参数以及取值范围
查询指令	AT+<x>?	该命令用于返回参数的当前值
设置指令	AT+<x>=<…>	该命令用于设置用户自定义的参数值
执行指令	AT+<x>	该命令用于执行受模块内部程序控制的变参数不可变的功能

! 注意：

- 不是每条 *AT* 指令都具备上述 *4* 种类型的命令。
- *[]* 括号内为缺省值，不必填写或者可能不显示。
- 使用双引号表示字符串数据 *"string"*，例如：AT+CWSAP="ESP756290","21030826",1,4
- 默认波特率为 *115200*。
- *AT* 指令必须大写，并且以回车换行符结尾（*CR LF*）。

图 23.23　AT 指令说明

3. 基础 AT 指令

3.1　基础 AT 指令一览表

指令	描述
AT	测试 AT 启动
AT+RST	重启模块
AT+GMR	查看版本信息
AT+GSLP	进入 Deep-sleep 模式
ATE	开关回显功能
AT+RESTORE	恢复出厂设置
AT+UART_CUR	UART 当前临时配置
AT+UART_DEF	UART 默认配置，保存到 Flash
AT+SLEEP	设置 sleep 模式
AT+WAKEUPGPIO	设置 GPIO 唤醒 Light-sleep 模式
AT+RFPOWER	设置 RF TX Power 上限
AT+RFVDD	根据 VDD33 设置 RF TX Power
AT+SYSRAM	查询系统当前剩余内存
AT+SYSADC	查询 ADC 值
AT+SYSIOSETCFG	设置 I/O 工作模式
AT+SYSIOGETCFG	查询 I/O 工作模式
AT+SYSGPIODIR	设置 GPIO 工作为输入或输出
AT+SYSGPIOWRITE	设置 GPIO 的输出电平
AT+SYSGPIOREAD	读取 GPIO 的电平状态
AT+SYSMSG_CUR	设置当前系统消息
AT+SYSMSG_DEF	设置默认系统消息

图 23.24　基础 AT 指令

3.2. 基础 AT 指令描述

3.2.1 AT——测试 AT 启动

执行指令	AT
响应	OK
参数说明	–

3.2.2 AT+RST——重启模块

执行指令	AT+RST
响应	OK
参数说明	–

3.2.3 AT+GMR——查询版本信息

执行指令	AT+GMR
响应	<AT version info> <SDK version info> <compile time> OK
参数说明	• <AT version info>：AT 版本信息 • <SDK version info>：SDK 版本信息 • <compile time>：编译生成时间

图 23.25　基础 AT 指令描述

如图 23.26 所示，文档第 25 页同样是基础 AT 指令，与之前的区别是，第 4 章的 AT 指令与 Wi-Fi 功能的设置有关，列表中给出了所有 Wi-Fi 设置的 AT 指令。如图 23.27 所示，在文档第 27 页 4.2 节是对 4.1 节列表中所有 AT 指令的详细描述。比如 4.2.1 节的第 1 个 AT 指令是设置当前的 Wi-Fi 模式，这一指令有 3 种类型，分别是测试、查询和设置。如果发送“AT+CWMODE_CUR=?”，Wi-Fi 模块回复一组模式的取值列表，最后回复“OK”，这个指令可以让 Wi-Fi 模块告诉你都有哪些模式。第 2 个查询指令是发送“AT+CWMODE_CUR?”，Wi-Fi 模块将回复当前的模式。第 3 个设置指令是发送“AT+CWMODE_CUR=”后接参数，可把 Wi-Fi 模块设置为你想要的模式。那么 Wi-Fi 模块都有哪些模式呢？可以看表格中的参数说明，这里标注了“<mode>”对应的 3 个参数，参数“1”表示 Station 模式，参数“2”表示 SoftAP 模式，参数“3”表示 SoftAP+Station 模式。也就是说，我们在发送的指令里不是输入“<mode>”，而是在有“<mode>”的地方输入参数“1”“2”或“3”，每个数字代表一种 Wi-Fi 模式。请大家把第 4 章的所有 AT 指令都看一遍，了解每个 AT 指令的功能和描述。

如图 23.28 所示，用同样的方法看第 47 页的第 5 章，这里是与 TCP/IP 相关的 AT 指令，列表中给出了所有的 TCP/IP 连接、发送、接收等通信操作的 AT 指令。如图 23.29 所示，第 48 页开始是每个 TCP/IP 指令的描述，大家可以认真学习一下，在即将讲解的 Wi-Fi 联网操作中会用到这些 AT 指令。最后几页是附录 A、B、C，内容并不重要，简单了解即可。另外，如果大家不清楚网络通信、Wi-Fi 技术、TCP/IP 的原理，可以搜索相关文章自学。这里只讲解 Wi-Fi 的应用层面，不能在基础知识上花费太多时间。Wi-Fi 是学习的重点和难点，大家一定要多下工夫才行。

4. 基础 AT 指令

4.1 基础 Wi-Fi 功能 AT 指令一览表

指令	说明
AT+CWMODE_CUR	设置当前Wi-Fi 模式 (STA/AP/STA+AP)，不保存到Flash
AT+CWMODE_DEF	设置 Wi-Fi 模式 (STA/AP/STA+AP)，保存到Flash
AT+CWJAP_CUR	连接 AP，不保存到Flash
AT+CWJAP_DEF	连接 AP，保存到Flash
AT+CWLAPOPT	设置 AT+CWLAP 指令扫描结果的属性
AT+CWLAP	扫描附近的 AP 信息
AT+CWQAP	与 AP 断开连接
AT+CWSAP_CUR	设置 ESP8266 SoftAP 配置，不保存到Flash
AT+CWSAP_DEF	设置 ESP8266 SoftAP 配置，保存到Flash
AT+CWLIF	获取连接到 ESP8266 SoftAP 的 Station 的信息
AT+CWDHCP_CUR	设置 DHCP，不保存到Flash
AT+CWDHCP_DEF	设置 DHCP，保存到Flash
AT+CWDHCPS_CUR	设置 ESP8266 SoftAP DHCP 分配的 IP 范围，不保存到 Flash
AT+CWDHCPS_DEF	设置 ESP8266 SoftAP DHCP 分配的 IP 范围，保存到Flash
AT+CWAUTOCONN	设置上电时是否自动连接 AP
AT+CIPSTAMAC_CUR	设置 ESP8266 Station 的 MAC 地址，不保存到Flash
AT+CIPSTAMAC_DEF	设置 ESP8266 Station 的 MAC 地址，保存到Flash
AT+CIPAPMAC_CUR	设置 ESP8266 SoftAP 的 MAC 地址，不保存到Flash

图 23.26　基础 Wi-Fi 功能 AT 指令

4.2 基础 Wi-Fi 功能 AT 指令描述

4.2.1 AT+CWMODE_CUR —— 设置当前 Wi-Fi 模式，不保存到Flash

指令	测试指令： AT+CWMODE_CUR=?	查询指令： AT+CWMODE_CUR? 功能：查询 ESP8266 当前 Wi-Fi 模式	设置指令： AT+CWMODE_CUR=<mode> 功能：设置 ESP8266 当前 Wi-Fi 模式
响应	+CWMODE_CUR:<mode> 取值列表 OK	+CWMODE_CUR:<mode> OK	OK
参数说明	<mode>： ‣ 1：Station 模式 ‣ 2：SoftAP 模式 ‣ 3：SoftAP+Station 模式		
注意	本设置不保存到Flash		
示例	AT+CWMODE_CUR=3		

图 23.27　基础 Wi-Fi 功能 AT 指令描述

5. TCP/IP 功能 AT 指令

5.1 TCP/IP 指令一览表

指令	描述
AT+CIPSTATUS	查询网络连接信息
AT+CIPDOMAIN	域名解析功能
AT+CIPSTART	建立 TCP 连接，UDP 传输或者 SSL 连接
AT+CIPSSLSIZE	设置 SSL buffer 大小
AT+CIPSSLCCONF	配置 ESP SSL client
AT+CIPSEND	发送数据
AT+CIPSENDEX	发送数据，达到设置长度，或者遇到字符 \0，则发送数据
AT+CIPSENDBUF	数据写入 TCP 发包缓存
AT+CIPBUFRESET	重置计数（TCP 发包缓存）
AT+CIPBUFSTATUS	查询 TCP 发包缓存的状态
AT+CIPCHECKSEQ	查询写入 TCP 发包缓存的某包是否成功发送
AT+CIPCLOSE	关闭 TCP/UDP/SSL 传输
AT+CIFSR	查询本地 IP 地址
AT+CIPMUX	设置多连接模式
AT+CIPSERVER	设置 TCP 服务器
AT+CIPSERVERMAXCONN	设置服务器允许建立的最大连接数。
AT+CIPMODE	设置透传模式
AT+SAVETRANSLINK	保存透传连接到Flash
AT+CIPSTO	设置 ESP8266 作为 TCP 服务器时的超时时间
AT+PING	Ping 功能

图 23.28　TCP/IP 指令

5.2 TCP/IP 指令描述

5.2.1 AT+CIPSTATUS——查询网络连接信息

执行指令	AT+CIPSTATUS
响应	STATUS:<stat> +CIPSTATUS:<link ID>,<type>,<remote IP>,<remote port>,<local port>,<tetype>
参数说明	• <stat>：ESP8266 Station 接口的状态 ‣ 2：ESP8266 Station 已连接 AP，获得 IP 地址 ‣ 3：ESP8266 Station 已建立 TCP 或 UDP 传输 ‣ 4：ESP8266 Station 断开网络连接 ‣ 5：ESP8266 Station 未连接 AP • <link ID>：网络连接 ID (0 ~ 4)，用于多连接的情况 • <type>：字符串参数，"TCP" 或者 "UDP" • <remote IP>：字符串，远端 IP 地址 • <remote port>：远端端口值 • <local port>：ESP8266 本地端口值 • <tetype>： ‣ 0：ESP8266 作为客户端 ‣ 1：ESP8266 作为服务器

图 23.29　TCP/IP 指令描述

第 24 步：Wi-Fi 模块的 TCP 通信

上一步我们学习了 Wi-Fi 模块的基本原理和 AT 指令集。相信大家已经了解了 AT 指令有哪些，但是在实际的应用中要连接设备、发送数据时，到底用到哪些 AT 指令，先用哪个、后用哪个，在某个应用中要切换哪种模式、设置什么参数，这一系列的问题还需要解决。解决这些问题的关键是参考别人怎样做，我在学习这些知识的时候就是在掌握 AT 指令集说明文档后，再去看其他前辈分享的示例程序。需要开发某功能就参考示例程序中类似的部分，稍做修改，把它变成我的程序。然后在我录制教学视频时，我又把自己学到的知识整理成我的示例程序分享给大家，以达到接续传承的目的。

这一步我将介绍 4 种 Wi-Fi 模块的连接，第 1 种是把 Wi-Fi 模块当成一台物联网硬件终端，连接家里的无线路由器；第 2 种是在 Wi-Fi 模块连接无线路由器的基础上，再把一台计算机也连接到无线路由器上，在计算机上安装专用的 TCP 通信软件，实现在同一局域网内的两个终端通信；第 3 种是把 Wi-Fi 模块作为服务器 Wi-Fi 热点，把计算机无线连接到 Wi-Fi 模块上实现 TCP 通信；第 4 种是在手机上安装 TCP 测试软件，让 Wi-Fi 模块与手机 App 通信。这几种通信方式并不需要全部掌握，大家可以根据自己现有的设备条件来做实验。没有无线路由器就不做相关实验，没有计算机就只做手机实验。但不论哪种情况，都要把所有内容看一遍，以便未来用到时可及时回顾。

需要特别说明的是，随着 Wi-Fi 模块固件的不断升级，即使不同批次的开发板上的 Wi-Fi 模块型号相同，其固件版本也可能不同，这会导致有些 AT 指令的格式、Wi-Fi 回复数据的样式有所差异。但不用担心，这里所讲解的都是最基础的 AT 指令，即使因版本不同而有变化，使用方法也是大同小异。AT 指令用得多了就能掌握其精髓，不被差异所困扰。

24.1 Wi-Fi 模块连接无线路由器

首先打开上一步中用过的串口助手软件，在洋桃 IoT 开发板中下载 Wi-Fi 模块与 USART1 串口透传程序，使开发板处于运行状态。接着在串口助手软件中打开开发板对应的串口号。如图 24.1 所示，为了便于操作，我已经在串口助手界面右上方的多文本区添加了常用的 AT 指令。在字符串的输入框里，可以修改各行的指令内容。在字符串的左侧有“HEX”的勾选框，当勾选某行对应的勾选框时，这一行的指令将发送十六进制数据。由于 Wi-Fi 模块的 AT 指令以字符方式收发，所以不要勾选它们。在字符串右侧是用于发送指令的数字按钮，按下各行对应的数字按钮，即可发送指令。如果在多文本区没有找到需要的指令，可在界面下方的发送框里手动输入指令，并按左侧的“发送”按钮。如图 24.2 所示，比如按下数字“6”发送 Wi-Fi 模块复位指令，指令会被自动输入界面下方的发送框并发送。一定要勾选发送框上方的“发送新行”一项，只有发送“新行”所代表的 Enter 键，Wi-Fi 模块才能正常接收指令。最后在界面左上方的接收区会收到 Wi-Fi 模块回复的信息。

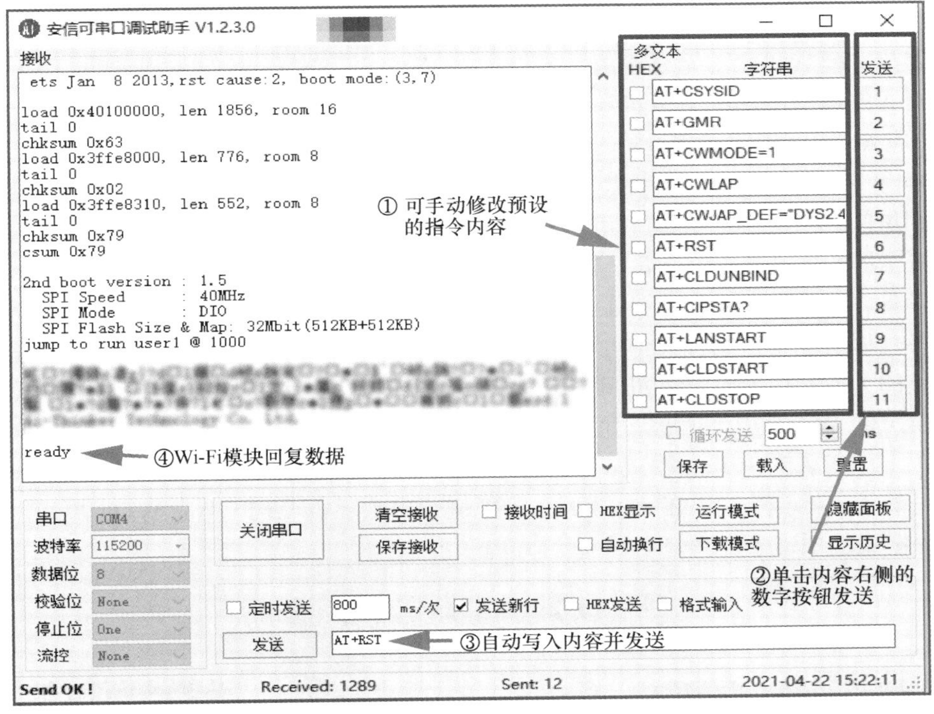

图 24.1　发送 AT 指令

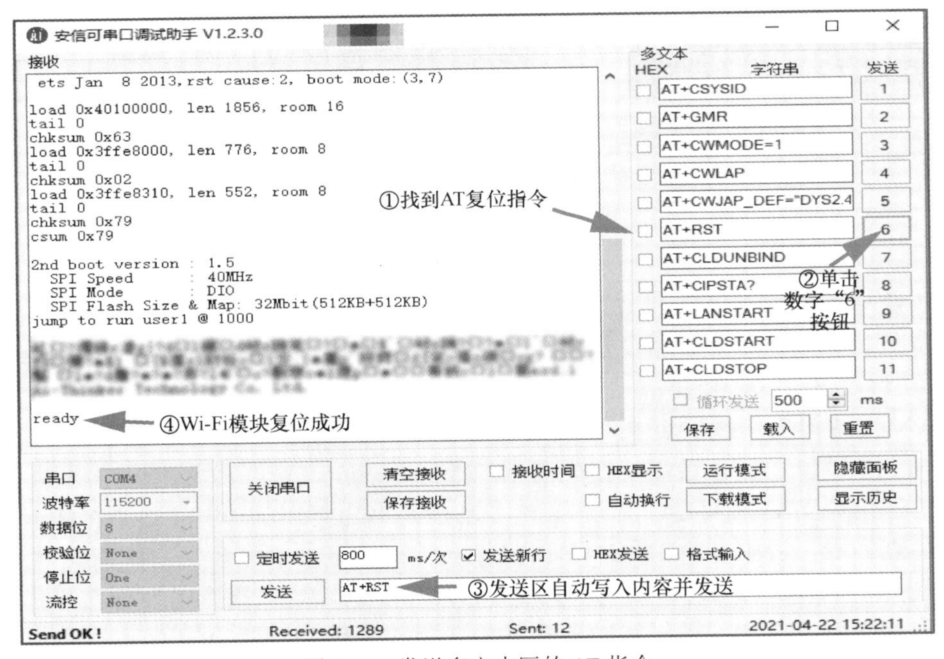

图 24.2　发送多文本区的 AT 指令

掌握基本发送方法之后，开始按顺序发送 AT 指令，目标是把 Wi-Fi 模块连接到家中的无线路由器。在此之前，需要确保家中的无线路由器处于正常工作状态，使开发板与无线路由器尽量靠近。无线路由器需支持 2.4GHz 无线频段，热点名称要是字母和数字的组合，并设有连接密码。我家的无线路由器名称是“DYS2.4”，密码是“duyang98765”。图 24.3 是联网模式的示意图，我们还需要了解 Wi-Fi 的两种工作模式：AP 模式和 Station 模式。AP 模式是 AT 指令说明文档里的 SoftAP 模式，Wi-Fi 模块工作在 AP 模式下相当于一台无线路由器，手机、笔记本计算机等可搜索并连接 Wi-Fi 模块。Station 模式是工作站模式，Wi-Fi 模块工作在 Station 模式下相当于手机、笔记本计算机等终端设备，需要连接到无线路由器等 AP 模式的设备上。简单来说，无线路由器这种能让多个终端设备连接的，是 AP 模式的设备。计算机、手机、智能音箱这种需要连接无线路由器才能联网的，是 Station 模式的设备。以智能手机为例，你的手机可以有 3 种 Wi-Fi 模式。当手机打开 Wi-Fi 功能并连接家里的无线路由器时，手机 Wi-Fi 工作在 Station 模式。如果在连接无线路由器时又开启了手机上的 Wi-Fi 热点功能，允许其他手机、笔记本计算机连接 Wi-Fi 热点，这时的手机 Wi-Fi 工作在 AP+Station 模式。如果手机断开了与无线路由器的连接，只开启 Wi-Fi 热点，这时的手机 Wi-Fi 工作在 AP 模式。当把例子中的手机 Wi-Fi 换成 Wi-Fi 模块，就能明白 Wi-Fi 模式的原理了。

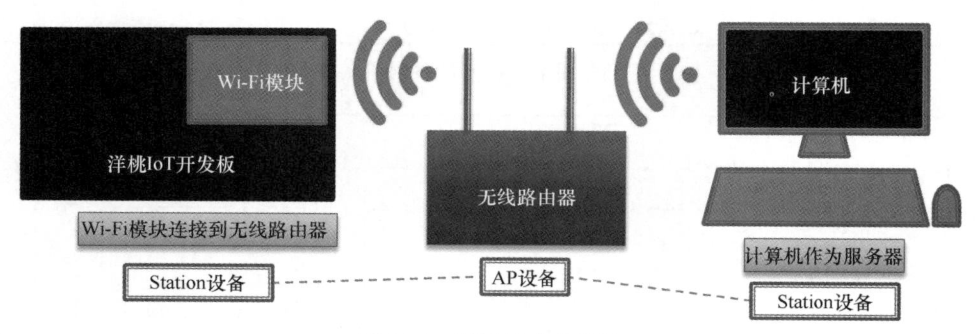

图 24.3　联网模式示意图

接下来要在串口助手上进行实际操作，连接无线路由器。如图 24.4 所示，Wi-Fi 模块复位后首先要设置 Wi-Fi 模式，既然要连接无线路由器，Wi-Fi 模块被当作终端使用，所以将其设置为 Station 模式。单击多文本区的数字“3”按钮，发送指令“AT+CWMODE=1”，设置 Wi-Fi 模式为 Station 模式。为了保证模式切换生效，可再复位一次 Wi-Fi 模块。复位后需要搜索周围的 Wi-Fi 热点，可在多文本区单击数字“4”按钮，发送指令“AT+CWLAP”，这条指令功能是列出可用的 Wi-Fi 热点。随后接收区显示了热点列表，表中有“DYS2.4”的热点名称。接下来单击多文本区的数字“5”按钮，发送“AT+CWJAP_DEF=”，后接热点名称和密码，这条指令需要你在操作之前把热点名称和密码改成你家无线路由器实际的名称和密码。如图 24.5 所示，Wi-Fi 模块回复“WIFI CONNECTED”和“WIFI GOT IP”，表示成功连接无线路由器。如表 24.1 所示，整个连接过程共用了 3 条 AT 指令，大家可以在 AT 指令说明文档里仔细阅读每条指令的介绍说明。

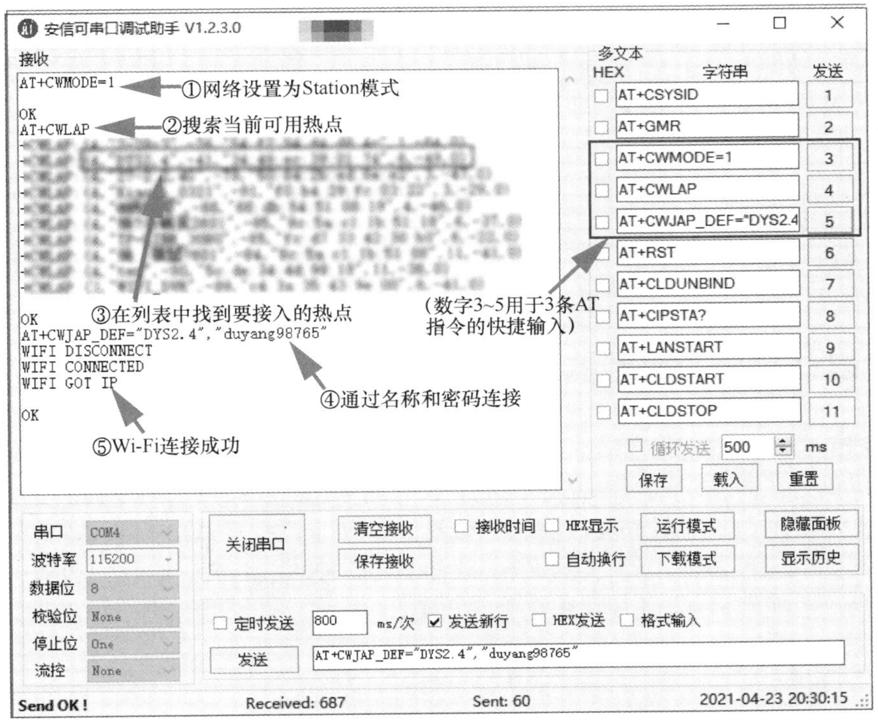

图 24.4　连接无线路由器

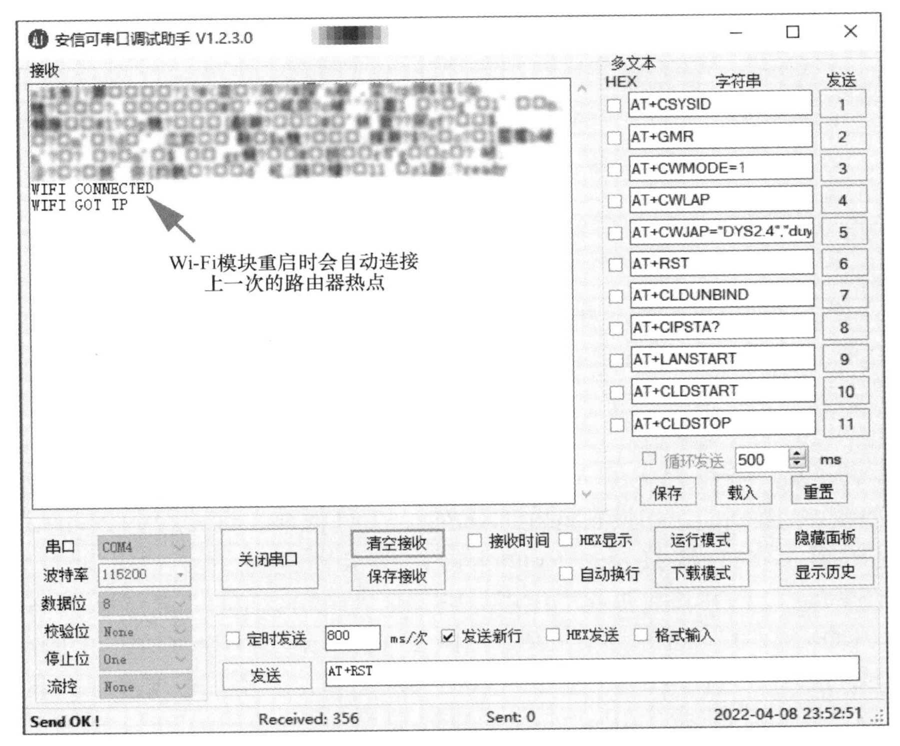

图 24.5　连接成功的显示

表 24.1　连接无线路由器所用到的 AT 指令

步骤	功能	指令	说明
1	设置 Wi-Fi 模式	AT+CWMODE=1	1.Station 模式 2.AP 模式 3.AP+ Station 模式
2	列出当前热点	AT+CWLAP	
3	接入热点	AT+CWJAP_DEF="DYS2.4","duyang98765"	"热点名"，"密码"

24.2　以计算机为服务器的 TCP 连接

Wi-Fi 模块已经连接到无线路由器，然后再把计算机也连接到这台无线路由器上，Wi-Fi 模块与计算机处在同一局域网内就可以进行 TCP 通信了。我们可使用 Wi-Fi 模块资料包中自带的 TCP&UDP 测试工具来完成测试。如图 24.6 所示，打开 Wi-Fi 模块资料包中第 2 个文件夹，在其中运行.exe 文件，无须安装软件，可直接将其打开。在这次通信中将计算机一端定义为服务器端，Wi-Fi 模块定义为客户端。

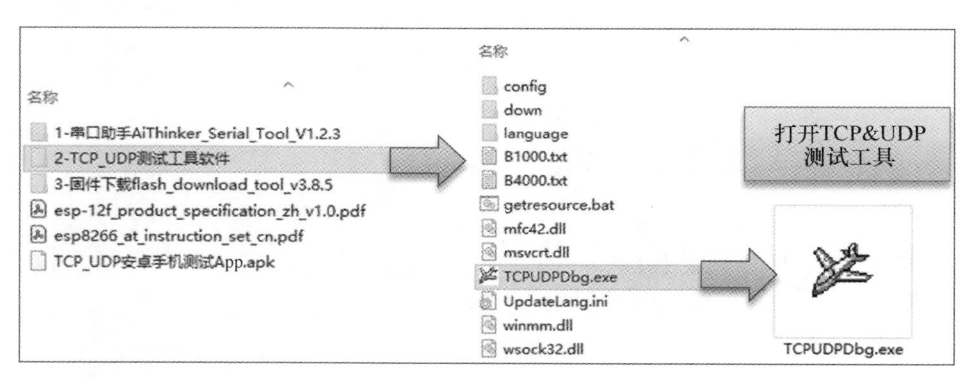

图 24.6　找到并打开 TCP&UDP 测试工具

要在计算机端创建服务器，如图 24.7 所示，单击 TCP&UDP 测试工具界面中的"创建服务器"按钮。如图 24.8 所示，在弹出的窗口中设置本机端口为默认的"3456"，然后单击"确定"按钮。如图 24.9 所示，在界面中单击"启动服务器"按钮，这时在界面的"属性栏"列表中，"服务器模式"一项下方会出现服务器的 IP 地址和端口号。IP 地址是"192.168.1.4"，端口号是"3456"。接下来要用 AT 指令让 Wi-Fi 模块连接计算机上创建的服务器。如图 24.10 所示，切换到串口助手界面，发送指令"AT+CIPMUX=0"，这条指令的功能是设置 Wi-Fi 连接模式为单连接，即只能连接一个设备。再发送指令"AT+CIPSTART="，后接连接协议"TCP"，IP 地址"192.168.1.4"，端口号"3456"。Wi-Fi 模块回复"CONNECT"，表示连接成功。如图 24.11 所示，切换到 TCP&UDP 测试工具界面，连接成功后在"属性栏"中会出现绿色三角图标，表示正在连接中。其中显示的"192.168.1.3"是 Wi-Fi 模块的 IP 地址，"43575"是 Wi-Fi 模块的端口号。如图 24.12 所示，在界面的右侧会出现数据收发窗口，在窗口上方的发送区输入一些字符，然后单击"发送"

按钮。如图 24.13 所示，在串口助手界面的接收区会收到“+IPD,5:12345”，其中的“5”表示共收到 5 个字符，冒号后面是数据内容“12345”，实现了计算机服务器端向 Wi-Fi 模块发送数据。再来看 Wi-Fi 模块向计算机发送数据，如图 24.14 所示，在串口助手界面里发送指令“AT+CIPSEND=5”，这条指令的功能是发送数量是 5 个字符的数据。Wi-Fi 模块回复“>”表示现在可以输入数据内容。这时我们在发送框里输入 5 个字符“54321”，单击“发送”按钮后 Wi-Fi 模块回复“SEND OK”，表示发送成功。如图 24.15 所示，在 TCP&UDP 测试工具界面的接收区会显示接收到“54321”，即实现了 Wi-Fi 模块与计算机服务器端的双向通信。

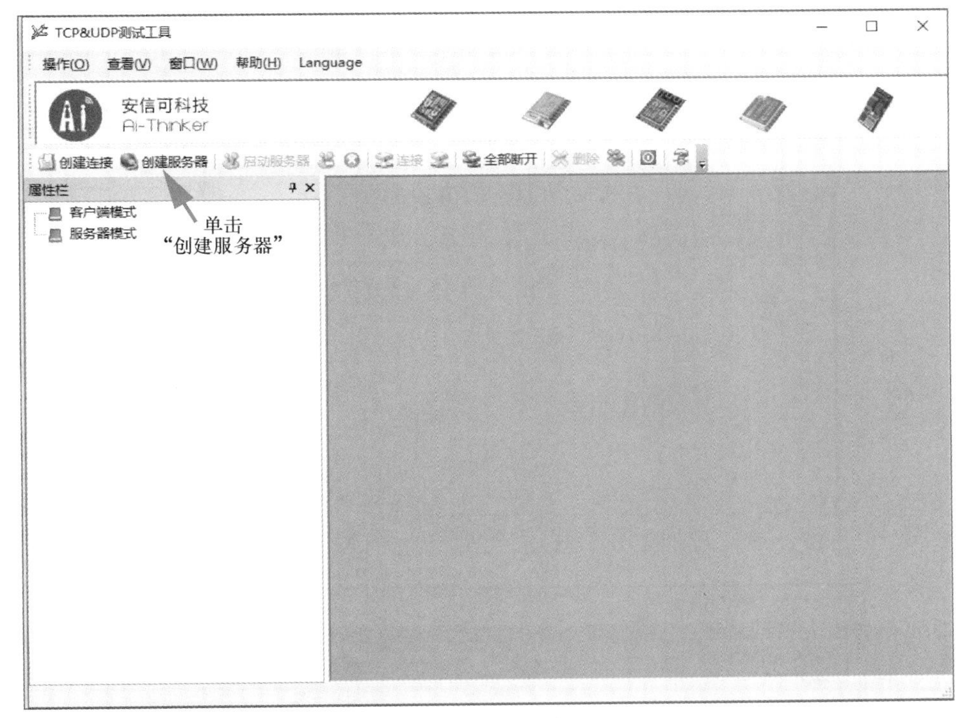

图 24.7　创建服务器

你还可以发送其他数据做更多的实验。如图 24.16 所示，想结束通信、断开连接时，可以在串口助手界面中发送指令“AT+CIPCLOSE”，收到回复“CLOSED”，表示与计算机服务器端的 TCP 连接断开了。如图 24.17 所示，想断开 Wi-Fi 模块与无线路由器的热点连接，可发送指令“AT+CWQAP”，收到回复“WIFI DISCONNECT”，表示断开成功。如表 2 所示，以上 Wi-Fi 模块与计算机进行 TCP 通信的全过程共使用了 8 条 AT 指令，大家可以在 AT 指令说明文档里了解每条指令的详细说明。

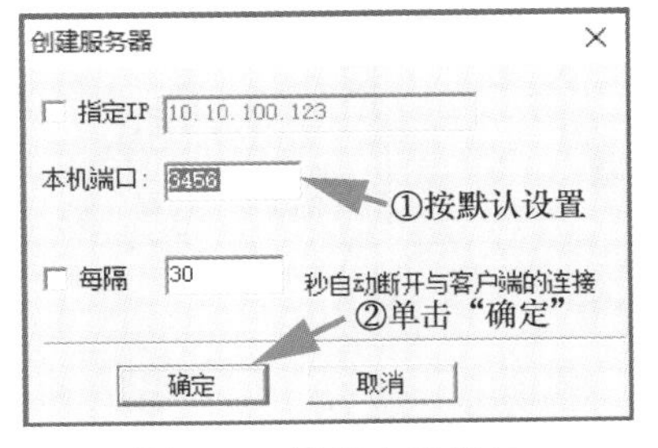

图 24.8　设置本机端口

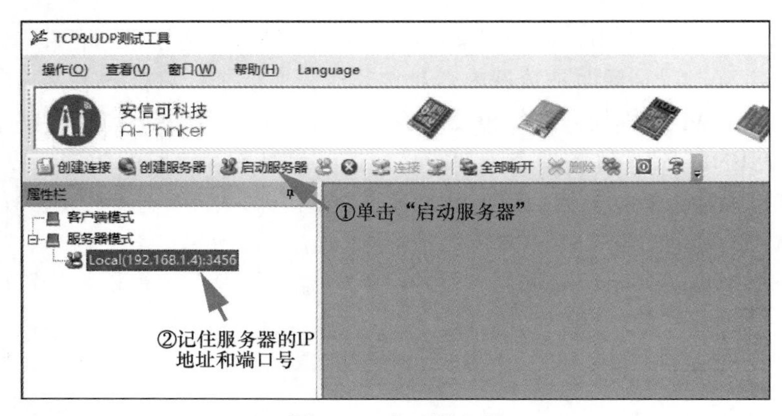

图 24.9　启动服务器

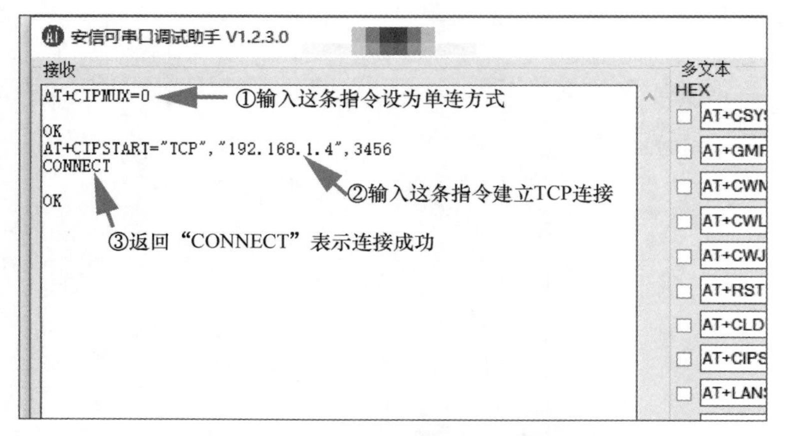

图 24.10　发送建立 TCP 连接的 AT 指令

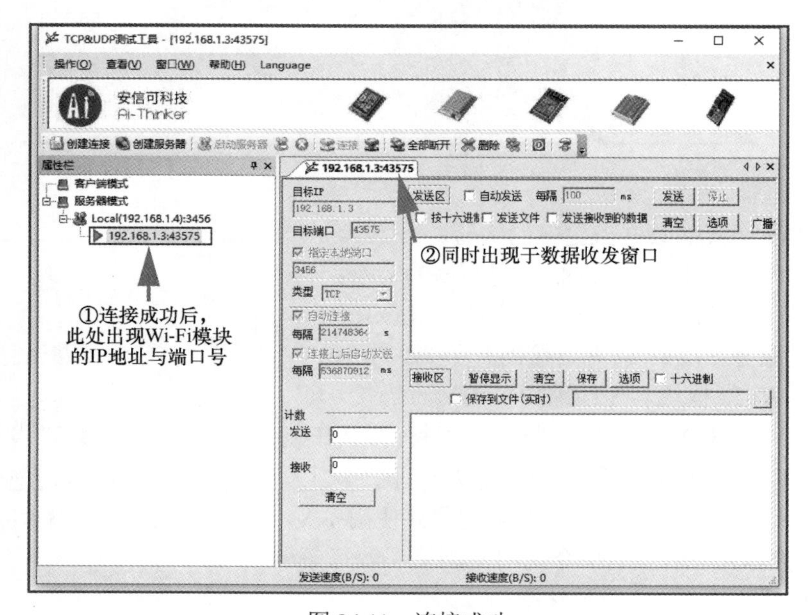

图 24.11　连接成功

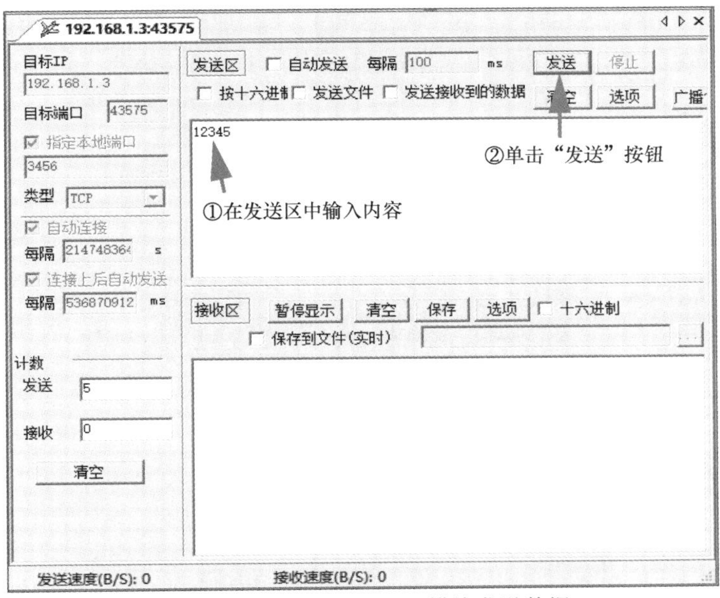

图 24.12　计算机向 Wi-Fi 模块发送数据

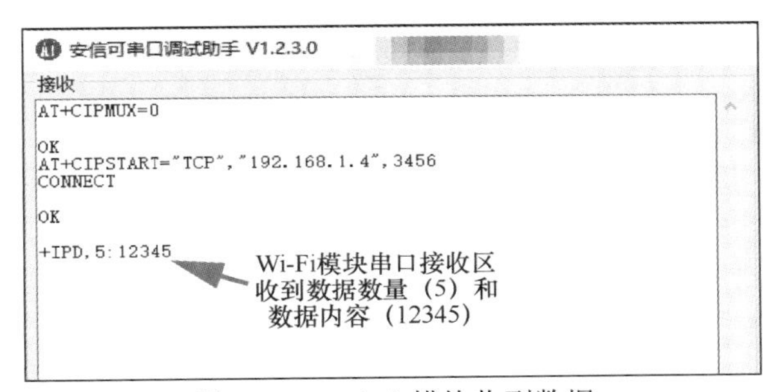

图 24.13　Wi-Fi 模块收到数据

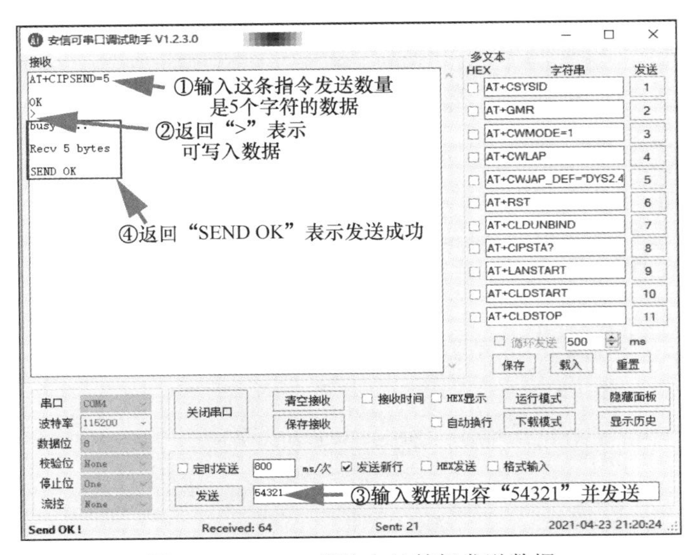

图 24.14　Wi-Fi 模块向计算机发送数据

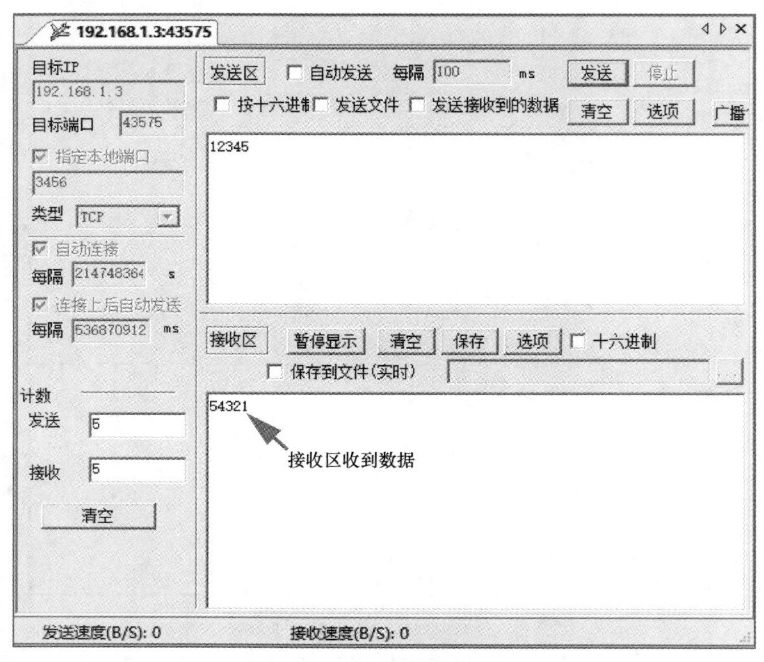

图 24.15　计算机收到数据

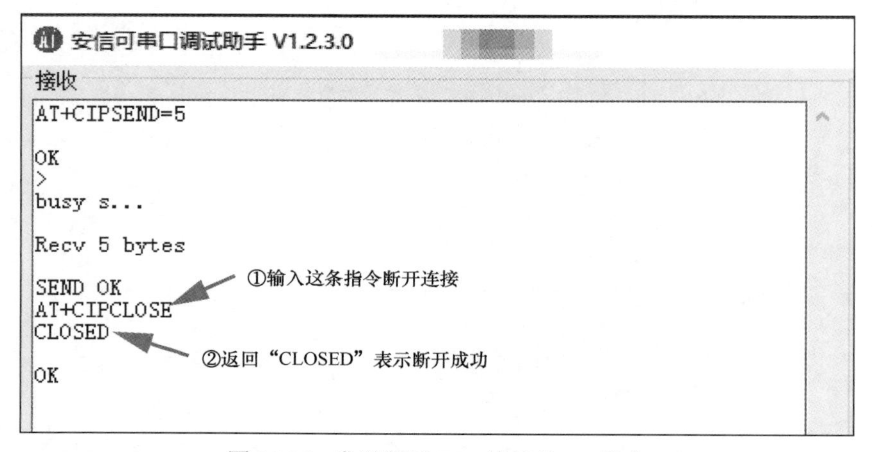

图 24.16　发送断开 TCP 连接的 AT 指令

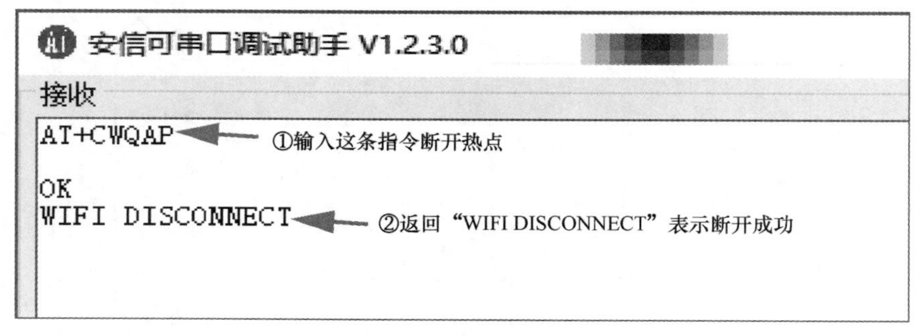

图 24.17　发送断开无线路由器热点连接的 AT 指令

表 24.2　建立 TCP 连接所用到的 AT 指令（Wi-Fi 模块作为客户端）

步骤	功能	指令	说明
1	设置 Wi-Fi 模式	AT+CWMODE=1	1.Station 模式 2.AP 模式 3.AP+ Station 模式
2	列出当前热点	AT+CWLAP	
3	接入热点	AT+CWJAP_DEF="DYS2.4","duyang98765"	"热点名"，"密码"
4	设置连接模式	AT+CIPMUX=0	0：单连接 1：多连接
5	创建 TCP 连接	AT+CIPSTART= "TCP" , "192.168.1.4" ,3456	"TCP"，"服务器 IP 地址"，端口号
6	发送数据	AT+CIPSEND=5	5 是数据数量 返回">"后再发送数据内容
7	断开 TCP 连接	AT+CIPCLOSE	仅单连模式下使用
8	断开热点连接	AT+CWQAP	

24.3　以 Wi-Fi 模块为服务器的 TCP 连接

以上的连接中 Wi-Fi 模块作为客户端，使用 Station 模式。如图 24.18 所示，接下来的连接让 Wi-Fi 模块作为服务器，使用 AP 模式。再让计算机作为 Station 模式的客户端，像连接无线路由器一样连接 Wi-Fi 模块的网络。我们先来把 Wi-Fi 模块变成 AP 模式，并设置热点的名称和密码，这样计算机才能在 Wi-Fi 热点列表里搜索到它。如图 24.19 所示，打开串口助手软件界面，发送指令"AT+CWMODE=3"，将 Wi-Fi 模块设置为 AP+Station 模式。再发送复位指令使模式切换生效，等待 Wi-Fi 模块重启并自动连接到家中的无线路由器时，再进行下一步操作。如图 24.20 所示，发送指令"AT+CWSAP_DEF="，后接热点名称、密码和连接加密方式。这里我设置的名称是"ESP8266"，密码是"1234567890"（在计算机连接时会用到）。然后发送指令"AT+CIPMUX=1"，设置为多连接模式，允许多个设备连接 Wi-Fi 模块。再发送指令"AT+CIPSERVER=1,1001"，"1"表示开启服务器，"1001"是设置的端口号。开启服务器后，计算机就能以客户端身份与服务器建立 TCP 连接。但是我们还不知道 Wi-Fi 模块的服务器 IP 地址，所以发送指令"AT+CIFSR"，这条指令的功能是查询本地 IP 地址。由于 Wi-Fi 模式是 AP+Station，所以回复列表中有两组 IP 地址，其中 APIP 是 Wi-Fi 模块作为服务器的 IP 地址，STAIP 是 Wi-Fi 模块作为客户端的 IP 地址。计算机需要连接 APIP 的地址"192.168.4.1"。此地址可通过指令修改，但目前先按默认地址连接。

你要确保你的计算机是带有无线 Wi-Fi 功能的笔记本计算机，或者是加装了 Wi-Fi 适配器的台式机。如图 24.21 所示，在计算机上搜索"ESP8266"的 Wi-Fi 热点，即 Wi-Fi 模块 AP 模式下的热点名称。单击连接，输入密码"1234567890"，单击"下一步"完成连接。如图 24.22 所示，连接成功后打开 TCP&UDP 测试工具，单击"创建连接"按钮，在弹出的窗口中选择"TCP"类型，目标 IP 一栏输入"192.168.4.1"，端口一栏输入"1001"，单击"创建"按钮。

如图 24.23 所示，这时在界面右侧会出现数据收发的窗口，先单击“连接”按钮，连接后在发送区输入要发送的数据“123”，单击“发送”按钮。如图 24.24 所示，切换到串口助手软件界面，可以看到“0”和“CONNECT”，表示连接成功，设备号是 0。“+IPD”表示接收数据，“0”表示接收的数据来自设备号为 0 的设备，“3”表示接收到 3 个数据，最后是数据内容“123”，这样就实现了计算机端向 Wi-Fi 模块发送数据。接下来看 Wi-Fi 模块向计算机发送数据，如图 24.25 所示，在串口助手界面发送指令“AT+CIPSEND=0,5”，“0”是设备号，“5”是数据数量。当 Wi-Fi 模块回复“>”时可以输入数据内容，这时在发送框输入数据内容“12345”，单击“发送”按钮。Wi-Fi 模块回复“SEND OK”，表示发送成功。如图 24.26 所示，切换到 TCP&UDP 测试工具，在接收区会显示刚刚接收到的数据“12345”。你还可以发送其他数据来测试数据收发，测试完成后可单击窗口中的“断开连接”按钮，断开与 Wi-Fi 模块服务器的 TCP 连接。到此就实现了以 Wi-Fi 模块为服务器的 TCP 数据收发。如表 24.3 所示，以上操作共使用了 8 条 AT 指令，大家可以在 AT 指令说明文档里详细了解每条指令。注意在讲解中没有演示步骤 8 设置 AP 的 IP 地址，大家可以按实际需要进行设置。

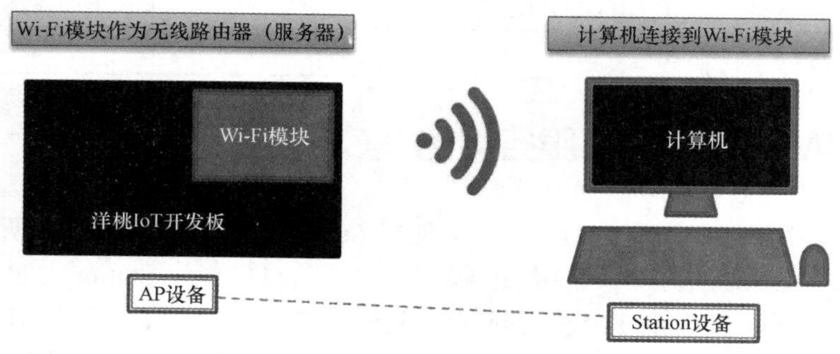

图 24.18　开发板与计算机的连接关系示意图

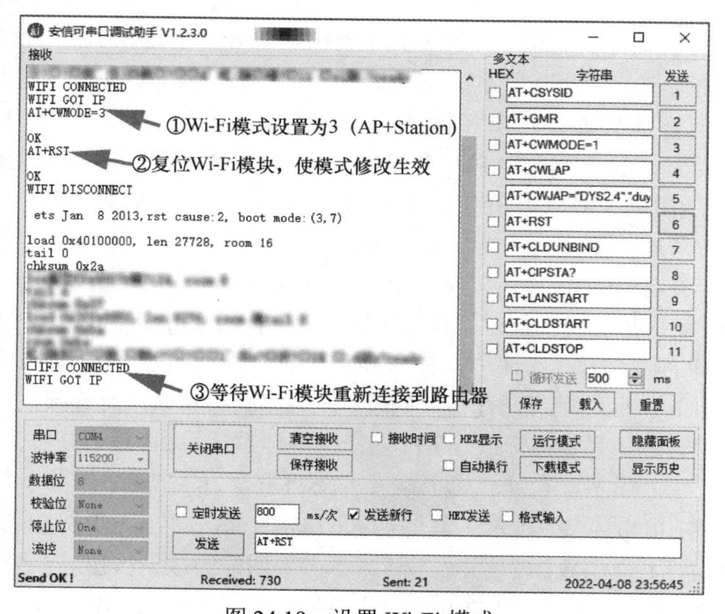

图 24.19　设置 Wi-Fi 模式

安信可串口调试助手 V1.2.3.0

接收

```
AT+CWSAP_DEF="ESP8266","1234567890",11,2
OK
AT+CIPMUX=1
OK
AT+CIPSERVER=1,1001
OK
AT+CIFSR
+CIFSR:APIP,"192.168.4.1"
+CIFSR:APMAC,"8e:aa:b5:59:7f:83"
+CIFSR:STAIP,"192.168.3.80"
+CIFSR:STAMAC,"8c:aa:b5:59:7f:83"

OK
```

①设置AP的配置参数
②设置多连接模式
③开启服务器，端口号为“1001”
④查询本地IP地址
⑤得到AP的IP地址“192.168.4.1”

图 24.20　得到 AP 的 IP 地址

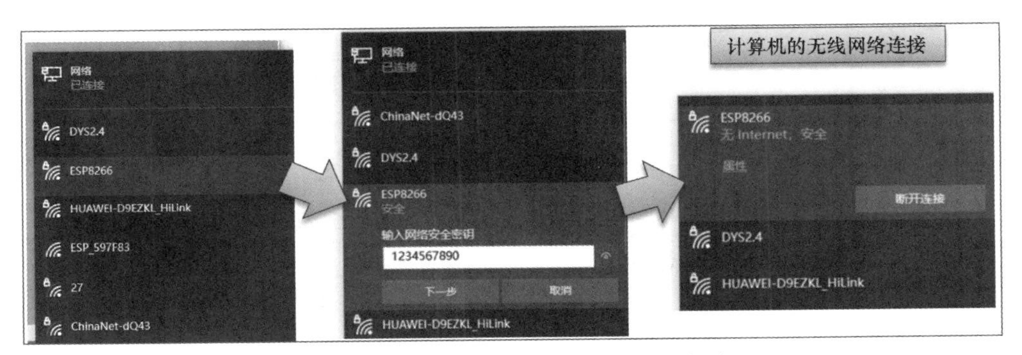

图 24.21　计算机端连接 Wi-Fi 模块的热点

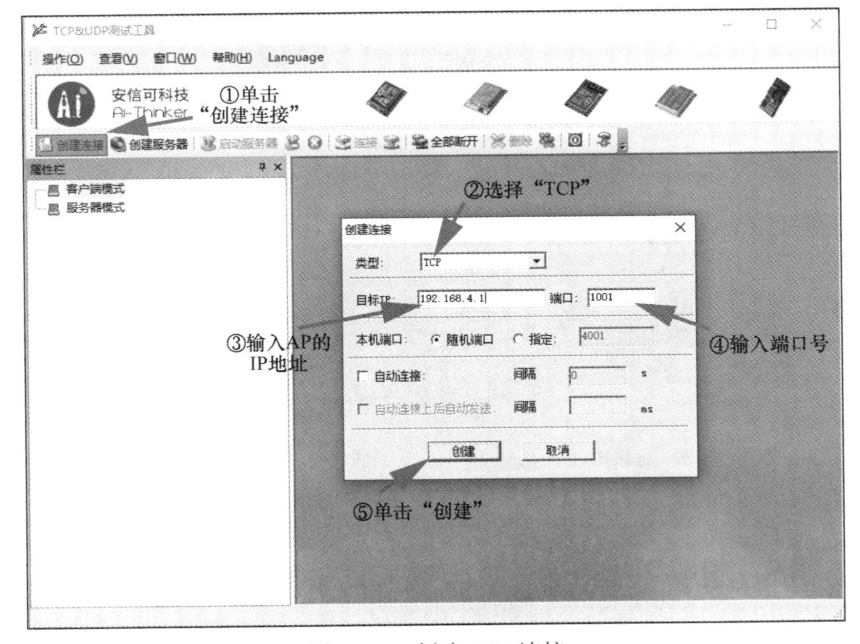

图 24.22　创建 TCP 连接

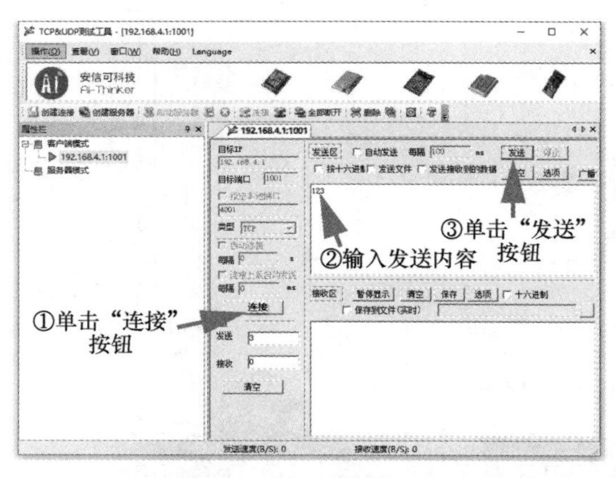

图 24.23　向 Wi-Fi 模块发送数据

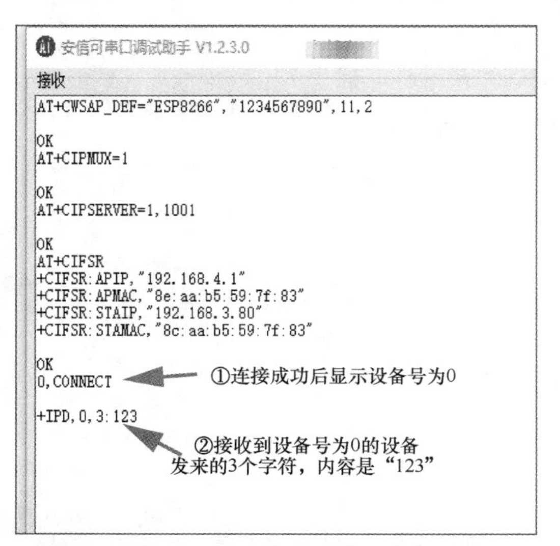

图 24.24　接收到数据的显示

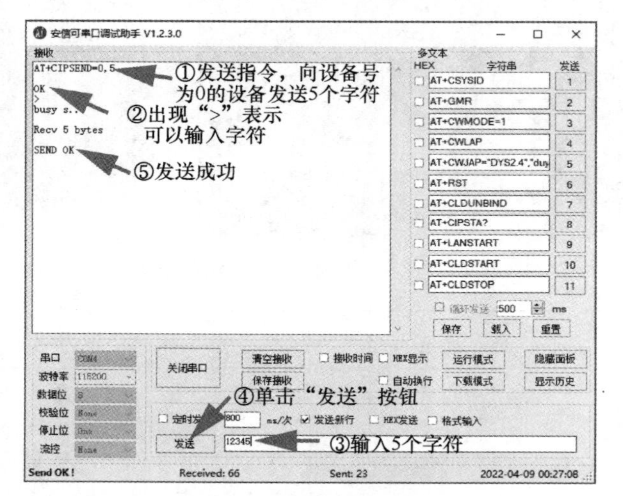

图 24.25　发送数据

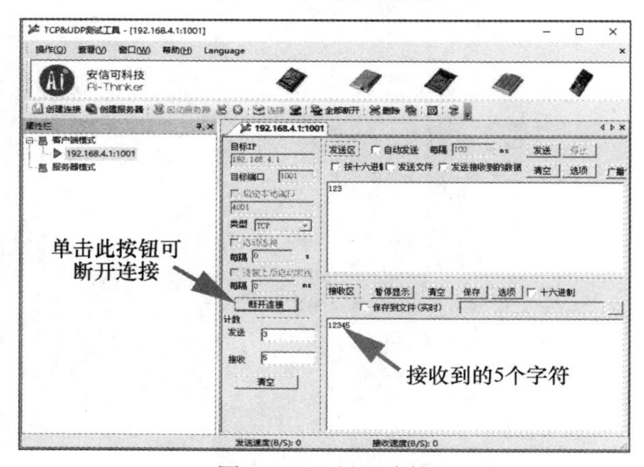

图 24.26　断开连接

表 24.3　建立 TCP 连接所用到的 AT 指令（Wi-Fi 模块作为服务器）

步骤	功能	指令	说明
1	重启开发板 自动连接热点		重启后会自动连接上次的热点，如未连接请手动连接
2	设置 Wi-Fi 模式	AT+CWMODE=3	1：Station 模式 2：AP 模式 3：AP+Station 模式
3	复位模块	AT+RST	复位使模式生效
4	设置 AP 配置	AT+CWSAP_DEF="ESP8266"，"1234567890",11,2	_DEF：设置保存到 Flash
5	设置连接模式	AT+CIPMUX=1	0：单连接 1：多连接
6	开启服务器	AT+CIPSERVER=1,1001	0：关闭服务器 1：开启服务器 1001：端口号（可改）
7	查寻本地 IP	AT+CIFSR	回复当前 AP 和 STA 的 IP 地址
8	设置 AP 的 IP 地址	AT+CIPAP="192.168.4.1","192.168.4.1","255.255.255.0"	可修改 IP 地址（可选）
9	TCP 发送数据	AT+CIPSEND=0.5	向 0 号客户端发送 5 个字符

24.4　Wi-Fi 模块与手机 App 通信

最后是 Wi-Fi 模块与手机的连接，其连接方法与 Wi-Fi 模块连接计算机的方法一样，只是要在手机上安装一款 App。Wi-Fi 模块与手机的连接也有多种方式，既可以通过无线路由器建立 TCP 连接，也能将 Wi-Fi 模块作为服务器热点建立 TCP 连接。这里只介绍后一种方法，其他方法请大家举一反三。如图 24.27 所示，在这种连接方式中 Wi-Fi 模块是 AP 设备，作为服务器热点，手机工作在 Station 模式，以客户端身份建立 TCP 连接。如图 24.28 所示，首先需要在安卓手机上安装用于 TCP 连接的 App，在 Wi-Fi 模块资料包中找到软件的 APK 文件，将软件安装到手机上。如图 24.29 所示，打开手机的 Wi-Fi 功能，刷新网络列表找到名称为"ESP8266"的热点，输入密码，单击连接。如图 24.30 所示，打开刚刚下载的 App，在主界面左上角单击菜单图标。如图 24.31 和图 24.32 所示，在弹出的界面中单击"TCP Client"（TCP 客户端）一项，在之后弹出的输入框中输入 IP 地址"192.168.4.1"，端口号"1001"，然后单击"CONFIRM"（连接）按钮。如图 24.33 所示，这时在界面下方会有一行发送框，在此输入要发送的数据"ABC"，然后单击发送图标。如图 24.34 所示，计算机上串口助手界面可以看到手机连接成功和接收到的数据。如图 24.35 和图 24.36 所示，用同样方法发送指令"AT+CIPSEND=0,5"，发送数据“ABCDE”，观察手机 App 界面上接收到的数据。最终实现了手机与 Wi-Fi 模块的 TCP 通信。

Wi-Fi 模块的通信相比于蓝牙模块更复杂，全部要用 AT 指令收发，在后续需要单片机处理 AT 指令时，难度更会增加，不仅要判断数据内容，还要考虑意外情况。问题的关键还是开发者对 AT 指令集的熟悉程度，请大家多做实验，熟练掌握 Wi-Fi 模块的 AT 指令操作与 TCP 通信。

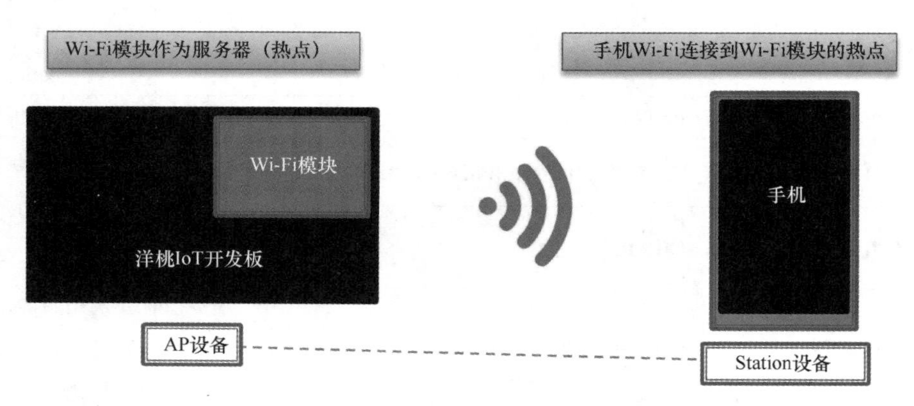

图 24.27　开发板与手机 App 连接的示意图

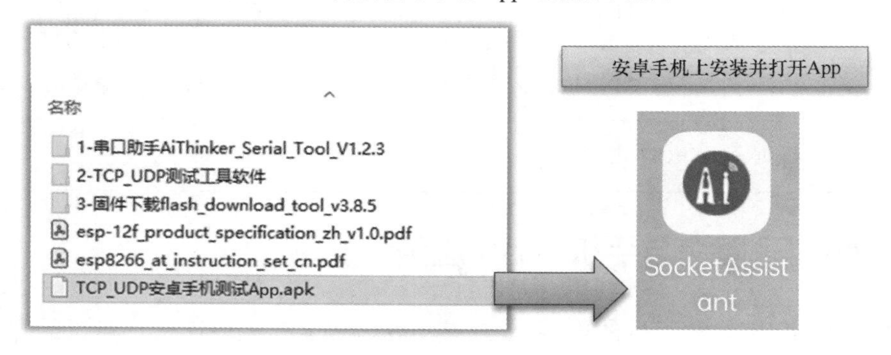

图 24.28　下载并安装 App

图 24.29　手机连接 Wi-Fi 模块的热点

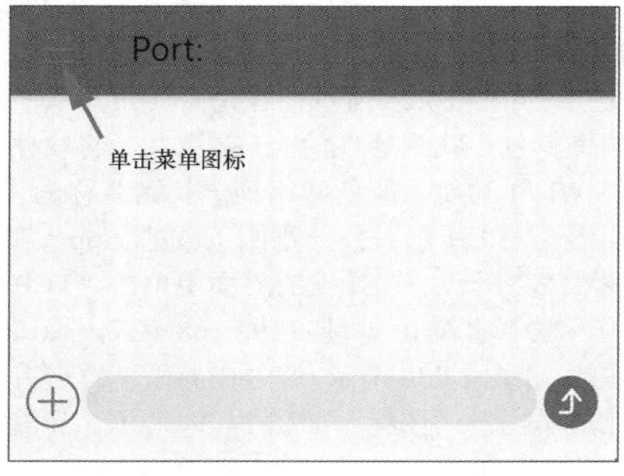

图 24.30　单击主界面左上角的菜单图标

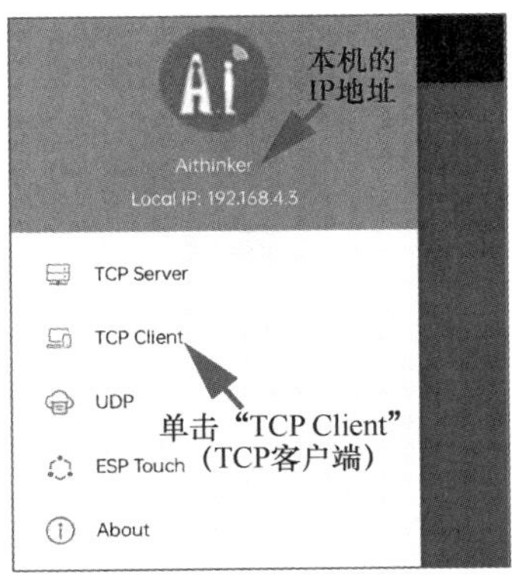

图 24.31　选择 TCP 客户端

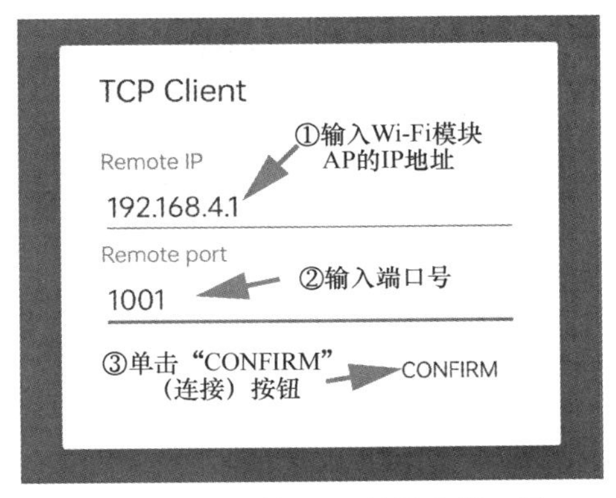

图 24.32　输入 IP 地址和端口号

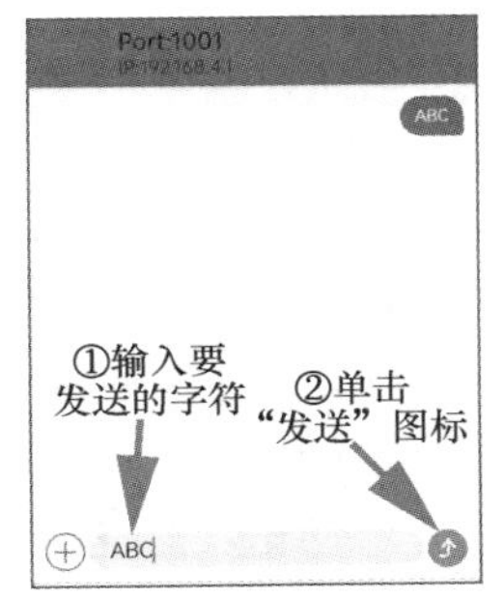

图 24.33　测试手机发送数据到 Wi-Fi 模块

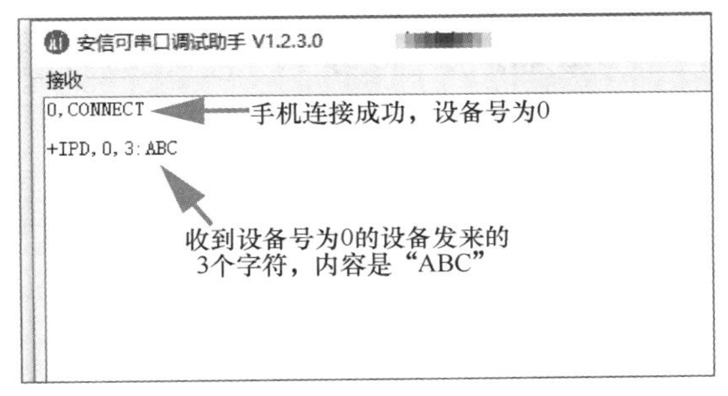

图 24.34　接收区的显示

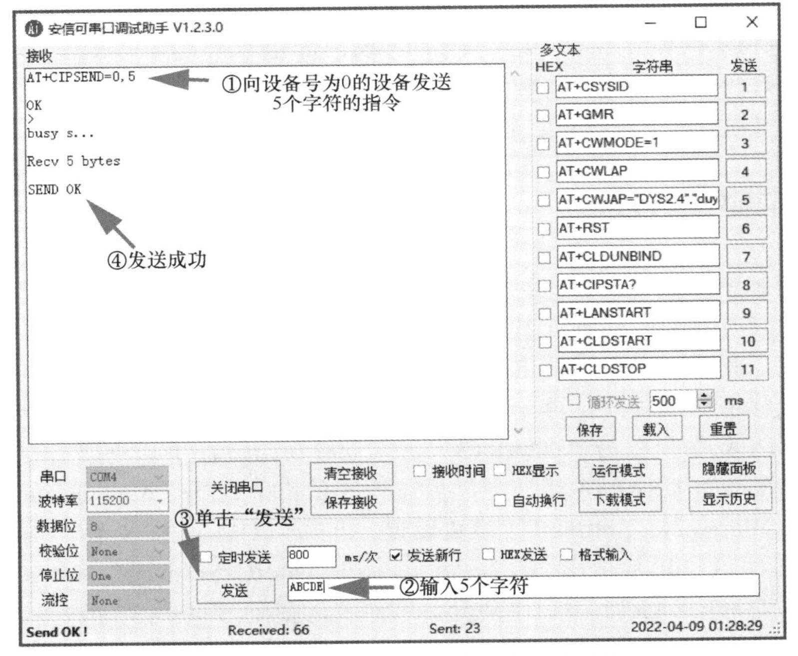

图 24.35　测试 Wi-Fi 模块发送数据到手机

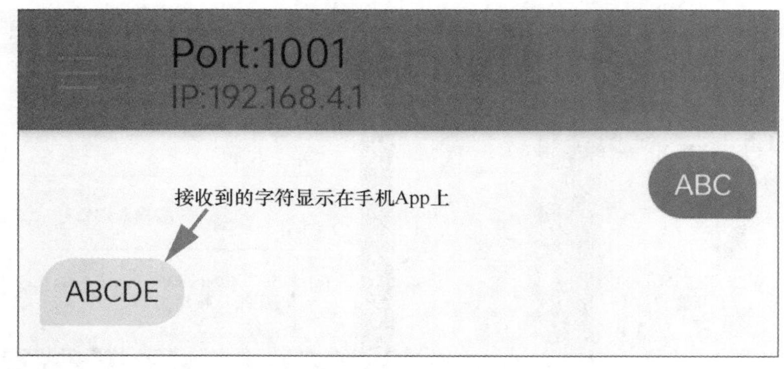

图 24.36　手机接收到数据的显示

第 25 步：Wi-Fi 模块的单片机控制应用

之前几步熟悉了 Wi-Fi 模块的功能与使用，在局域网里建立了 TCP 连接，但是所有操作都是在串口助手软件上发送指令，并没有 STM32 单片机的参与。既然我们主要学习 STM32 单片机，就要做出以 STM32 单片机为核心的 Wi-Fi 通信与控制应用，这就是这一步我们要学习的内容。用单片机控制 Wi-Fi 模块本质上依然使用串口通信，只是把串口助手软件换成单片机程序。这就需要单片机程序能按 AT 指令集的要求发送正确的指令，又能接收 Wi-Fi 模块的回复数据，并识别判断出数据内容，执行相应的操作。Wi-Fi 模块的 AT 指令众多，每个指令有不同类型，每个类型包含不同参数，全部指令的识别是困难且不必要的。所以接下来我只给出 Wi-Fi 模块在局域网内进行 TCP 连接和数据收发的示例程序，并对开发板上的继电器、LED、蜂鸣器进行远程控制。后续讲到 Wi-Fi 模块连接云端服务器时，再学习更高级的远程控制应用。

25.1　移植驱动程序

单片机控制 Wi-Fi 模块的核心是将人工控制串口助手收发指令改成单片机程序自动实现收发。首先我们需要建立单片机与 Wi-Fi 模块的串口通信，然后再按 AT 指令的要求来编写应用程序。我已经在出厂测试程序中编写好了 Wi-Fi 模块的串口驱动程序，接下来我们先移植驱动程序，再分析程序的实现原理。如图 25.1 所示，先打开当前工程，在 CubeMX 界面里单击“USART3”进入设置窗口，在单片机端口视图中将 PB10 和 PB11 端口设置为 USART3 接口，然后在模式窗口中选择“Asynchronous”（异步）模式。再单击“Parameter Settings”（参数设置）选项卡，Wi-Fi 模块参数按默认设置（波特率的值默认为 115200）。如图 25.2 所示，单击“NVIC Settings”（NVIC 设置）选项卡，在列表中勾选 USART3 串口中断允许，这样才能通过串口 3 中断接收 Wi-Fi 模块发来的数据。

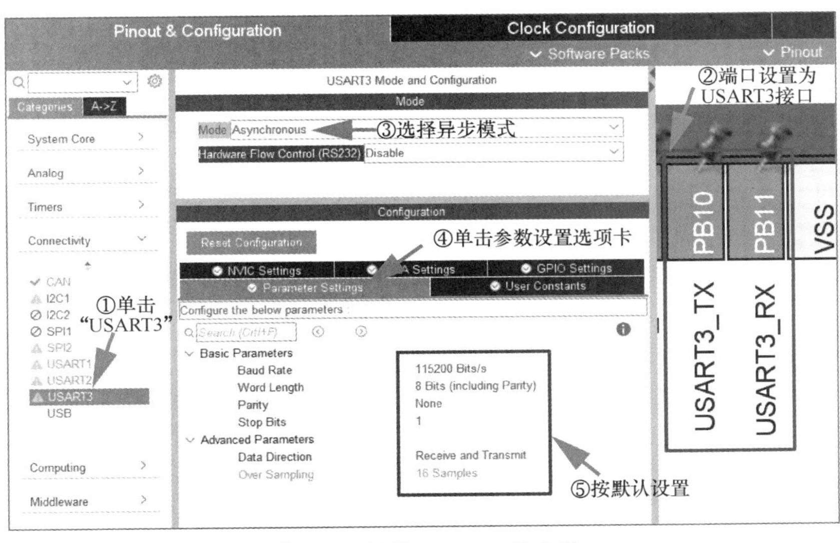

图 25.1　设置 USART3 的参数

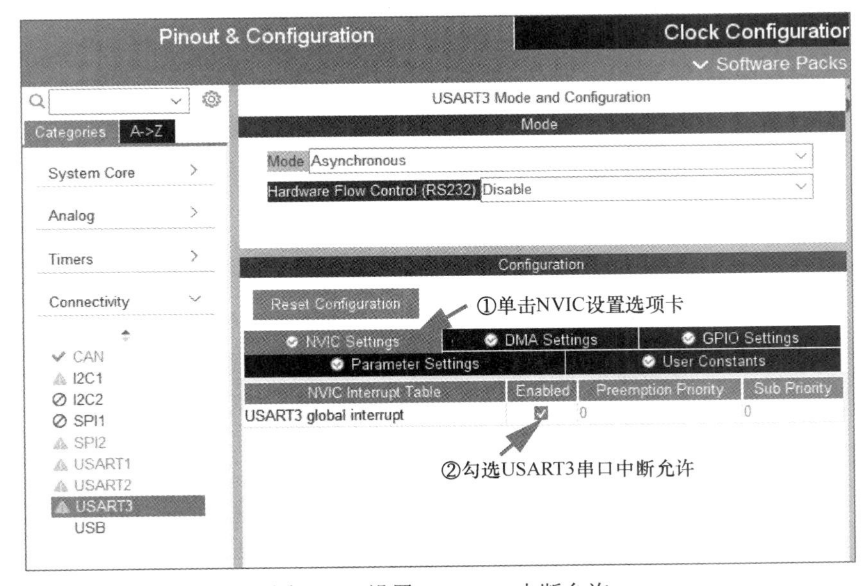

图 25.2　设置 USART3 中断允许

如图 25.3 所示，打开出厂测试程序的工程，在 icode 文件夹里找到 wifi 文件夹，其中有 wifi.c 和 wifi.h 文件，这是由我编写的 Wi-Fi 模块驱动程序。将 wifi 文件夹整体复制到当前工程的 icode 文件夹。然后在 CubeIDE 中刷新工程文件树。如图 25.4 所示，先来分析 wifi.c 文件里的程序，其中第 12～23 行是 Wi-Fi 模块发送数据专用的 printf 函数。此函数的作用是向 Wi-Fi 模块所连接的 USART3 发送数据，其内部的程序原理与 RS485 总线、CAN 总线、蓝牙模块专用的 printf 函数一样，区别只是在第 21 行调用了 USART3 串口的 HAL 发送函数。当我们想在主函数里向 Wi-Fi 模块发送 AT 指令时，只要调用 WIFI_printf 函数就可以了。如图 25.5 所示，第 26～39 行是 Wi-Fi 模块的 TCP 发送函数。当 Wi-Fi 模块与

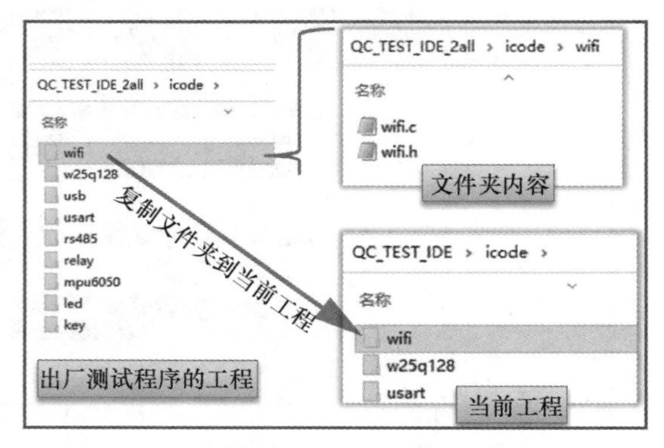

图 25.3　复制 wifi 文件夹到当前工程

计算机建立 TCP 连接后，Wi-Fi 模块要想向计算机端发送数据需要通过 WIFI_printf 函数发送 AT 指令，内容是"AT+CIPSEND="，后接数据数量，等待 Wi-Fi 模块回复">"后再发送数据内容。这虽然可行，但是每次都要这样操作，很麻烦，于是我单独写了专门发送 TCP 数据的函数。此函数的内容大体上与 WIFI_printf 函数差不多，只是在第 35 行插入一行 WIFI_printf 函数，固定发送"AT+CIPSEND"指令，再通过第 33 行的函数自动计算出数据数量 i。发送 AT 指令和数据数量后执行第 36 行的延时函数，等待 Wi-Fi 模块回复">"，然后执行第 37 行发送数据内容。这样在 TCP 连接后就可以直接调用 WIFI_TCP_SEND 函数，而不需要每次都计算数据数量，也不需要每次都等待 Wi-Fi 模块回复">"。有了这两款发送函数就可以方便地完成数据发送。如图 25.6 所示，再打开 wifi.h 文件，这里加载了驱动程序需要的各类库文件，声明了 wifi.c 文件里的两个发送函数。

```
10 //Wi-Fi模块通信，使用USART3，这是专用的printf函数
11 //调用方法：WIFI_printf("123"); //向USART3发送字符123
12 void WIFI_printf (char *fmt, ...)
13 {
14     char buff[USART3_REC_LEN+1];  //用于存放转换后的数据 [长度]
15     uint16_t i=0;
16     va_list arg_ptr;
17     va_start(arg_ptr, fmt);
18     vsnprintf(buff, USART3_REC_LEN+1, fmt, arg_ptr);//数据转换
19     i=strlen(buff);//得出数据长度
20     if(strlen(buff)>USART3_REC_LEN)i=USART3_REC_LEN;//如果长度大于最大值，则长度等于最大值（多出部分忽略）
21     HAL_UART_Transmit(&huart3,(uint8_t *)buff,i,0xffff);//串口发送函数（串口号，内容，数量，溢出时间）
22     va_end(arg_ptr);
23 }
```

图 25.4　Wi-Fi 模块专用的 printf 函数

```
24 //Wi-Fi模块在TCP模式下的数据发送：TCP发送的规定是先发AT+CIPSEND=数量，等待返回">"后再发送数据内容。
25 //调用方法：WIFI_TCP_SEND("123\r\n"); //TCP方式发送字符123和Enter换行
26 void WIFI_TCP_SEND (char *fmt, ...)
27 {
28     char buff[USART3_REC_LEN+1];  //用于存放转换后的数据 [长度]
29     uint16_t i=0;
30     va_list arg_ptr;
31     va_start(arg_ptr, fmt);
32     vsnprintf(buff, USART3_REC_LEN+1, fmt, arg_ptr);//数据转换
33     i=strlen(buff);//得出数据长度
34     if(strlen(buff)>USART3_REC_LEN)i=USART3_REC_LEN;//如果长度大于最大值，则长度等于最大值（多出部分忽略）
35     WIFI_printf("AT+CIPSEND=%d\r\n",i);//先发送AT指令和数据数量
36     HAL_Delay(100);//等待Wi-Fi模块返回">"，此处没做返回是不是">"的判断。稳定性要求高的项目要另加判断
37     HAL_UART_Transmit(&huart3,(uint8_t *)buff,i,0xffff);//发送数据内容（串口号，内容，数量，溢出时间）
38     va_end(arg_ptr);
39 }
40
41 //所有USART串口的中断回调函数HAL_UART_RxCpltCallback，统一存放在usart1.c文件中。
42
```

图 25.5　Wi-Fi 模块专用的 TCP 发送函数

```
 8 #ifndef WIFI_WIFI_H_
 9 #define WIFI_WIFI_H_
10
11 #include "stm32f1xx_hal.h" //HAL库文件声明
12 #include "../usart/usart.h"
13 #include "main.h"
14 #include <string.h>//用于字符串处理的库
15 #include <stdarg.h>
16 #include <stdlib.h>
17 #include "stdio.h"
18
19 extern UART_HandleTypeDef huart3;//声明USART2的HAL库结构体
20
21 void WIFI_printf (char *fmt, ...); //Wi-Fi模块发送
22 void WIFI_TCP_SEND (char *fmt, ...);//在TCP模式下的发送数据（不处理返回状态的盲发）
23
24 #endif /* WIFI_WIFI_H_ */
```

图 25.6　wifi.h 文件的内容

说完了驱动程序的发送部分，接下来看接收部分。由于所有串口接收都在串口中断回调函数里执行，所以还要打开 usart.c 文件，在串口中断回调函数里添加 Wi-Fi 模块数据接收的程序。如图 25.7 所示，在 usart.c 文件的第 19～21 行定义了用于 Wi-Fi 模块接收的数组和标志位，其原理与串口 1 和串口 2 的数组、标志位相同。如图 25.8 所示，在串口中断回调函数的第 65～96 行范围内添加 Wi-Fi 模块接收处理程序。其中第 65 行判断当前的中断是不是串口 3 产生的，如果是则执行此接收处理程序。第 67～74 行是我给出的处理程序的说明，方便大家了解接收程序处理数据的方法。

```
19 uint8_t USART3_RX_BUF[USART3_REC_LEN];//接收缓冲,最大USART_REC_LEN个字节
20 uint16_t USART3_RX_STA=0;//接收状态标记//bit15：接收完成标志，bit14：接收到0x0d，bit13~0：接收到的有效字节数目
21 uint8_t USART3_NewData;//当前串口中断接收的1个字节数据的缓存
22
```

图 25.7　usart.c 文件中用于 Wi-Fi 模块接收的数组与标志位

```
65      if(huart ==&huart3)//判断中断来源（串口3：Wi-Fi模块）
66      {
67          //【原始数据内容】字符：+IPD,1:A  十六进制：0D 0A 2B 49 50 44 2C 31 3A 41（其中1是数量，A是数据内容）
68          //【数据接收原理】当接收到0x0A（即"Enter"中的"\r"）时触发接下来的数据采集程序
69          //首先清空USART3_RX_BUF[]寄存器，然后将USART3_RX_STA的16位中最高位第2位置1（01000000  00000000）
70          //此时开始采集接下来收到的数据，当收到前6个数据是"+IPD,1:"，且第7个数据不等于0时，表示成功收完数据
71          //然后将接收的第7位的一个字节数据内容放入USART3_RX_STA寄存器低8位，并将16位中最高位置1（10000000 xxxxxxxx）
72          //【调用方法】在主函数中用if语句判断(USART_RX_STA&0x8000)，为真时表示成功收到数据
73          //然后读USART_RX_STA寄存器低14位的内容（USART_RX_STA&0x3FFF），即是数据的内容（1个字节）
74          //主函数处理完数据后要将USART_RX_STA清0，才能开启下一次数据接收
75          if(USART3_RX_STA&0x4000){//判断开始标志位为1时（16位中高位第2位）进入数据采集处理
76              USART3_RX_BUF[USART3_RX_STA&0x3FFF]=USART3_NewData;
77              USART3_RX_STA++;
78              if(USART3_RX_BUF[0]=='+'&& //判断返回字符前几位是不是"+IPD,1:"
79                  USART3_RX_BUF[1]=='I'&&
80                  USART3_RX_BUF[2]=='P'&&
81                  USART3_RX_BUF[3]=='D'&&
82                  USART3_RX_BUF[4]==','&&
83                  USART3_RX_BUF[5]=='1'&&//限定只接收1个数量的数据（可根据实际要求的数量修改）
84                  USART3_RX_BUF[6]==':'&&
85                  USART3_RX_BUF[7]!=0){ //同时判断第1个数据内容是否为0，为0表示还没有收到数据
86                  USART3_RX_STA =  USART3_RX_BUF[7]+0x8000;//将数据内容写入寄存器，16位最高位置1表示接收完成
87              }
88          }
89          if(USART3_NewData==0x0A && !(USART3_RX_STA&0x8000)){//判断是否收到"Enter"中的"\r"（0x0A）
90              USART3_RX_STA=0x4000;//将开始采集标志位置1（16位中最高位第2位）
91              for(a=0;a<200;a++){//循环200次
92                  USART3_RX_BUF[a]=0;//将数据寄存器清0
93              }
94          }
95          HAL_UART_Receive_IT(&huart3,(uint8_t *)&USART3_NewData,1); //再开启串口3接收中断
96      }
```

图 25.8　中断回调函数中的 USART3 处理部分

首先要明确 Wi-Fi 模块回复的数据有两种，一种是发送 AT 指令后 Wi-Fi 模块回复的数据，另一种是在计算机端发送 TCP 数据后 Wi-Fi 模块自动回复的接收数据。在这个处理程序里面完全忽略发送 AT 指令后回复的数据，只对计算机端发来的数据进行处理。当然这种处理方法不严谨，因为 AT 指令发送后 Wi-Fi 模块可能回复的不是“OK”，而是其他内容，理论上应该在程序里判断每次回复的数据，然后再进行下一步操作。但那样的处理程序过于复杂，当前我们只处理 TCP 连接后计算机发来的数据。如图 25.9 所示，比如在 TCP 连接建立后，计算机端发送字符“A”，Wi-Fi 模块并不是直接发送字符“A”给单片机，而是发送一组固定格式的指令行。单片机接收到的实际数据是“+IPD,1:A”，其中“+IPD,”是接收数据的固定前缀，后面的“1”表示接收到 1 个字符的数据，冒号后面是数据内容“A”。当把接收区的显示切换成十六进制，你会发现数据开头还有 0x0D 和 0x0A 组成的 Enter 键（字符状态下显示不出来）。最终我们得到了实际接收到的完整十六进制数据。接收处理程序就是根据数据的特征来判断和处理的。我的判断方法是，把 0x0A 当成这一组数据的起始码，先判断当前接收数据是不是 0x0A，如果是则将接下来接收到的数据全部保存到数组，然后再判断数组中的字符是不是“+IPD,1:”，如果是则设置相应的标志位，完成接收。

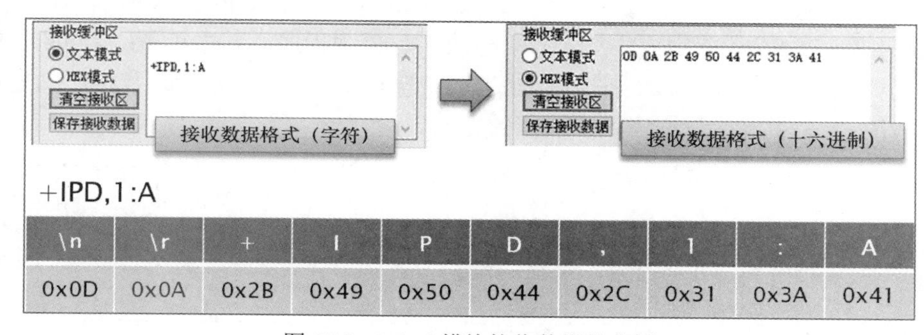

图 25.9　Wi-Fi 模块接收数据的分析

如图 25.8 所示，具体到程序内容上，第 89 行判断当前的数据是不是 0x0A，同时判断标志位中最高位是不是 1，如果是 1 表示一组数据接收完成，但主函数还没有处理这个数据。所以只有在最高位不为 1 时才表示接下来需要接收一组新数据。接下来执行第 90 行将标志位最高位的第 2 位置 1，表示开始接收。第 91～92 行将接收数组中原有的数据清 0。这样在接收 0x0A 之后的下次接收时 USART3_RX_STA 标志位最高位的第 2 位为 1。所以在下次接收时在执行到第 75 行的判断时，判断为真。执行第 76 行将当前数据放入数组，第 77 行标志位加 1，表示已收到 1 个数据。第 78～85 行判断数组中的内容是不是“+IPD,1:”，且最后一位的数据内容不为 0，如果是表示接收成功。这时执行第 86 行将接收到的数据内容“A”放入标志位，同时将标志位的最高位置 1。最终在接收标志位中 16 位二进制的最高两位都是 1，余下的低 14 位存放数据内容（字符 A）。如果你对标志位的按位标记的方法不了解，可以自学一下按位标记的知识，在纸上画出程序的执行流程，写出标志位和数组状态，这样就能将这段程序看明白了。

25.2 编写应用程序

有了 Wi-Fi 模块驱动程序后，接下来可以利用数据收发的程序编写一个简单的应用程序，让计算机或手机可以在局域网内控制开发板上的继电器和 LED。应用程序的编写依然在主函数内完成，如图 25.10 所示，打开当前工程的 main.c 文件，在第 38 行加载 wifi.h 文件的路径。如图 25.11 所示，在主函数第 127 行加入开启 USART3 串口接收中断的函数，使单片机可以接收 Wi-Fi 模块发来的数据。第 128 行将串口标志位清 0。第 129～130 行将核心板上的 LED 初始化为熄灭状态。

```
22 /* Private includes ----------------------------------
23 /* USER CODE BEGIN Includes */
24 #include "../../icode/led/led.h"
25 #include "../../icode/key/key.h"
26 #include "../../icode/delay/delay.h"
27 #include "../../icode/buzzer/buzzer.h"
28 #include "../../icode/relay/relay.h"
29 #include "../inc/retarget.h"//用于printf函数串口重映射
30 #include "../../icode/usart/usart.h"
31 #include "../../icode/adc/adc.h"
32 #include "../../icode/rtc/rtc.h"
33 #include "../../icode/dht11/dht11.h"
34 #include "../../icode/w25q128/w25qxx.h"
35 #include "../../icode/rs485/rs485.h"
36 #include "../../icode/can/can1.h"
37 #include "../../icode/bt/bt.h"
38 #include "../../icode/wifi/wifi.h"
39 /* USER CODE END Includes */
```

图 25.10　在 main.c 文件中加载 wifi.h 文件的路径

```
124    /* USER CODE BEGIN 2 */
125    RetargetInit(&huart1);//将printf函数映射到USART1串口上
126    HAL_UART_Receive_IT(&huart1,(uint8_t *)&USART1_NewData,1);//开启串口1接收中断
127    HAL_UART_Receive_IT(&huart3,(uint8_t *)&USART3_NewData,1); //再开启串口3接收中断
128    USART3_RX_STA=0;//标志位清0，准备下次接收
129    LED_1(0);//LED1控制 //LED状态复位
130    LED_2(0);//LED2控制
131    /* USER CODE END 2 */
```

图 25.11　main.c 文件的内容

如图 25.12 所示，进入主循环程序部分，其中第 139～168 行是 TCP 接收数据并实现对继电器、LED 和蜂鸣器的控制程序。第 139 行判断接收标志位的 16 位中最高位是不是 1，如果是表示已经成功接收了一组 TCP 数据。因为测试程序只接收 1 个字符，所以接收内容直接存放在标志位的低 14 位中。第 141 行用 switch 语句判断标志位的低 14 位的字符内容。第 143 行如果字符是“A”，则执行第 144 行吸合继电器，第 145 行使用 WIFI_TCP_SEND 函数向计算机发送一组字符串。同样原理，第 147 行如果字符是“B”，则放开继电器。第 151 行如果字符是“C”，则蜂鸣器响一声。第 155 行如果字符是“D”，则点亮 LED1。第 159 行如果字符是“E”，则熄灭 LED1。大家还可以在后面添加更多的字符判断，加入更多的控制功能。最后第 167 行将标志位清 0，为下一次接收做准备。

```
137        //TCP接收数据的处理
138        //只有串口3接收到开头为"+IPD,"时才被识别为接收到数据，数据内容在USART3_RX_STA&0x3FFF
139        if(USART3_RX_STA&0x8000)//判断中断接收标志位（Wi-Fi模块使用USART3）
140        {
141            switch (USART3_RX_STA&0x3FFF)//判断接收数据的内容
142            {
143              case 'A':
144                   RELAY_1(1);////继电器的控制程序（0继电器放开，1继电器吸合）
145                   WIFI_TCP_SEND("Relay ON:OK!\r\n");//发送AT指令  TCP发送数据内容
146                   break;
147              case 'B':
148                   RELAY_1(0);////继电器的控制程序（0继电器放开，1继电器吸合）
149                   WIFI_TCP_SEND("Relay OFF:OK!\r\n");//发送AT指令  TCP发送数据内容
150                   break;
151              case 'C':
152                   BUZZER_SOLO1();//蜂鸣器输出单音的报警音
153                   WIFI_TCP_SEND("Beep:OK!\r\n");//发送AT指令    TCP发送数据内容
154                   break;
155              case 'D':
156                   LED_1(1);//LED1独立控制函数（0为熄灭，其他值为点亮）
157                   WIFI_TCP_SEND("LED1 ON:OK!\r\n");//发送AT指令  TCP发送数据内容
158                   break;
159              case 'E':
160                   LED_1(0);//LED1独立控制函数（0为熄灭，其他值为点亮）
161                   WIFI_TCP_SEND("LED1 OFF:OK!\r\n");//发送AT指令  TCP发送数据内容
162                   break;
163              default:
164                   //冗余语句
165                   break;
166            }
167            USART3_RX_STA=0;//标志位清0，准备下次接收
168        }
```

图 25.12　TCP 接收数据的处理程序

如图 25.13 所示，第 169～180 行是两个按键的处理程序。第 169 行当 KEY1 按键被按下时，执行第 172 行的 WIFI_printf 函数，发送指令“AT+CIPSTART”，后接计算机端的 IP 地址和端口号。在实际实验时当计算机端开启服务器后，我们就可以按下 KEY1 按键使 Wi-Fi 模块连接到服务器。第 175 行当 KEY2 按键被按下时，执行第 178 行的 WIFI_TCP_SEND 函数，用 TCP 格式发送一组数据给计算机端。其中第 173 行和第 179 行的延时函数保证一组数据发送后的间隔，防止连续发送导致无法接收。这里我编写的应用程序是最基本的控制方法，在实际项目开发中大家还可以使用带有起始码、校验码、结束码的完整数据包格式。实现方法已经在蓝牙模块的扩展应用中介绍过了，大家可以如法炮制，设计出功能更多的 Wi-Fi 远程控制程序。

```
169        if(KEY_1())//按下KEY1判断
170        {
171            BUZZER_SOLO2();//提示音
172            WIFI_printf("AT+CIPSTART=\"TCP\",\"192.168.1.4\",3456\r\n");//发送AT指令
173            HAL_Delay(100);//等待
174        }
175        if(KEY_2())//按下KEY2判断
176        {
177            BUZZER_SOLO2();//提示音
178            WIFI_TCP_SEND("www.doyoung.net\r\n");//发送AT指令  TCP模式下的发送数据
179            HAL_Delay(100);//等待
180        }
181      /* USER CODE END WHILE */
182
```

图 25.13　按键的处理程序

25.3　计算机的远程控制

理解程序原理后，接下来测试连接网络，首先是与计算机端的 TCP 连接。如图 25.14 所示，打开上一步中用过的 TCP&UDP 测试工具，在界面上单击“创建服务器”按钮，在弹出的窗口中设置端口号为“3456”，单击“确定”按钮。如图 25.15 所示，返回界面后单击“启动服务器”按钮，属性窗口会出现服务器 IP 地址和端口号。我们需要将 main.c 文件第 172 行的发送指令中的 IP 地址和端口号改成相同值，才能实现正常连接。按下核心板上的 KEY1 按键，与计算机建立 TCP 连接。如图 25.16 所示，如果指令执行顺利，在界面右侧会弹出数据收发窗口。这时就可以在发送区输入字符。由于我们的程序只能判断 1 个字符，所以这里一次只输入 1 个字符，先输入字符“A”，然后单击“发送”按钮。这时你会发现洋桃 IoT 开发板上的继电器吸合，在接收区出现“Relay ON:OK!”的字样，表示控制成功。如图 25.17 所示，再输入字符“B”“C”“D”“E”，达成不同的控制，在接收区也会显示相应的回复信息。如图 25.18 所示，按下核心板上的 KEY2 按键，在接收区会出现程序第 178 行预先设定的字符串。你也可以修改程序，向计算机端发送 ADC 数值或温/湿度数据，实现更多的数据通信与控制。

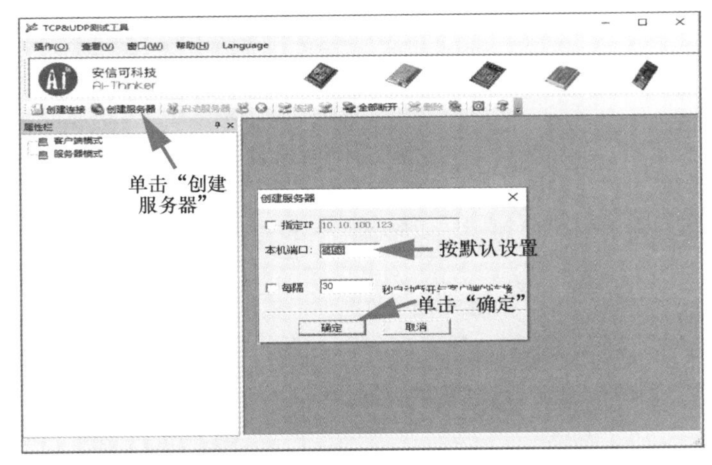

图 25.14　创建服务器

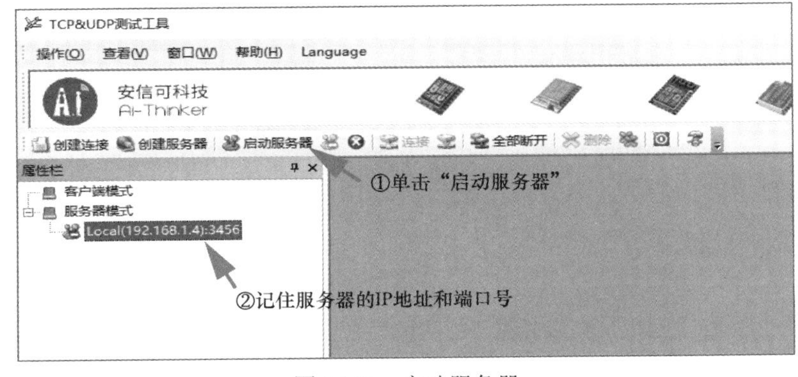

图 25.15　启动服务器

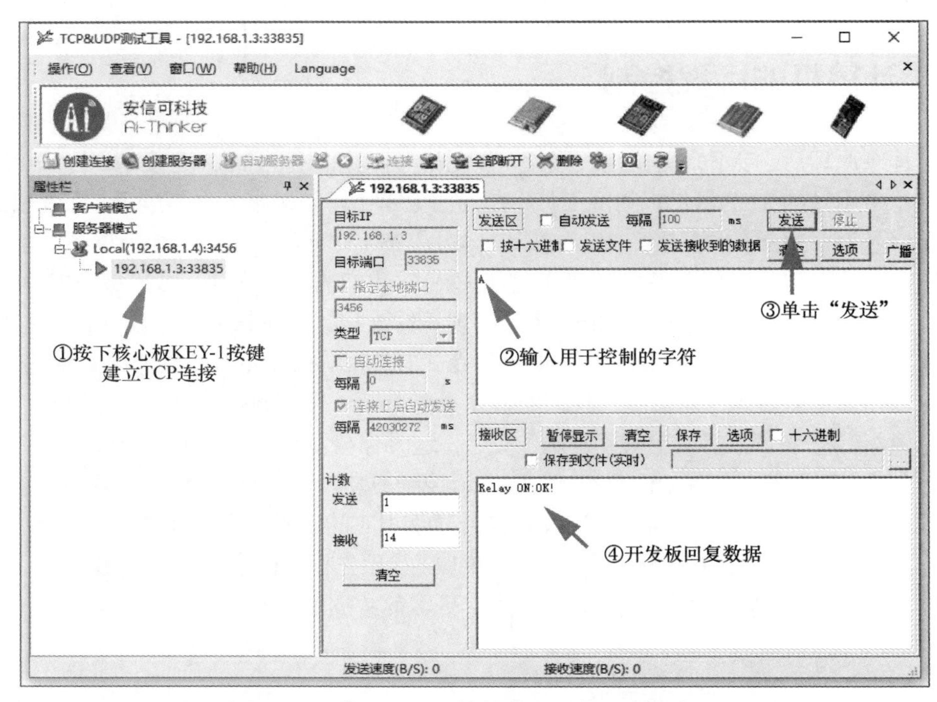

图 25.16　按下 KEY1 按键后向服务器发送数据

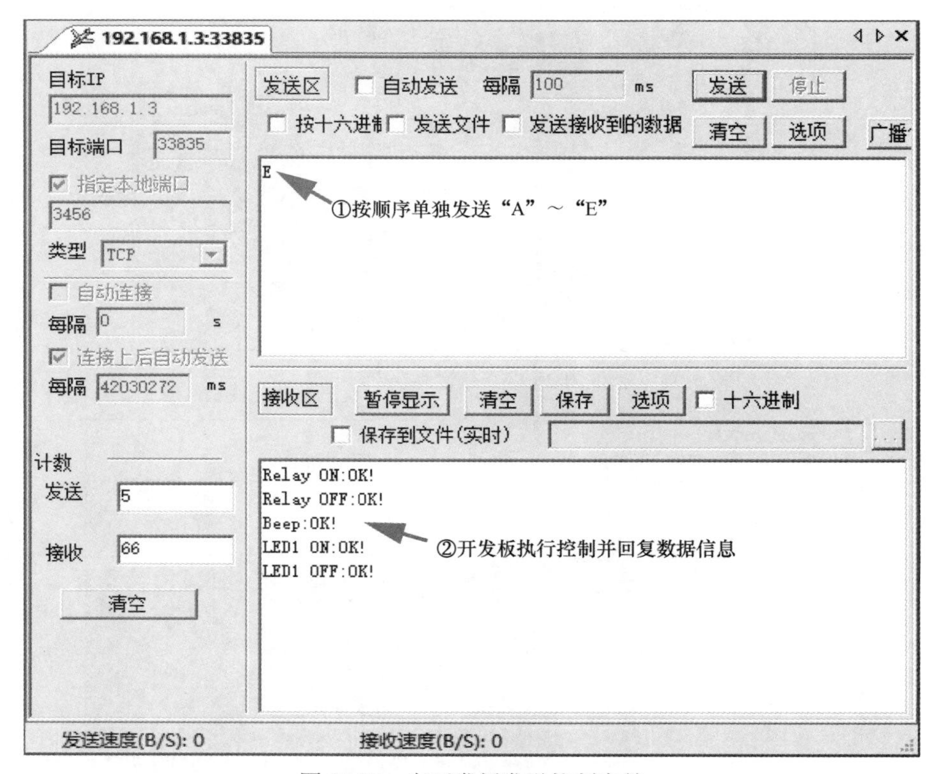

图 25.17　向开发板发送控制字符

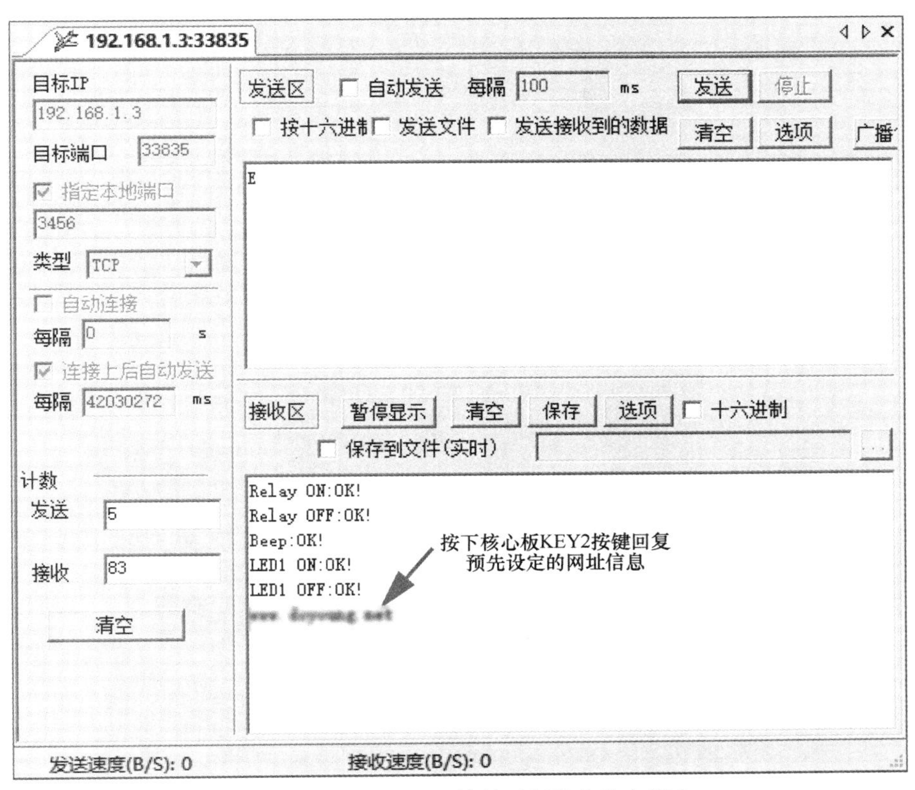

图 25.18　按下 KEY2 按键回复设定的字符串

25.4　手机的远程控制

同样的 TCP 通信也可以在手机上实现，依然使用上一步中用过的 TCP_UDP 测试 App，如图 25.19 所示。先把手机 Wi-Fi 连接到与 Wi-Fi 模块相同的热点上（我这里是“DYS2.4”）。在软件主界面单击左上角的菜单按钮，如图 25.20 所示，在弹出的菜单中观察显示的 IP 地址（我这里是“192.168.3.112”）。如图 25.21 所示，把 main.c 文件的第 172 行发送的 IP 地址改成手机上显示的 IP 地址，然后将程序重新编译，下载到开发板上运行。如图 25.22 和图 25.23 所示，回到手机界面单击“TCP Server”（TCP 服务器）一项，在弹出的输入框中输入端口号“3456”，单击“CONFIRM”（确定）按钮。这时再按下核心板上的 KEY1 按键，与手机端建立 TCP 连接。如图 25.24 所示，连接成功后会出现对话界面，在下方发送框输入字符“A”～“E”，可控制开发板并收到回复信息。按下核心板上的 KEY2 按键也能在界面上接收到预先设定的字符串。

到此就实现了计算机和手机在同一局域网内的 Wi-Fi 远程控制，虽然控制方法很简单，但它依然包含了对数据发送与接收处理的底层逻辑。只要按此思路扩展，就能设计出更复杂的程序，按此思路研究其他 Wi-Fi 通信的示例程序，也能很快理解实现原理。

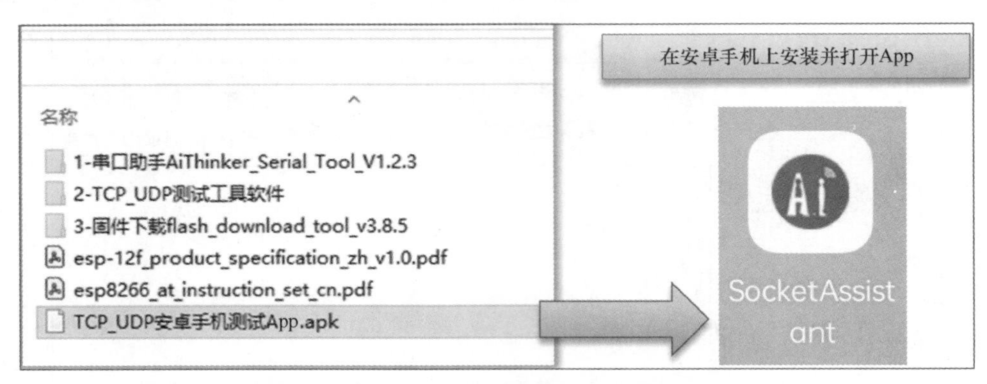

图 25.19　安装并打开 TCP_UDP 测试 App

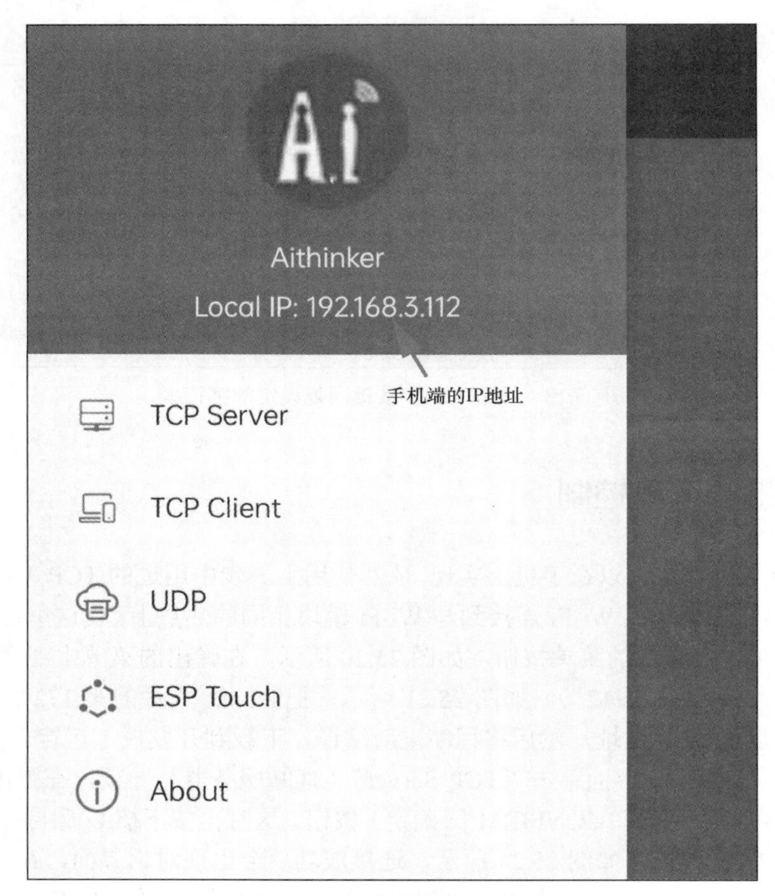

图 25.20　记住手机端 IP 地址

```
169        if(KEY_1())//按下KEY1判断
170        {
171            BUZZER_SOLO2();//提示音
172            WIFI_printf("AT+CIPSTART=\"TCP\",\"192.168.3.112\",3456\r\n");//发送AT指令
173            HAL_Delay(100);//等待
174        }
```

图 25.21　KEY1 按键的处理程序

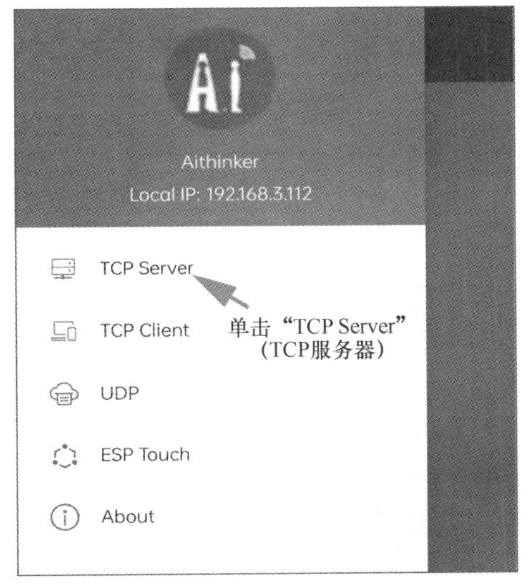

图 25.22 单击 TCP 服务器选项

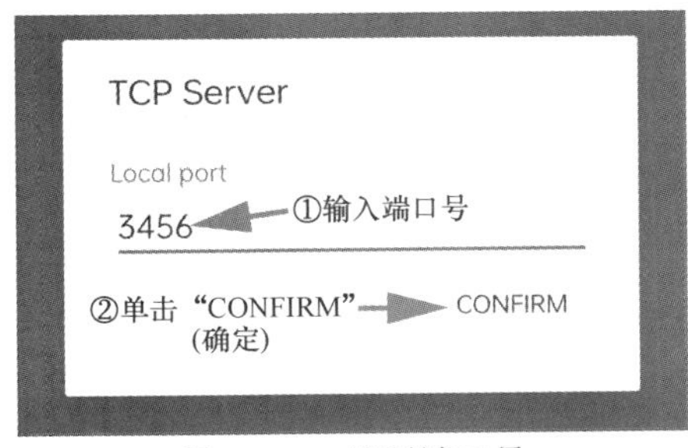

图 25.23 设置端口号

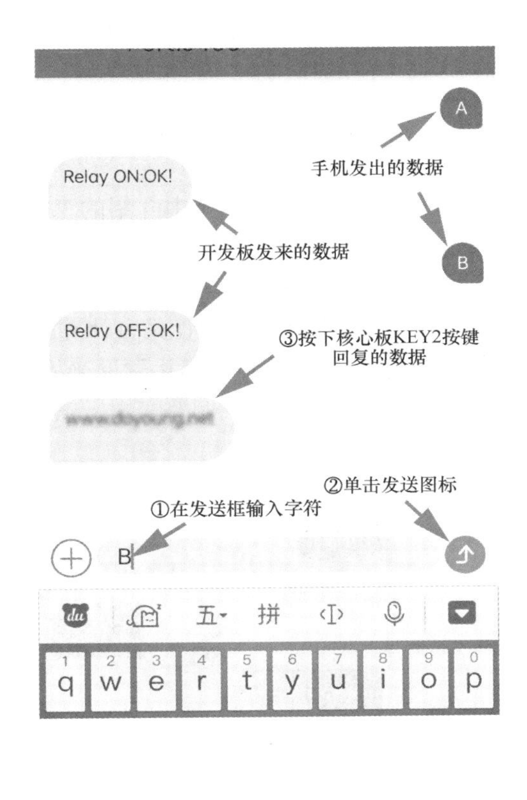

图 25.24 在对话界面测试数据收发

第 26 步：创建阿里云物联网平台

之前几步我们使用 Wi-Fi 模块实现了 TCP 的局域网通信，可以应用在家庭网、校园网、企业内部网络中。除此之外，还有一个全球范围的互联网系统，如果能让 Wi-Fi 模块连接到互联网，实现在全球任何地方都能收发数据，就达到了 Wi-Fi 模块的终极应用。物联网所宣传的万物互联就是把尽量多的电子设备接入互联网，配合大数据和云计算，实现更高级的智能应用。从这一步开始，我们就来学习 Wi-Fi 模块连接互联网的知识。

我将分成 5 个部分讲解。第 1 部分简单介绍什么是物联网平台，目前有哪些可用的物联网平台，为什么要使用阿里云物联网平台。第 2 部分在阿里云网站上注册账号，进入物联网平台，在平台中创建产品和设备，完成云端服务器的准备工作。云平台建立完成后，我们怎么知道它是否正确，是否能够正常通信呢？所以第 3 部分我们安装一款名为 MQTT.fx 的软件。第 4 部分将软件与云平台连接，用软件代替 Wi-Fi 模块，测试数据收发是否正常，为后续的 Wi-Fi 模块连接云平台做好准备。第 5 部分我介绍一些自学资料，让大家能够更深入地了解云平台的原理与设置方法。当 Wi-Fi 模块成功连接云平台时，开发板既能上传传感器数据，又能接收云平台的控制指令，接下来的开发工作就是在云平台上完成。如果你想独立完成物联网产品的开发，熟练掌握云平台开发是必要的技能。

26.1 物联网平台简介

如图 26.1 所示，前几步中介绍的 Wi-Fi 模块 TCP 通信是在局域网内完成的，局域网由交换机、无线路由器和计算机组成，我们在需要通信的计算机上创建服务器，Wi-Fi 模块只要接入同一个局域网内的无线路由器，就能通过 IP 地址和端口号创建连接。如图 26.2 所示，按此原理，如果在互联网中让某台计算机得到静态 IP 地址，也能实现远程连接。但是我们的计算机、手机都是通过电信运营商来连接互联网的，运营商分配给我们的是动态 IP 地址，IP 地址不断变化，所以我们要借用云端服务器来获得稳定的连接。

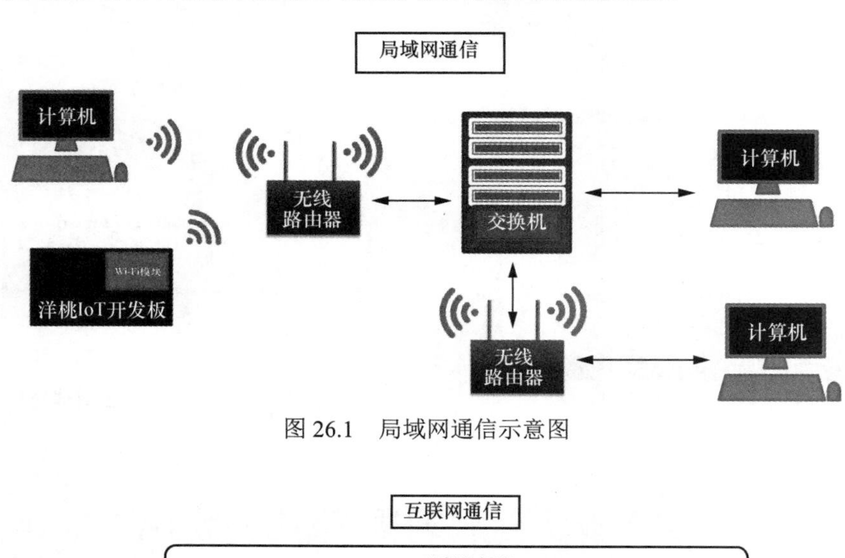

图 26.1　局域网通信示意图

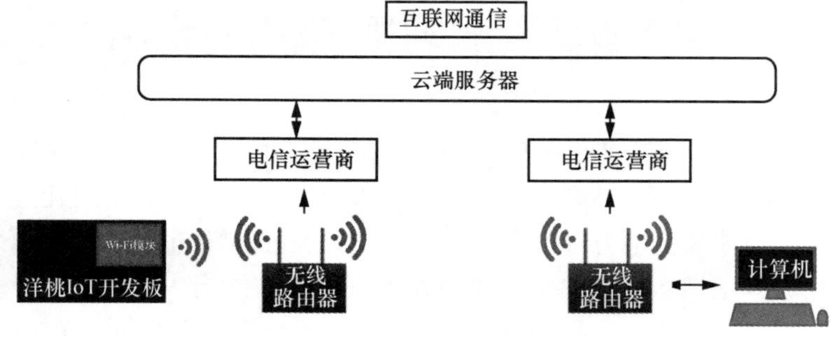

图 26.2　互联网通信示意图

获得云端服务器有两种方法。第一种是自建或租用服务器，例如洋桃电子官方网站就是租用服务器，拥有固定 IP 地址。只要我在服务器上开发一款物联网软件和通信协议，让 Wi-Fi 模块连接到服务器就能实现互联网通信。但是自建或租用服务器的成本很高，在服务器上开发物联网软件更是复杂的工作。第二种方法是利用现有的物联网平台，比如阿里云网站上的物联网开发平台，平台已经开发好了云端通信的所有功能，只要注册账号就能免

费使用。通过云平台给出的三元组信息让 Wi-Fi 模块连接到云平台。

如图 26.3 所示，如今物联网技术方兴未艾，国内很多互联网厂商有功能完善的物联网云平台，常见的有阿里云、腾讯云、华为云、百度云，除了互联网大厂，还有一些具有特色的小厂，比如中国移动通信集团有限公司的 OneNET 云、亚马逊公司的 AWS 云、机智云等。虽然各家都有自己的长处和特点，但在物联网连接的方法上大同小异。在本书中，我以目前学习资料最多、市场份额最高的阿里云为例，讲解物联网开发的全过程。当你学会之后，如果未来客户有指定的云平台，只要看一下帮助文档就能很快掌握它，所有云平台的底层原理都一样。

图 26.3　国内常用的物联网云平台

有了物联网云平台，接下来看与云平台的通信协议。如图 26.4 所示，网络通信协议简单来说可分 4 层，最底层的是物理层，每个网络设备在出产时都拥有全球唯一的 MAC 地址，相当于 STM32 单片机内置的芯片 ID。在此之上是网络层的 IP，不论是局域网还是互联网，每个接入网络的设备都被分配一个 IP 地址，拥有 IP 地址可以进行传输层的通信，主要有可靠传输协议 TCP 和不可靠传输协议 UDP。前几步的局域网通信中使用了 IP 和 TCP，实现了简单的字符收发。如果我们要连接云端服务器，还需要应用层协议。

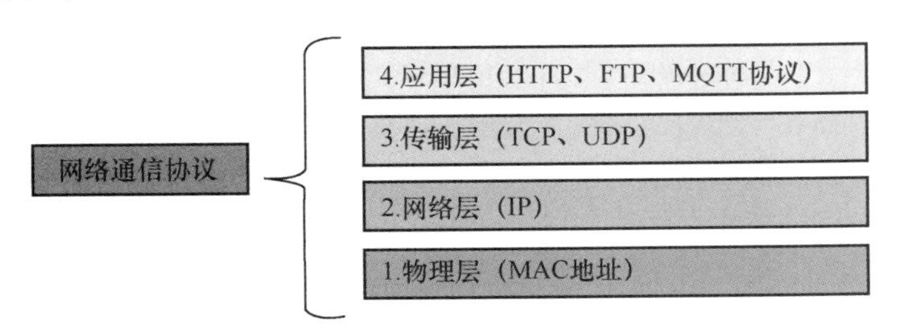

图 26.4　网络通信协议说明

应用层通信协议有很多种，最适合物联网设备数据收发的有 HTTP（超文本传输协议）和 MQTT（消息队列遥测传输）协议。HTTP 最常见，用计算机浏览器打开网页用的就是 HTTP，它的功能强大，能在网页上看文件、图片、视频、直播，还能玩在线游戏，用它来实现物联网的简单数据收发也很容易。而且 HTTP 对设备的性能和内存有一定要求，适合手机、计算机这类高性能网络设备。另一种是 MQTT 协议，顾名思义，这是专用于远距离测量的通信协议。特点是收发数据量小，对设备性能和网络的稳定性要求不高，适合物联网设备使用。阿里云物联网平台采用的就是 MQTT 协议。

如图 26.5 所示，基于云平台的完整物联网系统包括物联网设备、云端服务器和控制终端 3 个部分。物联网设备是洋桃 IoT 开发板，通过 MQTT 协议将开发板上传感器采集的数据发送给云端服务器，同时接收云端服务器下达的控制指令。在 MQTT 协议中，上传数据到云端服务器称为"发布"，接收云端服务器的数据称为"订阅"。另一侧，云端服务器通过 HTTP 与手机、计算机连接，可用手机 App、计算机软件和浏览器对物联网设备进行远程控制。要想实现这个系统，还需要其他开发者做出手机 App 和计算机软件，但这个部分不属于我们嵌入式开发者的专业，所以接下来的教学只把精力放在物联网设备与云端服务器的通信上。先来完成云端服务器的创建与配置。

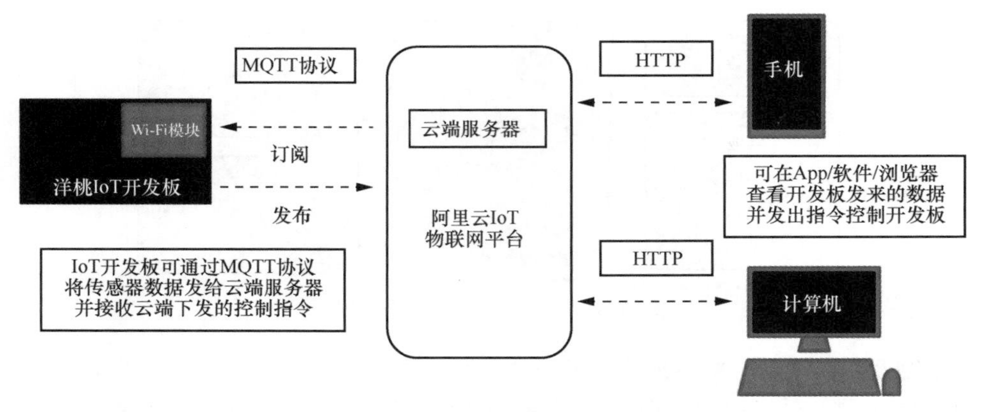

图 26.5　物联网远程控制示意图

26.2　创建产品与设备

首先要找到阿里云的官方网站，如图 26.6 所示，首次打开时先注册账号，也可通过淘宝或支付宝账号登录。登录后在网页右上角单击"控制台"。如图 26.7 所示，在弹出的网页里单击"产品与服务"选项卡，在下方单击"产品与服务列表"。如图 26.8 所示，在弹出的全部项目中单击"物联网平台"一项。接下来进入的页面就是物联网平台首页，后续的云端服务器操作都将在此页面中完成。

图 26.6　登录阿里云网站

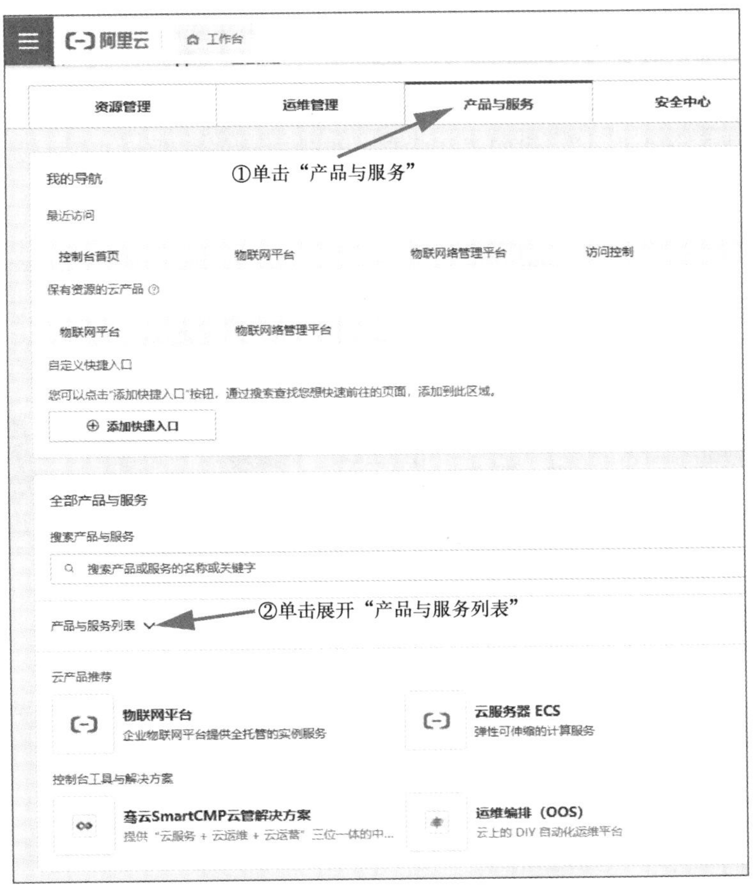

图 26.7　展开“产品与服务列表”

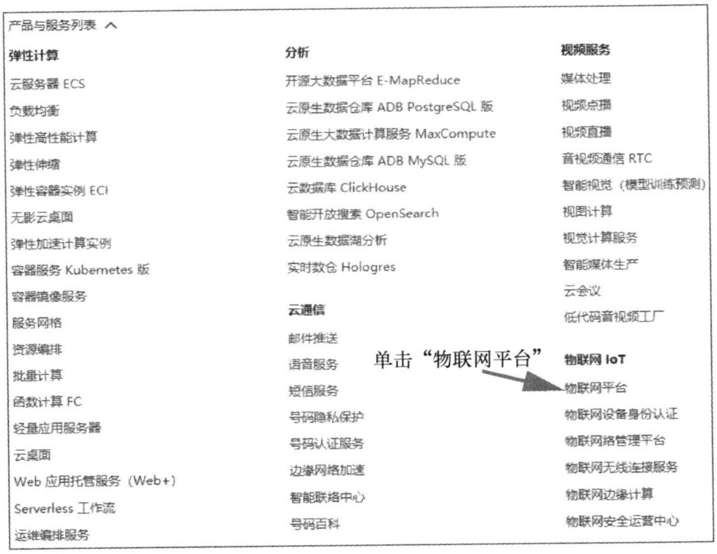

产品与服务列表

弹性计算	分析	视频服务
云服务器 ECS	开源大数据平台 E-MapReduce	媒体处理
负载均衡	云原生数据仓库 ADB PostgreSQL 版	视频点播
弹性高性能计算	云原生大数据计算服务 MaxCompute	视频直播
弹性伸缩	云原生数据仓库 ADB MySQL 版	音视频通信 RTC
弹性容器实例 ECI	云数据库 ClickHouse	智能视觉（模型训练预测）
无影云桌面	智能开放搜索 OpenSearch	视图计算
弹性加速计算实例	云原生数据湖分析	视觉计算服务
容器服务 Kubernetes 版	实时数仓 Hologres	智能媒体生产
容器镜像服务		云会议
服务网格	**云通信**	低代码音视频工厂
资源编排	邮件推送	
批量计算	语音服务	**物联网 IoT**
函数计算 FC	短信服务	物联网平台
轻量应用服务器	号码隐私保护	物联网设备身份认证
云桌面	号码认证服务	物联网络管理平台
Web 应用托管服务（Web+）	边缘网络加速	物联网无线连接服务
Serverless 工作流	智能联络中心	物联网边缘计算
运维编排服务	号码百科	物联网安全运营中心

单击“物联网平台”

图 26.8　单击“物联网平台”

大家需要先了解“产品”和“设备”的关系，如图 26.9 所示，产品是指某个开发项目的种类，比如要开发共享单车和智能音箱两款产品，那就在物联网平台上创建这两类“产品”，产品名称是“共享单车”和“智能音箱”。接下来我们做出 3 台共享单车硬件实物，这 3 台实物就是 3 个“设备”，我们要在共享单车的产品分类里添加 3 个设备，名称是“单车 01”“单车 02”“单车 03”，然后对 3 台单车分别进行通信和控制。

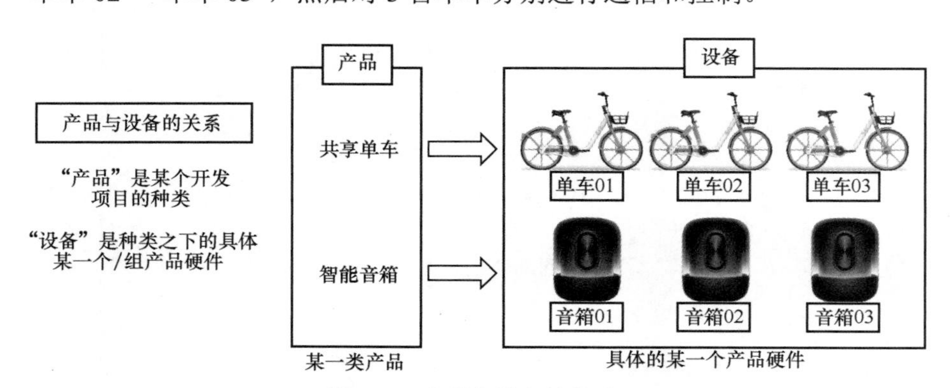

图 26.9　产品与设备的关系

了解概念之后先来创建产品，再在产品中添加一个用于测试的设备。请大家认真学习创建方法，后续会经常用到。如图 26.10 所示，单击页面左边的“实例概览”，在“公共实例”区单击“设备数”。如图 26.11 所示，在弹出的页面中展开左侧的“设备管理”分类，单击其中的“产品”，然后单击“创建产品”按钮。

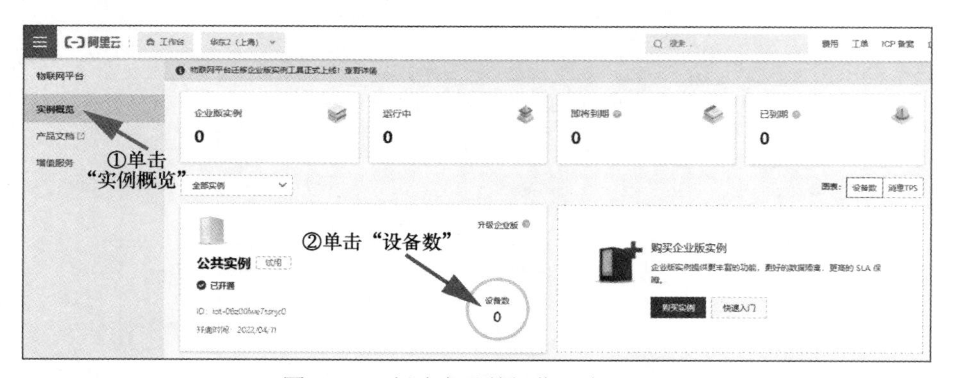

图 26.10　创建产品的操作（步骤 1）

如图 26.12 所示，在“新建产品”选项卡中输入产品名称，在“所属品类”中选择“自定义品类”，在“节点类型”中勾选“直连设备”，在“连网方式”中选择“Wi-Fi”，在“数据格式”中选择“ICA 标准数据格式（Alink JSON）”，最后单击“确认”按钮，完成一类产品的创建。如图 26.13 所示，在此产品下面添加一个设备的方法是，单击页面左侧的“设备”，在下拉列表中选择刚刚创建的产品名称“洋桃 IoT 开发板”，再单击“添加设备”按钮。如图 26.14 所示，在弹出的设置窗口中输入设备名称和备注名称。需要注意，设备名称应尽量简单，只使用英文和数字。备注名称是帮助你记忆的，可使用中文。最后单击“确

认”按钮。如图 26.15 所示，在设备列表中会出现名称是“ESP8266”的设备，属于“洋桃 IoT 开发板”产品。由于目前还没有连接过物联网设备，所以状态是“未激活”。到此就完成了云平台的创建和配置。

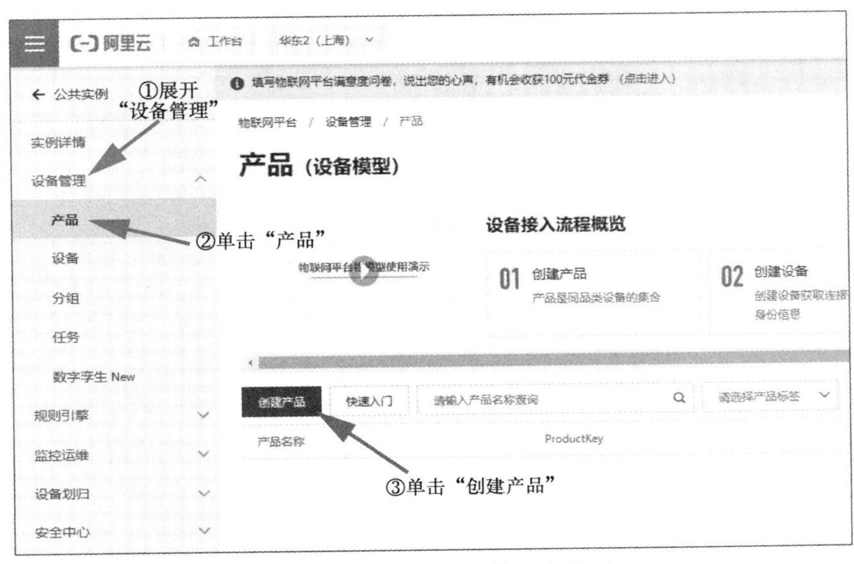

图 26.11　创建产品的操作（步骤 2）

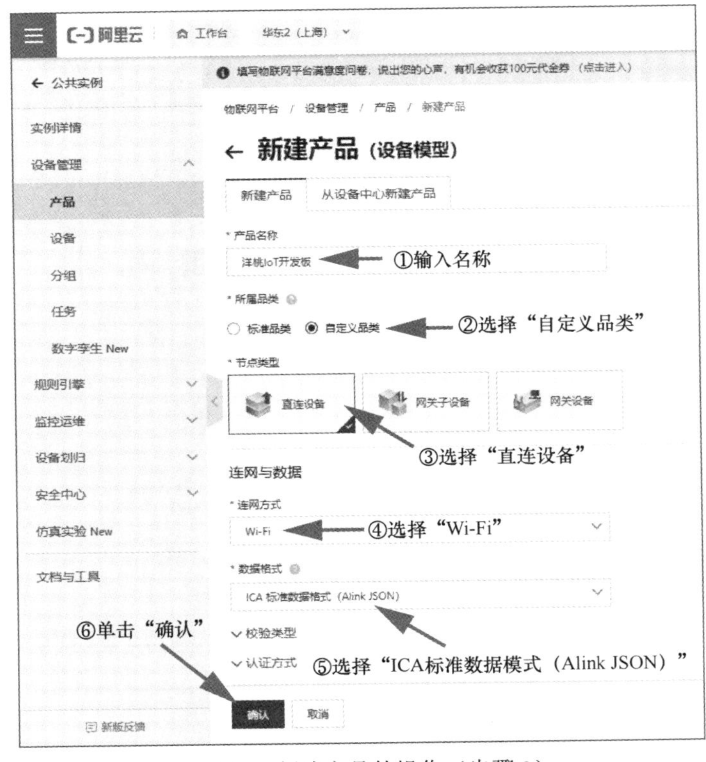

图 26.12　创建产品的操作（步骤 3）

图 26.13　创建设备的操作

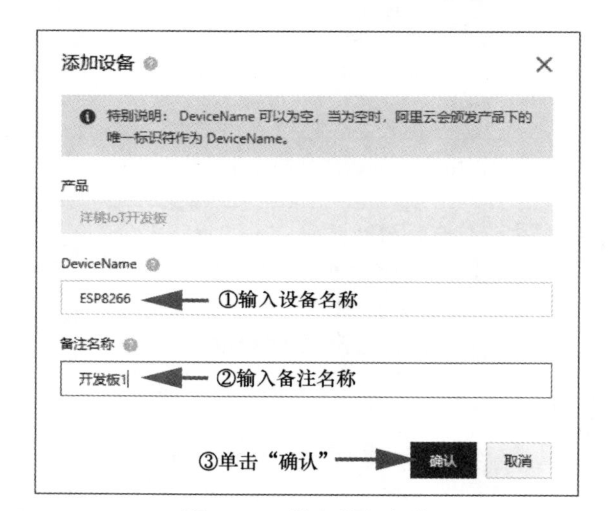

图 26.14　输入设备名称

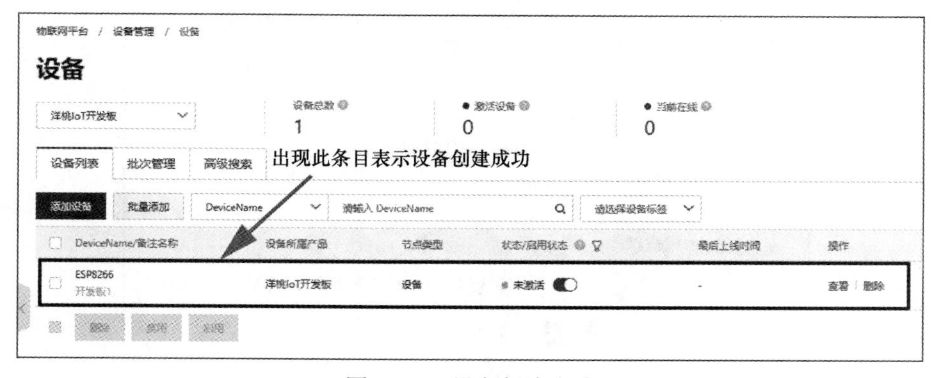

图 26.15　设备创建成功

26.3　安装 MQTT.fx

云平台创建后先别急着用 Wi-Fi 模块连接，因为还不能保证它正常可用。保险起见，先用一款测试工具验证云平台能否正常收发数据，然后再开发 Wi-Fi 模块就万无一失了。如图 26.16 所示，首先打开阿里云网站首页，将光标放在导航栏上的“支持与服务”项，在出现的菜单中单击“文档中心”。如图 26.17 所示，在弹出页面的左侧单击“物联网”，在物联网区块中单击“阿里云物联网平台”一项。如图 26.18 所示，进入页面后在左侧目录列表里展开“快速入门”，在其中选择“使用 MQTT.fx 接入物联网平台”一项。如图 26.19 所示，在右侧的文档内容中找到下载 MQTT.fx 的链接，单击打开下载页面。如图 26.20 所示，这里有此软件的多个版本，找到适合自己的版本下载，我这里以 64 位 Windows1.7.1 版本为例。

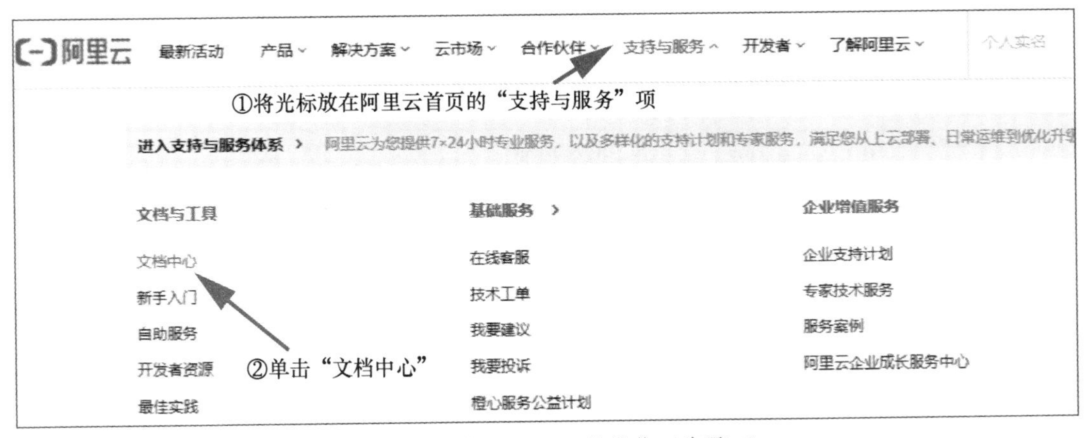

图 26.16　下载 MQTT.fx 的操作（步骤 1）

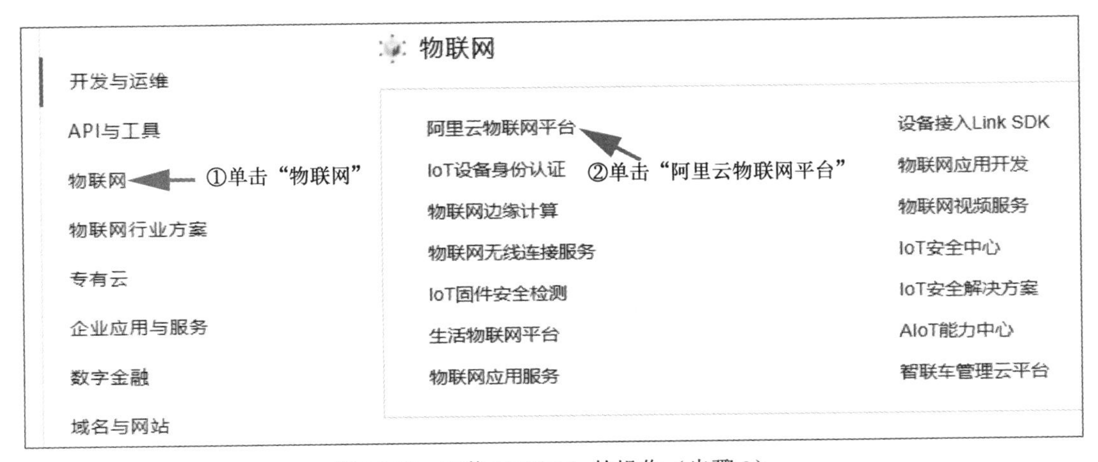

图 26.17　下载 MQTT.fx 的操作（步骤 2）

图 26.18　下载 MQTT.fx 的操作（步骤 3）

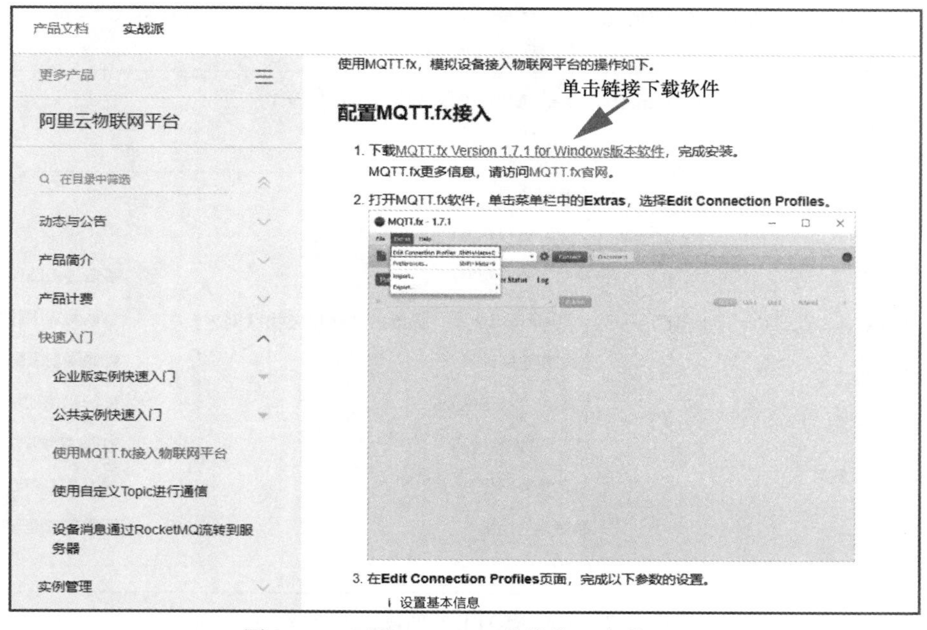

图 26.19　下载 MQTT.fx 的操作（步骤 4）

Name	Last modified	Size	Description
Parent Directory		-	
mqttfx-1.7.1-1.i386.rpm	2018-10-02 09:44	99M	
mqttfx-1.7.1-1.x86_6..>	2018-10-02 09:35	96M	
mqttfx-1.7.1-32bit.deb	2018-10-02 09:43	75M	
mqttfx-1.7.1-64bit.deb	2018-10-02 09:34	72M	
mqttfx-1.7.1-macos.dmg	2018-09-28 14:27	55M	
mqttfx-1.7.1-windows..>	2018-09-28 14:27	51M	
mqttfx-1.7.1-windows..>	2018-09-28 14:27	47M	

我下载的是Windows 64位版本

图 26.20　下载 MQTT.fx 的操作（步骤 5）

如图 26.21 所示，下载后按安装向导的默认设置安装即可，安装后软件不会自动打开，我们找到桌面快捷方式手动打开软件。接下来开始设置软件参数，与云平台建立连接。如图 26.22 所示，单击菜单栏中的“Extras”（额外），在下拉菜单中选择“Edit Connection Profiles”（编辑连接配置文件）一项。如图 26.23 所示，在弹出的配置窗口中，先单击“User Credentials”（用户凭证）选项卡。这时界面上的 3 个区块就是需要填写的云平台信息。如图 26.24 所示，我们回到阿里云物联网平台，展开“设备管理”，单击“设备”，在“设备信息”的列表中找到“MQTT 连接参数”一项，单击“查看”。如图 26.25 所示，在弹出的参数列表中包含 5 个参数。如图 26.26 所示，按照它们的英文名称可以把对应内容填写在 MQTT.fx 的 3 个区块。

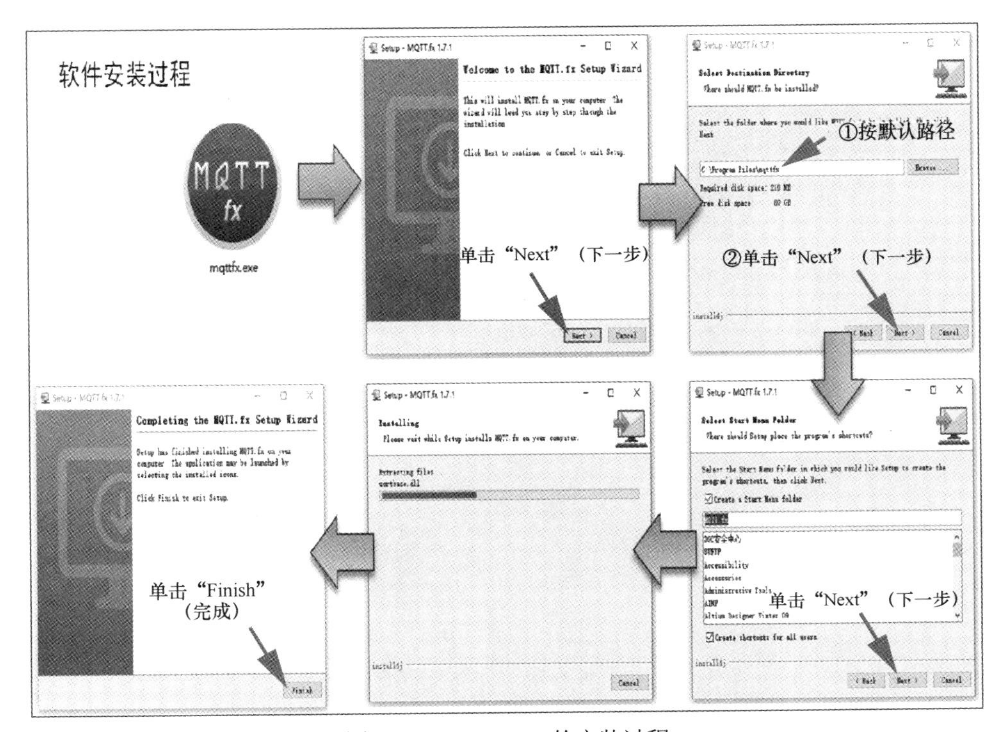

图 26.21　MQTT.fx 的安装过程

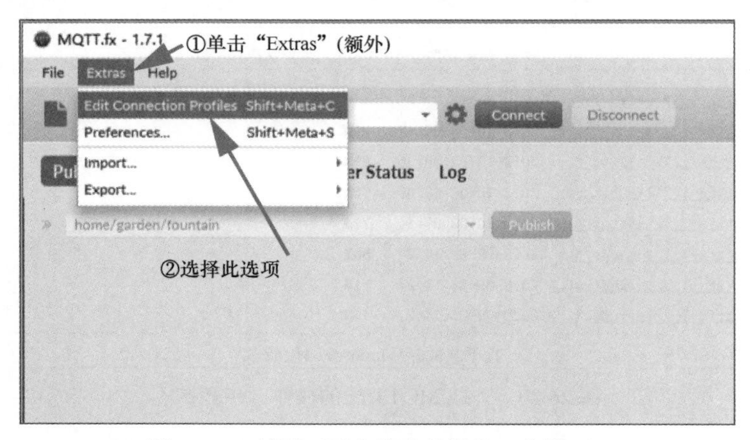

图 26.22 填写云平台信息的操作（步骤 1）

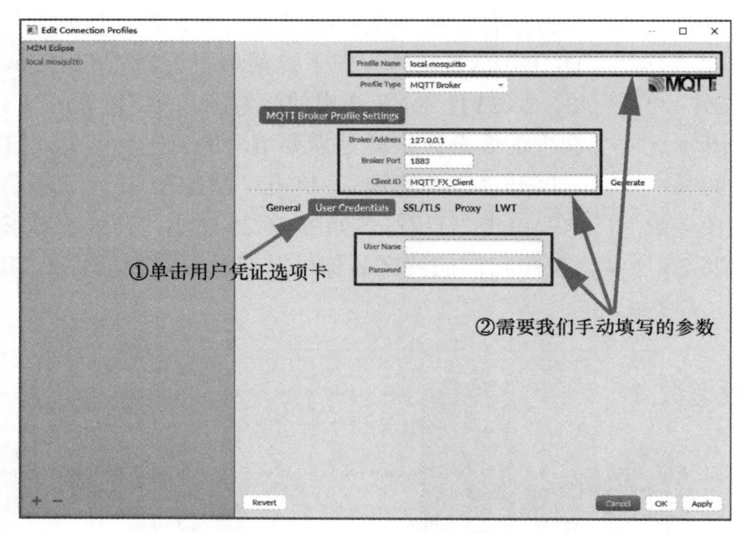

图 26.23 填写云平台信息的操作（步骤 2）

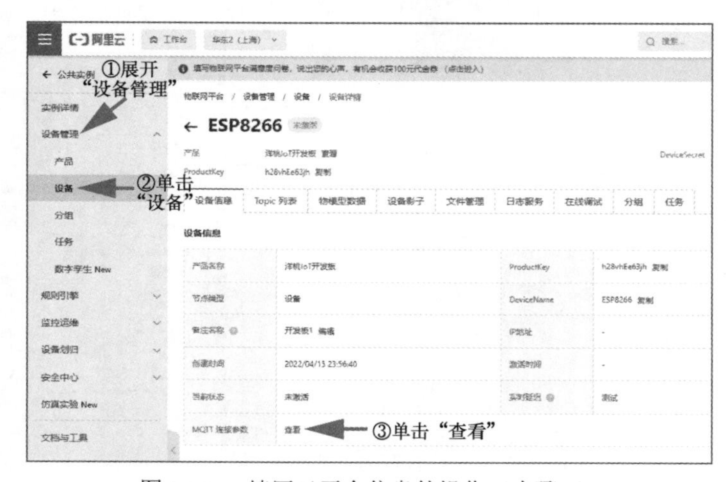

图 26.24 填写云平台信息的操作（步骤 3）

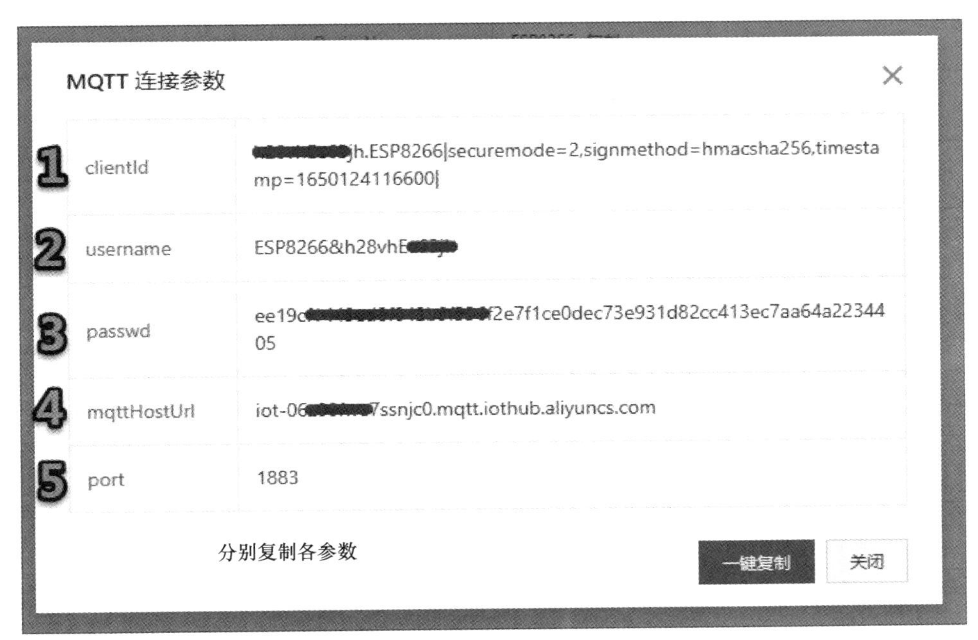

图 26.25　填写云平台信息的操作（步骤 4）

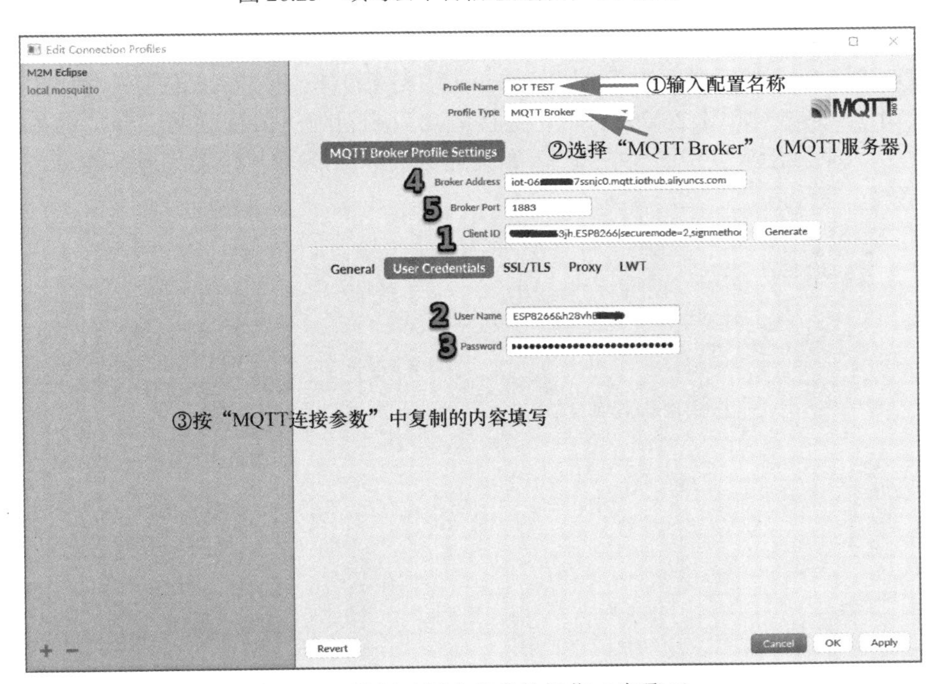

图 26.26　填写云平台信息的操作（步骤 5）

如图 26.27 所示，在最上方一项任意填写配置名称，我这里输入“IOT TEST”，第二项选择“MQTT Broker”（MQTT 服务器），再次检查无误后单击“SSL/TLS”选项卡，勾选“Enable SSL/TLS”（允许 SSL/TLS）一项，在右侧的选项中选择“TLSv1.2”，设置完成后单击“OK”按钮。

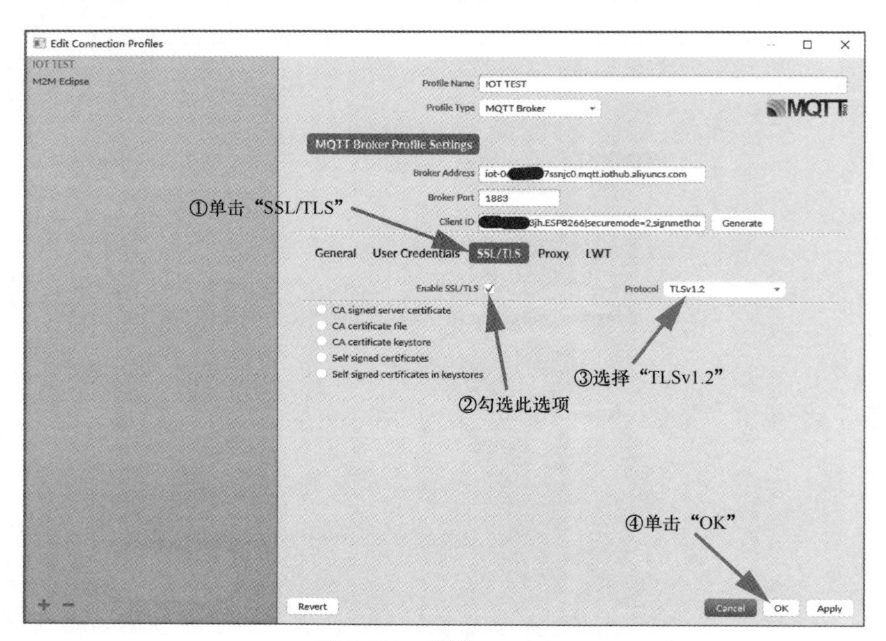

图 26.27　设置 SSL/TLS

如图 26.28 所示，回到软件界面，在菜单栏下方的下拉选项中选择刚刚创建的配置文件名“IOT TEST”，然后单击右侧的“Connect”（连接）按钮，如果连接成功，此按钮会变成灰色，不可再按。如图 26.29 所示，连接成功后刷新阿里云物联网平台，设备列表中的设备状态从“未激活”变成了“在线”。如果连接失败，原因十有八九是参数填写错误，可以重新填写。

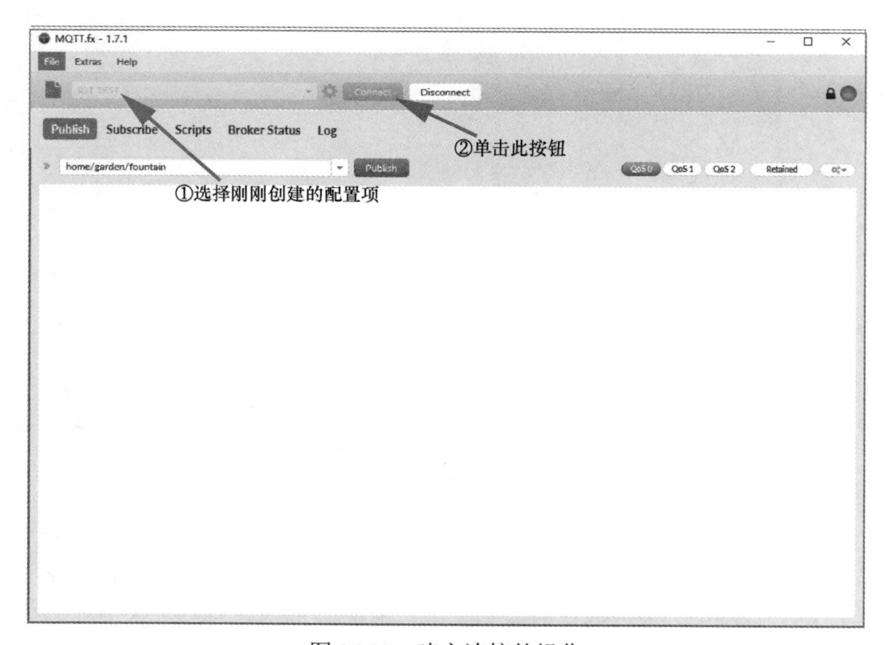

图 26.28　建立连接的操作

图 26.29　设备在线的状态显示

26.4　测试数据收发

MQTT.fx 与云平台连接成功后，还要测试数据收发。首先进行数据下行测试，下行是指在云端服务器发送数据，MQTT.fx 接收数据。如图 26.30 所示，打开阿里云物联网平台，单击“产品”，在“洋桃 IoT 开发板”的产品页面里单击“Topic 类列表”选项卡，再单击“自定义 Topic”一项。在下方列表中找到“操作权限”为“订阅”的一项，复制其中的地址信息。如图 26.31 所示，切换到 MQTT.fx 界面，单击“Subscribe”（订阅）选项卡，在订阅的地址框里粘贴刚刚复制的地址信息。需要特别注意，粘贴后还要手动将地址中的“${deviceName}”字符串替换成设备名称“ESP8266”，然后单击“Subscribe”（订阅）按钮，订阅成功后此按钮将变灰，不可再按。如图 26.32 所示，切换到阿里云物联网平台的“设备”页面，单击“设备列表”中“ESP8266”右侧的“查看”。如图 26.33 所示，在设备详情页面中单击“Topic 列表”选项卡，在下方的列表中找到已订阅的地址，单击地址右侧的“发布消息”。如图 26.34 所示，在弹出的“发布消息”窗口的“消息内容”中输入要发送的数据，这里我输入“TEST”，“Qos”项可选择“0”或“1”，最后单击“确认”按钮。如图 26.35 所示，切换到 MQTT.fx 界面，可以看到界面右下角的区块出现“TEST”字样，右上方的区块出现了接收历史记录的条目，数据下行测试成功。

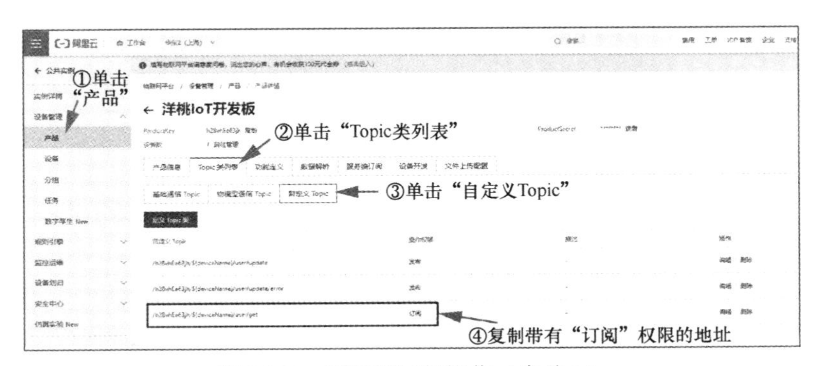

图 26.30　下行测试的操作（步骤 1）

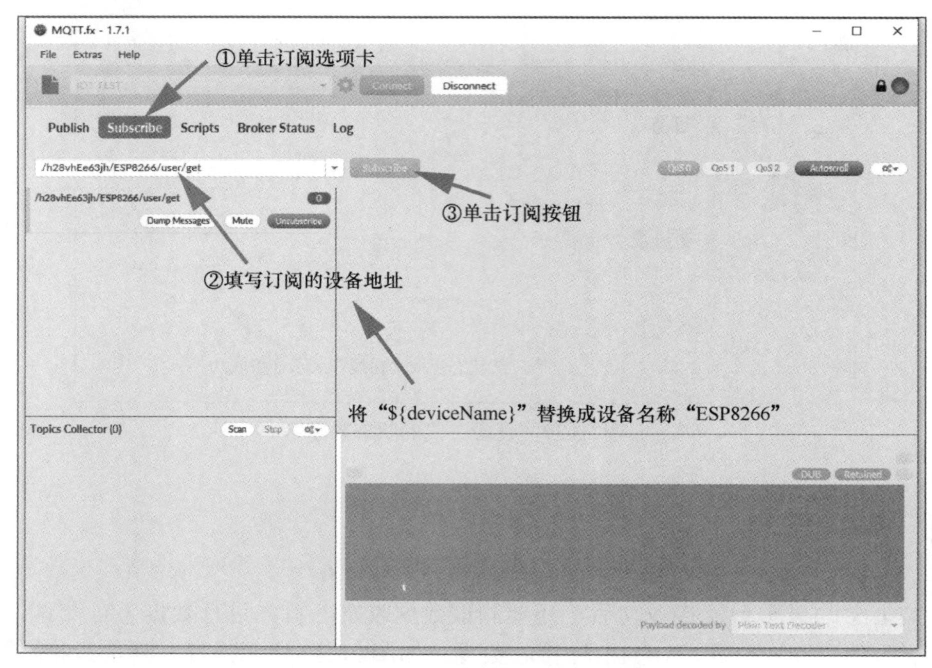

图 26.31　下行测试的操作（步骤 2）

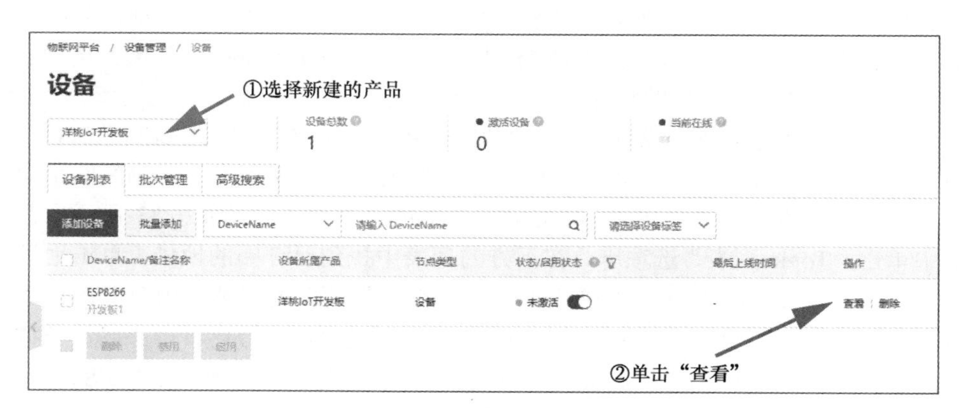

图 26.32　下行测试的操作（步骤 3）

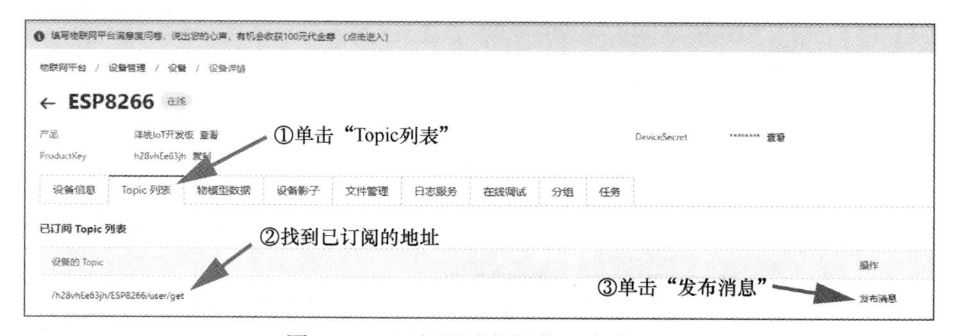

图 26.33　下行测试的操作（步骤 4）

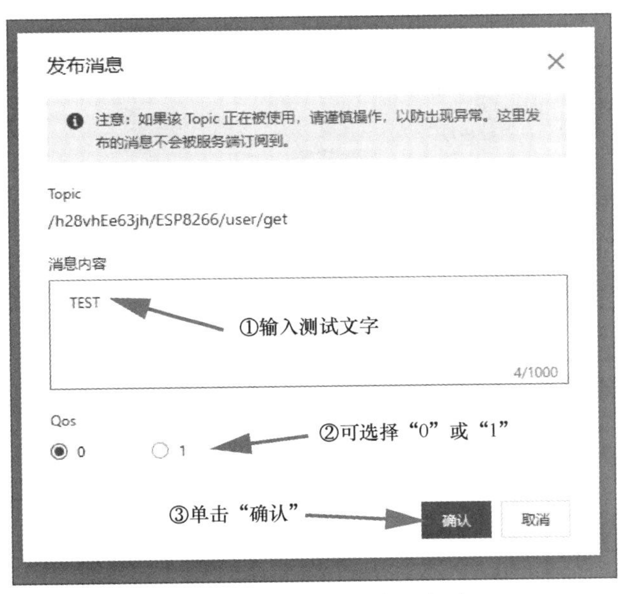

图 26.34　下行测试的操作（步骤 5）

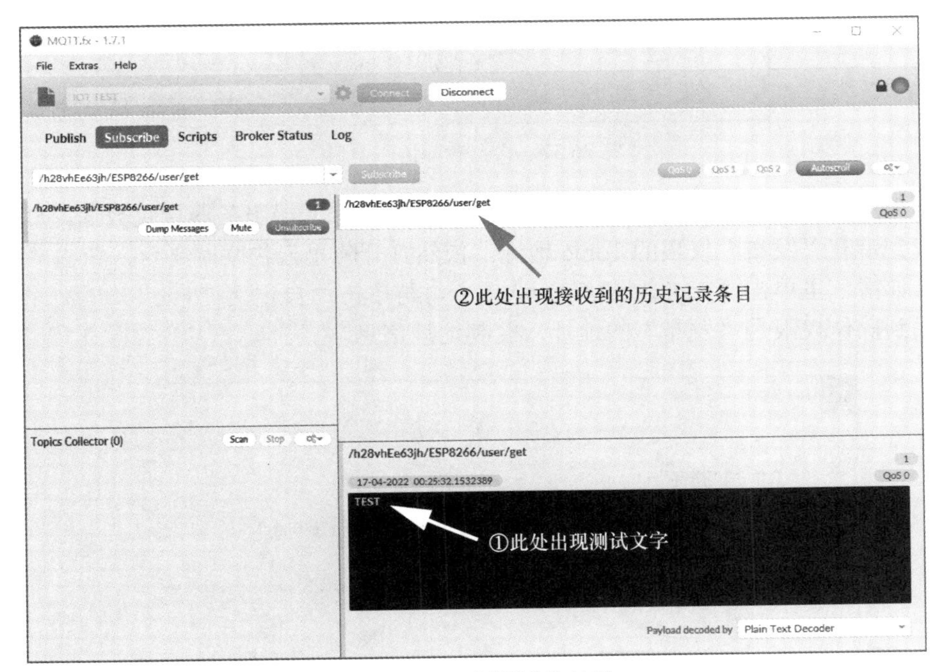

图 26.35　下行测试的结果

平台发送数据的历史记录也能在平台日志里找到。如图 26.36 所示，在阿里云物联网平台中展开“监控运维”，单击“日志服务”一项。在“云端运行日志”的列表中可以找到所有发送数据，单击刚刚通信的日志条目中的“查看”。如图 26.37 所示，在“查看详情”窗口可以看到我们发送的字符“TEST”。

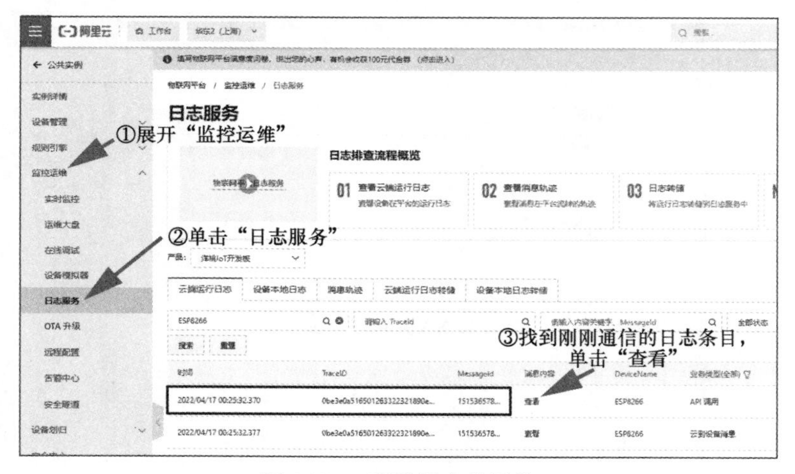

图 26.36　查看日志的操作

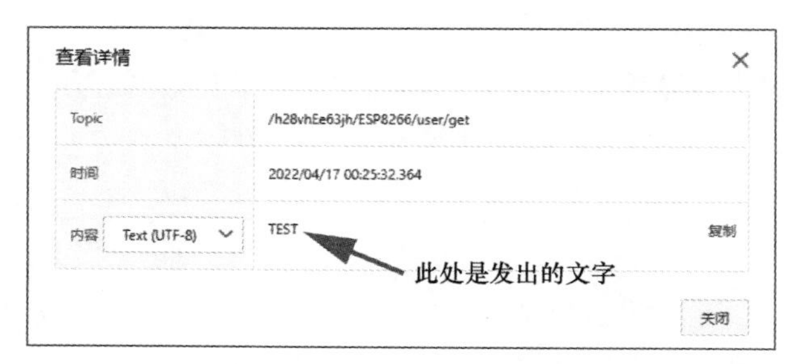

图 26.37　“查看详情”窗口

接下来测试数据上行，也就是在 MQTT.fx 发送数据，云端服务器接收数据。如图 26.38 所示，找到带有“发布”权限的 Topic 地址。依然打开阿里云物联网平台，单击“产品”，在“产品详情”里单击“Topic 类列表”选项卡，再单击“自定义 Topic”一项，在下方的列表中找到操作权限是“发布”的地址，复制地址信息。

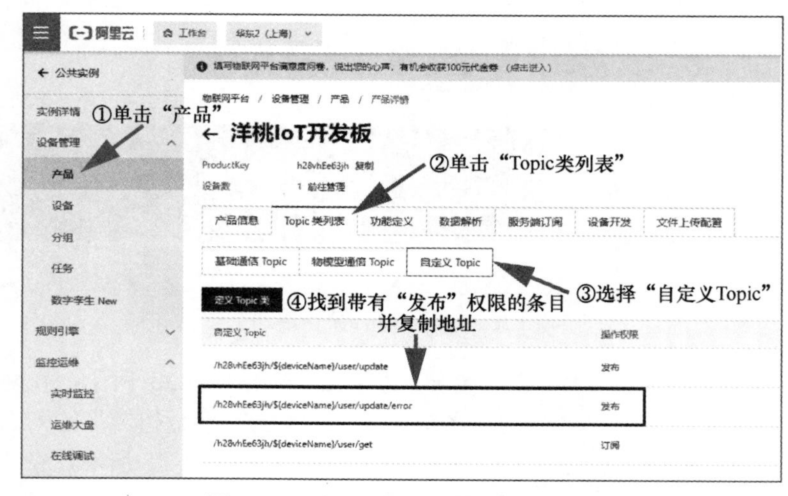

图 26.38　上行测试的操作（步骤 1）

如图 26.39 所示，切换到 MQTT.fx 界面，单击“Publish”（发布）选项卡，在发布地址框里粘贴刚刚复制的地址信息，手动将其中的“${deviceName}”替换成设备名称“ESP8266”。再在下方的发送输入框里输入要发送的数据内容，这里我输入“TEST2”，最后单击“Publish”（发布）按钮。

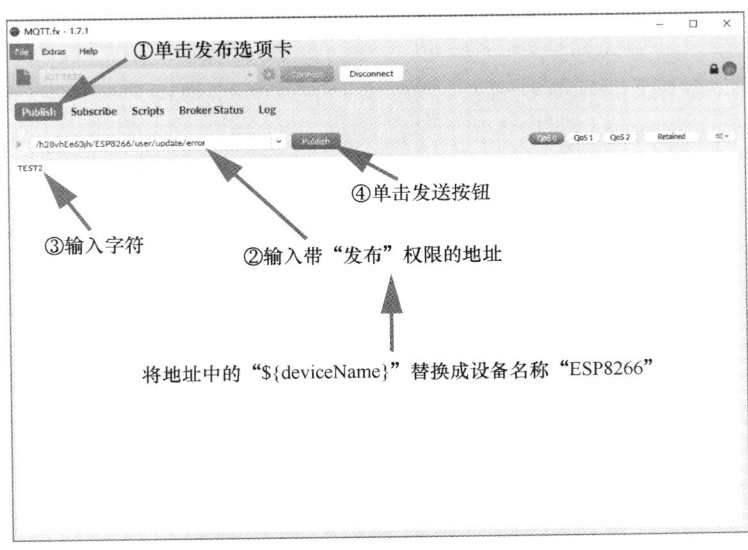

图 26.39　上行测试的操作（步骤 2）

如图 26.40 所示，切换到阿里云物联网平台，单击“日志服务”，“产品”选择“洋桃 IoT 开发板”，在“云端运行日志”列表中找到最近一条“设备到云消息”的条目，单击“查看”。如图 26.41 所示，在弹出的“查看详情”窗口中可以看到刚刚接收到的数据是“TEST2”，数据上行测试成功。到此，云平台的连接及数据收发全部测试通过，可以进行下一步的开发了。

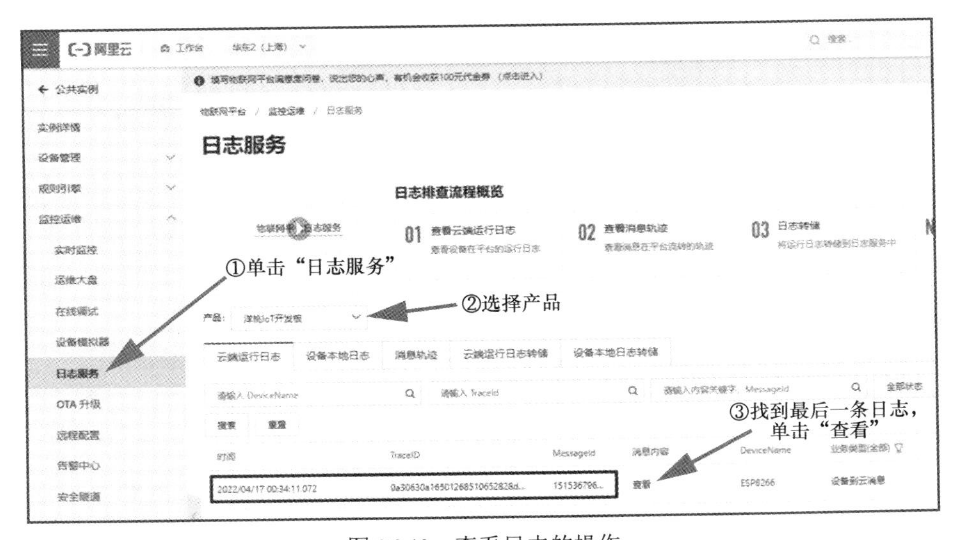

图 26.40　查看日志的操作

26.5 深入自学资料

图 26.41 “查看详情”窗口

以上内容只是物联网数据收发的基本知识和操作方法，大家可以从中入门，找到物联网学习的规律和技巧。但这只是刚刚开始，接下来还有很多知识与技术需要自学。如果对这些知识不了解，在后续的开发中会因无知而走许多弯路。自学方法有很多，我推荐在阿里云网站上阅读官方教程。打开阿里云首页，把光标放在导航栏的“支持与服务”项，在弹出的菜单中选择“文档中心”，然后在左侧的目录列表中单击“物联网”，再单击“阿里云物联网平台”，出现“学习路径”网页，如图 26.42 所示。网页目录共分为了解、上手、使用、实践、开发五大类，大家可以点开分类下的每个内容认真学习。全部看过之后，对物联网平台就有了足够的认知，在今后的应用开发中会得心应手。

阿里云物联网平台

物联网平台提供安全可靠的设备连接通信能力，支持设备数据采集上云，规则引擎流转数据和云端数据下发设备端。此外，也提供方便快捷的设备管理能力，支持物模型定义，数据结构化存储，和远程调试、监控、运维。

快速入门 免费试用 购买咨询 产品简介 相关技术圈

阿里云 阿里云物联网平台产品简介

学习路径

由浅入深，带你玩转物联网平台！

了解	了解产品	什么是物联网平台 使用限制	产品架构	产品功能
	产品定价	计费方式 欠费说明	企业版实例-包年包月	购买建议
上手	企业版实例入门教程	创建企业版实例 数据转发到表格存储	创建产品和设备 服务端订阅设备消息	设备接入和上报数据 云端下发指令
	公共实例入门教程	创建产品与设备 服务端订阅设备消息	为产品定义物模型 设备接收云端指令	建立设备与平台的连接
使用	设备管理	创建产品 Topic	创建设备 数据解析	物模型 服务端订阅
	消息转发	数据流转 SQL表达式	数据流转方案对比 数据格式	设置数据流转规则 场景联动
	监控运维	配置报警规则 日志服务	运维大屏 固件升级	虚拟设备调试 远程配置

图 26.42 阿里云物联网平台的学习路径

第 27 步：STM32 连接阿里云物联网平台

上一步我们开通了阿里云物联网平台，并用 MQTT.fx 测试了数据收发。接下来就要用 STM32 单片机控制 Wi-Fi 模块连接阿里云物联网平台，用单片机程序实现数据收发。连接云平台的编程方案有很多种，原始的方案不借助任何库函数，按照 MQTT 协议说明文档里的规范，直接与云平台收发十六进制数据包，类似于蓝牙模块的带起始码、校验码的数据包。MQTT 协议远比蓝牙数据包复杂，不仅涉及数据内容的拆分、解析，还要通过加密算法，将三元组信息转化成最终的设备账号和密码。也就是说，我们在联网之前需要做大量准备工作，要不断转换数据格式和处理加密算法。这种方法虽然最终能达成与云平台的数据收发，但需要处理很多 MQTT 协议的底层工作，效率低下。要知道，嵌入式技术的发展就是不断脱离底层，不断借用库函数的过程。因此在 STM32 教学中不再使用原始的寄存器操作方案，而改用标准库和 HAL 库。在 MQTT 协议通信中可以借用现有库函数，自动完成数据转换和处理加密算法。使用 MQTT 库函数方案时，只要把云平台提供的三元组信息复制到程序指定位置，库函数会自动转换数据、自动处理加密算法，这种算法不触及 MQTT 协议底层也能轻松实现 Wi-Fi 连接云平台。

这一步的学习任务是掌握 MQTT 库函数的应用方法，主要分成 4 个部分。第 1 部分在资料包里下载 Wi-Fi 模块连接云平台的示例程序，直接打开工程并修改联网参数。第 2 部分将程序重新编译后下载到单片机运行，在超级终端上观察联网状态。然后在云平台发布消息，控制开发板上 LED 和继电器的开关，即实现双向数据收发。今后就能在示例程序的基础上修改出想要的应用效果。第 3 部分介绍示例程序的函数调用关系和主要函数的实现原理，让大家对库函数有深入认知，能对程序做更深层的修改。第 4 部分介绍 main.c 文件里的应用程序实现原理，让大家在学会之后能按自己的要求编写应用程序。

27.1　修改示例程序的参数

与之前讲解的过程相反，这次先在开发板上完成实验效果，再回头分析程序原理。如图 27.1 所示，在资料包里下载我编写好的“Wi-Fi 模块连接阿里云的测试程序”，解压缩后进入 icode 文件夹里的 aliyun 子文件夹，云平台的库函数和驱动程序都在此文件夹内。aliyun 文件夹里包含 4 个子文件夹。其中 esp8266 文件夹包含 Wi-Fi 模块驱动程序文件，比如 AT 指令连接无线路由器、TCP 服务器的程序。hmac 文件夹包含加密算法程序文件，比如根据三元组信息自动生成密码的程序。iot 文件夹包含物联网平台应用程序文件，比如连接云平台、发送心跳包、订阅主题和发布消息等程序。mqtt 文件夹包含 MQTT 协议的库函数文件，它的作用与 HAL 库一样，提供底层协议规范，供其他程序调用。

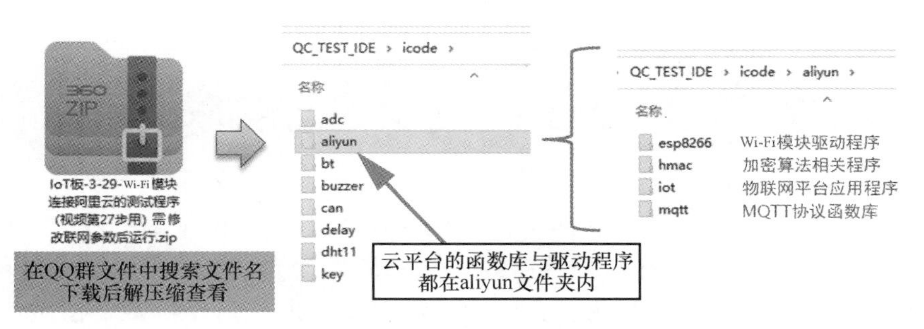

图 27.1　阿里云物联网平台相关文件夹

接下来用 CubeIDE 打开示例程序的工程，如图 27.2 所示，在工程文件树里展开 aliyun 文件夹中的所有子文件夹，其中包括着大量的.c 和.h 文件。这些文件的内容与调用关系会在后续细讲，先来看修改程序的哪个部分可以连接 Wi-Fi 模块到你创建的云平台。需要重点关注两个文件，esp8266.h 文件和 iot.h 文件。esp8266.h 文件中的宏定义可以修改无线路由器热点（AP）的账号、密码，还可修改云服务器的 IP 地址和端口号。iot.h 文件中的宏定义可以修改云平台三元组信息和主题订阅的参数。修改这些宏定义之前需要先进入你的云平台，复制出实际可用的所有参数。

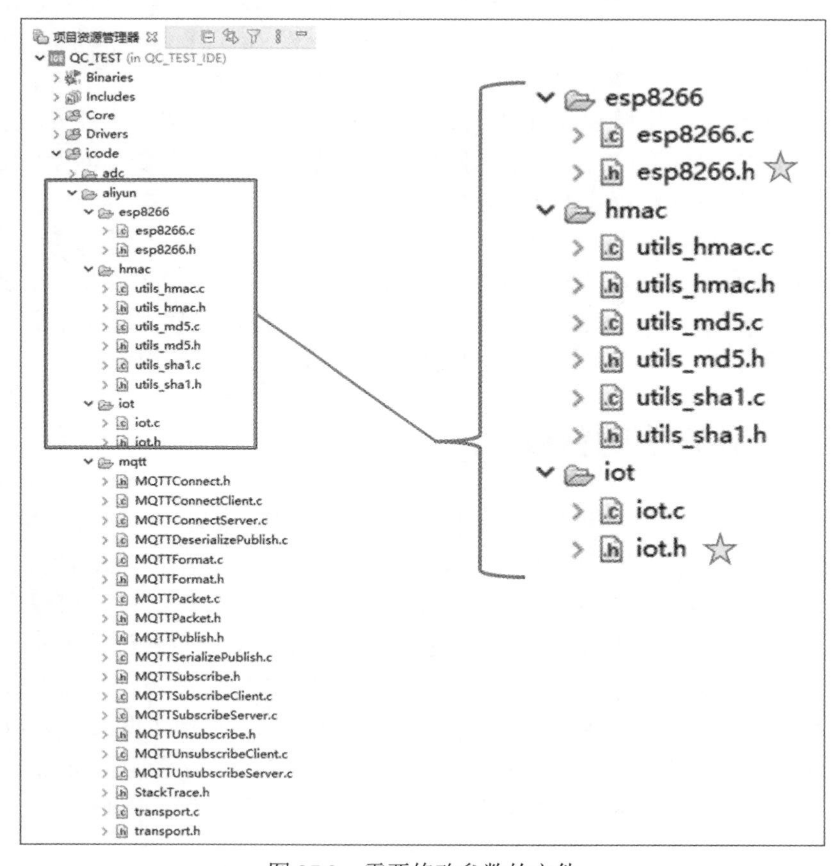

图 27.2　需要修改参数的文件

如图 27.3 所示，进入阿里云物联网平台，展开“设备管理”，单击“设备”，在设备列表中找到我们创建的“ESP8266”设备，单击“查看”。如图 27.4 所示，在“设备信息”中找到“MQTT 连接参数”，单击“查看”。如图 27.5 所示，在弹出的“MQTT 连接参数”窗口中仅复制“mqttHostUrl”（MQTT 主机地址）和“port”（端口号）两项。如图 27.6 所示，关闭窗口后再单击“DeviceSecret”（设备证书）的“查看”。如图 27.7 所示，在弹出的“设备证书”窗口中复制表格中的“ProducKey”（产品 ID）、“DeviceName”（设备名）和“DeviceSecret”（设备证书）。这 3 个内容就是三元组信息，相当于银行汇款时需要的开户行名称、用户姓名和卡号这 3 个信息，每个物联网硬件设备需要知道三元组信息才能连接云平台。由于我们在连接云平台之后要收发数据，所以还需要知道订阅主题。如图 27.8 所示，关闭“设备证书”窗口后单击“产品”，在产品列表中的“洋桃 IoT 开发板”单击右侧的“查看”。如图 27.9 所示，在产品页面中单击“Topic 类列表”选项卡，再单击“自定义 Topic”一项。在下方列表中复制带有“发布”权限和“订阅”权限的两个地址。

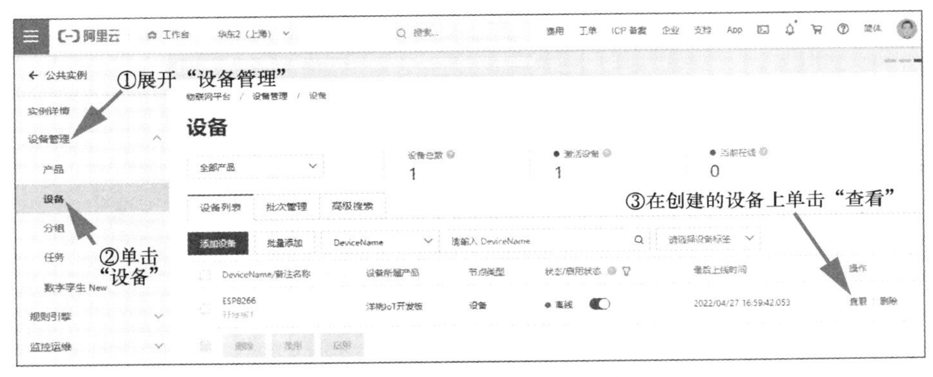

图 27.3　复制三元组信息的操作（步骤 1）

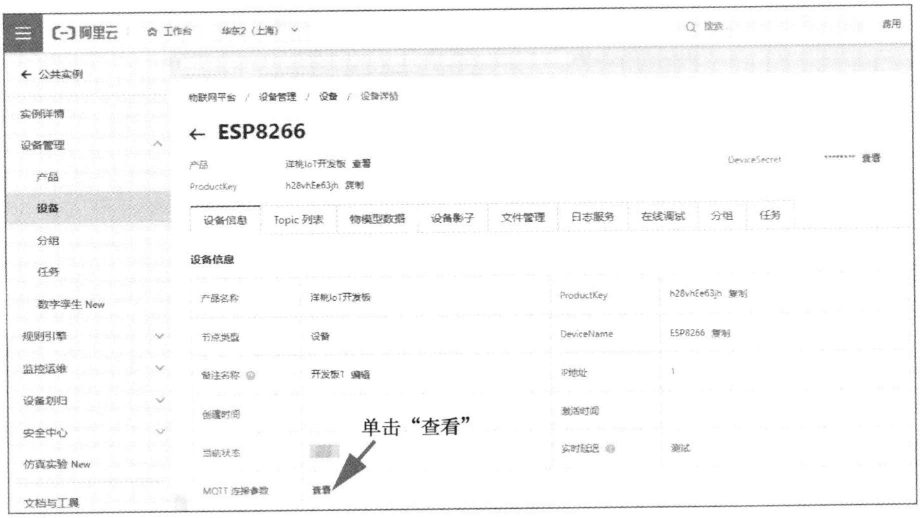

图 27.4　复制三元组信息的操作（步骤 2）

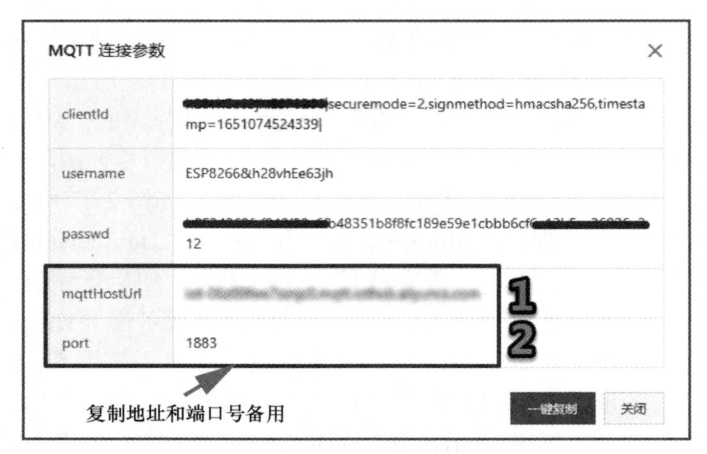

图 27.5　复制三元组信息的操作（步骤 3）

图 27.6　复制三元组信息的操作（步骤 4）

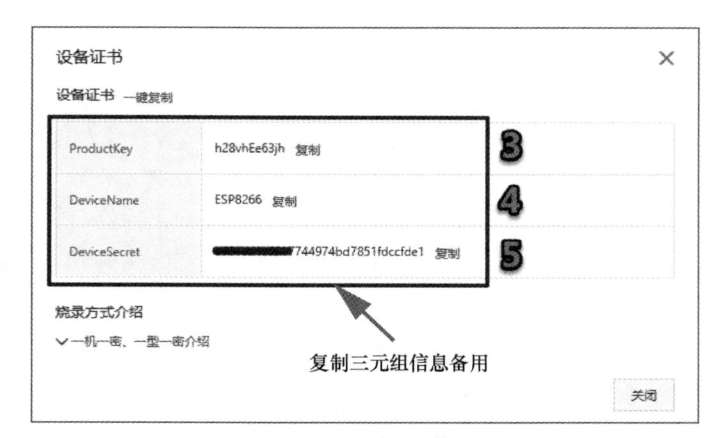

图 27.7　复制三元组信息的操作（步骤 5）

图 27.8　复制订阅信息的操作（步骤 1）

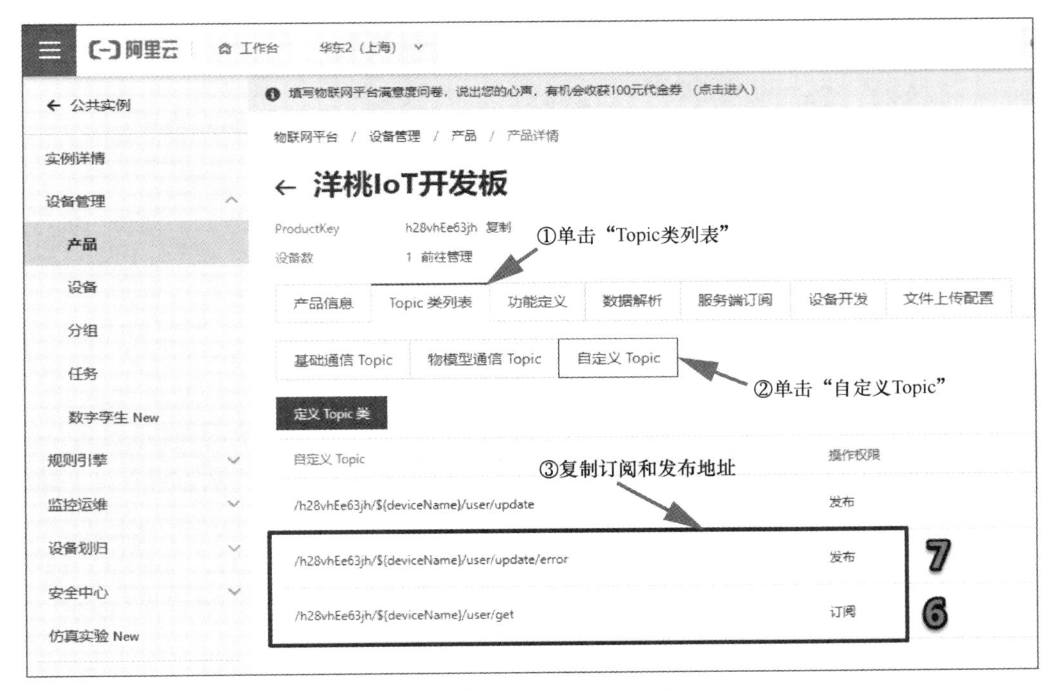

图 27.9　复制订阅信息的操作（步骤 2）

如图 27.10 所示，在工程文件树中打开 esp8266 文件夹中的 esp8266.h 文件，这里可以在第 12～13 行修改无线路由器的名称与密码，可修改成你家中无线路由器的实际名称和密码，修改内容要放在双引号之内。在第 15～16 行粘贴我们之前复制的 MQTT 主机地址和端口号。如图 27.11 所示，打开 iot 文件夹中的 iot.h 文件，在第 18、20、22 行粘贴刚刚复制的三元组信息，再在第 25 行粘贴订阅权限的主题地址，第 29 行粘贴发布权限的主题地址。检查无误后重新编译工程，下载到洋桃 IoT 开发板上。

```
 4 #include "stm32f1xx_hal.h"
 5 #include "string.h"
 6 #include "stdlib.h"
 7 #include "../../usart/usart.h"
 8 #include "../../wifi/wifi.h"
 9
10 //【网络连接信息】在下方修改设置路由器热点和物联网平台IP地址+端口号信息（手动复制正确信息到双引号内）
11
12 #define SSID "DYS2.4" //无线路由器热点名称（必须按实际情况修改）
13 #define PASS "duyang98765"    //无线路由器热点密码（必须按实际情况修改）
14
15 #define IOT_DOMAIN_NAME "iot-06z00fwe7ssnjc0.mqtt.iothub.aliyuncs.com" //云服务器IP地址 1
16 #define IOT_PORTNUM      "1883" //云服务器端口号 2
17
18 uint8_t esp8266_send_cmd(char *cmd, char *ack, uint16_t waittime);
19 uint8_t* esp8266_check_cmd(uint8_t *str);
20 uint8_t esp8266_Connect_IOTServer(void); //连接物联网云服务器IP
21 uint8_t esp8266_Connect_AP(void); //连接AP路由器
22 uint8_t esp8266_Connect_Server(void); //连接服务器
23 uint8_t esp8266_quit_trans(void); //判断指令退出
24
25 #endif
```

①修改实际的路由器热点名称和密码

②修改云平台的地址和端口号

图 27.10　在程序中粘贴联网信息（步骤 1）

```
15
16 //【三元组信息】在下方修改设置您的物联网云平台提供的三元组信息（手动复制正确信息到双引号内）
17
18 #define   PRODUCTKEY          3  "h28vhEe63jh" //产品ID（ProductKey）（必须按实际情况修改）
19 #define   PRODUCTKEY_LEN         strlen(PRODUCTKEY) //产品ID长度
20 #define   DEVICENAME          4 "ESP8266" //设备名（DeviceName)（必须按实际情况修改）
21 #define   DEVICENAME_LEN         strlen(DEVICENAME) //设备名长度
22 #define   DEVICESECRE         5  "[illegible]7744974bd7851fdccfde1" //设备证书（DeviceSecret)（必须按实际情况修改）
23 #define   DEVICESECRE_LEN        strlen(DEVICESECRE) //设备证书长度
24
25 #define   TOPIC_SUBSCRIBE      6  "/h28vhEe63jh/ESP8266/user/get" //订阅权限的地址（必须按实际情况修改）
26 #define   TOPIC_QOS               0  //QoS服务质量数值（0/1）
27 #define   MSGID                   1  //信息识别ID
28
29 #define   TOPIC_PUBLISH        7  "/h28vhEe63jh/ESP8266/user/update/error" //发布权限的地址（必须按实际情况修改）
30
31 #define   MQTTVERSION             4 //MQTT协议版本号（3表示V3.1，4表示V3.1.1）
32 #define   KEEPALIVEINTERVAL       120 //保活计时器，服务器收到客户端消息（含心跳包）的最大间隔（单位是 s）
33
```

①修改实际的三元组信息

②修改实际的订阅地址

图 27.11　在程序中粘贴联网信息（步骤 2）

27.2　云平台的数据收发

由于 Wi-Fi 模块连接云平台的过程中有很多通信状态，为了能随时观察联网的过程和状态，我在示例程序中使用串口 1 不断输出状态信息，可通过超级终端查看。打开超级终端，创建核心板 USB 接口转换的串口号（我这里是“COM9”），设置波特率的值为 115200、数据位为 8 位宽、无校验、1 个停止位、无流控，字符编码为“GB2312”。由于程序中屏蔽了连接无线路由器部分，所以请确保开发板上的 Wi-Fi 模块曾经连接过无线路由器，重启后能自动连接。如图 27.12 所示，重启洋桃 IoT 开发板，超级终端会显示状态信息，最后出现“心跳成功”表示开发板成功连接云平台。如果失败，可能是在复制 7 组信息时出错，可以重新复制信息后重新编译工程并下载到开发板上。

接下来测试连接后的数据收发。如图 27.13 所示，在阿里云物联网平台上进入“ESP8266”设备详情，单击“Topic 列表”一项，列表中有已订阅的条目，单击“发布消息”。如图 27.14 所示，在弹出的“发布消息”窗口中，在“消息内容”一栏输入要发送的数据。这里本来可以随意填写，但我在程序里添加了 LED 和继电器的控制程序，填写对应的控制关键字可以控制 LED 和继电器的开关，所以输入“LED1 ON”（所有字母大写），单击“确认”按钮。切换到超级终端界面，如图 27.15 所示，可以看到出现“接收到主题：”,

后接主题地址和消息内容、QoS 服务质量信息。如果消息内容是事先设定的控制关键字则执行相应控制任务，核心板上的 LED1 点亮。如图 27.16 所示，还可以输入其他控制关键字，开关 LED1、LED2 和继电器，执行完成后开发板还会向云平台回复执行状态，所以在超级终端上下一行的“发布信息：LED1 ON OK!”是发给云平台的消息。

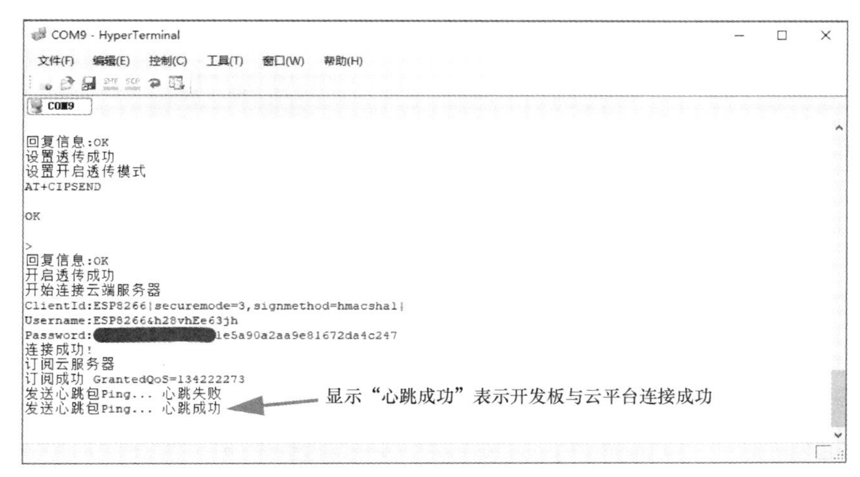

图 27.12　超级终端的状态信息

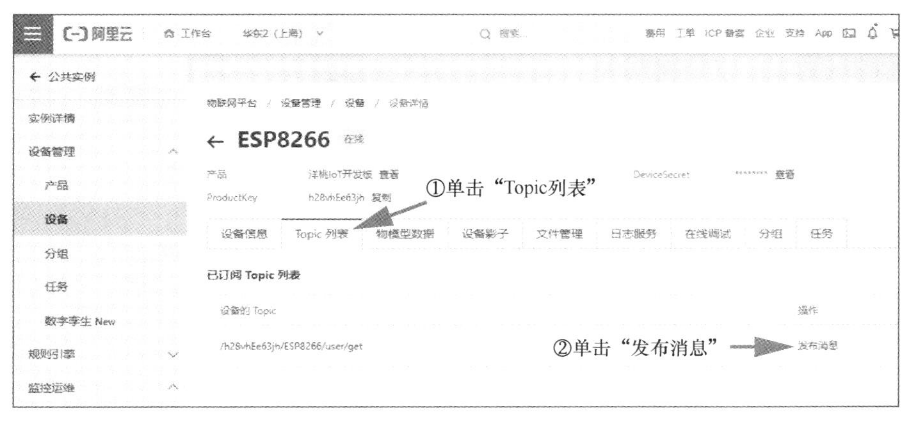

图 27.13　发布消息的操作（步骤 1）

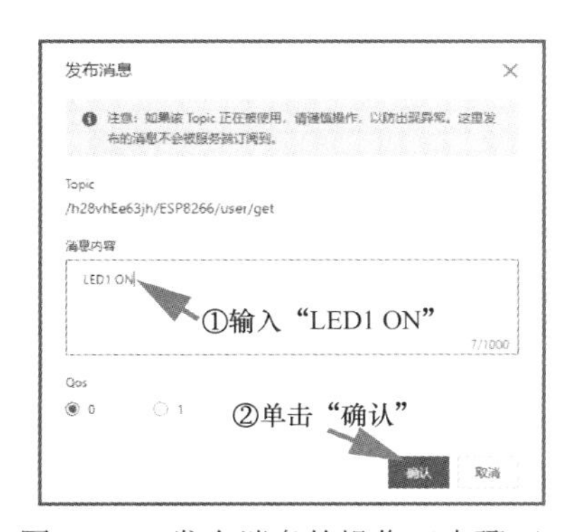

图 27.14　发布消息的操作（步骤 2）

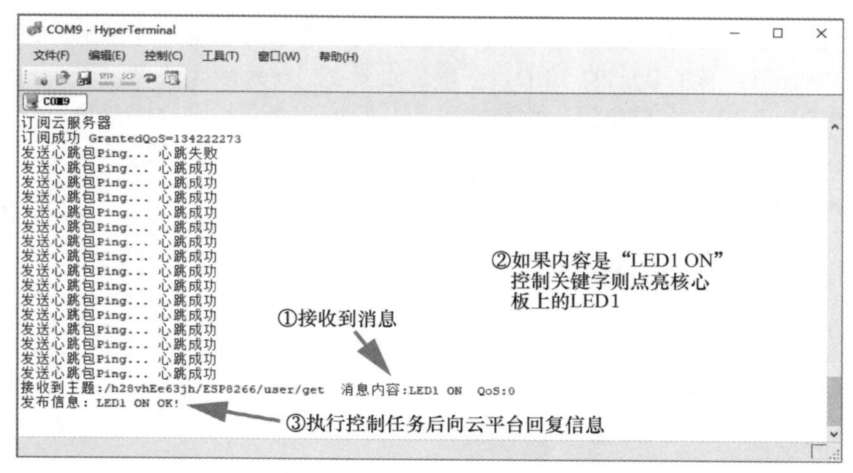

图 27.15　接收到云平台的消息

控制关键字:

LED1 ON

LED1 OFF

LED2 ON

LED2 OFF

RELAY1 ON

RELAY1 OFF

图 27.16　所有控制关键字

接下来切换到阿里云物联网平台，如图 27.17 所示，展开“监控运维”，单击“日志服务”，在“产品”选项中选择“洋桃 IoT 开发板”，在下方的日志列表中会显示刚刚收发的两条日志，单击“查看”，如图 27.18 所示，业务类型是“云到设备消息”的日志是刚刚在云平台上发布的消息，内容是“LED1 ON”。如图 27.19 所示，另一条业务类型是“设备到云消息”的日志是开发板回复给云平台的消息，内容是“LED1 ON OK!”。除了自动回复给云平台的数据发送，还能直接发送消息。按下核心板上的 KEY2 按键，手动向云平台发送消息。如图 27.20 所示，超级终端上显示“发布信息：TEST 洋桃电子官网”，在云平台上刷新日志列表可以看到设备到云的新消息。到此就实现了设备与云平台的双向通信。只要能实现双向通信就打通了最复杂、最困难的底层部分。接下来只要在应用层面编写对数据的接收处理和发送，就能很快达到项目开发的要求。

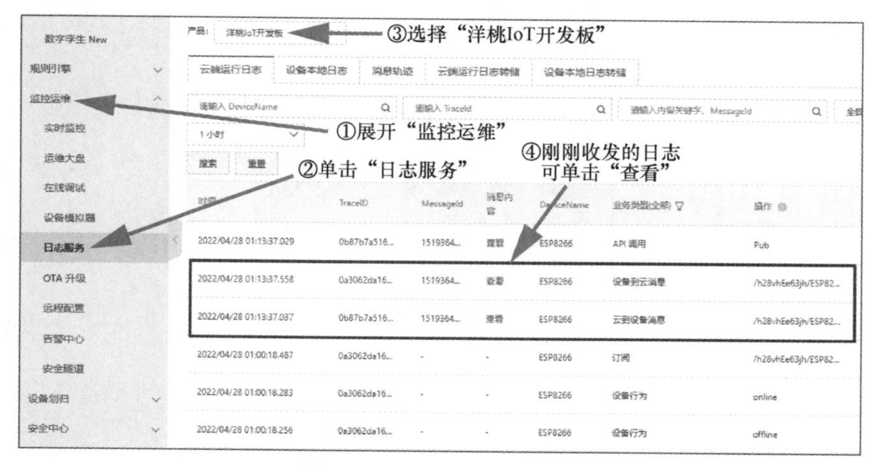

图 27.17　查看日志的操作

图 27.18　云到设备消息 　　图 27.19　设备到云消息

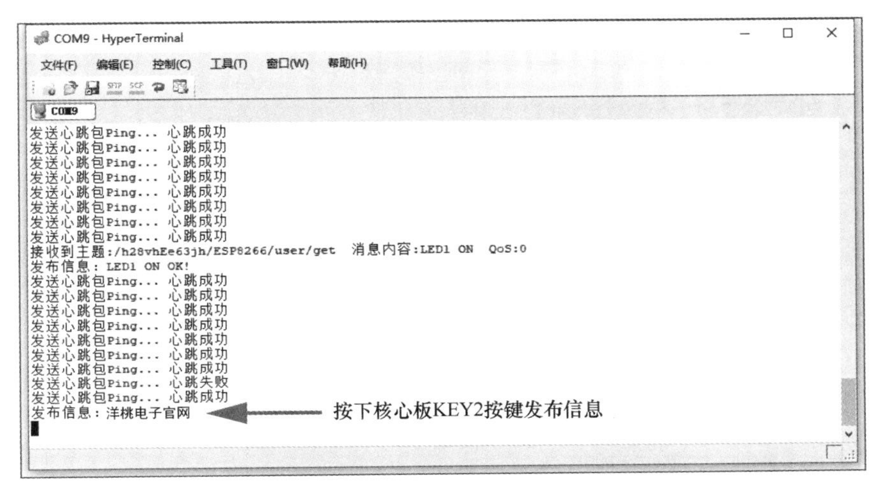

图 27.20　超级终端上的接收消息

27.3　驱动程序结构与原理

以上我们学习了示例程序连接云平台的使用方法，作为初学者来说已经可以了。但有朋友想知道程序是如何联网，又是如何收发数据的。下面我将对示例程序的结构与原理做详细介绍，有兴趣的朋友可以学习一下，这一部分对于深入研究物联网技术有帮助，也有助于大家开拓编程思路。

与云平台建立 TCP 连接之后，之后的通信都将基于 MQTT 协议，只有先明白 MQTT 协议原理，才能明白程序实现的原理。在开发板资料包中找到“MQTT 协议 3.1.1 中文版”的 PDF 文档，阅读一遍文档的全部内容。如图 27.21 所示，其中的重点是第 14 页的第 2 章 MQTT 控制报文格式。2.1 节说明了 MQTT 协议的控制报文由固定报头、可变报头、有效载荷 3 个部分组成。2.2 节介绍了固定报头由两个字节组成，第 1 个字节的高 4 位用于定义报文类型，低 4 位是报文类型的标志位。如图 27.22 所示，2.2.1 节给出所有的报文类型，比如表格中数值“3”的描述是“发布消息”，也就是说，当开发板接收到云平台下发的数据时，如果固定报头第 1 个字节高 4 位的值是“3”，表示这组数据是云平台发布的消息。再比如开发板要向云平台发送心跳包，则需要让固定报头第 1 个字节的高 4 位的值是“12”，描述是“心跳请求”。云平台回复心跳响应数据，固定报头第 1 个字节高 4 位的值应该是“13”，描述是“心跳响应”。固定报头的第 2 个字节表示数据长度，由十六进制数据表示。

2 MQTT 控制报文格式

2.1 MQTT 控制报文的结构

MQTT 协议通过交换预定义的 MQTT 控制报文来通信。这一节描述这些报文的格式。

MQTT控制报文由3个部分组成，按照图2.1描述的顺序。

Fixed header 固定报头，所有控制报文都包含
Variable header 可变报头，部分控制报文包含
Payload 有效载荷，部分控制报文包含

图2.1_MQTT 控制报文的结构

2.2 固定报头

每个 MQTT 控制报文都包含一个固定报头。图2.2 描述了固定报头的格式。

Bit	7	6	5	4	3	2	1	0
byte 1	MQTT 控制报文的类型				用于指定控制报文类型的标志位			
byte 2	剩余长度							

图2.2_固定报头的格式

图 27.21　MQTT 协议文档（片段 1）

2.2.1 MQTT 控制报文的类型

位置：第 1 个字节，二进制位高4位。

表示为 4 位无符号值，这些值的定义见表2.1。

表2.1 控制报文的类型

名字	值	报文流动方向	描述
Reserved	0	禁止	保留
CONNECT	1	客户端到服务端	客户端请求连接服务端
CONNACK	2	服务端到客户端	连接报文确认
PUBLISH	3	两个方向都允许	发布消息
PUBACK	4	两个方向都允许	QoS 1 消息发布收到确认
PUBREC	5	两个方向都允许	发布收到（保证交付第 1 步）
PUBREL	6	两个方向都允许	发布释放（保证交付第 2 步）
PUBCOMP	7	两个方向都允许	QoS 2 消息发布完成（保证交互第 3 步）
SUBSCRIBE	8	客户端到服务端	客户端订阅请求
SUBACK	9	服务端到客户端	订阅请求报文确认
UNSUBSCRIBE	10	客户端到服务端	客户端取消订阅请求
UNSUBACK	11	服务端到客户端	取消订阅报文确认
PINGREQ	12	客户端到服务端	心跳请求
PINGRESP	13	服务端到客户端	心跳响应
DISCONNECT	14	客户端到服务端	客户端断开连接
Reserved	15	禁止	保留

图 27.22　MQTT 协议文档（片段 2）

接下来我用一组实际接收到的数据来分析报文结构。如图 27.23 所示，实际接收到的

报文共 42 个字节，由十六进制数据表示。第 1 个字节 0x30 是固定报头的第 1 个字节，其中高 4 位的数值“3”表示这条报文的类型是“发布消息”，低 4 位中包含了 DUP 和 QoS 的标志位信息。第 2 个字节 0x28 是固定报头的第 2 个字节，表示余下的数据长度。0x28 转换成十进制数是 40，也就是说接下来的 40 个字节数据是报文内容。第 3～4 字节表示可变报头的长度，0x00 和 0x1D 是双字节长度，转换成十进制的值是 29。接下来的 29 个字节数据是可变报头内容，是用十六进制表示的字符型数据，转换成字符的内容是订阅主题的地址。还剩下 9 个字节是有效载荷，即发布消息的内容，内容是十六进制表示的字符型数据，转换成字符是“123456789”。到此就完成了这一组数据的解析。单片机程序所要做的就是对接收的数据进行报文解析，再把要发送的内容组合成云平台能识别、符合协议规范的报文。

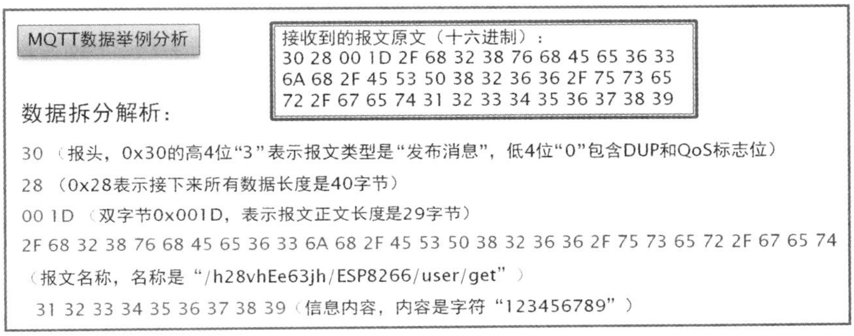

MQTT数据举例分析

接收到的报文原文（十六进制）：
30 28 00 1D 2F 68 32 38 76 68 45 65 36 33
6A 68 2F 45 53 50 38 32 36 36 2F 75 73 65
72 2F 67 65 74 31 32 33 34 35 36 37 38 39

数据拆分解析：

30（报头，0x30的高4位“3”表示报文类型是“发布消息”，低4位“0”包含DUP和QoS标志位）

28（0x28表示接下来所有数据长度是40字节）

00 1D（双字节0x001D，表示报文正文长度是29字节）

2F 68 32 38 76 68 45 65 36 33 6A 68 2F 45 53 50 38 32 36 36 2F 75 73 65 72 2F 67 65 74

（报文名称，名称是“/h28vhEe63jh/ESP8266/user/get”）

31 32 33 34 35 36 37 38 39（信息内容，内容是字符“123456789”）

图 27.23　MQTT 数据举例分析

理解了最底层的 MQTT 协议原理，再来看示例程序如何实现报文编码和解码，如何实现联网和数据收发。如图 27.24 所示，在 CubeIDE 软件中打开工程文件树，展开 aliyun 文件夹下的所有子文件夹，显示与云平台相关的.c 和.h 文件。这里的每个子文件夹都有其功能分类，esp8266 文件夹里的文件用于存放 Wi-Fi 模块操作的 AT 指令，比如发送复位指令、设置 Wi-Fi 模式、连接无线路由器、连接 TCP 服务器等。hmac 文件夹里的文件用于三元组信息的加密和解密，要知道在云平台复制的三元组信息是为了方便我们复制保存的，MQTT 通信时并不会直接使用这些信息，而会通过一套加密算法将其转换成加密信息，再以十六进制字符收发。所以需要在程序中引用加密算法库函数，此库函数都是现成的，不需要修改，直接调用即可。iot 文件夹里的文件用于 TCP 连接后的云平台层面的操作，比如连接云平台、订阅主题、发布消息等。mqtt 文件夹里的文件是 MQTT 协议的库函数，这也是现成的库函数，和 HAL 库函数一样可直接调用。由于 MQTT 库函数并不清楚我们用哪个串口收发数据，我们在使用它之前需要在 transport.c 文件里修改底层串口发送与接收的程序。也就是说，图 27.24 中加星号的文件是要根据开发板设置不同而修改内容的文件，未加星号的文件不用改动。

如图 27.25 所示，Wi-Fi 模块使用 USART3 串口通信，使用串口中断接收数据，所以我们还要修改 usart.c 文件中的串口中断回调函数。再加上 Wi-Fi 模块接收的数据种类众多，每组数据长度较大，之前的判断 0x0A 起始码的方式不能满足复杂的数据处理要求，这里加入了 TIM2 定时器功能。Wi-Fi 模块发来的每组数据之间都有一定间隔时

间，通过定时器判断间隔时间就能准确接收一组完整数据，所以这里添加了 tim.c 和 tim.h 文件。图 27.25 中加星号的文件是需要根据实际情况修改内容的文件，未加星号的文件不用改动。

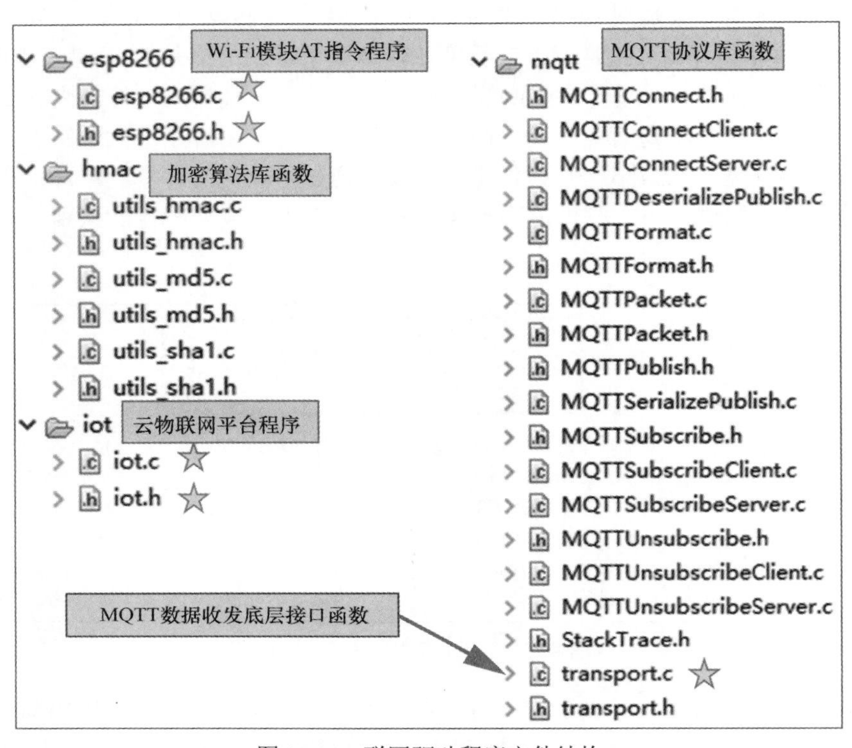

图 27.24　联网驱动程序文件结构

下面我们从底层到应用层，逐一分析各函数的实现原理。如图 27.26 所示，打开 usart.c 文件，先修改最底层的串口中断回调函数里的接收处理程序。之前示例程序中的处理程序采用判断起始码（0x0A）的方法来接收固定长度的数据包。现在要与云平台通信，接收大量不同长度的数据，就需要改用新的处理方式，文件中第 67～80 行是新的处理程序。其中第 67 行判断目前接收的数据数量是否大于临时缓存空间的最大值，如果大于则执行第 77 行，强制标记接收标志位的最高位，即强制完成接收，忽略后面多出的数据。如果小于缓存最大值则执行第 69～74 行的程序，其中第 69 行清空 TIM2 定时器的计数值，第 70 行判断接收标志位为 0 时，表示重新接收新的一组数据，则执行第 72 行让 TIM2 定时器开始计时，第 74 行将最新接收到的数据存入接收数组中。在这段程序里最关键的是加入定时器的清 0 和开启计时操作，作用是判断每组数据的间隔。

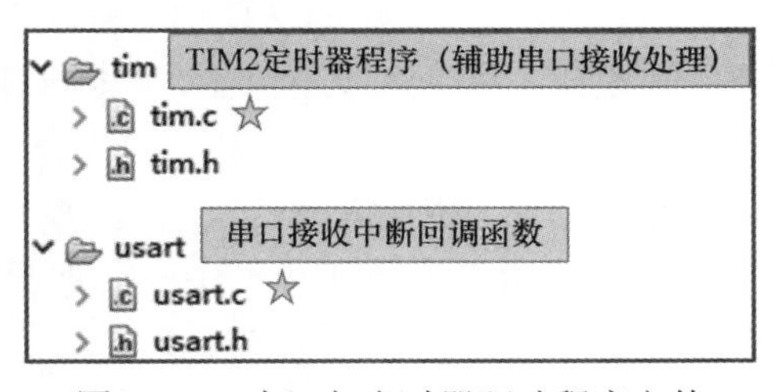

图 27.25　串口与定时器驱动程序文件

```
65      if(huart ==&huart3)//判断中断来源（串口3：Wi-Fi 模块）//接收完的一批数据，还没有被处理，则不再接收其他数据
66      {
67          if(USART3_RX_STA<USART3_REC_LEN)//还可以接收数据
68          {
69              __HAL_TIM_SET_COUNTER(&htim2,0); //计数器清空
70              if(USART3_RX_STA==0) //使能定时器2的中断
71              {
72                  __HAL_TIM_ENABLE(&htim2); //使能定时器2
73              }
74              USART3_RX_BUF[USART3_RX_STA++] = USART3_NewData;// 将最新接收数据放入数组
75          }else
76          {
77              USART3_RX_STA|=0x8000;//强制标记接收完成
78          }
79
80          HAL_UART_Receive_IT(&huart3,(uint8_t *)&USART3_NewData,1); //再开启串口3接收中断
81      }
82  }
```

图 27.26　usart.c 文件的内容

如图 27.27 所示，例如云平台发来一组数据，在这组数据中每个字节之间的间隔非常短。但从一组数据接收结束到下一组数据出现，这之间会有很长的时间间隔。只要在一组数据开始接收时同步开启 TIM2 定时器，将溢出时间设置为 100ms，100ms 足够完成一组数据的接收，超出 100ms 再接收到的，被认为是下一组数据。

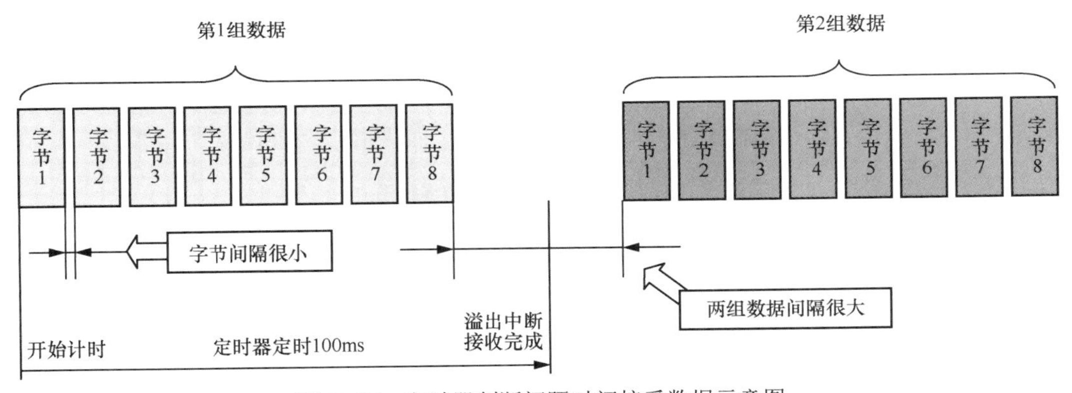

图 27.27　定时器判断间隔时间接受数据示意图

按此原理，如图 27.28 所示，在 CubeMX 界面中单击“TIM2”进入设置窗口，在模式设置中选择“Internal Clock”（内部时钟）的时钟源，在参数设置窗口中按图设置参数，得到 100ms 溢出时间。如图 27.29 所示，再单击“NVIC Settings”（NVIC 设置）选项卡，勾选 TIM2 中断允许。重新生新程序后，再按之前定时器部分所学知识创建 tim.c 和 tim.h 文件。如图 27.30 所示，在 tim.c 文件里创建定时器中断回调函数，其中第 12 行判断是不是 TIM2 中断，如果是则表示接收数据已达到 100ms，强制结束接收。于是执行第 14 行的添加结束符，在数据末尾添加数值 0。第 15 行将接收标志位最高位置 1，完成一组数据的接收。最后第 16～17 行清除定时器中断标志位、关闭定时器，为下一次接收做好准备。当应用程序在 main.c 文件里处理完一组数据时，最后会将串口标志位清 0，下次接收时在 usart.c 文件的第 70 行判断标志位为 0，则执行第 72 行再次开启定时器计时，开始新的接收过程。

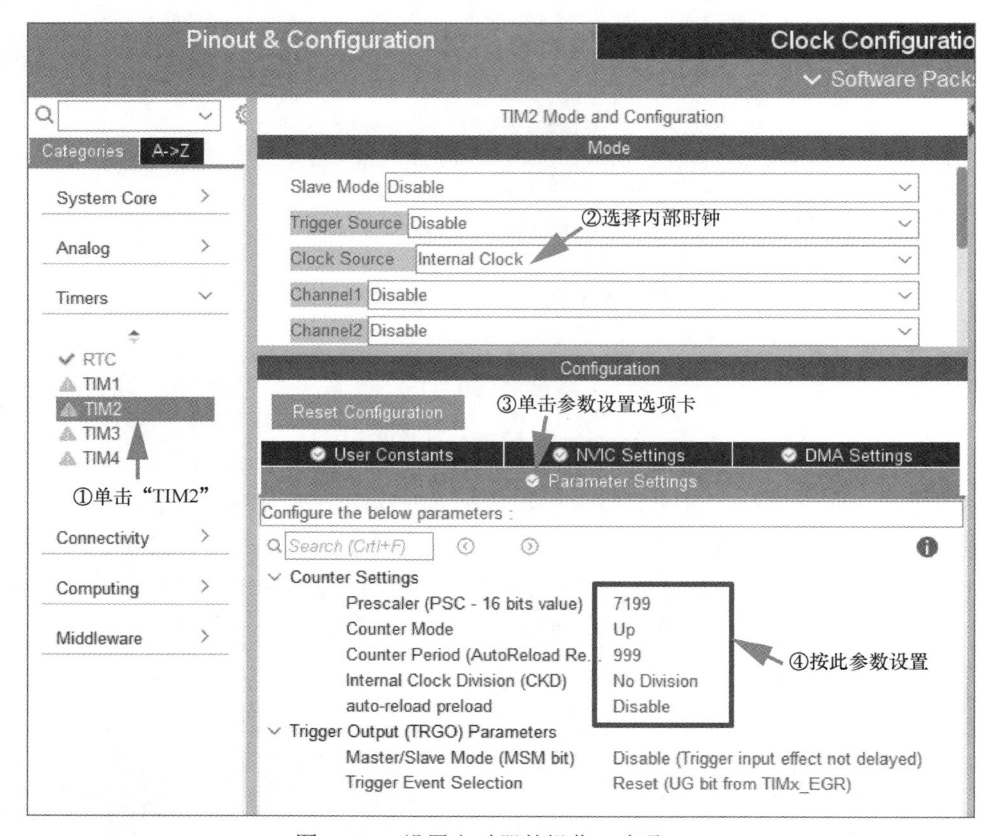

图 27.28　设置定时器的操作（步骤 1）

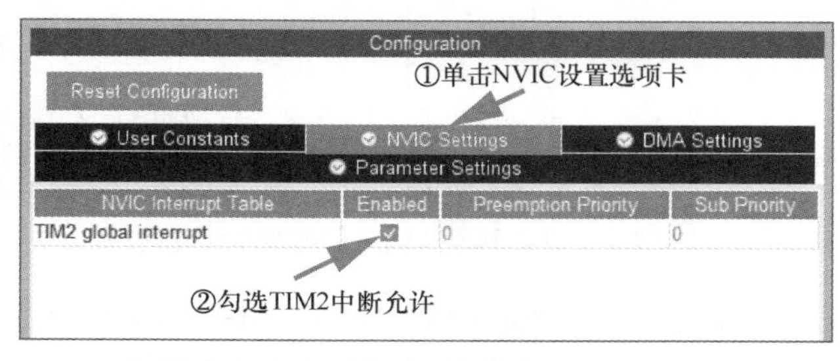

图 27.29　设置定时器的操作（步骤 2）

```
 8 #include "tim.h"
 9
10 void HAL_TIM_PeriodElapsedCallback(TIM_HandleTypeDef *htim) //定时器中断回调函数
11 {
12     if(htim ==&htim2)//判断是否是定时器2中断（定时器到时表示一组字符串接收结束）
13     {
14         USART3_RX_BUF[USART3_RX_STA&0X7FFF]=0;//添加结束符
15         USART3_RX_STA|=0x8000;//接收标志位最高位置1表示接收完成
16         __HAL_TIM_CLEAR_FLAG(&htim2,TIM_EVENTSOURCE_UPDATE );//清除TIM2更新中断标志
17         __HAL_TIM_DISABLE(&htim2);//关闭定时器2
18     }
19 }
```

图 27.30　定时器中断回调函数

接收处理程序完成后，要将 USART3 的接收与发送程序作为驱动底层，添加到 MQTT 协议库函数里面。如图 27.31 所示，mqtt 文件夹里的 transport.c 文件是底层接口文件，在文件的第 40 行是 MQTT 发送接口函数，MQTT 库函数的其他上层程序通过调用此函数最终向串口发送 MQTT 协议数据包。此函数原本是空的，我在其中添加了 USART3 的发送程序，这样 MQTT 上层函数就和底层串口驱动连接起来了。同理，第 49 行是 MQTT 接收接口函数，需要在此将 USART3 串口的数据传送到 MQTT 上层函数，进行解码处理。

```
39
40 int transport_sendPacketBuffer(int sock, unsigned char* buf, int buflen)
41 {
42
43     USART3_RX_STA = 0;
44     memset(USART3_RX_BUF,0,USART3_REC_LEN);
45     HAL_UART_Transmit(&huart3, buf, buflen,1000);//调用串口3发送HAL库函数
46     return buflen;
47 }
48
49 int transport_getdata(unsigned char* buf, int count)
50 {
51     memcpy(buf, (const char*)USART3_RX_BUF, count);
52     USART3_RX_STA = 0; //接收标志位清0
53     memset(USART3_RX_BUF,0,USART3_REC_LEN);//缓存清0
54     return count;
55 }
```

图 27.31　MQTT 收发底层接口函数

然后打开 esp8266.c 文件，这里面没有调用 MQTT 协议库函数，只有连接无线路由器和 TCP 服务器的 Wi-Fi 模块层的联网操作程序。如图 27.32 所示，第 8 行的函数是 Wi-Fi 模块发送数据的底层函数，函数内部通过第 13 行的专用 printf 函数发送 AT 指令，再通过第 14～29 行的程序判断 Wi-Fi 模块回复的数据。

```
 6 #include "esp8266.h"
 7
 8 uint8_t esp8266_send_cmd(char *cmd, char *ack, uint16_t waittime) //ESP8266发送指令
 9 {
10     uint8_t res = 0;
11     USART3_RX_STA = 0;
12     memset(USART3_RX_BUF,0,USART3_REC_LEN); //将串口3的缓存空间清0
13     WIFI_printf("%s\r\n", cmd); //调用Wi-Fi模块专用的发送函数
14     if(waittime) //需要等待应答
15     {
16         while(--waittime) //等待倒计时
17         {
18             HAL_Delay(10);//HAL库延时函数
19             if(USART3_RX_STA&0x8000) //接收到期待的应答结果
20             {
21                 if(esp8266_check_cmd((uint8_t *)ack))
22                 {
23                     printf("回复信息:%s\r\n",(uint8_t *)ack);//反馈应答信息
24                     break; //得到有效数据
25                 }
26                 USART3_RX_STA=0; //串口3标志位清0
27             }
28         }
29         if(waittime==0)res=1;
30     }
31     return res;
32 }
```

图 27.32　esp8266.c 文件的内容（片段 1）

如图 27.33 所示，第 34 行是判断串口数据的函数。此函数在第 21 行被调用，用于判断是否收到数据，收到后则用第 23 行的 printf 函数在超级终端上显示数据。如图 27.34 所示，第 60 行是 Wi-Fi 模块用 TCP 连接云服务器的函数，在应用程序中可以直接调用此函数，函数内容是按 TCP 连接要求发送 AT 指令，并判断 Wi-Fi 模块是否回复“OK”，在超级终端上显示出每一步的执行状态。如图 27.35 所示，第 170 行是 Wi-Fi 模块连接无线路由器的函数，函数内容是按顺序发送连接 AP 的 AT 指令。在应用程序中可直接调用此函数，但由于 Wi-Fi 模块具有自动连接 AP 功能，所以请视情况选择是否使用。如图 27.36 所示，第 186 行是 Wi-Fi 模块通过 TCP 连接云服务器的函数，在应用程序中可调用此函数。在单片机上电时需要依次调用以上 3 个函数，如果 TCP 连接成功，esp8266.c 文件的 AT 指令操作就完成了，接下来是与云平台的 MQTT 协议通信。

```
33
34 uint8_t* esp8266_check_cmd(uint8_t *str) //ESP8266检查指令（底层函数）
35 {
36     char *strx=0;
37     if(USART3_RX_STA&0X8000) //接收到一次数据
38     {
39         USART3_RX_BUF[USART3_RX_STA&0X7FFF] = 0; //添加结束符
40         printf("%s\r\n",(char*)USART3_RX_BUF);
41         strx=strstr((const char*)USART3_RX_BUF,(const char*)str);
42     }
43     return (uint8_t*)strx;
44 }
```

图 27.33　esp8266.c 文件的内容（片段 2）

```
60 uint8_t esp8266_Connect_IOTServer(void) //ESP8266连接到物联网平台服务器
61 {
62 //状态检测
63     printf("准备配置模块\r\n");
64     HAL_Delay(100);
65     esp8266_send_cmd("AT","OK",50);
66     printf("准备退出透传模式\n");
67     if(esp8266_quit_trans())
68     {
69         printf("退出透传模式失败，准备重启\r\n");
70         return 6;
71     }else printf("退出透传模式成功\r\n");
72
73     printf("准备关闭回显\r\n");
74     if(esp8266_send_cmd("ATE0","OK",50))
75     {
76         printf("关闭回显失败准备重启\r\n");
77         return 1;
78     }else printf("关闭回显成功\r\n");
79
80     printf("查询模块是否在线\r\n");
81     if(esp8266_send_cmd("AT","OK",50))
82     {
83         printf("模块不在线准备重启\r\n");
84         return 1;
85     }else printf("设置查询在线成功\r\n");
86
```

图 27.34　esp8266.c 文件的内容（片段 3）

```
170⊖uint8_t esp8266_Connect_AP() //ESP8266连接AP设备（无线路由器）
171 {
172     uint8_t i=10;
173     char *p = (char*)malloc(50);//分配存储空间的指针
174 
175     sprintf((char*)p,"AT+CWJAP=\"%s\",\"%s\"",SSID,PASS);//发送连接AT指令
176     while(esp8266_send_cmd(p,"WIFI GOT IP",1000) && i)//循环判断等待连接AP的结果
177     {
178         printf("链接AP失败，尝试重新连接\r\n"); //连接失败的反馈信息
179         i--;
180     }
181     free(p);//释放分配的空间和指针
182     if(i) return 0;//执行成功返回0
183     else return 1;//执行失败返回1
184 }
```

图 27.35　esp8266.c 文件的内容（片段 4）

```
186⊖uint8_t esp8266_Connect_Server() //ESP8266连接到服务器
187 {
188     uint8_t i=10;
189     char *p = (char*)malloc(50);//分配存储空间的指针
190     sprintf((char*)p,"AT+CIPSTART=\"TCP\",\"%s\",\%s",IOT_DOMAIN_NAME,IOT_PORTNUM);
191     while(esp8266_send_cmd(p,"CONNECT",1000) && i)
192     {
193         printf("链接服务器失败，尝试重新连接\r\n");
194         i--;
195     }
196     free(p);//释放分配的空间和指针
197     if(i)return 0;//执行成功返回0
198     else return 1;//执行失败返回1
199 }
```

图 27.36　esp8266.c 文件的内容（片段 5）

```
 6 #include "iot.h"
 7 #include "../hmac/utils_hmac.h"
 8 
 9 uint16_t buflen=200;
10 unsigned char buf[200];
11 
12 char ClientID[128];
13 uint8_t ClientID_len;
14 
15 char Username[128];
16 uint8_t Username_len;
17 
18 char Password[128];
19 uint8_t Password_len;
20 
```

图 27.37　iot.c 文件的内容（片段 1）

与云平台的通信由 iot.c 文件负责。如图 27.37 所示，文件的第 9～19 行定义了三元组信息编解码处理时需要的缓存数组。如图 27.38 所示，第 21 行是云平台连接函数，函数内容是通过调用 MQTT 协议库函数向云平台发送连接请求和加密的三元组信息。其中第 27～40 行是对三元组信息的加密，第 39 行调用了 hmac 文件夹里的加密库函数。如图 27.39 所示，第 47～55 行将处理好的三元组数据发送到云平台。其中第 54 行调用了 mqtt 文件夹里的 MQTT 协议库函数，将所有数据转换成最终报文。第 55 行调用 transport.c 文件里的发送函数，从串口 3 发出数据。从第 57 行开始是等待云平台的回复数据判断程序，不必多讲。如图 27.40 所示，第 75 行是发送心跳包的函数，其中第 78 行调用了心跳包请求库函数，生成心跳包的最终报文。第 79 行将生成的报文从串口 3 发送给云平台。如图 27.41 所示，第 84 行是主题订阅的函数，第 88～91 行是生成报文和串口发送程序，第 93～104 行是等待云平台回复数据的判断程序。如图 27.42 所示，第 109 行是主题发布的函数，其中原理大同小异。以上这些函数内容都很完善，不用追究每行程序的作用，直接调用它们即可。

```
21⊕uint8_t IOT_connect()
22 {
23     uint16_t a;
24     uint32_t len;
25     char temp[128];
26     printf("开始连接云端服务器\r\n");
27     MQTTPacket_connectData data = MQTTPacket_connectData_initializer;//配置部分可变头部的值
28     buflen = sizeof(buf);
29     memset(buf,0,buflen);
30     memset(ClientID,0,128);//客户端ID的缓冲区全部清0
31     sprintf(ClientID,"%s|securemode=3,signmethod=hmacsha1|",DEVICENAME);//构建客户端ID，并存入缓冲区
32     memset(Username,0,128);//用户名的缓冲区全部清0
33     sprintf(Username,"%s&%s",DEVICENAME,PRODUCTKEY);//构建用户名，并存入缓冲区
34
35     Username_len = strlen(Username);
36
37     memset(temp,0,128);//临时缓冲区全部清零
38     sprintf(temp,"clientId%sdeviceName%sproductKey%s",DEVICENAME,DEVICENAME,PRODUCTKEY);//构建加密时的明文
39     utils_hmac_sha1(temp,strlen(temp),Password,DEVICESECRE,DEVICESECRE_LEN);//以DeviceSecret为密钥对temp中的明文
40     Password_len = strlen(Password);//计算用户名的长度
```

图 27.38　iot.c 文件的内容（片段 2）

```
42     printf("ClientId:%s\r\n",ClientID);
43     printf("Username:%s\r\n",Username);
44     printf("Password:%s\r\n",Password);
45
46     //【重要参数设置】可修改版本号、保活时间
47     data.MQTTVersion = MQTTVERSION; //MQTT协议版本号
48     data.clientID.cstring = ClientID; //客户端标识
49     data.keepAliveInterval = KEEPALIVEINTERVAL; //保活计时器，定义了服务器收到客户端消息的最大时间间隔，单位是s
50     data.cleansession = 1; //该标志置1，服务器必须丢弃之前保持的客户端的信息，将该连接视为"不存在"
51     data.username.cstring = Username; //用户名 DeviceName&ProductKey
52     data.password.cstring = Password; //密码，工具生成
53
54     len = MQTTSerialize_connect(buf, buflen, &data);//构造连接的报文
55     transport_sendPacketBuffer(0,buf, len);//发送连接请求
56
57     unsigned char sessionPresent, connack_rc;
58     a=0;
59     while(MQTTPacket_read(buf, buflen, transport_getdata) != CONNACK || a>1000)//等待回复
60     {
61         HAL_Delay(10);//必要的延时等待
62         a++;//超时计数加1
63     }
64     if(a>1000)NVIC_SystemReset();//当计数超时，则复位单片机
```

图 27.39　iot.c 文件的内容（片段 3）

```
75⊕void IOT_ping(void)//发送心跳包PING（保持与云服务器的连接）
76 {
77     uint32_t len;
78     len = MQTTSerialize_pingreq(buf, buflen); //计算数据长度
79     transport_sendPacketBuffer(0, buf, len); //发送数据
80     HAL_Delay(200);//必要的延时等待
81     printf("发送心跳包Ping... ");
82 }
```

图 27.40　iot.c 文件的内容（片段 4）

```
84⊕uint8_t IOT_subscribe(void)//subscribe主题订阅（订阅成功后才能接收订阅消息）
85 {
86     uint32_t len;
87     int req_qos = TOPIC_QOS;
88     MQTTString topicString = MQTTString_initializer;//定义Topic结构体并初始化
89     topicString.cstring = TOPIC_SUBSCRIBE;
90     len = MQTTSerialize_subscribe(buf, buflen, 0, MSGID, 1, &topicString, &req_qos);/
91     transport_sendPacketBuffer(0, buf, len);
92     HAL_Delay(100);//必要的延时等待
93     if(MQTTPacket_read(buf, buflen, transport_getdata) == SUBACK) //等待订阅回复
94     {
95         unsigned short submsgid;
96         int subcount;
97         int granted_qos;
98         MQTTDeserialize_suback(&submsgid, 1, &subcount, &granted_qos, buf, buflen);//
99         if(granted_qos != 0) //QoS不为0表示订阅成功
100        {
101            printf("订阅成功 GrantedQoS=%d\r\n", granted_qos);
102            return 0; //订阅成功
103        }
104    }
105    printf("订阅失败\r\n");
106    return 1; //订阅失败
107 }
```

图 27.41　iot.c 文件的内容（片段 5）

```
109⊖uint8_t IOT_publish(char* payload)//publish主题发布（参数是发布信息内容，用双引号包含）
110 {
111     uint32_t len;
112     MQTTString topicString = MQTTString_initializer;//定义Topic结构体并初始化
113     topicString.cstring = TOPIC_PUBLISH;
114     int payloadlen = strlen(payload);//用函数计算发布信息内容的长度
115     printf("发布信息：%.*s\r\n", payloadlen, payload);
116     //将要发送的信息payload通过MQTTSerialize_publish编码后用transport_sendPacketBuffer发送给云服务器
117     len = MQTTSerialize_publish(buf, buflen, 0, 0, 0, 0, topicString,
118                                 (unsigned char*)payload, payloadlen);//发布数据编码
119     transport_sendPacketBuffer(0, buf, len); //发送编码好的最终数据
120     HAL_Delay(100);//必要的延时等待
121     return 1;
122 }
```

图 27.42　iot.c 文件的内容（片段 6）

27.4　应用程序原理分析

以上函数都是驱动程序的内容，是达成应用效果的素材。最终我们还是要在 main.c 文件里编写应用程序，通过调用各种库函数和驱动程序，达到最终的实验效果。如图 27.43 所示，打开 main.c 文件，在第 40～44 行添加了云平台相关的库文件路径。然后进入主函数，如图 27.44 所示，第 106～111 行定义了数据处理程序中需要用到的变量和指针。如图 27.45 所示，在主循环之前的第 145～150 行调用了 esp8266.c 文件里的函数，按顺序连接 AP、TCP 和云平台。此处使用 Wi-Fi 模块自动连接路由器功能，所以屏蔽了第 145 行的程序。进入主循环程序部分，如图 27.46 所示，第 161～181 行是保持设备在线的心跳包处理程序。每隔 10s 左右自动发送心跳包并判断心跳是否成功。如果连续发送 20 次都心跳失败则重新连接云平台。

```
23⊖/* Private includes ----------------------------------
24 /* USER CODE BEGIN Includes */
25 #include "../../icode/led/led.h"
26 #include "../../icode/key/key.h"
27 #include "../../icode/delay/delay.h"
28 #include "../../icode/buzzer/buzzer.h"
29 #include "../../icode/relay/relay.h"
30 #include "../inc/retarget.h"//用于printf函数串口重映射
31 #include "../../icode/usart/usart.h"
32 #include "../../icode/adc/adc.h"
33 #include "../../icode/rtc/rtc.h"
34 #include "../../icode/dht11/dht11.h"
35 #include "../../icode/w25q128/w25qxx.h"
36 #include "../../icode/rs485/rs485.h"
37 #include "../../icode/can/can1.h"
38 #include "../../icode/bt/bt.h"
39 #include "../../icode/wifi/wifi.h"
40 #include "../../icode/aliyun/esp8266/esp8266.h"
41 #include "../../icode/aliyun/mqtt/MQTTPacket.h"
42 #include "../../icode/aliyun/mqtt/transport.h"
43 #include "../../icode/aliyun/iot/iot.h"
44 #include "../../icode/tim/tim.h"
45 /* USER CODE END Includes */
```

图 27.43　main.c 文件的内容（片段 1）

第 183～246 行是接收云平台发布消息的程序部分。如图 27.47 所示，第 183 行判断接收完成标志位，第 185 行判断接收的第 1 个字节（固定报头）的高 4 位，第 186 行如果报文类型是宏定义“PUBLISH”，即实际数值是 3，则执行第 188～196 行的发布数据解码的库函数，由于这个函数的参数太多，我把它们分行排列。每个参数都是解码后得出来的信息内容。比如 payloadin 是消息的内容，receiveTopic 是订阅主题的地址。第 198～200 行在超级终端上分别显示出主题地址、消息内容、QoS 值。如图 27.48 所示，第 203～227 行判断消息内容是不是预先设定的控制关键字，如果是，则执行其中的内容，开关 LED 和继电器。如图 27.49 所示，第 232～244 行判断发布消息之外的其他报文类型，我将它们空置了，你可以按需要插入相关的处理程序。最后第 245 行将串口标志位清 0，准备下一次接收。如图 27.50 所示，第 248～264 行是按键处理程序部分，按下 KEY1 按键重新连接云平台并订阅主题，按下 KEY2 按键手动发布消息。到此，所有程序原理就讲完了。

```
103 int main(void)
104 {
105   /* USER CODE BEGIN 1 */
106     uint16_t a=0,b=0;
107     int t,qos,payloadinlen; //为下面即将解析的消息定义所需变量
108     unsigned char dup,retained;
109     unsigned short msgid;
110     unsigned char* payloadin;
111     MQTTString receiveTopic;
112   /* USER CODE END 1 */
```

图 27.44　main.c 文件的内容（片段 2）

```
144
145 //   while(esp8266_Connect_AP());//连接AP无线路由器热点（热点参数在esp8266.h文件内。Wi-Fi模块已保存热点时可屏蔽）
146   while(esp8266_Connect_IOTServer());//AT指令连接TCP连接云服务器（IP和端口参数在esp8266.h文件内修改设置）
147   while(IOT_connect());//用MQTT协议+三元组信息连接阿里云物联网平台（三元组参数在iot.h文件内修改设置）
148   printf("订阅云服务器\r\n");
149   HAL_Delay(100);//等待
150   IOT_subscribe();//主题订阅（订阅成功后才能接收订阅消息）
151   a=0xFFF0; //强制发送心跳包的计数溢出，立即重发心跳包
152   LED_1(0);//LED状态初始化 关
153   LED_2(0);
154   /* USER CODE END 2 */
155
```

图 27.45　main.c 文件的内容（片段 3）

```
158   while (1)
159   {
160 //循环发送心跳包，以保持设备在线
161       HAL_Delay(10);//主循环的间隔延时（防止刷新过快）
162       a++;//计算加1
163       if(a>1000){ //每1000×10ms 延时发送一次Ping心跳包（保持与云服务器的连接）
164           a=0;//计算标志清0
165           IOT_ping();//发送Ping心跳包
166           if(MQTTPacket_read(buf, buflen, transport_getdata)==PINGRESP){//判断心跳包是否回复确认
167               printf("心跳成功\r\n"); //回复0xD0，0x00时表示心跳成功
168           }else {
169               printf("心跳失败\r\n");//无回复表示失败
170               BUZZER_SOLO1();//蜂鸣器输出单音（提示心跳失败）
171               a=0xFFF0; //强制发送心跳包的计数溢出，立即重发心跳包
172               b++;//重启计数加1
173               if(b>20) //如果快速发送心跳包20次后无回复，则复位 Wi-Fi 模块重新连接
174               {
175                   while(esp8266_Connect_IOTServer());//AT指令连接TCP连接云服务器（IP和端口参数在esp8266.h文件内修改设置）
176                   while(IOT_connect());//用MQTT协议+三元组信息连接阿里云物联网平台（三元组参数在iot.h文件内修改设置）
177                   a=0;b=0;//计算标志清0
178               }
179           }
180           USART3_RX_STA = 0;//串口3接收标志位清0
181   }
```

图 27.46　main.c 文件的内容（片段 4）

```
182 //接收云端的订阅消息
183         if(USART3_RX_STA&0x8000) //判断云服务器发布的消息
184         {
185             switch (USART3_RX_BUF[0]/16){//判断接收到的报文类型
186               case PUBLISH:
187                   BUZZER_SOLO1();//蜂鸣器输出单音
188                   t = MQTTDeserialize_publish( //对接收的MQTT原始数据进行解码(返回1表示成功，其他值表示错误)
189                         &dup, //【得出】重发标志位(0首发，1早前报文的重发)
190                         &qos, //【得出】服务质量等级(0最多分发一次，1至少分发一次，2只分发一次)
191                         &retained, //【得出】保留位参数
192                         &msgid, //【得出】消息ID
193                         &receiveTopic, //【得出】订阅主题地址
194                         &payloadin, //【得出】消息内容
195                         &payloadinlen, //【得出】消息长度
196                         USART3_RX_BUF, USART3_RX_STA&0x7FFF); //【输入】原始数据缓存(数组+数量)
197                   if(t){//如果数据正确
198                     printf("接收到主题:%.*s  ", receiveTopic.lenstring.len, receiveTopic.lenstring.data);
199                     printf("消息内容:%.*s  ", payloadinlen, payloadin);//显示消息内容的字符串
200                     printf("QoS:%d\r\n", qos);//显示接收QoS
201                     USART3_RX_STA = 0;//标志位清0
202                     //数据控制开发板的程序
203                     if(strstr((const char*)payloadin,(const char*)"LED1 ON"))//比对信息内容是不是"LED1 ON"
204                     {
205                         LED_1(1);
206                         IOT_publish("LED1 ON OK!");//publish主题发布(发送到云平台)
207                     }else if(strstr((const char*)payloadin,(const char*)"LED1 OFF"))//同上
```

图 27.47　main.c 文件的内容（片段 5）

```
202     //数据控制开发板的程序
203     if(strstr((const char*)payloadin,(const char*)"LED1 ON"))//比对信息内容是不是"LED1 ON"
204     {
205         LED_1(1);
206         IOT_publish("LED1 ON OK!");//publish主题发布(发送到云平台)
207     }else if(strstr((const char*)payloadin,(const char*)"LED1 OFF"))//同上
208     {
209         LED_1(0);
210         IOT_publish("LED1 OFF OK!");//publish主题发布(发送到云平台)
211     }else if(strstr((const char*)payloadin,(const char*)"LED2 ON"))//同上
212     {
213         LED_2(1);
214         IOT_publish("LED2 ON OK!");//publish主题发布(发送到云平台)
215     }else if(strstr((const char*)payloadin,(const char*)"LED2 OFF"))//同上
216     {
217         LED_2(0);
218         IOT_publish("LED2 OFF OK!");//publish主题发布(发送到云平台)
219     }else if(strstr((const char*)payloadin,(const char*)"RELAY1 ON"))//同上
220     {
221         RELAY_1(1);
222         IOT_publish("RELAY1 ON OK!");//publish主题发布(发送到云平台)
223     }else if(strstr((const char*)payloadin,(const char*)"RELAY1 OFF"))//同上
224     {
225         RELAY_1(0);
226         IOT_publish("RELAY1 OFF OK!");//publish主题发布(发送到云平台)
227     }
```

图 27.48　main.c 文件的内容（片段 6）

```
232                 case CONNACK: //连接报文确认
233                     //插入您的处理程序(也可空置)
234                     break;
235                 case SUBACK: //订阅请求报文确认
236                     //插入您的处理程序(也可空置)
237                     break;
238                 case UNSUBACK: //取消订阅报文确认
239                     //插入您的处理程序(也可空置)
240                     break;
241                 default:
242                     //冗余语句
243                     break;
244             }
245             USART3_RX_STA = 0;//串口3接收标志位清0
246         }
```

图 27.49　main.c 文件的内容（片段 7）

```
247 //按键操作
248         if(KEY_1())//按下KEY1判断（连接云服务器并订阅主题）
249         {
250             BUZZER_SOLO2();//提示音
251 //          while(esp8266_Connect_AP());//连接AP无线路由器热点（热点参数在esp8266.h。Wi-Fi模块已保存热点时
252             while(esp8266_Connect_IOTServer());//连接TCP连接云服务器（IP和端口参数在esp8266.h文件内修
253             while(IOT_connect());//用MQTT协议+三元组信息连接阿里云物联网平台（三元组参数在iot.h文件内修改设置）
254             printf("订阅云服务器\r\n");
255             IOT_subscribe();//主题订阅（订阅成功后才能接收订阅消息）
256             HAL_Delay(100);//等待
257         }
258 
259         if(KEY_2())//按下KEY2判断（向服务器发布信息）
260         {
261             BUZZER_SOLO2();//提示音
262             IOT_publish("TEST [illegible]");//publish主题发布（参数是发布信息内容，用双引号包含）
263             HAL_Delay(100);//等待
264         }
```

图 27.50　main.c 文件的内容（片段 8）

这里我把重点放在了对现有库函数的应用，而不是深究 MQTT 协议的原理、三元组信息的意义。但如果你的项目开发需要对物联网技术有更深入的理解，那么你就要花时间深入学习。本书作为入门学习的教程，无法讲得过于深刻，只能抛砖引玉，给大家提供基本思路和应用示例。

04

第 4 章

项目开发实践

- 第 28 步：物联网项目开发实例 1
- 第 29 步：物联网项目开发实例 2
- 第 30 步：物联网项目开发实例 3

第 28 步：物联网项目开发实例 1

接下来 3 步是项目开发实例。之前所讲的都是如何学习，每个人有自己喜欢的学习方法，即使是效率低下的方法也无所谓，全凭心情。但项目开发过程是专业化的生产工作，要对老板或客户负责，所以项目开发过程的规范化是必要的职业技能。对于个人而言，规范化的开发，可以减少不良个人习惯导致的不必要问题。最常见的问题是不认真标注程序注释信息，等到下次修改程序时发现自己都看不懂了。另外，规范化流程也有助于更有效地完成团队合作。需要说明，以下的规范化内容都是我根据自己的工作经验总结出来的，不具有权威性，由于公司标准、团队文化等差异，可能并不适用于所有环境。初学期间可以按我的规范化流程执行，未来再逐步优化。

我将以洋桃IoT开发板为现成的硬件平台，尽量将开发板上现有的功能利用起来，设计出一款带有物联网远程控制功能的自动控温设备。请大家重点关注开发流程及工作的先后顺序。如图 28.1 所示，我将把这 3 步内容分成 6 个部分讲解。第 1 部分是项目开始前的计划和准备。第 2 部分移植驱动程序，测试各功能正常可用。第 3 部分编写最基础的应用程序，只满足框架层面的使用要求。第 4 部分开发框架之下的细节设计，反复在开发板上调试以达到最佳效果。第 5 部分在功能完成后考虑异常情况的处理，这是体现设备安全性和稳定性的阶段。第 6 部分当程序完成后重新排版程序，认真添加注释，整理文件夹并最后存档。6 个部分循序渐进，完成一个项目的规范化开发。如图 28.2 所示，这一步先来完成前两个部分，讲解项目策划方法和开发的基本规范，以及管理项目文件夹的方法。在项目文件夹中创建工程，将各功能驱动程序移植到项目工程中，最后在主函数里编写一个简单的测试程序，测试各功能可以正常工作即可。

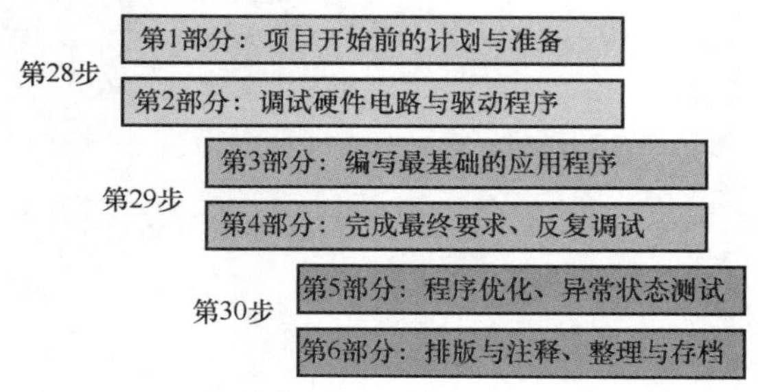

图 28.1　项目开发的 6 部分

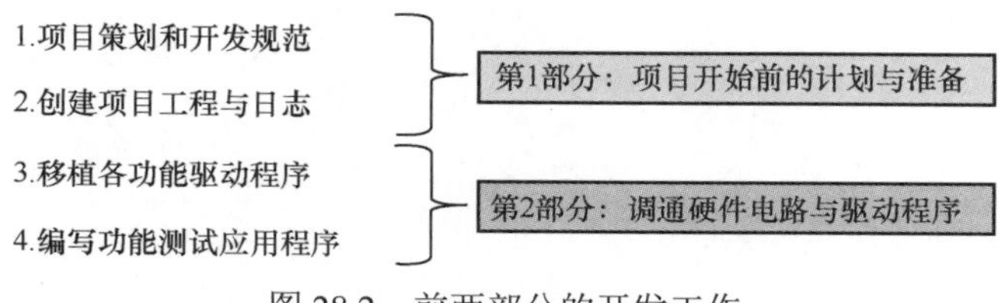

图 28.2　前两部分的开发工作

28.1　项目策划和开发规范

作为未来的嵌入式开发者，要先了解客户的真实需求，再通过单片机技术让客户满意。

其实客户背后还隐藏着客户的客户，也就是产品的使用者（最终付款的人），所以我们还要在隐晦的层面满足使用者的需求，这一点后面再讲。如图 28.3 所示，客户有两类，一类是别人，另一类是自己。无论哪一种都需要明确客户需求，写出项目要求文档。如果客户是别人，则需要他提供一份项目要求文档，文档中写明项目的功能、性能、成本、开发周期、验收标准等要求。一般情况下，客户没有学会单片机技术，只能提供他遇见的问题的相关信息，因为项目的最终目的是解决问题，有时候客户自己不知道怎么解决，只能想出一些开发要求，如果我们只按他的要求做了，结果还是不能解决他的问题。所以要与客户深入交流，掌握他遇见的问题是什么，然后再从问题出发，与客户商量出一套双方都满意的解决方案，依据解决方案来写项目要求文档。如果客户与开发者都是你自己，问题可能变得更复杂了。比如你自己想做一款智能手表放在网上卖，而你不知道大量的潜在用户需要什么功能和设计，即使你咨询过一些用户，也会因“幸存者偏差”导致判断错误。所以大公司才设立专业的市场调研部门，摸索潜在用户的需求。于是你需要模拟客户的身份做大量市场调研工作，而不是从技术角度出发做自己熟悉的功能，这是大多数初学者容易犯的毛病，要特别注意。你需要一人分饰两角，作为客户站在市场的角度，列出功能、性能、参数、成本的要求，不要考虑技术的实现难度，也不要考虑自己不会什么技术，这不是客户角色的工作。提出项目要求后再切换到开发者的角色，考虑如何满足客户角色的要求。当项目要求文档确定后，开发者还需要根据客户要求再写一份技术实现文档，从开发者的角度说明项目的具体实现方案。再将技术实现文档反馈给客户，确定是否有误解，是否有双方都没有考虑到的地方。当双方对两份文档都确定无误时，你就可以启动项目开发了。

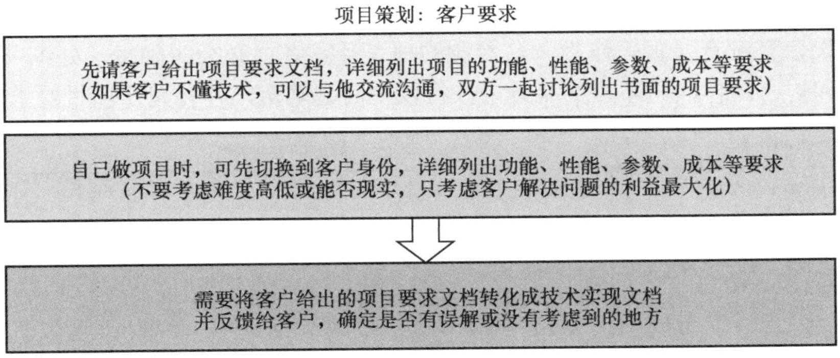

项目策划：客户要求

先请客户给出项目要求文档，详细列出项目的功能、性能、参数、成本等要求
（如果客户不懂技术，可以与他交流沟通，双方一起讨论列出书面的项目要求）

自己做项目时，可先切换到客户身份，详细列出功能、性能、参数、成本等要求
（不要考虑难度高低或能否现实，只考虑客户解决问题的利益最大化）

需要将客户给出的项目要求文档转化成技术实现文档
并反馈给客户，确定是否有误解或没有考虑到的地方

图 28.3　项目策划

回到我们要做的项目实例上，如图 28.4 所示，切换到客户角色后我列出了一份要求文档。这个项目要设计的是一款带有物联网功能的自动控温系统，产品的基础功能是能读出环境温/湿度，根据事先设置好的阈值控制加热灯的开关。附加功能是能实现物联网平台的远程控制和设置，还能实现手机蓝牙和开发板上的按键控制和设置，能通过光敏电阻反馈开关灯是否成功，出现异常时蜂鸣器能发出报警音。要求在洋桃 IoT 开发板上完成开发，周期是 15 天。验收标准是一套样机，并且需要提供电路原理图、源程序和 HEX 文件。开发者在收到项目要求时要先从中提取出硬件要求，同时策划实现功能的软/硬件方案。要求中的读出温/湿度值，可用 DHT11 传感器实现，开关加热灯可用继电器实现，手机蓝牙可

用 CC2541 模块实现，物联网平台可用 ESP8266 模块实现，还要用到蜂鸣器、光敏电阻、电位器、按键、USB 电源。最后检查一下这些功能是否都能在洋桃 IoT 开发板上完成。

项目策划:客户要求

- 产品名：带物联网功能的自动控温系统
- 主要功能：
  (1) 可读出环境的温/湿度值，在达到设置的温度时开关加热灯。
  (2) 在现场可用手机连接产品，在手机上显示温/湿度值，并设置开关灯的阈值。
  (3) 可在物联网平台上显示温/湿度值，设置开关灯阈值，可手动开关灯、开关机。
  (4) 在系统出现故障时蜂鸣器报警，并将报警事件上传云平台。
  (5) 可通过光敏电阻判断开关灯是否成功，可用电位器设置光敏电阻的灵敏度。
  (6) 可在产品上通过按键设置开机或待机。
  (7) 使用手机充电器转5V的电源供电。
- 所有功能在功能强大、性能优异的洋桃IoT开发板上实现。
- 生产成本：每套小于300元。开发周期：15天。
- 提供条理清晰、注释详细的源工程，提供用于生产批量产品的HEX文件，提供电路原理图。
- 提供一套用于测试和验收的样品。
- 开发报价：请按以上要求给出报价。

图 28.4　客户要求

接下来提取要求文档中缺失的信息。可能你在开发之前感觉一切都清楚明确，但在开发过程中会发现很多问题没有提前考虑。如图 28.5 所示，比如温/湿度取值的范围是多少？传感器最小分辨率有没有要求？是需要控制加热灯的亮度，还是只控制它的开和关？是否要做蓝牙控制的手机 App？是否有客户指定要用的云平台？怎样连接云平台？是用 Wi-Fi 模块加无线路由器，还是用 4G 网络模块？上传到云平台的间隔时间有没有要求？开关灯阈值设置有没有范围要求？蜂鸣器报警的音量和时长有没有要求？加热灯的光照强度是多少？产品功耗有没有要求？产品工作在怎样的环境，是长期通电工作，还是有人经常操作开关机？对稳定性、尺寸、外壳设计有没有要求？作为一名专业的项目开发者，必须明确每一处细节，这考验着大家的细心和耐心。再次与客户交流讨论，将以上问题确定，并补充在项目要求文档里。

提取要求的缺失	补足的要求细节
(1) 温/湿度取值范围是多少？有无最小分辨率要求？	0~50℃±2℃。
(2) 有无控制灯亮度的要求？	只控制加热灯的开和关。
(3) 是否需要开发蓝牙专用App？	不需要，临时使用蓝牙调试器。
(4) 是否有指定的云平台？	阿里云。
(5) Wi-Fi模块是否连接无线路由器？	Wi-Fi模块连接到定时的家用路由器。
(6) 上传云平台的间隔时间要求？	每5min左右上传一次，时间不要求准确。
(7) 设置开关灯阈值有无范围要求？	在现场测试时能用就行，由于不同型号的灯的亮度不同，需要用电位器设置。
(8) 蜂鸣器是否有音量要求？报警时长是多少？	没有要求，3min后自动停止，也可按KEY2按键手动停止。
(9) 光照强度范围是多少？	到现场调试即可，没有要求。
(10) 有无用电功耗要求？	没有功耗要求。
(11) 产品是长期工作还是经常开关？	长时间工作，需要考虑长时间工作过程中宕机时能自动恢复。
(12) 有无稳定性的要求？	温度控制开关灯要稳定工作，Wi-Fi、蓝牙等辅助功能不需要稳定。
(13) 有无产品尺寸与外壳的要求？	没有要求。

图 28.5　补足要求的细节

然后根据项目要求文档再写技术实现文档，这里建议大家使用思维导图软件，可以激发思考，帮助我们不断优化每个分支的细节。如图 28.6 所示，这里我列出大体框架供大家参考。项目硬件是洋桃 IoT 开发板，我们就以此为主题，扩展的第一层是产品作用分组，其中控制输出部分是控制加热灯，在开发板上由 1 路继电器实现，在单片机上使用 GPIO 进行控制；传感器部分包括 1 路温/湿度传感器和 1 路光敏电阻，温/湿度传感器用来采集环境温度，光敏电阻由单片机的 ADC 功能实现，用来判断加热灯开关状态；单片机部分给出单片机的型号和主要参数；板上操作部分包括 2 路按键、1 路电位器、2 路 LED，按键用于设置开关机和开关灯，电位器用于设置光敏电阻判断亮度的阈值，LED 指示工作状态；下载调试部分并不是产品功能，是为了方便开发而设计的，包括调试和下载；通信部分则是 Wi-Fi 模块和蓝牙模块的通信，分别连接到云平台和手机 App；安全设计部分是在系统工作异常时的报警，其中独立看门狗可以判断单片机程序是否正常运行，蜂鸣器可以在出现异常时发出报警；电源部分用 220V 转 5V 的电源供电。从技术层面重新整理整个系统，得到更利于实施的方案。

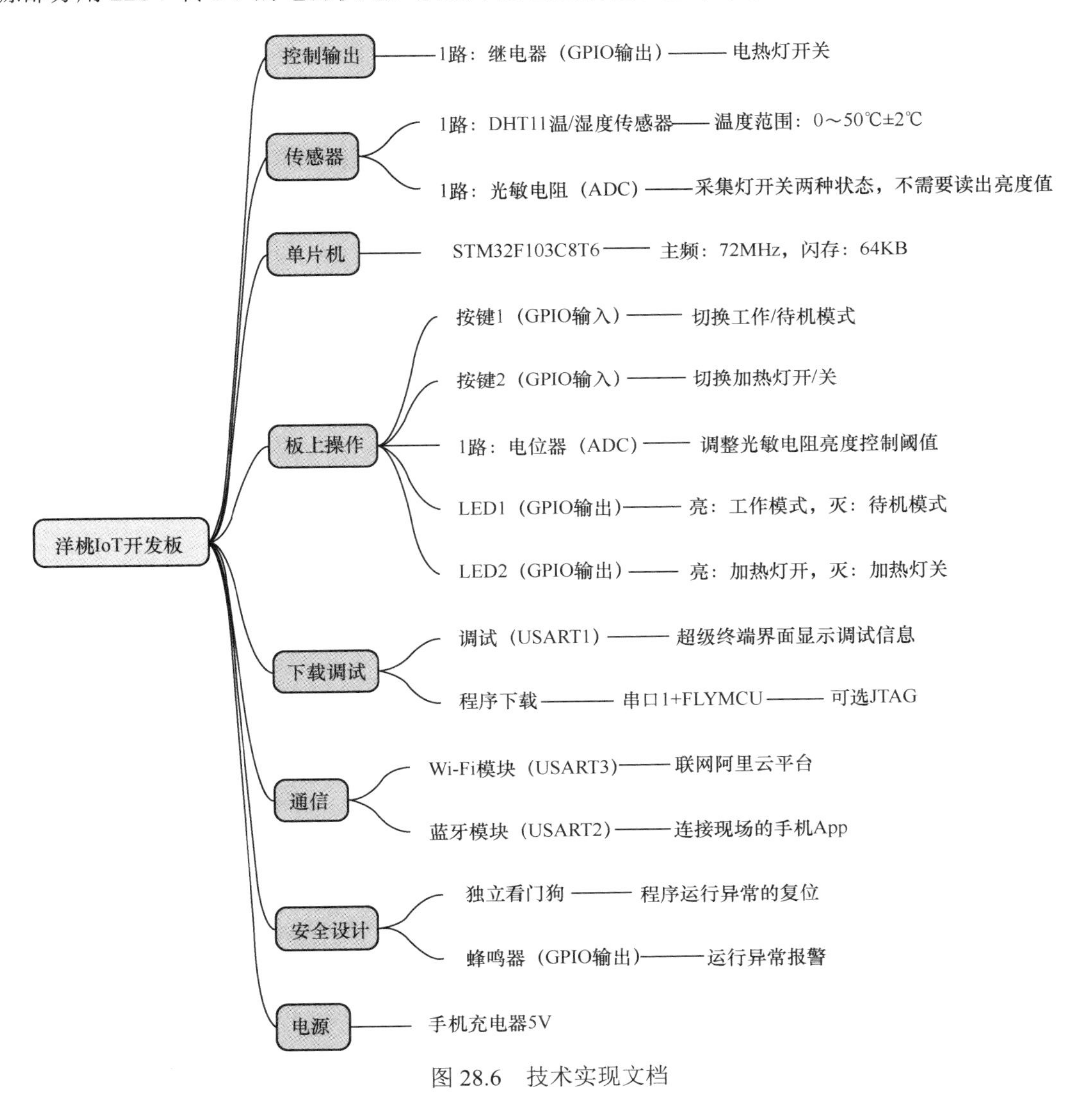

图 28.6　技术实现文档

再说一下开发规范，其实有很多开发规范可以介绍，但每个开发者所处的工作环境不同，我总结的开发规范并不适合所有人。所以我只列出 5 项基本规范，大家可以在实际开发中总结经验，使开发工作专业化、标准化。如图 28.7 所示，第 1 项是为每个开发阶段做全工程备份。目的是为程序开发过程留下历史记录，既可以防止误操作导致数据丢失，又可以在开发中通过历史版本回溯问题起源。如果每天的工作是有规律的，可以按天备份，否则按阶段备份。备份时可用 RAR 软件将文件压缩，在文件名里注明备份时间和阶段特征，方便后续查找。同时备份到本地和网盘，双保险。第 2 项先调通硬件再做应用层程序开发，在做正式应用的编程之前，要先做一个硬件测试程序，测试硬件功能是否正常。在后续开发过程中如果在一个问题上卡住，可以用测试程序排查硬件问题，大大提高开发效率。第 3 项是切换到产品使用者的角度来做测试，我们开发者在开发时肯定站在开发者角度思考问题，但当开发完成需要对成果进行验证测试时，就不能以开发者的角色参与了，开发者角色是需要回避的利益相关方。这时要假定自己是产品使用者（客户的客户），使用者角色需要客观地测试产品稳定性、可靠性、安全性，以操作是否人性化。只有回避开发者角色才能客观评价，找到不足和隐患。第 4 项是重视产品异常情况的纠错处理，重视产品长时间运行的稳定性。大多数单片机初学者做项目时的思维是"将就用"，只是简单测试一下，程序能用就行。这一习惯与入门教程有关，因为示例程序往往不会考虑实用性，作者为了方便讲解也不会添加复杂的纠错处理等程序，让初学者误以为程序开发只要能用就行，导致做出来的产品不稳定，用一段时间就问题百出。所以在开发的最后阶段需要认真考虑各种异常情况，在程序中加入异常情况的处理方法，同时还要解决产品长时间运行过程中可能遇到的问题，比如外部干扰、程序跑飞、器件损坏，想好在各种问题出现时的应对方法。不要等到产品大批量生产后才发现问题，那时的损失将无法估量。第 5 项是注重程序的结构关系和可读性，防止未来看不懂自己写的程序。有时项目完成几年后，客户又来找你升级产品，但时间太久你忘了项目的细节，如果备份的程序结构混乱，没有详细的注释信息，没有项目日志，那么你重新进入开发状态需要浪费很多时间。大家若想长期做项目就要有整理程序结构、详写注释信息、更新日志的好习惯。规范化地项目开发可以让你事半功倍，让你比别人更胜一筹。

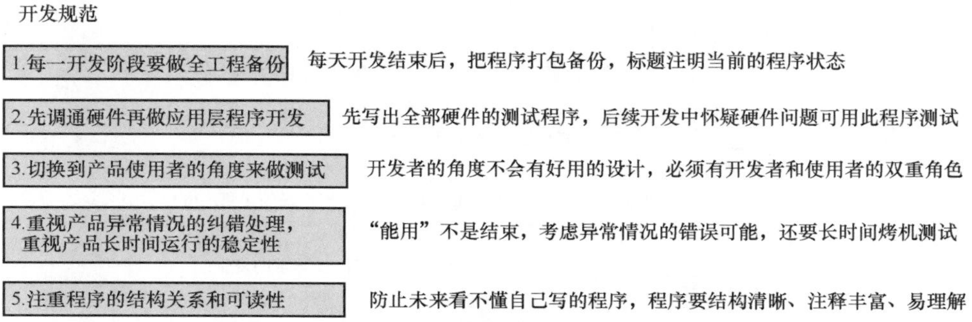

开发规范

1.每一开发阶段要做全工程备份	每天开发结束后，把程序打包备份，标题注明当前的程序状态
2.先调通硬件再做应用层程序开发	先写出全部硬件的测试程序，后续开发中怀疑硬件问题可用此程序测试
3.切换到产品使用者的角度来做测试	开发者的角度不会有好用的设计，必须有开发者和使用者的双重角色
4.重视产品异常情况的纠错处理，重视产品长时间运行的稳定性	"能用"不是结束，考虑异常情况的错误可能，还要长时间烤机测试
5.注重程序的结构关系和可读性	防止未来看不懂自己写的程序，程序要结构清晰、注释丰富、易理解

图 28.7　项目开发基本规范

28.2　创建项目工程与日志

做好了准备工作，下面创建项目专用的工程文件夹，并在其中添加 CubeIDE 工程。应该给每个项目都创建独立的文件夹，把所有项目相关内容都放在一个文件夹里管理。如图 28.8 所示，文件夹名称可使用项目序号，比如我起的名称是 YTP001，其中 YTP 是“洋桃项目”的缩写，001 是序号。本来序号后面还可以备注项目的类型、产品名或客户名称，但由于 CubeIDE 不支持中文路径，可在文件夹属性里添加备注信息，或者单独用 Word 文档备注。然后在项目文件夹里放入项目要求文档，再创建用于存放不同版本程序的文件夹，初始版本从 1.0 开始，所以文件夹名是 YTP001_V1.0，源程序有对外发布的版本更新时可再创建 YTP001_V1.1，这样每个对外发布的版本都有独立的备份。如果项目还要求设计电路板，那就再创建名称是 YTP001_PCB1.0 的文件夹。接下来要在 YTP001_V1.0 文件夹里创建内部开发版本的子文件夹。先在子文件夹里创建一个 Word 文档，用于记录开发日志，然后再找一个现有的示例程序复制到当前的子文件夹里。

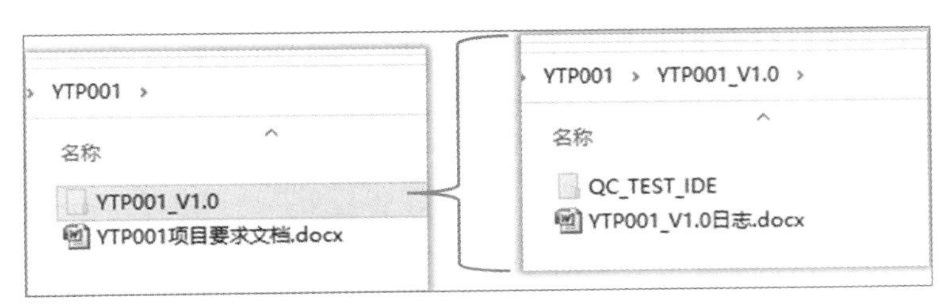

图 28.8　创建工程文件夹

注意，不是从头创建空白工程，手动输入程序。手敲程序只适合初学者练练手，增加些掌控感。项目开发是时间紧、任务重的高强度工作。即使你能保证 100%不出错，也会浪费时间，高效方法是借用现有示例程序。之前我让大家在学习过程中收集示例程序，验证可用后放入自己的素材库，现在就是素材库大显身手的时候。我们要从素材库中找到各项功能最接近项目要求的素材工程。如图 28.9 所示，比如洋桃 IoT 开发板的示例程序中含有项目要求功能的有很多，其中最不容易移植的是 Wi-Fi 模块连接阿里云的示例程序，里面有大量的驱动程序、MQTT 库函数，如果要把它都移植到空白工程中需要花很多时间，而且会产生错误和警报。这个程序最难移植，我们就直接把它当成模板，这样就能减少一半的工作量，还能提前完成 Wi-Fi 功能的开发。移植程序之前还要学会项目日志的编写。如图 28.10 所示，可以用 Word 文档或各种笔记软件写日志，日志中要注明日期、时间、当前版本号，写明每个阶段做了什么工作，必要时可添加资料链接、电路图和程序、数据手册截图。总之要让未来的自己（或交接工作的同事）能看懂。更重要的是养成写日志的习惯。

28.3　移植各功能驱动程序

现在开始移植工作，复制示例程序解压到当前项目的子文件夹，然后用 CubeIDE 打开工程。首先打开 main.c 文件，在第 1～13 行范围内的用户程序区编写一段说明文字，写出程序名、编写人、时间、硬件支持等信息。这样即使 CubeIDE 工程脱离了项目文件夹，我们也能知道工程信息。然后删除原工程中不需要的功能。打开 CubeMX，在单片机端口视图中将用不到的功能端口全部取消定义。在功能设置列表中逐一关闭不需要的功能，比如

CAN 总线、RTC 时钟、SPI2 总线。由于光敏电阻和电位器使用 ADC1 读出两个通道，所以关闭 ADC2 功能。完成后重新生成程序。再在工程文件树的 icode 文件夹里删除用不到的驱动程序文件夹，完成后重新编译工程。在控制台提示有 4 个错误，这是预料之中的，在开发过程中几乎每个阶段会有报错信息，大家不要紧张，要习惯出错，用平静的心态来解决问题。

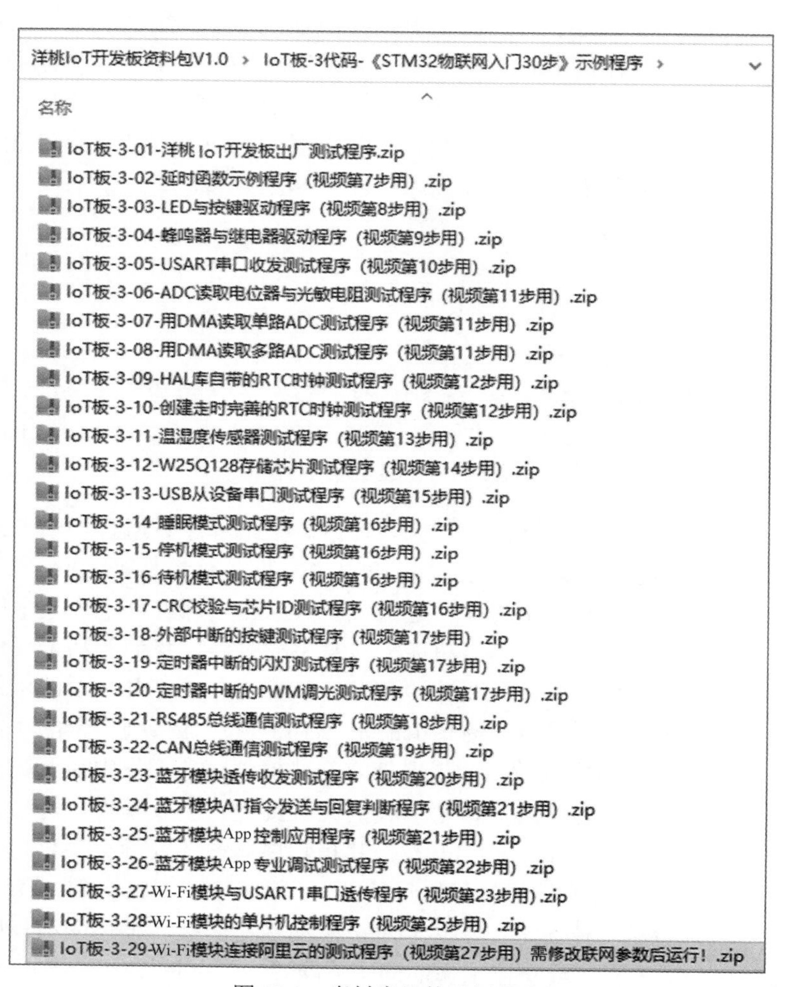

图 28.9　素材库里的示例程序

在控制台窗口中出错的信息会被标为淡橙色，用鼠标双击出错信息，在编程窗口中会显示出错误所在的行。可将错误信息复制到翻译软件读懂信息内容，再搜索有没有解决方法的文章。当前错误是编译器没有找到 RS485_RE_GPIO_Port 和 RS485_RE_Pin 这两个端口定义，错误出现在蓝牙模块的 bt.c 文件里。这是因为在洋桃 IoT 开发板上蓝牙模块与 RS485 共用一组串口，所以蓝牙模块的驱动程序会有 RS485 端口定义，而刚刚删除了 RS485 功能，所以报错。这里不使用蓝牙模块唤醒的函数，直接屏蔽第 14 行和第 16 行的程序。重新编译后又出现新问题，没有发现 main.c 文件里声明的库函数。是的，这些文件刚刚被删除了，所以要删除第 27、29、30、31 行的声明。重新编译后错误为 0，表示删除多余功能的操作成功。在编译时产生一些警告是正常的，只要没有错误即可。接下来开始添加原工程里没有的功能。添加时需要在 CubeMX 中设置参数，如果忘记了设置方法可以回看之前的章节。比如在 ADC 功能中设置成 DMA 读取 2 路 ADC 通道的参数，设置过程不赘述。如图 28.11 所示，打开 ADC 读取的示例程序，由于 CubeIDE 在同一时间只能打开一个工程，所以我用记事本打开.c 和.h 文件，复制其中需要的程序。

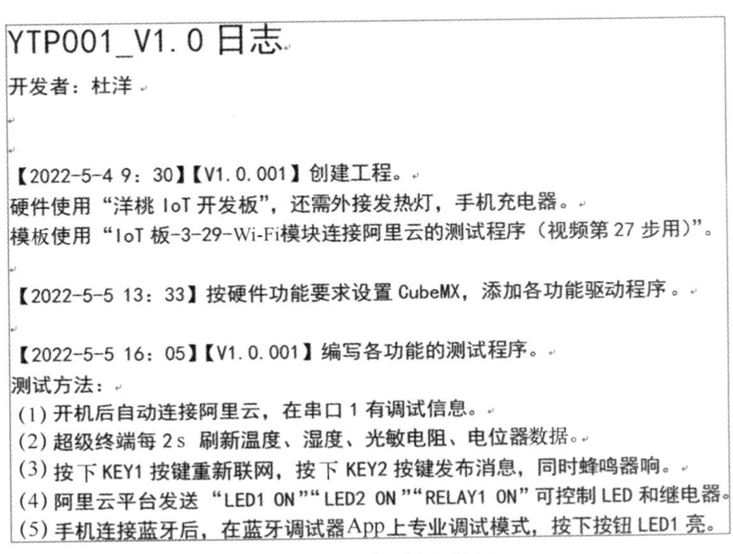

YTP001_V1.0 日志

开发者：杜洋

【2022-5-4 9：30】【V1.0.001】创建工程。
硬件使用“洋桃 IoT 开发板”，还需外接发热灯，手机充电器。
模板使用“IoT 板-3-29-Wi-Fi模块连接阿里云的测试程序（视频第 27 步用）”。

【2022-5-5 13：33】按硬件功能要求设置 CubeMX，添加各功能驱动程序。

【2022-5-5 16：05】【V1.0.001】编写各功能的测试程序。
测试方法：
(1) 开机后自动连接阿里云，在串口 1 有调试信息。
(2) 超级终端每 2 s 刷新温度、湿度、光敏电阻、电位器数据。
(3) 按下 KEY1 按键重新联网，按下 KEY2 按键发布消息，同时蜂鸣器响。
(4) 阿里云平台发送“LED1 ON”“LED2 ON”“RELAY1 ON”可控制 LED 和继电器。
(5) 手机连接蓝牙后，在蓝牙调试器App上专业调试模式，按下按钮 LED1 亮。

图 28.10 项目日志举例

可以按照第 11 步中的方法来复制、粘贴驱动程序和应用程序。很多初学者不理解为什么只讲移植驱动程序的方法而不讲驱动程序是怎么写出来的，这是因为项目开发的过程中就是要不断移植驱动程序，而不是从头写到尾，写出驱动程序不是初学期间要做的事，初学者没有能力也没有必要去编写驱动程序。

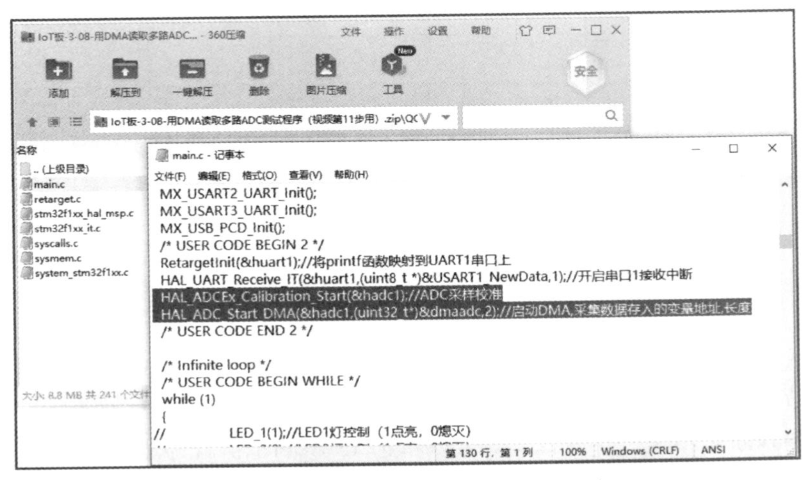

图 28.11 复制 ADC 示例程序中的程序

28.4 编写功能测试应用程序

回到工程上来，复制的内容包括驱动程序的.c 和.h 文件，然后在主函数中粘贴相关的应用层程序。如图 28.12 所示，在 main.c 文件开头加载各功能的库函数路径。如图 28.13 所示，在 main 函数开始处粘贴各功能用到的变量定义。如图 28.14 所示，在主循环之前粘贴各功能的初始化函数。目前阶段先不考虑初始化的顺序和执行效率，后续优化程序时会考虑这些问题。接下来在主循环部分粘贴各功能的应用程序。如图 28.15 所示，在原工程里主循环的循环周期由第 170 行的延时函数决定，所以在第 162～168 行添加了计数值 c，当循环 100 次时才在超级终端上更新一次温/湿度和 ADC 数据，这样的刷新时间是 1s 左右，防止刷新太快让人看不清楚。第 170～193 行是原有的云平台心跳包程序。如图 28.16 所示，第 195～209 行粘贴了蓝牙模块测试的应用程序，用于接收手机 App 控制 LED1 的数据包。这些程序都在之前的实验中验证过，直接粘贴就能正常运行。

```
17 /* Private includes ----------------------------------------
18 /* USER CODE BEGIN Includes */
19 #include "../../icode/led/led.h"
20 #include "../../icode/key/key.h"
21 #include "../../icode/delay/delay.h"
22 #include "../../icode/buzzer/buzzer.h"
23 #include "../../icode/relay/relay.h"
24 #include "../inc/retarget.h"//用于printf函数串口重映射
25 #include "../../icode/usart/usart.h"
26 #include "../../icode/adc/adc.h"
27 #include "../../icode/dht11/dht11.h"
28 #include "../../icode/bt/bt.h"
29 #include "../../icode/wifi/wifi.h"
30 #include "../../icode/aliyun/esp8266/esp8266.h"
31 #include "../../icode/aliyun/mqtt/MQTTPacket.h"
32 #include "../../icode/aliyun/mqtt/transport.h"
33 #include "../../icode/aliyun/iot/iot.h"
34 #include "../../icode/tim/tim.h"
35 /* USER CODE END Includes */
```

图 28.12 在 main.c 文件中加载各功能的库函数路径

```
87 int main(void)
88 {
89   /* USER CODE BEGIN 1 */
90     uint16_t dmaadc[2];//用于多路ADC数据读取的暂时数组
91     uint8_t DHT11_BUF[2]={0};//用于存放DHT11数据
92     uint8_t buf[7] = {0xA5,0x00,0x01,0x3B,0x00,0xFF,0x5A};//蓝牙数组
93     uint16_t a=0,b=0,c=0;
94     int t,qos,payloadinlen; //为下面即将解析的消息定义所需变量
95     unsigned char dup,retained;
96     unsigned short msgid;
97     unsigned char* payloadin;
98     MQTTString receiveTopic;
99   /* USER CODE END 1 */
```

图 28.13 在 main 函数开始处定义变量

将工程重新编译并下载到开发板，在超级终端上观察效果。如图 28.17 所示，发现结果中遮挡光敏电阻和旋转电位器后 ADC 数值有相应变化，但温/湿度数据始终是 0。出现这种状况时首先判断是不是硬件有问题，可以将第 13 步的示例程序下载到开发板，观察超级终端是否有正常温/湿度显示。结果显示正常，说明问题出在程序移植上，可能新移植的两

个功能有冲突或干扰。根据我的经验，问题应该是中断处理程序对主程序产生了干扰。有朋友会问，为什么你能判断出来？我的回答是，遇见的问题多了自然就能判断。按我的推理，温/湿度读取程序应该被某个中断处理程序打断了。如图 28.18 所示，打开 dht11.c 文件，发现数据读取底层函数采用 CPU 微秒级延时函数。这个函数靠主程序循环产生延时，在循环期间如果有中断产生，延时会被拉长，导致数据读取错误。所以第一步要找出是哪个中断造成的干扰。如图 28.19 所示，在 CubeMX 界面中单击“NVIC”进入设置窗口，可以看到用户开启的中断允许有 DMA1、TIM2、USART1～3。这里面工作最频繁的是 DMA1 中断，它的嫌疑最大。于是我在主函数中屏蔽第 131～132 行 DMA 读取 ADC 的初始化程序。重新编译下载后，温/湿度数值正常显示，证明判断是正确的。解决这个问题的方法有很多，最彻底的方法是关掉 DMA 功能，使用程序直接读取 ADC 的数值，这样 DMA 中断关闭，干扰源消失。但有些情况不能关闭干扰源，我们就要转换思路，让程序在读取温/湿度时禁止 DMA 中断，读取结束后再允许 DMA 中断，这样既保护了读取过程，又不用永久关闭中断。如图 28.20 所示，在主循环程序的第 165 行禁止 DMA1 中断，第 166 行读取温/湿度数据，第 167 行允许 DMA1 中断。重新编译下载后问题得到解决。

```
125   /* USER CODE BEGIN 2 */
126 //串口初始化
127   RetargetInit(&huart1);//将printf函数映射到USART1串口上
128   HAL_UART_Receive_IT(&huart1,(uint8_t *)&SSART1_NewData,1);//开启串口1接收中断
129   printf("【【洋桃项目实例YTP001 V1.0.001】】\r\n");
130 //ADC+DMA初始化
131   HAL_ADCEx_Calibration_Start(&hadc1);//ADC采样校准
132   HAL_ADC_Start_DMA(&hadc1,(uint32_t*)&dmaadc,2);//启动DMA，采集数据存入的变量地址，长度
133 //蜂鸣器初始化
134   BUZZER_SOLO1();//蜂鸣器输出单音
135 //DHT11温/湿度传感器初始化
136   HAL_Delay(500);//毫秒级延时
137   DHT11_Init();//传感器芯片初始化
138   HAL_Delay(1500);//毫秒级延时
139   DHT11_ReadData(DHT11_BUF);//读出DHT11传感器数据（参数是存放数据的数组指针）
140 //蓝牙模块初始化
141   HAL_UART_Receive_IT(&huart2,(uint8_t *)&USART2_NewData,1); //开启串口2接收中断
142   RS485orBT = 0;////当RS485orBT标志位为1时是RS485模式，为0时是蓝牙模式
143 //Wi-Fi初始化
144   HAL_UART_Receive_IT(&huart3,(uint8_t *)&USART3_NewData,1); //再开启串口3接收中断
145   HAL_TIM_Base_Start_IT(&htim2);//开启定时器中断（必须开启才能进入中断处理回调函数）
146 //   while(esp8266_Connect_AP());//连接AP无线路由器热点（热点参数在esp8266.h文件内。Wi-Fi模块已保存热点时可屏蔽）
147   while(esp8266_Connect_IOTServer());//AT指令连接TCP连接云服务器（IP和端口参数在esp8266.h文件内修改设置）
148   while(IOT_connect());//用MQTT协议+三元组信息连接阿里云物联网平台（三元组参数在iot.h文件内修改设置）
149   printf("订阅云服务器\r\n");
150   HAL_Delay(100);//等待
151   IOT_subscribe();//主题订阅（订阅成功后才能接收订阅消息）
152   a=0xFFF0; //强制发送心跳包的计数溢出，立即重发心跳包
153 //LED初始化
154   LED_1(0);//LED状态初始化 关
155   LED_2(0);
156   /* USER CODE END 2 */
```

图 28.14　在 main.c 文件中粘贴各功能的初始化函数

最后再对板上所有功能做一个全面的测试。如图 28.21 所示，开机看看是否能心跳成功，遮挡光敏电阻，旋转电位器，加热 DHT11，观察超级终端的参数是否正常变化。如图 28.22 和图 28.23 所示，在阿里云物联网平台发送控制关键字，观察开发板上的继电器、LED 是否能被控制。如图 28.24 所示，再打开手机上的蓝牙调试器，运行之前创建的调试工程，看看按下按钮后核心板上的 LED1 是否会点亮。如果测试成功，硬件测试程序的编写就完成了。如图 28.25 所示，将程序备份，写明备份的阶段。如图 28.26 所示，打开项目日志，仔细写明测试方法。当开发中出现硬件问题时，可用备份的程序和日志中的测试方法来测试硬件。如果你很幸运，后续开发一切顺利，你可能会慢慢懒得备份和写日志。不过一旦

你在开发中遇见问题，你会感谢开发规范。祝你成为一名认真工作的开发者。

```
158   /* Infinite loop */
159   /* USER CODE BEGIN WHILE */
160   while (1)
161   {
162       c++;//计算加1
163       if(c>100){ //每100×10ms延时发送一次参数
164           c=0;
165           DHT11_ReadData(DHT11_BUF);//读出DHT11传感器数据（参数是存放数据的数组指针）
166           printf("湿度：%02d% 温度：%02d℃\r\n",DHT11_BUF[0],DHT11_BUF[1]);//显示日期时间
167           printf("ADC1=%04d  ADC2=%04d \r\n",dmaadc[0],dmaadc[1]);//向USART1串口发送字符串
168       }
169 //循环发送心跳包，以保持设备在线
170       HAL_Delay(10);//主循环的间隔延时（防止刷新过快）
171       a++;//计算加1
172       if(a>1000){ //每1000×10ms延时发送一次Ping心跳包（保保持与云服务器的连接）
173           a=0;//计算标志清0
174           IOT_ping();//发送Ping心跳包
175           if(MQTTPacket_read(buf, buflen, transport_getdata)==PINGRESP){//判断心跳包是否回复确认
176               printf("心跳成功\r\n"); //回复0xD0，0x00时表示心跳成功
177           }else {
```

图 28.15　在 main.c 文件中粘贴云平台心跳包程序并添加控制刷新时间的程序

```
194 //蓝牙接收控制LED1的程序
195       if(USART2_RX_STA&0x8000){//判断中断接收标志位（蓝牙模块BT，使用USART2）
196           if((USART2_RX_STA&0x7FFF) == 6      //判断接收数量6个
197                   && USART2_RX_BUF[0]==0xA5   //判断接收第1个数据是不是包头0xA5
198                   && USART2_RX_BUF[5]==       //判断接收第6个校验码是不是前4个数据之和
199                   (USART2_RX_BUF[1]+USART2_RX_BUF[2]+USART2_RX_BUF[3]+USART2_RX_BUF[4])%0x100)
200           {
201               if(USART2_RX_BUF[1]&0x01)    //判断逻辑值中最低位是1则点亮LED
202               {
203                   LED_1(1);//LED1控制
204               }else{                      //如果是0则关LED
205                   LED_1(0);//LED1控制
206               }
207           }
208           USART2_RX_STA=0;//标志位清0，准备下次接收
209       }
```

图 28.16　在 main.c 文件中粘贴蓝牙模块应用程序

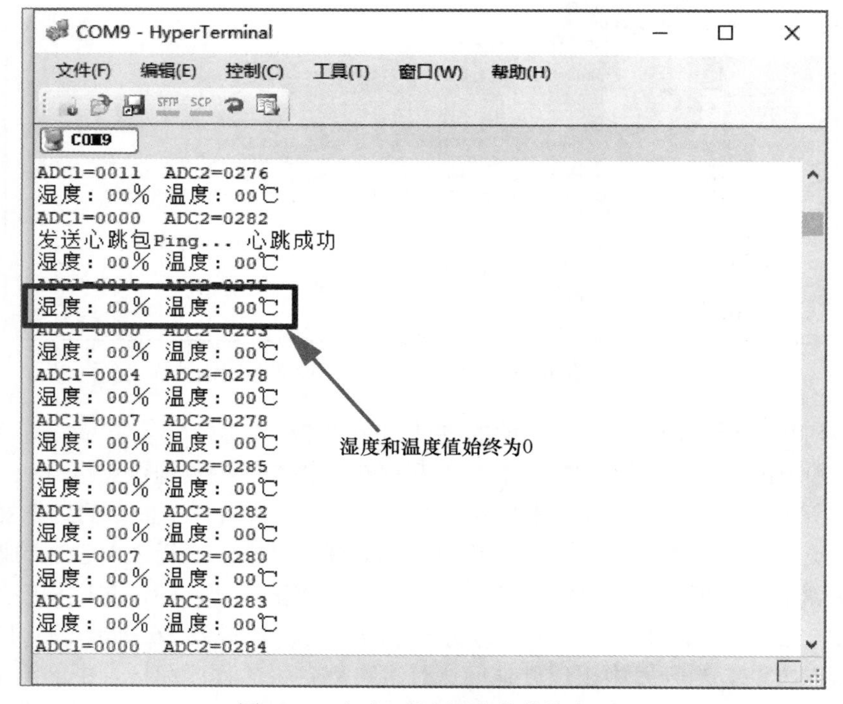

图 28.17　运行后温/湿度值始终为 0

```
70 uint8_t Dht11_ReadBit(void){ //从DHT11读取一个位  返回值：1/0
71     uint8_t retry=0;
72     while(HAL_GPIO_ReadPin(GPIOB,DHT11_DA_Pin)&&retry<100){//等待变为低电平
73         retry++;
74         delay_us(1);
75     }
76     retry=0;
77     while(!HAL_GPIO_ReadPin(GPIOB,DHT11_DA_Pin)&&retry<100){//等待变为高电平
78         retry++;
79         delay_us(1);
80     }
81     delay_us(40);//等待40μs   //用于判断高低电平，即数据1或0
82     if(HAL_GPIO_ReadPin(GPIOB,DHT11_DA_Pin))return 1; else return 0;
83 }
```

DHT11温/湿度传感器内部采用CPU延时

图 28.18　DHT11 驱动程序中的延时函数

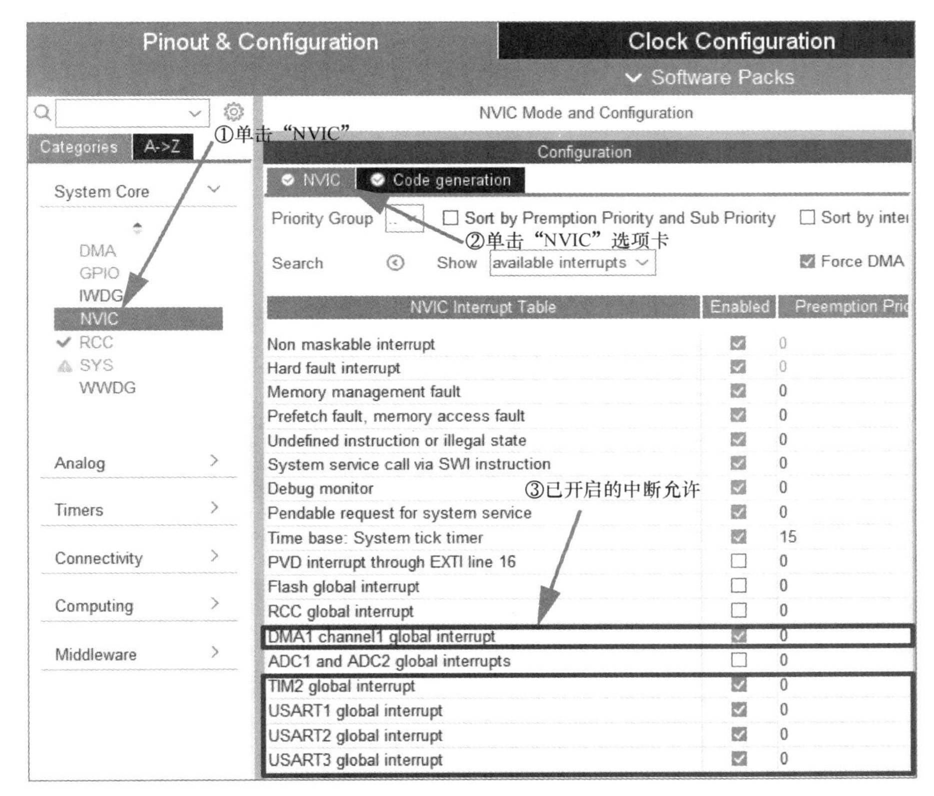

图 28.19　单片机开启的所有中断允许

```
160    while (1)
161    {
162        c++;//计算加1
163        if(c>10){ //每10×10ms延时发送一次参数
164            c=0;
165            HAL_NVIC_DisableIRQ(DMA1_Channel1_IRQn);//关DMA中断
166            DHT11_ReadData(DHT11_BUF);//读出DHT11传感器数据（参数是存放数据的数组指针）
167            HAL_NVIC_EnableIRQ(DMA1_Channel1_IRQn);// 开启DMA中断
168
169            printf("湿度：%02d% 温度：%02d℃\r\n",DHT11_BUF[0],DHT11_BUF[1]);//显示日期时间
170            printf("ADC1=%04d  ADC2=%04d \r\n",dmaadc[0],dmaadc[1]);//向USART1串口发送字符串
171        }
```

图 28.20　加入 DMA 开关的程序

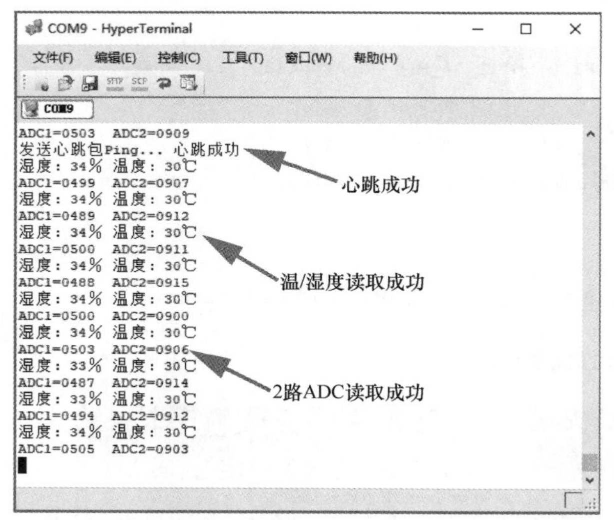

图 28.21　重新测试成功

图 28.22　在阿里云物联网平台发送控制关键字

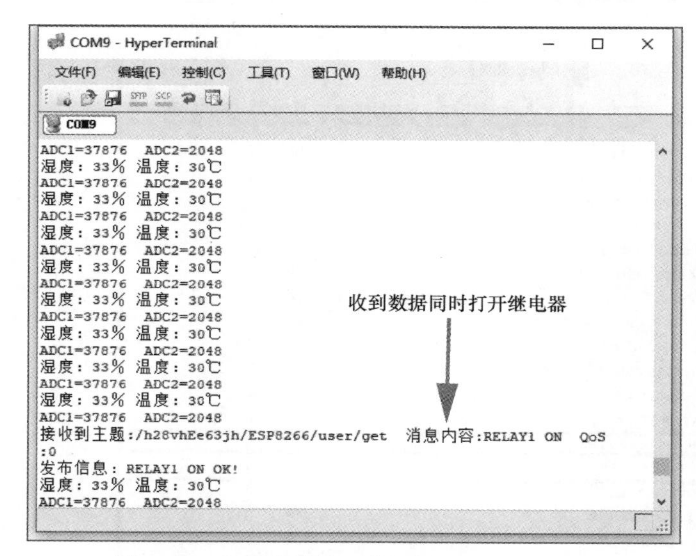

图 28.23　超级终端收到数据并控制开发板

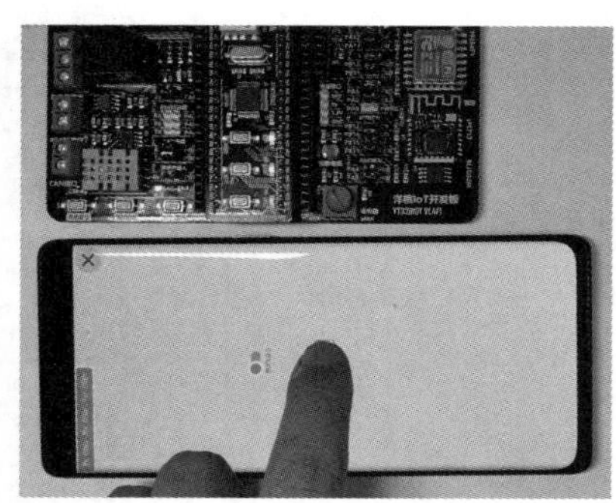

图 28.24　蓝牙模块的测试

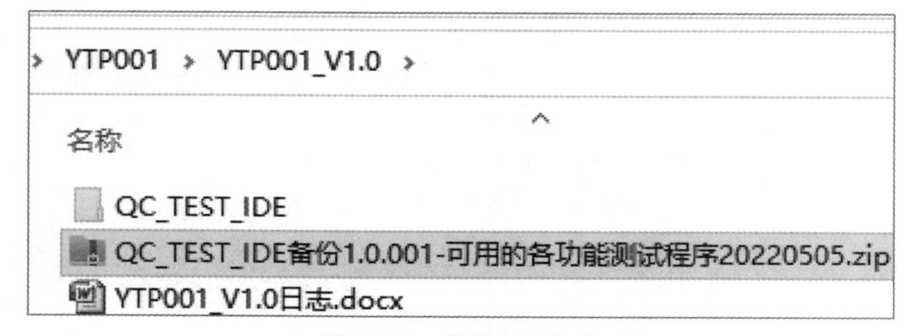

图 28.25　备份工程文件

YTP001_V1.0 日志

开发者：杜洋

【2022-5-4 9：30】【V1.0.001】创建工程。
硬件使用“洋桃 IoT 开发板”，还需外接发热灯，手机充电器。
模板使用“IoT 板-3-29-Wi-Fi模块连接阿里云的测试程序（视频第 27 步用）”。

【2022-5-5 13：33】按硬件功能要求设置 CubeMX，添加各功能驱动程序。

【2022-5-5 16：05】【V1.0.001】编写各功能的测试程序。
测试方法：
(1) 开机后自动连接阿里云，在串口 1 有调试信息。
(2) 超级终端每 2 s 刷新温度、湿度、光敏电阻、电位器数据。
(3) 按下 KEY1 按键重新联网，按下 KEY2 按键发布消息，同时蜂鸣器响。
(4) 阿里云平台发送“LED1 ON”“LED2 ON”“RELAY1 ON”可控制 LED 和继电器。
(5) 手机连接蓝牙后，在蓝牙调试器 App 上专业调试模式，按下按钮 LED1 亮。

【2022-5-5 23：25】完成 1.0.001 的开发，测试可用，备份 1。

图 28.26　更新项目日志

第 29 步：物联网项目开发实例 2

上一步完成了项目策划与硬件测试程序，这一步进入关键阶段，完成最终的功能开发，并测试、调试、修正，使程序达到可用的程度。在这个过程中请大家关注以下几点：一是多个功能如何在应用程序中有机组合和相互关联；二是程序执行的先后顺序，要实现一项功能时应该先执行什么、后执行什么；三是算法的处理，从传感器读出的数据应该如何处理才能达到控制输出的要求，特别是自动控温这种项目要求，数据的输入、运算和输出几乎时时刻刻在执行；四是裸机程序里如何处理好多个功能程序同时抢占 CPU 的问题。要知道手机、计算机之所以能同时处理多个任务，是因为操作系统的分时多任务处理。操作系统能在多个任务之间快速切换，处理每个任务时只花很少的时间做一点点工作，当切换速度足够快时感觉就像同时处理多任务。但单片机程序并没有安装操作系统，裸机运行并不代表单片机不能兼容多任务，只能说需要用智慧设计出巧妙的程序，按工作任务的特点来处理。比如着急的任务马上处理，不急的等会儿处理。最终让使用者感觉不到有卡顿和滞后。单片机发展 40 多年还有裸机程序存在，说明裸机程序完全能处理大多数的项目要求。只是如何设计巧妙的程序目前没有完整的方案，需要自己研究探索。

在接下来的开发过程中我不会展示每行程序的编写方法，只给大家一个框架的设计思路。因为只有深入理解了框架与开发思路，才能一通百通，用大的结构设计可以应对各种类型的项目开发。接下来我会分功能进行编程，顺序是先做基本功能再做附加功能，先做简单功能再做复杂功能。如图 29.1 所示，我按经验决定第 1 阶段开发读温/湿度传感器控制加热灯的程序，第 2 阶段开发按键和电位器设置的程序，第 3 阶段开发手机蓝牙设置的程序，第 4 阶段开发阿里云物联网平台设置的程序。这个过程由近到远、由易到难。每个阶段完成后都要将程序下载到开发板上进行实际测试，所有功能完成后还要做综合测试和调试。因为开发下一个阶段程序时可能会使前一阶段的程序出现问题，所以要进行综合测试防止各阶段程序之间有冲突。按正常操作能正常使用，我们的这一步的工作就算完成了，最后备份工程，更新开发日志。

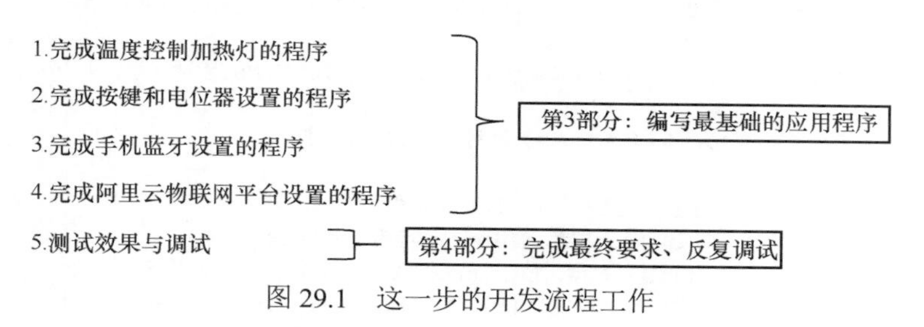

图 29.1　这一步的开发流程工作

29.1　完成温度控制加热灯的程序

要开发温度控制加热灯的程序，先要屏蔽与控温程序无关的部分。上一步完成的各功能测试程序在单片机上电后会自动连接云平台，连接的过程需要很多时间，所以我们先把与联网有关的程序屏蔽，等到开发云平台功能时再取消屏蔽。如图 29.2 和图 29.3 所示，打开 main.c 文件，屏蔽第 149～154 行的联网初始化程序，再在主循环里屏蔽第 189～208 行的心跳包处理程序。主循环程序里虽然还有按键、蓝牙接收和云平台接收的处理程序，但只要我们不按下按键，不连接蓝牙和云平台，这些处理程序就不会被触发，所以没有影响。现在单片机清空了“杂念”，再编程就不会受到干扰。

```
146 //Wi-Fi初始化
147   HAL_UART_Receive_IT(&huart3,(uint8_t *)&USART3_NewData,1); //再开启串口3接收中断
148   HAL_TIM_Base_Start_IT(&htim2);//开启定时器中断（必须开启才能进入中断处理回调函数）
149 //   while(esp8266_Connect_AP());//连接AP无线路由器热点（热点参数在esp8266.h文件内。Wi-Fi模块已保存热点时可屏蔽）
150 //   while(esp8266_Connect_IOTServer());//AT指令连接TCP连接云服务器（IP和端口参数在esp8266.h文件内修改设置）
151 //   while(IOT_connect());//用MQTT协议+三元组信息连接阿里云物联网平台（三元组参数在iot.h文件内修改设置）
152 //   printf("订阅云服务器\r\n");
153 //   HAL_Delay(100);//等待
154 //   IOT_subscribe();//主题订阅（订阅成功后才能接收订阅消息）
155   a=0xFFF0; //强制发送心跳包的计数溢出，立即重发心跳包
156 //LED初始化
157   LED_1(0);//LED状态初始化 关
158   LED_2(0);//
```

图 29.2　屏蔽云平台相关程序

如果你是单片机初学者，对编写一套完整的程序结构没有经验，那么你需要在编程之前在纸上画出此功能的程序流程图。如图 29.4 所示，我画了一张控温部分的程序流程图，流程图由矩形符号、菱形符号和箭头组成，程序由上到下按箭头方向执行，当有条件判断时可根据判断结果执行不同分支的程序，最后程序可回到开头循环执行，或者进入其他程序部分。在控温部分程序流程图里，初始化后开始读取 DHT11 温度值，读取数值后用 if 语句判断温度值是否小于阈值，是和否对应不同的程序分支。判断为是，则开加热灯，LED2 亮；判断为否，则关加热灯，LED2 灭。然后读光敏电阻的亮度数值，再判断亮度数值是

否大于阈值，判断为是，则再次读取温度值；判断为否，则进入蜂鸣器报警程序。后续在开发其他功能之前也请你画出流程图，等未来经验丰富，流程烂熟于心时可省略画流程图的步骤。

```
187 //循环发送心跳包，以保持设备在线
188         HAL_Delay(10);//主循环的间隔延时（防止刷新过快）
189 //      a++;//计算加1
190 //      if(a>1000){ //每1000x10ms延时发送一次Ping心跳包（保保持与云服务器的连接）
191 //          a=0;//计算标志清0
192 //          IOT_ping();//发送Ping心跳包
193 //          if(MQTTPacket_read(buf, buflen, transport_getdata)==PINGRESP){//判断心跳包是否回复确认
194 //              printf("心跳成功\r\n"); //回复0xD0、0x00时表示心跳成功
195 //          }else {
196 //              printf("心跳失败\r\n");//无回复表示失败
197 //              BUZZER_SOLO1();//蜂鸣器输出单音（提示心跳失败）
198 //              a=0xFFF0; //强制发送心跳包的计数溢出，立即重发心跳包
199 //              b++;//重启计数加1
200 //              if(b>20) //如果快速发送心跳包20次后无回复，则复位Wi-Fi模块重新连接
201 //              {
202 //                  while(esp8266_Connect_IOTServer());//AT指令连接TCP连接云服务器（IP和端口参数在esp8266.h文件内修改设置）
203 //                  while(IOT_connect());//用MQTT协议+三元组信息连接阿里云物联网平台（三元组参数在iot.h文件内修改设置）
204 //                  a=0;b=0;//计算标志清0
205 //              }
206 //          }
207 //          USART3_RX_STA = 0;//串口3接收标志位清0
208 //      }
```

图 29.3　屏蔽测试程序

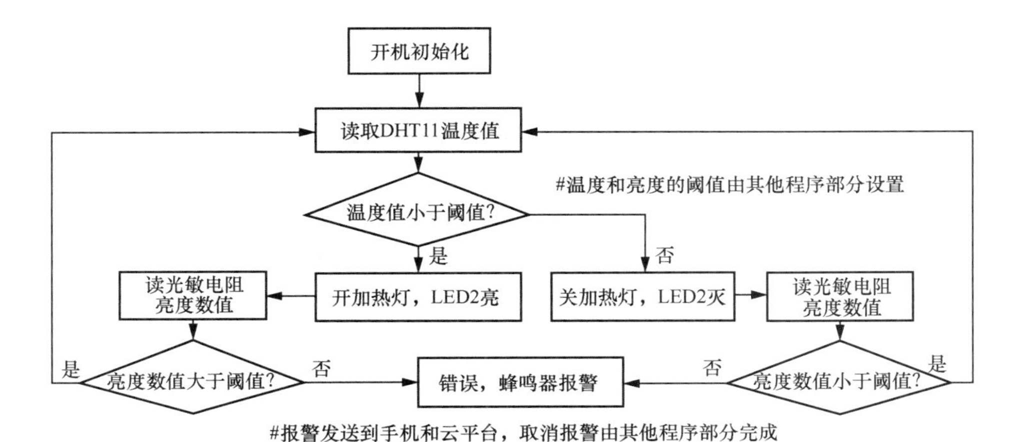

图 29.4　控温部分的程序流程图

接下来打开 main.c 文件，如图 29.5 所示，先定义一些将会用到的变量，作为标志位使用。这里我在第 100～101 行定义了用于存放温度阈值和报警状态的标志位。经验不多的朋友不知道要定义哪些标志位，没关系，可以先不定义，当程序中需要判断阈值时，你会想到用户设置的阈值应该有一个存放的地方，这时再回过头来定义存放阈值的变量。如图 29.6 所示，在初始化的部分添加标志位初始值的设置。第 160～161 行使温度阈值标志位默认为 30，报警标志位默认为 0。如图 29.7 所示，进入主循环程序部分，在原有的温/湿度和 ADC 数值读取刷新程序里直接插入判断温度值和阈值的程序。第 177 行使用刚刚定义的阈值标志位和 DHT11_BUF 里刚刚读取的温度值进行判断。如果当前温度小于阈值，说明需要打开加热灯，这时执行第 178～180 行的内容，吸合继电器，点亮 LED2，向调试串口发送加热灯状态；如果判断结果为否，则执行第 182～184 行的内容，断开继电器，熄灭 LED2，向调试串口发送加热灯状态。这样控温程序就写完了。有初学者会问，我怎么没有这个思

路？我怎么不知道要这样写？我的回答是，学习的本质就是先看别人怎么做，看多了就有了思路，这是经验积累的过程。

```
87⊖int main(void)
88 {
89   /* USER CODE BEGIN 1 */
90     uint16_t dmaadc[2];//用于多路ADC数据读取的暂时数组
91     uint8_t DHT11_BUF[2]={0};//用于存放DHT11数据:湿度[0]温度[1]
92     uint8_t buf[7] = {0xA5,0x00,0x01,0x3B,0x00,0xFF,0x5A};//蓝牙数组
93     uint16_t a=0,b=0,c=0;
94     int t,qos,payloadinlen; //为下面即将解析的消息定义所需变量
95     unsigned char dup,retained;
96     unsigned short msgid;
97     unsigned char* payloadin;
98     MQTTString receiveTopic;
99
100    uint8_t USER_TEMP_STA; //用于存放用户设置的温度阈值
101    uint8_t WARNING_STA; //报警状态 标志位（0无报警，1加热灯未亮，2温度读取错误，3云平台联网错误）
102  /* USER CODE END 1 */
103
```

图 29.5　定义变量

```
156 //LED初始化
157   LED_1(0);//LED状态初始化 关
158   LED_2(0);//
159 //用户设置值初始化
160   USER_TEMP_STA=30;//温度阈值标志位初始值（在没写温度设置部分之前可在此手动设置）
161   WARNING_STA=0;//报警状态标志位 初始值（0无报警，1加热灯未亮，2温度读取错误，3云平台联网错误）
162   /* USER CODE END 2 */
163
164   /* Infinite loop */
165   /* USER CODE BEGIN WHILE */
166   while (1)
167   {
```

图 29.6　设置变量初始值

```
166   while (1)
167   {
168       c++;//计算加1
169       if(c>10){ //每10×10ms延时发送一次参数
170           c=0;
171           HAL_NVIC_DisableIRQ(DMA1_Channel1_IRQn);//关DMA中断
172           DHT11_ReadData(DHT11_BUF);//读出DHT11传感器数据（参数是存放数据的数组指针）
173           HAL_NVIC_EnableIRQ(DMA1_Channel1_IRQn);// 开启DMA中断
174           printf("湿度：%02d% 温度：%02d℃ \r\n",DHT11_BUF[0],DHT11_BUF[1]);//显示湿度[0]温度[1]
175           printf("ADC1=%04d  ADC2=%04d \r\n",dmaadc[0],dmaadc[1]);//向USART1串口发送字符串
176           //在此添加温度控制继电器的程序V1.0.002
177           if(DHT11_BUF[1] < USER_TEMP_STA){ //判断当前温度值是否小于阈值
178               RELAY_1(1);//加热灯控制
179               LED_2(1);//LED2用来指示加热灯的开关状态
180               printf(" 温度阈值：%02d℃  加热灯：开 \r\n",USER_TEMP_STA);//加热灯状态
181           }else{ //否则关加热灯
182               RELAY_1(0);//加热灯控制
183               LED_2(0);//LED2用来指示加热灯的开关状态
184               printf(" 温度阈值：%02d℃  加热灯：关 \r\n",USER_TEMP_STA);//加热灯状态
185           }
186       }
```

图 29.7　加入判断程序

将程序重新编译，下载到开发板上，在超级终端上观察程序效果。如图 29.8 所示，在超级终端上可以看到当前温度值，然后把阈值初始值改成比当前温度值高 2 的值。重新编译下载后，可用手指加热 DHT11 传感器，当温度低于阈值时继电器吸合，当温度高于（或等于）阈值时继电器断开。控温程序开发完成。

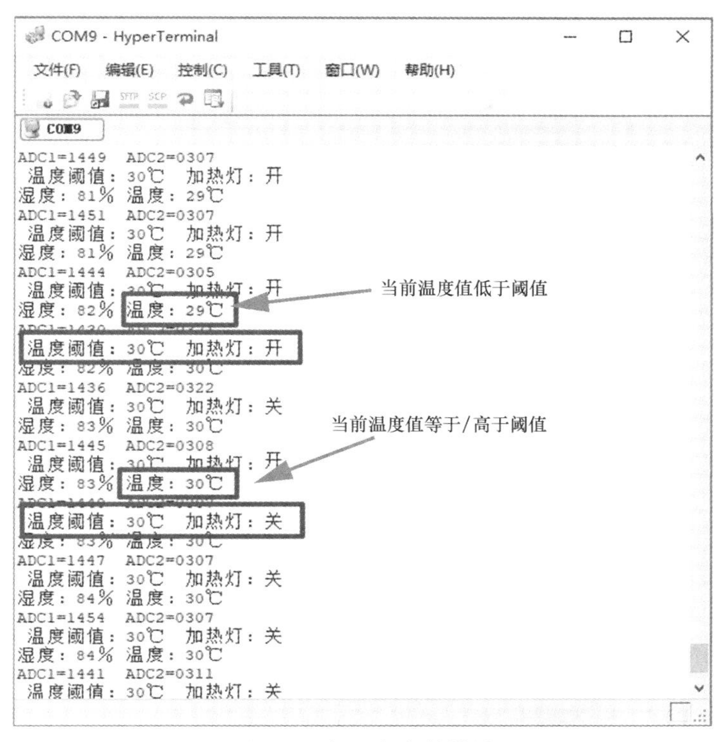

图 29.8　控温程序的效果

29.2　完成按键和电位器设置的程序

接下来开发光敏电阻判断开关灯状态的程序，开发电位器设置亮度阈值的程序。这部分需要我们在开发板上连接加热灯，但目前在开发期间，可以先找一个 LED 灯带代替，未来到现场测试时再换成真正的加热灯。如图 29.9 所示，电路连接可以参考我的接线图，继电器的控制端子相当于一个开关，串联在加热灯和电源的电路中，起到控制灯开关的效果。然后我们手动开灯和关灯，并在超级终端上观察两种状态下的光敏电阻数值。如图 29.10 所示是我这里测试的结果，关灯后光敏电阻数值为 750 左右，开灯后光敏电阻数值为 90 左右。我们只要在两个值的中间取一个阈值，比如 200，如果光敏电阻数值大于 200 就判断为关灯，小于 200 就判断为开灯。

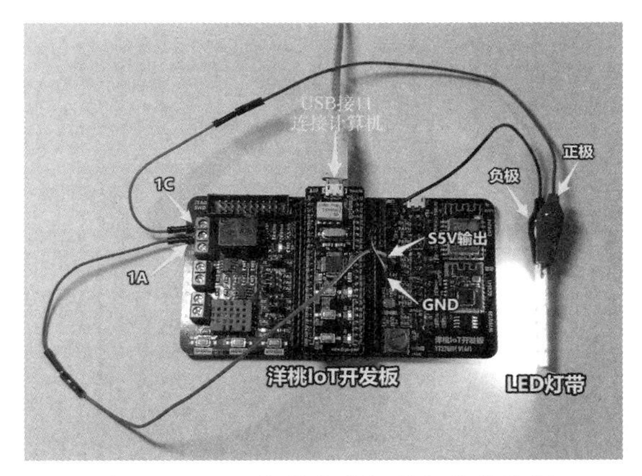

图 29.9　LED 灯带代替加热灯的接线图

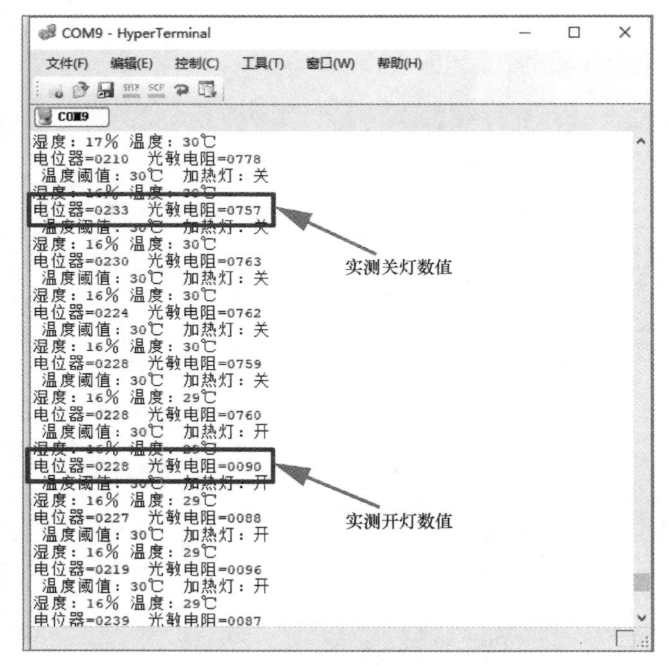

图 29.10　开灯和关灯的光敏电阻数值

回到main.c文件，如图29.11所示，在控温程序中，在继电器吸合之后的第181行插入100ms延时函数，等待加热灯点亮到稳定状态。第182行判断DMA传送来的两个ADC数值，光敏电阻值大于电位器值表示在开灯动作后灯没有点亮，则执行第183行将报警标志位改成1，后面再单独编写报警处理程序。同样原理，第190～194行是关灯的反馈判断。在下次测试时，只要把电位器的数值旋转到200左右就可以了，后续如果加热灯亮度有变化，也可以通过电位器微调亮度阈值。光敏电阻和电位器的处理程序就写完了，没想到这么简单吧。

```
168         c++;//计算加1
169         if(c>10){ //每10×10ms延时发送一次参数
170             c=0;
171             HAL_NVIC_DisableIRQ(DMA1_Channel1_IRQn);//关DMA中断
172             DHT11_ReadData(DHT11_BUF);//读出DHT11传感器数据（参数是存放数据的数组指针）
173             HAL_NVIC_EnableIRQ(DMA1_Channel1_IRQn);// 开启DMA中断
174             printf("湿度：%02d% 温度：%02d℃ \r\n",DHT11_BUF[0],DHT11_BUF[1]);//显示湿度[0]温度[1]
175             printf("电位器=%04d  光敏电阻=%04d \r\n",dmaadc[0],dmaadc[1]);//向USART1串口发送字符串
176             //在此添加温度控制继电器的程序V1.0.002
177             if(DHT11_BUF[1] < USER_TEMP_STA){ //判断当前温度值是否大于阈值
178                 RELAY_1(1);//加热灯控制
179                 LED_2(1);//LED2用来指示加热灯的开关状态
180                 printf(" 温度阈值：%02d℃  加热灯：开 \r\n",USER_TEMP_STA);//加热灯状态
181                 HAL_Delay(100);//等待继电器反应时间
182                 if(dmaadc[1] > dmaadc[0]){ //判断当前温度值是否大于阈值
183                     WARNING_STA=1;//报警状态标志位 变成1（0无报警，1加热灯未亮，2温度读取错误，3云平台联网错误）
184                     printf("报警：光敏电阻检测加热灯未亮！！\r\n");
185                 }
186             }else{ //否则关加热灯
187                 RELAY_1(0);//加热灯控制
188                 LED_2(0);//LED2用来指示加热灯的开关状态
189                 printf(" 温度阈值：%02d℃  加热灯：关 \r\n",USER_TEMP_STA);//加热灯状态
190                 HAL_Delay(100);//等待继电器反应时间
191                 if(dmaadc[1] < dmaadc[0]){ //判断当前温度值是否大于阈值
192                     WARNING_STA=1;//报警状态标志位 变成1（0无报警，1加热灯未亮，2温度读取错误，3云平台联网错误）
193                     printf("报警：光敏电阻检测加热灯未关！！\r\n");
194                 }
```

图 29.11　光敏电阻和电位器的应用程序

接下来编写按键设置工作状态和开关灯的程序。如图 29.12 所示，先创建工作状态标志位，我们规定标志位为 0 表示自动控温状态，为 1 表示停止控温且关灯状态，为 2 表示停止控温且开灯状态。如图 29.13 所示，在第 163 行设置标志位初始值为 0。现在我们要考虑，如何让标志位起到切换工作状态的作用。最常用的方法是用 if 判断标志位的值，再决定执行哪些部分的程序。如图 29.14 所示，只有工作状态标志位为 0 时才执行控温程序，于是在第 171 行进入控温部分程序的判断条件上，加入标志位的同时判断。即只有在变量 c 大于 10 且工作状态标志位为 0 时才刷新温度并控制灯的开关。然后找到主循环程序中的按键处理程序部分。如图 29.15 所示，用 KEY1 按键来切换是否自动控温，于是加入第 307～318 行判断工作状态标志位，当状态标志位为 0 时按下 KEY1 按键就切换到控温停止并关灯的状态，如果标志位不为 0 按下 KEY1 按键则开启控温。如图 29.16 所示，进入 KEY2 按键的处理程序，KEY2 按键的功能是手动切换开关灯的状态，前提是停止了自动控温，否则手动开关没有意义。所以第 324～330 行判断当前工作状态标志位为 0 时，按下 KEY2 按键进入停止控温且关灯状态。第 331～336 行如果标志位为 1，按下 KEY2 按键则进入停止控温且开灯状态。第 337～343 行如果标志位为 2，按下 KEY2 按键则进入停止控温且关灯状态。

```
87 int main(void)
88 {
89   /* USER CODE BEGIN 1 */
90     uint16_t dmaadc[2];//用于多路ADC数据读取的暂时数组
91     uint8_t DHT11_BUF[2]={0};//用于存放DHT11数据:湿度[0]温度[1]
92     uint8_t buf[7] = {0xA5,0x00,0x01,0x3B,0x00,0xFF,0x5A};//蓝牙数组
93     uint16_t a=0,b=0,c=0;
94     int t,qos,payloadinlen; //为下面即将解析的消息定义所需变量
95     unsigned char dup,retained;
96     unsigned short msgid;
97     unsigned char* payloadin;
98     MQTTString receiveTopic;
99
100    uint8_t USER_TEMP_STA; //用于存放用户设置的温度阈值
101    uint8_t WARNING_STA; //报警状态（0无报警，1加热灯未亮，2温度读取错误，3云平台联网错误）
102    uint8_t WORK_STA=0; //工作状态标志位（0正常控温开启，1温控停灯关，2温控停灯开）
103  /* USER CODE END 1 */
```

图 29.12　添加工作状态标志位

```
160 //用户设置值初始化
161   USER_TEMP_STA=30;//温度阈值初始值（在没写温度设置部分之前可在此手动设置）
162   WARNING_STA=0;//报警状态标志位初始值（0无报警，1加热灯未亮，2温度读取错误，3云平台联网错误）
163   WORK_STA=0;//工作状态标志位初始值（0正常控温开启，1温控停灯关，2温控停灯开）
164   /* USER CODE END 2 */
```

图 29.13　工作状态标志位初始值

```
168   while (1)
169   {
170       c++;//计算加1
171       if(c>10 && WORK_STA==0){ //每10×10ms延时发送一次参数
172           LED_1(1);//LED1用来指示工作状态
173           c=0;
174           HAL_NVIC_DisableIRQ(DMA1_Channel1_IRQn);//关DMA中断
175           DHT11_ReadData(DHT11_BUF);//读出DHT11传感器数据（参数是存放数据的数组指针）
176           HAL_NVIC_EnableIRQ(DMA1_Channel1_IRQn);// 开启DMA中断
```

图 29.14　加入工作状态标志位的条件判断

```
303 //按键操作
304         if(KEY_1())//按下KEY1判断【连接云服务器并订阅主题】
305         {
306             BUZZER_SOLO2();//提示音
307             if(WORK_STA==0)//如果当前状态控温开启
308             {
309                 WORK_STA=1; //控温停止，关加热灯
310                 LED_1(0);//LED1用来指示工作状态
311                 RELAY_1(0);//加热灯控制
312                 LED_2(0);//LED2用来指示加热灯的开关状态
313                 printf("KEY1按下：控温停止，关加热灯\r\n");
314             }else{
315                 WORK_STA=0; //否则状态为0表示控温开启
316                 LED_1(1);//LED1用来指示工作状态
317                 printf("KEY1按下：控温开启\r\n");
318             }
319             HAL_Delay(100);//等待
320         }
```

图 29.15　KEY1 按键处理程序

```
321         if(KEY_2())//按下KEY2判断【向服务器发布信息】
322         {
323             BUZZER_SOLO2();//提示音
324             if(WORK_STA==0)//如果当前状态控温开启
325             {
326                 WORK_STA=1; //控温停止，关加热灯
327                 LED_1(0);//LED1用来指示工作状态
328                 RELAY_1(0);//加热灯控制
329                 LED_2(0);//LED2用来指示加热灯的开关状态
330                 printf("KEY2按下：控温停止，关加热灯\r\n");
331             }else if(WORK_STA==1){//当前是控温停止，关加热灯
332                 WORK_STA=2; //控温停止，开加热灯
333                 LED_1(0);//LED1用来指示工作状态
334                 RELAY_1(1);//加热灯控制
335                 LED_2(1);//LED2用来指示加热灯的开关状态
336                 printf("KEY2按下：控温停止，开加热灯\r\n");
337             }else if(WORK_STA==2){
338                 WORK_STA=1; //控温停止，关加热灯
339                 LED_1(0);//LED1用来指示工作状态
340                 RELAY_1(0);//加热灯控制
341                 LED_2(0);//LED2用来指示加热灯的开关状态
342                 printf("KEY2按下：控温停止，关加热灯\r\n");
343             }
344             HAL_Delay(100);//等待
345         }
```

图 29.16　KEY2 按键处理程序

将程序重新编译，下载到开发板。如图 29.17 所示，按下核心板上的 KEY1 按键可以切换自动控温的开关，按下 KEY2 按键可以切换加热灯的开关，达到了规划的项目要求。同时，核心板上的 LED1 表示自动控温的开关状态，LED2 表示加热灯的开关状态。到此就完成了板上按键设置工作状态的功能，是不是比你想像得要简单呢？这么简单的程序设计并不是理所应当的，这是根据我多年的程序开发经验，内化到“肌肉记忆”而形成的一种直觉，或者叫编程思维。你刚开始做项目时，可能会用很多变量和很复杂的程序才能达到要求，这是一个不可避免的学习过程。多看别人写得好的程序，多思考、多尝试，是成为

项目开发高手的不二法门。

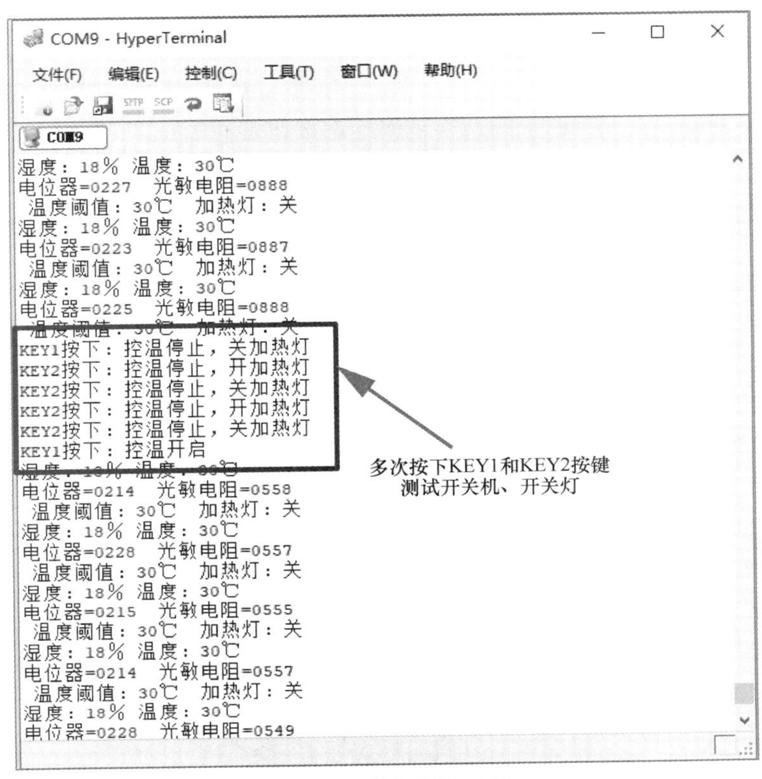

图 29.17　按键测试效果

29.3　完成手机蓝牙设置的程序

按键程序部分在开发板上测试成功后，接下来编写手机 App 通过蓝牙设置工作状态的程序。作为嵌入式工程师，假设客户会找专人开发手机 App，我们要与 App 开发者沟通好蓝牙通信协议。在开发期间我们先用蓝牙调试器 App 做一个简单的操作界面，利用界面来编写蓝牙部分程序。我把蓝牙功能分成手机发送数据控制开发板和开发板向手机上报当前数据两个部分完成。在手机上打开蓝牙调试器 App，如图 29.18 所示，连接蓝牙模块后单击“专业调试”，在工程列表中创建一个新工程。如图 29.19 所示，进入“数据包结构设置”界面，在“发送数据包”中创建 3 个逻辑值和 1 个字节值，3 个逻辑值用于向开发板发送工作状态、加热灯状态和写入温度阈值，1 个字节值是温度阈值。如图 29.20 所示，再进入“通信模式”界面，将通信模式设置为“定时发送”，发送间隔设为 100ms，额外发送次数改为 0。如图 29.21 所示，进入“编辑控件”界面，在这里创建 3 个按钮关联到 3 个发送数据包的逻辑值，再创建 1 个文本输入框关联到发送数据包的字节值。

如图 29.22 所示，打开 main.c 文件，第 223～279 行是蓝牙接收处理程序部分。第 224～227 行是判断数据包的数量、起始码和校验码的程序。数据数量一共是 5 个，但由于忽略结束码，所以第 224 行判断数量值是不是 4。如果你在蓝牙调试器里修改数据包数量，也要同步修改这里的数量值，还有第 226～227 行的校验码求和算法。第 229～279 行判断数据内容。其中第 229 行判断逻辑值第 0 位的状态，如果值为 1，说明手机发送了切换工作状态指令。第 231～244 行是切换工作状态的程序，是直接从 KEY1 按键处理程序中复制粘贴过来的。也就是说，按下手机上的切换工作状态按钮等同于按下 KEY1 按键。同样原理，如图 29.23 所示，第 246～269 行是切换开关灯状态按钮的处理程序，其中第 248～269 行直接复制粘贴了 KEY2 按键的处理程序。如图 29.24 所示，第 271～277 行是写入阈值按钮的处理程序。当按下按钮时就执行第 274 行，将数据包中的字节值写入温度阈值标志位。这样设计的目的是给阈值设置增加一个确定按钮。在设置阈值的操作时要先单击“温度阈值”文本框，在输入框里写入温度阈值，然后单击“写入阈值”按钮，这样的操作就和程序结构对应上了。到此就完成了蓝牙数据的接收处理程序，完成了一半的开发工作。

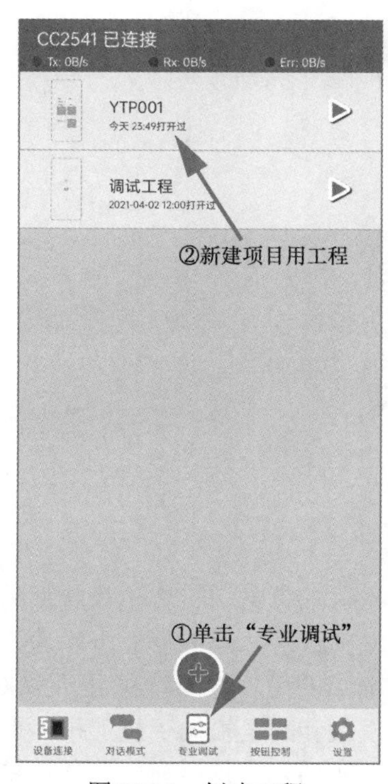

图 29.18　创建工程

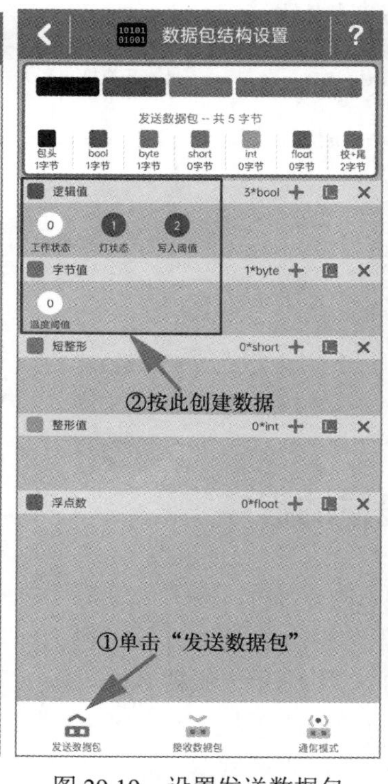

图 29.19　设置发送数据包

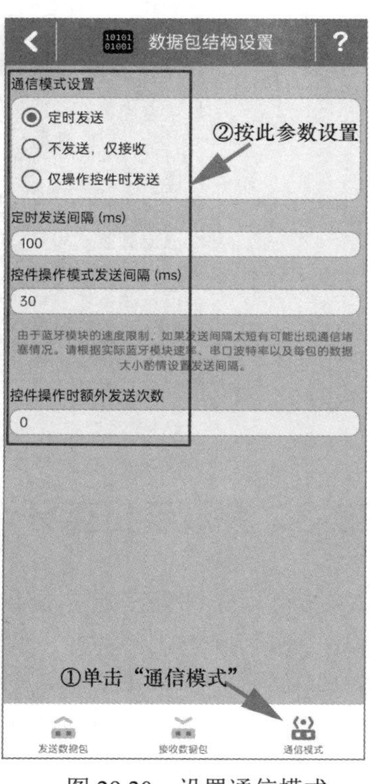

图 29.20　设置通信模式

接下来开发另一半，开发板发送数据显示在手机上的程序。如图 29.25 所示，打开“数据包结构设置”界面，进入“接收数据包”界面，创建两个逻辑值，用于存放工作状态和灯状态，再创建 3 个字节值，用于存放当前温度、当前湿度和当前温度阈值。如图 29.26 所示，进入“编辑控件”界面，在按钮上方添加 5 个文本控件，分别用于温度、湿度、温度阈值、工作状态和灯状态的显示。之所以要显示全部信息，是为了看到操作的实时反馈。比如按下“工作状态”按钮后，通过观察工作状态的接收文本才能知道操作是否成功。

工作状态

0

灯状态

0

温度阈值 : 50

写入阈值

0

图 29.21　设置控件

```
222 //蓝牙接收控制LED1的程序
223         if(USART2_RX_STA&0x8000){//判断中断接收标志位（蓝牙模块BT，使用USART2）
224            if((USART2_RX_STA&0x7FFF) == 4       //判断接收数量5个
225                   && USART2_RX_BUF[0]==0xA5     //判断接收第1个数据是不是包头0xA5
226                   && USART2_RX_BUF[3]==         //判断接收第6个校验码是不是前4个数据之和
227                   (USART2_RX_BUF[1]+USART2_RX_BUF[2])%0x100)
228            {
229               if(USART2_RX_BUF[1]&0x01)//判断逻辑值中最低位,是1表示【工作状态】按钮
230               {
231                   BUZZER_SOLO2();//提示音
232                   if(WORK_STA==0)//如果当前状态控温开启
233                   {
234                     WORK_STA=1; //控温停止，关加热灯
235                     LED_1(0);//LED1用来指示工作状态
236                     RELAY_1(0);//加热灯控制
237                     LED_2(0);//LED2用来指示加热灯的开关状态
238                     printf("蓝牙【工作状态】被按下：控温停止，关加热灯\r\n");
239                   }else{
240                     WORK_STA=0; //否则状态位为0表示控温开启
241                     LED_1(1);//LED1用来指示工作状态
242                     printf("蓝牙【工作状态】被按下：控温开启\r\n");
243                   }
244                   HAL_Delay(100);//等待
245               }
```

图 29.22　蓝牙接收处理程序

```
246               if(USART2_RX_BUF[1]&0x02)//判断逻辑值中低位第2位，是1表示【灯状态】按钮
247               {
248                   BUZZER_SOLO2();//提示音
249                   if(WORK_STA==0)//如果当前状态控温开启
250                   {
251                     WORK_STA=1; //控温停止，关加热灯
252                     LED_1(0);//LED1用来指示工作状态
253                     RELAY_1(0);//加热灯控制
254                     LED_2(0);//LED2用来指示加热灯的开关状态
255                     printf("蓝牙【灯状态】被按下：控温停止，关加热灯\r\n");
256                   }else if(WORK_STA==1){//当前是控温停止，关加热灯
257                     WORK_STA=2; //控温停止，开加热灯
258                     LED_1(0);//LED1用来指示工作状态
259                     RELAY_1(1);//加热灯控制
260                     LED_2(1);//LED2用来指示加热灯的开关状态
261                     printf("蓝牙【灯状态】被按下：控温停止，开加热灯\r\n");
262                   }else if(WORK_STA==2){
263                     WORK_STA=1; //控温停止，关加热灯
264                     LED_1(0);//LED1用来指示工作状态
265                     RELAY_1(0);//加热灯控制
266                     LED_2(0);//LED2用来指示加热灯的开关状态
267                     printf("蓝牙【灯状态】被按下：控温停止，关加热灯\r\n");
268                   }
269                   HAL_Delay(100);//等待
270               }
```

图 29.23　灯状态按钮的处理程序

```
271               if(USART2_RX_BUF[1]&0x04)//判断逻辑值中低位第3位，是1表示【写入阈值】按钮
272               {
273                   BUZZER_SOLO2();//提示音
274                   USER_TEMP_STA = USART2_RX_BUF[2]; //将蓝牙发来的数值放入温度阈值标志位
275                   HAL_Delay(100);//等待
276               }
277            }
278            USART2_RX_STA=0;//标志位清0，准备下次接收
279         }
```

图 29.24　写入阈值按钮的处理程序

回到程序部分，要在 main.c 文件里编写蓝牙发送数据的程序。发送数据的程序要放在什么地方呢？数据包设置界面里的通信方式是每 100ms 向开发板发送一次数据。也就是说，单片机每 100ms 就要执行一次第 223～279 行的蓝牙接收处理程序。那么

只要将发送程序放在接收处理程序里面，每次接收处理完成就可以顺便反馈开发板的状态信息。如图 29.27 所示，按这个思路在第 278～286 行插入发送程序。程序实现很简单，第 278～279 行将自动控温状态下的开关灯状态写入数据包中的对应逻辑值，第 280～281 行将手动开关灯的状态写入对应的逻辑值，第 282～284 行发送当前温度、湿度和阈值的字节值，第 285 行计算校验码，第 286 行将 7 个字节数据发送给手机。最后第 288 行将接收标志位清 0，准备下次接收。到此就完成了蓝牙数据收发的全部程序。将程序重新编译下载，在手机界面上会显示当前的状态信息。单击“工作状态”和“灯状态”按钮操控，输入温度阈值并单击“写入阈值”按钮设置新的温度阈值，在状态显示区中会刷新出新的阈值。

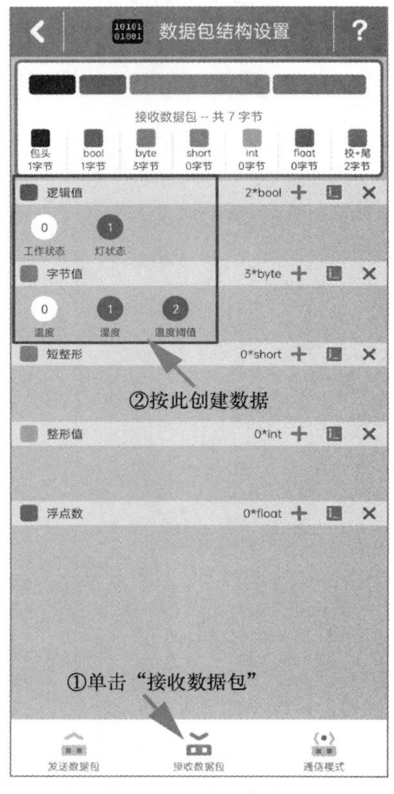

图 29.25　设置接收数据包

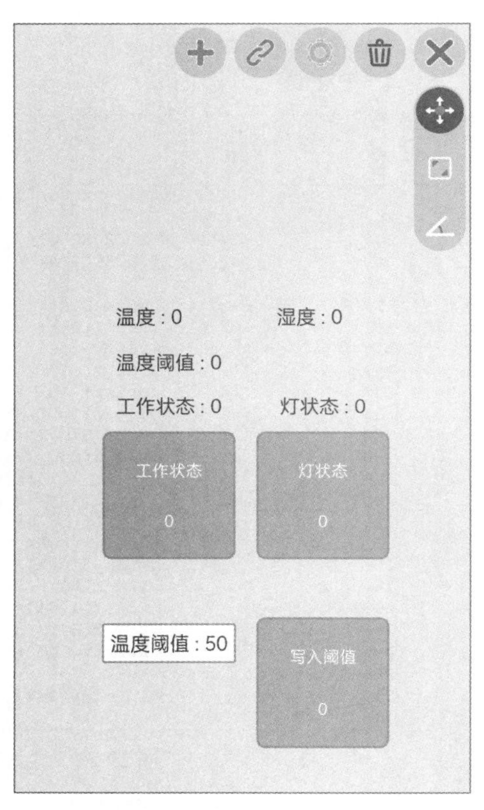

图 29.26　“编辑控件”界面

```
277                //将所有数据发送到手机蓝牙App
278                if(WORK_STA==0 && DHT11_BUF[1] < USER_TEMP_STA)buf[1] = 0x03; //工作状态
279                if(WORK_STA==0 && DHT11_BUF[1] >= USER_TEMP_STA)buf[1] = 0x01; //工作状态
280                if(WORK_STA==1)buf[1] = 0x00; //工作状态
281                if(WORK_STA==2)buf[1] = 0x02; //工作状态
282                buf[2] = DHT11_BUF[1];//当前温度
283                buf[3] = DHT11_BUF[0];//当前湿度
284                buf[4] = USER_TEMP_STA;//当前阈值
285                buf[5] = (buf[1]+buf[2]+buf[3]+buf[4])%0x100; //数据相加得出校验码，取最低8位
286                HAL_UART_Transmit(&huart2,(uint8_t *)buf,7,0xffff);//串口发送函数（串口号，内容，数量，溢出时间）
287            }
288            USART2_RX_STA=0;//标志位清0，准备下次接收
289        }
```

图 29.27　蓝牙发送数据的程序

29.4　完成阿里云物联网平台设置的程序

开发云平台程序之前先取消对之前相关程序的屏蔽，再次确定三元组信息无误，然后将程序重新编译下载，看一看修改的程序会不会影响联网，如果能正常联网则继续编程开发。由于云平台的开发还需要网络工程师的合作，我们还要给出一个接口协议。

我把云平台程序的开发也分成两个部分，先完成云平台下发指令的程序，再完成开发板将状态上传到云平台的程序。如图 29.28 所示，打开 mian.c 文件，把原有的云平台接收处理程序直接修改成我们想要的控制程序，在原有程序的第 311～339 行修改 if 语句的判断条件。定义“W0”表示自动控温工作状态，“W1”表示自动控温停止并关灯，“W2”表示自动控温停止并开灯，字母“U”后接两位数据表示温度阈值的设置。当云平台下发定义的指令时，单片机将完成对应的操作。图 29.28 所示的第 311～339 行是完成的处理程序，其中原理与蓝牙接收处理程序类似。将程序重新编译下载，如图 29.29 和图 29.30 所示，在阿里云物联网平台发布消息“U30”，在超级终端上会显示接收到的消息，并成功设置温度阈值为 30。再输入“W0”“W1”“W2”切换工作状态，如果切换成功，表示云平台下发程序编写正确。

```
310            //数据控制开发板的程序
311            if(strstr((const char*)payloadin,(const char*)"W0"))//比对信息内容是不是W0
312            {
313                WORK_STA=0; //否则状态位为0表示控温开启
314                LED_1(1);//LED1用来指示工作状态
315                printf("云平台下发指令：工作状态=0，控温开启\r\n");
316                IOT_publish("WORK_STA=0 OK!");//publish主题发布（发送到云平台）
317            }else if(strstr((const char*)payloadin,(const char*)"W1"))//同上
318            {
319                WORK_STA=1; //控温停止，关加热灯
320                LED_1(0);//LED1用来指示工作状态
321                RELAY_1(0);//加热灯控制
322                LED_2(0);//LED2用来指示加热灯的开关状态
323                printf("云平台下发指令：工作状态=1，控温停止，关加热灯\r\n");//串口1调试信息
324                IOT_publish("WORK_STA=1 OK!");//publish主题发布（发送到云平台）
325            }else if(strstr((const char*)payloadin,(const char*)"W2"))//同上
326            {
327                WORK_STA=2; //控温停止，开加热灯
328                LED_1(0);//LED1用来指示工作状态
329                RELAY_1(1);//加热灯控制
330                LED_2(1);//LED2用来指示加热灯的开关状态
331                printf("云平台下发指令：工作状态=2，控温停止，开加热灯\r\n");//串口1调试信息
332                IOT_publish("WORK_STA=2 OK!");//publish主题发布（发送到云平台）
333            }else if(*(payloadin+0) == 'U')//接收数据第1个字符是不是U
334            {
335                //下一行是将接收第2和3个字符的温度值转成十进制数值存入阈值标志位
336                USER_TEMP_STA=(*(payloadin+1)-0x30)*10+(*(payloadin+2)-0x30);
337                printf("云平台下发指令：温度阈值设置=%d \r\n",USER_TEMP_STA);//串口1调试信息
338                IOT_publish("USER_TEMP_STA= OK!");//publish主题发布（发送到云平台）
339            }
```

图 29.28　加入物联网指令判断

然后编写开发板上传状态信息的程序。之前的云平台上传程序中所上传的消息是固定字符，但现在要上传的是动态的温度、湿度、工作状态等数值，所以要设计一个上传变化数值的专用 printf 函数。如图 29.31 所示，打开 iot.c 文件，在第 123～131 行创建一个云平台发布 printf 函数。函数内容很简单，与 CAN 总线、蓝牙模块的专用 printf 函数类似，只是在第 129 行调用了云平台的发送函数。有了这个专用 printf 函数，接下来发送数值的方

法就显而易见了。如图 29.32 所示，再打开 main.c 文件，在心跳包处理程序里直接插入第 208 行的专用 printf 函数，这样每隔 10s 左右就会在心跳成功后上传一次状态信息。专用 printf 函数里用“%d”来传递后边的真实数值，由于这个函数的参数太多，我分两行书写，数值部分在第 209 行，分别表示工作状态、温度阈值、当前温度、当前湿度和报警状态。

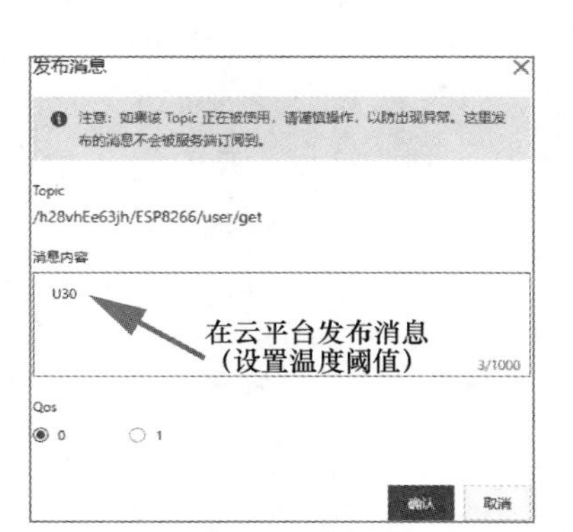

图 29.29　在云平台发布设置温度阈值指令

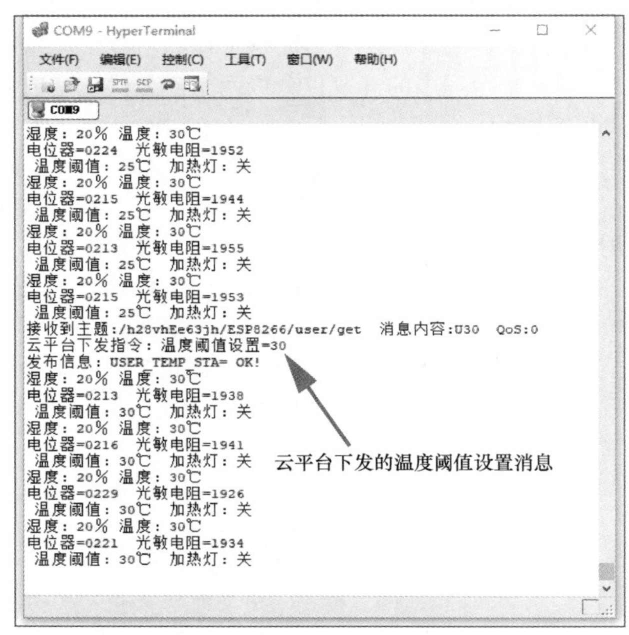

图 29.30　完成温度阈值设置

```
123⊖void IOT_publish_printf (char *fmt, ...)
124 {
125     char buff[200];  //用于存放转换后的数据
126     va_list arg_ptr;
127     va_start(arg_ptr, fmt);
128     vsnprintf(buff, 201, fmt, arg_ptr);//数据转换
129     IOT_publish(buff);//将字符处理后publish主题发布
130     va_end(arg_ptr);
131 }
132
```

图 29.31　添加上传变化数值的专用 printf 函数

```
200 //循环发送心跳包，以保持设备在线
201         HAL_Delay(10);//主循环的间隔延时（防止刷新过快）
202         a++;//计算加1
203         if(a>1000){ //每1000×10ms延时发送一次Ping心跳包（保保持与云服务器的连接）
204             a=0;//计算标志清0
205             IOT_ping();//发送Ping心跳包
206             if(MQTTPacket_read(buf, buflen, transport_getdata)==PINGRESP){//判断心跳包是不回复确认
207                 printf("心跳成功\r\n"); //回复0xD0，0x00时表示心跳成功的回复
208                 IOT_publish_printf("W=%d,U=%02d,Temp=%02d,Hum=%02d,WARNING=%d",
209                     WORK_STA,USER_TEMP_STA,DHT11_BUF[1],DHT11_BUF[0],WARNING_STA);//publish主题发布（发送到云平台）
210             }else {
211                 printf("心跳失败\r\n");//无回复表示失败
212                 BUZZER_SOLO1();//蜂鸣器输出单音（提示心跳失败）
213                 a=0xFFF0; //强制发送心跳包的计数溢出，立即重发心跳包
214                 b++;//重启计数加1
```

图 29.32　插入专用 printf 函数

将程序重新编译下载。如图 29.33 和图 29.34 所示，等待超级终端上显示一次心跳包发

送成功，这时打开云平台的日志详情，便能看到接收到的状态信息。到此就完成了云平台数据收发的程序。

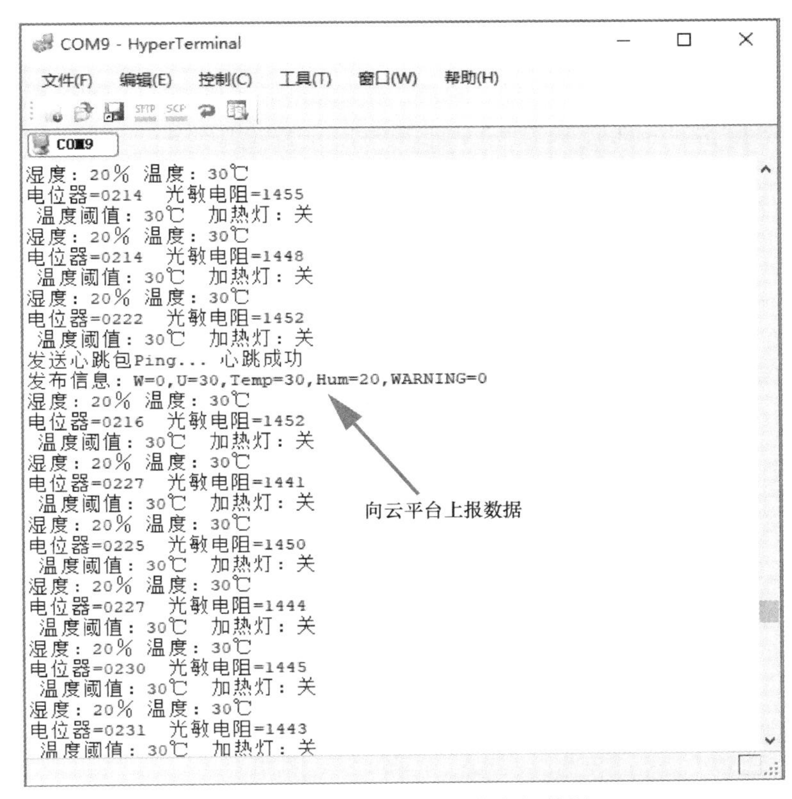

图 29.33　单片机向云平台上报数据

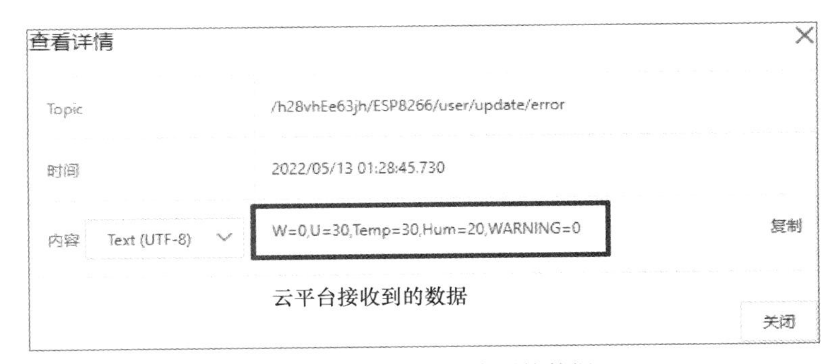

图 29.34　云平台接收到的数据

29.5　测试效果与调试

以上开发过程并不是一帆风顺的，也会有编译错误和运行效果不理想的情况，我会用排除法查找问题，重新整理思路，修改程序，重新编译下载。只要程序的大体框架和思路正确，稍做调整就可以达到理想效果。当所有功能都开发完成时，重新编译下载一次，按照正常操作的方法把所有功能都测试一遍，仔细观察有没有操作异常、设计不合理、功能没实现的情况。如果有问题，可回到程序里继续修改、调试，如果没有问题就可以更新版本号，更新项目日志，最后将工程备份。如图 29.35 所示，在日志里可写出测试中发现的问题，一些小问题可以留到下一阶段来解决。比如我们在程序中只设置了报警标志位，却忘记编写蜂鸣器报警的处理程序。请在日志里写出你的真实问题，为下一步的程序优化做好准备。

YTP001_V1.0 日志

开发者：杜洋

【2022-5-4 9：30】【V1.0.001】创建工程。
硬件使用“洋桃 IoT 开发板”，还需外接发热灯，手机充电器。
模板使用“IoT 板-3-29-Wi-Fi模块连接阿里云的测试程序（视频第 27 步用）”。

【2022-5-5 13：33】按硬件功能要求设置 CubeMX，添加各功能驱动程序。

【2022-5-5 16：05】【V1.0.001】编写各功能的测试程序。
测试方法：
(1) 开机后自动连接阿里云，在串口 1 有调试信息。
(2) 超级终端每 2s 刷新温度、湿度、光敏电阻、电位器。
(3) 按下 KEY1 按键重新联网，按下 KEY2 按键发布消息，同时蜂鸣器响。
(4) 阿里云平台发送“LED1 ON”“LED2 ON”RELAY1 ON 可控制 LED 和继电器。
(5) 手机连接蓝牙后，在“蓝牙调试器”App上专业调试模式，按下按钮 LED1 亮。

【2022-5-5 23：25】完成 1.0.001 的开发，测试可用，备份 1。

【2022-5-13 02：26】完成 1.0.002 的开发，完成温控、光敏反馈、联网、蓝牙的控制与显示的功能。
目前测试发现问题如下：
(1) 报警蜂鸣器的程序忘记编写。
(2) ……

图 29.35 更新日志

第 30 步：物联网项目开发实例 3

上一步完成了主要功能的实现，落下一个错误报警的处理程序。这一步我们先把错误报警程序补上，然后完成操作异常时的处理程序。当出现用户操作错误或者传感器错误时，程序能进行相应的处理，不至于失控。最后加入看门狗处理程序，提高设备的稳定性。编程结束后再将程序格式重新整理，将注释信息修改一遍，导出正式版本的工程和 HEX 文件，用于项目资料的交付。到此，一个完整的小项目开发就结束了。后续可能还需要对客户反馈的问题进行完善和升级，这些就不在流程中展示了。

30.1　完成错误报警的处理程序

我们在上一步程序的基础上添加错误报警处理程序。日后若想添加新程序，需要先了解原程序的结构框架，找到适合添加的位置。如图 30.1 所示，观察现有的 main.c 文件的程序结构，所有处理程序都在主循环部分，蜂鸣器报警的处理程序在报警标志位不为 0 时被触发，只要在主循环程序里添加 if 语句，判断报警标志位不为 0 则进入报警处理程序。我们定义的报警标志位有 4 种状态，标志位等于 0 时无报警，等于 1 表示加热灯未能正常开或关，等于 2 表示温度读取错误，等于 3 表示云平台联网错误。后续可按客户要求添加新的报警内容。报警标志位的切换是在各功能程序中完成的，如图 30.2 所示，上一步在控温程序中的第 187 行添加了在开灯动作后光敏电阻未检测到灯亮，则在报警标志位写入数值 1。我又在读取温度数据之后的第 176 行添加判断读出的温度值是否在 1～50 范围内，超出范围表示温度读取错误，则在报警标志位写入数值 2。如图 30.3 所示，再在心跳包程序连续 20 次心跳失败后的第 219 行添加在报警标志位写入数值 3 的程序。当有了这 3 种报警触发程序后就可以写报警处理程序了。如图 30.4 所示，在按键操作程序下方的第 406～432 行添加错误报警处理程序。其中第 406 行用 if 语句判断报警标志位，如果不为 0 表示有报警触发，进入第 408～425 行的 switch 语句。第 409 行当标志位为 1 时执行第 410 行，反转 LED1 指示灯的状态，蜂鸣器发声，最终效果是发出报警音，工作指示灯闪烁，第 411 行发送串口调试信息。标志位为 2 和 3 的报警内容相同，之所以将每个报警数值分开执行，是为了方便后续添加针对此错误的特殊处理程序。第 426～431 行是蜂鸣器鸣响次数的计数程序，因为项目要求报警时长为 3min，但并不要求精确，所以我大约计算了一下 3min 需要蜂鸣器响多少声。经过实际测试，蜂鸣器鸣响 300 次约为 3min，所以第 427 行判断鸣响 300 次后将报警标志位清 0，停止报警。项目要求中还提到在鸣响过程中按下 KEY2 按键可中止报警。如图 30.5 所示，我在按键处理程序的第 383～386 行插入手动取消报警的处理程序，当按下 KEY2 按键且报警标志位不为 0 时，清除报警标志位。

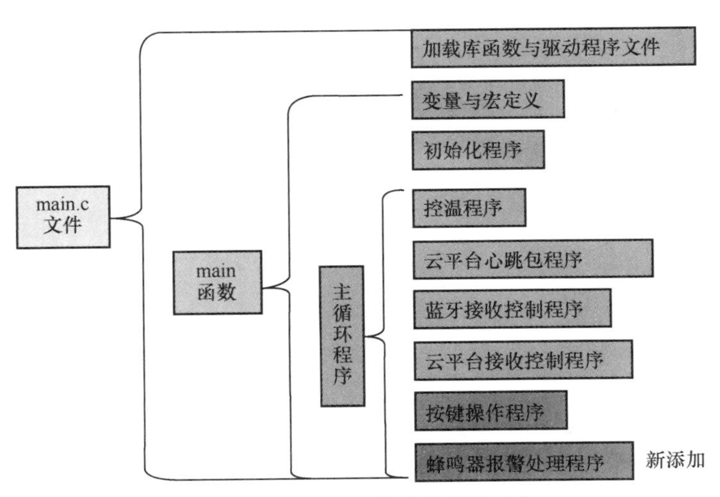

图 30.1　main.c 文件中的程序结构

```
168    while (1)
169    {
170        c++;//计算加1
171        if(c>10 && WORK_STA==0){ //每10×10ms延时发送一次参数
172            LED_1(1);//LED1用来指示工作状态
173            c=0;
174            HAL_NVIC_DisableIRQ(DMA1_Channel1_IRQn);//关DMA中断
175            DHT11_ReadData(DHT11_BUF);//读出DHT11传感器数据（参数是存放数据的数组指针）
176            if(DHT11_BUF[1]==0 || DHT11_BUF[1]>50)WARNING_STA=2;//如果温度值=0或>50则报警（2温度读取错误）
177            HAL_NVIC_EnableIRQ(DMA1_Channel1_IRQn);// 开启DMA中断
178            printf("湿度：%02d% 温度：%02d℃ \r\n",DHT11_BUF[0],DHT11_BUF[1]);//显示湿度[0]温度[1]
179            printf("电位器=%04d  光敏电阻=%04d \r\n",dmaadc[0],dmaadc[1]);//向USART1串口发送字符串
180            //在此添加温度控制继电器的程序V1.0.002
181            if(DHT11_BUF[1] < USER_TEMP_STA){ //判断当前温度值是否小于阈值
182                RELAY_1(1);//加热灯控制
183                LED_2(1);//LED2用来指示加热灯的开关状态
184                printf(" 温度阈值：%02d℃  加热灯：开 \r\n",USER_TEMP_STA);//加热灯状态
185                HAL_Delay(100);//等待继电器反应时间
186                if(dmaadc[1] > dmaadc[0]){ //判断当前温度值是否大于阈值
187                    WARNING_STA=1;//报警状态标志位变成1(0无报警，1加热灯未亮，2温度读取错误，3云平台联网错误)
188                    printf("报警：光敏电阻检测加热灯未亮！！ \r\n");
189                }
```

图 30.2　报警标志位写入 1 和 2 的标记程序

```
201 //循环发送心跳包，以保持设备在线
202        HAL_Delay(10);//主循环的间隔延时（防止刷新过快）
203        a++;//计算加1
204        if(a>1000){ //每1000×10ms延时发送一次Ping心跳包（保保持与云服务器的连接）
205                a=0;//计算标志清0
206                IOT_ping();//发送Ping心跳包
207                if(MQTTPacket_read(buf, buflen, transport_getdata)==PINGRESP){//判断心跳包是否回复确认
208                    printf("心跳成功\r\n"); //回复0xD0、0x00时表示心跳成功
209                    IOT_publish_printf("W=%d,U=%02d,Temp=%02d,Hum=%02d,WARNING=%d",
210                        WORK_STA,USER_TEMP_STA,DHT11_BUF[1],DHT11_BUF[0],WARNING_STA);//publish主题发布（发送到云平台）
211                }else {
212                    printf("心跳失败\r\n");//无回复表示失败
213                    a=0xFFF0; //强制发送心跳包的计数溢出，立即重发心跳包
214                    b++;//重启计数加1
215                    if(b>20) //如果快速发送心跳包20次后无回复，则复位Wi-Fi模块重新连接
216                    {
217                        while(esp8266_Connect_IOTServer());//AT指令连接TCP连接云服务器（IP和端口参数在esp8266.h文件内修改设置）
218                        while(IOT_connect());//用MQTT协议+三元组信息连接阿里云物联网平台（三元组参数在iot.h文件内修改设置）
219                        WARNING_STA=3;//报警状态标志位变成3(0无报警，1加热灯未亮，2温度读取错误，3云平台联网错误)
220                        a=0;b=0;//计算标志清0
221                    }
222                }
223                USART3_RX_STA = 0;//串口3接收标志位清0
224        }
```

图 30.3　报警标志位写入 3 的标记程序

```
405 //蜂鸣器报警处理程序（0无报警，1加热灯未亮，2温度读取错误，3云平台联网错误）
406        if(WARNING_STA !=0)//判断报警标志位，不为0表示有报警被触发
407        {
408            switch (WARNING_STA){//判断标志位（无论哪个报警总时长都是500ms）
409              case 1: //1
410                  LED_1_Contrary();BUZZER_SOLO2();HAL_Delay(50);LED_1_Contrary();//发出报警音同时LED1闪烁
411                  printf("【报警】1，加热灯未亮 \r\n");//报警说明
412                  break;
413              case 2: //2
414                  LED_1_Contrary();BUZZER_SOLO2();HAL_Delay(50);LED_1_Contrary();//发出报警音同时LED1闪烁
415                  printf("【报警】2，温度读取错误 \r\n");//报警说明
416                  break;
417              case 3: //3
418                  LED_1_Contrary();BUZZER_SOLO2();HAL_Delay(50);LED_1_Contrary();//发出报警音同时LED1闪烁
419                  printf("【报警】3，云平台联网错误 \r\n");//报警说明
420                  break;
421              default: //其他未定义的报警
422                  LED_1_Contrary();BUZZER_SOLO2();HAL_Delay(50);LED_1_Contrary();//发出报警音同时LED1闪烁
423                  printf("【报警】未定义的报警 \r\n");//报警说明
424                  break;
425            }
426            d++;//蜂鸣器鸣响计数加1
427            if(d>300){ //报警时长3min，可根据实现测试时间来调整数值300（时间不要求精确）
428                d=0;//计数值清0
429                WARNING_STA=0;//报警标志位清0
430                printf("【报警】报警3分钟后自动取消 \r\n");//报警说明
431            }
432        }
```

图 30.4　蜂鸣器报警处理程序

30.2　完成操作异常的处理程序

刚刚写的错误报警程序针对的是未开灯或者不能联网等设备自身故障导致的问题，而

接下来要编写的操作异常程序解决的是用户错误操作或者程序设计不合理而导致的问题。用户的错误操作有很多可能，这里我列出 3 种常见问题，其他小问题可在现场实际调试时发现并解决。第 1 种是设置温度阈值超出范围。已知 DHT11 读取温度范围是 0～50℃，但在云平台和手机上没有数值限制，即使设置为 80℃，单片机既不会出现编译错误，也不会发出错误报警。但控温程序将会出现意想不到的问题，所以必须限制设置范围。第 2 种是阈值设置后没有保存到 Flash。设备重启后阈值会变成默认数值，所以要在每次设置后将阈值保存到单片机的 Flash。第 3 种是小问题，开机初始化时间太长，可以优化一下。先看第 1 种问题的解决方法，如图 30.6 所示，在主循环程序里找到蓝牙接收处理程序，其中第 274 行是接收阈值程序。我在第 276 行加入 if 语句，判断接收到的阈值在 1～50 范围内时才将接收数值写入阈值标志位，超出范围时单片机不响应。于是当用户设置阈值时如果发现反馈的信息中阈值没有变化，就可以知道是设置的数值有问题。如图 30.7 所示，再在云平台接收处理程序的第 341 行加入同样的范围判断，并在第 346～349 行加入超出范围的反馈信息。这样就完成了第 1 种异常的处理。

```
380         if(KEY_2())//按下KEY2判断【向服务器发布信息】
381         {
382             BUZZER_SOLO2();//提示音
383             if(WARNING_STA!=0)//如果有报警则手动取消
384             {
385                 WARNING_STA=0;//报警标志位清0
386                 printf("【报警】KEY2按键手动取消报警 \r\n");//报警说明
387             }else if(WORK_STA==0){//如果当前状态控温开启
388                 WORK_STA=1; //控温停止，关加热灯
389                 LED_1(0);//LED1用来指示工作状态
390                 RELAY_1(0);//加热灯控制
391                 LED_2(0);//LED2用来指示加热灯的开关状态
392                 printf("KEY2按下：控温停止，关加热灯\r\n");
393             }else if(WORK_STA==1){//当前是控温停止，关加热灯
394                 WORK_STA=2; //控温停止，开加热灯
395                 LED_1(0);//LED1用来指示工作状态
396                 RELAY_1(1);//加热灯控制
397                 LED_2(1);//LED2用来指示加热灯的开关状态
398                 printf("KEY2按下：控温停止，开加热灯\r\n");
399             }else if(WORK_STA==2){
400                 WORK_STA=1; //控温停止，关加热灯
401                 LED_1(0);//LED1用来指示工作状态
402                 RELAY_1(0);//加热灯控制
403                 LED_2(0);//LED2用来指示加热灯的开关状态
404                 printf("KEY2按下：控温停止，关加热灯\r\n");
405             }
406             HAL_Delay(100);//等待
407         }
```

图 30.5　插入按键中止报警的程序

```
274         if(USART2_RX_BUF[1]&0x04)//判断逻辑值中低位第3位，是1表示【灯状态】按钮
275         {
276             if(USER_TEMP_STA>0 && USER_TEMP_STA<=50)//只有阈值在1~50范围内时才写入阈值
277             {
278                 BUZZER_SOLO2();//提示音
279                 USER_TEMP_STA = USART2_RX_BUF[2]; //将蓝牙发来的数值放入温度阈值标志位
280                 HAL_Delay(100);//等待
281             }
282         }
```

图 30.6　在蓝牙接收处理程序中加入阈值范围的判断

```
339         }else if(*(payloadin+0) == 'U')//判断接收数据第1个字符是不是U
340         {
341             if(USER_TEMP_STA>0 && USER_TEMP_STA<=50)//只有阈值在1~50范围内时才写入阈值
342             {   //下一行是将接收第2和3个字符的温度值转成十进制数值存入阈值标志位
343                 USER_TEMP_STA=(*(payloadin+1)-0x30)*10+(*(payloadin+2)-0x30);//将从字符信息转换成阈值并写入
344                 printf("云平台下发指令，温度阈值设置=%d \r\n",USER_TEMP_STA);//串口1调试信息
345                 IOT_publish("USER_TEMP_STA= OK!");//publish主题发布（发送到云平台）
346             }else{
347                 printf("【错误】温度阈值设置=%d 超出1~50度的范围！ \r\n",USER_TEMP_STA);//串口1调试信息
348                 IOT_publish("USER_TEMP_STA= ERROR!");//publish主题发布（发送到云平台）
349             }
350         }
```

图 30.7　在云平台接收处理程序中加入阈值范围的判断

接下来看阈值保存到 Flash 的问题，有两种解决方法。一是保存到单片机内部的程序存储区的 Flash 中，二是保存到外部的 W25Q128 芯片中。由于洋桃 IoT 开发板上集成了外部 Flash 芯片，也有相应的驱动程序，我选择了第 2 种方法。之前在删除不需要的驱动程序时将 W25Q128 芯片的驱动程序删除了，现在要把它添加回来。如图 30.8 所示，在 CubeMX 界面中单击“SPI2”进入设置窗口，选择“Full-Duplex Master”（双工主机）模式并按图设置参数，这是因为 W25Q128 芯片是 SPI 通信。如图 30.9 所示，再将出厂测试程序里的 w25q128 驱动程序文件夹复制到当前工程。在 main.c 文件的第 35 行添加库文件路径，第 94 行添加用于转存数据的数组，第 142 行添加芯片的初始化函数。然后就可以调用 Flash 读写的函数了。首先考虑在单片机重启的初始化阶段要从 Flash 中读出之前保存的阈值。如图 30.10 所示，方法是在第 171～179 行插入读出阈值的处理程序。其中第 171 行从 Flash 芯片读出 1 个字节数据，第 172 行判断数值是否等于 0 或大于 50，如果是则表示之前没有保存过阈值或者保存的阈值错误，于是执行第 173～175 行将当前的默认阈值（30）写入 Flash。如果读出的阈值在 1～50 范围内，说明之前保存过正确的阈值，则执行第 177～178 行将 Flash 读出的阈值写入阈值标志位。这样就完成了单片机重启时读出阈值的程序。然后要在用户每次设置阈值后将阈值写入 Flash。首先进入蓝牙接收处理程序，如图 30.11 所示，第 295 行是原有的将接收数据写入阈值标志位的程序，在程序下方插入第 296～297 行，将阈值写入 Flash。同样原理，如图 30.12 所示，在云平台接收处理程序的第 361 行写入阈值标志位程序，第 362～363 行插入将阈值写入 Flash 的程序。这样就完成了 Flash 读出和写入的全部操作。

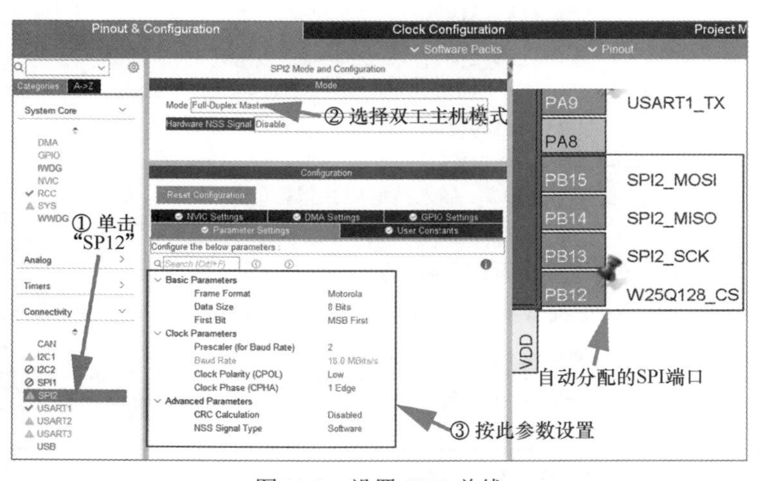

图 30.8　设置 SPI2 总线

移植驱动程序

在main.c文件里加载库、定义数组、初始化函数

```
w25q128
  w25qxx.c
  w25qxx.h
```

```
 35 #include "../../icode/w25q128/w25qxx.h"

 94     uint8_t EX_FLASH_BUF[1];//W25QXX芯片数据缓存数组

141 //外部Flash存储器初始化
142     W25QXX_Init();//W25QXX芯片初始化
```

图 30.9　移植驱动程序并在 main.c 文件中添加必要内容

```
166 //用户设置值初始化
167   USER_TEMP_STA=30;//温度阈值初始值（在没写温度设置部分之前可在此手动设置）
168   WARNING_STA=0;//报警状态标志位（0无报警，1加热灯未亮，2温度读取错误，3云平台联网错误）
169   WORK_STA=0;//工作状态标志位（0正常控温开启，1温控停灯关，2温控停灯开）
170 //从Flash读出用户设置的阈值等数据（目前只有阈值）
171   W25QXX_Read(EX_FLASH_BUF,EX_FLASH_ADD,1);//读出外扩Flash芯片数据（参数：读出数据
172   if(EX_FLASH_BUF[0]==0 || EX_FLASH_BUF[0]>50){//如果读取阈值超出范围
173       EX_FLASH_BUF[0] = USER_TEMP_STA;//则写入USER_TEMP_STA的初始值
174       W25QXX_Write(EX_FLASH_BUF,EX_FLASH_ADD,1);//写入W25QXX芯片数据（参数：读出
175       printf("Flash中阈值超范围，重新写入阈值初始值！\r\n");
176   }else{
177       USER_TEMP_STA = EX_FLASH_BUF[0];//如果阈值未超范围，则读出阈值放入温度阈值标志位
178       printf("读出Flash中保存的阈值！\r\n");
179   }
```

图 30.10　添加开机读取 Flash 程序

```
290   if(USART2_RX_BUF[1]&0x04)//判断逻辑值中低位第3位，是1表示【灯状态】按钮
291   {
292       if(USER_TEMP_STA>0 && USER_TEMP_STA<=50)//只有阈值在1~50范围内时才写入阈值
293       {
294           BUZZER_SOLO2();//提示音
295           USER_TEMP_STA = USART2_RX_BUF[2]; //将蓝牙发来的数值放入温度阈值标志位
296           EX_FLASH_BUF[0] = USER_TEMP_STA;//则写入当前阈值
297           W25QXX_Write(EX_FLASH_BUF,EX_FLASH_ADD,1);//写入W25QXX芯片数据
298           HAL_Delay(100);//等待
299       }
300   }
```

图 30.11　添加判断温度阈值的程序

```
357   }else if(*(payloadin+0) == 'U')//判断接收数据第1个字符是不是U
358   {
359       if(USER_TEMP_STA>0 && USER_TEMP_STA<=50)//只有阈值在1~50范围内时才写入阈值
360       {   //下一行是将接收第2和3个字符的温度值转成十进制数值存入阈值标志位
361           USER_TEMP_STA=(*(payloadin+1)-0x30)*10+(*(payloadin+2)-0x30);//将字符信息转换成阈值并写入
362           EX_FLASH_BUF[0] = USER_TEMP_STA;//则写入当前阈值
363           W25QXX_Write(EX_FLASH_BUF,EX_FLASH_ADD,1);//写入W25QXX芯片数据
364           printf("云平台下发指令，温度阈值设置=%d \r\n",USER_TEMP_STA);//串口1调试信息
365           IOT_publish("USER_TEMP_STA= OK!");//publish主题发布（发送到云平台）
366       }else{
367           printf("【错误】温度阈值设置=%d 超出1~50度的范围！ \r\n",USER_TEMP_STA);//串口1调试信息
368           IOT_publish("USER_TEMP_STA= ERROR!");//publish主题发布（发送到云平台）
369       }
370   }
```

图 30.12　添加写入 Flash 的程序

再来解决开机时间过长的小问题。之前我们简单地将所有功能的初始化程序排列在一起，这样的设计并没有大问题，只是每个初始化部分相对独立。现在我们要综合考虑程序的整体协作，所以要思考如何让初始化部分更高效。如图 30.13 所示，这里我发现第 148～151 行的 DHT11 初始化程序中有 2s 的延时程序，第 159～163 行的联网过程占用约 10s。能不能让它们合并在一起，用相互等待的方式节约时间呢？于是我把 DHT11 初始化程序的两个部分穿插到联网初始化程序里，如图 30.14 所示，用联网过程来代替延时程序，这样就节省了 2s 的开机时间。有朋友可能会觉得多等待 2s 也无所谓，没有优化的必要，其实我讲的是问题的解决思路，具体怎么使用还是要视情况而定。

```
145 //外部 Flash存储器初始化
146    W25QXX_Init();//W25QXX芯片初始化
147 //DHT11温/湿度传感器初始化
148    HAL_Delay(500);//毫秒级延时
149    DHT11_Init();//传感器芯片初始化
150    HAL_Delay(1500);//毫秒级延时
151    DHT11_ReadData(DHT11_BUF);//读出DHT11传感器数据（参数是存放数据的数组指针）
152 //蓝牙模块初始化
153    HAL_UART_Receive_IT(&huart2,(uint8_t *)&USART2_NewData,1); //开启串口2接收中断
154    RS485orBT = 0;////当RS485orBT标志位为1时是RS485模式，为0时是蓝牙模式
155 //Wi-Fi初始化
156    HAL_UART_Receive_IT(&huart3,(uint8_t *)&USART3_NewData,1); //再开启串口3接收中断
157    HAL_TIM_Base_Start_IT(&htim2);//开启定时器中断（必须开启才能进入中断处理回调函数）
158 //   while(esp8266_Connect_AP());//连接AP无线路由器热点（热点参数在esp8266.h文件内。Wi-Fi模块已保存热点时可屏蔽
159    while(esp8266_Connect_IOTServer());//AT指令连接TCP连接云服务器（IP和端口参数在esp8266.h文件内修改设置）
160    while(IOT_connect());//用MQTT协议+三元组信息连接阿里云物联网平台（三元组参数在iot.h文件内修改设置）
161    printf("订阅云服务器\r\n");
162    HAL_Delay(100);//等待
163    IOT_subscribe();//主题订阅（订阅成功后才能接收订阅消息）
164    a=0xFFF0; //强制发送心跳包的计数溢出，立即重发心跳包
```

图 30.13　优化前的初始化程序

```
147 //蓝牙模块初始化
148    HAL_UART_Receive_IT(&huart2,(uint8_t *)&USART2_NewData,1); //开启串口2接收中断
149    RS485orBT = 0;////当RS485orBT标志位为1时是RS485模式，为0时是蓝牙模式
150⊖//Wi-Fi初始化
151 //DHT11温/湿度传感器初始化
152    HAL_UART_Receive_IT(&huart3,(uint8_t *)&USART3_NewData,1); //再开启串口3接收中断
153    HAL_TIM_Base_Start_IT(&htim2);//开启定时器中断（必须开启才能进入中断处理回调函数）
154 //   while(esp8266_Connect_AP());//连接AP无线路由器热点（热点参数在esp8266.h文件内。Wi-Fi模块已保存热点时可屏蔽）
155    while(esp8266_Connect_IOTServer());//AT指令连接TCP连接云服务器（IP和端口参数在esp8266.h文件内修改设置）
156    DHT11_Init();//传感器芯片初始化
157    while(IOT_connect());//用MQTT协议+三元组信息连接阿里云物联网平台（三元组参数在iot.h文件内修改设置）
158    printf("订阅云服务器\r\n");
159    HAL_Delay(100);//等待
160    IOT_subscribe();//主题订阅（订阅成功后才能接收订阅消息）
161    DHT11_ReadData(DHT11_BUF);//读出DHT11传感器数据（参数是存放数据的数组指针）
162    a=0xFFF0; //强制发送心跳包的计数溢出，立即重发心跳包
```

图 30.14　优化后的初始化程序

将程序重新编译下载，在云平台和手机上设置超过 50 的阈值，看看程序的反应。设置正确阈值后重启开发板，看看阈值有没有保存。重启时观察开机时间有没有减少，开机后联网与温/湿度传感器有没有因程序修改而造成新的异常。测试后发现阈值并没有保存，每次重启后还是默认的数值 30。当遇见这样的问题时，就要回过头来检查程序的设计思路是否有问题。在编程时我们按一个思路编写程序逻辑，但在实际测试时发现程序逻辑并没有达到预想的效果，这种事是很常见的。程序越复杂，我们能综合考虑的因素越少，总有没考虑到的地方。这时我们先按照程序的执行顺序，在心中逐行模拟运行一遍程序，记住每一步应该出现的状态，然后慢慢找到不合理的地方。对于阈值不能保存的问题，如图 30.15 所示，可以看到第 290 行判断阈值是否超出范围，但是在第 293 行才将收到的数据写入阈值标志位，也就是说判断与写入的顺序反了。所以我把第 290 行的判断阈值标志位改成判断串口 2 接收的阈值数据，这样我们的判断才有意义。

```
288            if(USART2_RX_BUF[1]&0x04)//判断逻辑值中低位第3位，是1表示【灯状态】按钮
289            {
290                if(USER_TEMP_STA>0 && USER_TEMP_STA<=50)//只有阈值在1~50范围内时才写入阈值
291                {
292                    BUZZER_SOLO2();//提示音
293                    USER_TEMP_STA = USART2_RX_BUF[2]; //将蓝牙发来的数值放入温度阈值标志位
```

修改判断条件为串口2的数组

```
288            if(USART2_RX_BUF[1]&0x04)//判断逻辑值中低位第3位，是1表示【灯状态】按钮
289            {
290                if(USART2_RX_BUF[2]>0 && USART2_RX_BUF[2]<=50)//只有阈值在1~50范围内时才写入阈值
291                {
292                    BUZZER_SOLO2();//提示音
293                    USER_TEMP_STA = USART2_RX_BUF[2]; //将蓝牙发来的数值放入温度阈值标志位
```

图 30.15　修改无法将阈值保存到 Flash 的问题

同样的道理，如图 30.16 所示，云平台接收程序也是在第 357 行判断，在 359 行写入数值到阈值标志位。所以我定义了一个临时变量 USER_TEMP_STA_2，先把接收到的阈值放入临时变量，再在第 358 行判断临时变量是否超出范围，如果没有再将临时变量写入阈值标志位。将程序重新编译下载，再次测试发现阈值得到保存，问题解决。

```
355        }else if(*(payloadin+0) == 'U')//判断接收数据第1个字符是不是U
356        {
357            if(USER_TEMP_STA>0 && USER_TEMP_STA<=50)//只有阈值在1~50范围内时才写入阈值
358            {    //下一行是将接收第2和3个字符的温度值转成十进制数值存入阈值标志位
359                USER_TEMP_STA=(*(payloadin+1)-0x30)*10+(*(payloadin+2)-0x30);
360                EX_FLASH_BUF[0] = USER_TEMP_STA;//则写入当前阈值
```

先转换数值到临时变量USER_TEMP_STA_2，再进行判断

```
355      }else if(*(payloadin+0) == 'U')//判断接收数据第1个字符是不是U
356      {
357          USER_TEMP_STA_2 = (*(payloadin+1)-0x30)*10+(*(payloadin+2)-0x30);//将字符信息转换成阈值
358          if(USER_TEMP_STA_2>0 && USER_TEMP_STA_2<=50)//只有阈值在1~50范围内时才写入阈值
359          {    //下一行是将接收第2和3个字符的温度值转成十进制数值存入阈值标志位
360              USER_TEMP_STA = USER_TEMP_STA_2;//写入阈值
361              EX_FLASH_BUF[0] = USER_TEMP_STA;//则写入当前阈值
```

图 30.16　修改无法将阈值保存到 Flash 的问题

30.3　完成稳定性处理的程序

异常情况解决之后，还要给单片机上保险，开启独立看门狗功能。单片机在运行时难免会受到电源噪声和电磁干扰，导致程序跑飞或者不可预知的混乱状态。另外，程序执行时也可能出现偶然错误或无故卡死。如果开启单片机内部的独立看门狗功能，则可在程序异常时强制复位单片机，保证设备的正常运行。应用层面的独立看门狗由两个部分组成：初始化程序和喂狗程序。可以在 CubeMX 图形化界面中开启看门狗并设置定时时间，CubeMX 会自动生成初始化程序，并让看门狗开始工作。我们只要在主循环程序里添加一行喂狗程序，程序一执行到喂狗程序就会让定时器重新计时，定时器永远不溢出，单片机保持正常工作。当程序跑飞或卡死时无法执行喂狗程序，看门狗定时器溢出，强制复位后单片机又回到正常工作状态。独立看门狗定时器有两个参数需要设置，分别是预分频值和重装初值。如图 30.17 所示，通过官方文档给出的计算式可得出溢出时间。当预分频值为 256、重装初值为 4095、低速内部时钟频率为 40kHz 时，最终定时时间大约为 26s。由于设备的控温过程并没有严格的时间要求，所以溢出时间可尽量长一些。

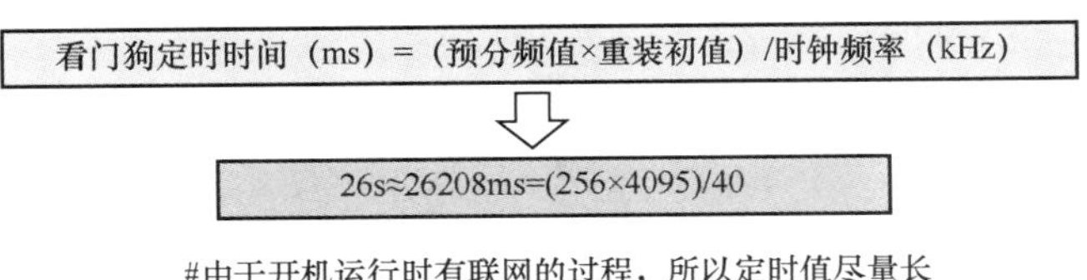

看门狗定时时间（ms）＝（预分频值×重装初值）/时钟频率（kHz）
26s≈26208ms=(256×4095)/40
#由于开机运行时有联网的过程，所以定时值尽量长

图 30.17　看门狗定时时间的计算式

如图 30.18 所示，在 CubeMX 界面中单击“IWDG”，在模式窗口中勾选“Activated”（激活）一项，再在参数窗口中将预分频值选择为 256，重装初值修改为 4095。重新生成程

序。如图 30.19 所示，在主循环程序的第 191 行插入喂狗专用的 HAL 库函数。将程序重新编译下载，测试程序是否会复位。再长按 KEY1 或 KEY2 按键，在等待放开按键的程序中死循环，看看 26s 后单片机会不会复位。如果复位，说明看门狗起了作用。目前的程序里还有很多小问题可以优化，在此当成作业留给大家，请大家发现更多不足，用所学知识完善程序。

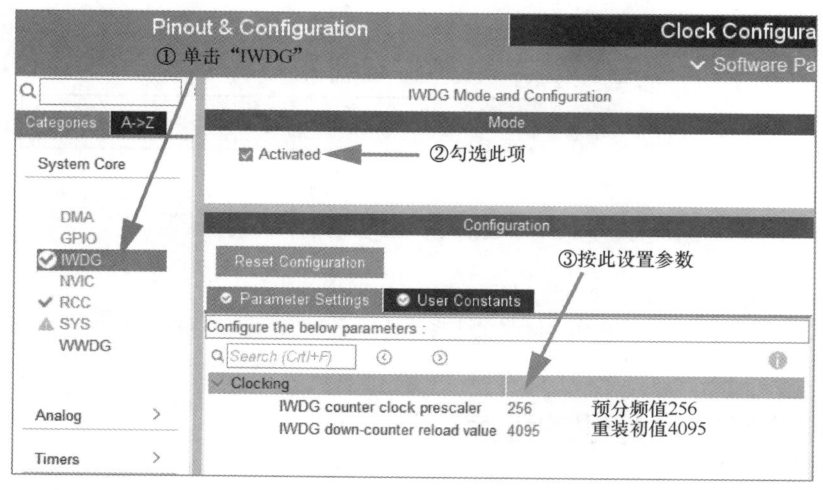

图 30.18　设置看门狗参数

```
186    /* Infinite loop */
187    /* USER CODE BEGIN WHILE */
188    while (1)
189    {
190 //独立看门狗喂狗（在部分循环程序里也要加入喂狗函数）
191        HAL_IWDG_Refresh(&hiwdg);//独立看门狗喂狗函数
192 //控温处理程序
193        c++;//计算加1
194        if(c>10 && WORK_STA==0){ //每10×10ms延时发送一次参数
195            LED_1(1);//LED1用来指示工作状态
196            c=0;
```

图 30.19　在主循环中加入喂狗函数

30.4　程序排版整理

编程部分结束后先备份一次并更新日志，以便在排版工作中误删程序时还能用备份文件来修复。接下来开始逐个文件、逐行地排版程序，进行统一整理。如图 30.20 所示，比如有的程序缩进距离不对，可以选中多行重新缩进到统一的样式。再按程序原理重新修改注释信息，特别是有些信息是从其他程序复制过来的，要仔细修改注释才能正确解释程序原理。注释越多、越详细，未来我们重新学习理解时就越快、越深入。如图 30.21 所示，例如第 401 行 KEY1 按键的处理程序，复制的注释信息写的是连接云服务器的功能，这里

要修改为“切换控温开关状态”。慢功出细活，在排版与整理的过程中尽量做到认真细致，结束之后重新编译下载，观察编译时有没有错误，再测试程序运行的效果有没有差异。如果一切正常，排版整理工作就完成了。

```
274                 BUZZER_SOLO2();//提示音
275                 if(WORK_STA==0)//如果当前状态控温开启
276                 {
277                   WORK_STA=1; //控温停止，关加热灯
278                   LED_1(0);//LED1用来指示工作状态
279                   RELAY_1(0);//加热灯控制
280                   LED_2(0);//LED2用来指示加热灯的开关状态
281                   printf("蓝牙【灯状态】按下：控温停止，关加热灯\r\n");
282                 }else if(WORK_STA==1){//当前是控温停止，关加热灯
283                     WORK_STA=2; //控温停止，开加热灯
284                     LED_1(0);//LED1用来指示工作状态
285                     RELAY_1(1);//加热灯控制
286                     LED_2(1);//LED2用来指示加热灯的开关状态
287                     printf("蓝牙【灯状态】按下：控温停止，开加热灯\r\n");
288                 }else if(WORK_STA==2){
289                     WORK_STA=1; //控温停止，关加热灯
290                     LED_1(0);//LED1用来指示工作状态
291                     RELAY_1(0);//加热灯控制
292                     LED_2(0);//LED2用来指示加热灯的开关状态
293                     printf("蓝牙【灯状态】按下：控温停止，关加热灯\r\n");
294                 }
```


图 30.20　整理缩进距离

```
400 //按键操作
401         if(KEY_1())//按下KEY1判断（连接云服务器并订阅主题）
402         {
403             BUZZER_SOLO2();//提示音
404             if(WORK_STA==0)//如果当前状态控温开启
405             {
```


图 30.21　整理注释信息

30.5　导出正式版本并存档

我们默认当前所编译和下载的程序为调试版本，虽然编译出来的程序依然可以使用，但其中带有调试属性。一般在开发完成后，把程序发给客户之前需要重新导出正式版本的工程和 HEX 文件。如图 30.22 所示，导出方法是单击编译图标右侧的下拉箭头，在下拉菜单中选择第 2 项“Release”（发布版本），这时编译器会按发布版本重新编译。如图 30.23 所示，我在编译时发现 9 处错误，仔细阅读淡橙色的错误信息，发现是 syscalls.c 文件导致的。之前在学习串口驱动程序时，将这个文件屏蔽了，这里也要如法炮制。如图 30.24 所示，在工程文件树中找到此文件，用鼠标右键单击，在下拉菜单中选择“属性”。如图 30.25 所示，在弹出的窗口中勾选“Exclude resource from build”（使文件不被编译），然后单击“应用并关闭”按钮。重新编译时错误消失，但有 1 个警告。出现少量的警告是正常的，不会影响程序的效果。如图 30.26 所示，接下来在工程文件名称上单

击鼠标右键，在菜单中选择“属性”。如图 30.27 所示，在弹出的窗口中选择“C/C++ Build”（C/C++编译）中的“Settings”（设置）子选项，再在“Tool Settings”（工具设置）选项卡中单击“MCU Post build outputs”（单片机编译输出）一项，在右侧勾选“Convert to Intel Hex file（-O ihex）”（生成 HEX 文件）一项，单击“应用并关闭”按钮。然后返回主界面重新编译一次，这样在正式版本中才能输出 HEX 文件。如图 30.28 所示，在计算机上打开工程文件夹目录，可以发现新增了 Release 文件夹，文件夹里包括了正式版本的输出文件，其中有用于单片机批量下载的 HEX 文件。当以上工作都完成后，就可以最后备份一次，形成发布版本的工程，可以将其当成交付资料发给客户。如图 30.29 所示，最后别忘了更新项目日志。

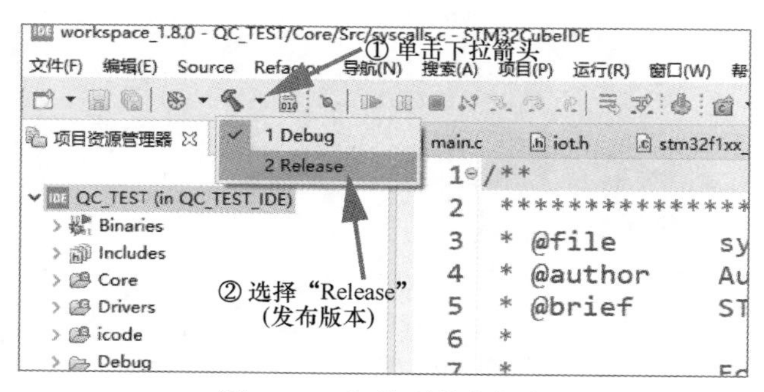

图 30.22　切换到发布版本

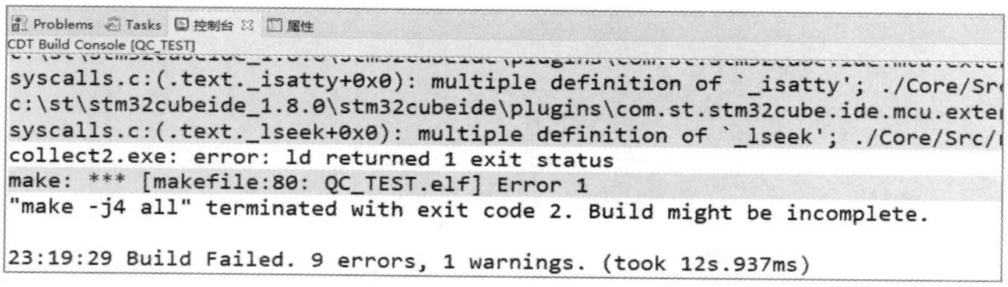

```
Problems  Tasks  控制台  属性
CDT Build Console [QC_TEST]
syscalls.c:(.text._isatty+0x0): multiple definition of `_isatty'; ./Core/Sr
c:\st\stm32cubeide_1.8.0\stm32cubeide\plugins\com.st.stm32cube.ide.mcu.exte
syscalls.c:(.text._lseek+0x0): multiple definition of `_lseek'; ./Core/Src/
collect2.exe: error: ld returned 1 exit status
make: *** [makefile:80: QC_TEST.elf] Error 1
"make -j4 all" terminated with exit code 2. Build might be incomplete.

23:19:29 Build Failed. 9 errors, 1 warnings. (took 12s.937ms)
```

图 30.23　观察错误信息

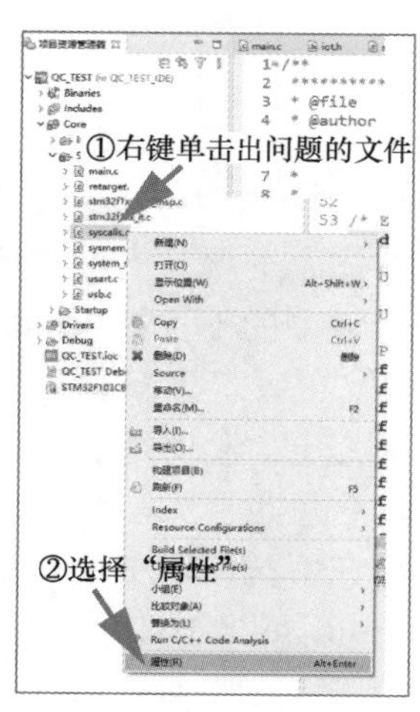

图 30.24　进入文件属性

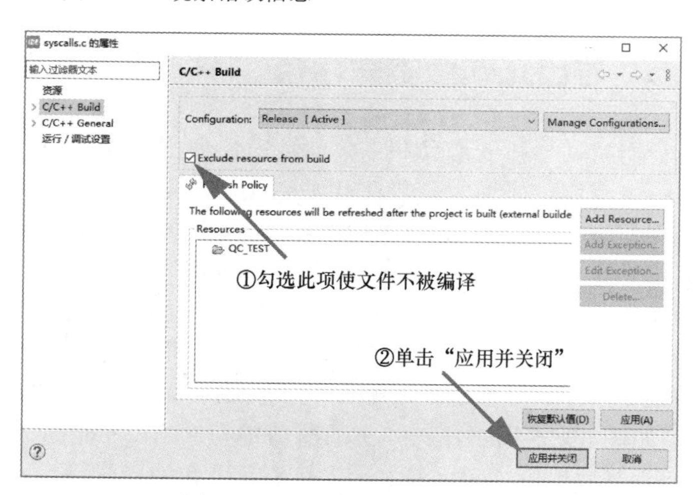

图 30.25　勾选使文件不被编译

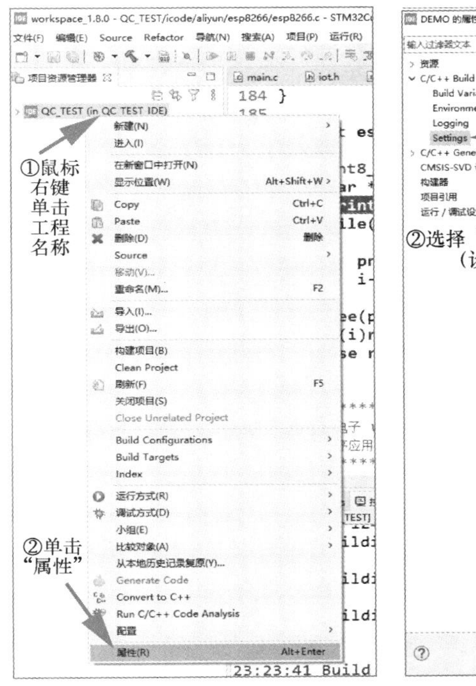

图 30.26 选择工程属性

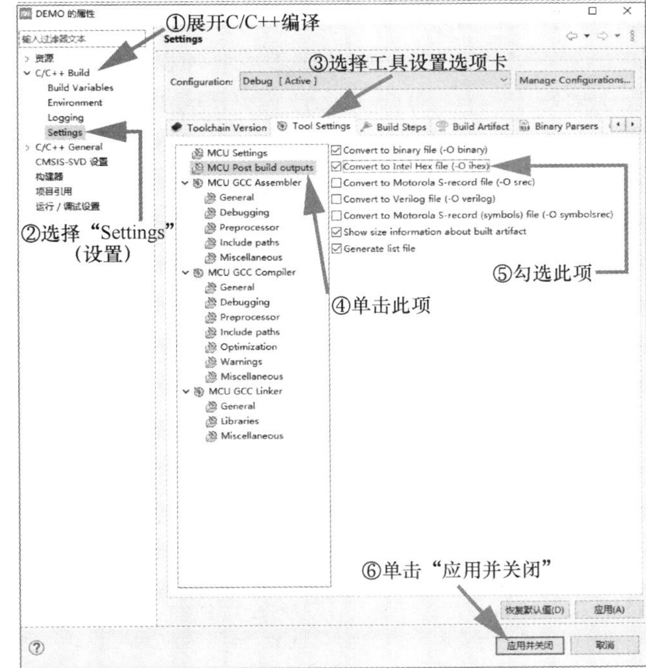

图 30.27 勾选生成 HEX 文件

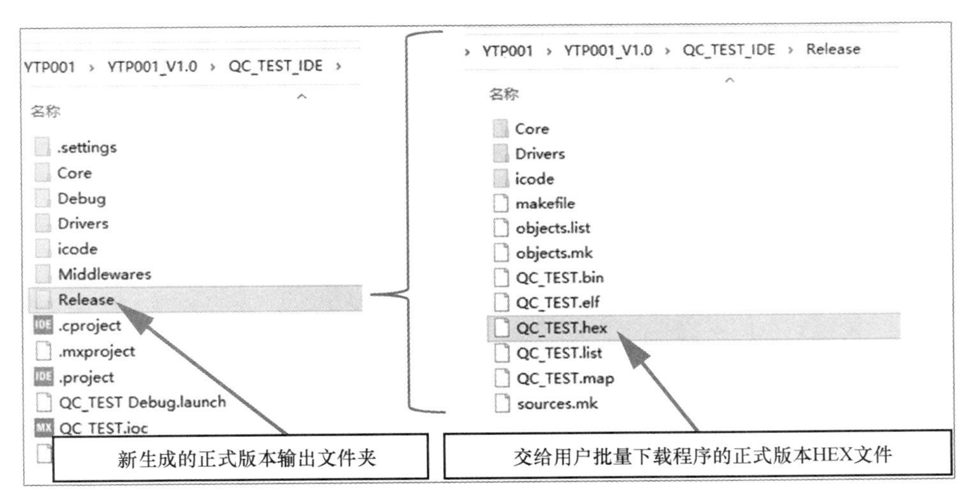

图 30.28 新增的文件夹和文件

好了，我们的项目开发终于全部完成了，本套教程的内容也要结束了。一步一步走下来，看似没有章法，实则内藏结构。最初学习 CubeIDE 是为了掌握基本工具。接下来学习开发板各功能的 HAL 库编译是为了学习全新的 HAL 库的编程方法，通过对 RTC、ADC、USB 等单片机内部功能的开发，我们学会了 CubeMX 的设置原理，掌握了 HAL 库的调用方法；通过对单片机外部的 DHT11、RS485、W25Q128 等功能的开发，我们学会了通信协议与驱动程序的移植。这两个阶段结束时，我们熟悉了 CubeIDE，熟练掌握了 CubeMX 和

HAL 库的开发流程。这时再进入蓝牙和 Wi-Fi 模块的开发，学习 AT 指令和云平台通信。当学完这一切，你会觉得你只学习了开发板上的一个个小功能，但不知道在实际项目中如何应用所学技能。这时我在最后 3 步完成了一个小项目，项目虽小但流程俱全，通过项目开发实例，你有了结构设计和综合编程的思维，为接下来的深入学习与实践做好了必要的准备。

YTP001_V1.0 日志

开发者：杜洋

【2022-5-4 9：30】【V1.0.001】创建工程。
硬件使用"洋桃 IoT 开发板"，还需外接发热灯，手机充电器。
模板使用"IoT 板-3-29-Wi-Fi模块连接阿里云的测试程序（视频第 27 步用）"。
【2022-5-5 13：33】按硬件功能要求设置 CubeMX，添加各功能驱动程序.
【2022-5-5 16：05】【V1.0.001】编写各功能的测试程序。
测试方法：
(1) 开机后自动连接阿里云，在串口 1 有调试信息。
(2) 超级终端每 2s 刷新温度、湿度、光敏电阻、电位器。
(3) 按下KEY1 按键重新联网，按下KEY2 按键发布消息，同时蜂鸣器响。
(4) 阿里云平台发送"LED1 ON""LED2 ON""RELAY1 ON"可控制LED和继电器。
(5) 手机连接蓝牙后，在"蓝牙调试器"App 上专业调试模式，按下按钮 LED1 亮。
【2022-5-5 23：25】【V1.0.001】测试可用.
【2022-5-13 02：26】【V1.0.002】完成温控、光敏反馈、联网、蓝牙的控制与显示的功能。
目前测试发现问题如下：
(1) 报警蜂鸣器的程序忘记编写。
(2) （请大家自己写下去哦!!）
【2022-5-19 17：06】【V1.0.003】完成全部功能的开发，并做了正常和异常测试。
【2022-5-19 17：06】【V1.0.004】程序排版，整理注释。
【2022-5-20 20：21】【V1.0.005】Cube IDE 导出正式版本，向客户发布V1.0正式版本的工程和HEX文件。

图 30.29　更新日志